BIBLIOTHÈQUE DE L'ENSEIGNEMENT AGRICOLE

PUBLIÉE SOUS LA DIRECTION DE

M. A. MÜNTZ

Professeur à l'Institut National Agronomique

LES

IRRIGATIONS

TOME III

LES CULTURES ARROSÉES
L'ÉCONOMIE DES IRRIGATIONS
HISTOIRE, LÉGISLATION ET ADMINISTRATION

PAR

A. RONNA

INGÉNIEUR CIVIL
MEMBRE DU CONSEIL SUPÉRIEUR DE L'AGRICULTURE

PARIS

LIBRAIRIE DE FIRMIN-DIDOT ET Cⁱᵉ

IMPRIMEURS DE L'INSTITUT
56, RUE JACOB, 56

1890

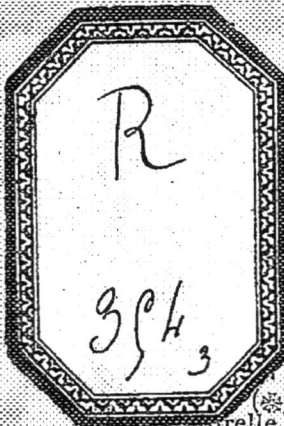

LES

IRRIGATIONS

TYPOGRAPHIE FIRMIN-DIDOT. — MESNIL (EURE).

BIBLIOTHÈQUE DE L'ENSEIGNEMENT AGRICOLE

PUBLIÉE SOUS LA DIRECTION DE

M. A. MÜNTZ

Professeur à l'Institut National Agronomique

LES

IRRIGATIONS

TOME III

LES CULTURES ARROSÉES
L'ÉCONOMIE DES IRRIGATIONS
HISTOIRE, LÉGISLATION ET ADMINISTRATION

PAR

A. RONNA

INGÉNIEUR CIVIL

MEMBRE DU CONSEIL SUPÉRIEUR DE L'AGRICULTURE.

PARIS

LIBRAIRIE DE FIRMIN-DIDOT ET Cᴵᴱ

IMPRIMEURS DE L'INSTITUT

56, RUE JACOB, 56

1890

LES
IRRIGATIONS.

LIVRE X.

LES CULTURES ARROSÉES.

I. PRATIQUE ET INSTALLATION DES ARROSAGES.

Avant de classifier les systèmes d'irrigation (1), nous avons montré que l'on arrose les terres et les cultures pendant l'hiver, ou pendant l'été, ou bien toute l'année ; d'une manière continue ou intermittente ; de jour ou de nuit, ou bien toute la journée ; en plaine, en vallée, ou en montagne ; au Nord comme au Midi ; nous pourrions ajouter que chaque plante, ou chaque culture a son mode spécial d'arrosage.

La prairie naturelle est ainsi irriguée d'une manière intermittente par déversement ou par submersion, hiver ou été.

(1) Voir tome II, livre IX, p. 311.

T. III.   I

La prairie marcite reçoit une irrigation hivernale continue qui la tient submergée sous une nappe superficielle à courant ralenti.

La rizière est submergée l'été, d'une manière permanente.

Pour les céréales, les cultures arbustives, industrielles, etc., l'irrigation est estivale, intermittente et par infiltration; tandis que pour les légumes, elle est de toutes saisons, également périodique et par infiltration, ou par aspersion.

Parmi les arbres de grande culture, les noyers, les amandiers, les caroubiers, etc., ne s'arrosent pas; les oliviers et les vignes, sous nos climats, ne tirent point grand profit en général de l'irrigation, à cause de la détérioration dans la qualité des fruits rendus plus abondants. Il en est de même du mûrier que l'on irrigue rarement, ou seulement quand il est jeune; les feuilles étant moins succulentes pour les vers à soie, s'il est arrosé (1).

La pratique des arrosages, qui varie pour un si grand nombre de motifs, est d'ailleurs régie, quant à leur époque, leur durée et leur fréquence, par deux conditions principales que nous avons exposées, à savoir : accroître la somme des aliments dont les plantes ont besoin, en faisant déposer à la surface et au sein du sol ceux que l'eau tient en dissolution et en suspension; apporter au sol l'humidité indispensable pour la végétation.

Quoique ces deux conditions se confondent le plus souvent dans la pratique, on peut les envisager l'une et l'autre séparément. Pour satisfaire à la première, il est évident que plus le volume d'eau distribué sera

(1) G. Calvi, *Italia agricola*, 1879.

grand, c'est-à-dire, plus le temps pendant lequel l'eau aura agi sera long, plus le sol s'enrichira. Comme c'est sur le sol nu, ou dépouillé de toute récolte, qu'on peut appliquer l'eau plus abondamment et plus facilement, l'irrigation devrait pouvoir se faire sans interruption dans les pays où le climat le permet, depuis l'automne jusqu'à la fin de l'hiver. Mais on a vu que le sol est limité dans sa puissance d'absorption; en conséquence, l'arrosage ne peut s'étendre utilement au delà du moment où cette faculté cesse, et il convient dès lors de mettre entre chaque arrosement l'intervalle de temps nécessaire pour que le sol reprenne son pouvoir d'absorption, sans lequel non seulement les éléments de l'eau seraient perdus, mais ceux déjà déposés seraient entraînés.

Quant à la seconde condition, elle exige que l'irrigation commence lorsque la germination la réclame, ou bien lorsque la végétation se réveille, et qu'elle s'arrête lorsque la végétation faiblit, faute de chaleur suffisante, ou bien se concentre dans la maturation des grains et des fruits. Comme volume, l'eau doit être distribuée en quantité modérée, suffisante pour donner au sol le degré voulu d'humidité et dissoudre les engrais qu'on y a mis. La durée des arrosements sera donc calculée d'après le volume requis par l'infiltration de la couche arable, et la fréquence devra être telle que l'état moyen d'humidité ou de fraîcheur approprié à chaque nature de récolte soit maintenu (1).

Des principes aux règles pratiques la distance est souvent très grande.

(1) A. Billot, *Journ. agric. prat.*, 1870-71.

1. *Irrigations d'hiver et irrigations d'été.*

C'est, avant tout, entre les irrigations d'hiver et les irrigations d'été, que l'écart est marqué. Certains agronomes ont même cherché à opposer les unes aux autres, en attribuant aux contrées du Nord les arrosages d'hiver, et à celles du Midi, les arrosages d'été. Les vastes herbages submergés de la Normandie sont opposés aux prairies de la Lombardie où l'étiage a lieu en hiver, et l'abondance d'eau en été.

On a pu croire avec Moll (1) que « le moyen in-« comparablement le plus efficace, le plus énergi-« que, pour accroître la richesse de la France, se-« rait pour le Nord, comme pour le Centre et le Midi, « d'étendre les irrigations en général, et les irrigations « d'été en particulier ». Mais les irrigations d'hiver, soit qu'elles fixent sur les terres élevées ou en pente, les matières dont les eaux sont chargées, soit qu'elles recouvrent les terrains bas d'un limon fertile, rendent des services non moins signalés à la culture, qu'on les pratique au Nord, comme dans la Campine et le pays de Siegen, ou au Midi, comme dans le Roussillon, la Provence, le Milanais et la *huerta* de Valence. C'est, du reste, une erreur de dire que le Midi est seul à pratiquer les irrigations d'été, car toute l'économie du massif montagneux des Vosges, par exemple, repose sur ces mêmes irrigations, celles d'hiver étant restreintes à cause du climat. Ce qui est vrai, c'est qu'en France où tous les cours d'eau sont à étiage pendant l'été, les irrigations utilisent l'eau à l'époque où l'eau est peu abondante, sinon disputée par l'industrie, et

---

(1) *Journ. agric. prat.*, 1869, t. I. p. 450.

cette circonstance nuit surtout à leur développement.

Les irrigations et les submersions d'hiver, fait remarquer Lecouteux (1), sont les seules qui soient au service des nombreux pays privés d'eau en été; aussi, une contrée naguère déshéritée, la Sologne, est-elle engagée dans la voie des arrosages d'hiver pour les prairies rendues à la culture intensive. Dans le Midi même, qui est pauvre d'engrais, plus pauvre que le Nord, les irrigations d'hiver sont encore plus précieuses. Par contre n'est-on pas justifié, à cause des inconvénients que présentent certaines irrigations d'été, mal appliquées, à les qualifier d'aléatoires, ou à les considérer comme inférieures aux irrigations d'hiver.

S'agit-il, au lieu des saisons, des heures de la journée les plus favorables à l'irrigation, le second principe qui revient à activer la végétation, tout en modérant l'excès de sécheresse et la chaleur du sol, n'est observé en pratique que pendant l'été, en ce sens que l'on arrose de préférence le soir, ou encore le matin, pour éviter les fortes chaleurs du jour.

La prairie permanente, arrosable par deux procédés distincts, le déversement ou la submersion, donne lieu surtout aux divergences des praticiens, en ce qui regarde les préceptes théoriques. Les usages et les calendriers règlent le mois et le jour où il faut donner ou ôter l'eau des prairies, sans égard pour le but final qui est la quantité et la qualité du fourrage et l'amélioration du fonds, ni pour les buts particuliers, à savoir, la fertilisation ou l'humectation, ou les deux à la fois.

2. Arrosages par déversement.

Quand l'arrosage se pratique par déversement, la

(1) *Journ. agric. prat.*, 1879, t. I, p. 629.

durée et l'intervalle des opérations ne sauraient être déterminés, dans les circonstances si variables du climat,
du pouvoir absorbant des sols, de leur perméabilité, de
la nature des eaux, etc., que par le degré de saturation
de la terre. Dès que les colatures se rapprochent sensiblement du volume débité, l'arrosage doit être suspendu, car en tenant compte de l'évaporation, on peut
affirmer qu'à ce moment le pouvoir absorbant a cessé
de fonctionner. Grâce à cette considération, dans le
Nord, comme dans le Midi, quelles que soient les modifications climatériques, les irrigations des prairies
d'hiver pratiquées pendant le repos de la végétation,
contribuent à l'enrichissement du sol et développent la
production.

Si les premières eaux d'automne, en novembre, sont
les plus fertiles, à cause des détritus des champs labourés
et fraîchement fumés, encore faut-il que les rigoles
soient curées et que les vases n'y forment pas de bourrelets, afin que les eaux puissent être données aussi
souvent et aussi longtemps que possible. Sans un jeu
régulier des rigoles, il n'y a pas à songer aux arrosages
continus d'hiver. C'est seulement lorsque la prairie est
recouverte d'une mince nappe liquide, mais continue,
que les grands froids peuvent arriver, sans que le collet
des herbes soit atteint par les glaces superficielles.

En pays de montagne, les hautes prairies sont arrosées,
dès le mois de novembre, par les eaux des sources, mais
aussitôt qu'il y a menace de gelée ou de vents trop des-
séchants, les eaux sont retirées; de telle sorte que les
arrosages ne sont réellement favorables qu'en plein
dégel, appliqués après les froids du matin, et avant ceux
du soir, vers midi. Il est rare qu'à de grandes élévations, on puisse baigner d'eau tiède tout l'hiver, des
prairies même bien orientées au midi. Quand cela est

possible, ces prairies fournissent au printemps plusieurs coupes successives qui mélangées au foin sec, sont précieuses pour le bétail que l'hivernage a amaigri (1).

Lorsque la végétation reprend, la durée des arrosages ne dépend plus que des effets de l'eau en excès sur la qualité des fourrages, et de la profondeur à laquelle elle pénètre dans le sol pour baigner les racines. La fréquence est en même temps subordonnée à l'état moyen d'humidité de la couche superficielle, eu égard à la température ambiante, le sol devant jouir d'un degré de température inférieur à celui de l'atmosphère pour que la végétation s'active, abstraction faite des engrais.

Si les eaux vives sont abondantes, on les donne au printemps pendant quelques jours d'abord; on suspend alors leur arrivée, puis on les rend dans les rigoles, et ainsi de suite, jusqu'à ce que l'herbe soit en état d'être fauchée. Après la première coupe, on procède de nouveau par arrosages intermittents jusqu'au moment de la récolte du regain.

Sous un climat chaud, l'arrosage avec les eaux vives se fait pendant deux mois, dès le printemps; on arrête avant la coupe; l'eau est rendue ensuite durant trois semaines afin de développer la seconde pousse. Après la dernière coupe, on irrigue encore jusqu'à ce que la prairie soit en herbe. Dès lors, on cesse l'irrigation, et quand le sol est assez raffermi, on le livre au pâturage (2). En règle générale, mieux vaut un arrosage complet qu'un demi-arrosage tous les deux ou trois jours.

Si l'on ne dispose pas d'un grand volume d'eau, l'irrigation se fait partiellement, les rigoles devant être ali-

(1) F. Vidalin, *Journ. agric. prat.*, 1880.
(2) Boussingault. *Économie rurale*, 2e édit., 1851, t. II.

mentées à tour de rôle, mais la prairie prise dans son ensemble est arrosée d'une manière continue.

Au printemps, lorsque l'on redoute des gelées nocturnes, on se borne à irriguer pendant le jour. Dans la même saison, quand il souffle un vent violent et froid, il est prudent de suspendre les arrosages, de crainte d'un refroidissement trop grand.

En dehors de ces préceptes soumis au régime climatérique de la contrée, il ne faut pas oublier la recommandation suivante de Boussingault, que toute irrigation pour être profitable, doit être intermittente; le séjour prolongé de l'eau qu'anime une certaine vitesse détermine la croissance de plantes aquatiques qu'il importe d'empêcher; l'eau doit couler d'ailleurs avec lenteur afin qu'elle dépose son limon, sans que les herbes soient déchaussées et que la terre végétale soit entraînée.

3. Arrosages par submersion.

L'arrosage se pratiquant par submersion, au voisinage d'une rivière, ou dans une situation telle que l'on peut faire affluer à volonté les eaux sur les terres parfaitement nivelées, la durée des arrosages est déterminée non moins par l'épaisseur de la couche arable, la nature des matières tenues en suspension, la fréquence des vents, etc., que par les plantes dont les plus délicates par une inondation prolongée finiraient par disparaître, pour faire place à d'autres plus grossières.

Sous les climats tempérés, les submersions s'exécutent à la fin de l'automne et se poursuivent rarement plus de 15 jours, puis la mise à sec ayant duré de 8 à 10 jours pour que la terre se ressuie, on inonde de nouveau, et ainsi alternativement jusqu'au printemps. Dès lors, les submersions deviennent moins fréquentes et surtout moins prolongées; elles ne durent plus que de cinq à six jours. Lorsque l'herbe a acquis une certaine vigueur, on cesse d'irriguer jusqu'à l'enlèvement du foin; ensuite, on remet l'eau pour développer le regain.

Il y a des contrées où la prairie est mise à sec dès l'hiver, et d'autres où on laisse séjourner l'eau le plus longtemps possible pendant les froids les plus rigoureux, afin d'abriter la terre contre la gelée. Boussingault ne se prononce pas quand il affirme que l'adoption de l'une ou l'autre des méthodes dépend *probablement* de l'épaisseur de la nappe d'eau disponible. « Si cette nappe n'a qu'une « faible profondeur, dit-il, l'eau gèle jusqu'au sol, et la « gelée nuit alors aux plantes; mais si l'eau est assez pro- « fonde, elle ne gèlera qu'à la surface, formant à l'égard « de l'herbe qu'elle recouvre un véritable écran (1). » Ainsi, la submersion remplirait trois objets à la fois, en garantissant l'herbage contre les froids excessifs, en abreuvant le sol pour l'époque des chaleurs de l'été, et en l'amendant à la faveur du limon.

Les submersions d'été, opérées le plus souvent avec des eaux limpides, à plein volume, mais pour une durée limitée entre 12 et 24 heures, augmentent très notable-ment la production herbacée, quand elles sont suivies de grandes chaleurs. Les submersions d'automne ou de printemps, avec une durée de 12 à 15 jours consécutifs, servant à terreauter le gazon, ne sont efficaces que si l'on peut retirer les eaux promptement et partout, à l'aide d'un bon système de drains, ou de rigoles d'écoule-ment (2).

---

(1) Voir tome I, livre IV; *Qualités des eaux d'irrigation,* p. 378.
(2) G. Heuzé, *Journ. agric. prat.,* 1885, t. II.

En Allemagne, les prairies qui ne peuvent être arrosées par les méthodes ordinaires de déversement, sont submergées, surtout dans le but d'utiliser les pluies et les dégels du printemps, à partir de février. Pour retenir les eaux qui délavent les champs situés aux niveaux supérieurs, on prolonge les raies d'écoulement jusques dans les prés, à la partie basse desquels on établit en travers de la pente un bourrelet en terre, muni de batardeaux. Si la pente est forte, on dispose plusieurs bourrelets, afin que la surface entière reste submergée.

C'est surtout lorsque la terre est dégelée et que les pluies entraînent avec elles les engrais et les limons des terres en culture que l'eau devient favorable aux herbes. Dès lors la submersion commence, les eaux des fossés étant troubles. Comme les gelées médiocres ne font pas mal aussi longtemps que l'eau couvre le gazon, on n'arrête l'arrosement que par un temps doux, et autant que possible le matin, afin que le pré ait le temps de se ressuyer avant la nuit (1).

Schwerz a prescrit, pour les prés inondés, les règles suivantes (2) :

1º L'inondation a lieu en automne, en hiver, et au commencement du printemps.

Du moment où l'herbe commence à pousser, elle ne doit plus avoir lieu, à moins qu'elle n'excède pas une hauteur de 0^m,04 à 0^m,05.

2º On laisse l'eau jusqu'à ce qu'on pense que la terre en est complètement pénétrée.

3º Si, par une température chaude, on remarque de l'écume à la surface de l'eau, on doit se hâter de faire écouler l'eau et de mettre le pré à sec. Cette règle est de

(1) Moll, *Journ. agric. prat.*, 1837-38, t. I, p. 298.
(2) Villeroy et Müller. *Manuel des irrigations*, p. 223.

la plus grande importance. L'écume indique un commencement de décomposition putride.

4° La première inondation d'automne, selon que le
sol et le sous-sol sont moins compacts et plus perméables, peut durer deux à trois semaines, et même plus
longtemps. Ensuite on met l'eau, et on l'ôte à des intervalles plus rapprochés, jusqu'à ce que l'hiver commence.

5° Une condition indispensable, c'est que le pré soit
parfaitement desséché avant d'y remettre l'eau. Ce desséchement préalable détermine le moment où l'on peut
de nouveau inonder.

6° Si l'on est surpris par l'hiver, et que l'eau se couvre
de glace, on la laisse ainsi, et il ne doit pas en résulter
de suites fâcheuses. Mieux vaut pourtant que le pré soit
à sec pendant l'hiver.

7° La première inondation de printemps peut durer de
une à deux semaines, selon la nature du sol. Les inondations qui suivent sont de plus courte durée, et on cesse
entièrement lorsque l'herbe commence à pousser.

Voici, d'autre part, les règles très concises que donne
Thaer pour l'inondation :

Plus le sol est perméable, plus les inondations peuvent être longues et fréquentes. Plus au contraire le
sol est compact, plus les inondations doivent être de
courte durée et moins fréquentes.

Par un temps sec, on inonde plus; moins par un temps
humide.

Par un temps froid, on peut prolonger l'inondation;
par un temps chaud, on doit la cesser entièrement.

4. *Arrosages en France.*

Provence. — Dans la plupart des exploitations de
la Provence, les arrosages se font par gravitation. Dans

quelques-unes cependant, non compris les jardins, on a recours pour élever les eaux, aux norias, aux béliers hydrauliques, aux pompes mues par le vent ou la vapeur, etc. Il n'y a de limite à ce mode d'extension des arrosages par les machines, que dans le prix de revient des appareils ou du moteur.

La surface entière d'une terre à arroser étant divisée en tables ou planches, de faible pente, au moyen de billons élevés de 0^m,25, espacés de 5 à 10 mètres, et d'une longueur de 10 à 50 mètres, on trace horizontalement les rigoles de distribution, en amont des tables et en saillie, de façon que le niveau de l'eau dans ces rigoles se trouve à 0^m,20, ou à 0^m,30 au-dessus de la surface arrosable.

Dans les terrains inclinés, plusieurs séries de tables sont superposées, et les rigoles sont tracées perpendiculairement à la rigole principale d'amenée, afin de pouvoir conduire directement l'eau dans une des séries à irriguer, sans passer par les autres. Comme pour les cultures autres que les prairies, la pente doit être réduite à 1 ou 2 millimètres par mètre, les bourrelets qui séparent les parties de niveau reçoivent de 0^m,50 à 1 mètre de hauteur, avec un talus de 45 degrés. Pour les prairies naturelles dont la pente peut atteindre jusqu'à 0^m,30 par mètre, les remaniements nécessités par l'installation des arrosages sont bien plus simples.

D'une manière générale, les canaux d'amenée étant installés au niveau supérieur, on commence à arroser par le haut. Si la pièce est courte, on introduit l'eau par petites quantités à la fois, pour que la terre ait le temps de s'imbiber, sans se désagréger. Quand elle est longue, on donne l'eau à plus fort volume pour qu'elle avance vite. Sur une longueur de 100 mètres, par exemple, on arrête l'arrivée de l'eau à 80 ou 90 mètres;

le reste s'arrose par l'excédent provenant de l'amont, sans qu'il y ait besoin de rigole de colature.

Les rigoles sont le plus souvent pourvues de martelières en pierre, que ferment des vannes, ou des espaciers en tôle, ou en bois; on les purge avant de procéder aux arrosages, et quelquefois même encore en juillet. Avec les eaux claires, les blés, comme les prairies artificielles et les jardinages divers, les haricots, etc., cultivés sur tables, sont arrosés d'ensemble; mais quand les eaux sont troubles, les racines et surtout les tubercules, cultivés sur billons alternant avec des rigoles, ne sont arrosés que par infiltration.

Pour la culture du blé associé à la luzerne, la formation de tables à l'aide des ados-coussinets que pratique la charrue, à 3 ou 4 mètres de distance selon la pente, et dans le sens le plus favorable à une bonne distribution des eaux, paraît préférable à la méthode des rigoles de déversement, à cause de l'économie de l'eau d'arrosage et de l'utilisation de tout le terrain.

Une autre disposition pour des pièces à double déclivité à mettre en luzerne, consiste dans l'installation de planches diagonales de 3 mètres de largeur, par exemple, sur une inclinaison telle que la perpendiculaire aux deux côtés demeure horizontale. L'eau se distribue ainsi sans se porter sur le côté inférieur (1). Les luzernes réussissent d'ailleurs très bien par planches horizontales, avec une filiole au milieu, répandant l'eau à droite et à gauche, sur une largeur de 30 à 40 mètres de chaque côté. Il faut alors creuser une rigole d'écoulement pour enlever l'excès d'eau. Dans cette installation la largeur des planches jusqu'au colateur peut varier entre 50 et 150 mètres, suivant la nature des terrains.

(1) Terre de Pont-de-Jouquiers, commune de Séguret, Vaucluse.

Les prés sont toutefois arrosés plus ordinairement par compartiments, comme il a été dit. Les domaines irrigués de la Darcussia (Marseille) et des Pigeolets (Vaucluse) donnent une idée de la division adoptée pour les terrains soumis à l'arrosage en Provence (1).

Limousin. — Dans le Limousin, on arrose les prairies pendant tout l'hiver. Dès la fin d'avril et en mai, l'on ne fait que des arrosages de nuit, et l'on ne suspend les irrigations, quelques jours avant la fauchaison, que vers la fin de mai. Comme on le sait, les eaux qui ne sont pas dérivées directement des ruisseaux ou des rivières, proviennent surtout des sources, des nappes souterraines, des drainages, etc., que l'on recueille dans des *pêcheries* ou réservoirs (2). Trois systèmes d'arrosage sont employés parfois simultanément, dans la Haute-Vienne, suivant la configuration des terrains, à savoir : le rigolage par déversement et à reprise d'eau pour les coteaux; les planches séparées par des fossés d'assainissement pour les bas-fonds à tourbe; et la submersion pour les terrains plats que bordent des ruisseaux.

Si les coteaux sont dominés par une rigole alimentaire assez abondante, une prise d'eau pratiquée tous les 40 mètres permet, moyennant de petites branches étagées qui forment épi ou aile de fougère, de déverser dans l'une ou l'autre des branches l'eau qui inonde régulièrement la zone respective.

Dans les prés de fonds, la longueur et la largeur des planches sont réglées d'après le relief du terrain; bien que la largeur dépasse rarement 30 mètres. Pour ménager l'eau, il arrive que l'on pratique parallèlement aux fossés d'assainissement des rigoles peu profondes des-

---

(1) Voir livre XI, § VI.
(2) Voir tome I, pp. 41 et 432.

tinées à recueillir l'eau excédente et, par des obstacles, pierres ou gazons, à la faire refluer dans les raies d'arrosement qui sillonnent chaque planche, afin qu'aucune partie comprise entre deux rigoles ne soit privée d'eau. C'est une nappe de $0^m,01$ à $0^m,02$ d'épaisseur, toujours en mouvement, fonctionnant avec régularité et arrivant à l'extrémité inférieure de chaque planche presque aussi abondante qu'à la partie supérieure, sauf les pertes dues à l'infiltration et à l'évaporation.

La submersion, enfin, a lieu par prises directes sur les ruisseaux dont les eaux, au moyen de rigoles spéciales, s'écoulent sur chaque compartiment. Si l'eau des ruisseaux n'est pas au niveau nécessaire pour la submersion, on pratique des dérivations qui l'élèvent et permettent de limoner les terres tourbeuses.

En hiver, les irrigations par déversement sont assez continues et abondantes pour que l'eau circule en nappe, et que la congélation soit seulement superficielle dans les grands froids; le gazon est alors suffisamment garanti de la gelée. Au moment de la végétation, au contraire, les irrigations durent d'autant moins que la température est plus élevée et que le gazon est plus épais, pour qu'il puisse profiter jusqu'aux racines de la chaleur solaire (1).

Une installation spéciale consiste à recueillir pour l'irrigation les eaux des nappes souterraines, par des tranchées de 3 à 4 mètres de profondeur, dans lesquelles on établit de forts aqueducs, ou bien des galeries souterraines (dites *renards,* suivant l'expression du pays). Pour ces galeries, on procède par un puits de 4 à 5 mètres de profondeur, et on creuse comme dans les mines, en suivant la direction indiquée, un tunnel voûté qui a de $0^m,90$

(1) Ferme-école de Chavaignac; arrondissement de Limoges.

à 1 mètre d'élévation sur 0^m,60 de largeur, et une longueur variable de 20 à 30 mètres. On fait aboutir chaque
galerie dans des *pêcheries* d'une dimension calculée
de manière qu'on puisse les vider par éclusée de
24 heures (1). Pour une contenance qui varie de 30 à
800 mètres cubes, le temps que mettent les pêcheries à
se remplir, varie entre 20 et 96 heures (2). Les rigoles
établies à fleur de terre et suivant la pente, sont en
nombre considérable pour la distribution, on les ouvre
rapidement à l'aide de la charrue ordinaire.

Auvergne. — Les pâturages de la Limagne, qui dominent dans la haute montagne spécialisant le nom
de *montagne,* sont riches et légumineux sur les sols
calcaires et volcaniques, mais clair-semés et secs sur
les sols granitiques dont l'arrosage est indispensable.
Les *narses* où croupissaient naguère les eaux des sources, sont aujourd'hui assainies pour la plupart et les
eaux servent à l'irrigation des prairies sèches soigneusement nivelées.

Les arrosages se font par rigoles en pente douce venant de la source ou du ruisseau et déversent d'étage
en étage. Les montagnards tracent fort habilement les
rigoles à vue d'œil, sans recourir au niveau. L'eau est
donnée à peu près en tout temps, sauf pendant les fe-
naisons et le pacage, qui a lieu au printemps. Les prés
et pâtures ne sont fumés qu'avec des purins d'écurie.

Les *jasseries* du Forez comprenant vingt ou vingt-
quatre têtes de bétail, sont établies au-dessous des réservoirs des sources, de façon que l'eau puisse entraîner
dans un caniveau central toutes les déjections et les
purins des animaux, quand ils sont en pâturage. Les

(1) Voir tome I, *Sources en montagnes,* p. 429.
(2) Terre de Veseix; canton d'Aixe.

eaux rendues ainsi fertilisantes sont répandues proportionnellement sur les prairies. L'herbe est en partie fauchée en vert, et en partie, mise en foin sec pour le début de l'été. Quand les sources sont abondantes, plusieurs *jasseries* se groupent à petite distance les unes des autres (1).

5. *Arrosages en Italie.*

Lombardie. — De la pratique des arrosages tels qu'on les exécute dans le Crémonais, le Dr Marenghi (2) a donné la description suivante :

Dès que l'arrosage d'un champ a été décidé par le fermier, le chef eygadier (*capo acquaiuolo*) donne l'eau, c'est-à-dire, qu'il baisse sur le branchement du canal desservant la propriété, la vanne hydrométrique (*paratoia*), en aval du canal de répartition (*gora*) dans lequel une seconde vanne met l'eau en liberté et lui permet de gagner la tête du champ. Arrivée à ce point, l'eau est maintenue sur des longueurs déterminées dans la rigole principale par des arrêts en osiers, garnis d'une toile épaisse, jusqu'à ce qu'elle surmonte le niveau du champ. Les paysans découvrent alors, à l'aide du hoyau, les petites bouches (*bocchetti*) qui étaient obstruées par de la terre; trois, quatre, ou cinq à la fois, et l'eau se précipite.

A deux mètres environ de distance du bord, en amont du champ, une autre rigole diminue le courant et laisse l'eau parcourir lentement les sillons pour les pénétrer. Avant que l'eau atteigne le bord d'aval, à 3 mètres environ de distance de la limite, une contre-pente l'em-

(1) Téallier, *l'Agriculture pastorale du Puy-de-Dôme ; Ass. française pour l'avancement des sciences*, 1877, p. 925.
(2) Marenghi, *Inchiesta agraria, circondario di Cremona ;* t. VI.

pêche de se précipiter dans le colateur, de façon qu'elle est obligée de s'écouler avec une grande lenteur. Après qu'un compartiment a été ainsi arrosé, on reporte l'arrêt plus loin, ou plus avant dans le canal de répartition, afin d'en arroser un second, et ainsi de suite, jusqu'à ce que tout le champ ait été irrigué.

Tout l'art de l'irrigateur consiste à ne pas perdre d'eau, en fermant dès qu'il convient les *bocchetti* qui l'admettent dans les sillons. Le volume distribué doit être suffisant pour traverser de part en part les billons ou les ados, et cependant la queue du champ doit être aussi complètement arrosée que la tête, voisine de la rigole. « C'est là apparemment un art facile, ajoute Ma- « renghi, mais bien peu de paysans le possèdent, et « un bon irrigateur est non moins apprécié du fermier « qu'un bon surveillant de cultures. » Il faut, en effet, que la distribution corresponde non seulement à la plante ou à la récolte, mais encore au sol dont la nature varie sensiblement d'une année, et même d'une saison à l'autre, d'après son mode de préparation et de fumure. Ainsi, au mois d'août, à la suite des pluies de l'hiver et du printemps, un sol peut avoir perdu de sa perméabilité naturelle et s'être resserré au point de consommer moitié moins d'eau qu'à l'ordinaire.

Pour les prairies et pour le lin, quelque étendu que soit le champ à irriguer, deux hommes suffisent, l'un à la tête et l'autre à la queue; ce dernier chargé plus spécialement de constater l'arrivée vers le colateur et d'avertir pour faire suspendre l'écoulement.

Quand il s'agit du maïs qui a déjà une certaine hauteur, l'opération devient fatigante, car l'arroseur doit suivre l'eau, en écartant au hoyau les obstacles que les sarclages répétés peuvent apporter à la marche de l'irrigation. Or, la circulation dans un champ de maïs, semé généralement très serré, n'est pas facile quand on veut épargner les plants.

L'habileté du fermier réside dans le choix de l'époque et du mode de distribution des eaux. Tantôt une prairie qui semble brûlée par le soleil renaît en pleine vigueur après un bon arrosage; tantôt, au contraire, elle périt pour avoir été arrosée à contre-temps. Tel lin reste court et décrépit pour n'avoir pas été assez arrosé, et tel maïs est gâté ou perdu pour l'avoir été trop. Un champ de melons ou de courges annonçant une excellente récolte, est sacrifié en quelques jours à cause d'un arrosage intempestif.

Toscane. — Un autre mode que nous citerons textuellement a été décrit par Simonde, pour l'arrosement des terres à Pescia, en Toscane (1).

« Le propriétaire reçoit l'eau du canal d'amenée dans un fossé peu profond, creusé dans la partie la plus élevée de son domaine. Pour la faire arriver au niveau des champs, il l'arrête avec des vannes. Comme chaque champ est séparé des autres par un fossé, on la fait passer de l'un à l'autre sur des petits ponts de pierre, ou dans des canaux de bois. L'eau entre dans les champs par le point le plus élevé; et comme ils sont divisés en plates-bandes de 3 ou 4 pieds de largeur, on fait passer l'eau successivement dans chacune des rigoles qui séparent les plates-bandes; et comme il n'y a que fort peu, ou souvent point de pente, elle s'y avance très lentement, et la terre altérée boit, à mesure que l'eau s'écoule, toute celle qu'elle peut contenir, jusqu'à ce qu'elle en soit complètement pénétrée, au point que celui qui croirait marcher sur le sec, au milieu de ces plates-bandes, s'y enfoncerait souvent jusqu'à mi-jambe.

(1) Simonde, *Tableau de l'agriculture toscane*, p. 22

« Si l'eau court trop vite dans la rigole parce qu'il y a trop de pente, on l'arrête avec quelques pelletées de terre, pour qu'elle ait le temps de bien pénétrer le terrain : lorsque la pente au contraire vient à manquer, la hauteur de l'eau par derrière et son mouvement suffisent à pousser celle qui est devant. Il ne peut arriver qu'elle s'arrête dans la rigole, que dans le cas où le paysan a eu la gaucherie de l'envoyer contre la pente, n'ayant pas bien étudié le niveau de son champ lors de l'écoulement des pluies, ou n'ayant pas remédié aux irrégularités par un bon labourage : encore cette bévue ne peut-elle avoir lieu que la première année qu'il a acquis un filet d'eau.

« Cette manière d'arroser abreuve abondamment et pour longtemps les racines des plantes, et la croûte sèche qui recouvre le terrain du milieu des plates-bandes, les préserve d'une trop forte évaporation.

« En général, l'on voit que pour pouvoir bien arroser, il faut être maître d'une déclivité assez considérable. Comme l'on avance dans les plaines, la pente manquant tout à fait, l'arrosement devient impossible. Les eaux doivent couler au fond des fossés, et l'on ne peut les forcer à s'élever d'elles-mêmes au niveau des terres. On peut, à la vérité, les y porter à force de bras; pour ce faire, le laboureur se sert d'un seau emmanché avec lequel il puise l'eau du fossé et la reverse dans la rigole à côté de lui. Cet ouvrage se fait passablement vite, et l'eau court presque aussi rapidement que si elle venait d'elle-même. »

6. *Arrosages en Espagne.*

En Espagne où domine le système d'irrigation par infiltration, les terres se partagent en parcelles qui reçoivent des noms différents dans les différentes provinces. Celles que dessert un canal secondaire *braʒal, cacera,* etc. ont une forme régulière, le plus souvent rectangulaire, pour la facilité des travaux de culture.

La longueur étant variable, la largeur des parcelles ne dépasse guères 3o mètres. Une rigole de distribution *reguera, regata, sangrero,* etc. sépare les parcelles entre elles et alimente les sillons ou raies d'infiltration.

L'ensemble des parcelles qu'arrose un canal secon-

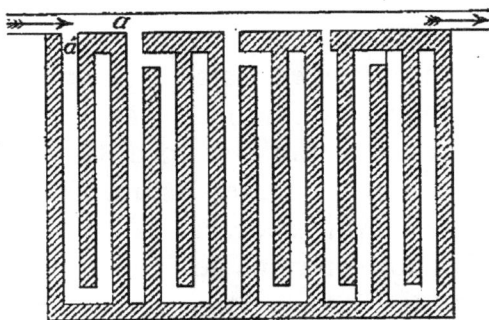

Fig. 1. — IRRIGATION PAR INFILTRATION DITE A CARACOL (ESPAGNE).

daire ou *braʒal,* reçoit le nom, en Murcie, de *herediamento,* et ailleurs, de *heredad, pago* ou *partito.* Chaque *herediamento* est formé de parcelles qui prennent le nom, suivant les pays, de *cuarteles, tajones* ou *canteras.*

Dans la *vega* de Tajuna, les banquettes qui limitent les *cuarteles* sont un peu plus élevées que celles des planches appelées *vesanas* ou *eras,* qui subdivisent chaque parcelle. Quant aux *eras,* elles sont sillonnées dans le sens de la pente, et les billons (*caballon* ou *caballete*) ménagés entre deux sillons offrent une largeur d'environ 0m,40. La figure 1 représente une disposition très usitée, dite *à caracol,* dans laquelle quatre *eras* sont desservies par une même rigole ou *regata, a,* dont le débit varie entre 2 et 20 litres suivant la culture (1).

Quand on submerge, les *eras* que l'on établit de dimensions plus réduites, toujours unies et de niveau, sont partagées en planches par des digues (*macho, camellon*) plus élevées que les billons. Dans les terrains très inclinés, les parcelles en gradins que l'on appelle alors *albitanas,* plus communément *bancales (feixas* en catalan) sont séparées par des digues en terre, ou par des murs en pierre sèche (*paradas* à Valence, *albarradas* en Castille, et *valates* en Andalousie) qui s'irriguent comme en Toscane (2).

Dans son voyage en Catalogne pendant l'année 1787, Arthur Young ne manque pas de signaler le mode d'irrigation suivi dans les localités que sillonnent des canaux « destinés à toutes les propriétés ».

« On ne saurait surpasser, dit-il, les soins donnés à l'irrigation aux environs de Pons : le terrain y est nivelé comme celui d'une pelouse; il n'y a pas d'autres dépenses, sauf la conduite des eaux, qui est commune à tous. Le sol aplani, on le divise en planches larges de 6 à 8 pieds, au moyen de petits sillons de terre bien meuble, formés au rateau après chaque semaille, afin d'empêcher l'eau d'occuper un trop grand espace à la fois. Sans cela, on n'arroserait pas également; le courant serait trop fort à l'entrée; ce qui importe peu quand il s'agit de prairies; mais ce qui nuirait beaucoup dans les terres arables. De petites rigoles, partant des canaux d'amenée et aboutissant au sommet de ces planches, sont ouvertes lorsque le fermier juge à propos d'abreuver telle ou telle partie.

---

(1) A. Llauradó, *Tratado de aguas y riegos,* 1884, tome I, p. 400.
(2) Voir tome II, pp. 480 et 537.

« On arrose aussitôt après les semailles, puis ensuite à intervalles réguliers, jusqu'à ce que les plantes sortent de terre; modérément quand elles sont jeunes, et enfin journellement, et même deux fois par jour lorsqu'elles ont atteint leur pleine croissance. Les effets de l'irrigation sont merveilleux et surpassent ceux de la plus riche fumure. La végétation est tellement rapide, qu'il est rare de la voir exiger l'été tout entier pour s'accomplir [1]. »

7. *Arrosages en Algérie.*

En Algérie, le terrain irrigué est partagé en sections à peu près de même surface, qui reçoivent chacune les eaux du réservoir ou du cours d'eau, par un canal secondaire, branché sur le canal principal et desservi par un partiteur. Pour éviter les conflits, un seul propriétaire arrose sur chaque canal secondaire; c'est-à-dire, qu'il est seul à employer le débit du canal pendant le temps proportionnel à la surface qu'il cultive. Le débit est réglé en conséquence dans les canaux secondaires, suivant la zone des cultures. A Saint-Denis du Sig, il est de 15 litres pour la zone des jardins, et de 25 à 30 litres pour les cultures en plaine; tandis que dans l'Habra, les débits des diverses sections sont de 35, 40 et 50 litres par section, et à Relizane de 80, 100 et même 110 litres pour des propriétés étendues.

Suivant la portée du canal secondaire se règlent les sections d'arrosage; ainsi, pour un débit de 100 litres, la section pourra comprendre 200 hectares en cultures estivales et 600 hectares en cultures d'hiver; en tout, 800 hectares arrosés, et pas davantage.

(1) A. Young, *Voyages en Italie et en Espagne; traduction de Lesage*. p. 401.

L'installation depuis longtemps pratiquée en Algérie pour les arrosages, est facile à comprendre à la vue de la figure 2, qui donne le plan d'une des sections d'irrigation des terres de Relizane qu'arrose la Mina canalisée (1).

Le canal principal AB débouchant en B, se subdivise en deux branches, pour l'irrigation des deux dernières sections V et VI. Le canal secondaire qui arrose la 6ᵉ section se dirige suivant BCDE; mais il alimente auparavant la 5ᵉ section par les rigoles de distribution BG, CH, IK, et FM. Chacune des parcelles étant touchée au moins en un point par les rigoles de distribution, jouit de sa prise d'eau. C'est le syndicat des arrosants qui a la charge d'entretien du canal principal et des canaux secondaires et de distribution; chaque propriétaire de parcelle pourvoit à l'installation de sa prise d'eau et de son terrain pour l'arrosage.

L'irrigation procédant de l'aval en amont; c'est la parcelle nᵒ 150 desservie par la rigole FM qui commence. Au jour et à l'heure fixés par le tableau du syndicat, l'eygadier ouvre la prise d'eau de la rigole FM, les autres rigoles étant fermées, et la parcelle nᵒ 150, reçoit le débit total du canal secondaire BCDF. On sait le temps qu'il faut pour que l'eau parcoure la distance BCDIFM, et on ne le compte pas dans la durée d'arrosage. Le temps étant écoulé, le propriétaire est tenu de fermer sa vanne, et dès lors commence l'arrosage de la parcelle 151, puis de la même manière, celui des parcelles 152 et 153 : cette dernière étant arrosée, l'eygadier ferme la prise F et ouvre aussitôt celle en I qui dessert par la rigole IK la parcelle 225, puis 224 et ainsi de suite.

(1) Pochet, *Mise en valeur de la plaine de l'Habra; Annales des ponts et chaussées,* 1875.

D'après ce mode de distribution, un eygadier est indispensable pour le service des prises de bifurcation. A

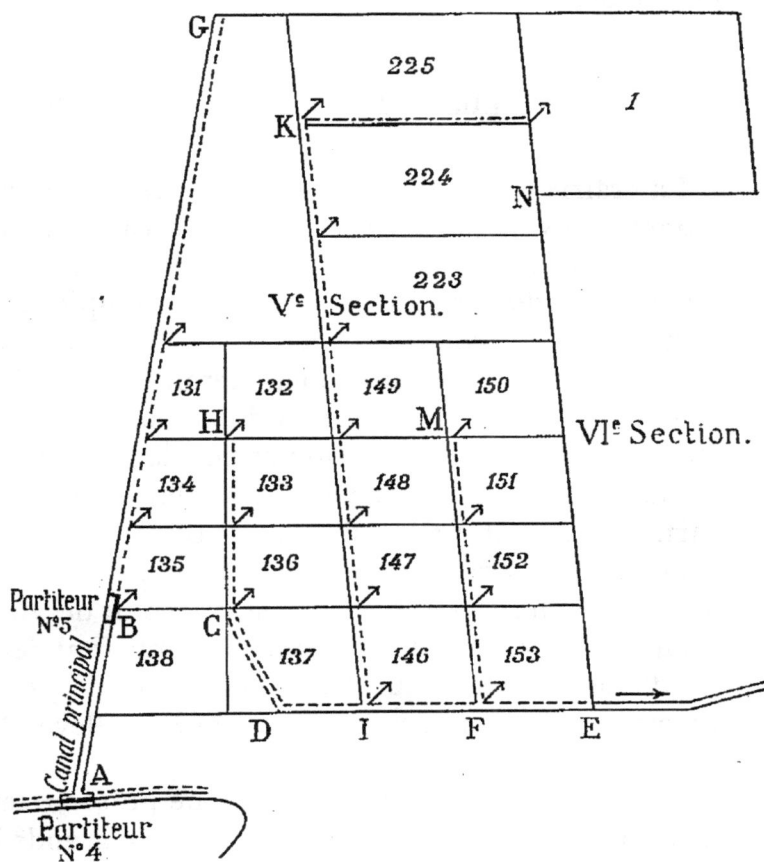

Fig. 2. — Plan d'une section irriguée, canal de la Mina
a Relizane (Algérie).

Relizane, un eygadier suffit pour 1500 hectares (1).

Les partiteurs, soit proportionnels, soit à répartition variable, ainsi que les soins d'entretien des canaux et des

(1) Zoppi e Torricelli; *Annali di agricoltura*, 1886.

rigoles, sont également confiés aux eygadiers. Ces dispositions légèrement modifiées se retrouvent dans les plaines soumises à l'irrigation de l'Habra, de l'Hamiz et du Sig.

II. LA PRAIRIE NATURELLE OU PERMANENTE.

La prairie est de toutes les cultures celle qui, sous les climats moyens, utilise le mieux les eaux abondantes pendant le cours de l'année; c'est aussi dans la prairie que les grandes irrigations sont surtout employées. Sans eaux disponibles pour l'irrigation, la culture de la prairie, d'après Boussingault, manquerait le but principal, celui d'assurer du fourrage au domaine. Le sol ne doit être ni trop meuble, ni trop perméable; quand la silice prédomine, le sol n'est pas favorable. Comme d'autre part, elle doit être accessible à l'action de l'air et de la chaleur, une terre trop argileuse n'est pas non plus recommandable. Il s'ensuit que si, au point de vue de la composition chimique, certains éléments font défaut au sol d'une prairie, et que les eaux ne doivent pas les lui apporter, le rendement ne pourra guère s'élever à l'aide de l'irrigation pure et simple.

A moins que la couche végétale ne puisse retenir les eaux, un sous-sol trop perméable offre de grands inconvénients; de même un sous-sol imperméable amène forcément la stagnation des eaux, s'il n'a pas été préalablement drainé.

Les sols calcaires étant trop secs, et les argiles marneuses étant préférables pour l'irrigation, les meilleurs sols de prairie sont ceux dans lesquels l'argile est mélangée avec le sable. L'humus, en raison de ses propriétés physiques et chimiques, c'est-à-dire de son peu

de cohésion, de sa disposition à condenser l'eau atmosphérique et de son état hygroscopique, ainsi que de sa
faible teneur en matières minérales, tandis qu'il est riche
en acides organiques, ne convient pas au régime des
irrigations. Il est possible toutefois de remédier en
partie au désavantage de l'excès d'humus dans les sols
de prairie.

L'irrigation tend, en effet, à mettre en liberté et à répartir plus également les principes nutritifs contenus
dans le sol, à régulariser les conditions de température
pour la végétation des herbes, et à détruire celles de
mauvaises espèces, mousses et joncinées, qui croissent
à la faveur des acides du terrain. Il s'ensuit que les
prés irrigués montrent en automne, et dès le printemps,
une couleur verte luxuriante et une active croissance ;
tandis que la végétation des prés secs est éteinte, ou n'a
pas commencé. Un pré irrigué donne en conséquence
un fourrage plus abondant, plus sain et plus nourrissant qu'un pré sec.

Qu'un sol léger puisse recevoir des arrosages de plus
longue durée et plus fréquents qu'un sol argileux ; ou
bien, s'il est en faible pente, qu'il doive être moins souvent et moins longtemps arrosé que celui en pente rapide, il n'en est pas moins avéré qu'une foule de terrains
ne se prêtent qu'à faire des prairies ; telles sont les pentes
des montagnes. Au reste, dans une grande partie de
l'Europe, dès qu'il est possible d'établir un bon système d'irrigation, la culture de la prairie est préférée,
à cause de la sécurité de ses produits et du peu de main-
d'œuvre qu'elle réclame.

Les irrigations méthodiques, basées sur l'apport des
matières en suspension et en dissolution que renferment
les eaux, suffisent rarement pour maintenir constant le
rendement des prairies. Dans beaucoup d'exploitations,

le fumier est affecté aux terres arables, tandis que la
prairie n'a que l'irrigation pour entretenir sa fertilité.
Vincent a cru devoir caractériser sa méthode rationnelle d'irrigation en ce que « la matière qui a servi à la
« production de l'herbe et qui a été enlevée à l'état de
« foin, doit pouvoir être remplacée par les matières en
« suspension et dissoutes dans l'eau (1) »; c'est là toutefois un résultat exceptionnel que la théorie des restitu-
tions peut justifier, sans que la pratique le sanctionne,
à moins de masses d'eaux de nature particulièrement
fertilisante.

La qualité a pour effet, si l'eau provient des colatures
ou des égouts d'une ville, qu'elle permet d'arroser des
prairies d'hiver, à cause des matières minérales et végétales enlevées aux terres fumées, ou des résidus des lieux
habités. Mais, de toutes manières, la fumure devient
indispensable pour suppléer au manque d'eau et compléter son utilisation; c'est ce qui ressort à l'évidence
de l'examen du tableau I qui donne, d'après le professeur
J. Kühn de Dresde, la composition moyenne de l'herbe
des prairies, du foin et du regain.

TABLEAU I. — *Composition moyenne de l'herbe
et du foin de prairie.*

	Matière sèche.	Albumine.	Graisses.	Matières extractives non azotées.	Fibre végétale.	Cendres.
Herbe de prairie.	28.1	3.1	0.8	12.1	10.0	2.1
Foin............	85.7	8.5	3.0	38.3	29.3	6.6
Regain.........	85.0	9.5	3.1	42.3	23.5	6.6

(1) Vincent, *Der rationelle Wiesenbau, dessen Theorie und Praxis;*
Leipzig, 1870.

Les Italiens couvrent leurs prés de fumier court, en hiver, puis ils les inondent; on peut penser qu'avec un tel traitement la production de l'herbe ne saurait manquer d'être très abondante.

La fumure, d'ailleurs, n'est pas sans exercer une action sur la fréquence de l'arrosage. D'après Zappa, dans un sol léger, peu profond, les prairies lombardes sont arrosées tous les trois ou quatre jours; un sol tassé par le pâturage du bétail, est arrosé tous les sept ou huit jours, et un sol argileux, au plus tous les quinze jours : il s'agit de prairies fumées et irriguées par les eaux ordinaires.

Dans les prés tourbeux dont le sol doit être modifié, à cause de l'excès de substances organiques, il est essentiel de donner plus d'eau qu'aux prés ordinaires. Lorsque le drainage est facile et complet, l'arrosage s'y pratique généralement dès l'automne, pendant un mois, et après un intervalle d'assèchement de vingt jours, pendant une seconde période de quinze jours de durée. On procède ainsi jusqu'en mars, tant que l'hiver n'est pas rude; puis les arrosements se succèdent de deux à trois jours, après des périodes doubles d'assèchement (1).

D'autres considérations que celles déjà notées de la nature du sol, de la fumure, de la qualité et de la température des eaux et des saisons, guident la pratique des arrosages des prairies, à savoir : l'orientation, et les conditions atmosphériques.

Outre que les prairies en pays découvert doivent être plus abondamment arrosées que celles en pays ombragés et abrités où l'évaporation est moindre, il convient de ménager les eaux sur les prairies exposées au levant, par

---

(1) Puvis, *Direction pratique pour les irrigations; Journ. agric. prat.*, 1848, t. XI.

rapport à celles situées au nord, la végétation y étant plus active et les gelées blanches plus fréquentes. L'exposition du couchant, plus chaude que celle du levant, réclame aussi un peu plus d'eau.

Les meilleures irrigations ont lieu par des temps couverts et pluvieux. Les pluies chaudes coïncidant avec le vent du sud, activent la végétation de l'herbe. L'eau d'arrosage tempère l'action des pluies froides; toutefois dans les années pluvieuses, l'arrosage ne peut être aussi abondant que si l'on dispose de bonnes eaux fertilisantes.

Les vents du nord, dans certains climats, ont une fâcheuse influence sur la végétation, aussi importe-t-il, quand soufflent les bises de mars et d'avril, d'arrêter l'arrosage, pour le reprendre plus tard avec abondance, et au besoin le prolonger. En prévision des gelées blanches, dans les mêmes mois, on devra suspendre l'arrosage, à moins de pouvoir irriguer à grande eau.

1. *Flore des prairies irriguées.*

L'influence du sol sur la qualité des herbes de prairie a été démontrée dans l'examen que nous avons fait des terrains géologiques; celle de l'irrigation n'est pas moins réelle.

Dans une étude intéressante que le professeur J. Buckman de Cirencester, a publiée en 1855 (1), la flore des prés a été comparée, sur des terres à sol léger, des terres argileuses maigres, des *loams* profonds et riches, des berges de rivière soumises à la submersion périodique, et des terrains méthodiquement irrigués. Le tableau II indique les résultats de cette étude groupant

---

(1) *The natural history of the British grasses. Journ. Roy. agric. Soc. of England*, vol. XV. 1re série, 1855.

TABLEAU II. — *Flore des prés établie suivant les terrains.*

PLANTES FOURRAGÈRES.		Pâturages élevés.	Argiles pauvres.	Argiles riches.	Prés inondés.	Prés irrigués.	OBSERVATIONS.
		RAPPORTS PROPORTIONNELS					
Alopecurus pratensis.	Vulpin des prés..	»	1	2	2	3	Croissance très variable; augmente beaucoup avec l'amélioration du sol.
Phleum pratense	Fléole des prés..	»	1	2	1	2	Hauteur 0m.22 en sol pauvre; 0m.60 en bon sol.
Agrostis stolonifera.	Agrostis traçante.	2	»	»	1	2	Abonde dans les prés élevés où le bétail la refuse; se développe de bonne qualité par l'irrigation.
Arrhenaterum avenaceum	Fromental.......	»	3	1	»	»	Jamais abondant, sauf dans les sols pauvres.
Poa pratensis	Pâturin des prés.	1	1	2	1	3	Se trouve dans tous les prés.
— *trivialis*	— commun.	»	»	»	2	1	Croît rapidement dans les prairies à eau stagnante; décroît par l'irrigation rationnelle.
Briza media	Brize commune..	1	2	»	»	»	Dans les sols pauvres.
Avena pubescens	Avoine pubescente...........	1	»	1	1	1	Assez constant. Très abondant dans les bonnes terres.
— *flavescens*	Avoine jaunâtre..	»	»	1	1	2	Abonde souvent dans terres pauvres, bruyères, etc.
— *pratensis*	— des prés..	1	2	»	»	»	Croît rapidement dans les prairies marécageuses; rare dans les bonnes.
Holcus lanatus	Houque laineuse.	1	1	»	2	»	Surtout dans les prés élevés.
Festuca ovina	Fétuque ovine...	4	»	»	»	»	Se trouve à peu près partout, de préférence dans les prés élevés.
— *duriuscula*	— dure....	2	1	1	»	1	Dans les bonnes prairies (abonde).
— *rubra*	— rouge...	»	»	2	»	»	
— *pratensis*	— des prés.	»	»	2	1	1	Très fine dans les prés inondés; sur le bord des rivières.
— *loliacea*	— élevée..	»	»	1	2	2	Prés élevés calcaires.
Bromus erectus	Brome des prés..	1	»	»	»	»	Générale; croît rapidement dans les bonnes terres.
Dactylis glomerata	Dactyle aggloméré	»	1	2	3	3	Par plaques dans les prés élevés, riches; très abondant dans les bonnes prairies.
Hordeum pratense	Orge des prés....	1	1	2	2	2	Dans la plupart des prairies; hauteur 0m.15 dans les prés élevés; 0m.30 dans les bonnes prairies.
Lolium perenne	Ivraie vivace.....	1	1	3	2	2	
Rendement moyen en foin		»	10	15	25	30 à 40	
Revenu moyen		10	15	25	30	40 à 100	

LES IRRIGATIONS.

31

les rapports proportionnels entre les principales herbes des prairies, dans les divers sols mentionnés. On constate que les sols offrent non seulement une grande diversité quant à la flore des herbes, mais que lorsqu'ils portent les mêmes espèces, les proportions sont sensiblement modifiées par l'action de l'eau.

Dans les terres irriguées qui nous occupent, les changements sont souvent très rapides. Beaucoup de plantes herbacées qui ne sont pas des herbes, telles que le plantain moyen, la pâquerette commune (*bellis perennis*), les renoncules, leur cèdent la place. Dans une prairie, des environs de Cirencester, dont une partie seulement est irriguée sur les bords de la Churn, le sous-sol appartenant au gravier oolitique, la proportion des espèces a varié après deux années, et après quatre années d'irrigation, dans le rapport qu'indique la tableau III.

TABLEAU III. — *Flore des graminées d'une prairie de Cirencester modifiée par l'irrigation.*

PLANTES DE PRAIRIE (GRAMINÉES).		Rapport proportionnel		
		avant l'irriga- tion.	après 2 années.	après 4 années.
Alopecurus pratensis..	Vulpin des prés......	1	2	4
Poa pratensis.........	Pâturin des prés.....	2	3	4
— trivialis..........	— commun....	1	2	1
Briza media..........	Brize commune	2	»	»
Cynosurus cristatus..	Cretelle hérissée.....	2	1	»
Aira cespitosa........	Couche gazonnante..	1	»	»
Agrostis stolonifera..	Agrostis traçante.....	1	2	3
Dactylis glomerata...	Dactyle aggloméré...	1	2	3
Avena flavescens......	Avoine jaunâtre.....	2	3	3
— pubescens......	— pubescente..	1	1	1
Hordeum pratense...	Orge des prés........	1	2	2
Lolium perenne.......	Ivraie vivace.........	2	4	6

En quatre années, la prairie avait triplé de valeur : en effet, à l'exception du pâturin commun et de l'orge des prés, toutes les meilleures herbes s'y sont développées. Le pâturin, après avoir augmenté jusqu'à la troisième année d'arrosage, a décliné, probablement à cause du mauvais drainage de la prairie.

Quand le sous-sol est formé de gravier, les modifications sont plus sensibles. Les argiles tenaces, si le sous-sol n'est pas assez meuble ou perméable, ne conviennent pas aussi bien à l'irrigation.

Pour les plantes autres que les graminées, les changements dans la prairie de Cirencester ont été plus frappants encore, ainsi qu'il ressort du tableau IV.

TABLEAU IV. — *Flore des plantes autres que les graminées; prairie de Cirencester.*

PLANTES DIVERSES .		Rapport proportionnel		
		avant l'irriga- tion.	après 2 années.	après 4 années.
Ranunculus acris......	Renoncule âcre......	1	3	1
— bulbosus..	— bulbeuse.	3	1	»
Plantago lanceolata..	Plantain lancéolé....	3	1	1
— media......	— moyen.....	3	»	»
Trifolium repens	Trèfle rampant.......	2	»	»
— pratense....	— des prés......	1	2	2
Anthriscus vulgaris ..	Cerfeuil commun....	1	2	1

Ainsi, les plantes inertes font place à de meilleures herbes; le cerfeuil commun qui se développe d'abord, décroît plus tard et doit être arraché. Quant à la parelle sauvage (*Rumex crispus*) et à l'oseille des prés (*Rumex acetosa*) que l'irrigation développe souvent, elles sont rapidement détruites, si on ne les laisse pas venir à graine.

Boitel cite un exemple de flore variable, suivant que la prairie est sèche ou arrosée, qui démontre d'une manière saisissante l'influence des eaux sur le rendement et les espèces d'herbes (1). Il s'agit d'une prairie dans la vallée du Tacon (Jura), à l'altitude de 500 à 600 mètres, dont le sol calcaire et pierreux offre, dans la partie horizontale submersible qu'arrosent les eaux du Tacon, un foin complètement différent de celui de la partie en coteau, non arrosable.

Dans le bas de la prairie, l'herbe est beaucoup plus abondante et ne rend pas moins de 5.000 kil. en première coupe. La vigueur des graminées et des plantes diverses empêche la croissance des légumineuses dont la plupart, du reste, redoutent un sol froid et humide. La proportion des familles dans le foin récolté est de 7/10 graminées, et 2/10 plantes diverses, contre 1/10 légumineuses, comprenant les trèfles blanc et des prés, le lotier, le mélilot, la coronille, etc.

Dans la partie haute, le foin auquel revient le mérite de la finesse et de la qualité, rend seulement 2.500 kil. par hectare. Les graminées y sont réduites en proportion à 3/10; les légumineuses représentent 5/10, comprenant les trèfles blanc, des prés et tombant, le sainfoin, la minette, la vesce, la gesse, etc.

Voici, du reste, la composition donnée par Boitel, des deux foins comparés :

(1) Boitel, *Herbages et prairies naturelles*, p. 605.

PARTIE ARROSÉE.		PARTIE NON ARROSÉE.	
Graminées 7/10.	Pâturin commun. Houlque. Fromental. Avoine jaunâtre. — pubescente. Brome dressé. Dactyle.	Graminées 3/10.	Pâturin commun. Houlque. Fromental, *cc.* Avoine jaunâtre, *c.* — pubescente. Brome dressé, *cc.* Brize.
Légumineuses 1/10.	Trèfle des prés. — blanc. Lotier. Coronille bigarrée. Mélilot.	Légumineuses 5/10.	Trèfle des prés. — blanc. — tombant. Sainfoin. Minette. Vesce craque. Gesse des prés. Mélilot. Genêt des teinturiers. Coronille bigarrée.
Plantes diverses 2/10.	Chardon potager. Berce. Jacée. Silène renflé. Scabieuse. Rhinanthe. Grande Astrance.	Plantes diverses 2/10.	Pimprenelle. Gaillet blanc. Plantain. Chrysanthème. Cerfeuil sauvage. Scabieuse et Sauge.

La partie non arrosée est exempte, il est vrai, de chardon (*Cirsium oleraceum*) qui donne un foin de qualité inférieure, et surtout de la grande Rhinanthe (*Rhinantus major*) qui est la plus détestable des plantes diverses. Boitel ajoute comme digne de remarque, qu'en général les prairies jurassiques, quand elles sont en coteau, sont composées en grande partie des espèces les plus fines et les plus nutritives; les légumineuses y entrant pour moitié; qu'elles sont exemptes de joncs, de carex, de colchiques, etc., toutes mauvaises plantes qui abondent dans les vallées mal assainies. « C'est pourquoi les foins des montagnes calcaires sont reconnus supérieurs; les prairies étant sèches ou arrosées, aux foins des formations anciennes ou des terrains tertiaires. »

Dans son mémoire couronné, sur les prairies naturelles de l'Alsace (1), Niklès a étudié, notamment au point de vue de l'irrigation, le rapport de la flore entre les prairies sèches et l es prairies arrosées ou submergées. Le tableau V montre également combien les prairies arrosées et même celles submergées pendant l'hiver ont un rendement plus élevé que les prairies sèches. Tandis que le foin des premières comprend de 65 à 85 pour cent de plantes fourragères, celui des prairies sèches, sans culture, renferme autant d'herbes indifférentes et nuisibles que d'herbes fourragères. L'action des eaux courantes sur la composition de la flore des prés, pour réduire les plantes non nutritives, est manifeste. Niklès en conclut que tous les prés qui ne sont pas susceptibles d'être arrosés, ou qui n'occupent pas des basfonds au bord des cours d'eau, ou dans les vallons humides, devraient être, autant que possible, convertis en terres arables et servir à multiplier les prairies artificielles.

Dans les expériences que M. Lawes a suivies avec Th. Way, dans le but de constater les résultats de l'arrosage des prairies par les eaux d'égout de la ville de Rugby, il a vérifié à la fois le rendement et la composition du fourrage, ainsi que l'action des eaux d'égout sur les plantes des prairies.

Sur une moyenne de trois années (1861 à 1864) pendant lesquelles ont duré les expériences, deux parcelles de prairie, l'une de 2 hectares, et l'autre de 4 hectares dressés d'après le système Bickford, ont donné par hectare et par an les chiffres suivants (2) :

(1) *Journ. agric. prat.*, 1840-41, t. IV, p. 330.
(2) A. Ronna, *L'utilisation des eaux d'égout en Angleterre*, 1866, p. 94.

TABLEAU V. — *Rendement et composition des prairies irriguées et des prairies sèches de l'arrondissement de Schelestadt* (Bas-Rhin).

	PRAIRIES					
	irriguées		inondées l'hiver, rive droite de l'Ill.	sèches, sans culture		
	rive gauche de l'Ill	Eber-münster.		au milieu du Rieth.	Eber-münster	au commencement du Rieth.
	1.	2.	3.	4.	5.	6.
	kil.	kil.	kil.	kil.	kil.	kil.
Herbe produite par mètre carré..................	3.500	2.384	2.448	1.000	2.000	1.000
Foin produit par l'herbe de 1 mètre carré...	1.000	0.750	0.948	0.598	0.884	0.570
Poids dans le foin de plantes ⎰ fourragères.........	0.848	0.500	0.564	0.270	0.440	0.320
indifférentes........	0.128	0.220	0.288	0.280	0.412	0.220
nuisibles	0.024	0.030	0.096	0.048	0.032	0.030
	Pour 100.					
Proportion de foin pour 100 d'herbe fraîche.......	28.5	31.8	38.7	59.0	44.2	57.0
Proportion pour 100 de plantes ⎰ fourragères.........	84.8	66.6	59.5	45.2	49.8	56.1
indifférentes.......	12.8	29.4	30.4	46.8	46.6	38.6
nuisibles	2.4	4.0	10.1	8.0	3.6	5.3

Accroissement par 1000 m. cubes d'eau.		FOIN	
		vert.	matière sèche.
		kil.	kil.
»	Terrain non arrosé............	23.150	5.200
		m. cub.		
12.5o p. 100	Terrain arrosé avec 7.5oo	55.600	12.500
10.5o —	— 15.000	75.600	14..400
8.10 —	— 22.5oo	81.250	16.25o

Le rendement le plus considérable a été obtenu la troisième année, moyennant un volume d'eau de 22,5oo mètres cubes par hectare, qui a fourni sur une des prairies 87.5oo kil. de fourrage vert, correspondant à 17.700 kil. de foin. L'accroissement de produit a été d'autre part moins considérable, le volume d'eau augmentant.

Sous le rapport de la composition, le fourrage arrosé à l'eau d'égout, a été trouvé contenir moins de matière sèche que le fourrage non arrosé. L'herbe fauchée en fin d'automne est moins succulente, dans les deux cas, que celle obtenue en été. La proportion de substances azotées est plus forte dans la matière sèche du fourrage arrosé que dans l'autre; elle est plus forte également à la fin de la saison qu'au commencement. La matière ligneuse est en proportion égale dans les deux cas.

Un point à noter, c'est que l'eau d'égout développe les graminées jusqu'à supprimer les légumineuses et les plantes diverses; elle favorise surtout la végétation des espèces suivantes : pâturin commun, chiendent, houque laineuse, dactyle, ray-gras vivace; mais au bout de quelques années d'arrosage, deux ou trois espèces seulement persistent (1). La tendance qu'ont les grami-

(1) *Sewage of towns; Third report of the Commission.* 1865, p. 73.

nées qui prédominent à devenir plutôt grossières n'offre aucun inconvénient, le fourrage étant consommé en vert par le bétail, car à poids égal la matière sèche de l'herbe arrosée est plus nutritive que celle de l'herbe plus complexe non arrosée.

2. *Ensemencement des prairies irriguées.*

Comme l'irrigation favorise la venue des bonnes plantes, surtout de celles qui conviennent au sol sur lequel elles végètent, on est certain que les mauvaises plantes, dans le mélange des graines de semence, ou que les plantes impropres, finiront par être éliminées.

Il est utile de prendre un mélange de graines, quand on doit ensemencer une prairie, parceque l'on ignore *a priori* quelles sont les plantes qui, dans un sol donné, résisteront le mieux aux intempéries, fourniront le fourrage le plus agréable au bétail et assureront une abondance constante des coupes. Les mélanges varient ainsi naturellement selon les sols, le climat et les habitudes locales concernant le foin.

Les graminées convenant surtout aux prairies fréquemment arrosées, il ne faut pas oublier que les légumineuses abritent dans les semis les plantes plus délicates, garnissent les places nues et donnent un produit dès la première campagne; seulement ces plantes protectrices doivent être semées un peu clair (1). Un grand nombre de formules ont été données, notamment pour les prairies arrosées; on en trouvera quelques-unes indiquées dans le tableau VI, en regard des quantités moyennes de kilogrammes de graines par hectare. Les formules de Stephens, composées par

(1) Lecoq. *Traité des plantes fourragères.* p. 458.

TABLEAU VI. — *Mélanges divers de semences pour prairies arrosées (quantités à employer par hectare).*

NOMS FRANÇAIS.	NOMS BOTANIQUES.	STEPHENS. Mélanges pour terres			KEELHOF. Mélange pour la Campine.	VILMORIN. Mélange pour		Maroltes du Milanais.	BOITEL. Provence.
		légères.	moyennes.	fortes.		terres à blé.	Vaujours.		
		kil.	kil.	kil.	kil.	kil.	kil.	kil.	kil.
Agrostis traçante.....	Agrostis stolonifera..	2.55	2.84	3.12	»	»	»	»	»
Alpiste roseau.......	Phalaris arundo....	1.14	1.42	1.70	»	»	»	»	»
Baccone	Glyceria fluitans	2.55	2.84	3.12	»	»	»	»	»
Cretelle à crêtes.....	Cynosurus cristatus..	»	»	»	5.00	»	»	»	»
Dactyle pelotonné...	Dactylis glomerata..	»	»	»	»	2.50	2.00	»	10.00
Fétuque élevée......	Festuca elatior	1.70	2.26	2.26	»	2.00	»	»	10.00
— queue de rat	— loliacea....	1.14	2.26	3.39	»	»	»	»	»
— des prés....	— pratensis....	2.84	2.84	2.84	»	2.00	»	»	»
Flouve odorante....	Anthoxanth. odorat..	»	»	»	10.00	2.00	1.00	»	»
Fromental...........	Avena elatior........	»	»	»	»	10.00	15.00	26.00	40.00
Houque laineuse....	Holcus lanatus......	»	»	»	25.00	5.00	2.00	»	»
Jacée...............	Jacea pratensis......	»	»	»	»	»	0.20	»	»
Lotier élevé	Lotus major........	2.26	2.26	2.26	»	»	»	»	»
— velu.........	— villosus.......	»	»	»	»	1.00	»	»	»
Lupuline............	Medicago lupulina...	»	»	»	4.00	»	1.00	»	4.00
Pâturin commun....	Poa trivialis........	3.12	3.39	3.68	»	»	0.50	»	5.00
— des prés.....	— pratensis....	»	»	»	5.00	2.50	0.50	»	»
Persil	Apium petroselinum..	»	»	»	»	»	1.00	»	»
Ray-grass anglais....	Lolium perenne......	7.93	7.93	7.93	16.00	10.00	8.00	5.00	»
— d'Italie....	— italicum....	6.79	6.79	6.79	»	10.00	8.00	»	»
Timothy............	Phleum pratense.....	2.26	3.39	3.97	6.00	2.00	2.00	»	»
Trèfle blanc........	Trifolium repens.....	»	»	»	»	1.00	2.00	»	3.00
— hybride......	— hybridum..	»	»	»	»	1.00	0.50	»	»
— des prés.....	— pratense...	»	»	»	4.00	»	»	15.00	4.00
Vulpin des prés.....	Alopecurus pratensis.	1.42	1.70	1.99	25.00	5.00	3.00	»	5.00
		35.70	39.92	43.05	100.00	58.50	46.70	41.00	81.00

Pierre Lawson, le grainetier spécialiste de l'Angleterre, comprennent des semences auxquelles il importe d'ajouter, pour la protection des semis, du seigle, si l'on sème à l'automne, et de l'orge, si l'on sème au printemps (90 litres environ par hectare); mais il n'est pas dit que ces mélanges conviennent aux prairies irriguées. La formule employée pour l'ensemencement des prairies de la Campine, par Keelhoff, fournit les meilleurs résultats, lorsque l'eau en vue du semis n'est amenée dans les rigoles que dans le but de maintenir la fraîcheur du sol, sans déversement. Une des formules données par Vilmorin, est signalée par Nadault de Buffon comme très avantageuse pour les terres à blé, à convertir en prés arrosables; l'autre est celle que Moll a employée sur la ferme de Vaujours pour l'arrosage à l'engrais liquide. Le mélange employé pour les prairies-marcites milanaises a été relevé par A. de Roville; enfin, celui des prairies arrosées de la Provence est cité par Boitel.

Tous les ouvrages donnent la nomenclature des plantes bonnes, médiocres et mauvaises que l'on rencontre dans les prés secs et les pâturages; ce qui est certain, de l'avis de Villeroy et Müller (1) et de Moll, c'est que l'espèce des plantes joue un rôle moins important que la nature du sol et des eaux, dans le rendement et la qualité du fourrage. Nous avons pensé toutefois qu'il serait intéressant de mettre à profit les précieuses données recueillies par Boitel, dans l'ouvrage qui fait partie de cette Bibliothèque, sur la composition des prairies arrosées de plusieurs régions de la France, pour dresser un tableau présentant les rapports pour cent entre les graminées, les légumineuses et les plantes diverses; les dominantes parmi les espèces; les terrains;

(1) *Loc. cit.*, p. 241.

les eaux et les modes d'irrigation; les rendements en foin et la qualité telle que l'avait appréciée le regretté agronome. Les prairies pour lesquelles les renseignements énumérés figurent dans le tableau VII, appartiennent à onze départements.

Comme instructions complémentaires pour l'irrigation des prairies nous reproduisons les préceptes donnés par Schwarz, ingénieur-irrigateur dans les Vosges (1); puis ceux observés à Siegen, en Angleterre, en Campine, dans le midi de la France, et en Lombardie pour les marcites.

3. *Instructions pour l'arrosage des prairies.*

Les Vosges (2). — L'irrigateur, après avoir fait réparer toutes les prises d'eau, portières, écluses ou coffres, curer les canaux et les rigoles, devra règler l'eau de façon à couvrir chaque partie de la prairie d'une nappe mince et parfaitement égale, sans qu'il y ait d'endroits à sec. Cette couche d'eau ne doit pas être trop mince, car alors elle ne fertilise que les bords des rigoles : elle ne doit pas être non plus trop épaisse, ni trop rapide, car le limon s'en va directement aux fossés de décharge, sans profit pour la prairie.

Pour la régularité de l'irrigation, il faut éviter avec soin les pertes d'eau, les encombrements de feuilles, d'herbes ou de vase.

Quand on dispose de peu d'eau, il vaut mieux arroser à fond un hectare de prairie, tous les huit jours, que de l'arroser imparfaitement tous les quatre jours. De toutes manières, les parties non arrosées doivent être bien séchées, l'eau ne devant jamais séjourner là où on n'ar-

(1) *Journ. agric. prat.*, 1850, t. XIII, p. 603.
(2) Voir tome II, p. p. 393 et 427.

TABLEAU VII. — *Composition des herbes des prairies arrosées; rendement et qualité du foin, d'après* A. BOITEL.

DÉPARTEMENTS.	LOCALITÉS.	PROPORTION POUR CENT			DOMINANTES.			NATURE des terrains et engrais.	EAUX et modes d'irrigation.	FOIN.	
		Graminées.	Légumin.	Diverses.	Graminées.	Légumineuses.	Diverses.			Rendement à l'hectare.	Qualité.
FINISTÈRE	Le Lézardeau	0.90		0.10	Houlque laineuse.	»	»	Terres granitiques. Engrais calcaires.	Eaux de sources granitiques.	1ᵉ coupe : 5.000ᵏ. 2ᵉ coupe : pâturée.	Excellente.
MORBIHAN	Vannes	0.70	0.20	0.10	Flouve odorante.	Luzerne maculée.	Renoncule bulbeuse.	»	Eaux des champs cultivés.	1ᵉ coupe : 3.000ᵏ.	Bonne.
VOSGES (vallées)	Bussang	0.70	0.10	0.20	Agrostis commune.	»	»	»	Eaux de la Moselle; irrigation.	1ᵉ coupe : 5.000ᵏ.	Bonne.
	Saint-Maurice	0.50	0,10	0.40	Agrostis commune.	Trèfles divers.	»	Alluvions siliceuses.	Eau de ruisseau; planches en ados.	1ᵉ coupe : 2.500ᵏ. 2ᵉ coupe : 5.000ᵏ.	Moyenne.
	Pouxeux	0.80	0.00	0.20	Houlque laineuse.	»	Renoncule et Patience.			1ᵉ coupe : 5.000ᵏ. 2ᵉ coupe : 2.500ᵏ.	
	Rochesson	0.50	0.05	0.45	Agrostis commune.	Trèfles divers.	»	Eau du Bouchot; irrigation.	2ᵉ coupe : 2.000ᵏ.	Très bonne.
VOSGES (montagne).	Saulxure	0.70	0.10	0.20	Houlque laineuse.	»	Berce.	Alluvions granitiques.	Eau de la Moselotte; irrigation.	»	Bonne.
	Le Ménil	0.50	0.10	0.40	Houlque laineuse.	Trèfle et Lotier.	Arnica.		Eaux de source; rigoles de niveau.	1ᵉ coupe : 3.500ᵏ.	Moyenne.
	Gérardmer	0.50	0.20	0.30	Fétuque durette.	Trèfle blanc.	Scabieuse et Patience.	Léger, siliceux.		2ᵉ coupe : 1.500ᵏ.	Fine, parfumée.
	Remiremont	0.80	0.00	0.20	Houlque laineuse.	»	Berce et Patience.	Granitique léger.	Eaux de réservoir.	2 coupes : 4.000ᵏ.	Bonne.
CÔTE-D'OR	La Vingeanne	0.60	0.20	0.20	Fléole des prés. Vulpin des prés.	Trèfles divers.	Patience.	»	Eau de la Vingeanne;submersion.	2 coupes : 5.000ᵏ.	Bonne.
	Périgny	0.10	0.20	0.70	Pâturin et Ray-grass.	Lotier.	»	»	Eau de l'Oignon; submersion.	1ᵉ coupe : 3.000ᵏ. 2ᵉ coupe : pâturée.	Bonne.
SAÔNE-ET-LOIRE	Châlon (Vèvre)	0.50	0.40	0.10	Pâturin des prés.	Trèfles divers.	Chardon.	Alluvions argilo-calcaires.	Eaux de la Grosne; submersion.	2 à 3.000ᵏ.	Médiocre.
	Saint-Loup	0.60	0.10	0.30	Agrostis commune.	»	»	»	Eaux d'inondation de la Saône.	7 à 8.000ᵏ.	Excellente.
	Pont-de-Veyle	0.60	0.20	0.20	Houlque laineuse.	Trèfles et Lotier.	Plantain. Œnanthe.Jacée.	Argilo-siliceux.	Eaux de la Saône; irrigation.	1ᵉ coupe : 4.000ᵏ.	Moyenne.
JURA	Saint-Claude	0.70	0.10	0.20	Pâturin et Houlque.	Trèfles et Mélilot.	Astrance.	Calcaire très graveleux.	Eaux du Tacon; submersion.	5 à 6.000ᵏ.	Assez bonne.
	Peintre	0.60	0.10	0.30	Pâturin et Houlque.	Trèfle et Minette.	»	Alluvions anciennes	Eaux de sources d'irrigation.	3.000ᵏ.	Moyenne.
AIN	Artemare	0.50	0.40	0.10	Dactyle pelotonné.	Trèfle et Lotier.	Sauges.	»	Eaux de sources.	4.000ᵏ.	Excellente.
	Peronnas (Bourg)	0.80	0.10	0.10	Houlque laineuse.	Trèfles et Vesce.	»	Silico-argileux.	Eaux des champs et purins.	1ᵉ coupe : 3.000ᵏ. 2ᵉ coupe : 1.500ᵏ.	Peu nutritive.
HAUTE-VIENNE	Dorat	0.70	0.10	0.20	Agrostis traçante.	Canche flexueuse.	Plantain.	Granitique.	Eaux de sources.	»	Moyenne.
	Limoges	0.80	0.10	0.10	Houlque laineuse.	Trèfles divers.	»	Calcaire.	Eaux du canal; irrigation.	1ᵉ coupe : 4.000ᵏ. 2ᵉ coupe : 1.500ᵏ.	Moyenne.
VAUCLUSE	Carpentras	0.70	0.20	0.10	Fétuque durette.	Luzerne et Trèfle.	»	Calcaire.	Eaux de la Durance; irrigation.	4 coupes : 13.000ᵏ.	Bonne, nutritive.
BOUCHES-DU-RHONE.	Marseille	0.70	0.20	0.10	Agrostis traçante.	»	»	Alluvions crétacées.	Eaux du Var; irrigation.	5 coupes : 9.000ᵏ.	Moyenne.
ALPES-MARITIMES	Saint-Laurent	0.50	0.20	0.30	Fromental.	Trèfle des prés.	Pissenlit.			5 coupes : 12.000ᵏ.	

rose pas. Surtout la prairie dont le sol est imperméable et compact, doit être complètement égouttée.

Ces recommandations s'appliquent en première ligne aux irrigations importantes de l'automne qui suivent le regain, et à celles d'hiver.

Sur les places maigres ou pourvues de mauvaises herbes, comme sur les sols pauvres, il est souvent avantageux de mettre l'eau durant tout l'hiver; mais alors on pratique l'écoulement continu et régulier.

En général, les parties de prairie qui sont de qualité inférieure et rapportent moins de fourrage, devront être arrosées plus souvent et avec de l'eau limoneuse, afin d'égaliser la récolte. Les places dégarnies pourront être resemées au printemps avec de la graine de foin, et engraissées avec la vase des curages.

L'irrigation de printemps, porportionnée aux progrès de la végétation, doit être interrompue pendant les pluies, surtout dans les terres fortes, car elle n'a pour but après avril, que de donner au sol l'humidité d'une saison pluvieuse. Des arrosages rares et de peu de durée en mai offrent deux avantages précieux : le premier, c'est que la terre légèrement humectée s'échauffe fortement, en favorisant la croissance de l'herbe et avançant l'époque de la première coupe; le second, c'est que la qualité du fourrage peut rivaliser ainsi avec les produits des bonnes prairies ordinaires.

Tant que les herbes sont courtes, on peut se servir des eaux troubles, mais quand elles sont déjà hautes, il faut soigneusement les écarter.

L'irrigation d'été n'étant que la continuation de celle du printemps, exige la même réglementation quant aux arrosements de nuit, au changement d'eau et au détournement des eaux troubles. L'arrosage doit se faire encore plus rarement en été et par couche très mince;

il devient superflu pendant les pluies; aux approches des coupes, il ne doit durer que quelques heures, afin d'éviter la sécheresse.

Après la sortie des foins, l'eau peut être donnée cinq ou six jours plus tard; quelques fortes irrigations sont souvent très utiles à ce moment, surtout avec des eaux troubles; mais dès que le regain commence à pousser, on doit suivre toutes les règles de l'irrigation d'été, si l'on veut obtenir de bons fourrages.

Le pays de Siegen (1). — L'irrigation des prairies commence en automne et s'étend du printemps jusqu'à l'été; celle d'automne est la plus profitable.

Sur un bon sol, on laisse couler l'eau dès le mois d'octobre, pendant six ou sept jours sans interruption. Quand le débit n'est pas suffisant pour pouvoir arroser toute la prairie à la fois, on arrose par parties successivement, en laissant l'eau deux ou trois jours sur chaque partie.

Au mois de novembre, par un temps doux, ou de petite neige, on n'interrompt pas l'irrigation; mais en prévision de la gelée, on doit évacuer l'eau. Il en est de même en décembre, et si, malgré les précautions observées, la prairie est prise quelque part en glace, il importe de profiter du premier beau jour de soleil, pour donner un fort arrosage et la faire disparaître.

L'irrigation de printemps qui commence au mois de mars exige de grands soins et de fréquentes interruptions, l'eau étant encore trop froide, afin de ne pas nuire à la pousse précoce de l'herbe. Si le temps est chaud et sec, l'arrosage ne dure que 24 heures, avec des intervalles de trois à quatre jours. S'il gèle, on n'arrose que pendant la nuit; c'est du reste une pratique générale au mois de mars.

En avril, par un temps doux, on arrose pendant deux

(1) Voir tome II, p. 333.

ou trois jours consécutivement, et on suspend pendant un jour. Quand les nuits sont froides, l'eau doit toujours être sur le pré, à la condition qu'elle ne soit pas limoneuse. En cas de surprise par la gelée, on donne l'eau le matin, au lever du soleil, et on l'évacue vers 9 ou 10 heures, pour corriger les mauvais effets du gel.

On agit de même en mai, en ayant soin par un temps chaud d'arroser seulement la nuit, avec une ou deux nuits d'intervalle. Les irrigations trop prolongées abandonnent sans cela, quand la pente n'est pas assez forte, un dépôt visqueux qui étouffe l'herbe.

En juin, on n'arrose plus du tout quand il pleut; et par un temps sec, on borne l'arrosage à la nuit, de deux en deux nuits.

Huit jours avant la coupe, on cesse tout arrosage, et après la coupe aussi, pendant le même temps.

Les irrigations reprennent en juillet, d'abord toutes les nuits, puis toutes les trois ou quatre nuits. Au mois d'août, les prairies en bon sol, mais sec, sont arrosées de deux nuits l'une, jusqu'en septembre; on ne les met à sec que dix ou douze jours avant le regain, pour reprendre après cela les travaux préparatoires de curage, d'entretien, etc., qui précèdent les irrigations d'automne.

Angleterre (*Devonshire*) (1). — L'irrigation commence en automne avec les fortes pluies; les premiers arrosages sont considérés comme les plus importants; les ayant-droit se partagent l'eau à cette époque, le plus souvent par périodes de trois jours.

On fait dans le Devonshire une première coupe à la fin de février, ou bien l'on admet les brebis pendant quinze jours au pacage. On arrose encore pendant une quinzaine et l'on admet de nouveau les brebis à pâturer. Dans les bonnes années et sur de bonnes terres, on re-

(1) Voir tome II, p. 400.

nouvelle une troisième fois le pacage avant le premier mai. Dès cette époque, on n'arrose plus qu'en vue de la coupe de la mi-juin.

Comme il ne s'agit, en été, d'arroser la prairie que pour l'humecter, et que précisément alors il y a le plus souvent pénurie d'eau, Pusey recommande de laisser couler l'eau sans déversement dans les rigoles; cela suffit pour maintenir la prairie à l'état humide.

En hiver, l'arrosage peut se continuer pendant une quinzaine de jours consécutifs, tant que l'herbe ne se fonce pas trop en couleur. On n'a pas à évacuer l'eau en prévision de la gelée, car la mince croûte de glace protège l'herbe, aussi bien que la neige protège les plants de froment; mais le sol étant gelé, il n'y a plus à donner d'eau (1).

Norfolk. — La ferme célèbre de Castle acre, exploitée par J. Hudson, comprend, sur 80 hectares de prairies, 20 hectares en arrosage. L'irrigation commence en novembre, dès que le regain a été pâturé, et se continue de prairie en prairie jusqu'au commencement de mars. Les moutons sont alors parqués vers le commencement d'avril. Le coût du curage de la Nar, de l'entretien des rigoles, etc., représente 30 francs par hectare et par an (2).

Nottingham. — Aux environs de Salisbury, sur les bords de la Naddec, les versants crayeux, légers, sont occupés par les prairies qui s'étendent en longueur sur plus d'un kilomètre et demi.

On commence à arroser en novembre, sur les fermes d'Uxford et de Bulbridge, et on continue tout l'hiver jusqu'à 8 ou 10 jours avant le pacage. Les brebis sont parquées vers la fin de mai sur les prairies les premières arrosées, et successivement sur les autres. Après par-

(1) Ph. Pusey, *Journ. Roy. Agric. Soc. of England*, 1849, vol. X.
(2) Jenkins, *Farm Reports; Journ. Roy. Agric. Soc.* 1869, vol. V; p. 469.

cage, on arrose de nouveau et on fait la coupe du foin.
Le regain est pâturé par les vaches laitières et les jeunes
bêtes; et quand il n'est pas assez abondant, par les moutons. Le *drowner*, c'est ainsi qu'on désigne l'eygadier,
reçoit pour la conduite des irrigations, l'entretien des rigoles et des drains, 17 francs par hectare et par an. Il
est aidé d'un journalier qui travaille aux heures perdues (1).

La Campine (2). — Keelhoff distingue trois époques
d'arrosage pour les prairies de la Campine, l'automne
le printemps et l'été.

Automne. — L'irrigation d'automne commence après la
coupe du regain, dans la seconde quinzaine de septembre, et se continue jusqu'au moment des gelées. C'est
la plus importante, l'eau étant très riche à cause des
engrais qu'elle entraîne. Immédiatement après la récolte du regain, on cure toutes les rigoles, on rétablit les
crêtes des rigoles de déversement; on répare les talus, les
digues et tous les ouvrages d'art; et l'on répartit soigneusement les terres enlevées, de manière à niveler autant
que possible, les parties qui présentent des dépressions
ou des élévations. On donne ensuite l'eau en abondance pendant quinze jours, ou même un mois, sur les
sols sablonneux ou graveleux; beaucoup moins longtemps sur les terrains glaiseux, peu perméables. Dès que
les gelées sont à craindre, on doit cesser l'irrigation, afin
que la prairie soit bien égouttée au moment où les ri-
gueurs de l'hiver se font sentir.

Printemps. — La saison d'irrigation du printemps
commence vers le mois de mars, pour finir vers la fin de
mai. On ne doit donner l'eau que lorsque les froids à

(1) Jenkins, *loc. cit.*, p. 499.
(2) Voir tome II, pp. 447 et 469.

glace ne sont plus à craindre; sinon les jeunes pousses
que l'arrosage fait croître sont détruites par les gelées.
Avant d'arroser, on épand les buttes de terre formées
par les taupes et on distribue les engrais. Pendant la
première quinzaine, on n'arrose pas par déversement;
on met seulement de l'eau dans les rigoles afin de maintenir le sol humide. Si pendant l'arrosage, on craint une
gelée blanche, la prairie doit être mise à sec avant le
soir; ou bien, si l'on a suffisamment d'eau à sa disposition, on donne un arrosage abondant. L'irrigation doit
être de moindre durée qu'en automne, et les plantes
sont soumises avec avantage alternativement à l'action
de l'eau et de l'atmosphère. Lorsque la végétation est
assez avancée pour qu'on puisse distinguer les mauvaises herbes des bonnes, on extirpe les premières avec
soin. Plus on avance dans la saison, moins les arrosages
doivent être longs; on en diminue la durée au fur et à
mesure que l'herbe grandit et que la température devient plus chaude. Quelques jours avant la fenaison,
on cesse complètement l'irrigation.

Été. — L'époque de l'irrigation d'été commence immédiatement après la fenaison et se prolonge jusque vers
la 15 août. On ne donne de l'eau que huit ou dix jours
après la coupe de l'herbe. Si les tiges des plantes qui ont
été tranchées par la faux sont desséchées, on arrose avec
prudence; on ne donne de l'eau que la nuit, pendant les
fortes chaleurs, lorsque l'herbe jette ses premières pousses; ensuite, on fournit assez d'eau pour tenir toujours
la prairie dans un état de fraîcheur convenable. On
arrête l'irrigation huit jours avant la coupe du regain.

Si l'on a des eaux troubles, on n'arrose plus au printemps et en été, du moment où l'herbe a acquis une
certaine longueur; sans cela on a un foin sali par les ma-

tières tenues en suspension dans l'eau, rempli de poussière, et nuisible au bétail.

Le midi de la France. — Sous le climat méditerranéen, où les pluies estivales sont rares et peu abondantes, il n'y a pas moyen d'avoir des prairies d'un bon rapport sans un fort arrosage tous les sept jours au moins, en été, et de bonnes fumures en hiver, qui compensent l'épuisement occasionné par les récoltes de foin (1). La somme des arrosages, du 1er avril au 1er septembre, pour faire durer les prairies dans les conditions les plus générales de climat et de sol, devant représenter un écoulement continu d'un litre par seconde et par hectare, correspond le plus souvent à un arrosage par semaine.

Pendant l'hiver, les arrosages n'ayant pas pour objet de fertiliser, dépenseraient au contraire en pure perte les engrais qu'il faut donner à l'automne ; aussi, sont-ils exclus. Un bon pré reçoit annuellement de 40 à 50 m. cubes de fumier qu'il est préférable de répandre avant les pluies, pour que les principes fertilisants s'incorporent lentement. L'eau d'arrosage complète la dissolution du fumier et supplée aux besoins de la végétation herbacée.

Provence. — On arrose les prairies naturelles d'avril à septembre par compartiments submergés, sur les terrains d'alluvion, en renouvelant tous les douze jours, avec une épaisseur d'eau de $0^m,10$; et sur les garrigues, tous les sept jours avec une épaisseur de $0^m,05$ à $0^m,07$ quand les eaux sont claires ; ou tous les trois ou cinq jours, avec une couche de $0^m,04$ à $0^m,05$ quand les eaux sont troubles (2). Dans l'arrondissement de Vaucluse on

(1) A. Boitel, *loc. cit.*, p. 630.
(2) Conte, *Annales des Ponts et chaussées*, 2e série, t. XX, 1851.

fait trois coupes, et après la troisième on fait brouter.
Au Pontet, Boitel a constaté, dans les prairies irriguées : $\frac{5}{10}$ de graminées, entre lesquelles dominent le
fromental et le dactyle; $\frac{3}{10}$ de légumineuses où le trèfle
blanc et le trèfle des prés abondent; et $\frac{2}{10}$ de plantes diverses comprenant le pissenlit, le leontodon, la carotte, etc.

Grâce aux irrigations, l'étendue des prairies naturelles
de Vaucluse s'est non seulement accrue, mais la production a presque doublé depuis quarante ans. Leur
avantage du reste est rendu plus qu'évident, si l'on
compare le rendement moyen des prés arrosés, qui est
de 188, contre 100 représentant celui des prés secs (1).

Dans les Bouches-du-Rhône, tous les huit jours au
moins, on opère un arrosage de 30 litres pendant
6 heures; ce qui fait environ comme dans le Vaucluse,
15,000 m. cubes répartis en 23 tranches de $0^m,065$ de
hauteur, ou une seule tranche d'une hauteur de $1^m,49$.
La formule générale de 1 litre par seconde pendant la
saison d'arrosage est, en pratique, de $0^{lit}. 91$ (2).

Hautes-Pyrénées. — Dans la montagne, les rigoles
de niveau distribuent l'eau par étages superposés; de
simples ardoises remplacent les petites vannes. Ainsi,
la même prairie en pente rapide, comprend souvent 5 ou
6 étages de rigoles principales, alimentant les rigoles de
distribution qui ont de $0^m,05$ à $0^m,08$ de profondeur,
de $0^m,15$ à $0^m,20$ de largeur, et un espacement de 3 à
4 mètres.

Les irrigations des prairies de la plaine ont lieu par
submersion; mais dans celle de Tarbes, sillonnée par les

(1) Barral, *les Irrigations dans le Vaucluse*, p. 49.
(2) La formule donne en effet, $60 \times 60 \times 24 \times 183 = 15,801,200$; or, on
a en pratique $15,801,200 \times 0, 94 = 14,853,048$; le volume réel étant de 0
litre 94 par seconde et par hectare (Barral, *les Irrigations des Bouches-
du-Rhône*, p. 490).

rigoles, on arrose, après l'enlèvement du produit de la première coupe, tous les dix jours pendant 48 heures. Les prairies des vallées de Campan et de Louron sont irriguées depuis la fin d'octobre jusqu'à la fin de février, puis pendant le mois de mars, quand la température est douce, et aussitôt après la première coupe.

L'eau la plus limpide est la plus appréciée, lorsque l'herbe commence à pousser. Si au printemps, ou pendant l'été, l'eau se trouble par suite d'orages, on ferme les vannes des canaux de distribution, afin d'empêcher l'ensablement des prairies. Les eaux limoneuses ne sont utilisées avec soin que lorsque les prés ne présentent aucun gazon.

Les prairies fumées pendant le mois de décembre ne sont pas irriguées en hiver, ni au printemps suivant (1).

Languedoc. — Les départements formant l'ancienne province du Languedoc se font remarquer par les irrigations des prairies, qui augmentent non seulement la production, mais encore la valeur des terres incultes. C'est avec leur concours que dans l'Hérault, par exemple, on est parvenu, aux environs de Saint-Pons et de Saint-Chinian, à convertir les garrigues en magnifiques prairies. Les irrigations de Cazillac, dans la vallée de l'Orb, de Gignac, dans la vallée de l'Hérault, sont très remarquables.

Aux environs de Béziers et de Montpellier, les prairies sont soumises au régime que décrit l'ingénieur Maffre (2) :

Automne. — Après l'enlèvement du regain, on profite des crues d'automne, qui apportent avec elles de nombreux limons, pour féconder les prairies susceptibles

---

(1) Heuzé, *les Primes d'honneur en 1867*, 1870. p. 571.
(2) *Mémoires de la Soc. Centr. agric.*, 1847.

d'être amendées par les matières que charrient les eaux.
On n'irrigue que si ces matières sont reconnues fertilisantes. Avant que les eaux troubles n'arrivent, on arrose
tous les cinq à six jours, pendant quelques heures, pour
favoriser la croissance des herbes qu'on livre aux troupeaux pendant la saison d'hiver.

Hiver. — L'entrée des troupeaux dans les prairies a
lieu vers la fin de décembre, et leur sortie vers les premiers jours de février. Le pacage a lieu pendant environ
quarante jours; il donne lieu à un loyer qui s'élève jusqu'à 80 francs par hectare.

Les bœufs et les vaches sont regardés comme améliorant les prairies; les moutons finissent par les détériorer.

Printemps. — A moins d'une grande humidité sur les
terres, ou à moins qu'il ne gèle, on recommence les irrigations dans le courant de février. On ne laisse les terres
submergées que pendant trois ou quatre heures; puis on
enlève l'eau; et c'est cinq ou six jours après qu'on procède à de nouveaux arrosages. On fait de cette manière cinq à six arrosages par mois, et environ vingt-
cinq jusqu'à la première coupe des fourrages, qui a lieu
dans le courant du mois de juin, ou de juillet.

Été. — Si la terre est très abreuvée au moment de la
coupe, on évacue entièrement les eaux trois ou quatre
jours avant la fauchaison; si, au contraire, le sol est
ferme, les faucheurs évacuent eux-mêmes ces eaux en
avançant leur travail, l'expérience ayant montré que la
faux coupe alors le fourrage avec plus de facilité. Immédiatement après l'enlèvement des foins, on arrose de
nouveau, comme pour la première coupe; la seconde se
fait dans le courant du mois d'août : c'est ce qu'on appelle le regain; huit arrosages ont eu lieu entre les deux
coupes. Après le regain, on arrose pour la pousse d'herbe
de pacage.

Lombardie (*Prés-marcites*) (1). — Les marcites lombardes se caractérisent, comme nous l'avons dit, par ce fait qu'elles sont couvertes pendant l'hiver d'une nappe d'eau courante dont la température doit être au minimum de 4 à 5 degrés centigrades; mais elle est en réalité de 8 à 10 degrés.

L'eau servant d'abri contre les températures trop basses, le soin principal de la conduite de l'arrosage d'une marcite, consiste à utiliser les moments où le thermomètre pendant le jour marque une température supérieure à zéro, pour retirer l'eau et laisser l'herbe profiter de l'action atmosphérique. D'ailleurs, la prairie est divisée autant que possible en parcelles peu étendues, pouvant recevoir chacune leur alimentation directement, de telle sorte qu'une grande surface ne puisse jamais se trouver exposée aux effets d'un refroidissement subit. Enfin, la couche d'eau de 0^m,02 qui recouvre les planches doit être incessamment renouvelée dans le même but, avec la vitesse nécessaire, résultant d'un débit considérable (2).

Comme les eaux de sources (*fontanili*) conservent pendant toute l'année une température à peu près constante, elles paraissent relativement chaudes en hiver, mais très fraîches en été. Aussi, quand cela se peut, recourt-on en été à l'eau des canaux qui s'est réchauffée au soleil pendant un trajet plus ou moins long. Au demeurant, comme dans toutes les prairies à plusieurs coupes, la production de l'hiver nuit à celle de l'été, en ce sens que les meilleures marcites ne rendent en été qu'environ les trois quarts du fourrage obtenu sur les prairies soumises à l'irrigation ordinaire; mais l'herbe fraîche de l'hiver compense et au delà ce manque de rendement.

(1) Voir tome II, p. 457.
(2) Nadault de Buffon, *Journ. agric. prat.*, 1880. t. I.

C'est lorsque l'arrosement d'été des prés ordinaires a cessé, en septembre, que l'on recueille les eaux pour l'irrigation des marcites. Quand on commence à arroser fin septembre, on laisse parfois sur pied comme engrais, l'herbe venue depuis la précédente coupe, ou le regain (*quartirola*), et l'on procède à la première coupe de la marcite irriguée vers le milieu de décembre.

S'il s'agit de créer une marcite, les travaux de terrassement étant faits, et l'eau ayant été donnée afin de vérifier l'écoulement, on sème à la volée la graine de ray-grass vivace et les déchets de graines des meules. Le fumier se charge d'éliminer les mauvaises plantes ; ce qu'il faudrait plutôt attribuer à l'action de l'eau ; aussi ne se préoccupe-t-on guère du choix des semences destinées aux marcites. Le ray-grass vivace (*Lolium perenne*), appelé en Italie *loglio* ou *logliarella*, domine les autres espèces, graminées et légumineuses, et parmi ces dernières, le trèfle blanc. Les légumineuses reprennent comme proportion seulement dans le foin d'automne, par rapport à celui du printemps.

Pour une marcite déjà installée et que l'on doit fumer avant l'hiver, il importe de toutes manières de rectifier le nivellement, en donnant l'eau après la dernière coupe, *quartirola*. La pelle à marcite dont se servent les ouvriers chaussés de bottes imperméables, est représentée (fig. 3). Quand les dénivellements sont peu importants, il leur suffit de piétiner les endroits en saillie, au lieu de soulever la couche de gazon pour extraire la terre en excès. Les taupinières font l'objet d'une recherche spéciale ; comme elles nuisent à l'égale répartition des eaux, on paye une prime par taupe détruite (1).

Lorsque l'on irrigue en octobre, ou seulement en no-

---

(1) A. Herisson, *les Irrigations de la vallée du Pô*, p. 161.

vembre, après avoir fumé la marcite, la première coupe n'a lieu qu'en février, ou en mars. L'avantage de commencer l'arrosement de bonne heure, avant les froids, est que l'herbe s'enracine et croît avec plus de vigueur; mais il est toujours de règle, avant de donner l'eau aux marcites, de fumer le sol, de couper les osiers et les saules en bordure des fossés, de curer fossés et rigoles, de niveler les bords des rigoles, afin que l'irrigation se fasse avec la plus grande uniformité à la surface des ados.

Une fois la marcite pourvue de la quantité d'eau qui doit l'arroser d'une manière continue, l'eygadier (*camparo*) n'a d'autres occupations que celles de l'entretien. Dans le mois de février, et surtout au commencement de mars, les belles

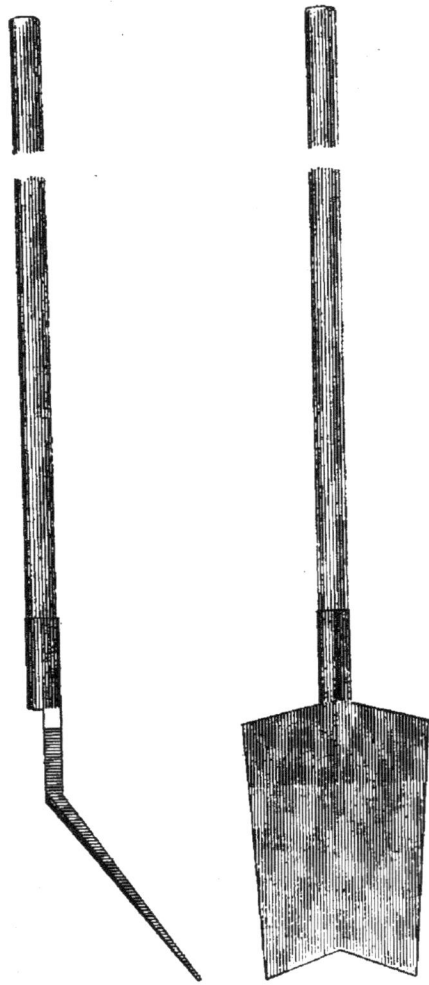

FIG. 3. — PELLE A MARCITE.

journées sont mises à profit pour ôter l'eau vers 9 heures du matin, et on la rend vers 3 heures, quand l'air redevient plus froid. Dans le courant du mois de mars, on supprime l'eau définitivement, et à partir du jour de l'Annonciation, on n'arrose plus la marcite qu'à la façon des prairies ordinaires.

La question de fumure est des plus importantes quand on veut maintenir une production des marcites qui corresponde à 6 et 7 coupes de foin par an, représentant de 15,000 à 25,000 kil. de foin sec par hectare.

On fume jusqu'à deux fois par an; chaque fumure comporte de 20 à 25 tonnes de fumier d'étable que l'on mélange quelques mois d'avance avec de la terre, de manière à en faire un compost pulvérulent. Cette terre est fournie le plus souvent par le curage des fossés; on en fait une banquette de 0^m,50 de hauteur; sur cette banquette on étend une couche de fumier de 0^m,40; puis une couche de terre de 0^m,06 à 0^m,07 et une nouvelle couche de fumier de 0^m,40, et ainsi successivement, jusqu'à une hauteur de 2 à 3 mètres. Ce mélange abandonné à lui-même ne tarde pas à se transformer en terreau que l'on découpe par tranches verticales pour l'épandre sur le pré.

D'autres engrais sont recommandés par les anciens auteurs, au lieu du fumier frais qui met trop de temps à se décomposer, ou se laisse entraîner par les eaux. Ainsi, outre le purin des porcheries qui peut s'épandre en tout temps et en toute saison, mais seulement après la coupe de l'herbe, Berra préconise l'emploi du mélange de fumiers consommés de cheval et de vache. La farine de tourteaux oléagineux, principalement de colza, mélangée avec de la chaux; les cendres de lessive ou de savonnerie, les terres salpêtrées, les vases des fossés, etc., sont également des engrais complémentaires, recherchés pour les marcites que l'on fume seulement au printemps.

L'engrais est répandu à l'état pulvérulent, quelques

jours avant d'admettre les eaux, après que l'on a passé toute la prairie à la fourche et à la herse (*strusa*), puis nivelé et régalé les planches.

C'est seulement quand la saison pluvieuse rend les eaux trop abondantes et qu'il faut les détourner, ou bien qu'il y a pénurie à l'époque du froid, et il faut les supprimer, que la conduite de l'arrosage se modifie. Dans le dernier cas, on n'arrose complètement que moitié ou partie de la marcite, ou bien l'on répartit la distribution de l'eau entre la nuit et le jour, quoique la marcite baignée le jour reste en retard sur celle arrosée la nuit.

Aussi bien sur les prairies permanentes que sur les marcites, les fumures abondantes et répétées finissent par exhausser le sol et il devient nécessaire après un certain temps de parer le pré, c'est-à-dire de détacher le gazon par plaques, et d'enlever en dessous une couche de terre de 0^m,10 environ. On replace le gazon qui fait bientôt prise; mais cette opération revient seulement tous les quinze ou vingt ans, et peu de marcites atteignent cette durée.

III. LA PRAIRIE ARTIFICIELLE OU TEMPORAIRE.

L'irrigation des prairies artificielles, comme celle des prairies naturelles et des autres cultures, est, sous certaines latitudes du Midi, l'unique moyen de réussir, et même d'obtenir une récolte; mais il est hors de doute que les trèfles, les sainfoins et les luzernes pourraient être arrosés également avec le plus grand profit, au centre et au nord de l'Europe, surtout dans les années sèches.

Sans s'astreindre aux dépenses de l'établissement de rigoles régulières pour arroser des trèfles qui restent un an et demi, ou deux ans en terre, on peut toujours tracer de grandes razes à 50 ou 60 m. d'intervalle, sur les labours à plat; ou bien, sur les labours en planches ou à larges billons, dans le sens de la pente, on peut tracer des razes plus rapprochées, qui coupent en écharpe les billons et donnent l'eau par infiltration. Si les planches sont perpendiculaires à la ligne de plus grande pente, il convient alors d'établir plusieurs rigoles qui les coupent à angle droit et d'y conduire l'eau comme pour des rigoles de niveau (1).

Les vesces, les jarosses et les autres fourrages verts se trouvent aussi bien des arrosages modérés, pour lesquels il suffit de pratiquer des traits de charrue qui assainissent les champs.

La luzerne et le sainfoin restent plus longtemps en terre et comportent un système d'arrosage plus régulier et plus soigné, quant au tracé des rigoles. « La luzerne, fait observer Jaubert de Passa, est préférée dans les climats les plus chauds où les travaux sont si pénibles à cause de leur continuité, soit parce qu'elle abonde en matière salubre et nutritive et qu'il suffit d'une petite quantité pour rétablir les forces épuisées, soit parce que sa dessiccation est prompte et qu'on peut l'emmagasiner à peu de frais (2). » Quoi qu'il en soit, la luzerne, comme le sainfoin, exige beaucoup moins d'eau que la prairie naturelle. En raison de leurs racines pivotantes qui pénètrent à de plus grandes profondeurs, ces plantes recherchent plutôt une humidité convenable qu'une nourriture directe empruntée à l'eau d'arrosage. L'expérience prouve d'ailleurs qu'un excès d'eau leur est nuisible, surtout après les deux premières années de leur existence.

(1) Pareto, *Irrigation et assainissement des terres*, t. I, p. 330.
(2) Jaubert de Passa, *Voyage en Espagne*, t. II, p. 249

Italie. — Dans l'Italie du nord qui dispose d'irrigations abondantes, la prairie artificielle proprement dite ne comprend que le trèfle (*Trifolium pratense*) ou *trifoglio*. A l'ouest de l'Adda, la grande luzerne, ou *erba medica* est cultivée; quant au sainfoin, ou *lupinella,* il est très rarement usité. Le peu de trèfle incarnat qui est produit entre seulement dans l'assolement de la petite culture.

La véritable prairie artificielle de la Lombardie est la prairie alterne ou d'été (*prato a vicenda,* ou *prato irrigatorio semplice*) qui suit d'ordinaire le froment et tient place des rizières dans les terres arrosées. La prairie alterne dure généralement de deux à quatre ans. On la crée en semant au printemps dans un blé, ou une avoine, un mélange de graine de trèfle et de ray-grass (*Lolium italicum*) ou *loiessa;* on arrose aussitôt après la moisson et l'on fait pâturer après une première coupe, dès le mois d'août. Il est d'usage de faire trois coupes par an, avec un regain abondant pour la pâture d'automne.

Le trèfle cède peu à peu sa place aux graminées; ce qui rend le foin plutôt grossier; mais dans toute une zone de la Lombardie, de Milan à Codogno, le trèfle des prés se trouve remplacé dès la seconde année par le trèfle blanc (*Trifolium repens*) ou *ladino* qui pousse spontanément et constitue le fourrage le plus estimé pour la nourriture des vaches.

Dans la province de Lodi, il n'y a pas lieu d'ensemencer les prés; il suffit quand les champs ont été débarrassés de leur chaume et qu'ils ont reçu un bon coup d'arrosage, de les abandonner à eux-mêmes. Bientôt ils se couvrent d'herbes, parmi lesquelles dominent tout d'abord les panis pied de coq, sanguin et glauque, et en plus faible quantité, le trèfle blanc; mais ce dernier ne tarde pas à se propager avec une telle vigueur

qu'il étouffe toutes les autres plantes. Nul ne songe
à le propager artificiellement; c'est la nature qui s'en
charge.

Le cultivateur, en effet, qui ménage le fumier pour
le maïs, donne en pâture du foin d'août, renfermant
en masse la graine déjà mûrie du trèfle blanc. Mangée
par le bétail, cette graine passe dans le fumier, et du
fumier dans les terres préparées pour le maïs. Là elle
séjourne été et hiver, jusqu'au printemps suivant, sans
germer; mais elle est très vivace et il n'est pas rare,
quand le froment est peu serré et que l'été s'est montré
humide, que l'on puisse faucher le trèfle deux fois sur
chaume de blé, ou le donner en pâturage aux animaux
à la fin de l'automne (1). Pour cela, faut-il encore avoir
fumé abondamment, à l'aide d'un compost de terre
grasse et de fumier consommé, en chargeant davantage
le haut de chaque prairie, afin que les parties fertilisantes entraînées par les eaux ne soient pas perdues. Le
compost, à raison de 35 m. cubes par hectare, est pulvérisé dès le printemps et incorporé dans le sol au
moyen de la herse; on le renouvelle chaque année avec
les mêmes soins.

Jadis on faisait trois coupes par an sur les prairies
ordinaires; aujourd'hui on en fait quatre : *maggengo*,
agostano, *terzuolo* et *quartirolo*; la première a lieu
en mai; la seconde vient après, entre 30 et 40 jours d'intervalle; la troisième suit la seconde dans le même délai; et la quatrième qui s'effectue en octobre est parfois remplacée comme regain à pâturer.

Dans la Lomelline, le trèfle des prés est semé en
même temps que la céréale à laquelle il doit succéder;

---

(1) Bellinzona, *Inchiesta agraria; Memoria sul circondario di Lodi*, etc.,
tome VI, fasc. 3.

les autres herbes, et avant toutes le trèfle blanc, croissent spontanément. On reconnaît l'époque de la première coupe au aunissement du paturin (*Poa pratensis*); celle de la deuxième, à la floraison du trèfle, et de la troisième, à la maturité du panic glauque (*Panicum glaucum*) (1).

Dans le Crémonais où l'ingénieur Romani introduisit, il y a près d'un demi-siècle, le trèfle blanc, sur la ferme de San Gervasio appartenant à la famille Jacini, cette plante s'est naturalisée, au point que dans les exploitations où la luzerne est cultivée à part, mais fumée avec les déjections des étables, la luzernière est totalement envahie par le trèfle. Le résultat de la *spianata* de Lodi, c'est-à-dire du chaume de froment transformé dès l'année suivante en champ de trèfle par l'irrigation, n'est pas encore atteint, mais il n'est pas éloigné (2). La récolte de froment étant faite, et le chaume défoncé, on donne un labour pour laisser le sol en jachère exposé aux rayons ardents du soleil qui détruisent les plantes parasites et à l'action atmosphérique. C'est ce que l'on désigne sous le nom de *coltura agostana*. Vers septembre, on renouvelle le labour, on ameublit au scarificateur et à la herse, on fume, et seulement après cela, on sème le seigle; puis au râteau, le trèfle blanc. La prairie ainsi créée s'appelle *prato forzato* (pré forcé), en raison des façons nombreuses et spéciales et de la fumure, qui lui permettent de produire l'année suivante. La coupe de seigle vert au printemps compense celle de l'herbe que l'on eut faite dans le Lodigian à l'automne précédent.

Les quatre coupes permettent de faucher l'herbe à

(1) Pollini, *Inchiesta agraria*; *la Lomellina*, t. VI, fasc. 3.
(2) Marenghi, *loc. cit.*

l'état tendre, à peine en floraison, alors qu'elle possède toute sa valeur nutritive. Le regain que l'on obtient après la quatrième coupe (*quintirolo*) pour la pâture d'automne, est luxuriant.

La fauchaison s'opère le matin ; les andains sont étalés uniformément, et le temps étant favorable, ils sont mis le soir en tas, afin que le fourrage se réchauffe lentement pendant la nuit, ou, comme disent les paysans, pour qu'il meure (*muore*). Le matin suivant, on l'étale de nouveau et ainsi de suite, jusqu'à ce que devenu brun il résonne sous la fourche étant en l'air, ou se prenne à la main sans laisser de traces d'humidité. Du degré de dessiccation du foin et de sa mise en grange dépendent la qualité et le prix. Pour les nourrisseurs qui font descendre leurs vaches en hiver, le foin doit être lourd, c'est-à-dire suffisamment humide, sans être fermenté. Celui de juillet (*agostano*) pèse plus en général que celui d'août (*terzuolo*); mais le *quartirolo* de la mi-septembre est plus lourd que l'*agostano*. Le poids moyen du foin récolté pendant 10 ans sur deux fermes irriguées des environs de Lodi, a varié entre 1 quintal et 1 quintal 66 le mètre cube. Le foin de juillet donne pour cent à l'analyse :

Eau	14.13
Matières protéiques	15.08
Cendres solubles	4.05
— insolubles	3.71
Extrait résidu de l'éther	3.35
Cellulose et fibre	35.48
Matières extractives non azotées	24.00
Total	99.80

La flore des herbes de chacune des coupes, dans les prairies irriguées de Marescalca et Palazetto, près de

Lodi, a été soigneusement déterminée par le professeur Morandini; mais le rapport proportionnel des espèces n'a pas été indiqué. On peut toutefois retenir comme un résultat d'expérience que par mètre carré, 2 k. 198 de fourrage vert (première coupe, *maggengo*) renferme :

	kil.
Trèfle blanc..................................	0.877
Graminées...................................	0.689
Renoncule, bouton d'or......................	0.167
Plantes diverses; pâturins, ivraie, flouve, pis-senlit, panics, houques, etc..............	0.877
Total..............................	2.198

Malgré un développement maximum des autres plantes dans la première coupe, le trèfle blanc entre déjà pour deux cinquièmes dans la seconde, et ne cesse d'augmenter dans les coupes suivantes.

La saison des arrosages commence à l'Annonciation (25 mars) quand l'eau est un peu chaude, et se continue jusqu'à la Nativité (8 septembre) ou jusqu'au 25 septembre. Au début, on arrose modérément. L'eau doit être sans cesse ruisselante, sans exagérer pour cela la quantité; il vaut mieux irriguer peu et souvent, conseille Berti-Pichat (1), afin qu'au printemps la prairie ne soit pas surprise à l'état trop humide par les froids; c'est pourquoi l'eau doit couler lentement et incessamment sur la prairie.

En été, l'irrigation de la nuit est la plus favorable, au moment des fortes chaleurs. Si, disposant de peu d'eau, on veut irriguer la prairie pendant les heures chaudes de la journée, on court le risque de faire fermenter (*subollire*) le terrain, comme disent les praticiens; loin de rafraîchir les plantes et d'humecter le sol, on obtient des effets contraires.

(1) Berti-Pichat. *Istituzioni d'agricoltura*. vol. III, p. 1454.

Dès la fauchaison, il est bon d'arroser pour aider les plantes à réparer les dommages causés par la faux. En général, quand on arrose le matin on se sert d'eau qui, dans le courant de la nuit, s'est trop refroidie, et le contraste est trop vif; tandis qu'en arrosant le soir, l'eau est chaude et la plante se trouve exposée à une température assez modérée.

La troisième et la quatrième coupe des foins sont le plus souvent dues à de fréquentes irrigations d'automne, pour lesquelles il n'y a pas à redouter les mêmes dangers que dans les autres saisons, par excès de froid ou de chaleur.

Le trèfle blanc ou *ladino* forme la richesse des prairies lombardes et sert de point de départ à la fertilité des terres arrosées, d'après le nombre de soles qu'il occupe dans la rotation. « *Il ladino,* dit un proverbe italien, *è il premio della buona coltivazione* »; le trèfle blanc est la récompense d'une bonne culture. C'est d'ailleurs le fourrage qui fournit le meilleur lait pour la fabrication du fromage dit parmesan, que l'on devrait appeler lodigian. Malheureusement au bout de quelques années, il disparaît étouffé par les graminées, et surtout par le ray-grass vivace; aussi la prairie de trèfle blanc est-elle essentiellement temporaire. Sur les terres où la rizière séjourne plus de deux années, le *ladino* ne vient plus; la graine a péri, ou bien le sol s'est trop tassé.

Quoique l'on ne sème pas le trèfle blanc, quand on veut obtenir la graine on donne un arrosage après la première coupe, et on laisse six ou sept semaines sans arroser, puis on fauche.

La fumure a lieu chaque hiver, comme pour les prairies permanentes, en employant par hectare 3o mètres cubes de fumier terreauté.

Le foin est consommé en vert par les vaches laitières;

parfois la prairie est pâturée à l'automne, mais jamais au printemps. Les nourrisseurs condamnent, au point de vue de la production du lait, la circulation des vaches qui d'ailleurs dégradent les rigoles (1).

Les prairies artificielles qu'arrosent les eaux de la Bormida, dans le district de Albenga (Gênes), produisent un fourrage abondant et de bonne qualité. Les prés de trèfle que l'on fume tous les deux ans donnent deux coupes annuelles; mais dans les luzernières, on fait cinq coupes par an.

Au midi de l'Italie, dans les Calabres, les prés en sainfoin d'Espagne ou *sulla* s'irriguent au printemps, quand il ne pleut pas assez. Le trèfle incarnat des terres arrosées s'y sème au commencement d'août et fournit au mois de mai suivant une récolte de $0^m,60$ environ de hauteur, que l'on fait manger en vert; on défonce ensuite pour semer le maïs.

Espagne. — En Espagne, on cultive les luzernes en billons que séparent les rigoles d'infiltration, ou bien à plat, par planches carrées de 6 à 8 mètres de côté, entourées de rigoles également d'infiltration.

Dans les terres des environs de Saragosse, où les prairies de luzerne durent de 8 à 10 ans et donnent six coupes par an, on arrose toute l'année à raison de 30 arrosages de 1600 mètres cubes par hectare et par arrosage (2). La première coupe a lieu quand la hauteur de la luzerne atteint $0^m,40$; elle rend 2,300 kil. environ de fourrage sec; les quatre coupes suivantes rendent une moitié en plus, et la dernière coupe, à peu près autant que la première.

Dans la *vega* centrale de l'Èbre, on sème au com-

(1) A. Hérisson, *loc. cit.*, p. 156.
(2) A. Llauradô, *loc. cit.*, t. I, p. 407.

mencement d'avril et on arrose immédiatement : quand le temps est sec, on arrose de nouveau six jours plus tard. Dès que le plant est levé et la surface bien couverte, on arrose de 20 en 20 jours; et plus fréquemment encore quand le terrain est trop perméable.

Pendant les grandes chaleurs la luzerne du midi de l'Espagne demande à être arrosée tous les huit jours, et s'il ne tombe aucune pluie, tous les cinq jours. Aux environs d'Alcira, on obtient ainsi jusqu'à 12 coupes moyennant une trentaine d'arrosages en moyenne. Dans d'autres localités moins favorisées de la plaine de Valence, on n'a que de 5 à 7 coupes par an, pour 10 à 12 arrosages.

Angleterre. — Parmi les nombreuses applications des eaux d'égout à l'irrigation, c'est l'herbe qui fournit la plus importante récolte; elle occupe toujours la surface et puis elle croît plus ou moins, depuis l'approche du printemps jusque très avant en automne. L'herbe se prête ainsi à l'emploi quotidien des eaux d'égout pendant toute l'année. « Comme d'ailleurs, là où il y a une grande population susceptible de consommer de la viande, du lait, ou de fournir du travail aux chevaux, il y a également un gros débit d'eaux d'égout, les prairies artificielles répondent aux conditions de leur emploi sur le sol, sans crainte que les produits encombrent le marché (1). »

L'inconvénient de l'arrosage continu des prairies naturelles, comme à Craigentinny, près d'Édimbourg, est de favoriser la croissance des herbes les plus dures et les plus communes, au détriment des espèces plus fines et plus succulentes, et de souiller le fourrage donné en nourriture au bétail, notamment aux vaches laitières : mais il ne se présente pas pour la prairie artificielle de ray-grass.

(1) A. Ronna, *Égouts et irrigations*, 1872, p. 330.

Sous l'influence de l'eau d'égout, la végétation du ray-grass d'Italie est tellement activée que la hauteur totale et le rendement s'obtiennent en une année, au lieu de trois ou quatre années. Semé au mois d'août, à raison de 250 à 350 litres à l'hectare, il fournit une première coupe à l'automne, et successivement à partir du printemps, une coupe mensuelle de 10 tonnes à l'hectare; ce qui fait pour 14 mois, plus de 140 tonnes par hectare, à l'aide d'un épandage de 12,000 mètres cubes d'eau.

La première coupe a pour effet de débarrasser l'herbe des tiges trop faibles et de laisser une végétation vigoureuse, susceptible de résister à l'hiver et de suppléer aux coupes suivantes. Après dix coupes, on défonce.

Pendant les 10 ou 12 jours qui suivent chaque coupe, le ray-grass croît de $0^m,025$ par jour et cet accroissement correspond à une augmentation en poids de 1 tonne par hectare. Les premières coupes atteignent de $0^m,80$ à $1^m,60$ de hauteur et pèsent de 20 à 24 tonnes par hectare, avant que l'herbe ne soit en graine. Encore faut-il que l'épandage procède lentement sur une grande longueur de planche; autrement, le ray-grass s'étiole et périt.

A proximité d'un grand marché, le ray-grass coupé en vert se vend bien, mais si la demande n'est pas constante, le prix s'abaisse notablement, quelquefois de moitié. Dans ce cas, il faut recourir au bétail de la ferme pour la consommation.

De toutes manières, c'est au ray-grass que les fermes anglaises utilisant économiquement les eaux d'égout, assignent le rôle dominant comme plante épurante, d'une culture facile et d'un rendement assuré (1).

(1) A. Ronna, *Commission technique de l'assainissement de Paris* ; procès-verbaux, février 1883.

France. — En France, l'irrigation des près artificiels se borne pour ainsi dire à la Provence et au Roussillon.

Vaucluse. — La luzerne soumise aux arrosages dure trois années. Le sol est disposé, comme pour les prairies permanentes, en compartiments fermés par des bourrelets. A Avignon même, le champ, après avoir reçu 100 mètres cubes de fumier par hectare, est semé en blé, et au mois de mars suivant, en luzerne dans le blé. Le produit des cinq coupes annuelles est de 14 à 15,000 kil. La luzernière est arrosée tous les 10 ou 12 jours avec une lame d'eau de 0^m,08; tandis qu'à Cavaillon, sur un sol abondamment fumé après légumes, et entretenu à l'aide d'alluvions vierges de la Durance et de déjections des écuries et des étables, on arrose tous les 7 jours avec une lame d'eau de 0^m,06. Dans d'autres communes, à Entraigues, Vedennes, Bedarrides, on arrose seulement après chaque coupe, c'est-à-dire, cinq ou six fois par an, avec une lame d'eau de 0^m,10 (1).

Bouches-du-Rhône. — La luzerne qui est à très peu près la seule plante utilisée dans ce département pour les prairies artificielles, est arrosée pendant six heures, tous les 12 jours, à raison de 30 litres par hectare; ce qui correspond à 15 arrosages avec une tranche d'eau par arrosage de 0^m,065 (2).

Dans la Crau, les sainfoins destinés pendant deux et trois années à la dépaissance des troupeaux, sont arrosés, la sécheresse étant trop grande, après que les céréales ont été coupées.

Égypte. — Le trèfle est un fourrage très répandu dans toute l'Égypte où il se cultive automne et hiver.

Le trèfle d'automne semé sous le maïs, en novembre,

(1) A. Conte, *loc. cit.*
(2) Barral, *les Irrigations dans les Bouches-du-Rhône*, p. 490.

profite de l'arrosage qui lui est donné, et quand le maïs est récolté, un seul arrosage suffit avant la coupe qui a lieu deux mois environ après les semailles.

Dans la basse Égypte, le trèfle d'hiver se sème en novembre également après un labour et un roulage, sur le terrain partagé en carrés par de petites digues, à raison de 110 litres de semence par hectare. On fait généralement trois coupes; la première, deux mois après les semailles; la seconde, un mois plus tard. La dernière est souvent mangée sur pied par les bestiaux.

Une récolte de trèfle réclame en moyenne huit arrosages, soit un arrosage à peu près tous les quinze jours.

Dans la région des rizières, il se sème aussitôt après la récolte du riz, sans autre préparation du sol que de le recouvrir de quelques centimètres d'eau pendant deux ou trois jours (1).

Amérique. — *Chili.* — La luzerne est la meilleure plante fourragère du Chili : elle forme la plupart des prairies artificielles; d'une grande vigueur, elle se renouvelle sans travail et n'exige d'autre dépense que celle des canaux et des rigoles d'irrigation.

Destinées au pâturage et maintenues pendant de longues périodes qui vont jusqu'à 30 ans, les luzernières sont arrosées la nuit; et seulement quand la floraison a eu lieu, on y met paître à tour de rôle les chevaux, les bœufs et les moutons. On ne fauche la luzerne que dans le voisinage des villes (2).

Californie — Les vastes exploitations pour l'élève du bétail, ou *ranches,* telles qu'on les désigne en Californie, quand elles sont à proximité des canaux, pratiquent l'arrosage des luzernes, comme de l'orge.

---

(1) Barois, *l'Irrigation en Égypte*, p. 108.
(2) A. Gay, *Journ. agric. prat.*, 1862, t. II.

Dans le Pozo Ranch qui comprend quatre centres d'exploitation s'étendant sur 5,200 hectares, les eaux des canaux San Joaquin, de la compagnie d'irrigation King's River, et du canal que la Société propriétaire Miller et Lux a fait construire à ses frais, sont employées à donner trois arrosages aux luzernes et quatre à l'orge.

Le premier arrosage se pratique après l'ensemencement; le second, six semaines plus tard, quand il n'a pas plu, et ainsi de suite. Chaque arrosage dure de 10 à 12 heures.

Pour la submersion, les luzernières sont entourées de digues que l'on relève d'abord à la charrue, traînée par 14 chevaux, puis à l'aide d'une houe en forme de V, attelée à 16 chevaux. Une ravale à deux chevaux sert au nivellement des digues et des compartiments.

·Le nombre d'animaux entretenus dans le Ranch varie suivant l'état des luzernières et des herbages; il est en moyenne de 4,000 têtes de gros bétail, 5,000 moutons et 1,000 porcs.

Le bétail, issu des races du Texas, du Durham, de Galloway, etc., est en libre pâture pendant toute l'année. Les bœufs de 2 à 3 ans, soumis à l'engraissement, sont nourris depuis la première coupe de luzerne jusqu'à la mi-décembre, dans les luzernières, à raison de deux têtes par hectare; puis dans les étables (corrales) où ils reçoivent leurs rations d'orge mélangée avec de l'avoine hachée.

Les moutons des races de Leicester, Cottswold et mérinos ne sont engraissés qu'au pacage, et les porcs des races du Yorkshire, d'Essex, de Pologne et de Chine, en partie dans les luzernières, et en partie sous les toits où ils reçoivent une ration formée d'un mélange d'orge, de mangolds et de viandes de mouton et de lièvre.

L'arrosage coûte à la Société allemande par hectare de

luzerne, 26 francs 20, et par hectare d'orge, 16 francs 30, en employant l'eau du canal de San Joaquin. Avec l'eau du canal qu'elle a construit, le coût de l'arrosage descend par hectare à 1 franc 60; cette différence énorme provient des frais de premier établissement très élevés du canal San Joaquin (1).

IV. LA RIZIÈRE.

Quoique le riz ne semble pas mériter aux yeux des hygiénistes (2) tout l'intérêt que son usage comporte comme l'aliment de plus des deux tiers de la population du globe, il constitue la plante par excellence de l'irrigation. L'eau est, en effet, l'agent fondamental et indispensable de la végétation du riz qui en tire sa principale nourriture: loin d'épuiser le sol, sa culture suivie pendant deux ou trois années, offre l'avantage de réparer les terres fatiguées par la production des céréales. Tous les terrains lui conviennent, quand ils sont aptes à retenir les eaux. Comme plante annuelle, il n'exige pour accomplir sa végétation dans une couche d'eau qui recouvre le sol sur une épaisseur moyenne de $0^m,15$, que six mois de l'année, sous les climats tempérés.

Mûrissant avant les premiers froids de l'automne, il offre un moyen efficace de défrichement, car il n'est guère de terrain, si inculte qu'il soit, qui ne puisse produire avec un peu de soin, par le bénéfice des eaux, une récolte de riz, à la suite de laquelle le terrain pris à l'état de friche, dût-il être mis en pâturage, aura gagné plus de cent pour cent de sa valeur (3).

---

(1) A. Beith, *Wiener Landw. Zeitung*, avril 1887.
(2) A. Payen, *des Substances alimentaires*, 1854, p. 134.
(3) Nadault de Buffon, *Hydraulique agricole*, t. II, p. 130.

Bien récolté, le riz en grains se conserve indéfiniment, sans altération; il souffre moins de l'humidité que les autres céréales. L'eau froide a peu d'action sur lui; il est peu falsifié et se consomme sans préparation préalable. On conçoit d'après ces nombreux avantages que le riz, quoique plus pauvre que les autres grains en substances azotées, en matières grasses et en sels minéraux, se soit répandu sur d'immenses surfaces, depuis les rives du Pô jusqu'à celles du Gange, depuis les plaines de Valence (Espagne) jusqu'à celles de la Caroline du Sud et de la Chine.

L'eau agit sur la végétation du riz, non seulement comme moyen d'humecter, de diviser et d'amender le sol, mais encore comme support de la plante qui naît trop tendre et trop frêle pour braver les intempéries atmosphériques. L'eau quoique limoneuse ne convient pas moins pour les rizières auxquelles elle procure presque toujours un excellent amendement; elle exhausse en outre, le sol des bassins de submersion, en les assainissant et les appropriant à d'autres cultures. Les sédiments abandonnés par l'eau dans les rizières stagnantes, finissent par donner au sol vierge un engrais précieux, en vue de sa mise ultérieure en culture.

Nous avons déjà décrit comment la submersion s'opère et en particulier comment s'installent les rizières qui dépendent de ce mode d'irrigation (1); nous exposerons maintenant les faits particuliers de la culture du riz dans les divers pays producteurs.

I. ITALIE.

On divise les rizières en Italie, en deux classes; les

(1) Voir tome II, p. 606.

rizières temporaires ou alternes (*risaie da vicenda*) qui font partie des assolements; elles occupent le sol pendant trois ou quatre ans, et précèdent une récolte de froment ou de maïs; et les rizières perpétuelles, ou permanentes (*risaie da zappa*, ou à la pioche) qui occupent indéfiniment le même espace, avec des intervalles de jachère; elles sont situées le plus souvent dans les terres basses submersibles et marécageuses.

Les terrains que l'on destine à la culture temporaire sont siliceux, ou argilo-siliceux, avec un sous-sol peu perméable; ils sont plans, ou peu accidentés, bien exposés au soleil et dominés par les cours d'eau, ou par les canaux qui doivent les tenir submergés. Pour la culture permanente, les terrains sont quelconques, généralement imperméables, humides, et ne pouvant se travailler à la charrue.

La variété cultivée dans le nord de l'Italie est le riz indigène, *nostrale* ou *nostrano* (*Oryza sativa*) dont l'épi a une couleur blanche argentine et jaunit en mûrissant; ses barbes sont très longues; on le récolte vers la mi-septembre.

Le riz d'Ostiglia, le riz novarais, et le riz *francone* sont des variétés du riz indigène. Celui d'Ostiglia lui ressemble beaucoup, mais il se développe moins; son épi est plus court, le grain plus petit, et il tarde davantage à mûrir. Le riz de Novare a un épi rougeâtre quand il approche de la maturation; sa végétation est plus vigoureuse que celle du riz indigène; des cercles violets entourent les nœuds de la tige; sa paille est grosse et rude. Le riz *francone*, dérivé d'une sélection faite par un nommé Franconi, dans le riz novarais, montre un épi plus court, plus robuste, et des barbes moins longues.

Le riz sans barbes (*reste*) (*Oryza denudata*), qu'on appelle *bertone* ou *mellone*, offre un épi verdâtre au début,

qui rougit peu à peu, et jaunit enfin quand il est mûr ;
son grain est allongé et aplati. Sa maturation s'effectue
par les grains du sommet des panicules, contrairement
à celle des variétés barbues. Semé dans la seconde quinzaine de mars, le riz *bertone* mûrit en août; mais
semé à la fin de mai, ou au commencement de juin,
après une coupe de trèfle, après le colza (*ravizzone*), ou
même après le lin, il peut se récolter fin septembre. Fortement arrosée, cette variété produit moins; de façon
qu'en économisant l'eau, on ne retrouve pas ce qui se
perd comme rendement.

Le produit moyen des diverses variétés est indiqué
dans le tableau VIII :

TABLEAU VIII. — *Rendement des variétés de riz
de la haute Italie.*

	Riz brut ou Risone. Hectolitres par hectare.	Poids de l'hectolitre de riz brut.	Riz blanc mondé par hectolitre de riz brut.
		kil.	
Riz indigène 1re année..	40 à 50	50	40 à 45
Riz novarais 1re —	90 à 100	43	40 à 45
Riz bertone 1re —	90 à 110	54	45 à 50
— 2e —	60 à 70	60	50

En général, quand on cultive le riz plusieurs années
de suite, le produit est plus fort en volume dans les premières années, mais dans les années suivantes, c'est le
poids de l'hectolitre qui augmente (1).

Parmi les variétés importées, le riz chinois et le riz

(1) G. Cantoni, *les Produits de l'agriculture du Piémont, de la Lombardie et de la Vénétie: Exposition de 1867.*

japonais se sont répandus avec succès dans un certain nombre de provinces.

D'après la dernière statistique publiée par le Ministère de l'agriculture à Rome (1), la production annuelle moyenne des trois arrondissements Verceil, Novare et Mortara, s'élevant à 4,464,890 hectolitres de riz brut, pendant les cinq années 1879-83, représente environ les deux tiers de la production totale de l'Italie. Il en résulte que c'est dans la plaine du Pô, entre la Dora Baltea, le Pô et le Tessin, comprenant aussi l'arrondissement de Pavie, que se concentre cette importante culture. Le rapport pour cent des rizières permanentes aux rizières temporaires ou en assolement, pour les quatre districts, est le suivant :

	Rizières permanentes.	temporaires.
Novare	34	66
Verceil	1	99
Mortara	25	75
Pavie	10	90
Moyennes pour cent	17,5	82,5

L'ouverture du canal Cavour, en développant, on peut dire, en doublant depuis 1864 l'étendue des terres consacrées au riz dans cette zone, a eu également pour effet de restreindre à moins de 20 pour cent les rizières permanentes dont le rendement est moindre et l'insalubrité notoire.

Comme production de la zone principale de culture du riz, le rapport officiel donne les chiffres suivants en regard des surfaces submergées pendant les deux périodes quinquennales 1870-74 et 1879-83 :

(1) *Monografia sulla coltivazione del riso in Italia;* Roma, 1889.

Districts.	Provinces.		Surface en rizières.	Récolte annuelle de riz brut. par hectare.	totale.
			hectares.	hectol.	hectol.
Novare. ⎰ Verceil. ⎱	Novare..	⎰ 1870-74 ⎱ 1879-83	72.300 89.767	44.50 38.74	3.217.350 3.484.932
Mortara. ⎰ Pavie .. ⎱	Pavie....	⎰ 1870-74 ⎱ 1879-83	56.355 33.716	41.50 41.82	2.507.797 1.409.967
Totaux..........		⎰ 1870-74 ⎱ 1879-83	128.655 ⎱ 123.683 ⎰	41.64	⎰ 5.725.141 ⎱ 4.894.899

Piémont. — Les rizières jouent ainsi un rôle important en Piémont, dans les districts de Novare, de Verceil, et dans l'arrondissement de Casale, sur la rive gauche du Pô. Tandis que dans le Verceillais, les rizières permanentes sont plus étendues que les rizières alternes, ces dernières prédominent dans le Novarais; mais dans les deux cas, la surface consacrée à la culture du riz équivaut à celle que les autres cultures arrosées occupent.

Les variétés que l'on cultive en Piémont sont : le *novarais*, l'*ostigliese,* le *bertone* et le *francone.* Quant au riz commun, ou *nostrale,* autrefois très répandu, il a été peu à peu restreint, à cause de sa disposition à la maladie du *brusone.* On a récemment introduit une variété japonaise et une plus récente de l'île de Java. Il est d'usage, dans les assolements qui comprennent trois années de riz, de changer chaque année de variété, en commençant par celles qui craignent le moins la verse, comme le *francone,* et en faisant suivre par celles à paille plus fine, plus élevée, à grain plus riche, telles que l'*ostigliese.*

Sauf dans quelques localités où l'irrigation est intermittente, l'eau se distribuant d'après un horaire, la submersion du riz est continue, avec circulation de l'eau (1).

Dans le Novarais, le terrain des rizières alternes re-

(1) Voir tome II, p. 50

çoit une pente de 1/2 à 1 pour mille; quand il est étendu, on le partage en deux ou plusieurs plans, à niveaux distincts que séparent des gradins plus ou moins élevés. Sur les terrains en pente forte, le canal d'irrigation étant installé à la partie supérieure, on adopte la disposition en amphithéâtre, les marches ayant quelques mètres de largeur et les différences de niveau allant jusqu'à 1 mètre, et au delà. Dans le territoire de San Gennaro, près de Crescentino (bas Biellais), et aux environs de Novare, jusqu'à Vespolate, ce mode d'installation est très commun. Les rizières y sont naturellement permanentes; car les rizières alternes ne compenseraient pas par leur produit les frais de terrassement (1).

Les eaux troubles de la Doire et du Pô que charrie le canal Cavour sont appliquées, dans le rayon très étendu qu'elles desservent, plutôt aux rizières du Novarais et du Verceillais, qu'aux marcites qui souffrent du limon terreux et siliceux des rivières.

Dans les localités où l'on dispose abondamment d'eaux courantes ou de canal, jouissant d'un degré de température convenable, on cultive en été les rizières, et en hiver, les marcites; mais avec l'eau des *fontanili,* moins grasses, chaudes en hiver et froides en été, on limite la culture du riz aux variétés telles que le *francone* et le *bertone* qui sont moins exigeantes sous le rapport de la température, et on développe les prairies marcites, en cédant aux propriétaires inférieurs l'eau un peu plus chaude qui a arrosé les marcites.

Quand les digues ont été établies; que l'on a fait entrer l'eau et rectifier le nivellement à l'aide de pelles à long manche, servant aussi à battre les digues pour les rendre compactes et imperméables, on fait

(1) Meardi. *Inchiesta agraria, Relazione,* vol. VIII, fasc. I, pp. 129, 251.

traîner par deux chevaux une claie, sous forme de herse sans dents, sur laquelle monte le conducteur. Cette claie tasse et aplanit le sol et trouble l'eau. On sème alors le riz à la volée, à raison de 1,3 à 3 hectolitres par hectare; l'eau couvre le sol sur $0^m,02$ à $0^m,05$ d'épaisseur.

Le riz que l'on sème est brut (*risone*), c'est-à-dire, avec ses glumelles, n'ayant pas passé sous les foulons. Il doit être d'une maturité parfaite et le plus lourd possible, parfaitement criblé et nettoyé. On le fait tremper pendant 24 heures avant de le semer, pour l'empêcher de surnager. On a soin, dans les bons sols, que la semence ne soit pas trop épaisse; elle doit être plus drue dans les terres moins fortes; les quantités sont donc variables, mais le plus souvent elles surpassent le strict nécessaire. Les qualités de la graine déterminent l'époque de la semaille; ainsi les riz nouveaux se sèment les premiers, c'est-à-dire, au plus tard dans le courant du mois de mars, et les riz plus anciens, dans le mois d'avril.

Le riz très faiblement fixé en terre par ses racines pendant la première quinzaine de sa végétation, quoiqu'il ait déjà poussé des feuilles, doit être maintenu dans une couche d'eau constante, peu épaisse, car autrement le vent détermine des vagues qui déracinent la plante. Au bout de quinze jours, on augmente l'épaisseur, au fur et à mesure que la plante grandit, mais en l'arrêtant à $0^m,15$ ou $0^m,20$ comme maximum. L'eau reste dans la rizière jusqu'à la moisson (1).

Pour sarcler, dans le but de débarrasser la rizière des plantes adventices, on se borne à abaisser le niveau; toutefois il convient d'ajouter qu'en Piémont, l'eau des compartiments étant en mouvement, les plantes

(1) A. Hérisson, *loc. cit.*, p. 165.

aquatiques telles que les *charas*, communes dans les rizières d'Espagne, sont presque inconnues; c'est surtout le pied de coq (*Panicum crus galli*) que l'on extirpe par le sarclage. Si les animaux aquatiques, notamment les limaçons (*chiocciole*) attaquent la plante, au point de menacer la récolte, on enlève l'eau pendant une dizaine de jours; de même, quand vers la Saint-Jean (24 juin), les tiges surgissant au-dessus de l'eau, les plantes jaunissent, on met la rizière à sec pendant plusieurs jours, mais cette opération doit se faire avec le plus grand discernement, en vue de la fragilité de la tige qui s'incline, et des oiseaux qui attaquent la plante hors de l'eau.

Après la floraison qui a lieu, suivant la date des semailles, du 15 juillet au 15 août, on donne l'eau en abondance, tout en la proportionnant à l'étendue qui est submergée. Il vaut mieux avoir de l'eau en excès que d'en manquer.

Quand la panicule et bien formée, qu'elle change de couleur et prend une teinte jaune verdâtre, on restreint le courant. C'est du 1er au 20 août que le riz traverse sa période critique; si le temps se refroidit alors, les panicules qui s'affaissaient par leur poids, se redressent presque vides; le riz a été décimé par la maladie qui porte le nom de *brusone*.

La maturation étant complète, les tiges et les feuilles du riz offrent la couleur jaune du blé; les panicules sont d'un jaune rougeâtre, ou de nuance dorée; le grain se rompt aisément sous l'ongle. Le vent souffle dans la rizière avec un son aigu qui rappelle la pluie tombant sur les roseaux (1). Pour le riz *bertone*, qui a été semé du 1er au 15 mars, la maturation a lieu fin août; pour le

(1) G. Heuzé, *l'Agriculture de l'Italie septentrionale*, p. 258.

riz d'Ostiglia à la fin de septembre, et pour le riz *nostrale*
au commencement de ce même mois. Le riz est coupé à
la faucille, à une hauteur telle que les gerbes aient
environ 0^m,50 de longueur.

On ne fume pas le riz la première année, dans les
rizières nouvelles; mais les années suivantes, et dans
les rizières anciennes, on engraisse d'une manière spéciale, en jetant sur le sol avant la semaille, de 300 à
400 kil. de graine de lupin blanc, dès la deuxième année,
et de 400 à 500 kil. l'année suivante. La graine se pu-
tréfie en produisant sur l'eau comme des taches d'huile.
Le fumier et le terreau ne donnent pas un aussi bon
engrais que la graine de lupin. D'ailleurs, la culture du
riz est peu fatigante pour le sol auquel il emprunte 9 fois
moins d'acide phosphorique que le blé; elle est de plus
très productive et lucrative, car pour un hectare rendant
en moyenne 56 hectolitres de riz brut ou *risone*, qui
correspondent à 22,40 hectolitres de riz mondé, du
poids de 70 à 80 kilogrammes par hectolitre, on obtient 1,680 kilogrammes de riz, représentant, au prix
de 30 à 34 francs les 100 kilogrammes, un produit brut
par hectare de 527 francs. On verra au livre XI qui
traite de l'économie des irrigations, ce qui reste comme
produit net de la culture.

Lombardie. — *Pavesan.* — Dans l'arrondissement
de Pavie, les détails de la culture, tels qu'ils viennent
d'être décrits pour le Piémont, diffèrent peu.

Avant de procéder à la semaille, le sol est labouré et
profondément bêché, l'eau étant admise dans la deuxième
quinzaine d'avril pour aider à briser les mottes et à niveler la surface, puis on y jette la semence préparée, à
raison d'un hectolitre et demi par hectare. On baisse
alors le niveau de l'eau, ou bien on l'évacue, soit pour
réchauffer la surface, soit pour détruire les insectes

nuisibles. On admet de nouveau l'eau, en mesurant l'épaisseur de la couche au degré de croissance de la plante. Tant qu'elle est jeune, la température règle l'admission; c'est-à-dire, quand la chaleur est faible, on baisse le niveau, et quand elle est forte, on l'élève. Dès que les plantes sont adultes, on hausse le niveau de 0,^{m}20 à 0,^{m}30 avant le sarclage.

D'ailleurs, suivant que règnent les vents tourbillonnants, que la plante dépérit, ou qu'elle est trop luxuriante, on gradue pendant la période de croissance la hauteur d'eau; quand on ne dispose pas d'un volume suffisant pour entretenir un courant continu, on la renouvelle par intermittence, au bout de 6 ou 8 jours, de 10 jours au plus.

Vers la fin d'août, suivant le terrain et l'espèce cultivée, les glumes du riz prennent une coloration jaune rougeâtre; le grain durcit; les panicules s'inclinent; les feuilles jaunissent; la plante atteint sa maturité; alors on évacue l'eau pour faire la récolte et le battage.

Le riz chinois sans barbes, qui n'exige pas une irrigation continue et donne par rapport aux riz indigènes un produit plus économique et plus abondant, est moins sensible aux vicissitudes atmosphériques; aussi, s'est-il répandu dans le Pavesan. Il se plaît mieux d'ailleurs dans les terrains vierges où le riz n'a pas été cultivé jusqu'alors, ou bien dans ceux qui sont restés longtemps sans rizières; il s'y développe et produit de lourdes récoltes que l'on n'obtient pas dans les terres envahies par les plantes adventices, ou soumises à un assolement trop rapide (1).

Dans la Lomelline, comme dans le Pavesan, on cul-

(1) Saglio, *Inchiesta agraria, circondario di Pavia*, t. VI, fasc. II.

tive outre le riz chinois sans barbes, à grain petit et
rougeâtre, le riz commun (*nostrano*) à gros grain blanc
et à barbes, lent à mûrir et qui exige une irrigation
continue; le riz de Novare et celui du Japon, avec un
rendement égal au riz commun, résistent mieux aux
maladies et aux intempéries (1).

Lodigian. — Dans la province de Lodi, les rizières
permanentes sur les terrains peu tenaces, sont préparées
à la sape; et les rizières alternes, à la charrue. Les digues
des compartiments carrés ont de 0^m,30 à 0^m,40 de
hauteur; chaque compartiment est pourvu de sa rigole
d'amenée et de sa colature. Le nivellement des surfaces
s'obtient par l'introduction de l'eau; mais il est difficile d'obtenir dès la première année un plan nivelé
exact, et l'on doit le plus souvent refaire le nivellement
dans l'hiver qui précède la seconde année de culture.

Les variétés que l'on cultive sont, parmi celles à barbes, le riz novarais et le riz *francone*, et comme variété
sans barbes, le riz d'Afrique ou *bertone*. Le riz catalan
et le riz japonais sont également cultivés.

On sème à la volée, à une époque qui varie suivant la
variété et la qualité du riz, et aussi suivant la place qu'occupe le riz dans l'assolement. Le riz *bertone* suit souvent
le lin d'hiver; tandis que le riz commun et le riz de Novare suivent la prairie après défoncement, et sont maintenus l'année suivante, précédant le maïs.

L'ensemencement s'opère à raison de 1,25 à 2,90 hectolitres par hectare pour le riz *bertone*, un peu plus
pour le riz commun (*nostrano*), la nappe d'eau ayant
un pied d'épaisseur environ.

La culture exige les plus grands soins afin de remédier
par la température de l'eau à celle de l'atmosphère, et

(1) Pollini, *Inchiesta agraria, loc. cit.*

de maintenir la rizière exempte de plantes adventices. Dans le Lodigian, on sarcle généralement deux fois : une première fois aussitôt que le mil ou panis est adulte, et la seconde fois, un mois plus tard, pour enlever surtout le souchet allongé.

La durée de la végétation est du reste très variable, selon que la qualité du riz est précoce ou tardive. Semé au commencement d'avril, le riz précoce mûrit dans les premières semaines de septembre, et le riz tardif à la fin du même mois ; quand il est semé dans la seconde quinzaine d'avril, il mûrit seulement en octobre ; certaines variétés ne mûrissent même pas parfaitement sous le climat de Lodi. On évacue l'eau une semaine avant la récolte du riz (1).

La récolte qui varie selon qu'il s'agit de rizières permanentes ou alternes, de riz d'un an ou de deux ans, atteint en moyenne par hectare 42 hectolitres de riz brut du poids de 5o kilogrammes ; la paille pèse un tiers en plus.

Crema. — Dans son excellente notice sur l'arrondissement de Crema qui comptait alors, tant en rizières permanentes qu'en rizières alternes, 1,400 hectares, le comte F. Sanseverino (2) indique que les terrains à consacrer au riz sont laissés pendant tout l'hiver dans l'état de la dernière récolte, jusqu'au mois d'avril suivant ; on y installe alors les compartiments (*camere*) ; on nivelle le terrain à la pelle (*badile*), et à la planche (*tavola*), avant de donner l'eau. Le courant doit être continu pour empêcher la production des conferves. Le riz brut (*risone*) que l'on sème dans l'eau, a été mis à tremper

(1) Bellinzona, *Inchiesta agraria, loc. cit.*
(2) F. Sanseverino, *Notizie statist. e agron. intorno a Crema;* Milano. 1843, p. 103.

pendant une semaine, à raison de 2,3o hectolitres par hectare (1).

Dès que le grain a germé, on retire l'eau et on laisse la rizière à sec pendant deux ou trois jours. Comme les oiseaux s'amassent en grand nombre, les enfants courent sur les banquettes pour les chasser, et les paysans tirent des coups de fusil. Quand le terrain est ferme, on évite d'évacuer l'eau à ce moment.

Vers la mi-juin, on enlève l'eau pendant une semaine environ pour faire périr le *ζé* (*Ranunculus fluviatilis*) qui s'est développé en quantité ; puis on redonne l'eau jusque vers la mi-août quand l'épi commence à se former. On met alors de nouveau la rizière à sec, afin de permettre à l'épi, pendant une huitaine de jours, de profiter de la température. En rendant l'eau, il faut avoir soin, pour que la maturation se fasse également, qu'elle n'arrive pas trop froide ; on la fait pour cela d'abord circuler dans d'autres compartiments déjà réchauffés.

La maturation s'opère du commencement de septembre à la mi-octobre. Quand on s'aperçoit que le riz est mûr dans certains compartiments, on n'attend pas que le reste ait atteint sa pleine maturité, car les panicules s'égrèneraient en pure perte, et l'on coupe de suite à la faucille, comme pour le blé.

En novembre, on rend l'eau à la rizière permanente, et on l'y laisse tout l'hiver afin que le chaume et les herbes pourrissent et servent d'engrais. Au mois d'avril suivant, on coupe l'herbe qui a cru spontanément ; on met à sec ; on laboure en renversant les mottes afin de détruire l'herbe ; on répare les digues (*arginelli*) et on remet en eau avant de semer.

Dans la submersion hivernale, beaucoup de limaçons

(1) 16 *coppelli* par *pertica*.

(*Planorbis cerinatus* et *Limnea auricularia*) se sont développés, qui attaqueraient le grain après la semaille. Pour empêcher leurs ravages, on met la rizière à sec pendant huit jours environ, tant que l'on ne voit pas verdir les germes ; alors, on submerge de nouveau.

La première année, lorsque le sol a été bien nettoyé, le riz n'a guère besoin d'être sarclé ; mais les années suivantes, la rizière est infestée par une foule de plantes que Sanseverino énumère comme nuisibles à la récolte, à savoir :

Panicum crus galli (giavone).	*Carex flava.*
Scirpus mucronatus.	*— glauca.*
— triqueter.	*— paludosa.*
— maritimus.	*Ranunculus fluviatilis.*
Cyperus monti.	*Typha latifolia.*
— longus.	*Poa fluitans.*
— flavescens.	*Festuca arundinacea.*
— glomeratus.	*Leerzia orizoides.*

Il est indispensable d'arracher ces mauvaises herbes après la mi-mai, jusqu'à deux et trois reprises, surtout si le *giavone* ou crête-de-coq se multiplie.

Quand la récolte de la deuxième année est faite, on laboure profondément au mois de novembre, et on laisse les sillons à sec en vue du parfait égouttement du sol ; comme aussi pour que les effets de la gelée se fassent sentir pendant l'hiver. En mars, on laboure encore, puis une troisième fois en avril, mais superficiellement, afin que le terrain plus compact facilite la bonne prise des radicelles du riz.

On alterne ainsi d'année en année, la mise de la rizière sous l'eau, ou à sec, pendant l'hiver ; quand on l'a tenue à sec, il est inutile d'écouler l'eau au moment de la germination du riz, car il n'y a pas de limaçons ; mais on devra sarcler chaque année les mauvaises herbes au mois de mai.

Les rizières ont une durée de 10 à 12 ans, et même davantage; quand on veut les faire reposer, après la mise sous eau pendant l'hiver, on sème le maïs au printemps, et l'année suivante, encore du maïs, qui fournit une récolte abondante; puis vient le blé avec trèfle, ce dernier restant comme prairie que l'on fauche trois ou quatre fois pendant la quatrième année; enfin à la cinquième année, on reprend la rizière.

Il y a toutefois dans les terrains marécageux des rizières permanentes que l'on ne laisse reposer qu'une année, en donnant de l'engrais pendant l'hiver, lorsque leur produit vient à diminuer.

Vénétie et Adriatique. — *Véronais.* — Le sol des rizières se prépare pendant l'hiver qui suit la récolte. On connaît par le chaume qui reste dans le sol quels sont les endroits trop creux ou trop élevés, et on nivelle la surface en conséquence; puis on vérifie les digues des compartiments; on donne un labour, un hersage, un coup de rouleau, et l'on introduit l'eau pour essai; après cela on bat de nouveau les bosses de terre, afin d'obtenir une surface parfaitement unie.

Quand il s'agit de mettre en rizière la sole qui suit le froment, on sème au printemps dans le froment même, de la luzerne ou du trèfle commun, que l'on fauche à l'automne après le blé, et que l'on laisse en terre jusqu'au printemps suivant, pour l'enfouir avant de donner le premier labour dans la rizière. Ce premier labour est suivi d'un nivellement ou régalage du terrain que l'on submerge. Après cette submersion, qui laisse constater l'état plus ou moins régulier de la surface, on procède à un second régalage (*rondolatura*) qui fait disparaître les bosses et les creux, et on distribue, suivant ce qui a été exposé déjà, les compartiments (*prese* ou *spunte*) à l'aide des digues ou banquettes (*arginelli*), dans lesquelles on pratique les petites ouvertures (*tagli* ou *bocchette*) qui permettent de maintenir l'eau en mouvement d'un compartiment à l'autre. C'est à ce très faible courant qu'est due la diminution des émanations fiévreuses des eaux de la rizière.

Les colatures des compartiments les plus bas servent souvent à l'alimentation d'autres rizières, situées à des niveaux inférieurs ; ou bien elles retournent au canal d'amenée. Quand on emploie l'eau des sources (*fontanili*) provenant de l'exploitation elle-même, les colatures sont cédées aux propriétaires voisins qui manquent d'eau d'arrosage.

A la fin du mois d'avril, ou au commencement de mai, on procède aux semailles.

Trois variétés de riz sont cultivées dans le Véronais ; le riz Novarais, qui forme la première qualité ; le riz Chinois, qui donne la seconde qualité, bien moins estimée que la précédente ; et le riz de Piémont ou *francone,* ressemblant au Novarais, qui est d'introduction récente. Le riz commun ancien (*antico nostrano*) et le riz *ostigliese* plus coloré que le Novarais, ont été délaissés à cause de leur disposition à la maladie (*brusone*) qui rougit le grain et le rend friable, au point qu'il ne peut être soumis au pilon, sans se réduire en farine.

Le grain de semence est détrempé pendant un ou deux jours, puis jeté à la volée sur la terre couverte d'eau. Huit jours environ après l'ensemencement, on évacue l'eau pour la première fois, afin que le grain germé puisse bien s'attacher au sol par ses radicelles. Au bout de cinq, six, et même huit jours, d'après la saison, on introduit l'eau de nouveau, en augmentant peu à peu l'épaisseur de la nappe de submersion, jusque vers le

15 juillet. Durant cette période, l'eau est évacuée, suivant le besoin, deux ou trois fois (tous les 15 ou 20 jours) pour permettre de sarcler. Cette opération extrêmement pénible est confiée aux femmes et aux enfants : pieds nus dans la vase, la tête penchée sous le soleil brûlant, les poumons envahis par les effluves dégagées des matières en putréfaction, ils arrachent les plantes parasites, telles que le mil ou *giavone* (*Panicum crus galli*), les scirpes, les carex, etc., qui finiraient par étouffer le riz.

Dans les rizières permanentes le sarclage s'opère plus tôt que dans les rizières alternes où les parasites se développent plus lentement.

A la mi-juillet, on évacue l'eau pendant cinq ou six jours afin que la tige s'affermisse. Au cas où elle se serait trop développée et que l'on craigne la maladie, on prolonge la durée de la vidange.

En septembre, ou dans les premiers jours d'octobre, rarement plus tard, on procède à la récolte, après avoir asséché pendant trois ou quatre jours la rizière. La coupe se fait à mi-hauteur, à la faucille. Dans les rizières alternes, le transport des gerbes (*covoni*) se fait à l'aide de voitures attelées de deux ou trois paires de bœufs. Dans les rizières permanentes, le sol ne pouvant même pas supporter le poids d'une charrue, le transport s'effectue par les barques qui circulent dans les canaux colateurs(1).

Rovigo. — Dans la province de Rovigo, en Polesine, on n'emploie l'irrigation que pour les rizières dont les terrains ont été conquis sur la mer. Les rizières alternes n'étant pas possibles, ce sont ces rizières *permanentes* uniquement qui pourvoient à la production. On

---

(1) *Inchiesta agraria; Monografia di Verona compilata per cura della R. Prefettura*, t. V, fasc. I.

y cultive les variétés à barbes, japonais, novarais et géant. Le novarais mûrit le plus lentement et a le moindre rendement. Le riz chinois sans barbes est cultivé toutefois pendant les deux premières années dans les rizières nouvelles, parce qu'il est moins sujet au *brusone* qui se manifeste dans les terres très fertiles. On le sème également certaines années où le printemps peu favorable oblige à retarder l'ensemencement des autres variétés (1).

Gorizia (Autriche). — Ce sont également des rizières *permanentes* qui occupent une partie des terrains situés dans la province autrichienne de Gorizia, entre la terre ferme et l'Adriatique. Les *laguni* que l'eau submerge ne se prêtent à l'établissement des rizières que si l'eau souterraine et l'eau de submersion sont douces.

Une exploitation considérable, celle de Monastero, dans le voisinage d'Aquiléja, embrasse une surface annuelle en rizières de 270 à 300 hectares. Les compartiments carrés ou rectangulaires sont limités par des fossés de plusieurs mètres de largeur et de 1^m,50 de profondeur, et leur surface est nivelée de façon à ce que la pente, quelque minime qu'elle soit, permette l'écoulement dans les fossés d'aval.

Dans les rizières nouvellement installées, chaque pièce est partagée en outre dans le sens de la pente, par de plus petits fossés intermédiaires, entre l'amont et l'aval, dont la largeur n'est plus que d'un mètre pour une profondeur moindre; tandis que dans les anciennes, en raison même de l'épuisement du sol, les fossés secondaires sont très nombreux et rapprochés, jusqu'à n'offrir qu'un écartement de 8 à 10 pieds. Grâce à ces

---

(1) C. Bisinotto, *Inchiesta agraria*, etc., *Monografia dei distretti di Adria e Ariano in Polesine*, t. V, fasc. II.

dispositions, les terres se cultivent en riz pendant 20 et même 30 années de suite, mais après faut-il les laisser en jachère pendant cinq ou six années pour pouvoir reprendre la culture. Au bout des 20 ou 30 premières années, la période de jachère devient plus fréquente et plus longue.

Vers la mi-mars, quand les gros temps sont passés, on commence à la bêche les travaux qui doivent être terminés dans la deuxième quinzaine de mai. La charrue ne pouvant servir, on estime que la main-d'œuvre annuelle représente 150 journées par hectare. Après le 15 mai, on met les compartiments sous l'eau à l'aide des vannes des fossés et l'on sème à la volée. Dès que les radicelles se sont assez développées dans la mince nappe d'eau introduite, on évacue avec précaution, par des journées calmes, pour que les radicelles pénètrent et fassent prise dans le sol.

Aussitôt que la surface apparaît verdoyante, on sarcle les mauvaises herbes et l'on remet en eau. Quelques semaines plus tard, le sarclage se répète à sec; puis, une troisième fois avant la floraison. Les herbes adventices sont déposées dans les fossés où elles pourrissent et servent avec les boues de curage que l'on enlève au printemps, à engraisser le sol.

Depuis la floraison, qui a lieu vers la mi-juillet, jusqu'à la récolte, à la mi-septembre, la rizière demeure sous l'eau; on n'évacue celle-ci que cinq ou six jours avant la récolte (1).

Le produit est variable suivant l'âge de la rizière; elle rend d'autant plus qu'elle est d'installation plus récente.

Italie centrale. — Les exploitations à rizières *permanentes* abondent dans la basse vallée du Pô. On fait

(1) F. von Thümen, *In den reis sümpfen; Wiener Landw. Zeitung*, 1887.

du riz pendant 10 ou 12 ans de suite, selon la nature du sol; au bout de ce temps, on cesse toute culture, laissant une véritable jachère pendant 2 ou 3 ans; puis on revient au riz (1).

Dans son rapport sur le concours des fermes de l'É-milie (2), l'ingénieur Chizzolini décrit le domaine de Santa Vittoria appartenant au comte A. Greppi, où 260 hectares sur 585 sont irrigués. Des 260 hectares arrosés, 220 sont consacrés à la culture permanente du riz, et 40 à la prairie permanente. Les rizières sont bordées de saules; les prairies, de saules et de mûriers; les champs en culture, d'ormes avec vignes et de mûriers. Le produit en riz blanc est de 20 hectolitres en moyenne, pour 1,80 à 2 hectolitres de semence par hectare.

Dans les terrains bas du Modénais, on rencontre les rizières *a zappa* à Novi, à Camposanto, à Mirandola, comme dans le Bolonais, dans le Ferrarais, à Argenta, et à Comacchio dans la province de Ravenne (3).

Sicile. — La plaine de Catane, de même que les terrains arrosables et paludéens situés au nord de la province de Syracuse, sont cultivés en rizières d'après les très anciennes pratiques du système dit *degli stagni*. A Catane, les trois quarts des eaux dérivées du Simeto alimentent ces rizières.

Le riz succède au froment et à la prairie naturelle tous les sept ans; on laisse paître la prairie, automne et hiver, avant d'y installer les compartiments. On sème après avoir inondé la rizière également, sous une faible épaisseur; puis on maintient l'eau à la hauteur voulue pendant toute la durée de la végétation. On ne met

---

(1) Monny de Mornay, *Enquête sur les engrais industriels*, p. 508.

(2) Chizzolini, *Sui poderi concorrenti al premio d'onore nel concorso regionale di Reggio (Emilia)*; 1877.

(3) L. Tanari, *Inchiesta agraria; Relazione*, t. II, fasc. II.

que deux fois à sec pour le sarclage. Le rendement est estimé à 25 hectolitres de riz brut.

Dans la province de Girgenti, la culture du riz a à peu près disparu; elle ne se maintient dans les autres districts que sur les terrains absorbants et humides, au bas des vallées que parcourent les torrents et le long des plages maritimes(1).

2. ESPAGNE.

La pratique des rizières de l'Espagne s'écarte sensiblement de celle des rizières de l'Italie; car elles sont le plus souvent établies dans des terrains bas où les filtrations du sol n'ont pas grande importance. Ces terrains sont parfois marécageux et ne se prêteraient pas à d'autres récoltes; ou bien ils sont plus ou moins salés, comme dans tous les deltas, et le renouvellement de l'eau des rizières en opère le dessalement.

Les terrains en plaine, après l'enlèvement de la récolte et jusqu'au commencement de septembre, reçoivent, avant d'être mis en rizière, un nombre de labours qui va parfois jusqu'à six. On fume alors, soit avec du guano ou du fumier, soit à l'aide d'une récolte de fèves que l'on arrose deux ou trois fois quand il ne pleut pas, et que l'on enfouit en vert au mois de février, ou de mars.

Au printemps, on donne trois nouveaux labours à sec et quatre labours après submersion, avant de semer.

Les banquettes qui séparent les compartiments des rizières ont 0m,60 de hauteur et une largeur qui permet de circuler entre les divers bassins, comme en Italie. Le sol étant plat, les bassins de submersion ont de plus grandes dimensions qu'en sol déclive.

(1) Damiani, *Inchiesta agraria; Relazione*, t. XIII, fasc. I.

L'eau est admise d'abord sur une couche de 0^m,07 à 0^m,08 de hauteur; son mouvement se vérifie par le débit de petites bouches de sortie, pratiquées dans la digue qui enceint la rivière à l'aval; ces petites bouches servent d'ailleurs, à la hauteur où elles sont placées, au maintien du niveau constant dans tous les compartiments.

On ne sème pas le riz dans toute la rizière, ce qui caractérise la pratique espagnole; mais on y transplante celui semé en pépinière dans un des bassins. A cet effet, le bassin consacré à la semaille, après avoir reçu la graine à la volée, est recouvert d'une couche d'eau de 0^m,05 à 0^m,06 de hauteur, que l'on évacue après une vingtaine de jours pour favoriser l'enracinement et détruire les insectes nuisibles. Une seconde submersion se pratique avec le moins d'eau possible afin de permettre aux jeunes plants de se fortifier à l'air. En mai, ou au commencement de juin, quand le besoin s'en fait sentir, on vide le bassin pour sarcler, et l'on procède à l'arrachage en ménageant le chevelu des racines. Les plants arrachés sont mis en bottes de 60 à 70 tiges reliées par du jonc, ou par d'autres filaments ligneux.

Les bottes étant portées sur l'emplacement définitif des divers bassins qui forment la rizière, on repique chaque plant à l'aide d'un plantoir à trois pointes, afin d'accélérer la besogne. Le repiquage, à raison de 8,600 plants par hectare, étend la superficie de 10 à 12 fois par rapport à celle du bassin ensemencé. Les touffes espacées de 0^m,10 à 0^m,15 restent parfaitement distinctes par le bas, tout le temps de la végétation qui dès lors s'accomplit constamment dans l'eau; la couche reçoit d'abord 0^m,20 de hauteur d'eau, et au bout de 20 jours de submersion, ayant mis à sec afin de sarcler les herbes aquatiques ou de chauler dans le même but, on la lui rend, pour ne plus l'enlever jusqu'à la mi-août quand a lieu la récolte. Pendant trois mois de l'été, le fond des compartiments est ainsi recouvert d'une nappe d'eau de 0^m,07 à 0^m,08, se renouvelant d'une manière continue.

Valence. — Les *tierras de arrcz*, ou terres à riz de la *huerta* de Valence, font suite aux *glorietas,* ou jardins des environs de la ville. Dans toute la partie nord du grand canal du Jucar, l'*Acequia del Rey,* qui perd ses eaux dans l'Albufera, jusqu'auprès du *barranco* (torrent) d'Alginet, c'est-à-dire sur les deux tiers environ de son étendue, la plaine est livrée à la culture du riz. Cette partie de la *huerta* est tellement sillonnée par les rigoles d'irrigation qu'on les traverse à tout bout de champ (1).

« Rien n'est admirable, dit Aymard (2), comme la disposition des vastes rizières (*arrozales*) du canal du Jucar. Les champs sont disposés par grands carrés horizontaux, encaissés dans de petits bourrelets qui maintiennent l'eau de tous côtés. Ceux de ces bourrelets placés du côté aval sont crevés de distance en distance par un coup de pioche au niveau précis où l'eau doit être maintenue dans le champ (7 à 8 centimètres de hauteur) et servent d'exutoires. Ces eaux tombent directement dans le carré voisin, ou dans un fossé qui les conduit sur d'autres carrés. Ce système se reproduit à perte de vue dans la plaine.

« Les écoulements sont si bien entendus qu'il n'y a pas une goutte d'eau extravasée. Nous avons parcouru à cheval pendant six heures tous les chemins ruraux et les sentiers qui traversent ces rizières, l'eau va, vient, se croise, circule dans tous les sens ; nulle part il n'y a d'eau répandue sur les chemins. »

(1) Ch. Davillier, *Voyage en Espagne; Tour du Monde,* 1868.
(2) M. Aymard, *loc. cit.,* p. 87.

Le même champ peut produire indéfiniment du riz, pourvu qu'on y mette le fumier ou le guano nécessaires.

Dans cette même *huerta*, les récoltes les plus précoces ont lieu au milieu d'août; mais dans les terres hautes, le riz n'est fauché que lorsque les champs voisins ont été moissonnés, notamment ceux de froment. Les javelles de riz ne sont conduites, pour être battues sur les aires, qu'après avoir coupé le bas de la tige au-dessous de la ligature.

Delta de l'Èbre. — M. Carvallo, chargé de la canalisation de l'Èbre, a fait connaître les résultats obtenus pour la mise en valeur du domaine de Castillaroz, comprenant 150 hectares dans le delta (1). Après avoir tenté infructueusement la culture des céréales, des prairies, des arbres fruitiers, il a abordé dans ces terres légèrement salées, très propres à retenir les eaux d'irrigation, la culture du riz.

La plupart des compartiments rectangulaires, de 50 m. de longueur sur 40 mètres de largeur, sont limités par des digues de $0^m,30$ de largeur en crête et $0^m,60$ de hauteur. Les eaux sont fournies par les dérivations du canal de la Cherta à la mer, se déversant dans l'Albufera.

Après des labours donnés à $0^m,25$ de profondeur pendant l'hiver, et répétés au printemps avec l'araire du pays, le sol est nivelé sous l'eau, en faisant passer des herses et des planches; l'ensemencement s'opère à la volée dans l'eau trouble.

La couche d'eau qui a une épaisseur de $0^m,02$ à $0^m,03$ au début, est élevée au fur et à mesure du développement du riz jusqu'à $0^m,20$. En juin, commencent les sarclages pour l'enlèvement du mil, du pied de coq, etc., ils se continuent jusque vers la mi-août.

_____

(1) *Académie nationale agricole*, 1864.

Dans les compartiments notoirement infestés par les herbes adventices, on a recours au repiquage, après avoir retourné le sol en mottes pour l'insoler et l'aérer, pendant le mois de mai et la première quinzaine de juin. Le *plantel* est repiqué de $0^m,20$ en $0^m,20$; il ne tarde pas à taller, devient très régulier et mûrit plus uniformément que le riz semé.

Dès la première semaine d'août, le riz entre en fleur, et un mois après, on le coupe à la faucille dans les compartiments pleins d'eau. Les gerbes sont convoyées par bateau.

La paille du riz mêlée à de l'argile brûlée; le foin noir que donnent les herbes aquatiques arrachées dans les étangs (*llapo*) et le foin grossier ou *brosa* des *prados* où paissent les troupeaux sauvages, constituent un engrais azoté, riche en acide phosphorique et en alcalis qui convient mieux à ces rizières que le fumier de ferme.

Le riz catalan dont on a tenté l'introduction aussi en Italie, offre un épi d'abord grisâtre, et çà et là des graines dont la gousse est noirâtre; sa végétation est très vigoureuse; mais il mûrit trop tard en Italie, même dans les années de chaleur (1).

3. FRANCE.

Le riz était cultivé avec succès au siècle dernier dans le Roussillon. Il était non seulement recherché en plusieurs provinces pour sa qualité qui le faisait préférer au riz du Levant, mais aussi pour son bon marché. Les Catalans principalement venaient l'acheter à Perpignan, et donnaient en échange du sel fossile de Cardonne. Un arrêt du conseil souverain de la province prohiba la

(1) G. Cantoni, *loc. cit.*, p. 19.

culture vers 1745; les exhalaisons des lieux marécageux où l'on sème le riz y causait des maladies et la mortalité.

Dans son intéressant mémoire daté de 1745, Barrère indique 'que « pour détruire le préjugé qui pourrait encore subsister à cet égard », on n'aurait eu qu'à cultiver le riz une année sur trois, et à exiger que les terrains semés en rizières fussent assurés d'un écoulement commode, à une certaine distance, et au-dessous du vent des villages voisins. « Il est d'ailleurs démontré, ajoute-t-il, par les registres mortuaires des paroisses qu'il n'y a pas eu moins de morts depuis la défense de cultiver le riz, dans ces cantons et dans le reste de la province (1). »

Le Roussillon tirait autrefois un double avantage de cette culture; d'abord l'argent apporté dans le pays, et puis la conversion au bout de deux ans, des terres salées en friche, ou *salsurras,* en terres à blé excellentes.

Après plusieurs essais successifs, remontant à 1663, la culture du riz fut introduite de nouveau en 1844 dans les terrains salés du delta du Rhône. En 1847, on comptait un demi-millier d'hectares ensemencés; sur la terre de Paulet (compagnie anglaise de la Camargue); au château d'Avignon, Camargue; à Mandirac, aux environs de Narbonne (compagnie Lichtenstein; au grand Passou, sur la rive gauche du grand Rhône; à Beaucaire, sur les bords mêmes du canal; etc. Les résultats s'annoncèrent peu favorablement; pour une dépense de culture et d'établissement, variant entre 500 et 700 francs par hectare, le produit brut s'était seulement maintenu entre 500 et 600 francs (1).

Les compagnies formées par les propriétaires dans le

(1) Barrère, *Hist. de la Soc. Roy. des sciences de Montpellier*, t. II, p. 304.
(2) H. Peut. *Du delta du Rhône*, pièce justificative, n° 2; *récolte du riz en 1847;* Paris, 1848, p. 57.

but d'étendre l'exploitation des rizières de la Camargue ne tardèrent donc pas à liquider d'une manière désastreuse. Le riz exigeant au moins trois fois autant d'eau que la prairie naturelle arrosée, les dépenses de canalisation, ou les frais d'élévation, absorbaient la plus grande partie du bénéfice réalisable; les intérêts des capitaux considérables engagés dans l'opération absorbaient le reste et au delà.

D'autres tentatives mal conduites, aux environs de la Rochelle et dans le bassin d'Arcachon, furent marquées par de coûteuses écoles, comme elles l'avaient été au dernier dans la Drôme et dans la vallée de la Limagne, siècle sous le ministère Fleury (1).

4. ASIE.

C'est l'Asie qui produit et consomme la plus grande masse de riz.

Inde. — Dans l'Inde anglaise, le riz forme le principal article de nourriture des provinces de Bengale, d'Orissa et de Behar, qui comptent ensemble une population de 65 millions d'habitants. Le lieutenant Ortley, dans sa notice statistique sur le riz (2), évalue la production annuelle de ces provinces à 15 millions de tonnes dont 12 millions et demi pour la consommation locale, un demi-million pour l'exportation, et deux millions pour semence et perte. Il y a lieu de remarquer qu'il n'est pas tenu compte dans ce relevé, des réserves en magasins, mais simplement de la consommation individuelle atteignant 250 kilogrammes, par tête et par an, dans le Bengale. Dans le Behar, la popula-

(1) G. Heuzé, *les Plantes alimentaires*, t. II, p. 114.
(2) *East India; progress and condition during the year* 1874-75, p. 36.

tion consomme quelque peu de maïs et d'orge, en plus
du riz qui se prépare dans toute l'Inde avec des graines
légumineuses, du poisson, de l'huile, du sel, des épices
et des condiments variés.

Comme base de la production calculée, la surface consacrée à la culture annuelle du riz s'étendrait sur 12 à
16 millions d'hectares. Les statistiques font défaut pour
fixer exactement cette surface.

Le nombre infini de variétés de riz s'appropriant aux
circonstances climatériques et agrologiques des diverses
provinces, caractérise cette culture dans l'Inde, plus que
dans toute autre contrée. Certaines variétés ne peuvent
être cultivées que dans des terrains relativement secs ;
quelques-unes n'occupent le sol que soixante jours, pour
arriver à maturité ; tandis que d'autres végètent pendant
plus de six mois. Si quelques variétés ne réussissent
que sous des climats tempérés, d'autres ne peuvent mûrir que dans des marais exposés aux chaleurs tropicales.
Parmi ces dernières, il en est qui ne résistent pas à une
submersion de plus de $0^m,60$ à $1^m,20$ de hauteur d'eau,
tandis que d'autres arrivent à perfection sous une épaisseur de 3 à 4 mètres d'eau.

Il n'est pas rare que deux variétés soient semées en
mélange dans le même champ, ou qu'une variété soit
transplantée dans un champ, après que l'autre variété a
germé. Les deux croissent ensemble ; mais l'une mûrissant plus vite est récoltée, de façon à laisser l'autre se
développer et à fournir bientôt après, une seconde récolte
qui n'a pas coûté plus de travail.

Dans les quatre régions principales de l'Inde, les
conditions d'ensemencement et de récolte du riz, sont les
suivantes, les chiffres indiquant les mois de l'année (1) :

(1) Georges Watt, *Wheat-growing in India; Journ. Roy. Agric. Soc.*, 1888,
t. XXIV.

	Ensemencement.	Récolte.
	Mois.	Mois.
Punjab......................	7e-8e	11e
Bombay.....................	6e	10e-11e
Prov. centrales.................	6e	10e-11e
Prov. nord-ouest)	2e-3e	8e-9e
et Oudh.)	6e	12e

Si l'on prend comme type le Bengale dont la population se nourrit presque exclusivement de riz, on peut distinguer deux natures de récoltes; la première, *aus* (1), obtenue sur les terrains submergés en septembre, pour laquelle le riz n'est pas transplanté, mais ensemencé en mai, à la volée, et coupé sur place; la deuxième, *aman* (2), semée en avril, transplantée en août et coupée en novembre. C'est de beaucoup la plus importante des deux.

La récolte *aus* fournit généralement un riz grossier qui est consommé par les Indiens, tandis que la plus grande partie de la récolte *aman* est exportée, principalement de Dacca et de Chittagang. L'exportation de Calcutta seul dépasse 35 millions de kilogrammes.

Quand le riz est semé à la volée (*boorya*) dans les étangs et les terres inondées où l'on peut régler l'arrivée des eaux et des crues, il se développe avec une très grande rapidité, selon que le niveau de l'eau s'élève; les tiges atteignent jusqu'à 4 mètres, et même 6 mètres de hauteur (3). On le récolte à maturité, à la même époque que le riz transplanté.

Une autre variété principale, le *boro*, vient dans les terres basses, sur les bords des marais où l'eau

(1) La récolte *aus* du Bengale, prend le nom de *beali* dans l'Orissa, de *ahu* dans l'Assam, et de *bhadoi* dans le Behar.

(2) La récolte *aman* du Bengale, s'appelle *saorua* dans l'Orissa, *sali* dans l'Assam, et *aghani* dans le Behar.

(3) *East India; progress and condition during* 1872-73. p. 34.

est stagnante. Après avoir été semée dans le carré servant de pépinière, la plante est arrachée, pour être repiquée dans la boue des marais, par les temps froids. La récolte a lieu en avril et en mai, suivant la quantité d'eau dont le marais s'est accru par les pluies et les infiltrations.

Dans le Behar, le riz est consommé pour moitié environ avec d'autres céréales, du millet et des graines légumineuses; ou bien il constitue seul l'un des deux repas journaliers des paysans hindous. Les provinces de Madras et de Bombay dépendent moins du riz, pour leur alimentation, que celles du Bengale et du Behar.

Outre la variété renommée (*basmati*) de la vallée de Kangra, obtenue par transplantation, on signale celle de la vallée de Peshawur (*vara*), cultivée exclusivement sur les terres que le fleuve Bara arrose. Dans l'Oudh, parmi les nombreuses variétés, le *milhee* et le *bausee* sont au premier rang; ces deux riz sont transplantés en lignes, avec écartement de $0^m,12$, et atteignent plus d'un mètre et demi de hauteur. Leur qualité à la cuisson et leur goût les fait rechercher à un prix plus élevé que les riz des autres variétés (1).

L'administration s'est efforcée d'introduire dans les diverses provinces le riz de la Caroline. Cette variété mûrit plus vite que les variétés indigènes, dans le Bengale, lorsqu'elle est semée; mais non pas quand elle est repiquée. Dans la province de Bombay (Rutnagherry), elle donne un grain plus gros et plus lourd, et parfois une deuxième récolte. Au Punjab, la récolte est également plus lourde, mais le grain est plus cassant. Dans toutes les provinces du nord-ouest, le riz américain fournit une bonne récolte et exige une irrigation moins abon-

(1) Forbes Watson, *Report on the progress of India*, p. 51.

dante; il se dépouille seulement avec plus de difficulté.

Quoi qu'il en soit, les essais commencés depuis 1868 furent abandonnés en 1875; la nécessité de disposer d'une terre profonde, d'une fumure régulière, et de donner des soins assidus d'entretien à la culture du riz de la Caroline, ont empêché les indigènes, malgré la plus-value des grains sur le marché, d'étendre cette acclimatation.

Dans la riche province de Bankee (Oudh), les rizières sont à compartiments, le plus souvent carrés, de deux hectares environ; les banquettes ont de 0^m,45 à 0^m,60 de hauteur, solidement établies de manière à ce que sur la crête on puisse y circuler à pied ou à cheval. Les rizières se distinguent, comme les champs de céréales, par la propreté des terres, exemptes de mauvaises herbes (1).

Ceylan. — La culture du riz en terrasses est particulièrement développée dans l'île de Ceylan, entre Columbo et Candy. L'eau d'irrigation est conduite sur le versant des montagnes, de manière à approvisioner successivement chaque étage de rizières, où la plante accomplit une phase différente de végétation.

L'évêque Heber vante la beauté de la coloration du riz dans ces localités, et du contraste qu'offrent les rizières avec les montagnes auxquelles les terrasses sont adossées (2).

Les méthodes de culture du riz suivies dans l'Inde, sont les mêmes en Chine et au Japon; on peut dire qu'en Asie, cette graminée est partout cultivée, sans offrir les graves inconvénients pour la santé que l'on constate en Europe et aux États-Unis.

(1) *The Times*, 14 février 1859.
(2) Heber's *Journey*, t. III, p. 169.

Chine. — La production du riz dans l'empire chinois atteint des proportions plus colossales encore que dans l'Hindoustan, à en juger par l'immense population qui en fait sa nourriture exclusive. Depuis la description très ancienne que Duhamel a laissée des divers procédés employés en Chine pour sa culture (1), l'abbé Voisin qui a résidé pour les missions étrangères, pendant huit ans, dans la province de Tse-Tchuen, a exposé en détail les conditions de sa production (2).

Les rizières sont de deux espèces : dans les unes on conserve l'eau toute l'année, même après la récolte du riz; dans les autres, on évacue l'eau pour y semer ensuite d'autres grains.

Les rizières à eau constante sont entretenues par les pluies, par des étangs creusés à cet effet, ou à l'aide de roues qui plongent dans les rivières. Leur surface est parfaitement plane afin que l'eau ait partout une profondeur égale. La digue en terre-plein qui les borde a une largeur et une hauteur variables, suivant que le terrain est plus ou moins encaissé ou incliné, et que le volume d'eau est plus ou moins considérable; elle doit pouvoir résister en tous cas aux grandes pluies.

Aussitôt après la récolte, on fait passer la charrue et la herse et l'on répare les digues; puis au printemps, on donne encore deux labours; le premier, six semaines, ou deux mois avant la plantation du riz, et le second, quelques jours seulement auparavant; enfin l'on herse définitivement pour égaliser le terrain.

La semaille a lieu dans la province de Tse-Tchuen (par 31 degrés de latitude) vers le 25 mars; à 15 lieues

---

(1) Duhamel du Monceau, *Traité de la culture des terres*, 1753; t. II, p. 180.

(2) *Journ. agric. prat.* 1838-39, t. II, p. 163.

plus au sud, elle est retardée de quinze jours, à cause de la froideur du sol; il en est de même au nord de la capitale Tching-Fou.

Le riz de semence est parfaitement mûr et sans altération. On le fait tremper dans l'eau pendant 24 heures, afin de hâter sa germination et d'éliminer le grain trop léger. On le sème alors très dru et à la volée, sur le terrain préalablement fumé avec des engrais de toute nature. Ce terrain séparé du reste de la rizière est recouvert de o^m,3o d'eau jusqu'à ce que les semences germent. Dès qu'elles ont germé, on évacue l'eau, en ne laissant que ce qui est nécessaire pour filtrer à travers les germes. De temps en temps, le sol est mis à sec le matin, c'est-à-dire qu'il est laissé à l'état de vase, pour être arrosé de nouveau le soir, tant que les jeunes plants n'ont pas pris un peu d'accroissement; le riz ayant atteint o^m,1o de hauteur, on entretient alors la nappe d'eau voulue pour baigner la racine, la tige restant en dehors.

Vingt ou vingt-cinq jours après la semaille, le riz est prêt pour le repiquage dans la grande rizière; il a alors de o^m,13 à o^m,16 de hauteur. On l'arrache; on le met en bottes que l'on espace plus ou moins, selon la quantité d'engrais dont on dispose. Chaque planteur ayant une botte, repique quatre rangs de tiges, plus ou moins serrés, suivant que le sol est plus ou moins gras. Les touffes sont composées de 4 ou de 8 tiges et espacées de o^m,16 à o^m,22. Si le temps est chaud, que le ciel soit serein ou couvert, le repiquage a lieu plus favorablement. Il n'y a guère alors que o^m,5o à o^m,6o d'eau dans les rizières, de peur que le riz ne soit étouffé. Quand on doit transplanter du riz déjà noué, pour remplacer les plants qui ont péri, ou réparer les pertes d'une première opération, on l'enfonce profondément, afin que le nœud soit toujours en terre.

D'après Champion (1), la mise en rizière se réduit, quand le terrain est en colline, à disposer de très vastes gradins, entourés de digues en argile ou en terre grasse renforcée de pierrailles, formant enceinte, pour retenir l'eau pendant le temps voulu. Quand la terre est bien détrempée par l'eau introduite, en couche d'environ 1 pouce d'épaisseur, on jette à la surface du riz qu'on a fait gonfler auparavant dans des paniers remplis d'eau. Dès que la germination est assez avancée, on le retire de terre et on le repique par touffes de 6 à 7 brins, chaque touffe étant espacée de $0^m,12$ à $0^m,15$.

Vingt jours après le repiquage ont lieu le sarclage, l'émondage des touffes et le buttage des tiges que l'on raffermit avec les pieds. Un second sarclage plus expéditif suit quinze jours plus tard ; il a surtout pour effet de nourrir le riz.

La récolte s'opère généralement trois mois après la plantation ; puis on laboure et on repique de nouveau du riz venant des pièces où il a germé lentement, à cause de la masse de brins réunis : on arrive ainsi, suivant la température et le terrain, à faire plusieurs récoltes consécutives dans la même année.

Les rizières à eau constante, sont mises à sec au bout de quelques années et écroutées sur une épaisseur qui va jusqu'à 30 centimètres. Le limon reste accumulé sans emploi sur les bords ; il est épuisé.

La première récolte restant 3 mois en terre et la seconde 5 mois, la hauteur d'eau qui se renouvelle constamment est de $0^m,10$ à $0^m,12$. Pour ces deux récoltes on a pu constater que les rizières s'élevaient dans l'année, d'une hauteur moyenne de 3 à 4 centimètres ; ce qui répond à un volume de 3 à 400 mètres cubes de dépôt

(1) *Séances de la Soc. centr. agric.*; juillet 1866.

fertilisant fourni gratuitement par l'eau. Dans certaines localités voisines de la mer, l'eau des rizières est trouble et prend une teinte savonneuse qui disparaît par le repos (1).

L'engrais en pâte n'est appliqué à un champ de riz en végétation, qui réclame exceptionnellement une seconde, et même une troisième fumure, qu'après avoir évacué l'eau depuis 24 heures. Cet engrais n'est autre que de la matière fécale, placée à l'entrée des rigoles, de façon que l'eau la délaye et l'entraîne. Comme le bas de la rizière ne serait pas de la sorte aussi bien fumé que le haut, on préfère arrêter l'irrigation et répandre l'engrais directement.

Les livres chinois indiquent autant d'espèces d'engrais qu'il y a de végétaux cultivés, mais la base principale de chaque espèce est la cendre due à la combustion de la paille de riz. Il arrive souvent qu'au lieu d'enfouir les chaumes de la récolte précédente dans le sol des rizières, on le brûle en opérant un léger écobuage. Comme mélange avec les cendres, les engrais servant à la culture du riz comprennent les matières fécales, les excréments des animaux, les vases du curage des canaux, les terreaux de feuilles. Si le riz paraît souffrir vers sa floraison, on emploie de préférence le tourteau de pois oléagineux, riche en matière caséeuse, dont l'effet est immédiat. Réduit en grains de la grosseur d'un pois, il est répandu par un temps sec, la rizière étant en vidange.

Si le riz a été semé sur engrais vert, les fumures subséquentes, au lieu de comporter des matières fécales, s'effectuent souvent à l'aide de tourteau de coton.

Pour élever les eaux des rizières, les Chinois font usage des norias les plus simples, mues à bras, ou par

(1) E. Simon, consul à Ning-Po ; *Enquête sur les engrais industriels*, 1864.

un manège avec engrenage à lanterne. Ailleurs, pour de faibles hauteurs, l'élévation se fait au panier de bambou, énlevé par des cordes. A Shang-Haï et dans les pays plats, l'eau est élevée par des roues.

Autour de Shang-Haï s'étendent à perte de vue de vastes champs de riz ou de coton, arrosés par les canaux affluents de la rivière, qui sillonnent la campagne en tous sens. Les buffles sont les seuls animaux employés pour l'agriculture ; ils servent à labourer les rizières. Comme il n'y a pas de chemins vicinaux, tous les transports se font par eau (1).

A la base des ravins qui forment les vallées, le système d'alimentation des rizières consiste en un seul canal dans lequel tous les champs qui y aboutissent prennent les eaux et les repassent aux champs inférieurs. La différence de niveau devenant de plus en plus faible, un colateur emmène les eaux de trop plein au ruisseau voisin.

Japon. — On évaluait en 1870 la surface consacrée par les Japonais à la culture du riz à plus de 3 millions d'hectares. Le revenu total des Daimios, payé exclusivement en riz, d'après le livre rouge du Tycoon, était de 40 millions d'hectolitres et ne comprenait pas celui de la cour du Mikado, à Kieto (2).

La plus grande masse du riz, 95 pour cent environ, est obtenue dans les basses terres qui sont les plus fertiles et les mieux appropriées à l'irrigation. Les compartiments n'ont guère plus d'un demi-hectare ; ils sont nivelés avec le plus grand soin afin que la submersion se fasse également ; les déblais du nivellement servent à la culture des légumes.

---

(1) De Moges, *Voyage en Chine et au Japon*; *Tour du Monde*, 1860.
(2) Horace Capron, *Agriculture in Japan; Report of the commissioner of agriculture for the year* 1873; Washington, 1874, p. 367.

A certains jours du mois d'avril, on inonde la rizière et on défonce le sol à l'aide d'une houe dont la lame a $0^m,40$ de longueur et $0^m,10$ de largeur et le manche de $1^m,50$ de longueur. Le travail à l'aide de ce singulier outil est lent, mais très efficace.

Au mois de mai, on sème le riz à raison de 1,30 hectolitre à l'hectare sur un des compartiments, et le 5 juin (fête nationale), on arrache les brins pour les repiquer dans les rizières préalablement submergées et saturées.

Le docteur Hénon, attaché au gouvernement japonais, a donné de la plantation des rizières, aux environs de Kosi-Kouno, la description suivante :

« Des hommes et des femmes marchent à reculons dans l'eau et dans la boue (car on fait du sol une boue liquide par l'arrosage), tenant dans la main gauche un paquet de plançons de riz; ils en prennent quatre ou cinq de la main droite et les enfoncent dans la vase, sans se servir d'aucun instrument; les touffes sont espacées d'à peu près un demi-pied en tous sens.

« Deux hommes et deux femmes arrivent ainsi dans la journée à planter un peu plus de 27 ares. Ce travail qui, dans la plupart des pays, serait extrêmement malsain, ne donne lieu à aucun accès de fièvre. Les rizières constituent des terrasses artificielles où l'eau se renouvelle constamment dans des conditions de salubrité bien différentes de celle des grandes rizières d'Italie. Les plus vastes n'ont guère qu'un demi-hectare; beaucoup ont seulement 2 ou 3 ares de superficie (1). »

Après repiquage des plants on donne l'eau de nouveau et on fume avec du tourteau de navette ou d'huile de poisson, finement pulvérisé, à raison de 800 à 1000 kil. par hectare; puis on enlève l'eau. Pour

(1) Carrière, *Revue horticole*, 1873, p. 344.

la récolte en octobre, on coupe à la faucille, on met en gerbes et l'on bat en lieu sec.

Tandis que les terres basses restent l'hiver en jachère, celles des parties élevées sont bêchées immédiatement après le riz, fumées avec de la paille et des balles de riz, de l'engrais humain, etc., et semées en orge, ou en froment.

5. AFRIQUE.

Égypte. — Il y a peu de choses à dire sur la culture du riz qui se pratique au nord de la basse Égypte. Quand il est nécessaire d'élever l'eau, on emploie les tabouts; il suffit de deux à trois de ces roues pour quatre hectares, suivant la hauteur d'élévation.

On cultive le riz, en été, sans repiquage. La semaille s'opère au commencement d'avril, à raison de 1,70 hectolitre de graine par hectare, dans la vase de la rizière préalablement labourée, roulée, nettoyée et submergée. Deux jours après l'ensemencement, on recouvre la terre de 0^m,05 d'eau pendant 2 ou 3 jours; on laisse s'écouler l'eau, puis on la rend et on l'enlève alternativement jusqu'à la récolte, la submersion étant intermittente. On sarcle les rizières de temps en temps. La récolte a lieu vers le milieu de novembre; le plus souvent, à cause de l'affluence même des eaux à cette époque de l'année, dans 20 à 30 centimètres d'eau (1).

6. AMÉRIQUE.

États-Unis. — La culture du riz s'est localisée depuis le commencement du siècle dans les États de la

(1) Barois, *loc. cit.*, p. 106.

Caroline du Sud et de la Géorgie où elle a pris un grand développement, jusque vers la guerre de sécession qui a mis fin au travail des esclaves nègres.

Soit que la graine ait été importée de l'île de Madagascar, vers 1700, par un brigantin en détresse; soit que le trésorier Dubois, de la Compagnie des Indes, ait le premier envoyé à la même époque du riz de semence (1), les marais de la plage sablonneuse, découpée en îlots et constamment submersible, de la Caroline du Sud, se prêtaient admirablement à cette culture qui s'étend jusqu'aux terres que baignent les grands fleuves de la Savannah, le Santee, le Pedee, etc. Le riz s'est non seulement acclimaté dans la région, mais il y a acquis une meilleure qualité, supérieure à celle du riz des pays d'origine, qui l'a fait longtemps rechercher avec des prix de faveur, sur les marchés.

Malgré cela, la production du riz dans les États de la Caroline et de la Géorgie a été en décroissant, avec les oscillations suivantes :

En	1840 elle atteignait....	97.000 tonnes.
—	1859	—	....	84.700 —
—	1869	—	....	33.000 —
—	1879	—	....	30.000 —

Les districts maritimes où se cultive le riz, sont Georgetown, Colleton, Charleston et Beaufort, dans la Caroline du Sud; Camden, Chatham, Macintosh et Glynn, en Géorgie.

Les rizières de la Caroline du Sud sont en général situées sur des terres siliceuses, riches en alcalis et en humus provenant de l'enfouissement des pailles. Les compartiments varient comme étendue entre 5 et 10 hec-

(1) *Vegetable substances used for the food of man*, London, 1832, p. 83.

tares; ils sont assainis par des tranchées de 1 mètre de profondeur sur 0^m,50 de largeur, qui aboutissent à de grands fossés d'écoulement, distants de 12 à 15 mètres les uns des autres.

Le sol est labouré pendant l'hiver pour enfouir le chaume, aérer et ameublir la couche arable, et après avoir soigneusement nivelé, on trace les raies séparées par de petits ados, avant d'ensemencer en avril, ou au commencement de mai. La quantité de semence répandue à l'hectare varie entre 200 et 220 litres de riz brut; projetée dans les rayons qui ont été ouverts à la houe, elle est recouverte à l'aide d'un râteau; puis l'eau est donnée pendant douze à quinze jours dans le but de favoriser la germination.

Dans le procédé de culture sèche (*dry culture*), la graine n'est couverte que légèrement avec un rable et arrosée pendant quatre ou cinq jours, afin que les grains puissent gonfler et germer. La submersion commence après que les cotylédons se sont développés en prenant la couleur verte caractéristique.

Quand les plantes apparaissent à la surface, on met la rivière à sec dans le but de réchauffer la couche arable, et c'est seulement lorsque le premier binage a eu lieu que les grandes eaux (*long water*) sont introduites, couvrant plusieurs jours de suite la surface, pendant quelques semaines. Le danger des plantes et des insectes nuisibles étant ainsi écarté, on abaisse d'une manière définitive le plan d'eau, de façon qu'il ne dépasse pas la moitié de la hauteur des plantes.

Le premier binage s'opère par les ouvriers marchant sur les ados qui séparent les lignes de riz, quand la plante a 0^m,20 de hauteur; le deuxième se fait 20 ou 25 jours plus tard, quand le premier nœud des tiges est formé; et le troisième, après la grande immersion qui développe les racines et les feuilles. Dès lors l'épaisseur de la nappe d'eau est progressivement augmentée, en la renouvelant, jusqu'à l'approche de la maturité.

Le binage du riz, inconnu en Italie, ne peut s'effectuer que si la rizière a été mise à sec depuis 24 à 48 heures.

Quand le fond est naturellement frais ou humide, on ne renouvelle l'eau que de deux nuits l'une, jusqu'à ce que la panicule étant formée et prenant une teinte jaunâtre, on diminue graduellement la hauteur de l'eau. Toutes les touffes de riz qui ont pris une nuance blanchâtre sont enlevées préalablement pendant les sarclages qui suivent le troisième binage.

Cinq mois après le semis, c'est-à-dire, à la fin d'août, ou vers la mi-septembre, la récolte a lieu ; l'eau a été écoulée dans la nuit qui précède, les graines n'ayant pas atteint leur parfaite maturité à quelques jours près. On coupe à mi-hauteur, soit à 0^m,40 environ au-dessous des panicules.

Le *paddy,* ou riz brut de la Caroline du Nord et de la Géorgie, fournit moins de riz blanc de qualité supérieure que celui de la Caroline du Sud (1).

Les conditions climatériques modifient souvent les dates d'ensemencement et de récolte. Après un printemps froid et humide, les semailles se font ainsi plus tardivement, et l'époque de la récolte est reculée. Dans les terrains humides sur lesquels il pleut souvent, la culture sèche du riz, c'est-à-dire celle qui est indépendante des submersions périodiques des cours d'eau, a surtout à craindre l'inondation et les vents, au point de vue du résultat, surtout si les eaux demeurent trop longtemps sans écoulement.

(1) G. Heuzé, *loc., cit.,* t. II, p. 208.

Une pratique usitée consiste, avant la fin de la floraison du riz, à arracher ou à écimer les feuilles de tête, pour activer et augmenter la production du grain (1).

Depuis la guerre de sécession, les rizières se sont développées dans la Louisiane, au lieu et place des plantations de canne à sucre. Du district de Plaquemines, elles ont gagné les basses terres des environs et couvrent de larges surfaces. La culture de ces rizières laisse beaucoup à désirer par rapport à celles de la Caroline. La violence des vents nuit à la maturation et à la récolte du grain ; en même temps que les oiseaux (*Emberiza oryzivora*) qui débouchent de l'île de Cuba par légions, dévastent le grain quand il est encore tendre ou à l'état laiteux (2).

Indépendamment de ces fléaux, les conditions économiques de main-d'œuvre et de capital, tendent à restreindre la culture dans un pays où le riz n'a aucunement modifié, comme en Asie, la base de l'alimentation des habitants (3). D'ailleurs, comme le fait remarquer Boussingault, dans les contrées où le riz occupe les terres humides qui ne sont pas inondées, le produit est moins élevé et surtout moins certain que celui que l'on retire des rizières immergées. Les rizières non inondées de l'île de France et de la Nouvelle-Grenade sont dans ce cas (4).

7. LES MALADIES DU RIZ.

Le riz, en Italie, est soumis à un certain nombre de maladies ou d'altérations pendant sa croissance, dont quelques-unes ont fait l'objet de recherches spéciales.

(1) F. De Luca, *Bolletino consolare d'Italia*, 1866.
(2) *Vegetable substances*, loc. cit., p. 94.
(3) *Report of the commissioner of agriculture for the year 1877*, p. 175.
(4) Boussingault, *loc. cit.*, p. 478.

dans le but de prévenir les dommages qu'elles causent aux récoltes.

Une première affection, connue sous le nom de *caducité*, offre les caractères suivants ; le grain mal nourri, roux, de mauvais goût, tombe à la moindre secousse du vent et se perd pendant la coupe. Le remède consiste à laisser reposer la terre par une autre culture, et à ne reprendre qu'avec d'autre grain comme semence.

Le *selone* ou *grappo* constitue une seconde maladie qui empêche la maturation des épis. La cause en est dans la saison froide et pluvieuse, parfois dans l'emploi d'eaux trop froides, ou bien, dans l'ensemencement trop tardif. On remédie partiellement à cette altération en évacuant pendant quelques jours l'eau de la rizière, pour que le soleil puisse agir quand le grain est en formation ; mais le plus souvent, il vaut mieux semer plus tôt, et n'employer que des eaux moins froides.

La troisième affection qui donne lieu aux plus fortes avaries dans les rizières, est la rouille, désignée suivant ses différentes formes, sous les divers noms de *carolo, tarlo,* ou *brusone.* Elle est le résultat d'un excès de végétation. La plante qui a crû vite et luxuriante jusqu'en juillet, tirant au vert foncé, au lieu du vert jaunâtre se couvre tôt ou tard de taches rougeâtres ou noirâtres, qui la font promptement dépérir. C'est surtout dans les rizières nouvellement installées et à forte production que sévit la rouille. On n'a trouvé d'autres remèdes jusqu'ici contre la *brusone* que dans le choix et la bonne préparation du grain de semence et dans les sarclages répétés qui débarrassent le sol des parasites animaux et végétaux.

Sanseverino indique (1) un remède contre le *brusone*,

(1) F. Sanseverino, *loc. cit.,* p. 109.

quand il apparaît en juillet, qui consiste à retirer l'eau
et à couper les tiges à mi-hauteur. On laisse la rizière
à sec pendant 8 ou 10 jours jusqu'à ce que la tige se
raffermisse; puis on donne l'eau de nouveau, et si la
plante a pris la teinte jaunâtre une semaine après, on
peut espérer avoir sauvé la récolte.

Le *carolo* ou *tarlo* s'annonce par des taches noires
sur la tige, lorsque le grain commence à mûrir; la tige
ne pouvant plus soutenir le poids de l'épi, s'affaisse et
pourrit dans l'eau. Dès qu'on voit poindre les taches,
on augmente le plus souvent le débit des eaux d'irrigation, mais Sanseverino se fondant sur sa propre expérience, n'a réussi à entraver le mal qu'en retirant l'eau
et en laissant la rizière à sec pendant deux ou trois jours,
puis en redonnant l'eau pendant le même laps de temps.
Cette manœuvre qui serait dommageable dans les conditions de culture ordinaire, n'a d'autre but que de hâter
le durcissement du riz, et dès lors il ne souffre plus du
tarlo.

D'après les recherches du professeur Garovaglio, suivies dans le laboratoire de Pavie, le *brusone* et les autres
maladies qui s'y rattachent, sont causés par un crypto-
game parasitaire qui vit intérieurement dans la tige, la
stérilise et consume la plante dont il ne reste que l'enveloppe pailleuse.

Une autre maladie plus rare, désignée sous le nom de
marino, non moins funeste que la rouille, se révèle par
une coloration blanchâtre de la tige; celle-ci se noir-
cit au nœud supérieur et les épis se forment à vide,
quoique les feuilles, le stèle, les racines soient très
sains. Garovaglio attribue cette affection à une anomalie pendant la fécondation (1).

(1) Pollini, *loc. cit.*

En 1876, une affection spéciale, *sclerozio,* causée apparemment par un parasite végétal, s'est caractérisée par des taches noires couvrant la partie de la tige plongée dans l'eau. L'épiderme se déchire et le haut de la plante dépérit. Contre cette maladie, on a recommandé de couper et d'incinérer le chaume du riz infecté.

V. LES CÉRÉALES.

Comme les autres cultures arables du Midi, les céréales sont arrosées à plat, en raies ou en billons (1); elles ne le sont pas dans le Centre et le Nord, bien qu'elles n'exigeraient pour une coupe qu'un ou deux arrosages au plus, en cas de sécheresse prolongée.

France. — On arrose les céréales dans les Pyrénées, dès qu'on a de l'eau; l'irrigation les préserve des effets des brouillards qui les rouillent. Dans Vaucluse, aux environs de Cavaillon : le froment est arrosé jusqu'à quatre; fois, une première fois avant l'ensemencement, et trois fois durant sa croissance. La dernière irrigation se fait peu de jours avant la maturité, dans le but d'augmenter le rendement et le poids du grain (2). A Chateaurenard, l'arrosage du blé double son rendement; il n'est pas rare d'obtenir 30 et 36 hectolitres à l'hectare, lorsque la récolte sur la même terre non arrosée n'est que de 15 à 18 hectolitres.

D'après de Gasparin (3), dans les exploitations des bords de la Durance, les planches à froment ont de 1 à 2 mètres de largeur, et chaque planche est séparée de sa voisine par un intervalle de 0^m,25, que l'on approfondit

(1) Voir tome II, pp. 413 et 525.
(2) Jaubert de Passa, *loc. cit.*, p. 107.
(3) De Gasparin , *Cours d'agriculture*, t. I, p. 652.

de 0^m,05 à 0^m,08 par un seul coup de houe, pour y faire circuler les eaux d'irrigation. Au printemps, quand les vents secs ont régné, que la pluie manque, et que la température excède 12 degrés centigrades, on arrose par les rigoles d'infiltration, mais en évitant soigneusement de submerger, afin de ne pas nuire à la végétation. L'irrigation souterraine se répète dès que les plantes souffrent de la sécheresse, mais rarement elle a lieu plus de deux fois. D'ailleurs, l'irrigation des céréales, d'une manière générale, n'exige dans une année que le quart, ou tout au plus le tiers de l'eau nécessaire à l'irrigation des prairies naturelles.

Dans le département des Bouches-du-Rhône, l'arrosage des planches à froment s'opère, une, deux ou trois fois, selon l'état plus ou moins sec de la saison. C'est surtout en avril, ou durant la première quinzaine de mai, qu'il est utile. Il exige par hectare un débit de 30 litres pendant 6 heures, ou une tranche d'eau de 0^m,065 chaque fois. Les effets sur la récolte payent amplement, par l'excédent de produit, les dépenses de l'irrigation (1).

L'arrosage des avoines donne des résultats également fructueux, mais c'est très exceptionnellement qu'on les cultive en terrain arrosable pour obtenir de forts rendements. Au contraire, les arrosages du blé et de l'orge commencent à être de plus en plus fréquents dans toutes les communes qui jouissent du bienfait d'un canal d'irrigation ; ils n'ont pas peu contribué à élever le rendement moyen par rapport à celui qui est consigné dans les statistiques officielles.

Arthur Young, parlant de la plaine d'Avignon, disait : « On n'y arrose les grains que par une sécheresse extraordinaire. » Cela tenait surtout à la pénurie de l'eau d'irri-

(1) Barral, *loc. cit.*, p. 489.

gation dont on n'avait pas trop pour les cultures fourragères et maraîchères. Barral remarque toutefois que
dans Vaucluse, la culture du froment a pris plus d'extension et que le rendement en blé s'est élevé, la culture
du méteil étant en décroissance depuis le développement plus considérable donné aux arrosages (1).

Angleterre. — L'arrosage des céréales joue un rôle
peu important dans les fermes anglaises qui utilisent les
eaux d'égout, en raison du peu de liquide qu'elles consomment. Les céréales arrosées n'offrent pas d'ailleurs un
rendement plus élevé en grain que celles venues sur fumier; mais quand elles alternent avec du ray-grass, ou
des racines arrosées, l'engrais de l'eau d'égout restant
dans le sol suffit pour produire d'excellentes récoltes de
froment et d'avoine, sans fumure additionnelle. Aussi,
importe-t-il d'arroser, même en hiver, des terres en jachère, pour obtenir à l'été suivant des céréales avec de
forts excédents de paille. Le blé ne doit pas être arrosé,
en tous cas, après l'épiage (2). Si l'eau d'égout est amenée
au milieu d'une ferme en culture, il convient d'arroser
les céréales pendant la durée limitée de leur végétation,
aussi bien que les prairies, les racines ou les légumes;
mais l'arrosage s'applique plus utilement au blé et aux
avoines d'hiver qu'aux autres récoltes, quand il se pratique au début du printemps, après que les racines et
les légumineuses ont été semées.

C'est grâce aux eaux d'égoût de Londres, employées à
de faibles doses, il est vrai, qu'à Lodge farm on a pu faire
suivre quatre récoltes de froment sur le même terrain,
graveleux, exceptionnellement maigre, sans autre fumure.
Aussi bien, à Breton's farm qu'exploitait le colonel

(1) Barral, *les Irrigations dans le Vaucluse*, p. 94.
(2) A. Ronna, *Égouts et irrigations*, 1872, p. 333.

Hope, les céréales arrosées se sont succédé d'année en année avec profit; blé, avoine et orge gagnent surtout sous le rapport de la paille qui est un des éléments essentiels d'une exploitation bien conduite. Dans la première de ces fermes, un arrosage de 1200 mètres cubes à l'hectare donnait pour le froment : 39,50 hect. de grain et 4,300 kil. de paille; pour l'avoine d'hiver 57,50 hect. de grain et 4,000 kil. de paille (1).

Pendant l'hiver, où l'on dispose de grandes masses d'eau d'égoût, il y a tout avantage à lâcher les vannes pour colmater, en vue des cultures de céréales du printemps.

Italie. — En Lombardie, comme en Piémont, le froment ne s'arrose que dans les années de grande sécheresse; toutefois vers la mi-juin, la terre étant trop aride, on donne un arrosage avant la moisson, afin d'augmenter le rendement et de faciliter le labour pour la récolte qui succède immédiatement au blé. Il n'est pas rare dans le Crémasque, de voir dans la même journée, enlever le blé, faucher le chaume, arroser, labourer, herser et semer le champ en maïs quarantain, que l'on moissonne au mois d'octobre suivant (2).

Le blé que l'on cultive de préférence dans la vallée du Pô, appartient aux variétés tendres, à épis barbus (*Triticum hybernum*); on le sème à la volée, au mois d'octobre, et on l'enfouit généralement à la charrue. Venant au cours des assolements des terres irriguées, il rend de 10 à 20 hectolitres par hectare; mais dans la plus grande partie de la région, la moyenne est plutôt de 13 que de 15 hectolitres. Il n'y a qu'une zone très restreinte, au nord de la ville de Milan, où la production, grâce aux

(1) Hon. W. Petre, *Report for the year ending 31 august 1868 upon the Lodge Farm, Barking.*
(2) Sanseverino, *loc. cit.*, p. 84.

engrais abondants, atteint 30 et 35 hectolitres (1).

Le seigle et l'orge sont peu cultivés dans les districts arrosés. On fait surtout du seigle pour pouvoir en donner aux paysans.

Dans le centre de l'Italie, le froment n'est pas arrosé directement, mais la surface est dressée de façon à ménager des sillons plus ou moins larges, $0^m,20$ à $0^m,30$, qui retiennent les eaux pluviales en vue de l'infiltration. Il en résulte que pour l'emblavure un hectare de terrain exige un tiers en moins de semence (2).

En Calabre, les céréales s'arrosent au printemps, quand les pluies ont été insuffisantes. Les céréales de la plaine fertile de Catane, en Sicile, sont irriguées à l'aide des canaux du Simeto. Quant à l'orge, cultivée sur chaume de blé, ou après le chanvre, et donnée comme fourrage au bétail, elle est soumise à deux arrosages.

Espagne. — On se rendra compte de l'importance de l'irrigation des céréales en Espagne, par ce fait « qu'une contrée entière ne faisant et n'ayant jamais fait que du blé, qui, à la rigueur pourrait se passer d'eau, trouve néanmoins tant d'avantages à l'arroser régulièrement deux fois par an, qu'elle n'a pas reculé devant l'énorme dépense d'un barrage-réservoir en maçonnerie, dans ce seul but. Il s'agit du pays d'Almansa, province d'Albacete, et du barrage remontant au-delà du seizième siècle, dont le volume d'eau réparti entre six canaux permet d'arroser en moyenne 700 hectares par an, sur les 1400 hectares qui forment le territoire irrigable (3). C'est, du reste, le seul pays d'Espagne où les eaux soient appliquées d'une manière aussi exclusive aux céréales. « Ce

(1) Cantoni, *les Produits de l'agriculture de la Lombardie, etc.,* 1867, p. 15.

(2) *L'Italia agraria e forestale,* 1878, p. 72.

(3) Voir tome I, p. 526.

fait, ajoute Aymard, est d'un haut enseignement pour l'agriculture algérienne (1). »

Malgré ce précieux avantage de l'eau appliquée à la culture du froment, moitié de la zone irrigable d'Almansa est laissée chaque année en jachère. La récolte complète de la moitié emblavée n'est assurée d'ailleurs que lorsque les pluies viennent augmenter le débit des sources naturelles qui affluent au réservoir. L'un des arrosages se fait en automne, au moment des semailles; l'autre au printemps, quand le blé est en herbe. A chaque arrosage, on vide entièrement le réservoir.

Les céréales d'hiver s'arrosent ailleurs peu abondamment, et seulement à la raie que laisse la charrue. Quand les pluies d'automne font défaut, on donne le plus souvent un arrosage avant d'emblaver.

Dans la *vega* de Grenade, où domine l'assolement de six ans, à savoir : 1re année, fèves; 2e année, chanvre; 3e et 4e années, froment; 5e année, lin et orge, et 6e année, froment, avec récoltes dérobées de maïs, après froment et fèves; ou bien de haricots, ou poivres longs, etc., après chanvre, on n'arrose l'orge qu'une seule fois, au mois d'avril. Le froment reçoit un premier arrosage du 8 au 20 avril; un deuxième, du 1er au 8 mai; et, dans les années de sécheresse, un troisième demi-arrosage vers le mois de juin, pour faciliter la maturation. Dans les terres de meilleure qualité, on arrose le froment en novembre ou en décembre, après la levée des plants. Jamais la terre ne se repose, grâce aux fumures abondantes de guano, de fumier, et aux arrosages (2).

De même, dans la *huerta* de Valence, on donne un premier arrosage au sol à froment avant d'emblaver;

(1) Aymard, *loc. cit.*, p. 124. Dans ces dernières années, la vigne a pourtant supplanté le froment sur plusieurs points de la *huerta* de Almansa.

(2) Aymard, *loc. cit.*, p. 272.

puis un second en mars, et un troisième en avril. Quand on dispose d'assez d'eau, on en donne encore un quatrième au commencement de juin, immédiatement après les sarclages et avant l'épiage.

Le même mode d'irrigation est suivi dans les plaines de Murcie, d'Aragon et de Catalogne (1). Dans l'Urgel, comme le confirme Jaubert de Passa, on donne un premier arrosage à l'époque des semailles; le second, en janvier ou février, au moment où la végétation reprend; et le dernier à la fin d'avril, époque de la floraison.

Égypte. — Le blé est semé après la crue du Nil, vers la fin d'octobre, ou au mois de novembre, suivant les régions. Dans les bassins d'inondation, le terrain encore boueux reçoit la semence qui est recouverte au rouleau; on ne donne plus d'eau jusqu'à la récolte qui a lieu fin mars, ou en avril. Dans les terres irriguées, on laboure avant et après les semailles qui succèdent à la crue, et l'on ne donne plus ensuite que deux arrosages, le premier soixante jours, et le second quatre-vingt-dix jours après l'emblavure. Dans les terres hautes que la crue ne baigne pas, il faut quelquefois quatre, cinq et même six arrosages (2).

L'orge, comme le blé, est une culture d'hiver très répandue en Égypte. Elle est traitée à l'instar du blé sous le rapport des arrosages; excepté dans la partie la plus méridionale de la haute Égypte, au sud de la région des bassins d'inondation, où elle est arrosée artificiellement tout le temps qu'elle est sur pied. Le sol après un premier labour est préalablement divisé en carrés par des petites digues, ensemencé à la fin de novembre, et tenu submergé au moyen de chadoufs et de sakiés jusque fin mars.

(1) Llauradò, *loc. cit.*, t. I, p. 52.
(2) Barois, *loc. cit.*, p. 104.

Inde. — Le long de la vallée du Gange, et à travers la péninsule jusqu'à la côte occidentale, y compris le Sind et le Punjab le froment est arrosé. Dans l'Oudh, il y a même des terres irriguées (1,389,000 hectares) qui ne portent que du froment, et des terres également irriguées (100.000 hectares) qui portent aussi du froment, mais associé à d'autres céréales, ou alternant avec elles.

La récolte moyenne des terres spéciales affectées au froment a été évaluée à 18 hectolitres par hectare (1), mais elle atteint 25 hectolitres dans les provinces d'Oudh et de Meerut que fertilisent les canaux.

Punjab. — Sur les terres bien arrosées du district de Montgomery, dans le Punjab, on attend les pluies de juin et de juillet pour donner deux ou trois labours et un hersage, avant d'emblaver. Quand la pluie a été abondante et que le sol est encore humide, on sème à la volée d'octobre à décembre. Dès l'ensemencement, on donne une nouvelle façon, avant de dresser le sol en planches pour l'irrigation. Si les pluies arrivent, le froment reçoit de 6 à 7 arrosages fournis par les puits ou *jhalars*, et de 8 à 9 quand il ne pleut pas. Au cas où la terre n'est pas assez humide pour la semaille en octobre, on arrose avant de semer, et l'on est certain d'obtenir une bonne récolte. Autrement, le produit des emblavures de novembre est réduit de 25 pour cent, et celui des emblavures de décembre de 30 pour cent.

Dans le district de Lahore sur les terres argileuses et drainées ou *dakar*, desservies par les canaux, on arrose avant de donner un premier labour, puis on sème au semoir précédé de la charrue qui opère un second labour, et l'on roule à l'aide d'un cylin-

(1) Fuller, *Field and garden crops in India.*

dre uni, le *sohaga*. Les arrosages mensuels se succèdent pendant trois mois, et dans l'intervalle, on
extirpe les mauvaises herbes. Après deux ans de culture il faut fumer, à moins de jachère ou d'autres cultures en assolement. La moisson se fait en avril, ou en
mai.

Provinces centrales. — Dans l'Inde centrale et le Raj-
putana, dont le climat et le sol se rapprochent de ceux
du Punjab, on laisse les terres à blé en jachère de juin
à septembre, en labourant deux ou trois fois par mois
à $0^m,10$ de profondeur, puis on roule à la planche.
Moyennant trois ou quatre arrosages, à défaut de pluies
suffisantes en hiver, et une fumure ordinaire, le rendement pour 180 litres de semence par hectare, atteint
facilement 30 hectolitres.

Bombay. — Les blés rouges et durs de la province
de Bombay sont obtenus sans arrosage, en assolement,
et comme seconde récolte après le petit millet (*bajri*);
mais un genre d'épeautre très répandu (*khapté*), notamment dans le Kolhapur, exige de nombreux arrosages; on
le cultive en seconde récolte (*dusota*), semée en janvier,
ou février, après le millet, le maïs, le tabac, ou le
blé (1).

Nord-Ouest et Oudh. — Dans les provinces du nord-
ouest et dans l'Oudh, d'après le rapport du département de l'agriculture pour 1881, le blé semé en lignes,
avec $0^m,28$ d'écartement, reçoit trois arrosages; le coût
de l'irrigation représente 33 fr. 60 par hectare. Ce
chiffre est confirmé par d'autres documents. Ainsi,
sur la ferme de Cawnpore, dont les produits ont été relevés par l'administration, le sol fumé l'année précédente, labouré profondément (1879-80). puis semé en

---

(1) G. Watt, *loc. cit.*

froment, n'avait exigé que deux arrosages ayant coûté 23 fr. 15 par hectare.

Quand le froment est associé à d'autres cultures sur les terres arrosées, son rendement diminue de moitié; il n'est plus en moyenne que de 9 hectolitres (1).

Bengale. — Ce sont les provinces méridionales, dans la présidence du Bengale qui produisent le blé à meilleur prix, à cause des facilités d'irrigation, et celles du nord-ouest qui font le blé le plus cher; l'irrigation étant plus coûteuse sous un climat plus froid, ou plus sec. Le Dr Royle (2) estime que le prix moyen annuel du froment à Calcutta est de 9 francs l'hectolitre. C'est aux mois de septembre et d'octobre, vers l'époque des emblavures, que les mercuriales sont plus hautes, et au mois de mars, après la récolte, qu'elles sont plus basses.

La précocité du grain indien, comme l'a fait remarquer le colonel Sykes, quand on considère son exportation, offre un intérêt capital. Le blé et l'orge arrosés mûrissant dans beaucoup de provinces au mois de février et les expéditions arrivent en Europe avant qu'aucune récolte ne soit faite, surtout depuis l'ouverture du canal de Suez.

La qualité de quelques-uns des froments indiens est supérieure. Le long de la Nerbuddah, une variété de froment blanc et tendre fournit un poids de grain de 79 kil. 20 par hectolitre; une autre variété, mais appartenant au froment dur, pèse 79 kil. 20. Quoique se vendant meilleur marché en Angleterre, à cause des frais plus considérables de mouture, les blés durs ne sont pas appelés à jouer le plus grand rôle dans le commerce

---

(1) J. Wolf, *le Commerce des blés de l'Inde ; traduit par H. Grandeau,* p. 72.

(2) Dr Royle, *On Indian and colonial products; Report on Paris Exhibition* 1856, t. III, p. 193.

de l'Inde; d'autant plus que ce sont ceux préférés par les indigènes pour la confection de leur pain de galette.

Le développement inouï des canaux d'arrosage depuis vingt ans ne peut que tendre à abaisser le prix de revient du froment indien. C'est à l'irrigation, non moins qu'au prix du fret et aux circonstances économiques des marchés de l'Europe, qu'il faut attribuer la marche croissante des exportations. En 1855-56, l'Inde n'exportait que 550,000 hectolitres, dont les deux tiers dans les ports de l'Asie; et trente ans plus tard, en 1886, 13 millions d'hectolitres.

On a pu penser que le jour où l'indigène commencerait à substituer le froment au riz, la consommation du blé croîtrait plus rapidement que ne croît le rendement du sol en cette céréale; mais si l'Indien renonce en partie au riz, comme il arrive dans quelques provinces, ce n'est pas pour consommer du blé, mais bien des millets et des sorghos (*jowar*) qui jouent pour son alimentation le même rôle que le maïs en Amérique, et aussi des pois, des gesses, des haricots, etc., dont la culture est également arrosée.

Si aux États-Unis « les sols vierges s'éloignent et « s'épuisent promptement ; si les terres fertiles enchéris- « sent ;.... si la population qui marche à pas de géant, « consomme avidement les produits du pays où elle « gravite (1), » si la concurrence, par l'éloignement même des contrées de production et par la culture imprévoyante de l'Américain qui épuise le sol sans restitution d'engrais, finira par s'éteindre, il n'en est pas de même de l'Inde où l'irrigation maintiendra la fécondité du sol, au cas où elle ne l'améliorerait pas dans l'avenir,

(1) A. Ronna, *le Blé aux États-Unis d'Amérique*, p. 7.

malgré l'indolence des Hindous, par l'extension des assolements.

Amérique. — Humboldt avait déjà indiqué que dans la Nouvelle-Espagne, on irriguait le froment deux fois : lorsqu'il sort de terre et lorsqu'il commence à former ses épis. « Les récoltes sont magnifiques, ajoute-t-il, et on obtient souvent quarante et même soixante fois la semence (1). » Boussingault remarque à son tour qu'au Mexique, sur les plateaux de l'Anahuac, et à la Nouvelle-Grenade, la culture du froment se fait après submersion du sol. On inonde, on fait retirer les eaux et l'on sème (2). Dans les provinces centrales du Mexique, et particulièrement dans celles de Mexico et de Puebla, le froment est une culture des terres froides. On sème ordinairement d'octobre en novembre, et on récolte en avril, ou en mai. Les champs sont toujours disposés de manière à pouvoir être irrigués, en cas de sécheresse persistante.

Au Colorado, les céréales sont soumises à trois arrosages, et dans les années de grande sécheresse, à quatre. On évalue à $0^m,30$ de hauteur la tranche d'eau employée par arrosage. Comme les concessions de 0 lit., 70 répondent aux plus fortes demandes, on est porté à exagérer l'irrigation des céréales, surtout vers la fin de juin, avant que les rivières ne soient à l'étiage. Le mouillage excessif développe la rouille et diminue le rendement. Le professeur Blount, du collège d'agriculture de Fort-Collines, recommande l'irrigation du sous-sol à l'automne qui précède l'emblavure; on conserve ainsi, outre une provision d'eau en vue de la sécheresse, une bonne température dans le sol pour la germination du froment,

---

(1) De Humboldt, *Essai politique sur la Nouvelle-Espagne.* t. I, p. 420.
(2) *Enquête sur les engrais industriels*, t. I, p. 617.

et on avance la maturation de deux à trois semaines (1).

VI. LE MAÏS.

Le maïs qui a une importance au moins égale à celle du blé pour certaines contrées, ne vient pas sans eau dans beaucoup de pays chauds. La quantité qu'il consomme par arrosage est un peu plus forte, en général, que celle utilisée pour les céréales. Il réclame deux ou trois arrosements et même davantage pendant sa croissance, mais seulement jusqu'à la formation des épis.

Comme les autres plantes intertropicales, le maïs résiste assez bien aux sécheresses ordinaires; il ne végète toutefois en plein que lorsque les étés sont chauds et humides. C'est pourquoi il est luxuriant en Italie, en Espagne, en Égypte, lorsqu'on le cultive à l'arrosage. Du reste, suivant la nature des terres et suivant les variétés, la température moyenne de certaines contrées telles que l'Amérique, depuis le Chili jusqu'à la Pensylvanie (2), est assez élevée pour que la végétation du maïs s'accomplisse rapidement, sans qu'il soit nécessaire d'arroser; tout dépend alors des pluies qui mettent fin aux sécheresses trop prolongées. Le maïs a pu passer autrefois pour le véritable blé des Américains, il est en effet cultivé aux États-Unis sans recourir à l'irrigation, comme aussi depuis l'équateur, jusque sur le haut plateau des Andes, à l'altitude de 2,800 mètres; c'est-à-dire qu'il végète sous l'influence d'une température constante variant entre 27°,5 et 14°, ce qui explique comment le maïs a pu s'introduire aussi généralement en Europe.

(1) O'Meara, *Bull. Min. Agric.* 1885.
(2) De Humboldt, *loc. cit.*, t. II, p. 408.

Il réussit aligné dans tous les terrains convenablement fumés, sablonneux et argileux; mais il redoute une température trop froide. Ce n'est que dans les pays déjà très chauds que l'alignement devient moins nécessaire. La maturité s'y produit en moins de trois mois, au lieu de six mois, comme en Alsace. Boussingault rapporte, à ce sujet, qu'il pourrait citer des *haciendas* au Mexique, où l'on fait quatre récoltes considérables de maïs dans une année (1), mais les cultures y sont arrosées. « Au reste, ajoute-t-il, et je ne saurais trop insister sur ce point, l'agriculture des régions chaudes des tropiques, n'offre d'avantages assurés qu'autant qu'on peut arroser. » Bien plus, l'irrigation est susceptible de modifier la culture du maïs au point de le rendre mûrissant jusque sous la latitude de l'Angleterre.

Dans les expériences que M. Hope a suivies à Parsloes, sur l'arrosage du maïs à l'eau d'égout, il a constaté qu'à la condition de le semer dans un sol perméable et de le protéger contre les effets d'un été précoce, succédant à un printemps froid, le maïs mûrit sous le climat du comté d'Essex (2). En admettant que, malgré l'action énergique de l'eau d'égout sur la croissance du maïs, l'été n'étant pas assez chaud, l'épi ne mûrisse pas parfaitement, on peut récolter 50 tonnes par hectare de paille, tiges, spathes et panicules que les bestiaux et les chevaux mangent avec avidité. D'après ses essais, M. Hope estime le rendement de l'hectare de maïs à raison de trois pieds par mètre carré, arrivé à maturité par l'irrigation, à 45 hectolitres de grain pesant 67 kil. l'hectolitre.

France. — Sur toutes les terres où elle est possible

(1) Boussingault, *Économie rurale*, t. I, p. 472.
(2) *Institution of surveyors; Transactions,* 1869.

dans le Midi, l'irrigation rend les tiges du maïs plus fortes et accroît notablement son produit en grain.

A moins que les terres ne soient très sèches ou trop perméables, on arrose deux ou trois fois par mois. Un excès d'eau aurait pour effet de faire languir la végétation et de ralentir la fructification; aussi le billonnage se prête-t-il mieux à l'arrosement du maïs que le labour à plat qui n'assure pas à chaque arrosage une imbibition aussi complète de la couche arable.

Les arrosages se font surtout entre le coucher et le lever du soleil. Semé dans le Languedoc, le Béarn, etc., vers la fin d'avril, le maïs se récolte en octobre; la même variété mûrissant plus tôt dans une terre chaude que dans une terre froide. Dans le Tarn, par exemple, on n'opère souvent la récolte des épis qu'après les premiers froids.

Le maïs est semé en lignes, dans les Hautes-Pyrénées, soit par des raies ouvertes à l'aide du rayonneur, et la semence est alors recouverte avec le pied; soit en répandant les semences derrière la charrue, sans raies, mais par rayons à angle droit. Les semis se font pendant la seconde quinzaine d'avril, ou la première de mai. On éclaircit quand le maïs a $0^m,06$ environ de hauteur et on bine avec la *razère;* quand la hauteur a atteint de $0^m,18$ à $0^m,25$, on butte avec le *razereau* et l'on arrose quand les irrigations sont faciles (1).

Vers la fin d'août, on écime en coupant les panicules au-dessus du nœud qui domine le dernier épi; le bétail mange les têtes en vert. Un mois plus tard, on effeuille, pour récolter les épis en octobre, quand les grains sont déjà jaunes ou blancs. Le maïs qui donne en moyenne

(1) Heuzé, *les Primes d'honneur en 1867;* p. 569.

20 hectolitres par hectare, rend 40 hectolitres dans la plaine admirablement irriguée de Tarbes.

Italie. — Dans la vallée du Pô, le maïs est arrosé sur tous les sols où les irrigations sont praticables.

A moins que les terres soient très sèches, le nombre des arrosages ne dépasse guère deux ou trois par mois, ou 12 par saison; mais il est souvent réduit à moitié. L'excès d'eau peut causer les plus graves dommages à cette culture, car le développement de la plante n'est plus en rapport avec celui des épis, et la maladie si funeste du charbon (*Uredo maydis*) se développe rapidement (1).

Dans la Lomelline où le sol irrigable est meuble et frais, il est recommandé d'épargner les arrosages, à moins d'un besoin absolu, afin d'obtenir un rendement abondant et une bonne qualité de grains jaunes-rouges.

Le maïs, *meliga, melgone, formentone, granone, grano turco,* que l'on cultive dans la vallée du Pô, appartient à quatre variétés principales : le *maggengo* (tardif d'automne), jaune et blanc, que l'on sème en avril et que l'on récolte èn septembre, ou au commencement d'octobre; l'*agostano* (d'été) qui se sème au printemps, mûrit à la fin d'août et se récolte fin septembre, quand on l'ensemence après un trèfle, ou une navette; l'*agostanello* (petit maïs d'été), plus petit que le précédent, semé après le lin, après le seigle, ou même après le blé hâtif, que l'on récolte au commencement d'octobre; et le *quarantino* (quarantain) que l'on sème d'ordinaire après le froment, pour le moissonner en octobre.

Un grand nombre d'autres variétés ont été introduites ou formées par sélection, depuis celles de l'Amérique (Pensylvanie, Virginie, Caragua, etc.) qui exigent une

(1) Bellinzona, *Inchiesta agraria, loc. cit.*

température plus élevée et un sol très humide, jusqu'aux variétés naines dont les épis se forment près de terre sans que la tige s'allonge inutilement (1).

Dans les variétés d'automne (*maggengo* ou *pignolino*), la panicule est longue et cylindrique; les grains sont disposés très régulièrement, légèrement déprimés, oblongs, de couleur orangée, de consistance presque cornée et semi-transparente.

Dans les variétés estivales (*agostano, agostanello*), la panicule est moyenne, plutôt courte, souvent aplatie et élargie du haut; le grain est serré, jaune et de grosseur moyenne.

Quant aux variétés à végétation rapide (*quarantino, cinquantino, sessantino*) qui dure quarante, cinquante, soixante jours, l'épi est plus court; le grain est plus jaune, parfois orangé, arrondi, à écorce fine et unie. Ce sont ces variétés que l'on cultive presque uniquement dans les terrains arrosés, en continuation immédiate d'une autre sole ; mais elles sont moins productives. On les récolte également en Toscane, dans la plaine de Lucques qu'arrosent les dérivations du Serchio, et dans celle de Salerne, desservie par les irrigations du Sele. Le poids de l'hectolitre du maïs précoce est souvent inférieur à celui des autres variétés d'automne et d'été; mais le développement de la paille est plus considérable (2).

L'ensemencement se fait en lignes, la terre ayant reçu depuis l'automne quatre ou cinq façons. Le tableau IX indique les données moyennes de l'époque de l'ensemencement et du rendement pour les quatre variétés principales.

(1) Cantoni, *loc. cit.*, p. 20.
(2) *L'Italia agraria e forestale*, p. 92.

TABLEAU IX. — *Rendement des variétés de maïs dans la haute Italie.*

VARIÉTÉS.	Époque de maturité.	Rendement en hectolitres par hectare.	Poids de l'hectolitre.
			kil.
Maggengo.......	Avril............	65 à 7	72 à 75
Agostano........	Fin avril	45 à 5o	75 à 78
Agostanello	Fin juin.........	3o à 35	68 à 72
Quarantino	Juillet..........	2 à 3o	6o à 8o

Dans certaines localités, on procède à l'écimage du maïs (*cimatura*), quand la fécondation a eu lieu, dans le but d'enlever les fleurs mâles, avec une partie de la tige qui porte deux feuilles. Cette pratique qui se motive par l'arrêt du mouvement ascensionnel de la sève au profit de l'épi, de même que celle de l'effeuillage, peu de temps avant que le grain mûrisse, qui assure une certaine quantité de fourrage vert et facilite la maturation des panicules, n'ont d'autre effet, comme de nombreuses expériences l'ont démontré, que de réduire de 10 pour 100 le produit évalué au volume, et de 13 pour 100 le produit évalué en poids (1).

La culture du maïs d'hiver pratiquée dans le district de Crema (2), comporte, dès le commencement de l'hiver précédent, un premier labour profond, afin de laisser le sol exposé à l'action du gel et de l'atmosphère; puis, au mois de mars, un second labour, après lequel on répand le fumier; et de suite après, un troisième labour qui pré-

(1) Cantoni, *loc. cit.*, p. 21.
(2) Sanseverino, *loc. cit.*, p. 85.

cède la semaille. On ensemence à la volée, à raison de 110 litres par hectare. Quinze jours après que le maïs est levé, c'est-à-dire à la fin de mai, ou au commencement de juin, les plantes n'ayant que trois ou quatre feuilles, on donne un premier binage, afin que l'air, la chaleur et la rosée agissent sur les radicelles, en favorisant leur extension, et pour extirper les mauvaises herbes. On donne un deuxième binage dix jours plus tard; mais malgré son utilité, cette façon n'est pas toujours possible à cette époque de l'année où les travaux sont multiples. Dans la deuxième quinzaine de juin, on enlève de nouveau les mauvaises herbes et on butte les pieds pour rechausser les plants. Au mois de septembre enfin, quand la maturation des panicules s'approche, on effeuille afin de donner du fourrage aux bœufs.

Aussi bien que pour le maïs cinquantain qui se sème fin juin après blé, on ne doit jamais négliger de donner l'eau au maïs d'hiver, tous les huit ou dix jours, quand il ne pleut pas. Sanseverino estime le rendement du *formentone* arrosé à 40 pour un (43 hectolitres par hectare), et celui du *cinquantino* récolté en octobre, à 40 hectolitres. Le *quarantino* qui succède en Lomelline, à la récolte du lin, ou bien au froment et à l'avoine, peut se passer d'irrigation, mais il donne un produit inférieur, quoique suffisant (1).

A Monteleone (Calabre), le maïs se cultive indistinctement dans les terres sèches et dans les terres arrosées. Sur ces dernières, le sol est dressé en terrasses à faible pente et fumé à l'aide de composts mélangés avec le fumier des étables ou des bergeries. On laboure à la houe à 0^m,30 de profondeur et on sème en ligne le plus souvent par poquets espacés de 30 centimètres. Les façons con-

---

(1) Pollini, *Inchiesta agraria, loc. cit.*

sistent en sarclages, en buttages et en effeuillage après
sélection des plantes les plus robustes. Les arrosages se
renouvellent dès que la surface commence à se crevas-
ser; ils continuent jusqu'à la maturité du grain, les
feuilles et la tige étant pour ainsi dire desséchées. Tandis que dans les collines, on arrose de la mi-mai jusqu'en
octobre, dans la montagne les arrosages s'étendent de
la mi-juin jusqu'en septembre. Après l'enlèvement de
la récolte d'automne, on procède à une irrigation hivernale qui consiste à laisser couler l'eau d'une manière
continue pendant 10 ou 12 jours sur chaque terrasse
successivement. Par cette irrigation qui développe
l'herbe en vue de l'enfouissement pour la fumure du
maïs, on utilise aussi bien les eaux de sources que
celles des torrents et des réservoirs, plus ou moins limoneuses et fertilisantes en cette saison (1).

Sur le littoral de la Sicile, le maïs ne fructifie que s'il
est arrosé pendant les mois de juin et de juillet; aussi la
nécessité de l'arroser à cette époque de l'année le fait-il
souvent exclure de l'assolement. Dans les terres irriguées
l'arrosage s'effectue par compartiments, ou *caselle* (2).

Espagne. — Plus exigeant que le froment comme
arrosage, pendant la courte période où il végète, le
maïs se sème sur billons, de manière que chaque plant
bien rechaussé reçoive par les racines l'humidité voulue. Au bout de 20 jours, le buttage ayant été pratiqué, on arrose toutes les semaines, ou une fois par
quinzaine, selon le terrain et le climat. On compte ordinairement sur 4 à 8 arrosages (2).

Datts la *huerta* de Valence, on sème le maïs du 15
au 24 juin, après le froment; mais dans les terres lais-

(1) G. Morabito, *Inchiesta agraria*, vol. IX, fasc. 2.
(2) A. Damiani, *Inchiesta agraria*, loc. cit.
(3) Llauradò, *loc. cit.*, t. I, pp. 53 et 404.

sées en jachère, on sème en mai, et jusqu'à la fin de septembre, on distribue huit arrosages.

Young observe que dans la vallée de Pons (Catalogne), le maïs arrosé a de 7 à 9 pieds de hauteur en juillet; semé dru, il est déjà en épi à cette époque de l'année (1).

Égypte. — Le maïs joue un rôle spécial dans l'alimentation du fellah et, par conséquent, dans l'agriculture égyptienne; aussi, le cultive-t-on dans toute la contrée du Nil, comme récolte intercalaire. Il ne reste en moyenne que trois mois sur pied, dans l'intervalle entre les récoltes d'été et celles d'hiver.

Dans la région des bassins de la haute Égypte, on fait venir le maïs partout où en creusant peu profondément, on rencontre des eaux d'infiltration que l'on remonte à la surface à l'aide des chadoufs. Les semailles se faisant en mai, les récoltes s'enlèvent au mois d'août aussitôt que les bassins se remplissent et que la première montée de la crue peut être mise à profit. Si les semailles se font fin août, l'arrosage est facilité par les eaux en crue qui submergent le pied des récoltes.

Le terrain est divisé par de petites banquettes, en carrés de 25 à 30 m. de surface, et on sème le grain dans des tranchées de 0^m,10 de profondeur où on l'enterre, puis on arrose pour bien humecter et activer la germination. Dès lors, les arrosages se succèdent régulièrement tous les 8 ou 10 jours.

Dans la basse Égypte, comme ailleurs dans toutes les terres irriguées, le maïs se cultive comme récolte de printemps, semé en mai, ou comme récolte d'automne, semé en août. En vue d'une culture économique, on arrose autant que possible à l'aide des chadoufs, ou par

(1) A. Young, *loc. cit.*, p. 401

des rigoles, sans recourir aux sakiés, ni aux machines à vapeur. Pour hâter son développement, dans l'assolement intensif des terres irriguées, on fume le maïs avec des cendres et des terres plâtrées ou nitratées. L'ensemencement se fait dans les sillons, et l'arrosage a lieu tous les quinze jours pendant deux mois et demi environ; soit six arrosages en tout (1).

VII. LES MILLETS ET SORGHOS.

Le millet réclame une humidité soutenue, à partir du moment où il développe sa panicule; mais l'irrigation cesse avant la formation du grain. La vigueur de la plante est indiquée par son feuillage qui doit rester d'un vert sombre. Comme pour les céréales, l'arrosage est moins fréquent dans les terres argileuses que dans les terres calcaires ou siliceuses.

Comme plantes alimentaires, les sorghos cultivés appartiennent plutôt à l'agriculture des contrées équatoriales. Aussi, sauf le sorgho commun qui mûrit au midi de la France, en Italie, etc., les autres variétés se localisent en Égypte, dans l'Inde, au Sénégal, etc.; telles sont le sorgho élevé et le sorgho noir ou des Cafres, les sorghos d'Alep, le *dourah* des Arabes, etc.

Italie. — Le millet (*Panicum miliaceum*) est plus cultivé en Lombardie où il suit le froment et le lin, que dans le Piémont et la Vénétie. L'extension de la culture du maïs s'est faite aux dépens de celle du millet, qui exige les mêmes soins comme arrosage et comme sarclage, et n'arrive à maturité qu'en octobre.

Le panis (*Panicum italicum*) est surtout semé pour

---

(1) Barois, *loc. cit.*, p. 105.

fourrage. Comme le millet, il se fauche le plus souvent en septembre, en vue de la nourriture à fournir aux bêtes de travail.

La production moyenne du millet comme grain, est de 28 hectol. par hectare; l'hectolitre pèse 70 kil. quand le grain n'est pas nettoyé de sa balle, ou 45 kil. net. On l'évalue comme fourrage en vert à 2,500 kil. par hectare; tandis que le panis rend seulement 1,500 kil. (1).

Les millets à épis sont cultivés à l'arrosage dans la plaine de Lucques où ils acquièrent des tiges élevées et fortes, et des épis bien garnis. Les terres sont le plus souvent légères, mais propres et de bonne qualité, dressées en planches étroites, ou en petits billons (2).

Le sorgho ou *meliga* dont la culture est beaucoup plus développée dans la vallée du Pô que celle du panis, appartient à l'espèce *Sorghum vulgare;* une variété offre un épi très délié, très long et pendant, quand il est mûr; et l'autre, au contraire, a un épi droit, conique et serré, avec une tige beaucoup moins élevée.

Espagne. — A Lorca, le millet (*panizo*) reçoit trois ou quatre arrosages pendant sa végétation; dans la Manche, il en reçoit davantage, quoique la plante plus délicate se ressente immédiatement de l'excès de l'eau.

Égypte. — Le *dourah* qui n'est qu'une variété de sorgho, joue à peu près le même rôle que le maïs dans la culture intercalaire et la nourriture du fellah égyptien. Du reste, comme mode de culture, comme arrosage et comme produit, le dourah est tout à fait le similaire du maïs; il n'y a pas lieu de répéter ce qui a été déjà décrit.

Dans la basse Égypte, on demande au sorgho deux récoltes par an, en le semant au 15 mai, et ensuite au

(1) Sanseverino, *loc. cit.,* p. 84.
(2) G. Heuzé, *Agriculture de l'Italie septentrionale,* p. 230.

15 août. Les semis faits en lignes sont arrosés à côté de chaque ligne, par une rigole que dessert une roue ou une noria.

Inde. — Les cultures de millets dans l'Inde sont arrosées tous les huit jours; celles des sorghos également, jusqu'à maturation des panicules.

Les millets (*kodo* et *murwa*) forment l'aliment principal des districts de Gaya et Chéta Nagpur, dans le Bengale; on les sème après les pluies et on les récolte en mars. Dans le Mysore, le *ragi,* millet à grain très petit et foncé (*eleusine corocana*), occupe 66 pour cent des terres cultivées, et le riz 24 pour cent seulement; tandis que dans la présidence de Bombay, c'est le gros millet (*jowari*) qui occupe la plus grande surface, puis le petit millet (*bajri*), et le riz vient au troisième rang. Les millets *bajri* et *jowari* sont les principales céréales cultivées dans le Sind (1).

Le gros millet (*Sorghum vulgare*) a les mêmes usages que le maïs en Amérique. Le grain beaucoup plus petit est plus tendre et plus sujet à l'attaque du charançon. Les tiges, fanes et panicules servent, après avoir été hachées, à nourrir le bétail. Les petits millets de diverses variétés, à grain fin et dur, fournissent une farine non moins nourrissante que le *jowari.* Le grain lui-même est susceptible d'exportation; il est en tous cas d'une culture plus étendue dans les sols pauvres; ce qui permet de réserver les céréales pour l'alimentation des Hindous (2).

VIII. LES RACINES ET TUBERCULES.

L'irrigation appliquée aux racines et aux tubercules

(1) *East India ; progress and condition during 1872-73*, p. 34.
(2) Dr Royle, *loc. cit.,* p. 191.

dans les pays du Nord, permet à leur croissance de ne point s'arrêter pendant la périoe de sécheresse, et sous ce rapport, leur produit ne peut qu'augmenter; mais les faits manquent pour justifier absclument cette pratique dans la culture des pays du Midi.

1. *Cultures du Nord.*

Angleterre. — En Angleterre, le mangold offre pour les fermes à eau d'égout, une consommation assurée; outre qu'il est facile à emmagasiner, il est d'un excellent emploi pendant les mois de printemps. Le fermier qui dispose d'eaux d'égout a de grandes facilités pour cette culture. On sème en mai et l'on arrose dès que le plant est formé, à raison de 5,000 mètres cubes par hectare, pour obtenir 100,000 kil. de racines. A Lodge farm, trois arrosages de 2,700 mètres cubes par hectare, le sous-sol ayant été défoncé, ont permis de récolter 129 tonnes de racines venant après céréales, sans engrais.

Les causes qui affectent le rendement des mangolds dans la culture ordinaire, n'existent pas pour la culture à l'eau d'égout. La graine a plus de chances de lever lorsque le sol reçoit 2 ou 3 arrosages après l'ensemencement, et le plant reprend toujours, de telle sorte que les repiquages ne sont pas aléatoires; enfin, on prévient les effets directs de la sécheresse.

Dans les cultures des diverses variétés de mangolds, celle à globe jaune donne les meilleurs résultats, étant moins longue et moins pivotante que les autres. Les arrosages qui représentent ensemble une dizaine de mille mètres cubes à l'hectare, se donnent aux mois d'avril, mai et août, ou bien en mai, juin et juillet, suivant l'époque de l'ensemencement et la saison. A Parsloes, dans un sol remarquablement tenace, M. Hope a récolté des mangolds arrosés, du poids de 12 kilogrammes.

Les betteraves fourragères fournissent les mêmes produits que le mangold. Quant aux betteraves sucrières, les essais de culture à l'eau d'égout, comparés à ceux suivis avec le phosphate, ont montré que pour les racines de moindres dimensions, jusqu'à 1 kilogramme, la teneur en sucre des betteraves arrosées était de 2 pour cent supérieure à celle des betteraves phosphatées, mais pour les grosses racines de 2 à 4 kilogrammes et au delà, la teneur en sucre diminue et les racines ne peuvent plus convenir qu'à la distillation. M. Hope considère que la betterave à sucre ne se recommande pas pour l'arrosage, car elle ne peut recevoir un excédent de fumure liquide, sans le sacrifice d'une partie du sucre cristallisable, et d'ailleurs elle prépare le sol d'une manière insuffisante pour la récolte de céréales qui doit suivre.

La culture de la pomme de terre s'est beaucoup développée sur les fermes à eau d'égout. Si l'irrigation n'assure pas de plus gros produits que la fumure ordinaire, elle semble préserver la plante de la maladie ; ce qui confirme les observations déjà recueillies pour l'olivier et les vignes arrosés, quant à l'action préventive de l'eau.

Deux arrosages à Lodge farm, représentant 2,250 mètres cubes, fournis en juin et en juillet aux pommes de terre (*Shaw*, *Regent* et *Rock*), ont assuré une récolte de 15,000 à 20,000 kil ; tandis que sur les terres non arrosées et fumées avec 7 à 10,000 kil. de sciure-litière, la récolte a été seulement de 12,500 kil. par hectare. A Aldershott, après trois années d'irrigation, le rendement des pommes de terre sur un sol qui était en lande inculte, a atteint de 10,000 à 12,000 kil. par hectare.

Les principaux résultats de l'utilisation des eaux d'égoutde Londres sur la ferme de Romford (Breton's farm), exploitée en 1871-72 par le colonel Hope, figurent ci-après (1) :

	Pommes de terre.	Mangolds.	Betteraves.	Carottes.	Panais.
	—	—	—	—	—
Volume distribué à l'hectare............	m. c. 2.105	m. c. 4.816	m. c. 15.087	m. c. 5.705	m. c. 3.581
Volume distribué par tonne de produit....	294.2 kil.	114.5 kil.	574.8 kil.	206.2 kil.	186.2 kil.
Produit à l'hectare.....	71.560	42.010	26.250	27.660	19.230

2. *Cultures du Midi.*

Dans les pays du Midi, en Algérie, en Italie, en Espagne, etc. les pommes de terre, les panais et les carottes, etc., sont régulièrement arrosés, d'autant plus abondamment que parfois deux récoltes se succèdent dans l'année, ou qu'on les force spécialement comme primeurs. L'irrigation des racines, comme des tubercules, se caractérise par la culture sur billons que bordent des rigoles pas tout à fait remplies, de façon à ce que l'eau arrive aux racines par l'imbibition progressive du sol. L'arrosage à plein, c'est-à-dire, le pied des plantes plongeant dans l'eau, les ferait périr.

France. — Dans les Bouches-du-Rhône, la culture des pommes de terre est de plus en plus soumise à l'arrosage. On comptait en 1882 dans ce département 8,517 hectares rendant en moyenne 90 quintaux à l'hectare. La même remarque sur l'extension de l'arrosage des pommes de terre s'applique au département de Vaucluse où 13,484 hectares cultivés en 1882 rendaient 82 quin-

(1) A. Ronna, *Égouts et irrigations*, tableau IV, p. 254.

taux en moyenne par hectare. Les pommes de terre y sont plantées à la charrue dans un terrain défoncé en hiver ; on ouvre d'abord le sillon avec une charrue à deux bêtes, et on fait ensuite passer la défonceuse à huit bêtes ; on plantes en raies distantes de 0^m,75 les unes des autres, avec un écartement de 0^m,35 entre chaque plant dans la raie. L'arrosage se pratique à peu près tous les huit jours. A Lançon (Bouches-du-Rhône) les pommes de terre arrosées donnent un produit de 15 à 20 fois la semence. Sur le canal du Verdon, o litre 75 d'eau continue suffisent pour l'arrosage d'un hectare produisant de 10 à 12,000 kil. de pommes de terres.

Aux Crémades (commune d'Orange), dans Vaucluse, le rendement de l'hectare planté en pommes de terre Chardon et arrosé par les eaux de la Meyne, est de 24,000 kil. ; moyennant l'emploi de 85 mètres cubes de fumier.

Aussi bien, pour les racines fourragères, les provinces du Midi sont au dernier rang ; un climat chaud et sec et le manque d'eaux pluviales ou d'eaux courantes ne permettent guère de se livrer à cette culture. L'irrigation seule donnerait le moyen de le faire avec profit, mais quand on dispose d'eaux d'arrosage, on trouve plus avantageux de s'en servir pour les légumes, la vigne et les cultures industrielles (1).

Italie. — La culture des pommes de terre, en Italie, ne s'étend guère à plus de 0,2 pour cent de la surface territoriale ; mais la production correspond au chiffre moyen relativement élevé, de 82 quintaux métriques par hectare. Cette production est d'ailleurs très variable. Si dans les bonnes terres de Lecco, on arrive à récolter 200 quintaux (2), on n'obtient dans les Calabres, sur

(1) *Statistique agricole de la France pour 1882* ; p. 86.
(2) Brini, *Inchiesta agraria, circondario di Lecco*, vol. VI, fasc. I, p. II.

les terres arrosées, moyennant une récolte à l'automne, une au printemps et une ou plusieurs pendant le reste de l'année, que 60 quintaux par hectare, à Reggio (1) et de 31 à 44 quintaux, à Monteleone (2).

Espagne. — Les carottes et les panais, semés à la volée du mois de juin jusqu'au mois d'août, dans la *huerta* de Valence, sont arrosés trois fois par quinzaine, puis trois fois de 10 en 10 jours; ce qui représente ensemble huit arrosages. L'irrigation a lieu en février, ou en mars.

Dans les provinces du centre, on commence à arroser les pommes de terre à la saint Jean, et l'on continue tous les 17 ou 20 jours, jusqu'aux pluies de septembre, de telle sorte que la culture comporte 4 arrosages en moyenne (3).

Égypte. — L'Égypte se fait remarquer par la culture, en dehors du topinambour (*Helianthus tuberosus*), d'un certain nombre de tubercules qui se rencontrent très fréquemment dans la basse et la moyenne Égypte, où ils réussissent comme culture d'été, alors que les pommes de terre ne prospèrent pas.

Le *Caladium œsculentum* est très répandu dans les sols bas et humides; on fait une grande consommation de sa fécule pendant les mois d'automne. Le *Nymphea cœrulea* (*byarout* des Arabes) fournit par ses rhizomes ou tiges souterraines, des tubercules comestibles; il abonde dans les lacs et les marais, à la base du Delta et du Fayoun; le *Cyperus œsculentus* et le *Melanorrhyѯa* sont également comestibles, farineux et huileux (4).

(1) De Marco, *Inchiesta agraria; monografia,* vol. IX, ii, p. 511.

(2) Morabito, *Inchiesta agraria; loc. cit.*

(3) Llauradò, *loc. cit.,* t. 1, p. 407.

(4) Pépin, *Légumes et fruits; Rapports du jury 1867,* t. XI, p. 207.

IX. LES PLANTES INDUSTRIELLES.

I. LIN ET CHANVRE.

Sous les climats méridionaux, le lin a besoin d'être arrosé, suivant le degré de sécheresse de la saison pendant laquelle il végète.

Quant au chanvre, sous les mêmes climats, comme aussi dans les terrains secs, on l'arrose par infiltration à l'aide de rigoles qui ont été préparées après la semaille. L'irrigation des chènevières se pratique tous les huit ou quinze jours, jusqu'à vingt jours avant l'épanouissement des fleurs mâles et des fleurs femelles, pour ne pas amoindrir la force des fibres (1).

Italie. — *Lombardie.* — Le lin succède toujours au pré; c'est-à-dire, après une année de trèfle, dans les territoires de Brescia, Crema et Cremone; après deux années, dans les provinces de Pavie et de Milan; après trois années, dans le district de Lodi.

La zone du lin, sur les territoires de Crema et de Cremone, laisse plus de place au pré que par le passé, par suite du meilleur règlement des eaux et de l'introduction du trèfle blanc, mais elle garde sa supériorité pour le rendement et la qualité du lin qui est resté la récolte type. Dans cette zone, en effet, la surface attribuée au lin par les meilleures exploitations est de un cinquième, et pour le territoire entier, de un quart environ.

Le lin est semé du 20 au 30 mars sur chaume de trèfle, convenablement défoncé, labouré et fumé l'hiver précédent. Par la culture de la prairie richement fumée, le sol est assez pourvu d'humus pour qu'il soit nécessaire,

(1) G. Heuzé, *les Plantes industrielles*, t. II, p. 71.

surtout si la prairie a deux ou trois années d'existence, de labourer en travers avant l'ensemencement du lin, c'est-à-dire, à la fin de mars. Cette façon à laquelle on donne le nom de *besarare*, sans doute du latin *bis arare*, est suivie de celle de la herse, également en long et en travers; puis, du roulage à l'aide du cylindre, afin de rompre toutes les aspérités et d'ameublir le terrain autant que possible. Une fois nettoyé et ameubli, le sol est relevé en billons (*colle*), dans les raies desquels l'eau d'arrosage circule par infiltration. On sème la graine (*linosa*) à raison de 85 kil. par hectare, et on la recouvre à la herse; après cela, on extirpe les mauvaises herbes qui auraient pu se développer.

Dans les terres de moins bonne qualité, on fume davantage après le labour de février, soit à l'aide de fumier d'étable, soit avec de l'engrais humain pulvérulent qui est préférable au fumier, et on diminue la quantité de. semence. Quand le sol est trop sec, on l'arrose souvent avant de donner le dernier labour.

Sur un champ de 3 à 4 hectares, l'ensemencement exige de huit à dix hommes, marchant de front en une même ligne, à une distance de $1^m,70$ les uns des autres. Ils tiennent la corbeille du bras gauche, et de la main droite ils répandent la graine en faisant un demi-cercle parallèlement au terrain. Par un vent trop fort, on suspend la semaille.

La semence est soigneusement choisie, luisante, de couleur brune, grosse et lourde, et non moins soigneusement criblée au tamis. Les herbes parasites dont il y a lieu de débarrasser la graine de semence sont les suivantes :

Lolium perenne	Ivraie vivace.
Equisetum arvense	Prêle des champs.
Brassica rapa	Rabioule.

Serratula arvensis.............	Cirse des champs.
Cuscuta europea..............	Cuscute d'Europe.
Bunias erucago...............	Bunias érucaire.
Stachys annua...............	Épiaire annuelle.

La cuscute (*crine*) est la plus redoutable des mauvaises herbes pour le lin dont elle entrelace et étouffe les racines. Aussi, n'est-il pas rare que la semence soit choisie parmi les graines spécialement resemées, ou les graines conservées deux ans, afin que celle de cuscute soit détruite.

Le jour après la semaille, on se livre à la chasse des taupes dès le lever du soleil, ou deux heures avant son coucher, et l'on continue chaque jour la chasse. Pendant le mois d'avril, jusque vers le 8 ou le 10 mai, les champs de lin sont abandonnés à eux-mêmes; en mai seulement, quand il n'a pas plu, on commence les arrosages, et jusqu'à la floraison on les continue, à raison d'une irrigation tous les dix jours, si le sol est sablonneux ou repose sur du gravier; et à raison d'une irrigation tous les 12 ou 15 jours, si les terres sont fortes. Au cas même où il aurait plu, il convient d'arroser le lin au moins une fois avant qu'il fleurisse. A peine fleurit-il et les capsules (*bottole*) se forment-elles, que l'on cesse toute irrigation pour empêcher que la floraison continue au détriment de la graine et de la qualité de la fibre (1).

On nettoie le champ aussi souvent que l'exige la propreté des terres, non pas à la binette, ou à la houe, mais à la main et en temps sec. C'est là une des besognes les plus dures qu'impose la culture du lin, d'autant plus que si l'on arrose avant de nettoyer, ou bien, si l'on attend que la terre soit détrempée par la rosée, on court le risque de détériorer la couleur du lin, ou d'empêcher

(1) Sanseverino, *loc. cit.*, p. 96.

que la plante abattue sur le terrain humide se relève d'elle-même. Aussi, est-ce pendant les heures les plus chaudes du jour, quand le soleil darde en plein, que femmes et enfants se livrent au sarclage du lin.

Pour ce travail pénible, comme pour la récolte qui consiste dans l'arrachage des plants à deux mains (du 20 au 30 juin) et pour l'égrenage, la famille des paysans reçoit en nature un quart de la graine nettoyée (1).

La variété cultivée comme il vient d'être dit, est celle de printemps (*nostrale* ou *marzuolo*), semée en mars, mûrissant fin juin, suivie, d'après l'usage et les localités, par le maïs quarantain ou le millet. Une autre variété également cultivée est celle d'automne, dite *invernengo* ou *ravagno*, récoltée à la mi-juin et suivie du maïs *agostanello*. Cette dernière, très épuisante pour la terre, exige beaucoup d'engrais et n'en fournit pas pour le fumier de l'année suivante. Les mûriers ne rendent pas autant dans les champs cultivés en lin d'hiver que dans ceux en lin d'été. Pour un rendement plus élevé en graine et en filasse de moins bonne qualité, ou de qualité plus grossière, le lin d'hiver souffre de l'absence de pluie au printemps, des brouillards et de la gelée en hiver, tandis que le lin d'été n'est sujet à aucune des intempéries du moment où il peut être arrosé à partir de mai jusqu'à sa floraison (2).

On compte comme production du lin d'automne sur une moyenne de 5,000 kil. par hectare, tige et graine, rendant de 15 à 16 hectolitres de graine et de 270 à 300 kil. de filasse. Le lin de printemps donne 3,000 kil. par hectare, tige et graine, sur lesquels 7 à 8 hectolitres de graine et 130 à 150 kil. de filasse (3).

(1) Marenghi, *Inchiesta agraria, loc. cit.*
(2) Sanseverino, *loc. cit.*, p. 101.
(3) Cantoni, *loc. cit.*, p. 12.

Bolonais. — Le chanvre exige une terre forte, argileuse, à couche épaisse d'humus, bien ameublie et fumée, mais humide et abritée des vents. Quand il y a excès d'humidité, l'absorption des eaux est facilitée par les labours profonds et les amendements sablonneux.

Dans le Bolonais, après trois labours dont le premier suivi d'une fumure énergique, on dresse le sol, avant décembre, en planches de 2 mètres environ, séparées par un sillon profond. Au printemps, on fume de nouveau et on sème en mars. On sarcle quand le chanvre est levé suffisamment, et on arrose régulièrement si la planche est exposée à souffrir de la sécheresse.

Les engrais liquides, distribués à l'aide de pompes aspirantes et foulantes, sont très employés.

Calabre. — Dans la Calabre (Reggio), on choisit pour la culture du chanvre des terres riches, profondes et fraîches, bien nettoyées et abondamment fumées. Quand les plantes commencent à se développer, on sarcle et on arrose les compartiments par submersion (1).

Le lin s'arrose en hiver dans l'arrondissement de Cortale; l'eau des rivières dans cette saison n'est soumise à aucune redevance (2).

Sicile. — Le chanvre de Sicile est arrosé abondamment tous les quinze jours à partir de la mi-mai jusqu'en août.

Le lin de printemps est arrosé deux ou trois fois, seulement par infiltration. A Palerme, on cesse les arrosements avant la floraison pour ne pas ramollir les tiges et nuire à la formation des graines.

France. — Le plus grand obstacle à la culture du lin, dans une bonne partie de la France, c'est la séche-

(1) De Marco, *Inchiesta agraria, loc. cit.*
(2) A. Cefali, *Inchiesta agraria; memoria*, vol. IX, fasc. II.

resse du printemps. Sur un sol susceptible d'être arrosé par submersion ou par infiltration, on pourrait regarder comme assurées les récoltes des lins de mars. Sur les terres légères non arrosables, les pluies venant à manquer, le lin est souvent si court qu'on doit renoncer à en tirer parti. D'autre part, dans les contrées du nord où les fonds sont disposés à retenir l'eau outre mesure, comme dans les Flandres, on sépare les planches par de petits fossés d'écoulement, afin d'éviter l'excès d'humidité.

Espagne. — Dans les plaines de Valence, comme dans celles de Barcelone, le chanvre semé au mois de mars, se récolte en juillet après quatre arrosages abondants.

Les chènevières de la *vega* de Bejos, sont installées en planches horizontales de 1 à 2 mètres de largeur, sur 30 à 40 mètres de longueur, séparées par des banquettes, avec un chemin de crête servant de communication pour vaquer aux diverses opérations de la culture. L'arrosage donné par submersion a surtout pour objet de maintenir le sol à l'état humide et frais.

On ne récolte le chanvre en septembre, après floraison, que lorsqu'il doit porter graine; mais c'est au détriment de la qualité de la fibre (1). De fin mars à la mi-juillet, il a reçu quatre arrosages.

Dans la *vega* du Jalon, le lin se sème au commencement d'avril, après que l'on a donné trois labours sur jachère, dont le premier en septembre, le second en mars, et le troisième aux premiers jours d'avril. La graine enterrée à la charrue, on arrose tous les 8 jours; le nettoiement ne s'opère après arrosage que lorsque la plante a un pied de hauteur. On récolte en avril.

(1) Llauradò, *loc. cit.*, t. I, p. 406.

Japon. — Le chanvre est cultivé, au Japon, dans les vallées submersibles où l'on exploite également les rizières. Les mêmes engrais que pour le riz, consistant en tourteaux de navette ou d'huile de poisson, en litière de paille, en varechs et engrais humain, sont enfouis avant les semailles.

On sème en lignes, avec 0^m,40 d'intervalle, à l'aide du plantoir; dès que les plants sont levés, on bine, et on distribue à deux ou trois reprises par mois de l'engrais liquide au pied de chaque plant. On submerge un certain nombre de fois, à l'aide des fossés qui entourent les chenevières. D'après Capron, les chanvres ainsi cultivés sont les plus beaux que l'on puisse voir, sous le rapport de la longueur, de la finesse, du brillant et de la résistance de la fibre (1).

Le lin est obtenu sur les mêmes terrains que le chanvre, et dans les mêmes conditions de supériorité, moyennant des engrais et des arrosages. Les deux plantes textiles sont cultivées dans l'assolement et ne reviennent pas deux années de suite sur le même sol.

2. LA RAMIE.

Malgré les grands efforts qui ont été faits pour la propagation de cette plante textile en Europe, la culture de la ramie, *Boehmeria tenacissima seu utilis*, n'a pas encore reçu de très grands développements.

En France, on a cherché à l'implanter pour remplacer la garance ou la vigne. Cultivée comme matière textile, elle doit rester dans le même sol pendant 10 ou 12 ans, et elle a besoin d'irrigation. Deux coupes ont lieu par

(1) Hon. H. Capron, *loc. cit.*

an, fournissant deux produits à la fois, la feuille et la tige. La plante étant en pleine production dès la troisième année, peut livrer 40,000 kil. de feuilles fraîches et autant de tiges au même état, correspondant à 8,000 kil. de tiges sèches, ou à 1,600 kil. de filasse. D'après E. Vial (1), un hectare planté en ramie serrée produit annuellement 13,000 kil. de tiges sèches renfermant 4,300 kil. de lanières sèches qui donnent à la décortication moitié de leur poids de filasse pure; 8,000 kil. de déchets de bois pour litière, et 8,000 kil. de feuilles sèches pour fourrage.

L'industrie de la papeterie et les filatures sont appelées, outre l'agriculture, à tirer un grand parti de cette variété d'*urtica* dont l'introduction en Espagne, en Italie, en France, etc., a rencontré de très ardents propagateurs depuis Ramon de la Sagra et Decaisne.

La ramie verte (*Boehmeria utilis*), comme plante vivace, offre des tiges en touffes fournies, atteignant de 1^m,20 à 2 mètres de hauteur en France, et 3 mètres dans les pays d'Asie et d'Océanie : Chine, Japon, Sumatra, Bornéo, etc., d'où elle fut importée au commencement du siècle. Chaque touffe compte 30 et parfois 50 rejets; mais la véritable tige est le rhizome, ou racine axile, qui s'enfonce profondément dans le sol, se régénère spontanément en devenant caduque, et émet les rameaux aériens ou tiges. D'après ce mode même de végétation, les racines de ramie réclament un sol léger, siliceux ou silico-calcaire, un sous-sol perméable; par conséquent un terrain profond et meuble. Dans les pays exposés à souffrir de la sécheresse du printemps et de l'été (c'est le cas dans les pays du Midi), le terrain doit pouvoir être arrosé. En

---

(1) E. Vial, *la Ramie et son traitement; Bull. Soc. nat. d'acclimatation;* 1888.

dehors de l'irrigation, la ramie ne donne que des récoltes très peu abondantes.

Avant l'hiver, on laboure à une profondeur de $0^m,30$ à $0^m,40$; puis on fume le sol à raison de 30 à 40,000 kil. de fumier que l'on enfouit par un léger labour en travers. Avant de procéder à la plantation, on complète par des hersages l'ameublissement du terrain et l'on trace les principales rigoles d'arrosage. L'irrigation s'opère par infiltration, que la multiplication se fasse par éclats de pied, en mars, avril ou mai, à raison de 30,000 pieds à l'hectare, sur terrain plat, comme le pratique M. Favier; ou bien à raison de 10,000 pieds sur ados, les plants occupant deux lignes, comme le cultivent MM. Goncet de Mas et de Malartic; ou bien encore par semis, c'est le mode le moins recommandable, M. Favier recommande d'arroser en moyenne une fois par quinzaine, pendant les mois d'avril, mai, septembre et octobre, et une fois par semaine en juin, juillet et août (1). C'est surtout après la plantation, ou à la suite d'une coupe, qu'il faut procurer de la fraîcheur au sol; mais on suspendra toute irrigation 10 ou 15 jours avant la récolte, pour ne pas nuire à la maturation des tiges.

Cette maturation s'annonce par la teinte brune qui couvre la tige sur une hauteur au-dessus du sol, de $0^m,15$ à $0^m,20$; on coupe rez de terre avec un instrument bien tranchant. Dans le midi de la France, on peut compter sur deux coupes, l'une en juillet, l'autre en octobre; en Algérie, on obtient trois coupes (2).

La ramie (*rameh*) vient admirablement dans l'île de Java, où elle donne jusqu'à cinq coupes annuelles. Elle offrirait une des ressources les plus immédiates pour

(1) A. Favier, *Nouvelle Industrie de la ramie.*
(2) J. Sabatier, *la Ramie; Journ. agric. prat.*; 1883. t. I. p. 537.

la mise en valeur des vastes concessions gratuites du gouvernement hollandais, si, proprement décortiquée et réduite sur place en filasse, elle pouvait être transportée en Europe sans de trop grands frais pour l'industrie textile. Les essais réalisés dans cette voie par les Hollandais devront être décisifs (1).

3. LE COTON.

Comme le maïs, le coton pendant la première et décisive période de sa végétation, ne peut se passer d'un certain degré de chaleur, assez élevé pour que la latitude détermine la limite de sa culture, et d'une certaine dose d'humidité. Que l'eau provienne du sol, se renouvelant à l'aide de fréquents binages, ou de l'atmosphère, sous forme de rosées abondantes et de pluies tombant en temps opportun, ou enfin, des arrosages artificiels, elle est une condition vitale de la production du cotonnier.

Quand le terrain est fertile, profond et convenablement ameubli sur une couche de 50 centimètres environ, avant l'hiver, le coton, peut se passer d'irrigation comme le maïs, mais à la condition que les pluies arrivent en même temps que la chaleur, afin d'activer la germination et mener la plante jusqu'à sa floraison. Dans les terres arrosées, au contraire, le cultivateur est maître de l'irrigation pour favoriser la germination, au cas où le terrain étant trop sec la pluie tarde trop, et aussi pour rendre la vigueur à la végétation quand la sécheresse se prolonge au détriment de la fleur, et plus tard de la production des capsules. Selon que l'on cultive le coton en

---

(1) A. Ronna, *Bulletin de la Soc. d'encouragement*, 1871.

planches, en billons ou en tranchées, la consommation d'eau est variable, mais on peut l'évaluer en moyenne, dans les années chaudes et sèches, à 2,000 mètres cubes par hectare, pour la durée de la culture (1).

Des deux grandes contrées qui approvisionnent de coton le monde entier, la première, les États-Unis d'Amérique, ne recourt pas aux irrigations, et l'autre, l'Inde, n'emploie les arrosages que pour une partie, la plus grande, il est vrai, de ses cotonniers. Les meilleurs cotons, ceux de la Nouvelle-Orléans, s'obtiennent sans l'aide de canaux, mais dans des terres profondes, meubles, bien préparées et fumées, et soumises au régime des pluies de ces latitudes. En revanche, dans l'Inde, en Égypte, à plus forte raison en Algérie et en Italie, quand on y a tenté cette culture, l'irrigation permet seule d'obtenir un rendement économique.

Les botanistes ne paraissent pas s'être mis tout à fait d'accord sur les variétés nombreuses de coton cultivé dans les divers pays; les uns admettent un grand nombre d'espèces du genre *gossypium;* les autres les considèrent comme des variétés d'un petit nombre d'espèces. Le docteur Royle, après un examen approfondi des différentes classifications, a proposé d'admettre quatre espèces distinctes (2):

1. *Gossypium indicum* ou *herbaceum,* qui se cultive dans l'Inde, dans la Chine, l'Arabie, la Perse, l'Asie-Mineure et autres localités en Afrique.

2. *Gossypium arboreum,* indigène de l'Inde orientale.

3. *Gossypium barbadense,* originaire du Mexique ou de l'Inde occidentale, dont les cotons longue soie

(1) Berti-Pichat, *Manuale della coltivazione del cotone,* 1863.
(2) Solly, *Exhibition* 1851, *Reports by the juries.* p. 94.

Sea-Island, et ceux courte soie Nouvelle-Orléans et Apland Georgia sont des variétés; introduite dans l'île Bourbon, et de là dans l'Hindostan, l'espèce est devenue le coton Bourbon;

4. *Gossypium peruvianum* ou *acuminatum,* qui fournit les cotons de Pernambouc, du Pérou, de Maranham et du Brésil; les graines sont noires et adhésives; cette espèce a été également introduite dans l'Hindostan.

L'arrosage, qui est indispensable pour certaines espèces, serait inutile pour d'autres. Ainsi dans l'île de Malte, le coton blanc du Levant et celui de Siam à couleur rousse ont besoin d'être arrosés, tandis que le coton des Indes peut s'en passer. Dans les îles Baléares, l'irrigation est toujours pratiquée, comme en Égypte, dans l'Inde, etc., pour faciliter l'accroissement jusqu'à la floraison et la fructification. Il est évident que si, dans certaines conditions de climat et de sol, quelques espèces de coton peuvent se passer d'arrosage, la possibilité d'irriguer ne peut que favoriser la culture; c'est ainsi que l'Inde a développé ses plantations et que la Californie, dans les comtés de Fresno, de Tulane, de los Angeles, qui comprennent plusieurs millions d'hectares de terres irrigables, parfaitement appropriées à la culture du coton, réclame une place parmi les États producteurs.

Quoique les arrosages susceptibles d'exercer une grande influence sur la production du cotonnier ne soient pas pratiqués aux États-Unis, nous mentionnerons brièvement les conditions principales de sa culture dans cette région du Sud dont elle fait la merveille, aux côtés du tabac, de la canne à sucre et du riz.

États-Unis. — Ce sont les circonstances météorologiques qui jouent le rôle principal dans la culture cotonnière des contrées chaudes des États-Unis, comprenant le Mississipi, l'Alabama, la Louisiane, la Géorgie et le Texas.

Dans le Mississipi, par exemple, on redoute la gelée blanche jusqu'au 10 avril, et pourtant l'on sème le coton fin mars, parce que l'on redoute encore davantage la sécheresse de la fin d'avril. Au mois d'octobre, les froids peuvent devenir funestes. Tandis que les années humides sont considérées comme mauvaises, parce que les plantes de coton deviennent trop luxuriantes, les années sèches qui ont préludé par de petites pluies, depuis la germination jusqu'à la floraison, passent pour être les plus favorables (1); tout dépend ainsi des pluies.

Quant aux terrains, les sols sablonneux et meubles où croissent les pins, les saules, les peupliers, sont ceux que l'on recherche au Mississipi; les terres un peu argileuses ne se prêtent à la culture que si elles ont été labourées profondément et ameublies, pour leur permettre dans les années de sécheresse, de conserver leur fraîcheur jusqu'à 50 et 55 centimètres. Dans la Géorgie, les terres à cotonnier sont voisines de la mer, tandis que dans la Louisiane, elles s'en éloignent et s'élèvent jusqu'à 400 mètres au-dessus de son niveau.

Comme engrais, les planteurs du Mississipi se bornent à fumer le maïs qui précède le coton; mais dans les terres plus appauvries des autres États, on fume, soit à l'aide des chaumes de coton et de froment, soit avec des engrais phosphatés et animalisés.

Pour la préparation du sol, les instruments aratoires les plus perfectionnés sont employés dans le but d'ameublir la couche arable. Chaque labour est suivi de hersages en tous sens. Dans la Caroline du Sud, sans

(1) *The cultivation of Orleans staple cotton; Manchester, July* 1857.

doute en raison de l'humidité des îles que baigne l'O-
céan, le terrain est dressé en billons et l'ensemencement
a lieu par poquets. Ailleurs, le terrain est dressé en
larges planches. Le *drill* (fig. 4) y ouvre des sillons,
sur une profondeur de $0^m,09$, en aplanissant et compri-
mant le fond sur lequel la semence est jetée à la main,
au-dedans et en dehors, en ayant soin de la tenir libre,
pour que les graines ne se pelotonnent pas. Quand la
saison est sèche, la graine germe; mais ensemencée plus
profondément quand la saison est trop humide, la graine

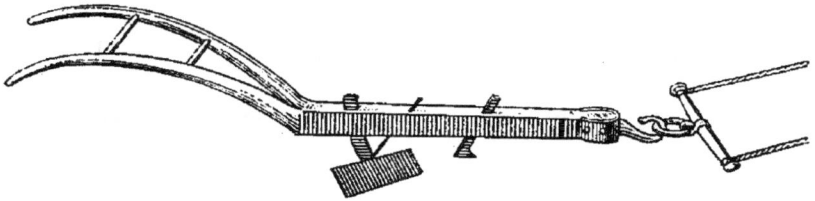

FIG. 4. — DRILL AMÉRICAIN POUR LE COTON.

pourrit; aussi celle semée superficiellement vient-elle
à bien. Le *drill* est suivi de la herse (fig. 5) à dents courtes en bois qui recouvrent la semence de 6 à 7 centimètres de terre. Un rouleau de $0^m,32$ de diamètre, attelé
après la herse comprime et aplanit la surface.

La quantité de semence employée est de 80 à 120 litres par hectare. Dès que les plants ont atteint 30 à
40 centimètres de hauteur, on sarcle autant de fois qu'il
est nécessaire avec la houe à cheval pour rejeter la terre
sur le pied des cotonniers. Surtout dans les années sèches, quand les terrains sont plutôt consistants, il convient de rechausser les plants à la charrue.

Avec la graine du coton Sea Island, la maturité commence 150 jours après l'ensemencement; la récolte

tant pour le coton de Louisiane que pour celui de Géorgie, dure du mois de septembre au mois de janvier.

Le choix de la semence, en vue de la prochaine récolte,
se fait sur le champ même, où se désignent d'avance les
plantes et les capsules les mieux fournies; mais la graine
préférée des planteurs est celle fournie par les cotonniers
des collines du Mississipi, situées entre le golfe du Mexique et Vicksburg; la plus petite variété, de couleur brune,

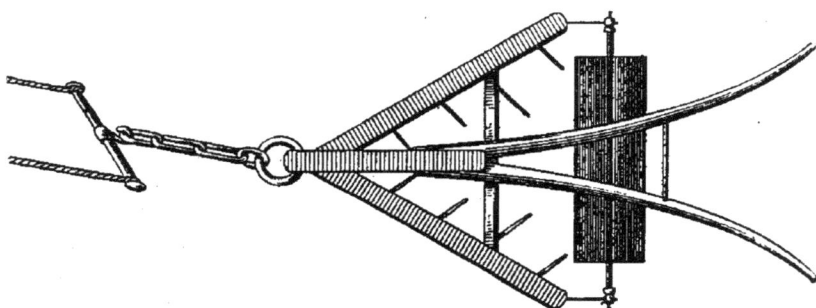

FIG. 5. — HERSE ACCOMPAGNÉE DE ROULEAU POUR LE COTON.

est la meilleure; la plus grosse, de couleur blanche,
offre plus de difficulté pour l'égrenage.

D'après Marini (1), le cotonnier Louisiane courte soie
ou *upland*, dans les États de l'Atlantique, y compris la
Louisiane, donne en moyenne par hectare, 1,005 kilogrammes de coton brut représentant 535 kil. de coton
net, et dans les États du golfe du Mexique, y compris la
Nouvelle-Orléans, de 1,350 à 2,000 kil. de coton brut.
Cette espèce est la plus cultivée; elle fournit à elle seule
la presque totalité des cotons exportés. .

Dans la Caroline du Sud, le cotonnier Géorgie longue-
soie rend de 250 à 300 kil. de coton net, qui se classe en

(1) *Della coltivazione de cotoni Luiziana et Georgia.*

55 à 67 kil. de soie superfine, 67 à 78 kil. de soie fine et 111 à 167 kil. de soie ordinaire. Les cotons Sea Island ne figurent pas pour 2 millièmes dans le tableau des exportations. Leur production reste confinée aux États maritimes de l'Est : les Carolines, la Géorgie et la Floride.

Quelle qu'ait été l'industrie déployée pendant la guerre civile des États-Unis pour combler en partie le vide auquel on a donné le nom de famine du coton, de 1861 à 1865, il a été facile de se convaincre que la culture du coton est des plus délicates, et qu'il y en a peu dont le rendement dépende au même degré de l'expérience du planteur, du climat, de l'exposition et de la nature du sol (1). En 1861, quand éclata la guerre, les États-Unis fournissaient plus des cinq sixièmes du coton employé en Europe, 716 millions de kilogrammes sur 850 millions ; en 1866-67, la guerre étant terminée, tous les efforts réunis des anciens pays producteurs, les Indes, le Brésil, l'Égypte, et des contrées où la culture était jusque-là accidentelle, n'avaient abouti qu'à fournir 31 pour 100 de la consommation normale de l'Europe ; et sur cet appoint, les Indes anglaises avaient apporté à elles seules 20 pour cent. En 1882-83, la récolte des États-Unis avait atteint de nouveau le chiffre le plus élevé de la période décennale (1872 à 1883), à savoir : 6,957,000 balles ou 1,240,000 tonnes de coton (2).

Ce qu'il importe de retenir de cette reprise si rapide de la prédominance des États-Unis sur le marché des cotons, c'est que les avantages naturels qui assurent sa suprématie ne sont pas de ceux qu'une crise puisse détruire. Le climat est le plus favorable à la culture du cotonnier, non seulement comme degré de chaleur et

(1) Engel Dollfus, *Production du coton. Rapports du jury*, 1867, t. VI.
(2) Neumann-Spallart, *Uebersichten der Weltwirthschaft*, 1884, p. 280.

d'humidité, mais encore comme répartition entre les différentes saisons de l'année, de la sècheresse et des pluies. Il suffirait, sur les terres en voie d'épuisement, de perfectionner les procédés agricoles, en faisant une plus large place aux fourrages et aux bestiaux, pour doubler les récoltes de coton; d'ailleurs, le Texas offre de vastes étendues de terrains vierges qui se prêtent admirablement à ce genre de culture. Déjà, les terres défrichées et cultivées permettent d'obtenir à bon compte une production qui balance celle des anciens États d'Alabama et de Louisiane, et de faire une redoutable concurrence aux produits des États du Sud-Est.

Inde. — En 1881, la culture du coton dans les Indes britanniques occupait 4 millions et demi d'hectares, rendant en moyenne 67 kil. par hectare et représentant une production totale annuelle de 260,000 tonnes de coton (1).

A défaut de statistiques agricoles, même approximatives, il est difficile de mentionner quelles sont les surfaces irriguées, plantées en coton. Tandis que dans les provinces du centre, l'irrigation est peu pratiquée, et les sols naturellement riches, comme ceux de la vallée de Nerbudda, peuvent se passer de fumure, le Punjab, dans les provinces du nord-ouest, avec des terres moins bonnes, mais fumées et irriguées, se livre profitablement à la production du coton. Aussi bien, sur les versants des montagnes de l'Ambalah, de Guzerat et de Peshawur, l'irrigation permet de cultiver avec les graines indigènes, un coton blanc, plutôt faible, mais offrant une longueur moyenne de fibre. On le sème du mois de février au midi des vallées, jusqu'en juin dans le nord. La floraison, suivant les localités, a lieu du mois d'août au mois

---

(1) Neumann-Spallart, *loc. cit.*, p. 292.

de décembre, et la récolte un mois plus tard, avec une durée de deux mois (1). C'est également dans le Punjab que se trouvent les sols à froment de première classe.

Dans la présidence de Bengale, le coton est arrosé à Chata-Uagpur, comme à Burdwan et à Patna. Les terres graveleuses ou légères sont ensemencées en graine indigène, tenue pendant trois ou quatre jours dans l'eau, puis mélangée, après une journée d'exposition à l'air, avec des cendres et du fumier de vache. Le coton y atteint de $1^m,10$ à $2^m,15$ de hauteur. Ailleurs, comme à Patna, dans le Behar, où se rencontrent les meilleures terres, la graine pour semence reste seulement deux heures plongée dans une eau où l'on a fait dissoudre du salpêtre. Les cultures reçoivent quatre arrosages, précédés chacun d'une fumure. Dans la seule vallée de Purna (Behar) 35 pour cent des terres arables sont consacrées au coton.

A Bishenpur, district de Bancurah, les terrains sont sablonneux et le coton y atteint une hauteur moyenne de $0^m,90$. Avant de semer la graine, on l'arrose d'eau mélangée de purin de vache, et on la tient couverte de terre pendant deux ou trois jours. On irrigue trois ou quatre fois jusqu'à l'apparition des capsules. La maturation commence en avril et finit en juin. Le coton égyptien cultivé dans le même district, sur des sols argilo-sablonneux, humides, est soumis également à l'irrigation.

La province de Cuttak, dépendant encore de la présidence de Bengale, offre deux variétés de coton, l'une cultivée dans les plaines (*keda*) et l'autre, dans les collines (*daluna*), toutes deux abondamment arrosées. La graine de semence est mise à tremper pendant une nuit dans l'eau additionnée d'engrais, puis séchée au soleil pendant

(1) Forbes Watson, *Classified and descriptive catalogue of India*, 1862.

la journée suivante, et déposée sur un lit de paille en lieu
chaud. Elle n'est semée que lorsqu'elle a commencé à
germer, de novembre à décembre; sa maturation s'opère
d'avril à juin; à partir de ce mois on fait la récolte. Le
coton de Cuttak atteint de 1^m,20 à 1^m,85 de hauteur; le
rapport de la fibre à la semence est de 1 à 3.

La présidence de Bombay consacre au cotonnier indigène un million et demi d'hectares, mais le rendement
est très variable; il est compris entre 60 kil. dans le
Dharwar et 33 kil. dans le Paona. Les provinces du
centre avec 1 million d'hectares et la présidence de Madras avec 700,000 hectares, complètent la superficie
plantée annuellement en coton.

Les nombreuses variétés de cotonniers indigènes que
les planteurs cultivent, parce qu'elles s'accommodent
mieux du pays et du climat, donnent à la production,
comme quantité et comme qualité, une grande infériorité
par rapport aux provenances très égales des États-Unis.

Suivant les districts où on le produit, le coton indien
se range en un certain nombre de variétés distinctes :

1. Surat.	7. Berar.	13. Ladom.
2. Broach.	8. Coïmbatore.	14. Agra.
3. Dharwar.	9. Compta.	15. Guzerat.
4. Tinnevelly.	10. Nagpore.	16. Cutch.
5. Cuddapah.	11. Belgaum.	17. Concau.
6. Nellore.	12. Dacca.	18. Saugur.

Quoique la plupart de ces variétés donnent une fibre
d'une finesse remarquable, elle est toujours courte et
assez mal préparée. On a fait observer avec raison que
le coton indien n'est pas à comparer avec celui à longue
soie des États-Unis; c'est une autre fibre, qui exige un
traitement distinct et des emplois différents dans la fabrication. Les causes principales de l'inégalité des

cotons indiens réside dans les procédés de culture et notamment dans le défaut d'engrais, comme aussi dans l'indolence du cultivateur indigène qui fait du coton uniquement pour payer le loyer des terres qu'il occupe.

Depuis 1830, l'administration britannique a fait de louables tentatives pour introduire d'autres variétés, ou plutôt d'autres espèces; en première ligne, le *Gossypium barbadense* qui fournit les longues soies de Géorgie, ou de la Nouvelle-Orléans. Ces tentatives, grâce à la création de fermes-modèles sur un grand nombre de points dans les districts producteurs, et à la persévérance des agents du gouvernement, n'ont pas été sans porter des fruits. Si, d'une manière générale, les cotons longue soie, importés dans l'Inde, ont dégénéré, on peut dire qu'ils ont pleinement réussi dans le Dharwar (Bengale), dans les fermes du gouvernement à Coimbatore (Madras), dans le Mysore, et dans les exploitations particulières de divers Rajahs.

Le climat ne convient pas partout, semblerait-il, à la maturation du coton d'Amérique, malgré une chaleur plus intense dans l'Inde qu'aux États-Unis; mais on dispose de l'irrigation, et il n'est pas douteux que lorsque les grands canaux auront été achevés, permettant de rendre irrigable une plus grande étendue de terres, la culture cotonnière puisse recevoir un très grand développement, d'autant plus que la population est abondante, sobre et fournit la main-d'œuvre à très bon marché. Ce dernier point est d'une importance capitale : car, contrairement à ce qui se passe aux États-Unis, où la cueillette commencée en octobre et terminée au plus tard en décembre, se fait en quatre ou cinq fois, dans l'Inde, où l'on ne peut pas compter alors sur une courte période de temps beau et sec, il faut opérer quinze ou vingt fois dans les champs, avant d'avoir recueilli toutes les capsules (1).

Égypte. — La culture du coton n'a pris une grande extension en Égypte, comme culture d'été, que depuis la guerre de sécession d'Amérique. Elle se fait surtout dans la basse Égypte, bien qu'elle se soit développée au nord de la région irriguée par le canal Ibrahimieh, dans la province de Beni-Souef. C'est d'ailleurs une culture coûteuse, car le moment où elle exige le plus d'eau est précisément celui où l'eau des canaux est la plus basse et la sécheresse plus grande.

Le cotonnier annuel végète pendant sept mois environ. Il se sème en mars, ou dans la première quinzaine d'avril, et se récolte fin septembre, ou dans la première quinzaine d'octobre. Pour fleurir et mûrir, il exige une température de 30 à 40 degrés centigrades ; quand elle s'abaisse au-dessous de 15 à 20 degrés, la maturité est compromise.

On cultive trois qualités de coton :

1° Le *Hachmouni* brun, longue soie, qui donne la meilleure graine ;

2° Le *Bahmia Hachmouni*, longue soie également ;

3° L'*Abbiat* blanc, courte soie.

Une variété supérieure, intermédiaire entre l'Hachmouni et l'Abbiat, dénommée *Gallin*, se cultive également dans quelques localités. Le coton blanc du Dakalieh (province de Mansourah) est longue soie.

L'irrigation par les moteurs primitifs est la meilleure, car elle réunit le bon marché à l'efficacité, tandis que par la machine à vapeur, qui n'est pas à la portée de tous, les frais sont très élevés et l'irrigation n'est bienfaisante

---

(1) Vilmorin, *les Produits non alimentaires. Rapports du jury*, 1881, p. 18.

que si l'eau du Nil tient encore du limon. Le sol homogène de toute la vallée, est formé d'alluvion reposant sur un sous-sol sablonneux dont l'épaisseur varie de 3 à 6 mètres; la multiplicité des cultures ne tardant pas à épuiser son pouvoir fertilisant, si l'eau s'appauvrit aussi, il faut recourir à la fumure. C'est pour cette raison, dans les propriétés particulières du gouvernement où l'irrigation est pratiquée au premier plan sur le parcours des canaux, que le coton arrosé, grâce à l'engrais, et à cause de l'abondance de l'eau du fleuve, donne un rendement bien supérieur à celui que cultivent les fellahs.

Le voisinage du Nil ou des grands canaux, qui rend l'arrosage possible pendant la durée de la végétation du coton, de mars en septembre, donne lieu en conséquence à un mode de culture (*mesgawi*), bien différent dans ses effets de celui (*baâli*) pratiqué sur les terres hautes, loin des canaux, par les fellahs qui n'ont d'autres ressources que les puits (1).

1er *mode.* D'après un des modes de plantation, on donne un premier labour et on laisse reposer la terre jusque vers la mi-février; puis on fait suivre de deux labours, entre lesquels on fume le plus souvent avec du tourteau. Huit jours après le dernier labour, on creuse les sillons espacés de 0^m,75 environ, en leur assignant une longueur de 8 à 10 mètres, pour que l'eau ne s'y accumule pas.

La graine trempée dans l'eau pendant une heure, puis maintenue fraîche pendant une journée, est semée aux deux tiers environ de la hauteur de chaque sillon, en déblayant le tiers supérieur sur une série de points distants de 30 à 40 centimètres, de façon à former autant de petites cavités. Chaque cavité reçoit 10 à 12 graines que l'on recouvre de terre menue. Au fur et à mesure de

(1) J. Ninet, *Revue des Deux-Mondes*, 1875.

l'ensemencement de chaque sillon, on laisse arriver l'eau afin qu'elle s'infiltre de côté, sans atteindre la graine. On n'ensemence que sur la face du sillon orientée vers le soleil.

Aussitôt que les germes font leur apparition, on donne un second arrosage assez faible, qui aide la germination des graines en retard.

Quinze ou vingt jours plus tard, en se réglant sur la température, on procède à un troisième arrosage, après lequel on sarcle sans toucher les radicelles afin de purger le sol des herbes adventices. Le quatrième arrosage suit huit jours après le sarclage, la plante ayant atteint environ $0^m,10$ de hauteur. Dès lors, on opère la sélection des plants, en gardant dans chaque cavité les deux meilleurs et arrachant les autres. Si la fumure n'a pas été suffisante, on en profite pour ajouter quelques pelletées d'engrais et butter la terre sur le côté opposé du sillon, au bas des plantes.

Au bout de quinze jours, les feuilles s'étant inclinées faute d'eau, on donne un cinquième arrosage qui ranime la végétation, et l'on arrose désormais régulièrement tous les huit ou dix jours.

Quand la plante a acquis de $0^m,25$ à $0^m,30$ de hauteur, il convient de labourer entre deux sillons pour faire disparaître le côté opposé du sillon qui forme alors rigole d'arrosage.

La floraison a lieu de 80 à 100 jours après la germination, mais l'arrosage n'est donné abondamment que lorsque les capsules sont formées; on peut même inonder alors les champs afin de favoriser la maturation avant les froids. La plante atteint une hauteur moyenne de $1^m,30$.

Le rendement par ce mode de culture, équivaut en moyenne comme coton égrené net, fort, souple, fin et long à :

3 à 4 *kantaras* (1) par *feddan* (2) Hachmouni, soit 320 à 428^k par hectare.
4 à 5   —   —   Bahmia,   soit 428 à 534^k —
5 à 6   —   —   blanc,   soit 534 à 642^k —

Cette production correspond à deux tiers en poids de graines noires, inodores, huileuses, de bonne qualité; en même temps qu'à un travail des terres exigeant des bras, des bestiaux ou des machines, et des soins assidus d'entretien.

2e *mode*. — Quand on dispose de peu d'eau, il faut sacrifier sensiblement la quantité et la qualité de la récolte. On inonde alors le champ en janvier, au lieu de le labourer, et on laisse la submersion se prolonger pendant 15 ou 20 jours. Avant les semailles, on donne deux labours en sol encore humide, puis on trace les sillons ou rigoles, sans les creuser comme dans le premier mode; enfin, on ensemence après avoir fait des trous au fond desquels la graine recouverte est arrosée à la main.

On laisse dès lors la germination se développer naturellement et toutes choses en état jusqu'à l'arrivée des eaux du Nil, c'est-à-dire pendant 50 ou 60 jours. Si les graines n'ont pas levé dans un certain nombre de cavités, on resème en attendant.

Dès que les eaux arrivent dans les rigoles, le second mode ressemble au premier, mais les résultats de la culture sont bien inférieurs. On les estime à moitié de ceux indiqués plus haut; les produits sont plus blancs, mais plus faibles et de moins bonne qualité.

Dans les deux systèmes de culture *mesgawi* et *baâli*, la seconde cueillette suit de quinze jours la première. On coupe alors la plante et on dispose le terrain pour les fêves, la berce ou le froment.

L'arrosage doit se pratiquer, règle générale, quand la

(1) Le *kantara* pèse 45 kilogrammes.
(2) Le *feddan* couvre 42 ares.

plante montre qu'elle souffre faute d'humidité; mais il faut éviter soigneusement d'irriguer pendant la période de brouillards des mois de septembre et d'octobre, qui empêchent le coton de mûrir.

Comme engrais, le tourteau de coton est le meilleur. Les plâtras, mélangés aux fientes d'oiseaux, qu'emploient les fellahs, n'ayant pas d'argent pour se procurer du tourteau, sont un engrais plutôt nuisible, car il force la germination en faisant pivoter la plante dans le sol insuffisamment détrempé, sans pouvoir plus tard la nourrir. La semence de qualité inférieure qu'ils utilisent par motif d'économie, fournit également de médiocres récoltes.

Dans les notes inédites qui nous ont été remises par M. Grandeau sur la culture du coton dans la vallée du Nil, il n'est point question de la spécialité créée à l'aide de la race dite *jumel* (1), qui ne peut pas être exactement remplacée par les qualités que fournit l'Amérique. Cette race que le botaniste Todaro considère comme une variété du coton longue soie *Gossypium barbadense*, ou *maritimum*), et qui reçoit le nom de *Gossypium vitifolium*, se distingue du *Sea-Island* par la teinte rougeâtre de ses tiges, de ses rameaux et du pétiole des feuilles, pointillé de noir; les fleurs sont jaunes; les capsules à trois loges, avec coton blanc; la graine noire et lisse se débarrasse facilement des fibres textiles et conserve sur une partie de sa pointe un duvet velouté, adhérent (2). Le jumel ou *mako* se rapproche sans doute de l'Hachmouni.

(1) Le nom de *jumel* vient du voyageur qui introduisit cette variété en Égypte. (Hardy, *Manuel du cultivateur de coton*, Alger, 1856.)
(2) Berti-Pichat, *loc. cit.*, et Vilmorin, *loc. cit.*

Quant au coton Bahmia, découvert accidentellement, il y a peu d'années, et qui a nom de *gombo* en Égypte, il semble former également une variété pyramidale ou fastigiée du *Gossypium barbadense* (Sea-Island). Les qualités du produit sont à peu près celles du coton jumel moyen; seulement, comme l'a fait valoir le savant M. Naudin (1), il résulte de la modification de port, que les plantes de coton Bahmia gagnent en hauteur ce qu'elles perdent en largeur et qu'on peut en cultiver un plus grand nombre sur un espace donné de terrain. Les planteurs égyptiens évaluent ce surplus à un tiers. Si cette variété a été recommandée pour l'Algérie, elle n'a pas trouvé même accueil auprès du professeur Todaro, de Palerme (2) qui pense que l'Italie doit se borner à la culture des *Gossypium herbaceum* et *hirsutum*, en laissant celui du Sea-Island, avec sa variété le Bahmia, à la terre classique du coton, les États-Unis.

Quand il n'est pas arraché (*okkre*), le coton d'Égypte donne à la seconde année des produits détestables. En le coupant à ras du sol, pour y semer de la luzerne, et l'inondant, le fellah obtient bien deux récoltes, une de fourrrage et l'autre de coton; mais cette dernière par ce troisième mode de culture, consiste en un coton court, sec et cassant, en quantité réduite.

Algérie. — La culture du coton a été essayée en Algérie avec plus ou moins de succès, sur un grand nombre de points de la colonie. En 1856, la statistique établissait que le coton occupait 2,000 hectares environ, dont 100 dans la province d'Alger, 800 dans la province de Constantine et 1,000 dans la province d'Oran. C'est, en effet, dans cette dernière province que le coton,

(1) *Acad. des sciences. Comptes rendus*, 1877.
(2) *Relazione sulla coltura dei cotoni in Italia*, 1878-1879

dès le commencement, a le mieux réussi, grâce aux irrigations des plaines de l'Habra et de la Mina qui s'étendent du Tiélat à Orléansville, le long de la voie ferrée reliant Oran à Alger. Le coton y trouve dans les imprégnations salines du sol d'alluvion, de bonnes conditions que développe l'irrigation (1). Ailleurs, là où règnent la sécheresse et le sirocco, les plantations en terrain sec, dont le sous-sol n'est pas suffisamment humide, ou que des binages réitérés n'entretiennent pas, ne peuvent pas résister.

La dernière statistique agricole contenant les résultats généraux de l'enquête décennale de 1882, ne fait plus mention du coton en Algérie, alors qu'il est indiqué pour les autres possessions coloniales de la France, parmi les cultures industrielles de la Martinique, de la Guadeloupe et de la Cochinchine. Il semblerait ainsi que l'irrigation n'a pas été seule à limiter le développement d'une culture sur laquelle on avait fondé, il y a vingt ans, les plus grandes espérances, et que les conditions économiques ont mis fin à des efforts et à des sacrifices considérables dont il ne reste plus que le souvenir. Malgré les deux conditions essentielles remplies par le climat et le sol des basses plaines algériennes, l'irrigation, d'une part, absolument indispensable pour des terres qui ne reçoivent pas une goutte d'eau depuis mai jusqu'en octobre, et les circonstances économiques liées à celles des transports, n'ont pas permis à la production de soutenir la concurrence commerciale des cotons exotiques.

D'après les essais faits sur la ferme-modèle d'Arbal (province d'Oran) pour régler les questions de largeur à donner aux planches, de profondeur des rigoles, de

(1) *Journ. agric. prat.*, 1857, t. XXVII, p. 12.

quantités de semences à mettre par poquets, d'espacement des poquets, etc., la culture exigerait de 10 à 12 arrosages pour amener à maturité le coton longue-soie.

Avec des rigoles espacées de 1 mètre à 1^m,25; la plantation se trouvant à proximité de la prise d'eau, le volume nécessaire à l'irrigation d'un hectare est compris entre 900 et 1,000 mètres cubes d'eau par arrosage, soit, comme volume total, entre 10,000 et 12,000 mètres cubes.

Les terrains qui donnent la meilleure longue-soie, doivent au sel leur action spéciale sur la qualité. Aussi, les terres salées des plaines du Mléta, du Sig, de l'Habra et de la Mina lui conviennent-elles parfaitement. Dans la banlieue d'Oran, les bons résultats de la culture du coton Sea-Island ont été attribués aussi à la présence du sel dans l'eau d'arrosage que les norias élèvent. La terre étant parfaitement ameublie et nivelée, on la divise en planches de 1 mètre à 1^m,25 de largeur, à l'aide d'une charrue à double versoir, ou de l'ancien araire espagnol qui ouvre les rigoles à une profondeur de 0^m,20 à 0^m,25. On ensemence vers la mi-avril; la graine a été mise à tremper pendant 24 heures dans l'eau où elle s'est gonflée, puis exposée au soleil sous une enveloppe de laine. Une fois l'eau introduite dans les rigoles pour donner à la terre le degré voulu d'humidité, on pratique les poquets sur l'un des côtés de chaque rigole; leur largeur est de 0^m,08 à 0^m,10, et on y dépose de 12 à 15 graines germées que l'on recouvre de 0^m,02 à 0^m,03 de terre fine. Chaque poquet est distant de 0^m,50 à 0^m,60, de façon à obtenir de 12,000 à 15,000 poquets à l'hectare.

La levée s'opérant rapidement, dix jours après la semaille, on remplace les plants manquants et l'on donne un second arrosage qui favorise la levée des retardataires. Un léger binage suit autour de chaque poquet. puis un sarclage des mauvaises herbes, et dès lors l'arrosage se poursuit tous les 9 à 10 jours. Vers la fin de mai on donne un second binage.

Quand les jeunes plants ont atteint de $0^m,12$ à $0^m,15$ de hauteur, portant une ou deux feuilles non compris les cotylédons, on pratique l'éclaircie aussitôt après un arrosage; et quand ils ont de $0^m,15$ à $0^m,20$ de hauteur, on ne laisse plus qu'un plant sur trois, le plus fort et le mieux placé. Après la mi-juin, on n'arrose plus que tous les quinze jours, jusque vers la fin d'août. Dans l'intervalle on donne un troisième binage et on écime deux fois.

Toute irrigation cesse, à moins d'un sirocco violent, à la fin d'août, car toutes capsules nouvelles avorteraient en retardant la maturité des anciennes (1).

Une condition essentielle de succès est de n'ensemencer que la surface pour laquelle on dispose d'eau en quantité suffisante. Un hectare de cotonniers auquel on a prodigué l'eau dans les premiers mois pour activer la végétation, donne un bénéfice net plus élevé que celui de deux hectares auxquels on aurait économisé l'irrigation.

Si la province d'Oran a pu continuer plus longtemps que les autres à récolter et à exporter quelques cotons, c'est qu'elle a adopté la variété de Géorgie, toujours recherchée et payée plus cher par l'industrie; mais comme l'Inde anglaise, l'Algérie ne pourra maintenir une production en qualités communes que si la proportion des terres irrigables est étendue, et l'eau mise à bas prix à la disposition de la culture.

L'emploi de la main d'œuvre indigène, à l'aide de l'association des familles arabes et des capitaux euro-

(1) A. Kaindler, *Culture du coton; Journ. agric. prat.*, 1862, t. II.

péens, eût permis de stimuler la production, grâce aux
bas prix des salaires; mais les expériences de cette nature dans l'arrondissement de Bône n'ont pas plutôt
réussi que la crise américaine cessant, le marché est devenu inabordable pour les cotons algériens (1).

Suivant de Tchihatcheff (2), on peut considérer cette
intéressante branche de l'agriculture algérienne comme
éteinte, à moins qu'on ne parvienne à y introduire la
race Bahmia découverte en Égypte. Malgré ce qu'en
pense l'éminent voyageur, la question de race est bien
secondaire par rapport à celles de l'irrigation et de la
main-d'œuvre.

Italie. — La culture du coton est très ancienne en
Sicile et en Calabre. Jusqu'au dix-huitième siècle, elle
fleurit dans la plaine de Terranova, dans les provinces
de Syracuse, de Catane et de Palerme. On cultivait encore
le cotonnier à la fin du siècle dernier dans la Calabre,
à Catanzaro, à Cava, et les principales filatures se trou-
vaient à Marsala, à Trapani et dans l'île de la Pantel-
laria (3).

Lors du blocus continental, pendant les guerres du
premier Empire, le commerce maritime étant entravé
avec l'Angleterre et avec l'Amérique, la culture prit un
nouvel essor; l'exportation ne tarda pas à s'élever à
30,000 balles, au lieu de 1,000 où elle s'était arrêtée.
La production se maintint quelques années, mais de
Gasparin qui a vu d'assez grandes plantations sur le
Simeto, et près d'Aderno, constate que « le produit médiocre est incapable de soutenir la concurrence des cotons étrangers. Malgré les droits de douane, la chétive

(1) *Algérie; Catalogue spécial*, 1867.
(2) De Tchihatcheff, *Espagne, Algérie et Tunisie*, 1880, p. 68.
(3) Bartels, *Briefe über Calabrien und Sicilien*, III, 251.

fabrication de cotonnades indigènes avait de la peine à se soutenir » (1).

Mariano de Michele rendant compte des cultures du coton (1840-46) à Signora, aux environs de Termini, dit qu'après l'ensemencement la première irrigation s'effectue à la fin d'avril, ou au commencement de mai, quand le temps est sec et chaud, dans le but de faciliter la germination (2). Le mode d'arrosage par submersion est écarté à cause du refroidissement que la plante et le sol éprouveraient, et l'on a recours à l'infiltration. Les planches bien nivelées, entourées de petites banquettes suivant les plis du terrain, reçoivent l'eau courante dans les fossés, de façon à ce que l'humectation se fasse uniformément.

Après un premier sarclage, la plante ayant atteint 0m,15 de hauteur, on donne un second arrosage au commencement de juin. Un deuxième sarclage est suivi d'un dernier arrosage vers la mi-juillet. Le coton entre dès lors en fleurs; il mûrit du mois d'août jusqu'en novembre, où l'on procède à la cueillette.

Le sol de Signora, arrosé par les eaux de la rivière Grande, est plus ou moins argileux; mais dans les sols sablonneux, ajoute de Michele, un quatrième arrosage est nécessaire, ainsi qu'une fumure abondante. Tandis qu'à Terranova, les cotonniers s'arrosent une seule fois après les semis, sur terrains argileux, riches en principes solubles et humides, à Mazzara où le sol est sablonneux, maigre et sec, on doit arroser tous les 15 jours.

A Mazzara (Trapani), le coton est cultivé depuis plusieurs siècles; les procédés employés actuellement

(1) De Gasparin, *Agriculture de la Sicile, Journ. agric. prat.,* 1839-40, t. III, p. 438.
(2) Mariano de Michele e de Napoli, *Considerazioni di economia agraria,* Palermo, 1863.

ont été décrits par Nicolosi, membre de l'Institut agricole de Palerme (1).

La variété de Siam (*Gossypium Siamense*) est à peu près la seule cultivée. Deux espèces de terrains lui sont affectés : des terrains calcaires, à sous-sol tufeux, qui ont 0^m,20 d'épaisseur et que l'on arrose à l'aide des roues arabes (*senie*); et des terrains plutôt argileux et humides qui longent la mer, le torrent Arena et le lac Cantarro, où l'on n'irrigue pas.

Le sol reçoit cinq ou six labours, mais au moyen d'un araire primitif; puis, on extirpe les racines, les broussailles et les limaces que l'on brûle à la surface, avant de niveler le terrain. On sème à la fin de mars, et pendant tout le mois d'avril, jusque dans la première semaine de mai; les cendres des herbes brûlées ont été préalablement répandues sur le sol.

Deux procédés sont suivis pour les semailles; ou bien on sème à la volée la graine (*cocim*) que l'on enfouit à la charrue, et l'on dresse après coup les billons (*cassidiari*) bordés de leurs fossés d'arrosage; ou bien l'on ne sème qu'après les travaux exécutés, en poquets creusés sur les bords et sur la crête des billons dont le pied est arrosé.

Après une première éclaircie, les plants sont régulièrement sarclés tous les 15 ou 20 jours jusque vers la mi-mai, sans arroser le terrain, car les racines pénètrent d'autant plus profondément dans le sous-sol, à la recherche de l'humidité nécessaire. Les arrosages se suivent de 8 en 8 jours à partir de la mi-mai, et plus tard, quand le cotonnier est couvert de fleurs et de fruits, de 6 en 6 jours. Au cas très rare de végétation trop luxuriante, on écime les plants.

(1) Angiolo Nicolosi, *Coltura del cotone in Mazzara*, 1863.

L'eau élevée par les roues que font mouvoir les mulets ou les chevaux, se recueille dans des réservoirs (*gebbie*) d'où partent les rigoles d'arrosage. L'irrigation dure en somme quatre mois, du 15 mai au 15 septembre lorsque les capsules commencent à montrer leur ouate blanche. Dès lors, les femmes font la cueillette qui se prolonge jusqu'à fin décembre, quand le semis a été tardif.

On évalue le produit moyen par hectare à 337 kilogrammes de coton privé de graine. Il pourrait être facilement doublé et son prix de revient abaissé, en modifiant l'assolement, les instruments de labour et de préparation, les machines élévatoires, etc. Mais la brièveté de la saison chaude est une condition défavorable, difficile à combattre. La plus grande partie des capsules n'arrivent pas à parfaite maturité; il y a défaut de récolte et de qualité.

Quand la guerre de sécession eut éclaté, le gouvernement italien, sur l'initiative de G. de Vincenzi (1), sénateur et ancien ministre, nomma une commission pour développer par tous les encouragements possibles la culture cotonnière (2). Échantillons de graines, de feuilles, de fleurs, de capsules et de fibres provenant de toutes les espèces de cotons; des spécimens de machines, etc., furent réunis, classifiés et exposés; des manuels de culture, des journaux spéciaux furent rédigés, et des concours institués par les soins de cette commission. En 1864, 88,000 hectares plantés produisaient 622,896 quintaux; mais en 1873, la superficie en culture était tombée à 34,500 hectares, et le rendement à 180,000 quintaux. A partir de 1874, elle a continué à décliner,

(1) G. de Vincenzi, *Della còltivazione del cotone in Italia; Relazione;* Londra, 1862.
(2) Décret royal du 12 mars 1863.

pour s'arrêter à une production qu'utilisent seulement les filatures du pays. Ni la quantité, ni la qualité des cotons obtenus, moyennant un prix de revient élevé, ne permettent l'exportation; au contraire l'Italie, contre 8,000 quintaux d'exportation, importe annuellement plus de 250,000 quintaux.

4. LE TABAC.

Quoique le tabac réussisse sur toute espèce de terrain, depuis le plus tenace jusqu'au plus graveleux, il se développe surtout dans les terrains meubles et frais. Outre l'arrosement qui est nécessaire quand le sol est sec, pour la plantation, on irrigue le tabac sous certains climats, pour activer sa végétation et obtenir un rendement plus élevé sur une surface déterminée, mais sous les climats moyens, le tabac est une des plantes qui résistent le mieux aux sécheresses prolongées.

. En France, le mois d'août excerce d'ordinaire une influence décisive sur le rendement; c'est pendant ce mois que la plante doit doubler de poids et atteindre à peu près celui qu'elle gardera définitivement; sa végétation a donc besoin alors, plus que jamais, d'humidité et de chaleur. Si ces deux conditions ne se trouvent pas réunies, la première vaut mieux que la seconde (1). Par un mois d'août pluvieux, froid même, le développement se poursuit et dure jusqu'en septembre; au contraire, il est arrêté par la sécheresse, la maturité arrivant avant le temps voulu.

Non seulement les observations des tableaux météorologiques concordent avec la qualité des récoltes, mais aussi avec les taux de nicotine.

(1) Th. Schlœsing, le Tabac, 1868, p. 97.

D'une manière générale, comme les récoltes herbacées et les fruits gagnent en abondance, mais perdent en saveur, quand la saison est humide, on serait tenté de croire que les feuilles de tabac venues sous l'influence d'une humidité continue, pluie ou irrigation, doivent tenir moins de nicotine. Les résultats des expériences suivies par Schlœsing démontrent qu'il n'en est pas ainsi, et que le taux de nicotine est loin d'être en rapport direct avec l'intensité de la chaleur des saisons. Les années où les chaleurs d'août ont enrayé le développement des plantations, les récoltes sont les plus faibles, et les taux de nicotine sont les moins élevés.

Du reste, le tabac, comme plante sarclée, trouve dans les façons qu'on lui donne à défaut d'arrosement, et dans les engrais qui lui conservent l'une de ses qualités essentielles, la combustibilité, le moyen de résister aux conditions climatériques trop défavorables. Comme Schlœsing l'a démontré, il emprunte à l'air beaucoup plus d'azote que l'on ne croit, et par conséquent il n'a pas besoin pour prospérer, d'une forte fumure azotée.

France. — La culture du tabac dans les Bouches-du-Rhône est une de celles où l'eau joue un rôle essentiel. Rétablie par décret, en 1856, dans l'arrondissement d'Aix, elle a d'abord porté sur diverses variétés, à savoir : le Bas-Rhin, le Pas-de-Calais, le Chibly, et le Mille-feuille. D'après de Falbaire, la variété cultivée d'abord sur la plus grande étendue, celle du Bas-Rhin, réunit toutes les conditions recherchées par le cultivateur : longueur, largeur, pesanteur des feuilles, et belle couleur au séchoir (1).

La culture se fait d'ordinaire par repiquage, après des semis sur couches froides, effectués en janvier, qui

(1) *Enquête agricole 1866-67, 22e circonscription*, p. 760.

fournissent de 1,500 à 2,000 plants par mètre carré. On plante en avril sur terre meuble, bien préparée, profonde, irrigable, de consistance moyenne, de nature alluvienne. Pour préparer la terre, on donne un labour de 0ᵐ,30 à 0ᵐ,40 en novembre ou décembre, et parfois un coup de louchet dans la raie. L'action de l'hiver ayant ameubli la terre, on herse, on roule, et l'on fume à raison de 50,000 à 60,000 kil. de fumier de ferme, additionné de 3,000 kil. de tourteau oléagineux. Après un dernier hersage, on plante en lignes, de façon à mettre par hectare de 32,000 à 35,000 plants de la variété prescrite par l'administration. Pour empêcher l'action nuisible du mistral et des vents violents, on sème avant le repiquage du tabac, du sorgho à balai, à une distance de 1 mètre. On repique à l'aide de la cheville, en lignes distantes de 6 mètres, sans mouiller le plant, et quand il est bien enraciné, on arrose avec précaution au moyen d'eau courante, sans noyer le pied. Plus tard, on bine, on enlève les feuilles basses et on butte, en même temps qu'on arrose et que l'on bine le sorgho. Quand le tabac est suffisamment développé, on le pince, on l'ébourgeonne et on le classe, c'est-à-dire qu'on ne lui laisse que 10 à 12 feuilles par pied; puis on arrose une dernière fois avant la maturité (1). Le tabac des Bouches-du-Rhône, livrable en janvier ou février, est plutôt grossier et peu combustible; c'est celui qui est payé le moins cher par la régie, parmi les tabacs français.

En y comprenant les départements du Var et de Vaucluse, la superficie en tabac irrigué dans la Provence, est à peine supérieure à 200 hectares, pour un rendement compris entre 16 et 18 quintaux (2).

Dans Vaucluse, les premiers essais de culture du

(1) Barral, *loc. cit.*, p. 66.
(2) *Statistique agricole de la France;* 1882.

tabac, dirigés par l'administration, ont confirmé l'appréciation sur la qualité des produits, moins bonne encore que dans les Bouches-du-Rhône : charpente grossière, tissu rugueux, lacéré par le vent; mauvaise couleur; combustibilité médiocre. Ces résultats sont dus à des causes permanentes qui tirent leur origine de la nature du climat et de la composition du sol.

Quelque soin que l'on ait pris d'élever des abris sur les plantations, les tabacs souffrent et les feuilles se déchiquètent sous l'influence des vents régnants du N.-E. et du S.-O. La dessiccation elle-même est des plus difficiles, le mistral desséchant les tabacs en vert, malgré la clôture des séchoirs. Aussi ne compte-t-on qu'une cinquantaine d'hectares irrigués dans Vaucluse, avec un rendement moyen par hectare de 17,10 quintaux de feuilles, de médiocre qualité.

Algérie. — En Algérie, les résultats de l'irrigation sur le tabac, ne sont pas moins frappants que pour le maïs, le coton, le lin, etc.

Lorsque le village du Foudouk, dans la Metidja, fut doté de l'irrigation en 1854 par une dérivation de l'Oued-Hamiz, les travaux ayant été payés par l'État, à la charge de remboursement par les colons, 40 hectares furent immédiatement défrichés et plantés en tabac. Le prix de la récolte montant à 52,000 francs, il était resté aux colons, déduction faite des dépenses de culture et d'entretien, soit 300 francs par hectare, un excédent de 40,000 francs qui permit, dès la première année, de rembourser les 17,500 francs avancés en travaux par l'État. La même surface non irriguée, mais cultivée de la même manière, n'eût donné que les quatre septièmes de la récolte précitée (1).

(1) J. Duval, *Chronique agricole, Journ. agric. prat.*, 1856, t. XXV, p. 150.

Tandis que dans les terres arrosables des provinces de Constantine et d'Oran, le rendement par hectare est de 1,400 et de 1,200 kil. de tabac, il n'est que de 800 kil. dans les terres sèches de la province d'Alger. Non seulement l'irrigation, mais l'espacement des plants, expliquent ces écarts entre les rendements. Dès le mois d'avril, l'eau disponible est utilisée pour les cultures, et en octobre, on leur donne les dernières irrigations ; c'est surtout lorsque l'arrosage est nul ou peu abondant qu'il convient de serrer les plants pour préserver le sol et les feuilles de l'ardeur du soleil.

Italie. — En Italie, sur une plantation normale, bien conduite, l'hectare renfermant 30,000 plants donne un produit de 1,600 kil. de feuilles qui, au prix moyen de 90 francs les 100 kil., représentent un produit brut de 1,400 francs (1). Dans les terres irriguées de la province de Messine, pour un nombre plus élevé de plants à l'hectare, le produit atteint 3,000 kil. ; tandis que dans les terres sèches de la province de Vicence, 32,000 plants par hectare ne rendent que 1,800 kil. de feuilles. Il y a donc une notable différence dans la production, du fait de la culture sur les terres irriguées, ou sur les terres sèches, indépendamment du mode plus ou moins serré de plantation que l'on adopte. Pour citer un exemple, les cultivateurs de la province de Syracuse, avec 16.000 plants, obtiennent 2,000 kil. de tabac dans les terres irriguées, et de 600 à 900 kil. seulement dans les terres sèches. Il faut, du reste, ajouter que la récolte ne dépend pas seulement du nombre des plants, mais aussi et surtout du nombre de feuilles que l'on laisse à chaque plant.

La culture du tabac est répartie sur 4,500 hectares entre les diverses provinces, pour lesquelles le nom-

_____

(1) *Commissione d'inchiesta sui tabacchi*, 1881.

bre de plants et le rendement à l'hectare sont les suivants :

	Plants.	Rendement.
		kil.
Syracuse............	16.000	2.000
Palerme............	24.000	2.400
Catane.............	»	1.500 à 1.800
Salerne............	15.000	3.300
Rome...............	20.000	1.500 à 1.800
Ancône.............	11.000	1.200
Sienne.............	9.000	1.600
Arezzo :		
Anghiari...........	6.000	2.300
San Sepolcro.......	12.000	1.000
Monterchi.........	14.000	1.100

Le monopole de l'État limite cette culture à une production de 50,000 quintaux de feuilles, mais elle pourrait s'étendre avec de grands avantages pour la petite
culture, pour la province de Pavie, par exemple, qui
compte pour les seuls arrondissements de Bobbio et de
Voghera 18,000 hectares de terres irriguées ; dans la province de Cosenza également qui compte 3 à 4,000 hectares de terres irriguées, etc., etc. (1).

Cuba. — Dans l'île de Cuba, les grandes plantations
de tabac sont arrosées, soit à l'aide de roues mues par les
cours d'eau, soit par des norias montées sur des puits.

L'irrigation est indispensable, non seulement au moment de la mise en terre des plants, par les temps de sécheresse, mais encore avant de chausser les pieds qui
ont de dix à huit pouces de hauteur, et tant que la tige
croît, la tête n'étant pas encore coupée, afin d'en arrêter
la croissance. Ce n'est que lorsque les trois premières

(1) Bertagnoli, *l'Economia dell' agricoltura in Italia*, 1886, p. 170.

feuilles du haut offrent une certaine consistance que l'on déboutonne la tige.

Le *veguero*, même lorsqu'il doit arroser à bras, dans les petites plantations, trouve un bénéfice considérable à employer des journaliers dans ce but.

L'arrosage du tabac est très coûteux quand il s'agit de plantations étendues, loin des cours d'eau; il a de plus l'inconvénient, mais seulement sur les terres compactes et mal drainées, de faire croître la plante trop rapidement, et par suite de la ramollir, ce qui la rend d'autant plus sujette à l'action d'une sécheresse prolongée (1). Le seul remède pour les sols légers, sous les climats chauds, est de continuer autant que possible les arrosements, comme pour les autres sortes de culture.

Japon. — Le tabac est cultivé au Japon, dans les terrains légers, sablonneux, d'un niveau élevé et à l'exposition du Nord. La terre est complètement labourée et ameublie jusqu'à 0^m,35 ou 0^m,40 de profondeur. Après avoir creusé, 20 jours avant l'ensemencement, des trous de 0^m,40 de profondeur, sur des rangées espacées de 0^m,30, pour y mettre l'engrais humain ou le tourteau oléagineux que l'on recouvre de terre, on sème vers le 20 mars. Dès le commencement d'avril, les plants ont levé, et pendant juin, juillet et août, on donne six arrosages. La terre étant très propre, on ne sarcle le plus souvent qu'une seule fois pour détruire les mauvaises herbes et l'on butte légèrement les pieds.

Une première cueillette des feuilles inférieures a lieu en septembre; après cela, on donne de l'engrais liquide à chaque plant; la deuxième cueillette des feuilles intermédiaires s'opère un mois plus tard, en octobre, et la

(1) Gruet, *Manuel du cultivateur de tabac.*

troisième, pour les feuilles supérieures, le mois suivant. Le rendement moyen est de 4,500 kil., à l'hectare, avec une dépense en engrais de 240 francs environ pendant la saison. Aussitôt que la récolte est enlevée, le sol est de nouveau labouré, copieusement fumé et emblavé en céréales avec légumes (1).

5. LA CANNE A SUCRE.

La canne exige d'une manière générale pendant sa végétation, des soins d'entretien nombreux, à savoir : le remplacement des boutures qui n'ont pas réussi; le sarclage pour détruire les mauvaises herbes, ameublir la terre et combler les trous; l'arrosage de la surface cultivée; puis des irrigations par infiltration, aussi fréquentes que de besoin, jusqu'à la saison des pluies; des binages; des buttages, quand les cannes ont un mètre de hauteur, que l'on renouvelle à 20 ou 15 jours d'intervalle; enfin pendant les pluies, l'effeuillage des cannes vigoureuses (2).

Trois variétés principales de canne à sucre sont cultivées dans les pays originaires; la canne créole, venant de l'Inde, qui s'est acclimatée en Sicile, en Espagne, dans les Canaries et les Antilles; la canne de Java dont le vesou sert surtout à la fabrication du rhum, et la canne de Taïti qui a gagné l'île de France, Cayenne, la Martinique, les Antilles et la terre ferme (3). Cette dernière variété, de beaucoup la plus vigoureuse et la plus riche en sucre, n'a pas subi de dégénérescence, comme la canne créole, malgré le fait de sa transplantation en Amérique,

(1) Horace Capron; *loc. cit.*
(2) G. Heuzé, *loc. cit.*, t. II, p. 223.
(3) De Humboldt, *Voyage aux régions équinoxiales.* t. V, p. 100.

sauf après une culture prolongée dans des terrains peu profonds, qui ne sont pas irrigués.

Les terres meubles, riches, lorsqu'elles ne manquent pas d'une certaine humidité, conviennent le mieux à la canne; la plante souffre dans un sol argileux qui s'égoutte difficilement.

Dans les localités d'Amérique où l'irrigation est possible, il n'y a pas d'époques fixes pour la plantation des boutures; on l'exécute tous les mois de l'année. Dans celles où l'arrosage est impraticable, on guette comme pour le coton, l'indigo, etc., l'époque où, d'après l'expérience, on peut compter sur l'arrivée prochaine des pluies. L'espace qu'il convient de laisser entre chaque plant dépend surtout de la fertilité des terres. Dans les sols propices, la distance entre les lignes étant de 1 mètre, les pieds sont espacés de $0^m,50$.

Les boutons (*ojos*) se montrent hors du sol après quinze ou vingt jours; on remplace alors ceux qui n'ont pas réussi; on sarcle, et on arrose toute l'étendue cultivée. Les irrigations se font par infiltration; on les répète souvent, mais à des doses modérées jusqu'à la saison pluviale, en continuant les binages, si cela est nécessaire (1).

Dès que les cannes ont atteint un mètre de hauteur environ, on les butte deux ou trois fois, à 20 ou 25 jours d'intervalle, pour leur donner plus de solidité et séparer nettement les lignes par des sillons qui rendent les arrosages plus faciles et concourent à l'assainissement.

Vers le neuvième mois qui suit la plantation, la canne commence à se dépouiller; il ne lui reste plus qu'un bouquet de feuilles terminales; la floraison a lieu communément au bout de douze mois, et la maturité trois mois

---

(1) Boussingault, *Économie rurale*, t. I, p. 260.

plus tard. La durée de la végétation dépendant surtout du climat, de la nature du sol et de la fumure, la récolte se fait, tantôt avant la floraison, tantôt après; au bout d'un an, ou au bout de quinze mois.

La température moyenne de 25°,6 correspond à la maturation en 12 mois, tandis que celle de 19°,2 correspond à la maturation en 16 mois, d'après les observations faites par Codazzi, au Venezuela, sur la canne de Taïti (1).

Dans les grandes plantations labourées à plat, la division du terrain a lieu par carrés de 80 à 100 mètres de côté, dont l'on récolte les cannes à diverses époques successives. Les raies destinées à recevoir les boutures et les engrais sont ouvertes à la charrue.

Alvaro Reynoso, dans son *Essai sur la culture de la canne,* auquel il a donné pour épigraphe : « *la caña es planta de regadio* (2) », a démontré scientifiquement la nécessité d'arroser la canne dans l'île de Cuba. La plupart des plantations, selon lui, exigent au moins tous les 10 jours une irrigation correspondant à 1000 mètres cubes d'eau par hectare (3). La seule précaution à observer est d'arroser matin et soir.

Mexique. — On cultive au Mexique plusieurs variétés de cannes à sucre : 1° la canne officinale (*Saccharum officinarum*) ou *caña criola*, canne créole, qui mûrit au bout de 15 à 16 mois et produit un jus très riche en sucre; 2° la canne à sucre dè Taïti, ou canne de la Havane, qui mûrit au bout de 9 mois; elle est plus riche en jus sucré que la précédente; mais le sucre est de qualité inférieure; cette culture est la plus répandue; 3° la canne violette, ou de Batavia, qui sert à la distillation.

(1) Codazzi, *Resumen de la geografia de Venezuela,* p. 141.
(2) « La canne est une plante des terres irriguées » : *Ensayo sobre el cultivo de la caña de azucar,* 3ᵉ edicion, 1878.
(3) A. Reynoso, *loc. cit.,* p. 231.

Les travaux de culture sont longs et dispendieux; ils consistent en plusieurs labours consécutifs, en sarclages, en buttages, et surtout en irrigations. La canne est plantée par boutures; elle mûrit 10 et 15 mois après sa plantation, suivant la nature du sol, l'exposition, les arrosages et la variété cultivée (1).

Guyane anglaise. — Les plantations d'après un plan uniforme qu'introduisirent les Hollandais dans la Guyane, sont comprises à Essequibo et Demerara, entre des bandes rectangulaires de terrain dont la façade bordée par la plage maritime, par les rivières ou les canaux, présente de 375 à 1,125 mètres de longueur. Chaque plantation est limitée par quatre digues; celle de face qui la protège contre la mer, le cours d'eau ou le canal; celle d'arrière, parallèle à la première, qui retient les eaux susceptibles d'inonder la plantation du côté des terres, et deux digues transversales à angle droit. Chaque digue porte sur la crête un chemin qui permet de faire le tour de la plantation.

Les transports se font par eau sur les deux canaux bordant la digue centrale, menée perpendiculairement de l'arrière à l'avant du rectangle, et débouchant dans la mer, la rivière ou le canal de navigation; ces canaux sont alimentés par les eaux d'écoulement des terres et des fossés de drainage de chaque plantation. Le mouvement des eaux dans l'ensemble des canaux qui s'entre croisent est assuré par des vannes et des écluses, comme dans les polders de la Hollande.

Le capital nécessaire pour drainer et installer une plantation dans ces conditions, est considérable. Montgomery Martin évalue à 320 kilomètres de drains, ou fossés de drainage, et à 50 kilomètres de canaux (privés),

---

(1) Thomas, *Notice sur les productions du Mexique*, *Rapports du jury*, 1868, t. XI, p. 61.

de 3^m,65 de largeur sur 1^m,52 de profondeur, les travaux qu'exigent le drainage des terres et le transport des cannes au moulin, pour une plantation produisant 700 barriques (*hogsheads*) de sucre.

Une plantation comprend des pièces de 2 à 4 hectares, suivant le terrain libre laissé par le tracé des canaux. Dans ces pièces, on creuse à des intervalles de 8 à 10 mètres, des rigoles parallèles de 0^m,60 de largeur sur 0^m,60 de profondeur, dirigées du canal central jusque vers les fossés latéraux d'écoulement. Le déblai de ces rigoles sert à élever le niveau des planches dans lesquelles on pique les boutures de canne de Taïti. Après avoir labouré et ameubli le sol par de nombreux hersages, les boutures sont piquées en lignes écartées de 0^m,90 à 1^m,20, et s'y suivent à une distance de 0^m,25 à 0^m,30. Dix jours plus tard, les feuilles apparaissent. Tant que l'on peut circuler entre les rangées, c'est-à-dire, jusqu'à ce que les plantes aient 6 mois d'âge, on enlève les mauvaises herbes soigneusement, et l'on butte chaque pied de canne. Au bout de neuf mois, la floraison a lieu; la plante est très faible et aqueuse; mais bientôt elle devient vigoureuse, pour atteindre sa pleine maturité vers le douzième ou le treizième mois; sa hauteur moyenne est alors de 3^m,50 à 4^m,50; sa grosseur, celle du poignet; sa tige principale offre des nœuds renflés comme celle du bambou. On coupe à rez de terre par longueurs de 1 mètre, et l'on porte la récolte aux barques que des mules ou des bœufs remorquent jusqu'au moulin.

A peine la récolte faite, on nettoie le sol des feuilles que l'on met en tas pour l'engrais, et quelques jours après, les souches laissées en terre donnent de nouveaux rejetons, en vue de la seconde récolte qui a lieu douze mois plus tard. Les mêmes souches continuent à produire ainsi pendant quinze et même vingt années, mais avec un rendement décroissant. Les cannes de la première année qui donnent 5,000 kil. de sucre par hectare, finissent par ne plus donner que 1,000 à 1,200 kil. après quelques années (1).

Ile Maurice. — Dans le district des Pamplemousses, la canne à sucre obtenue par boutures vient au milieu des laves et des roches volcaniques qui conservent l'eau de pluie entre leurs fissures et leurs anfractuosités, de manière que le sol garde longtemps son humidité. Il lui faut 18 mois pour mûrir; après la quatrième récolte, quand la terre n'est pas vierge, on doit défricher le champ de cannes et y planter de l'ambrezade dont les feuilles servent d'engrais, à défaut de guano (2).

Inde. — Le procédé suivi pour la culture de la canne dans l'Hindostan a été bien des fois décrit. Fourcroy et Vauquelin l'ont résumé ainsi (1), sans qu'il ait sensiblement varié depuis :

« On choisit une terre végétale très riche, située de façon à être facilement arrosée par une rivière. Vers la fin de mai, quand le sol est réduit à l'état de limon très doux, soit par les pluies, soit par des arrosements artificiels, on plante en rangées des boutures de cannes, contenant un ou deux nœuds, en laissant entre chaque bouture un espace de 0^m,45, et on multiplie le nombre des rangées, en les tenant écartées d'environ un mètre.

« Quand les boutures arrivent à la hauteur de 0^m,05 à 0^m,075, on remue la terre qui les entoure. Dans le mois d'août, on fait à travers les terres de petites rigoles pour faire écouler l'eau, si la saison est trop humide, ou pour arroser les plantes, si elles sont trop sèches. Chaque bou-

---

(1) *Catalogue of contributions from British Guiana,* 1867, p. xxxviii.
(2) Ida Pfeiffer, *Relations posthumes; Tour du monde,* 1861.
(3) *Encyclopédie méthodique,* 1815, t. VI, p. 187.

ture produit de 3 à 6 cannes. Lorsqu'elles sont hautes de o^m,o75, on enveloppe avec soin chaque canne avec les feuilles inférieures, puis on attache tout ce qui appartient à chaque bouture à une forte tige de bambou de 2 à 3 mètres de hauteur, fichée en terre au milieu d'elles. On les coupe en janvier et février, environ neuf mois après leur plantation et avant la floraison qui diminuerait considérablement la douceur de leur sucre. Elles ont, à cette époque, atteint la hauteur de 2 à 3 mètres, et la canne a de o^m,o25 à o^m,o3o de de diamètre. »

Dans les dépenses de culture qu'exige un hectare de cannes, aux environs de Calcutta, l'irrigation figure pour 26 fr. 70, et le bénéfice net qui reste au planteur n'atteint pas 100 francs (1).

Japon. — La canne est une des branches les plus importantes de la production agricole au Japon. Comme le coton et le tabac, elle réussit surtout au sud du 36e parallèle en latitude. Les tiges obtenues au mois de septembre par sélection sur les meilleurs plants, sont enfouies en terre, dans des tranchées de o^m,25 à o^m,3o. Les rejetons qui ont poussé pendant l'hiver sont enlevés au printemps, après avoir déterré les tiges, puis replantés sur une longueur de o^m,15 à o^m,20, dans le terrain complètement remué à la houe et dressé en billons. Les rangées offrent un écartement de o^m,3o, et les boutures de o^m,6o dans chaque rangée. Chaque bouture est plantée en même temps que l'engrais (tourteau oléagineux) est introduit. La fumure correspond à 2,5oo kil. par hectare; mais dans le courant de l'été on ajoute plusieurs fois de l'engrais liquide à chaque pied; de même on bine et l'on butte après chaque arrosage, jusqu'en septembre. La récolte a lieu en novembre et la canne est portée au

(1) Ure's *Dictionary of arts, manufactures and mines, edited by R. Hunt,* t. III, p. 8o4.

moulin, trois ou quatre jours après avoir été coupée et effeuillée. La production en sucre brut est estimée à 3,700 kil. par hectare (1).

Égypte. — La canne est une des riches cultures d'été de la haute Égypte; elle ne vient que dans les terres irriguées et prospère dans les sols de bonne qualité, bien égouttés, exempts d'efflorescences salines.

Dans la Daïra Sanieh (2), administrée au compte du khédive, la canne est cultivée assez en grand pour alimenter plusieurs fabriques de sucre; la terre est défoncée à la charrue à vapeur, puis labourée deux ou trois fois en croix, du mois de mars d'une année, jusqu'au mois de février de l'année suivante.

En février, on trace les sillons à 0^m,15 de profondeur, dans lesquels on couche les boutures de 0^m,40 à 0^m,50 de longueur, sur deux rangs en quinconce, et on enfouit à la pioche. La plantation jusqu'en avril exige environ 7,500 kil. de tiges par hectare.

Des engrais employés jusqu'en 1887, pour les cultures de la Daïra Sanieh, la colombine ne peut pas s'obtenir en quantité suffisante, et les terres salpêtrées des villages en ruines tendent plutôt à augmenter l'alcalinité des terres plantées en cannes. L'administration anglaise s'est préoccupée, en conséquence, d'essayer des engrais spéciaux et des superphosphates-guanos, sur les diverses fermes qui ont été livrées en gage pour le service de la dette du khédive; mais les résultats des nouvelles fumures ne sont pas encore contrôlés (3).

Dès la mise en sillon, on donne un arrosage; puis les arrosages se succèdent de dix en dix jours jusqu'à la fin d'août; à partir de cette époque jusqu'à la fin

(1) Hon. Horace Capron, *loc. cit.*
(2) Barois, *loc. cit.*, p. 106.
(3) Hamilton Lang, *Note on the results of the year 1887*; Caïro, 1888.

d'octobre, tous les 15 ou 20 jours. On cesse d'arroser après octobre, au moment de la récolte, qui dure depuis décembre jusqu'à la mi-mars. Parfois, on conserve la canne sur pied après une coupe, en évitant les frais de labourage et de plantation, en vue d'une seconde récolte qui n'équivaut pas à la première.

Le rendement diffère, à qualité égale de terrain, suivant l'abondance des arrosages. Certaines terres donnent jusqu'à 62 tonnes de canne par hectare; mais la moyenne s'abaisse à 23 tonnes.

Espagne. — Établie de longue date dans les provinces du midi de l'Espagne, la culture de la canne réclame non pas de grandes quantités d'eau, mais de l'eau aux époques déterminées, et surtout soigneusement appliquée.

Aussitôt que la bouture est enracinée, la plante indique d'elle-même le besoin d'eau par la position des feuilles; mais au fur et à mesure de son développement, le besoin d'irrigation se fait moins sentir, car le feuillage protège la tige contre l'action des fortes chaleurs.

Les plantations de cannes sont le plus souvent arrosées par des rigoles, de façon à éviter la stagnation que créeraient les compartiments à banquettes. La rigole permet seule d'assurer une régularité parfaite.

Dans les provinces de Grenade et de Malaga, on suspend l'irrigation dès que les premières pluies d'automne apparaissent; aussi bien par crainte des dommages que causerait à la récolte un excès d'humidité, que pour laisser la circulation libre au moment de la moisson qui se fait à la fin d'automne. A Malaga, notamment, on regarde comme indispensable de donner un arrosage abondant tous les 6 ou 7 jours, pendant la première période de végétation de la canne; même si le sous-sol est argileux. C'est à ces premiers arrosages que la plante doit de se développer rapidement et d'atteindre son maximum de richesse saccharine (1). Quand arrivent les premières pluies d'automne on arrête l'irrigation. Jusqu'à l'hiver, la plante continue à grossir et à s'enrichir en sucre; peu à peu les feuilles se sèchent et la maturité a lieu.

L'eau légèrement saumâtre et salifère convient à l'arrosage de la canne; celle du Guadalhorce qui offre ces caractères, est spécialement utilisée pour l'irrigation de la *vega*, entre Adra et San Roque, sur 200 kilom. de longueur et 3 kilom. de largeur.

Italie. — Que la canne à sucre ait été introduite en Sicile, avant ou après l'invasion des Arabes, la question est encore controversée, sa culture a eu le sort de celle du coton; elle n'a prospéré qu'autant que la concurrence des produits exotiques lui a permis d'exister.

La canne à sucre était indigène de l'île quand l'empereur Frédéric II (1220) céda aux juifs ses jardins de Palerme pour y cultiver le palmier et la canne à sucre. En 1281, parut un rescrit de Charles d'Anjou, dans lequel il est question de la canne. Un titre de l'an 1242 trouvé dans les archives de l'hôtel de la monnaie à Naples, mentionne un certain Pietro, *magister saccherarius* (2). Henri, le navigateur, roi de Portugal, fit venir de Sicile (1425) les cannes plantées à Madère (3).

Aux quinzième et seizième siècles, la canne était cultivée avec succès aux environs de Ficarazzi, où les eaux courantes se prêtaient à un système régulier d'arrosage. Sous le roi Alphonse, le produit de la canne alimentait l'industrie principale de la ville de Palerme (4); mais les cul-

---

(1) Llaurado, *loc. cit.*, t. I, p. 413.

(2) *Bibliographie agronomique*, 1810, p. 411.

(3) *Sul richiamo della canna zuccherina in Sicilia di G. V. e P.*; Girgenti, 1823, t. I, p. 3.

(4) Di Marzo, *Diari della città di Palermo*, X, 81.

tures s'étendaient également alors sur les territoires de
Malvicini, de Milazzo, d'Alicata, etc., et dans la Calabre,
à Tortora, à Monteleone, à Reggio, etc. Arezzo, biographe
de Charles-Quint, fait mention des procédés de culture,
basés sur les arrosages et les sarclages (1); ceux de la fabrication du sucre laissaient toutefois beaucoup à désirer,
et les produits étaient réputés bien inférieurs à ceux du
Levant, et plus tard, à ceux de l'île de Madère.

Les terres, choisies sur la côte, afin de les soustraire aux
influences de la gelée, étaient labourées trois ou quatre
fois, à l'hiver ou au printemps, avant de dresser la surface en billons. Au mois de mars, on plantait les boutures, en ayant soin de garder un nœud à chacune;
puis on sarclait pour enlever les mauvaises herbes et
on arrosait aussi souvent qu'il était nécessaire. Au mois
d'octobre ou de novembre, les cannes ayant atteint une
hauteur de 5 à 6 palmes, étaient coupées au ras du sol;
les racines devaient assurer la production pour l'année
suivante. La canne était ainsi cultivée comme plante
biennale, et même comme plante triennale. On fumait
les racines en avril, ou en mai, avec du fumier, ou en
enfouissant du lupin en vert (2).

Dès l'apparition du sucre des Antilles sur les marchés
européens, les fabriques commencèrent, tant en Sicile
qu'en Calabre, à restreindre leur production. En 1761,
on n'en comptait plus que trois : à Avola, Agosta et
Melilli. Les quelques plantations de cannes, cantonnées
à Avola, au sud de Syracuse, dont parle de Gasparin
pour les avoir vues (3), n'étaient plus utilisées que
pour la fabrication du rhum; « du reste très estimé,

(1) *De situ Siciliæ; ex biblioteca hist. Joan. Bapt. Carus,* t. I. ...Irrigatur
terra æstate simul et a luxuria assidue purgatur. »
(2) Omodei, *Descrizione della Sicilia,* 1566.
(3) De Gasparin, *Journ. agric. prat.,* t. III, p. 438.

qui se vendait le double de celui de la Jamaïque, à la consommation de Malte. »

6. L'INDIGOTIER.

L'indigotier se cultive en Chine, au Japon, dans les Indes, en Égypte, au centre Amérique, dans les Antilles, etc. C'est dans l'île Saint-Domingue et au Mexique que Christophe Colomb le trouva à l'état sauvage.

Semé en mars dans un terrain approprié, sur des billons distants de $0^m,35$ les uns des autres, que l'on recouvre après ensemencement, l'indigotier mûrit trois mois après, et atteint la hauteur de 1 mètre environ dans les bons sols. L'indigotier des Indes occidentales donne jusqu'à trois récoltes annuelles; celui des États-Unis n'en fournit que deux (1).

Aux Indes, la culture de *l'indigofera tinctoria* se fait par semis dans une terre argilo-siliceuse bien labourée. On sème soit au printemps, soit en automne, suivant l'espèce plus ou moins précoce. La nature du terrain et sa position par rapport aux rivières influent aussi sur l'époque de l'ensemencement. Dans les terres basses, sujettes aux inondations, l'indigo doit être prêt pour la récolte au moment des crues qui détruiraient sans cela le produit. Les terres plus élevées sont ensemencées quelques semaines plus tard (2).

Dans les Antilles, et particulièrement à Saint-Domingue, la culture de l'indigotier (*Indigofera anil*) se fait dans les terrains neufs, à proximité de cours d'eau, qui

(1) Klaproth et Wolff, *Dizion. di chimica;* 1814, t. IV, p. 331.
(2) Schutzenberger, *Dict. de chimie* de Würtz.

servent autant pour l'arrosement de la plante que pour les besoins de l'indigoterie. Quels que soient les terrains, neufs ou anciennement cultivés, il est indispensable de les purger de toutes mauvaises herbes, après un labour profond. Les semis au poquet, exécutés de novembre à mai, réclament de petites pluies. La sécheresse étant funeste à la plante, il faut lui donner de fréquents arrosages, en même temps que de soigneux sarclages, mais sans laisser séjourner l'eau. Les fleurs commencent à se montrer deux ou trois mois après les semailles; on coupe alors les tiges qui sont le plus gorgées de sucs colorants.

Boussingault observe que dans la république de Venezuela où il a eu l'occasion d'examiner avec attention la culture des indigofères, on donne la préférence aux terres légères, susceptibles d'être irriguées (1). L'indigotier exige un climat chaud. A une élévation de 1000 mètres au-dessus du niveau de la mer, si la température moyenne n'est plus que de 22 à 23 degrés, la culture cesse déjà d'être productive.

Dans la vallée d'Aragua qui comprend les plus belles plantations, on sème en ligne; les trous pour semence ont environ 5 centimètres de profondeur et sont espacés de 0^m,65. Les semailles se font dans un sol humide et bien égoutté, ou bien, dans les localités qui ne possèdent pas un système d'irrigation, à l'époque des premières pluies. Les graines mises en petite pincée dans chaque trou et recouvertes d'un peu de terre, lèvent dans la première semaine. On sarcle dans le cours du mois, dans l'intérêt de la végétation et de la qualité des produits. La première coupe a lieu vers l'époque où la plante va fleurir, ce que l'on reconnaît à l'ap-

(1) Boussingault, *Économie rurale*, t. I, p. 369.

parence des feuilles d'un vert foncé, à reflet argenté que donne le duvet velouté.

Il s'écoule ordinairement de 50 à 60 jours entre les semailles et la première coupe; mais aux environs de Maracay où la température moyenne est de 22°, 5, la première coupe n'a lieu qu'au troisième mois. Une seconde coupe suit 45 à 50 jours plus tard, et ainsi de suite. Dans les bonnes terres, la sole d'indigo dure deux ans.

Une plantation de la vallée d'Aragua, faite en bon terrain, donne comme produit moyen par une fabrication bien dirigée, 127 kil. d'indigo par hectare et par an (1).

Dans la Caroline, où la culture dépend uniquement des pluies, comme sur la côte de Coromandel dont les sols sablonneux non irrigués ne comportent aucune végétation, sauf durant la saison des pluies, la récolte en produits, d'ailleurs moins estimés, n'atteint que la moitié ou le tiers de celle du Venezuela.

En Égypte, on cultive l'indigotier arbuste (*glauca* ou *argentea*), qui fournit trois et même quatre coupes par an; mais la culture doit être soignée, dans l'intervalle de chaque coupe, par un ou deux binages et des arrosages. Quoique vivace, on le conserve rarement en couches, et on le sème tous les ans; les fellahs ne le replacent dans le terrain même où il a végété qu'après quelques années, à moins qu'il ne soit soumis aux inondations du Nil, la plante étant très épuisante (2).

7. L'ARACHIDE.

L'arachide dont la graine est recherchée pour la fabrication des huiles de consommation et de l'industrie,

(1) Codazzi, *loc. cit.*, p. 144.
(2) *Maison Rustique du XIXe siècle*, t. II, p. 84.

se cultive principalement dans les terres d'alluvion, les sols sablonneux et légers au voisinage de la mer, ou bien sur les terrains susceptibles d'être arrosés. Comme après la floraison, les gousses s'enfoncent dans le sol où elles se développent et mûrissent, on comprend la préférence de l'arachide pour les sols de nature légère. La période de sa végétation ne dépasse guère quatre ou cinq mois, suivant le climat.

Les plus grands pays de production sont ceux de la côte d'Afrique; il s'en produit aussi dans l'Inde, en Cochinchine, aux Antilles, dans la Nouvelle-Grenade et dans la Caroline du Nord où l'on obtient de 80 à 100 hectolitres par hectare. Au Sénégal, le rendement est moitié moindre (1).

On a essayé de cultiver l'arachide dans le midi de la France, et d'abord dans les Landes, puis dans les départements du Sud-Est et des Pyrénées. La semaille se fait au plantoir par lignes espacées de $0^m,30$ en tous sens, dans le mois de mai. On sarcle, on bine les intervalles et l'on arrose chaque fois que la plante semble souffrir de la sécheresse. Un binage suit de près chaque arrosage (2). En général, les graines mûrissent imparfaitement; les froids tardifs lui sont très nuisibles.

A Valence, la culture de l'arachide (*cacahuete* ou *mani*) est assez importante. Les seuls territoires d'Algemesi et d'Alginet (vallée du Jucar) produisent annuellement plus de 260,000 hectolitres de graines. Les sols riches et meubles conviennent à l'arachide, du moment où ils peuvent être facilement arrosés. Après un labour profond vers Noël, la terre, quand il n'a pas plu au printemps, reçoit un premier arrosage au

(1) Vilmorin, *loc. cit.*, p. 88.
(2) De Gasparin, *Cours d'agriculture*, t. IV, p. 174.

mois d'avril, avant l'ensemencement. La température du sol atteignant de 14 à 15 degrés à cette époque, on sème les graines, et l'on arrose tous les 10 jours entre les billons pendant la durée de leur végétation, qui est de 6 mois. L'arachide exige ainsi 18 arrosages, entre lesquels on sarcle et on butte autant de fois qu'il est nécessaire. A la fin d'octobre, l'arrachage a lieu, et les pieds restent cinq ou six jours exposés au soleil avant d'être rentrés et battus.

Dans les terres bien préparées et fumées de la *huerta* du Jucar, le produit maximum atteint 120 hectolitres de graines à l'hectare; le produit moyen est toutefois de 84 hectolitres, c'est le tiers ou le quart de ce que l'on obtient dans l'Amérique du Sud (1).

8. LE PAVOT.

La culture du pavot blanc (*Papaver somniferum*), pour la récolte de l'opium, est de celles qui réclament des arrosages fréquents sous certains climats. L'Inde anglaise, la Chine, la Perse, l'Asie Mineure (Smyrne), sont les principaux centres de production et de commerce de l'opium, que l'on extrait également en Turquie, en Égypte et en Algérie.

Inde. — Dans le Bengale, les provinces du Nord-Ouest et le Nepaul, le pavot est cultivé sur de grands espaces et occupe même exclusivement certains districts, comme à Mascal.

Le terrain divisé en compartiments de 80 à 100 m. carrés, après une première irrigation, est recouvert d'une

(1) Llaurado, *loc. cit.*, t. I, p. 409.

couche mince de fumier pulvérulent, puis ensemencé de novembre à décembre. Dix jours plus tard, on arrose de nouveau, mais très abondamment. Vers la fin de janvier, la floraison commence et dure jusqu'en mars. Au fur et à mesure que les pétales des fleurs mûrissent, on les recueille, pourvu toutefois qu'elles cèdent sans effort à l'enlèvement, et on en fait des feuilles ou galettes qui servent à envelopper l'extrait d'opium dans les fabriques. Quand les capsules ou têtes sont presque mûres, en février et en mars, on y pratique l'après-midi une légère incision, et le lendemain matin, on détache, à l'aide d'une petite truelle (1), le suc blanc qui s'est écoulé. Le nombre d'incisions nécessaires pour l'épuisement complet du suc, varie de un à six; elles sont parallèles et fermées chaque fois, après qu'on a enlevé le suc, en appuyant le pouce sur l'entaille. L'exsudation étant plus considérable et de meilleure qualité quand la température n'est pas trop élevée, on ensemence toujours de façon à ce que la floraison ait lieu en hiver.

Après l'extraction de l'opium, les capsules sèchent sur pied et sont ensuite coupées pour la récolte de la graine qui sert en partie aux semis, et en partie à la vente au commerce (2). Les feuilles desséchées sont également récoltées et portées aux usines pour l'emballage des balles d'opium dans les caisses.

Suivant la nature du sol, les soins apportés à la culture et à la récolte du suc, et les conditions climatériques, le rendement en opium varie entre 1 et 12 kil. par hectare, et le produit pour le cultivateur, entre 250 et 1,200 francs, y compris les fleurs et les feuilles.

De 1810 à 1836, la culture du pavot à opium dont

(1) *Sectoah* en indien.
(2) Forbes Watson, *loc. cit.; Philadelphia International exhibition reports*, vol. II, p. 34.

la Compagnie des Indes avait alors le monopole, rapportait, année moyenne, 5o millions de francs (1).

O'Shaughnessy, longtemps attaché comme chimiste à l'agence de la compagnie à Behar, a donné pour l'année 1835 la production totale de l'Inde, répartie par district, ainsi qu'il suit (2) :

	Tonnes.
Patna......................................	73.7
Behar......................................	98.0
Sarun......................................	188.3
Shahabad..................................	117.5
Tirhut......................................	84.6
Divers.....................................	33.4
Total...................	595.5

Il est très difficile d'évaluer l'importance actuelle de la récolte; la statistique officielle indique comme valeur moyenne de l'opium exporté de l'Inde pendant les 10 années 1866 à 1876, 11 millions et demi de livres sterling (287 millions et demi de francs) (3).

O'Shaughnessy signale une culture de pavot obtenue dans les alluvions de Patna, sans engrais, qui, moyennant trois arrosages, aurait fourni l'opium le plus riche en morphine (soit 6 pour cent), sur 14 échantillons de provenances diverses qu'il avait analysés.

En Chine, l'opium se produit en quantités considérables, à Shensi, à Szechuen, à Hoan dans la Mandchourie, et récemment à Annoy. La production balance l'exportation de l'Inde, que l'on évalue à environ 600 tonnes.

Algérie. — L'Algérie semble appelée plutôt que la

(1) *Journ. agric. prat.*, 1840-41, t. IV, p. 200.
(2) O'Shaughnessy, *Manual of chemistry*; Calcutta, 1837; p. 387.
(3) Birdwood, *Manuel de la section des Indes britanniques*, 1878, p. 130.

France à rivaliser avec l'Asie pour la culture du pavot à opium; mais si le climat des provinces d'Alger et d'Oran est favorable, la rareté de la main-d'œuvre a forcément limité son extension.

Après avoir exécuté les semis à la volée en novembre, on fait un premier éclaircissage en janvier, quand les plantes ont de 4 à 6 feuilles, et on les espace sur o^m,20 en ligne. Les incisions s'opèrent en mai et en juin, dans les intervalles des arrosages; un hectare de pavot œillette exige de 20 à 25 ouvriers par jour, pendant quinze jours, pour inciser, et autant de femmes pour la récolte des larmes laiteuses (1).

France. — L'opium recueilli en France sur le pavot blanc ne renferme en moyenne que 5 pour cent de morphine, tandis que la variété dite pavot-œillette, ou pavot noir, donne de l'opium renfermant 7 pour cent d'alcaloïdes; mais la culture de ce dernier pavot est rendue impossible par le fait que l'incision pratiquée dans la paroi des capsules, la perce, et empêche la graine de mûrir. Pour récolter le suc, on perd ainsi la graine (2).

9. LA GARANCE.

France. — Les garances ne s'arrosent pas généralement dans Vaucluse, parce que dès qu'elles ont reçu de l'eau, elles ne peuvent plus guère s'en passer, et comme il faut biner la terre après chaque arrosage, les cultivateurs reculent devant la double dépense de l'irrigation et de la main d'œuvre. Dans les paluds toutefois, où se produisaient les plus belles garances, on les arrosait au moment de la récolte, afin d'ameublir

(1) G. Heuzé, *loc. cit.*, t. II, p. 208.
(2) Caventou, voir *Opium, Dict. de chimie de A. Würtz*, 2ᵉ part., p. 618.

la terre et d'économiser la main-d'œuvre pour l'arrachage (1).

L'irrigation employée avec ménagement, dans le but
surtout de maintenir la fraîcheur du sol, en faisant agir
l'eau par infiltration chaque fois que la terre est revenue
à l'état de sécheresse, nécessite des planches étroites de
1^m à $1^m,60$, avec des sentiers multipliés, de $0^m,30$ à
$0^m,40$, qui facilitent d'ailleurs le sarclage et le buttage
des racines. Gasparin fait remarquer que l'abus influe
sur la qualité de la garance dont le tissu devient trop
lâche et est exposé à l'apparition du *rhizoctône*, comme
dans les terres où l'humidité souterraine est trop considérable (2).

D'après Barral, la garance dans les Bouches-du-Rhône,
exige à peu près autant d'eau que la prairie naturelle,
du moins par chaque arrosage, représentant 30 litres pendant six heures. Les arrosages par infiltration se répètent,
quand les circonstances le permettent, tous les 15 jours
pendant l'été; et c'est en novembre, longtemps après
qu'ils ont été suspendus, que l'on butte, en chargeant les
planches de la terre empruntée aux sentiers.

La deuxième année, on irrigue également les garan-
cières tous les 15 jours, après le rechaussage qui suit
l'ameublissement des sentiers, et la troisième année,
après le sarclage. L'arrachage suit le fauchage des tiges
à la troisième année. « Si on peut faire arriver l'eau
dans les fossés qui séparent les billons. » on a l'avantage de pouvoir devancer les cultivateurs voisins pour
le choix des ouvriers et des acheteurs (3).

Déjà en pleine décadence à l'époque de la guerre
d'Amérique, qui produisit la rareté et la cherté des co-

(1) A. Conte, *loc. cit.*
(2) De Gasparin, *loc. cit.*, t. IV, p. 256.
(3) De Gasparin, *Maison rustique du XIXe siècle*, t. II, p. 74.

tons, la culture de la garance, dans les départements du Midi, a été ruinée par la découverte des couleurs artificielles extraites des résidus de la distillation de la houille. Vaucluse surtout, où la garance donnait des produits très abondants, qui ont atteint et même dépassé 20 millions de kilogrammes, sur plus de 13,000 hectares, a été frappé au point de ne plus figurer dans les statistiques; presque partout on a substitué la luzerne à la garance.

Quant aux garances en racines sèches, ou alizaris, elles continuent d'être fournies, pour les besoins de la consommation, par les provinces de l'Italie méridionale et de l'Asie Mineure; mais l'irrigation ne joue aucun rôle dans cette production exotique.

10. LA CARDÈRE.

La cardère ou chardon à foulon, est cultivée dans divers pays du Nord et du Midi, en vue des têtes munies de nombreux crochets, dentés et élastiques, qui les rendent très précieuses pour le peignage des draps et des lainages.

La culture de cette plante spéciale est pratiquée dans les terrains secs, dans les limons argileux et graveleux, ayant une fertilité peu avancée, pourvu que le fond ne soit pas humide, du moment où l'on recherche la qualité industrielle du produit, qui est la dureté. La cardère souffre toutefois beaucoup dans les années de grande sécheresse; c'est pour ce motif qu'en Provence et en Languedoc, on la sème non seulement dans les champs ombragés par une céréale d'hiver, ou en même temps que la céréale, mais encore, on l'arrose après la récolte de la céréale à l'abri de laquelle elle s'est développée. Cette irrigation, quand elle est modérée, excite la végétation, tout en rendant la plante plus robuste. On arrose avant qu'elle ne monte en tige, toutes les fois que le terrain permet l'irrigation. Un débit de 5o centilitres par hectare et par seconde est suffisant pour pratiquer cet arrosage. Comme la plante est bisannuelle, la récolte s'effectue l'année suivante, après que l'on a étété au printemps, afin d'augmenter la vigueur des rameaux inférieurs et d'obtenir des têtes de régulière grosseur. Dans Vaucluse, la taille de la tige principale est aussi opérée une ou deux fois sur les jets latéraux trop vigoureux, de façon à ne laisser pour chaque pied que 8 à 12 têtes.

On compte habituellement sur un rendement total de 3oo,ooo à 4oo,ooo têtes par hectare, dont les deux tiers sont utilisables pour l'industrie (1).

X. LA VIGNE.

Dans les pays tempérés, l'irrigation de la vigne ne se pratique pas, de crainte surtout d'augmenter la quantité du vin au détriment de sa qualité. Si l'on irrigue quelques vignes en Provence, sans que la qualité du raisin en souffre sensiblement, on s'en abstient en France, dans tous les départements réputés pour leurs vignobles et leurs produits. Tous les efforts sont faits au contraire pour soustraire les vignobles à l'action de l'eau, à l'état stagnant, ou à l'état de vapeur, en établissant l'écoulement par les routes de service en déblai, ou par les drains, et en prévenant l'accumulation des brouillards (2).

En Italie, que les vins soient alcooliques ou non, on n'arrose les vignes, si toutefois cela est possible, que dans quelques provinces du midi. Dans la vallée de Solmona (Aquila), on compte sur une dépense annuelle par

(1) Vilmorin, *loc. cit.*, p. 184.
(2) J. Guyot, *Culture de la vigne*, 1864, p. 112.

hectare de vignes, de 12 à 13 journées d'irrigation, représentant 20 francs, plus la taxe de 8 francs (1); l'arrosage augmentant la quantité de moût, rend pourtant le vin de qualité inférieure, en raison de l'excès d'eau; de là, l'ancien usage, qui tend à disparaître, de faire bouillir le moût pour concentrer le liquide (2).

Espagne. — Dans les vallées de l'Ebre, de la Segura, du Jucar et du Guadalquivir, il est d'usage constant d'arroser la vigne partout où le terrain permet de profiter des eaux des réserves d'hiver. De deux à quatre arrosages suffisent pendant l'année; encore pour les vignes qui donnent des vins de liqueur, n'arrose-t-on que les jeunes plants. Llauradò fait observer d'ailleurs que les vignes, dans les provinces méridionales de l'Espagne, sont plantées avec des écartements de 1^m à 1^m,25 dans les lignes, et de 1^m,30 à 1^m,40 entre les lignes; ce qui laisse un grand jeu à l'évaporation du sol. On irrigue différemment suivant le mode de culture, mais on ne creuse pas de fossés au pied des ceps; on fait seulement couler l'eau sur le sol, ou dans les rigoles qui arrosent par infiltration (3). Les vignes s'arrosent parce que les pluies font presque constamment défaut au moment où la culture en aurait besoin. Dans la *vega* de Grenade, par exemple, un premier arrosage se fait après la vendange; un second, en janvier ou en février, au moment de la première façon donnée à la terre; et un troisième, en mai ou en juin, au moment de la deuxième façon. Deux arrosages suffisent annuellement pour les vignes dans la *huerta* d'Alicante, comme pour les céréales. D'après les distributions mensuelles de l'eau des canaux, on peut facilement se rendre

(1) L. Susii, *Inchiesta agraria, etc,* vol. XII, *fasc.* I, p. 244.
(2) Angeloni, *Inchiesta agraria, loc. cit.,* p. 309.
(3) Pareto, *loc. cit.,* t. I, p. 335.

compte de l'importance de ces irrigations d'hiver (1).

En somme les arrosages des vignobles se succèdent en novembre, en janvier, en mars et en avril, sur 43,000 hectares compris dans les terres arrosables (de regadio).

Crimée. — Depuis des siècles les vignes des quatre vallées de la Crimée, qui débouchent vers la mer Noire, sont irriguées à l'aide d'eaux de pluie ou de sources. Après que les vendanges sont terminées (fin octobre, style russe), jusqu'à la fleur qui apparaît dans les premiers jours de juin, la vigne est arrosée. On ne suspend l'irrigation que pour tailler, bêcher et plus tard ébourgeonner. Un mois avant les vendanges, on émonde les sarments.

Sous un climat aussi sec que celui de la côte méridionale de la Crimée, l'humidité du sol est indispensable à la vigueur et à la production de la vigne. La plupart des vignobles qui donnent les meilleures récoltes occupent du reste des terrains sourciers. Les froids qui atteignent jusqu'à 15 et 18 degrés n'exercent aucune action fâcheuse sur la végétation des vignes arrosées, pas plus que l'irrigation ne modifie le degré alcoolique des vins qui titrent, année moyenne, de 13 à 14 degrés pour les blancs (partie pineau et gamai), et de 12 à 15 degrés pour les rouges (pineau gris) de la vallée de Soudak.

Le plant dominant des vignobles de Crimée est le *cacour*, qui donne la qualité, auquel on associe le *ʒante*, le *cherab* analogue aux gamais de France, et d'autres plants venant de Grèce (2).

Californie. — Dans le livre IX, chap. IV (3), nous avons indiqué comment les Californiens appliquent à l'arrosage des vignes la méthode des infiltrations, au

(1) Aymard, *loc. cit.*, p. 134.
(2) A. Bertren, *Irrigation des vignes en Crimée; Journ. agric. prat.*, 1875, t. I, p. 280.
(3) Voir tome II, p. 561.

moyen de conduites souterraines. Des vignobles de plus de 100 hectares sont régulièrement irrigüés par *seppage*, et produisent les raisins de choix pour la fabrication des vins de première qualité.

Dès qu'une vigne a été arrosée pendant plusieurs années de suite, on doit continuer à l'arroser; autrement elle dépérit. Les terrains sont défoncés à 0^m,70 et 1 mètre; les eaux préférées par les vignerons pour l'arrosage, sont limpides, quelle que soit leur provenance (1).

Vignes phylloxérées.

C'est vers 1865, dans un des vignobles des Bouches-du-Rhône, que le phylloxera fit sa première apparition; mais c'est seulement à partir de 1875, par la rapidité effroyable de sa propagation, que l'insecte, devenu un fléau sans précédent dans l'histoire de l'agriculture, détruisait près d'un million d'hectares de vignes, atteignait gravement un autre demi-million d'hectares et réduisait de moitié la production du vignoble français.

Grâce aux efforts déployés par les vignerons pour préserver les meilleurs crus et les cépages les plus productifs, la perte formidable a été ramenée aujourd'hui à 4 ou 500,000 hectares. Parmi les nombreux procédés de traitement usités pendant cette lutte pied à pied contre l'envahisseur, un seul mérite de nous arrêter ici, parce qu'il est basé sur la submersion, ou l'irrigation des vignes, et que son efficacité n'a pas été contestée. Certains vignobles phylloxérés, soumis au traitement de l'eau, ont donné en effet des récoltes supérieures à celles qu'ils produisaient avant l'invasion de l'insecte meurtrier.

---

(1) O'Meara, *Bull. Min. Agric.*, 1885.

On avait d'abord pensé que la submersion ne trouverait son emploi que là où un cours d'eau pouvait amener naturellement par la pente, l'eau nécessaire; mais les machines élévatoires, utilisant les eaux situées à un niveau inférieur, ont donné des résultats non moins avantageux. On comprend toutefois qu'en raison de la distance des cours d'eau, de la rareté des canaux, de la culture en coteaux, c'est à peine si l'eau a pu sauver quelques milliers d'hectares fournissant un million d'hectolitres de vins, en regard d'une perte, par rapport à l'année 1875, de 50 millions d'hectolitres sur le territoire entier (1).

D'après l'expérience de M. Faucon, promoteur des submersions appliquées aux vignes phylloxérées, il importe d'amener en 24, ou en 48 heures, l'eau qui doit couvrir le sol, et d'entretenir la couche d'eau nécessaire pour parer à l'évaporation et à l'infiltration. Avec un débit de 20 litres par seconde et par hectare, le volume par 24 heures est de 1,728 m. cubes, correspondant à une hauteur d'eau de 0m,1728. La moitié étant absorbée, l'autre moitié, soit 0m,086, reste sur le sol. Si l'on dispose de 30 litres par seconde, deux jours sont nécessaires pour opérer le même travail.

En se basant sur un demi-litre par seconde pour réparer les pertes dues, en automne, à l'infiltration et à l'évaporation, une submersion de 30 jours, dans les conditions indiquées, exigera 2,981 m. cubes d'eau, et une submersion de 45 jours emploiera 3,586 m. cubes. Cette consommation variable peut être considérée comme un minimum, qui est d'habitude largement dépassé. Au canal de Pierrelatte, par exemple, le volume employé n'est pas inférieur à 50,000 m. cubes par hectare; c'est-

---

(1) *Rapport de M. Faucon au Conseil supérieur de l'agric.*, 1882.

à-dire qu'il est trois fois plus considérable que pour les irrigations naturelles (1).

La quantité d'eau à dépenser et les travaux à faire pour assurer la submersion pendant 30 à 45 jours, dépendent de la nature du sol et de sa pente. Avec des terrains un peu déclives et des sous-sols perméables, les submersions sont très coûteuses et parfois incertaines. Aussi peut-on, suivant M. Marès (2), leur substituer avec avantage des irrigations à pleine eau qui pénètre dans le sous-sol. Un seul arrosage pratiqué avec une forte pompe et refoulant l'eau en nappe à un demi-kilomètre de distance, produit les meilleurs effets sur des vignes très attaquées, pourvu que la pénétration se fasse à un mètre de profondeur minimum, et dure une journée. Un second arrosage rend les résultats plus certains.

L'époque la plus favorable est celle des mois chauds : juin, juillet, et la première semaine d'août; mais on comprend que tous les sols ne se prêtent pas à la pénétration par arrosage; ceux où elle réussit le mieux sont profonds, calcaires, siliceux et perméables. En outre, les vignes phylloxérées que l'on arrose, doivent être fumées copieusement, d'une manière soutenue. Dans quelques localités, comme à Villeneuvette, l'irrigation pratiquée sur une grande échelle, depuis 1873, a suffi pour préserver et conserver les vignes. On y donne jusqu'à 20 arrosages par an, et on fume chaque année. Des tranchées entre les ceps favorisent l'infiltration profonde.

D'une manière générale, la pratique des arrosages de la vigne, exige beaucoup moins d'eau que la submersion, mais faut-il encore que la nature du sol s'y prête. D'un autre côté, dans les contrées desservies par les

(1) Krantz, *Rapport au Sénat*, 13 juin 1882.
(2) H. Marès, *Note sur l'irrigation des vignes : Bull. min. agric.*, 1885.

canaux, les irrigations des cultures cessant seulement en octobre, c'est à l'automne que les eaux deviennent disponibles pour la submersion, et dès lors on peut protéger ou sauver durant l'hiver et l'automne, par l'inondation prolongée, trois ou quatre fois plus de vignes que ne comporte le débit des canaux.

M. Faucon estime que la submersion prolongée, en automne ou en hiver, assure la destruction des phylloxeras, en même temps qu'elle sauve la récolte ; tandis que les arrosages de courte durée, faits en été, s'ils sont employés seuls, sont impuissants à guérir ; toutefois, comme auxiliaires de l'inondation, ils peuvent être très utiles, en vue de l'anéantissement des insectes qui proviennent pendant la belle saison des vignes voisines et s'abattent sur les racines les plus superficielles. Trois copieux arrosages opérés à de courts intervalles, du 15 juillet au 15 août, au fur et à mesure que la terre commence à se ressuyer, et en ne laissant l'eau séjourner chaque fois que pendant deux jours, ajoutent à l'avantage de faire périr les insectes nouveaux, celui de donner aux vignes une fraîcheur qui rend aux souches la vigueur, en même temps qu'elle favorise la maturation et la beauté du raisin. En tous cas, les arrosages d'été n'étant pas indispensables, ne peuvent être conseillés qu'aux propriétaires jouissant de l'eau en abondance à cette époque, et dont les terres sont bien nivelées.

La submersion seule, quand elle est complète jusqu'à la couronne des souches et non interrompue avant tout commencement de taille, pendant une période de 30 jours en automne, ou de 45 jours en hiver, détruit le phylloxera (1). Nous avons montré, livre IX (2), le mode

(1) Barral, *les Irrigations des Bouches-du-Rhône*, p. 158.
(2) Voir tome II, p. 500.

suivant lequel elle est applicable aux vignobles, et livre VI (1), les dispositions des moteurs pour élever les eaux de submersion.

Les pentes naturelles des plaines de la Crau dispensent des travaux considérables qu'on est obligé de faire ailleurs pour la submersion des vignes; il suffit d'y établir quelques bourrelets en terre, ou en limon de la Durance, pour obtenir une hauteur de 15 à 20 centimètres d'eau; mais l'opération ne donne de bons résultats que dans les terrains dont le sous-sol imperméable forme une cuvette naturelle.

Il ne reste plus qu'une question discutable à examiner, celle de la qualité des vins obtenus avec le système de la culture par submersion automnale, et l'emploi d'engrais abondants (tourteaux, potasse de Stassfurt, etc.), appropriés au sol et à la vigne. La commission chargée de juger le concours ouvert en 1875 pour le meilleur emploi des eaux d'irrigation dans les Bouches-du-Rhône, n'a pas hésité à reconnaître qu'au domaine du Mas-de-Fabre où M. Faucon a appliqué, comme propriétaire, la méthode qui lui a permis de sauver du fléau les 24 hectares composant son vignoble, la qualité est celle d'un bon vin ordinaire, les chiffres de vente démontrent cette appréciation; et qu'on ne peut attribuer à la submersion aucune action nuisible sur les produits des cépages cultivés au Mas-de-Fabre (2).

M. Bazille qui a submergé régulièrement depuis 1873, de 15 à 20 hectares de vignes, a obtenu des produits très satisfaisants pendant les premières années; les vignes furent si affaiblies toutefois, après ces submersions continues, qu'elles durent être en grande partie arrachées. La submersion donnerait, selon lui, les meilleurs résultats

(1) Voir tome 1, p. 693.
(2) Barral, *loc. cit.*, p. 159.

quand elle s'opère avec des eaux limoneuses, ou quand les vignes sont jeunes et dans leur première vigueur (1).

XI. — LES CULTURES ARBUSTIVES.

1. LES ARBRES FORESTIERS.

La quantité d'eau que renferment les sols exerce, comme on le sait, une grande influence sur la station des principales essences forestières, indépendamment du climat, de l'altitude, de l'orientation et de la composition des terrains. Aux sols *mouilleux*, comme les forestiers les désignent, c'est-à-dire constamment détrempés, où l'eau apparaît sous la pression du pied, tout en ayant un certain écoulement, appartiennent, par exemple, le bouleau pubescent, l'orme, le frêne, les saules, le pin de montagne, etc. Aux sols dits *humides*, dans lesquels l'eau n'apparaît plus sous la pression du pied, mais qui ne se dessèchent en aucune saison, conviennent le chêne pédonculé, l'aune, l'épicéa, etc. Dans les terrains *frais*, c'est-à-dire ceux susceptibles de se dessécher jusqu'à $0^m,12$ ou $0^m,15$ au-dessous de la surface, prospèrent presque toutes les essences; tandis que dans les terrains *secs*, le bouleau blanc, et les divers pins : sylvestre, maritime, d'Alep, d'Autriche, etc., ont leur station préférée (2).

L'humidité du sol si caractéristique pour différencier les essences, varie pour une même essence suivant les espèces. Ainsi, certains chênes (*Quercus lyrata ; Quercus phellos; Quercus palustris*) vivent et atteignent les plus grandes dimensions aux États-Unis, dans les grands ma-

(1) *Congrès national viticole de Mâcon*, 1888, p. 86.
(2) Bagneris, *Manuel de sylviculture*, 1878, p. 19.

récages, au bord des fleuves, ou dans les terres basses et submergées (1); le chêne pédonculé (*Quercus pedunculata*) se plaît seulement dans les sols très frais et même humides, préférant la plaine dans nos climats; tandis que le chêne rouvre, moins avide d'humidité, recherchant les sols divisés, stationne plus avantageusement dans les pays de coteaux, ou de montagnes peu élevées.

Le hêtre qui vient en plaine, comme en montagne, sous les climats rudes ou tempérés, et plutôt dans les terrains calcaires et siliceux, même volcaniques, exige que le sol soit bien divisé et seulement frais. Le sapin, dont la station se confond avec celle du hêtre, bien qu'il s'élève davantage dans la montagne, redoute comme lui les chaleurs excessives et l'humidité surabondante. D'un tempérament également délicat, ces deux essences s'associent à des altitudes variables (2).

Au contraire, le charme, qui aime les terrains argileux, en plaine et en coteau, prospère dans les sols très frais, même humides, où le hêtre cesse de croître; mais il s'y mélange très bien avec le chêne pédonculé. S'il redoute les fortes chaleurs, il résiste vaillamment aux gelées.

Parmi les arbres de deuxième grandeur, certains érables (*Acer eriocarpum*, *Acer rubrum*) se plaisent dans les terres fraîches et humides, au bord des ruisseaux où la végétation marche rapidement. Il en est de même de quelques noyers (*Juglans alba, nigra, porcina*), des ormes rouge et blanc, de l'aune et du bouleau qui végètent dans les sols maintenus humides, dans les bas-fonds, et aussi à des altitudes assez considérables. Le bouleau, par exemple, qui acquiert comme le pin les

(1) *Catalogue des Barres-Vilmorin*, 1878.
(2) Depuis 300 m. jusqu'à 1,500 m. dans les Vosges et la Savoie : Gallot, *Notice sur le débit et les emplois du sapin;* 1878.

plus fortes dimensions à l'altitude de 1,000 à 1200 m., vient à toutes les expositions ; mais quand il est associé au pin, il occupe constamment les parties les plus fraîches de la forêt.

Les saules qui croissent, comme les peupliers blanc et noir, le tremble, les ormes, etc., sur les rives des canaux d'irrigation, des fossés d'écoulement, etc., font l'objet, en Piémont, d'une exploitation fructueuse, consistant à utiliser les pousses, soit pour la vannerie, soit après trois ans, comme combustible (1).

Noyer et Châtaignier. — Si le noyer ordinaire, d'une culture lucrative dans les vallées centrales du Lot, du Tarn, de la Lozère, de la Dordogne, se développe du fond des vallées jusqu'à 1,000 m. environ sur les versants, exigeant des sols légers, profonds, schisteux ou calcaires, mais privés d'humidité, surtout pendant l'été (2), le châtaignier, non moins utile et profitable, ne craint ni le frais, ni le sec ; il vient au milieu des rochers où il entre profondément ses racines, ou bien dans les terres meubles, plutôt argileuses et de moyenne fertilité. Dans les arrondissements de San Remo et de Savone, les châtaigneraies situées en montagne sont arrosées naturellement par les eaux de source (commune de Taggia) que recueillent les agriculteurs des niveaux inférieurs pour l'irrigation. Un hectare comprenant de 400 à 500 arbres, rend de 8,000 à 9,000 kil. de fruits (3). Dans la province de Cuneo, en terrains secs, la production moyenne n'atteint que 15 à 50 quin-

---

(1) Dans une bonne terre, bien arrosée, les pousses acquièrent dès la première année, 3 m. de longueur, la seconde année 4^m,50 ; et la troisième année, quand on les taille, 0^m,07 de diamètre. (Hon. C. Andrews, *Report for 1876*, p. 283.)

(2) Grojean, *Notice sur l'industrie du sabotage*, 1878.

(3) *Descrizione di Genova ;* 1846, t. II, p. 93.

taux (1); et en Lombardie, aux altitudes de 200 jusqu'à 800 m., suivant l'exposition au midi, seulement 20 quintaux, ou 25 hectolitres (2). Dans l'arrondissement de Borgotaro (Parme), les châtaigneraies sont arrosées, quand la saison est sèche, à l'aide des eaux de sources et de ruisseaux que l'on amène par des rigoles au pied de chaque arbre (3).

Nous avons exposé précédemment (4) comment les eaux des versants boisés peuvent être conduites par des fossés à niveau parfait, et utilisées pour améliorer la végétation des principales essences : chênes, hêtres, sapins, etc., et aussi en vue de préparer les reboisements. C'est ainsi que dans les châtaigneraies des montagnes des Cévennes, les *valats* fonctionnent pour régulariser à la fois l'infiltration et l'écoulement, en fournissant des limons utiles à la végétation forestière. L'influence des eaux n'est donc plus à démontrer, quant à l'accroissement des bois sur pied et des produits des divers arbres cultivés en forêt, ou isolément.

Semis et pépinières. — Pour les pépinières destinées aux repeuplements, le meilleur mode d'arrosage, si on a pu choisir l'emplacement à proximité, et un peu au-dessous d'une source, consiste à faire des irrigations. Par l'aspersion, l'eau forme boue avant de pénétrer le sol, et laisse à la surface une croûte imperméable à l'air; aussi faut-il continuer à arroser jusqu'à la première pluie qui remet le sol en état, ou bien légèrement biner; en tous cas, que l'on se serve d'arrosoirs, ou de pompe foulante avec lance garnie d'une pomme d'arrosoir, il est essentiel pour produire un effet utile que l'eau pé-

---

(1) Meardi, *Inchiesta agraria, Relazione;* t. VIII, part. I, p. 77.
(2) Jacini, *Inchiesta agraria, Relazione;* t. VI, part. I.
(3) Rufino Mussi, *Inchiesta agraria, Monografia,* t. II, part. 3.
(4) Voir tome II, p. 557.

nètre jusqu'aux racines. C'est ce que l'irrigation permet sûrement d'obtenir, en installant horizontalement des sentiers qui séparent les plates-bandes de la pépinière, quelque peu en contre-bas des sillons (1). L'eau y est amenée et retenue par de petits barrages, jusqu'à ce que le terrain en soit bien imbibé. La surface n'est jamais délayée et la perméabilité du sol est ainsi constamment maintenue. Pour éviter les tassements dus à l'action de l'eau sur le sol très ameubli de la pépinière, et par suite le déchaussement des semis, on recharge les plants de terreau ou de terre émiettée; en vue des gelées dangereuses, on recouvre les rigoles au commencement de l'hiver, de paille, ou de feuilles sèches qu'on enlève au printemps.

2. L'OLIVIER.

L'olivier végète parfaitement sans arrosage dans la plupart des terrains élevés, en plateau, ou en pente, au milieu même des rochers, ou des sols en terrasses, comme aussi dans les alluvions orientées au midi; mais il redoute l'humidité persistante. C'est sur les sols calcaires qu'il fournit les huiles les plus fines; encore faut-il que cultivé sur le littoral, ou sur les versants éloignés de la Méditerranée, pour donner sa pleine production, il ne souffre, ni de la faim, ni de la soif (2); c'est-à-dire, qu'il exige une fumure normale et un certain degré d'humidité qui le mette à l'abri des excès de sécheresse. Sans façons et sans eau pendant les chaleurs très intenses, de même que sans engrais, l'olivier ne donne que des récoltes peu abondantes et irrégulières.

(1) Voir tome II, p. 532.
(2) A. Riondet, *l'Olivier*, 1868, p. 19.

France. — En France, c'est l'olivier qui fournit la plus grande quantité de fruits destinés à être convertis en huile ; vient ensuite le noyer ; quant à l'amandier, il est plutôt utilisé directement pour son fruit. La culture de l'olivier, spéciale à la région méditerranéenne, s'y partage entre la Provence, le Roussillon, la Corse et le Gard ; elle correspond à une production totale annuelle, d'après la statistique de 1882, de 128,000 quintaux d'huile ; soit à un rendement moyen de 0,12 hectolitre d'huile par hectolitre de fruits. La surface totale plantée en oliviers, à raison de 130 pieds par hectare, a été évaluée pour les vergers, à 125,417 hectares, quoique cet arbre se cultive également en cordons et en avenues.

L'olivier supporte l'action de l'eau courante, mais à la condition que l'eau traverse rapidement et n'imbibe pas trop profondément le sol. Dans les Bouches-du-Rhône, on arrose deux fois par an, en juin et en août. Chaque arrosage consomme un débit de 60 litres par seconde, pendant deux heures et quart, soit une hauteur d'eau de 0^{m},0486. On emploie ainsi environ 1,000 mètres cubes d'eau par hectare d'oliviers arrosés (1). Les oliviers de la Crau, mis à fruit une année sur deux, reçoivent chaque été trois ou quatre arrosages.

Dans Vaucluse, une partie seulement des olivettes est soumise à l'irrigation ; là où l'eau est employée, on évite les arrosements trop fréquents, parce qu'ils amènent la pourriture des souches. La coutume s'est généralisée de venir au secours des arbres, aux mois de juillet et d'août, par une forte irrigation ; dans quelques localités, on effectue en outre un arrosage au printemps, pour donner immédiatement après, un bon labour.

(1) Barral, *loc. cit.*, p. 489.

D'après le comte A. de Gasparin (1), dans la grande culture des oliviers de Vaucluse, le nombre d'arbres par hectare est de 204; la production moyenne' au bout de 26 ans est celle d'un litre d'huile par arbre; ces données correspondent à une production de 12 à 15 hectolitres d'olives par hectare, 750 litres d'olives étant nécessaires pour fabriquer 100 litres d'huile. Heuzé, de son côté, évalue la production annuelle d'un hectare d'oliviers dans Vaucluse, à 30 hectolitres d'olives, fournissant 430 kil. d'huile (2).

Dans les Alpes-Maritimes, l'arrosage de l'olivier est évité, parce que le terrain conserve naturellement assez d'humidité (3).

Le Var et les Alpes-Maritimes ont vu les récoltes des olivettes diminuer sensiblement, dans ces dernières années, par le *dacus oleæ*. En agissant, contrairement aux habitudes des autres départements de la Provence, où la cueillette se fait dès la maturité du fruit, c'est-à-dire en novembre, le Var et les Alpes-Maritimes dont l'olivier occupe surtout les terrains arides et impropres à toute autre végétation, ont favorisé l'essaimage de la mouche, en attendant la tombée du fruit pour la récolte, entre décembre et avril. Au lieu, en effet, que les larves soient détruites en portant au moulin les olives aussitôt mûres; elles demeurent sur le fruit, se transforment en insectes ailés qui propagent le mal à la ronde sous l'influence des vents dominants. La Société d'agriculture de Nice, sur l'initiative du regretté directeur de la station agronomique, Laugier, s'est empressée de solliciter des arrêtés communaux dans les départements infestés, et auprès du gouvernement italien, pour faire devancer

(1) *Mémoire sur l'olivier*, pp. 408 et 424.
(2) G. Heuzé, *Primes d'honneur de 1866*; 1873.
(3) Puvis, *Journ. agric. prat.*, t. IX, p. 253.

la cueillette et enrayer le mal qui détruit le principal revenu des propriétaires (1).

Pour l'olivier non moins que pour la vigne, les fléaux des insectes se développent et exercent leurs plus grands ravages principalement dans les terres sèches, loin des irrigations; c'est là un fait digne de remarque.

Espagne. — L'olivier, en Espagne, est arrosé comme la vigne, quand l'inclinaison du terrain le permet. Dans les grandes *huertas* de Lorca, d'Alicante, de Elche, d'Almansa, etc., on donne aux olivettes jusqu'à cinq arrosages par an, en octobre, décembre, février, avril et juin. Dans les cultures plus septentrionales, le nombre des arrosages se réduit à deux, en recourant aux réserves d'eaux hivernales. C'est seulement dans la grande vallée de l'Èbre, où l'olivier est exposé aux gelées, et dans la vallée du Fluvià, que l'irrigation n'est pas pratiquée.

La statistique indique que 50,000 hectares sur 810.000, sont cultivés en oliviers dans les terres arrosables ou *de regadio* (2).

Italie. — La culture de l'olivier, spécialisée en Sicile, en Sardaigne, dans les provinces méridionales de la Méditerranée et de l'Adriatique, et en Ligurie, n'est que secondaire dans certaines provinces de la Lombardie et de la Vénétie. C'est seulement sur la côte ligurienne, dans la Pouille, les Calabres et les îles, que les bois d'oliviers sont cultivés d'une manière intensive. On compte de trois à quatre cents pieds par hectare, rendant une pleine récolte tous les deux ans. Cette intermittence bisannuelle dans la production de l'olivier, dépend en grande partie d'une taille imparfaite ou défectueuse, et

---

(1) A. Ronna, *l'Agriculture dans le Var et les Alpes-Maritimes; Semaine agricole,* août 1882.

(2) *Catalogo de la Seccion Española,* 1878, p. 41.

d'une fumure insuffisante (1); on ne l'arrose pas.

Sauf pendant les deux premières années, les plantations d'oliviers du midi de l'Italie, ne sont pas régulièrement arrosées; dans la plaine de Messine, sur les terres irriguées, l'olivier fait place peu à peu aux orangers qui sont d'un meilleur rapport (2).

Sur quelques points de la rivière de Gênes, on se sert des eaux noires des moulins à huiles et des ressences, additionnées d'eau pure, pour arroser les oliviers, au profit desquels l'engrais est employé.

A Reggio de Calabre, l'arrosage des oliviers de la plaine est facilité, en plaçant au fond des trous où l'on repique les plants après 4 ans de pépinière, une dalle qui empêche les eaux de séjourner au contact des racines (3). Cette pratique est également observée, en Toscane, mais non pas dans le but d'arroser; le drainage de chaque pied d'olivier s'effectue à l'aide d'un petit aqueduc déversant dans le fossé voisin (4). Il en est de même en Ligurie, sur certains points de la côte. L'agronome del Bene recommande, afin de maintenir la fraîcheur du sol autour des racines, de ménager à chaque pied d'arbre une cuvette de 1 mètre de diamètre, qui concentre la pluie et favorise l'infiltration (5).

Tunis. — L'olivier est, après le dattier, le plus utile des arbres de la régence. Il peuple les coteaux, les hautes vallées du littoral, depuis Bizerte jusqu'à la petite Syrte. Labouré en hiver, il est arrosé au printemps et

(1) Bertagnoli, *l'Economia dell'agricoltura*, p. 191.

(2) Damiani, *Inchiesta agraria, Relazione*, t. XIII.

(3) de Marco, *Inchiesta agraria*, etc., vol. IX, fasc. 2.

(4) Simonde, *loc. cit.*, p. 115.

(5) Benedetto del Bene. *Memorie dell'Accademia d'agricoltura di Verona*, 1808.

en été. L'olivier que l'on n'arrose pas, est languissant et peu productif (1).

3. LE MÛRIER.

Il en est du mûrier comme de l'olivier; il ne vient pas sur les terrains bas et humides, et il partage avec lui le privilège de prospérer sur les terres sèches; pourtant sa production n'atteint son plein développement que dans les sols frais et profonds.

Les semis de mûrier, sous le climat du midi, lorsqu'ils sont levés et même auparavant, ne peuvent pas plus se passer d'arrosages en temps sec, que ceux des essences forestières. On arrose également en pépinière les jeunes plants ou *pourrettes*, que l'on préserve ainsi des effets désastreux de la sécheresse du printemps (hâle de mars), et des grandes chaleurs de l'été. On donne alors l'eau le matin, pendant les mois de printemps, et le soir, pendant ceux d'été, mais jamais sans absolue nécessité (2). Dans le midi de la France, lorsqu'on achète des mûriers pour les planter, on a soin généralement de s'assurer qu'ils n'ont pas été arrosés en pépinière, quand on doit les placer à demeure dans un sol non arrosé; autrement, on les perdrait presque tous.

Les conditions spéciales qu'exige le mûrier non arrosé, dans les Cévennes, par exemple, sont des plateaux un peu élevés, ou des coteaux bien exposés; des sols perméables et légèrement sablonneux (3). Pour le planter définitivement, après une coupe régulière et une taille des racines, il n'en faut pas moins, quand le

(1) Jaubert de Passa, *Recherches sur les arrosages,* VI° part, p. 248.
(2) *Maison Rustique du XIX° siècle*, t. V, p. 78.
(3) De Boullenois, *Conseils aux éducateurs;* 1851, p. 14.

terrain est léger, rocailleux, ou très exposé au soleil, choisir l'automne, en vue des pluies de l'hiver; et quand la terre est argileuse, forte et humide, opérer à la fin de l'hiver, en enfouissant moins profondément (1).

L'essentiel, suivant le comte Verri, est de préserver la fraîcheur des racines du mûrier, au besoin par des pierres de fond, si le sous-sol n'est pas assez frais (2). Le mûrier blanc, en effet, une fois adulte, ne craint plus la sécheresse, pourvu que ses racines soient en sol humide; quant au mûrier multicaule ou des Philippines, beaucoup plus sensible à la sécheresse, comme aux gelées et aux grands vents, il exige des terres meubles de meilleure qualité, qui conservent toujours leur fraîcheur (3). C'est ainsi que dans la Ligurie, cultivé en plaine ou en colline, le mûrier se plaît mieux dans les terrains frais des vallées et du delta des cours d'eau. L'opinion des cultivateurs de la rivière de Gênes, que le mûrier contrarie l'olivier, explique jusqu'à un certain point la préférence donnée par eux à ce dernier (4).

Plantés en lignes, à l'intérieur, ou en bordure des champs, les mûriers trouvent d'excellentes conditions de rendement dans la haute Italie : il n'est pas rare que la récolte des feuilles, sur des arbres de 20 ans, y atteigne 80 kil. par an. Quelques variétés (*Morus selvatica*), plantées en haies et maintenues très basses, en vue de fournir des feuilles précoces et des soies fines, ne souffrent pas plus que celles en plein vent, des cultures à leur pied, pourvu que l'on y puisse maintenir le sol constamment en labour.

(1) Loiseleur Deslonchamps, *Maison Rustique, loc. cit.*, II.
(2) Carlo Verri, *Saggio sulla coltivazione de' gelsi*; Milano, 1810.
(3) D'Hombres Firmas, *Bulletin de la Société libre du Gard*, 1834.
(4) *Descrizione di Genova, loc. cit.*; t. II, p. 93.

On n'en redoute pas moins pour le mûrier commun, le voisinage des terres arrosées dont l'humidité donne à la feuille une consistance trop charnue, qui réagit inévitablement sur la finesse de la soie (1). Il est de fait que le mûrier est relativement peu répandu dans la zone arrosée de la province de Novare, depuis surtout que les rizières dominent dans l'assolement; tandis que dans la zone sèche, il trouve de meilleures conditions de réussite (2). La même observation s'applique à la lomelline; le mûrier qui souffre de l'humidité trop prolongée, a disparu là où les rizières et les marcites se sont étendues. Sur les terrains argileux et tenaces du district de Pavie, il se développe bien, mais lentement, tout en ne résistant pas au milieu humide. Dans le Crémonais toutefois, il acquiert un développement inusité; certains mûriers donnent de 60 à 70 quintaux de feuilles par an (3). D'ailleurs, dans un autre district, celui de Casalmaggiore, le mûrier qui croît bien en rangées, ou en bordure des prairies permanentes, prospère surtout le long des canaux et des colateurs, pourvu qu'on le cultive en buisson et qu'on le taille tous les ans, après la cueillette des feuilles. A Treviglio, ainsi que dans le Véronais, les terrains graveleux semblent lui convenir de préférence.

Au midi de l'Italie, le mûrier est arrosé. Il était déjà cultivé assez en grand dans la Calabre, au quinzième siècle, pour qu'un agronome, Antonio Divenuto, écrivît un petit traité sur la culture de « cet arbre précieux, *excelsus,* » qui nourrit le ver à soie; d'où sans doute le nom donné de *gelsus, gelso* (4).

(1) Nadault de Buffon, *loc. cit.*, t. II, p. 118.
(2) Meardi, *Inchiesta agraria, etc.*, vol. VIII, p. 94.
(3) Jacini, *Inchiesta agraria, etc.*, vol. VI, p. 124.
(4) De Marco, *Inchiesta agraria*, t. IX.

A Reggio, il est planté en cordons, le long des routes et des chaussées, sur les bords des canaux, au milieu des vergers et des champs; on ne l'irrigue qu'en vue de la feuille qu'il est appelé à fournir (1). Les pourrettes sont toujours sarclées et arrosées. Dans la province d'Aquila, comme sur les plages de la Sicile, le mûrier a besoin d'arrosages en été, pour atteindre son plein développement et sa production entière. Quand il est cultivé à sec, il acquiert aussi la taille qui convient; mais il croît avec une grande lenteur, et ne supporte pas qu'on l'effeuille aussi fréquemment, à cause de la dureté et de l'aridité du sol, privé de tout ombrage (2).

Les mûriers, en Espagne, sont irrigués partout où l'on dipose de l'eau en abondance. Dans la *huerta* de Murcie, les plantations arrosées sont très étendues.

Aussi bien, la plaine de Brousse où croissent les mûriers et les oliviers, est arrosée au moyen des grands réservoirs qu'alimentent les sources des chaînes environnantes. Dans l'île d'Égine, l'eau abonde pour l'arrosage des mûriers du versant septentrional du mont Élie. La vallée de Deyrah, dans l'Inde, offre les cultures les plus admirables de mûriers blancs irrigués, comme aussi la plaine de Maldah, arrosée par le Gange (3). On évalue à 240 kilomètres carrés la superficie consacrée à la culture du mûrier dans les basses provinces du Bengale, et à 180,000 kilogrammes la production de soie brute qui occupe de 12 à 15,000 indigènes dans les filatures du district de Rajshahi et de la présidence de Calcutta (4).

(1) A. Branca, *loc. cit.*, vol. IX, p. 234.
(2) Damiani, *loc. cit.*, vol. XIII, p. 86.
(3) Jaubert de Passa, *Recherches sur les arrosages*, p. V° et VIe.
(4) Forbes Watson, *loc. cit.*, t. II, p. 27.

4. LES ARBRES FRUITIERS.

Sous les climats du Midi, la plupart des arbres fruitiers ne peuvent parfaitement réussir que dans les terres arrosables. Il est même digne de remarque que si , en règle générale, les fruits venus en terre sèche sont plus savoureux et plus parfumés, le soleil est tellement puissant dans le Midi, et l'humidité fournie par une irrigation modérée est si vite absorbée, que les fruits récoltés dans les terres arrosées sont encore bien plus parfumés, tout en étant plus abondants. La culture des fruits est d'ailleurs assez riche pour pouvoir payer largement la dépense de l'irrigation (1).

Certains arbres n'ont aucun besoin d'arrosage; tels sont les amandiers, le caroubier, le jujubier, et la plupart des figuiers. D'autres n'en ont qu'un faible besoin : ce sont ceux qui, en Europe, mûrissent leurs fruits dans le courant de mai, ou de juin, comme les cerisiers, les abricotiers, les poiriers précoces; mais pour ceux qui mûrissent leurs fruits à partir de juin, l'irrigation peut être d'une grande utilité; tels sont les pêchers, les poiriers, les figuiers tardifs, les orangers, les pommiers, etc. Par irrigation, il convient d'entendre en tous cas une irrigation modérée, fournie seulement lorsque la terre est trop sèche, surtout au moment où la maturité des fruits s'approche, et où l'humidité du sol s'ajoutant à la chaleur du soleil, leur permet d'acquérir leur plein développement.

Ainsi, pour les pêchers qui donnent la récolte la plus abondante fin juillet, ou au commencement d'août, et continuent à livrer des fruits jusque fin septembre, tous

---

(1) A. Riondet, *l'Agriculture de la France méridionale*, 1868, p. 331

les binages que l'on peut pratiquer pendant trois ou
quatre mois de sécheresse absolue, ne peuvent remplacer
des arrosages qui assurent la grosseur, la beauté et la
bonté du fruit. Il en est de même des poiriers dont les
fruits ne se récoltent qu'à la fin de l'été, ou en automne ;
des pommiers dont les fruits d'arrière-saison doivent
continuer à mûrir dans le fruitier ; des figuiers dont les
figues doivent être mangées fraîches et ne peuvent être
séchées à la fin de l'été, quand le soleil est moins
chaud et reste moins longtemps sur l'horizon ; du grenadier dont le fruit s'entr'ouvre et reste sans valeur,
quand l'humidité fait défaut, pour détendre la peau, au
fur et à mesure du grossissement des grains, etc.

Le grenadier surtout, qui se contente à l'état sauvage
des sols les plus secs et les plus arides, réclame, quand
il doit produire par la culture, un terrain meuble et des
arrosages fréquents, sous une chaude exposition (1).

France. — Dans les départements de l'Aude et des
Pyrénées-Orientales, la culture du grenadier arrosé donne
de beaux produits. A Perpignan, c'est la grenade à fruits
demi-doux et la valence qu'on cultive de préférence.
Vers septembre et octobre, les grenades, bien orientées
au levant et au midi, se colorent d'un rouge vif ; l'écorce
s'entr'ouvre et laisse paraître ses graines ; elles sont
prêtes pour l'expédition.

Le figuier du Midi est cultivé dans le but de produire
des fruits que l'on consomme à l'état frais, ou que l'on
conserve comme provision d'hiver. Toutes les variétés
se trouvent également bien de l'irrigation, quand elle
n'est pas trop fréquente ; mais les figueries sont rares ;
on préfère les entremêler avec d'autres arbres, amandiers et oliviers, ou planter les figuiers dans les vignes.

(1) L. d'Ounous, *Revue horticole*, 1869, p. 32.

Le jeune plant demande à être arrosé pendant les chaleurs. « Ceux qui en auront le pouvoir et la facilité, feront bien de répéter l'arrosage tous les mois; il doit être abondant, sans être excessif. Le figuier, quoique poreux quand il est jeune, aime à être humecté, sans vouloir être noyé (1). » En général, les figueries, ou plantations en massifs, sont labourées quatre fois par an, à la fin du mois d'octobre, en février, mai et août, pour remédier à la sécheresse, aux froids excessifs et aux gelées. Précieux à cause de ses fruits de deux saisons, le figuier est vorace; si on ne le fume pas abondamment dans les terrains un peu sablonneux, mais frais, il devient très productif au détriment des végétaux voisins.

Parmi les fruits à noyaux, qui arrivent, en pleine terre, à complète maturité avant ceux du Nord, il faut citer : le bigarreau à chair ferme et à saveur douce et la griotte à chair molle et à saveur aigrelette qui mûrissent en avril et en mai; la prune pardigeonne, cultivée à Brignoles, qui mûrit en juillet; l'abricot précoce mûrissant dès les premiers jours de juin; la pêche jaune à noyau adhérent et la pêche blanche.

De tous ces arbres, c'est le pêcher qui, après l'oranger, donne lieu à la culture la plus profitable sur la côte, de Marseille à Vintimille. On trouve des pêcheraies dans la région du littoral, qui comptent 5 et 6,000 arbres fournissant des fruits pendant plus de trois mois. Si le cerisier se plaît dans les sols un peu humides; l'abricotier dans les sols calcaires; le pêcher du moins, destiné à une culture intensive, exige des terrains arrosables.

Dans la plaine d'Hyères où les pêcheraies abondent, on obtient, année moyenne, grâce à l'arrosage, 2 francs net par arbre, ou 800 francs par hectare. Les frais de

(1) De la Brousse, *Traité de la culture du figuier*, 1774, p. 27.

façon sont minimes; ils consistent à tailler après labour, pour l'évidage en gobelet, à épointer, et à nettoyer. En laissant 50 centimètres seulement sans culture de chaque côté des rangées d'arbres, on garnit les intervalles de fraisiers; ou bien, comme le long du Gapeau ou du Beal, on cultive des légumes, et parfois des vignes entre les rangées, en arrosant arbres et cultures à la fois. D'une durée moyenne de quinze ans, le pêcher n'est à son apogée, comme production, qu'entre 4 et 8 ans d'âge; mais si l'on renonçait à semer des légumes et des fourrages dans les intervalles, il produirait assurément davantage et plus longtemps.

Plus au nord du littoral, dans les Bouches-du-Rhône, les arbres fruitiers ne sont arrosés qu'autant que les produits se récoltent après l'été. Au Mas-de-Fabre, par exemple, propriété et exploitation de M. Faucon, les abricotiers sont arrosés une seule fois, lorsque le fruit est sur le point de mûrir; les poiriers et les pommiers, plus souvent; mais les cerisiers, jamais. M. Faucon évalue le coût de l'eau (canal des Alpines) par hectare et par an, pour son verger, à 35 francs.

Dans Vaucluse, partout où les canaux d'irrigation portent les eaux fertilisantes, la culture des arbres alimentaires s'est développée; on peut citer, à Saumanes, le cerisier, le figuier, l'abricotier; à Mazan, surtout le cerisier.

La culture des framboises et des fraises a réalisé aussi de notables progrès par l'arrosage. La notable production de ces fruits permet de les vendre, pour la consommation courante, à des prix satisfaisants, surtout pour l'emploi des confiseurs et des distillateurs.

Les fruits de France, introduits en Algérie, y mûrissent deux mois plus tôt, grâce à l'arrosage, sans recourir à la chaleur artificielle. Ce sont les abricots, les cerises, les figues, les pêches, les raisins, etc.; ce qui permet aux colons de les écouler à bon compte, comme primeurs, sur les marchés du continent.

Italie. — Les fruits en Italie sont très nombreux : raisins de table, figues, pêches, prunes, pistaches, caroubes, pommes et poires, noisettes, nèfles, amandes, etc.; fruits des climats tempérés et des climats africains, forment une branche importante de commerce dans les localités voisines des grands centres de population, des ports de commerce et des chemins de fer, en relation avec les marchés de l'étranger, et, pour les autres, une source de richesse ou d'aisance qui n'est pas à dédaigner.

Beaucoup de ces arbres ne sont pas arrosés, ou n'ont pas besoin de l'être; leur culture, même dans les terres arrosables, n'intéresse l'irrigation que très indirectement. Si le Piémont, par exemple, exporte des raisins de table, des pommes et des poires, ces dernières jusqu'en Amérique; si les provinces de Bergame, de Brescia, de Vérone et de Vicence envoient leurs pêches en Autriche et en Allemagne, c'est bien aux avantages du climat et de l'exposition des terrains, plus qu'à l'irrigation qu'ils le doivent.

Parmi les fruits frais, la pêche dans le nord, et la figue dans le midi de l'Italie, occupent le premier rang (1).

La culture du pêcher est très répandue dans la haute Lombardie, le Véronais et la Ligurie. Aux environs d'Albenga, la culture s'est spécialisée, et la bourgade de Borgio a même construit un petit embranchement, avec une station de chemin de fer, pour l'exportation de ses pêches (2). La province de Vérone, dans les bonnes années, expédie jusqu'à 10,000 quintaux de pêches (3).

(1) Bertagnoli, *loc. cit.*, p. 219.
(2) Bertani, *Inchiesta agraria*. etc., t. X, p. 338.
(3) Gadda et d'Aumiller, *Inchiesta agraria*, t. V, p. 90.

Le figuier, fidèle compagnon de la vigne, se retrouve partout en Italie, mais surtout dans le centre et au midi. On compte 150,000 figuiers dans le seul territoire d'Amelia, de la province de Pérouse. A Naples, comme à Castellamare, à Pozzuoli, les grands ennemis du figuier sont l'excès de pluie et l'abaissement de la température, à l'époque de la maturation des fruits. Quant au dépérissement même de l'arbre, on le combat en taillant les racines, et en élevant autour du tronc, sur 1 mètre de hauteur environ, une butte de terre fine dans laquelle les nouvelles racines s'étendent. Cette butte est le plus souvent murée extérieurement (1).

En Sicile, comme en Sardaigne et dans les Calabres, le figuier d'Inde qui n'exige pas de culture, sert à la fois à la nourriture des gens et des bestiaux.

Les environs de Rome et de Naples sont très riches en cultures fruitières de tous genres; la consommation qui s'y fait de fruits les plus variés est énorme. A Tivoli, on cultive notamment les vignes à raisins de table (*pizzutello* et *pergolese*) dont le sénateur Vitelleschi a donné le rapport (2).

Le raisin de table est également produit avec bénéfice dans la province de Pise, et plus au nord, sur le territoire d'Alba qui expédie annuellement de 90,000 à 150,000 francs de fruits.

Espagne. — L'Espagne se distingue par la variété et l'abondance de ses fruits : raisins, figues, grenades, azeroles, abricots, etc., obtenus en plus grand nombre, suivant le climat et l'altitude, par l'irrigation. Qui n'a vu les *carmen* des environs de Grenade, ces petites propriétés d'agrément où l'on ne cultive que des fruits de luxe, ne peut se rendre compte de la

(1) F. de Siervo, *Inchiesta agraria, Relazione*, t. VII,
(2) *Inchiesta agraria, etc. provincia di Roma e Grosseto*, t. XI, p. 397.

diversité et de la succulence des fruits qui viennent sous le climat de l'Andalousie, par la vertu des arrosages.

D'après le rapport de M. Pepin (1), la récolte des fruits espagnols dont une partie est exportée par les frontières de France jusqu'en Angleterre, serait la suivante :

Abricots	36.386 kil.
Azeroles	101.660 —
Grenades	55.338 —
Prunes	72.080 —
Pommes	121.058 —
Poires	84.870 —
Figues	1.126.000 quint.

Le figuier est cultivé en grand dans les provinces de Castellon, d'Alicante, d'Almeria, de Huelva, de Malaga, et dans les îles Baléares, où la production atteint 2,140,000 kil. L'exportation des figues sèches pour l'Angleterre et pour la France représente une bien faible partie de la production; c'est la consommation intérieure qui l'absorbe presque entièrement. Dans certains pays, comme à Majorque, on emploie une grande quantité de figues pour engraisser les porcs.

Les raisins frais des provinces du midi de l'Espagne, grâce aux procédés de conservation que l'on possède, et aux facilités de transport, figurent dans les exportations pour plus de 2 millions de kilogrammes.

Il existe en Espagne à peu près 4 500 hectares de vignes arrosées, propres à la préparation des raisins secs, qui produisent annuellement une moyenne de 30 millions de kilogrammes, dont les deux tiers sont envoyés en

(1) *Rapports du jury à l'Exposition de 1867*, t. XI.

Angleterre, aux États-Unis, en France, etc. Les deux provinces où cette culture est la plus répandue sont celles de Malaga et d'Alicante. Les raisins secs de Malaga, en grappes, ou détachés, sont les plus recherchés.

Grèce et Turquie. — En Grèce, les vignobles pour raisins secs ont pris un grand développement; la production dépasse 125 millions de kilogrammes. Les sortes principales sont le corinthe et la *sultanine,* cette dernière, réputée pour sa finesse et son goût délicat. La Turquie également, produit une grande quantité de raisins secs, parmi lesquels ceux de Smyrne sont très estimés. C'est [l'Angleterre et l'Allemagne qui reçoivent le plus de fruits de ces provenances (1).

Égypte. — Un arbre des plus intéressants et des plus utiles en Égypte, outre le dattier, l'arbre national, est le figuier-sycomore ou Pharaon (*Ficus sycomorus*), originaire de la vallée du Nil, qui croît dans les jardins autour des villes et des *sakiés* isolées de la campagne. Cet arbre de première grandeur a une tête arrondie dont le feuillage très abondant le fait rechercher pour son abri contre le soleil. Il produit une masse de fruits qui mûrissent à différentes époques de l'année; le printemps est la saison qui en fournit le plus grand nombre. Pour faire mûrir progressivement les figues qui chargent seulement les grosses branches, les Arabes pratiquent des incisions à celles qui ont atteint une certaine grosseur, afin de détendre les tissus, de régler la maturité et de prévenir leur chute. Les figues mûres sont un peu moins grosses que celles du *Ficus carica;* leur couleur est rose tacheté de noir et leur saveur très agréable.

Le figuier sycomore prospère sans culture, partout où arrivent les eaux du Nil. Pendant les basses eaux, il

---

(1) Marquis d'Arcicolar, *Rapports du Jury; classe* 71; 1867, t. XI.

est arrosé à l'aide des *sakiés* qui montent l'eau des puits (1). Outre les fruits qui sont l'objet de la consommation du peuple, le bois du figuier est très estimé; on l'emploie notamment pour la construction des roues hydrauliques.

Californie. — Comme producteur de fruits, l'État californien occupe le premier rang aux États-Unis; mais sous le rapport de la qualité, les produits restent souvent inférieurs à ceux des États de l'Atlantique. En 1880, on y comptait environ 4 millions d'arbres fruitiers des climats tempérés, qui se répartissaient de la manière suivante :

Pommiers..............................	2.446.000
Pêchers...............................	835.000
Poiriers...............................	356.000
Pruniers..............................	243.000
Cerisiers.............................	122.000

Les autres arbres, figuiers, pistachiers, jujubiers, noyers, amandiers, etc., représentaient en nombre 250,000. La plupart d'entre eux sont arrosés, de même que la vigne et les légumes, soit par des canaux, soit par des sources ou des puits artésiens.

5. LES ORANGERS ET CITRONNIERS.

L'oranger et le citronnier ne prospèrent que dans des terrains de premier choix et sous un climat très doux; ils exigent une copieuse irrigation, sans que l'eau doive rester stagnante.

C'est au voisinage de la mer, des grands lacs, des cours d'eau, ou dans les localités assez abritées pour que les températures extrêmes se produisent difficilement, que ces arbres se cultivent en pleine terre avec

(1) Delchevalerie, *Revue horticole,* 1869, p. 436.

ou sans abri. Si on trouve l'oranger et le citronnier sur les bords du lac de Garde, à un degré de latitude incompatible avec leur végétation, c'est qu'ils y sont protégés par les hautes montagnes, et que les eaux ont la température voulue pour les arrosages. De même, l'oranger cultivé est sur la côte de Gênes, abritée par les Apennins et desservie par les eaux du versant de la Méditerranée; tandis qu'à la même latitude, la Lombardie en hiver est sous la neige, ou sous la glace. En Sicile, même la culture du citronnier et de l'oranger ne peut réussir, sous l'action du sirocco brûlant et des vents salés de la mer, malgré les abris et les irrigations, qu'autant que le sol est souvent labouré, ameubli et sarclé, afin de maintenir l'arbre libre de toute végétation nuisible. En Espagne, les marnes sablonneuses d'Orihuela, les graviers calcaires ferrugineux d'Alcira et de Carcagente, les sables granitiques de Canet et de la côte de Barcelone, conviennent le mieux à la culture de l'oranger.

Italie. — L'oranger, le citronnier et leurs congénères : cédratiers, limoniers, bigaradiers, bergamottiers, mandariniers, etc., se cultivent en Sicile et en Sardaigne, et sur la terre ferme, dans les provinces de Catanzaro, Reggio de Calabre, Salerne, Naples, Foggia, Caserte, Port-Maurice et Gênes.

La Sicile, à l'exception des provinces de Caltanisetta et de Girgenti, est le siège principal de la production, à laquelle sont consacrés plus de 26,000 hectares se répartissant de la manière suivante :

	Hectares.
Messine	7.743
Catane	7.628
Palerme	6.458
Syracuse	2.409
Trapani	1.948
Total	26.186

Dans la péninsule, la culture s'étend sur le versant maritime de la région du Gargano; quoique dans le reste des Pouilles, elle soit confinée au littoral et qu'elle exige des abris. A Sorrente, l'oranger domine et les plantations augmentent, malgré la dépense que comporte la fouille du sol jusqu'à 3 mètres et demi de profondeur, pour permettre de se passer d'arrosages. Sur la côte de Reggio, on trouve également les orangers en abondance.

En Sardaigne, la célèbre *vega* de Milis dont Meissner (1) considère la vue comme unique au monde, compte plus de 300 vergers d'orangers représentant un ensemble de 500,000 arbres; certains d'entre eux, suivant la tradition, auraient plus de 700 ans.

Dans l'Italie centrale, les plantations sont rares; mais la plupart des jardins bien exposés possèdent des orangers en pleine terre, ou en caisses. On cite toutefois dans les Marches, les orangeries du littoral entre l'Aso et le Tronte, qui occupent près de 100 hectares; les citronniers de l'abbaye de Valvisciola, au pied des monts Sepini, dans les marais Pontins. En Toscane, les orangers sont en pleine terre, mais les citronniers s'abritent en hiver.

Les plantations de citronniers et d'orangers constituent une des principales richesses de la Ligurie, entre Vintimille et la Spezia, sur le littoral, et les collines qui le surmontent, exposées au midi, côtoyées par les torrents ou les ruisseaux. A San Remo, les citronniers sont plantés à 0m,50 de profondeur et espacés de 2 à 3 mètres; on les fume tous les deux ans, au moyen de fumier, de vidanges, de guanos et de râpures de cornes, et on les arrose pendant l'été, au moins une fois par mois.

(1) *Durch Sardinien*, p. 153.

A l'automne, sinon à la fin de l'hiver, on sarcle et on nettoie le terrain. Dans le district d'Albenga, ce sont les orangers qui dominent comme culture en plein vent, tandis que les citronniers s'y dressent en espaliers.

L'Italie du Nord offre encore dans les arrondissements de Gargnano et de Salô (province de Brescia), les célèbres citronnières du lac de Garde qui occupent une cinquantaine d'hectares répartis en 15,000 vergers. Elles sont installées avec des murs d'abri pour la protection des arbres en hiver; la production atteint de 2,000 à 4,000 citrons par pied, et le terrain consacré à cette culture est hors de prix. Dans ces arrondissements, on laboure tous les trois ans le terrain des plantations, après avoir fumé avec du fumier de bœuf ou de cheval, réduit à l'état pulvérulent. Pendant les mois d'été, on arrose chaque semaine; pendant l'hiver les arrosages ne se pratiquent que suivant les besoins et avec précaution.

Comme les sources de la rive du lac sont peu nombreuses, on recueille les eaux dans des citernes de 50 à 100 mètres cubes; ou bien on puise directement dans le lac à l'aide des pompes, et l'eau conduite par des rigoles se distribue à raison d'un demi-mètre cube en moyenne, par arbre et par arrosage.

Pour l'hiver, les citronniers sont abrités sous des toitures que supportent trois murs pleins de 10 à 14 mètres de hauteur; la quatrième face exposée au soleil ne comporte que des piliers espacés de 5 à 7 mètres (1).

Si le limonier prédomine dans l'Italie septentrionale, les variétés d'orangers abondent dans l'Italie du midi et dans les îles. C'est dans les Calabres principalement que la culture industrielle s'est étendue sur les

(1) P. Marchiori, *Inchiesta agraria; circondario di Salo,* t. VI, part. 2.

côtes et à proximité des cours d'eau, partout où l'eau est naturellement ou artificiellement disponible.

Dans la province de Cosenza, la culture des *agrumi* fleurit aux environs de Rassano, où l'on utilise les eaux des torrents et des nombreuses sources pour l'arrosage. L'irrigation est indispensable si l'on cherche des produits abondants (1). On compte, dans cette seule province, à raison de 200 fruits par oranger, de 210 par citronnier et de 100 par cédratier, mandarinier ou bergamottier, sur une production totale annuelle de plus de 22 millions de fruits, en dehors des jardins particuliers.

Le district de Reggio cultive, pour leurs fruits et comme ornements, l'oranger doux (*Citrus aurantium*), le mandarinier (*Citrus deliciosa*), la lumie, (*Citrus lumia*), le limonier doux et paradis (*Citrus medica*); les cédratiers monstrueux et de Salô; et pour l'essence, le bergamottier (*Citrus bergamia*); le bigaradier (*Citrus bigaradia*); le limonier, le cédratier et le limettier. L'arrosage par imbibition exige 150 kil. d'eau par pied, et lorsque l'eau est dérivée des rivières, il s'effectue une fois par semaine. Dans les propriétés qui ne jouissent pas, en été, d'eaux de dérivation ni de sources, ou de puits sur lesquels on puisse monter des norias, on recueille les eaux d'hiver dans de grands réservoirs en maçonnerie, et on les répartit pendant l'été suivant l'importance des plantations. A l'automne, pour rafraîchir la terre et faire grossir les fruits, on inonde les cuvettes des arbres et souvent même le terrain tout entier (2).

Chaque arbre reçoit tous les deux ans en fin d'hiver, environ 35 kil. de fumier sec que l'on enfouit à la profondeur de 0^m,30 sur 1 mètre de diamètre, et que l'on recouvre de terre. On donne trois façons

(1) A. Branca, *Inchiesta agraria, etc.*, t. IX, p. 77.
(2) De Marco, *Inchiesta agraria, loc. cit.*, p. 443.

au sol chaque année; la première en janvier, la seconde en avril, pour pratiquer les fosses au pied des arbres, et la troisième, selon le besoin.

Les citrons et les oranges se récoltent d'octobre à janvier; les meilleurs fruits s'expédient en caisses par le port de Messine, les autres servent à la fabrication des essences. Les fruits du bergamottier se cueillent avant maturité, de novembre à fin décembre, pour éviter qu'ils ne perdent la principale qualité que l'on recherche, c'est-à-dire, l'arôme de leur huile essentielle. Le bergamottier à principe odorant se cultive sur une bande seulement du littoral, entre Carmitello et Palizzi.

On évalue à 410 environ le nombre d'arbres par hectare : les orangers, qui sont les plus productifs parmi les *agrumi,* donnent de 500 à 3,000 oranges; les meilleures pour l'exportation se récoltent à Villa San Giuseppe, Fiumara, etc. Les citronniers rendent de 300 à 3,000 citrons; les plus estimés proviennent de la commune de Scilla; enfin le bergamottier produit de 300 à 500 fruits par arbre.

La statistique de 1882 (1) assigne aux diverses provinces la production suivante, consignée dans le tableau X.

La Sicile qui produit plus de la moitié des *agrumi* de l'Italie, jouit du climat le plus sec; la chute d'eau pluviale moyenne y atteint seulement 0^m,588 par an. Il y a pénurie d'eau au mois d'avril, et absence complète, de mai à septembre. Pendant cette période, la terre devient si aride que sans irrigation aucune plante ne saurait résister à une température de 28 à 32 degrés. Aussi, dans certaines années, l'assèchement des cours d'eau devient-il des plus funestes aux cultures arbustives. En 1866-67, l'assèchement du Boccadifalco ruina

(1) *Bollettino di notizie agrarie,* 1882, n. 71.

TABLEAU X. — Culture de l'oranger et du citronnier en Italie.

	NOMBRE D'ARBRES.	PRODUIT MOYEN PAR ARBRE.			PRODUCTION TOTALE.
		Orangers.	Citronniers.	Cédratiers, Bergamotiers, Mandariniers.	
Lombardie (Brescia)..........	15.000	»	467	»	7.005.000
Vénétie (Vérone).............	2.500	»	400	»	1.000.000
Ligurie.....................	447.700	389	110	45	73.882.176
Marches (Ascoli)............	60.550	88	90	»	5.392.962
Toscane.....................	29.668	98	56	»	1.797.700
Adriatique (Sud)............	344.789	270	239	377	88.922.273
Méditerranée (Sud)..........	3.478.109	246	207	356	881.453.570
Sicile......................	6.040.049	202	283	165	1.503.653.084
Sardaigne...................	242.683 (1)	162	138	64	38.152.837
Totaux et moyennes.	10.661.248	225	258	324	2.601.259.602

(1) Ce chiffre comparé à l'évaluation de Meissner serait trop faible.

à tout jamais les belles plantations de la Zisa et de l'O-
livazza.

Dans la province de Catane, le territoire d'Acireale
qui passe pour être le jardin de la Sicile, consiste en
un sol profond, riche et assez humide, pour que les
plantations adultes puissent se passer d'arrosages ; mais
d'une manière générale, le produit des vergers non arrosés est à celui des vergers arrosés dans le rapport de
2 à 3. Tandis qu'une citronnière de 10 ans, arrosée
régulièrement, rend pour 100 pieds d'arbres 15,000 citrons, une citronnière non irriguée n'en rend, dans les
mêmes conditions d'âge et de nombre, que 10,000.

D'autres territoires de la Sicile, à Furnari, à Patti, à
Mistretta, les plaines de Barcellona, la *zaera* de Messine, etc., peuvent également se passer d'irrigation
pour leurs plantations, mais le sol y est naturellement
humide, ou entretenu à l'état de fraîcheur par des
sources et des infiltrations souterraines (1). Ailleurs,
notamment dans la province de Messine, les cultivateurs, pour se procurer l'eau nécessaire à l'arrosage des
vergers, en sont réduits à creuser des tranchées obli-
ques à plusieurs mètres de profondeur, dans le lit à
sec des torrents. Ces tranchées drainant la couche souterraine suivant la pente, débouchent par des conduits
à barbacanes épaisses jusqu'à la surface, et les eaux
ainsi captées sont exemptes de la taxe (2).

La première condition pour l'établissement d'une citronnière en Sicile, est d'avoir de l'eau en abondance.

Chaque arbre, en effet, est disposé dans une fosse de
2 mètres environ de diamètre et de 0^m,50 de profondeur,
dans lequel on met chaque année le fumier nécessaire ;

(1) Alfonso Spagna, *Sulla coltivazione degli agrumi in Sicilia* ; Palermo,
1869.
(2) Cuppari, *Giornale agrario toscano*, 1862.

après quoi, on rehausse les bords par une levée de terre qui forme la *conca*. C'est dans cette *conca* ou cuvette, qu'à partir du mois de mai, on amène l'eau deux fois au moins par semaine (1).

Après les premières pluies d'automne, on procède à un labour profond de 0^m,20 à 0^m,25 avec la grosse houe (*ʒappone*); si le terrain est en pente, on ménage dans ce labour, des banquettes au pied de chaque arbre, à l'aide desquelles on établit la *conca*, avec sa rigole d'écoulement. Au mois d'avril, ou au commencement de mai, le terrain est dressé en billons pour l'arrosage; les jardiniers désignent cette façon par *tirare la terra*. Les sillons écartés de 3^m,50 environ, sont relevés sur les bords et forment les *corridori* par lesquels les eaux d'arrosage arrivent du point le plus élevé, quand le terrain est relativement de niveau. Si le terrain est en pente, il faut recourir pour chaque arbre comme il a été dit, à une cuvette dont les bords soient assez forts pour résister à la vitesse de l'eau. En général, les cuvettes ont de 0^m,80 à 1 mètre de diamètre et de profondeur, et les arbres sont distants de 5 mètres.

Dans l'ancienne méthode, on arrosait tous les 7 jours; aujourd'hui, on se borne à arroser tous les quinze jours; et encore, dans certaines localités, comme à Piazza Armerina où le terrain est frais, on n'irrigue que tous les mois. Le volume d'eau disponible modifie forcément le nombre d'arrosages. Dans la province de Girgenti où l'on manque d'eau, ils sont très réduits (2).

Un citronnier de taille moyenne est assez arrosé, d'après Cuppari, quand la *conca* reçoit de 170 à 180 litres d'eau par arrosage; mais si le terrain poreux réclame

(1) Voir t. II, livre IX, p. 535, la description du mode d'installation d'une orangerie en terrain plat et en terrain incliné, à Palerme.
(2) Damiani, *Inchiesta agraria*, etc., *Relaʒione*, vol. XIII, p. 81.

deux arrosages, la consommation s'évalue à 200 litres. On arrose autant que possible, soir et matin, afin d'éviter l'évaporation et le crevassement du terrain. Quand on dispose de peu d'eau, on réserve soigneusement l'excédent dans des bassins, et on arrose à l'aide de canaux en briques. Si l'eau vient de puits creusés dans les torrents ou sur leurs bords, une noria actionnée par un bœuf suffit à l'arrosage de deux hectares de citronniers.

Dans la province de Messine, les vergers occupent le territoire du Faro et le village des Giardini, où les terrains légers, perméables, avides d'eau, sont arrosés jusqu'à des altitudes assez élevées par les eaux du torrent.

A Palerme, les arrosages pendant la première année de la plantation, se renouvellent tous les 8 jours; jusqu'à la quatrième année tous les 15 jours; et à partir de la 8ᵉ année tous les 22 jours. Sur les terres maigres et peu profondes, l'intervalle entre les arrosages se réduit d'un quart jusqu'à un tiers.

Alfonso Spagna estime à 8 heures de *zappa* (1), soit à 495 mètres cubes le volume d'eau minimum qui est distribué par hectare de citronniers, tandis que le baron Turrisi Colonna, évalue le débit nécessaire à 350 mètres cubes. Quoi qu'il en soit de cette divergence dans l'appréciation du débit qui se règle d'ailleurs d'après les terrains, il est avéré que les plantations exigent plus d'eau dans la première période, lorsque les racines ne sont pas encore profondément entrées dans le sol, et que le feuillage n'abrite pas encore assez le pied des arbres.

L'abondance, ou l'insuffisance des pluies d'automne et de printemps, et la prédominance des vents de mer, sont à considérer quant au nombre et au volume des arrosages. Les praticiens insistent, de toutes manières, sur les irri-

(1) La *zappa* correspond à un débit de 17 litres 19 par seconde ; voir t. II, p. 3o3.

gations d'automne, jusqu'à la venue des pluies, pour le développement des fruits.

De même que dans le midi de la France, où les céréales sur les terres sèches et les plantes potagères sur les terres arrosables, sont associées aux cultures arbustives, en Sicile, il arrive le plus souvent que les orangers et les citronniers sont cultivés en communauté avec la vigne, avec le cotonnier, avec d'autres arbres à pépins, ou avec des légumes. D'après une très ancienne tradition, les propriétaires des provinces de Catane et de Syracuse afferment leurs vergers, avec tolérance de ces cultures intercalaires, dans le but d'augmenter le loyer et le bénéfice des plantations.

Orangers et vignes. — Dans une des annexes du domaine Favara-Verdame, près de Mazzara, les orangers sont plantés en quinconce (fig. 8) à $4^m,20$ d'intervalle, et les pieds de vigne installés à $2^m,10$ d'écartement sur chaque côté du losange, en sus d'un pied au centre, de façon que dans un losange de $8^m,40$ de côté, 16 plants de vigne sont intercalés entre 9 pieds d'arbre.

Sur les rangées telles que A B, les vignes ne sont maintenues que jusqu'à la sixième année, et sur les rangées telles que C D, jusqu'à la dixième, à cause de l'ombrage des arbres qui empêche la poussée à fruit de la vigne.

Dans ce système, on donne trois labours à la bêche par année; c'est-à-dire avant l'automne, en hiver et au printemps, et l'on fume pour trois ans. Ainsi, entre les pieds d'orangers, la terre est remuée à la bêche, vers la fin d'octobre, de manière à rechausser les pieds de vigne en dos d'âne; en février, on déchausse les pieds de vigne pour rejeter la terre sur la banquette; enfin, en avril, on déplace les sillons en nivelant, afin de creuser les fossés nécessaires pour les irrigations périodiques de l'été.

Si la vigne, d'après ce système, au lieu d'être cultivée

pour faire du vin, est destinée à fournir du raisin de consommation, comme aux environs de Palerme, à Monreale, Altavilla, Boccadifalco, etc., le produit net augmente considérablement. Le raisin de table obtient sur

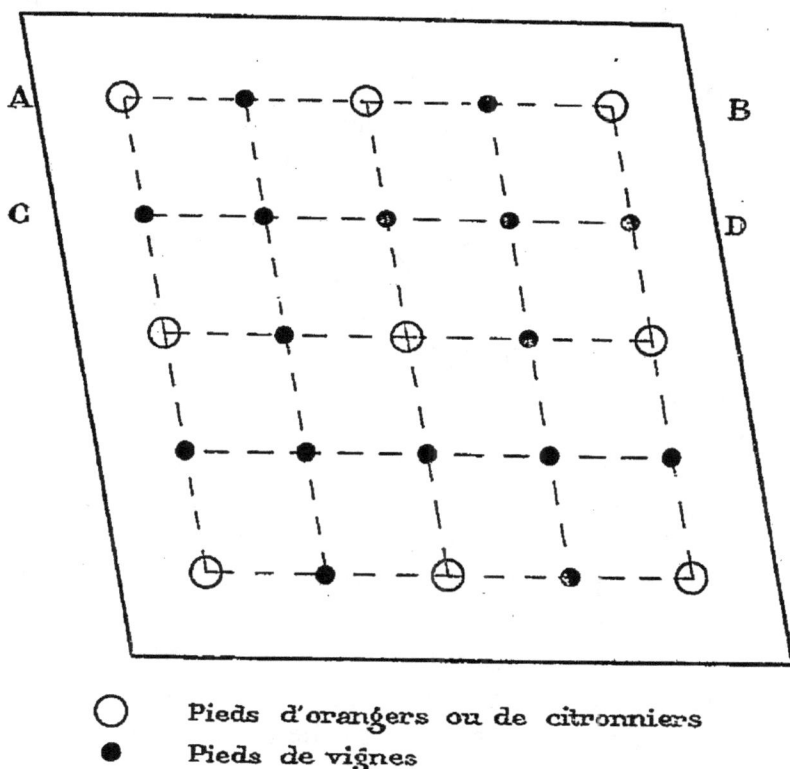

○   Pieds d'orangers ou de citronniers
●   Pieds de vignes

Fig. 6. — Vignes associées aux orangers en Sicile.

le marché cinq ou six fois le prix de celui converti en vin.

Dans les plantations de jeunes orangers, sur le territoire de Catane, les banquettes sont plantées en vignes de luxe (*zizibo*), avec un écartement de 1ᵐ,40 environ ; c'est-à-dire, à raison de 4,700 pieds à l'hectare, qui fournissent pour l'usage domestique jusqu'à 12,000 kil. de raisins.

Orangers et cotonniers. — Pendant la première période de végétation, l'oranger et le citronnier tirent profit de leur association avec le cotonnier, qui, grâce à ses feuilles, vit aux dépens de l'atmosphère, constitue une culture améliorante et exige des arrosements moins abondants.

Les arbres plantés en janvier, on donne un labour profond à la bêche vers la mi-février ; puis un second, suivi d'un hersage, à la fin de mars, et à la fin d'avril, on dresse le sol pour l'irrigation. Le coton se sème à son tour dans de petites fosses distantes entre elles de 0^m,30, en évitant l'approche du pied des arbres. Au bout de 20 jours, la germination s'étant opérée, on donne à la fin de mai un premier sarclage, puis un arrosage. Suivant la saison et la prédominance des vents chauds, ce premier arrosage coïncide parfois avec l'ensemencement du coton. Un deuxième sarclage se pratique en juillet avec élagage des feuilles ; un troisième, en août ; un quatrième, fin août ; et quelquefois, un cinquième en septembre. Après chaque sarclage, on enlève les feuilles inutiles pour favoriser la circulation de l'air, l'arrivée de la lumière et la floraison du cotonnier.

Les arrosages se renouvellent tous les 20 jours, à partir du premier sarclage, dans les terrains riches et meubles. Leur nombre n'excède pas six.

Si le coton, après la cinquième année, donne des signes de dépérissement, il est indiqué de cultiver des légumes, mais alors le produit net est sensiblement amoindri.

Orangers et arbres fruitiers à pépins. — La culture intercalaire des arbres fruitiers à pépins n'offre des avantages que si, à proximité d'un marché, on peut écouler les fruits frais ; ou bien, les dessécher et les vendre, sous un volume plus restreint, en recourant à des transports moins fréquents.

Orangers et légumes. — Il en est de même pour les légumes, tels que les pommes de terre, les choux, les melons, quand on dispose d'un centre populeux pour les placer avec profit. De toutes manières, les fraises qui envahissent la surface par leurs racines, et les choux-fleurs, malgré les soins donnés à leur culture, doivent être exclus à cause de leur action nuisible aux jeunes arbres. Turrisi et Spagna insistent non seulement pour qu'ils soient bannis des vergers, mais pour que les propriétaires concédant tous les mois le droit de labourer, exigent le curage des fossés d'irrigation et le sarclage au pied des arbres. Les tomates, les haricots, le tabac, se recommandent pour la culture en plantation, quoique l'on puisse en attendre de meilleurs résultats dans des terres arrosables, non plantées.

Espagne. — Les vergers d'orangers et de citronniers prospèrent dans toutes les *huertas* du Midi et de la côte occidentale de l'Espagne; ils sont une source de richesse caractéristique de l'agriculture ibérique; mais c'est surtout dans la vallée du Jucar, sur les plateaux d'Alcira et de Carcagente, de la province de Valence, et dans la *vega* de Orihuela, voisine de celle de Murcie, que la culture des orangers a atteint son plus grand développement.

Pour que ces arbres réussissent dans les sols légers, siliceux-calcaires d'Alcira et de Carcagente, ils exigent des arrosages fréquents, répétés depuis le mois d'avril jusqu'en octobre, tous les 8 ou 15 jours. On les arrose même en hiver, quand le temps est très sec et très froid, parce que venant d'être arrosés, ils résistent mieux à la gelée. A Orihuela, les irrigations se succèdent de 20 en 20 jours, du mois de février au mois de novembre, et l'on n'arrose l'hiver que si la sécheresse a été prolongée.

Il se peut que le mode différent de traitement, sous un même climat, dépende du volume d'eau employée par arrosage, et aussi de la nature du sous-sol. A Orihuela, l'eau dérivée directement du fleuve est abondante, tandis qu'à Alcira et à Carcagente, elle est élevée par des norias, ou des pompes à vapeur. Le sous-sol arénacé d'Orihuela est imperméable, tandis qu'il est meuble et poreux dans les deux autres localités. L'eau y est conduite au pied de chaque arbre par un canal maçonné, et les arbres sont disposés avec un écartement de 30 pouces ; ce qui donne de 240 à 250 arbres par hectare. Des abris de cyprès plantés serré, ou de grands roseaux (cañas) les protègent, s'il y a lieu, contre les vents trop violents. Enfin, ils reçoivent annuellement trois fumures abondantes.

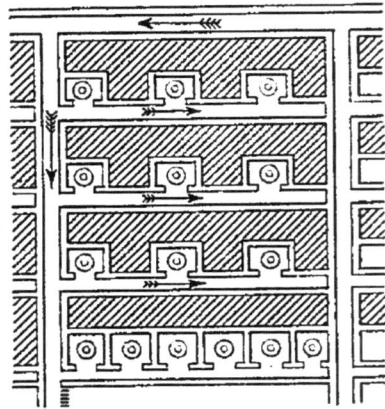

FIG. 7. — INSTALLATION D'UNE PLANTATION D'ORANGERS A CARCAGENTE (ESPAGNE).

A Carcagente, chaque arbre (fig. 7) est entouré d'une petite fosse quadrangulaire où se déverse l'eau des rigoles. Les orangers de la première file formant bordure sont moins espacés que ceux des files intérieures ; en dehors des fosses, on cultive souvent l'arachide. Llauradò évalue à 396 mètres cubes par hectare la consommation ainsi réduite par cette installation économique aux environs d'Alcira, tandis qu'en général, la consommation atteint 500 mètres cubes pour chaque arrosage, à raison de 250 arbres par hectare.

La plupart des orangers de la *huerta* du Jucar sont greffés sur cédratier qui s'aligne bien. Au bout de cinq ans, on récolte les fruits. Les orangers communs fleurissent en mars ou en avril, et au mois de décembre suivant se forment les fruits, qui ne sont à point qu'à Pâques. Quelques arbres donnent deux récoltes par an. On évalue le produit moyen, cinq années après greffage, à 11 kil. et demi par arbre; après dix ans, à 115 kil., c'est-à-dire qu'à raison de 1,000 oranges pour un poids moyen de 150 kil., on obtient de 2,400 à 2,500 kil. de fruits à l'hectare.

Plus de 600 *naranjales* ou vergers, compris sur les territoires d'Alcira et de Carcagente fournissent annuellement 250,000 *arrobas* ou 3,125 tonnes de fruits (1).

Le marquis d'Arcicolar estime que sur 5,800 hectares plantés d'orangers, dans toute l'Espagne, 3,500 appartiennent aux trois provinces de Castellon, Valence et Alicante (2). Les meilleurs fruits sont ceux de Malaga; mais précisément parce qu'ils sont plus fins et plus juteux, ils supportent difficilement l'expédition. Le nombre d'oranges et de citrons produits dans la péninsule et les îles Baléares dépasserait annuellement 600 millions, sur lesquels 110 millions seulement sont exportés; le reste est consommé à l'intérieur. L'Angleterre est le pays qui reçoit le plus d'oranges d'Espagne, plus de 50 millions annuellement.

Les citrons aigres et doux, les cédrats, les pamplemousses sont relativement peu cultivés, par rapport aux oranges.

France. — La région de l'oranger en France se distingue de celle plus continentale de l'olivier, par la

(1) Ch. Davillier, *Voyage en Espagne; loc. cit.*
(2) Arcicolar; *Rapports du jury; loc. cit.*, p. 248.

douceur du climat., la fraîcheur de l'air et la sérénité du ciel. Elle comprend les territoires tout à fait maritimes de la Basse Provence, du comté de Nice et du Roussillon; son altitude ne dépasse guère 100 mètres entre Cannes et Menton (1).

Dans le Var et les Alpes-Maritimes, l'oranger, après l'olivier, livre au commerce du littoral les produits les plus importants. L'oranger n'y fleurit qu'une fois par an et ne donne en conséquence qu'une seule récolte, pratiquée d'ordinaire en janvier et en février, pour les fruits d'exportation, c'est-à-dire, avant la parfaite maturité des fruits. Moins délicat que le citronnier, il peut supporter, sans en souffrir, quelques degrés au-dessous de zéro.

En terrain sablonneux, on arrose toutes les semaines, et en terre forte, tous les quinze jours, mais l'eau doit être à une température assez élevée; c'est pourquoi l'on n'emploie les eaux des torrents alpins qu'après les avoir laissé se réchauffer dans les réservoirs. La quantité d'engrais est proportionnelle au produit que fournissent les arbres.

Le bigaradier est cultivé principalement sur la côte.

Les bosquets d'orangers de la villa Clary, à Nice, située sur le revers oriental de la colline de Cimiès, ne le cèdent qu'à ceux de la villa Bermond. Lorsque Bermond père obtint en 1865 la prime d'honneur régionale des Alpes-Maritimes, il cultivait sur une vingtaine d'hectares une dizaine de mille pieds d'orangers, et des pépinières pouvant fournir de 2 à 300,000 arbres. Le rendement net du domaine, en y comprenant le prix de location de quatre villas et des travaux d'installation des réservoirs et canaux d'arrosage de la plantation,

(1) G. Heuzé, *les Régions agricoles; Journ. agric. prat.*; 1883, t. I, p. 529.

était de 80,000 francs. La canalisation, complétée par les fils Bermond, a permis d'arroser à tous les niveaux, sur la montagne qui les abrite, les terrasses portant 12,000 pieds d'orangers, sous l'ombrage salutaire desquels des champs de violettes fournissent une cueillette journalière. En même temps que des vergers d'orangers, la villa Bermond a reçu quelques milliers de citronniers et des pépinières pour l'approvisionnement de toute la côte.

Plus loin que Nice, vers Villefranche, et surtout à Menton, la température moyenne étant plus élevée, le citronnier croît avec plus de vigueur et mûrit plus tôt ses fruits. A Menton, cet arbre est dans toute sa production (1). Tandis qu'en Sicile, il n'a qu'une saison, de septembre en mars, ici, grâce à l'égalité d'un climat doux, le même arbre porte en toutes saisons des fleurs et des fruits à divers états de maturité. Quoique la production varie dans le courant de l'année, il y a des fruits bons à cueillir tous les mois. Les *verdami*, ou citrons d'été, sont les seuls qui puissent supporter les longues traversées en Amérique. Le triage, d'après l'état de maturité des fruits, s'opère d'ailleurs avec le plus grand soin, suivant les lieux d'expédition ; des emballages différents correspondent aux diverses destinations qu'alimente une production annuelle de 40 millions de citrons (2).

Orangers et citronniers ont leurs maladies et leurs ennemis. Tous deux réclament des soins minutieux et surtout une fumure substantielle, sous forme de chiffons, de cornes, d'engrais humain. Une sorte de moisissure extérieure, qui a été l'objet d'un examen spécial de Lau-

---

(1) Pendant plus d'un siècle, jusqu'à la première réunion du comtat de Nice avec la France, en 1792, Menton a possédé un magistrat des citrons pour la récolte et la vente de ce fruit qui atteignait alors le chiffre de 30 millions. (*Bibliographie agronomique*, loc. cit., p. 416.)

(2) A. Ronna, *loc. cit.; Semaine agricole*, avril 1882.

gier, affecte les orangers. Sans nuire à la qualité des fruits, elle dépare leur beauté et exige qu'on l'enlève avec précaution, avant de les expédier; c'est un surcroît de main-d'œuvre. Les bois d'orangers faisaient jadis la gloire d'Hyères; mais depuis 1840, les ravages d'un oïdium particulier ont fait disparaître les plantations, et les magnifiques vergers des villas Farnous et de Beauregard ne sont plus qu'à l'état de souvenir.

Algérie. — La culture algérienne de l'oranger et du citronnier, d'après la dernière statistique de 1882, correspond à une production de 315,000 hectolitres de fruits, représentant une valeur d'environ 2,300,000 fr. Aucune indication n'est donnée des surfaces plantées.

Au nord et à l'est de Blidah, les orangeries couvrent plus de 400 hectares; elles y sont très divisées, car on en trouve peu qui couvrent cinq hectares d'un seul tenant. Les fruits ont une supériorité marquée, dit-on, sur les espèces les plus renommées de l'Andalousie et de Malte, quoique la localité se trouve à une altitude de 250 m. au-dessus du niveau de la mer. La moyenne hivernale y est de 10°5 centigrades, et la moyenne estivale de 26°6 (1). On évalue à 40,000 caisses par an l'exportation des oranges de Blidah; c'est là une fraction minime du produit des vastes cultures qui s'étendent à travers la plaine de Metidja jusqu'à Kolea et Cherchel.

A Blidah même, un hectare d'orangers donne en moyenne 120,000 fruits (2). L'irrigation est fournie par les eaux de l'Oued-el-Kebir, dont le canal principal traverse la ville avant de desservir les plantations. Le débit d'eau par hectare d'orangers et par semaine est calculé à raison de 480 m. cubes, et les frais d'irrigation s'élèvent à 40 francs. Les arrosages se répartissent en un tour

(1) De Tchihatcheff, *Espagne, Algérie et Tunisie*, p. 191.
(2) Ch. Joly, *Société nat. d'horticulture*, 1887.

de jour et un tour de nuit. La saison commençant vers la fin de mars, finit en octobre, si les pluies arrivent à cette époque.

D'autres belles orangeries sont situées à la Chiffa, à Dalmatin, à Beni-Mered, à Soumak, et principalement à Boufarik où l'on plante tous les ans. Il y a là déjà 300 hectares environ, en plein rapport. Les plantations sont plus vastes qu'à Blidah; il y en a qui couvrent jusqu'à 40 hectares. L'irrigation se pratique en partie, à l'aide des eaux de l'Harrach et du Bou-Chemla, et en partie au moyen de norias. Le produit des orangeries de Boufarik est évalué à 1,200 fr. environ par hectare.

A Bougie, les plantations d'orangers sont remarquables; elles occupent sur les hauteurs qui surmontent le village de la Réunion, le versant méridional du mont Toudja, à l'abri des vents du nord et à proximité de sources dont plusieurs ont des températures assez élevées pour contribuer à l'échauffement du sol. Quoique jouissant de la même température moyenne que Blidah (17 degrés), Bougie est à 27 mètres d'altitude et la quantité de pluie annuelle y atteint $1^m,310$, tandis qu'à Oran, elle n'est que de $0^m,480$. Dès les temps les plus reculés, les Kabyles ont cultivé, sur le massif de Toudja, l'oranger dont les fruits rivalisent avec ceux de Blidah.

Californie. — Dans le comté de los Angeles qui passe pour le jardin de la Californie, les orangers et les citronniers peuplent, avec les autres arbres à fruits, des vergers d'une très grande étendue. Le verger de Wolfshill par exemple, renferme 2,000 orangers, 100 citronniers, 1,000 limoniers, 100 figuiers, etc., et 55,000 pieds de vigne; il couvre 15 hectares et produit annuellement environ 260,000 francs. Un autre verger irrigué, du colonel Kerven, contient 75,000 vignes, 500 orangers, 300 citronniers, des oliviers et des noyers, et rapporte pour les oranges seulement, 63,000 francs.

L'estimation faite de l'installation d'un verger de 4 hectares s'élève à 6,370 francs, c'est-à-dire par hectare, à 1,592 francs.

	Francs.
Terrain et rigoles d'arrosages	1.560
Arbres	660
Clôture	1.560
Culture et irrigation	1.560
Frais imprévus	1.040
Total	6.380

Après 15 années de plantation, les orangers donnent de 1,000 à 2,000 oranges, soit de 100 à 125 francs par arbre, ou de 125 à 250,000 francs par hectare (1).

6. LES DATTIERS.

Espagne. — C'est à Alcazar, sur la route de Carthagène, que se rencontrent les premiers dattiers. En petit nombre d'abord, ils deviennent plus fréquents au fur et à mesure que l'on s'approche de Murcie, où ils s'associent aux orangers. Sur le territoire même de Murcie, les dattes viennent à maturité, le climat étant aussi doux, mais avec des étés plus chauds qu'à Malaga; tandis que sur la côte algérienne, beaucoup plus méridionale, elles ne mûrissent pas. Elche offre l'aspect féerique du palmier en pleine culture, atteignant jusqu'à 20 m. de hauteur, produisant dattes et palmes, qui alimentent un grand commerce d'exportation et forment la principale richesse du pays. Les écrivains arabes du douzième siècle ne font pas mention des 60,000 dattiers

(1) Marchand, *Lettres de Californie; Revue horticole*, 1877.

d'Elche (l'*Ilice* des Romains); de telle sorte que si les Arabes les ont plantés, comme on le prétend, c'est sans doute après l'établissement de leur domination en Espagne (1).

Les eaux du rio Vinolapo, chargées de chlorure de sodium, de sulfate de chaux, impropres à la boisson et à la végétation de beaucoup d'arbres, le figuier par exemple, paraissent avoir contribué particulièrement à la réussite du dattier d'Elche, comme aussi des grenadiers, des caroubiers et des oliviers. Le dattier ne résiste pas à la sécheresse; il souffre, s'il reste quinze jours sans arrosage; aussi l'arrose-t-on abondamment tous les huit jours. Venu par semis, il est transplanté au bout de trois ou quatre ans de pépinière. Six ans plus tard, il donne des fruits. Les dattes d'Elche, sans être comparables à celles de l'Afrique, sont consommées dans le pays; mais le principal revenu de la culture qui donne lieu à un commerce très important, ce sont les palmes que les églises d'Espagne, d'Italie et du midi de la France emploient pour les processions et la consécration du dimanche des Rameaux. Les palmiers mâles ne produisant pas de fruits, c'est leur touffe fortement liée et privée de l'action de la lumière qui fournit les palmes blanches portées dans les processions (2).

Les palmiers d'Elche couvrent plus de 120 hectares; ils sont arrosés directement par les rigoles qui déversent dans la fosse creusée au pied de chaque arbre.

Les dattes d'Espagne représentent, en moyenne, 50,000 kilogrammes par an; en y ajoutant celles importées du Maroc, par la voie de Gibraltar, leur commerce acquiert une certaine valeur.

Algérie. — L'oasis de Zadja, située à 40 kilom. au sud

(1) De Tchihatcheff, *loc. cit.*, p. 53.
2) Aymard, *loc. cit.*, p. 184.

de Biskra dans le désert, doit sa prospérité aux dattiers dont on porte le chiffre à 40,000 pieds. Tous les quinze jours, le sol où plongent les racines est irrigué à l'aide des sources de la montagne, dont les eaux circulent dans les rigoles autour des arbres.

Même à l'époque la plus florissante de la domination arabe, les dattes des oasis de Biskra jouissaient d'une grande réputation, car en parlant de cette ville qu'il qualifie de capitale du Zab, Abulfeda dit : « le territoire de Biskra abonde en palmiers et en grains; on en exporte d'excellentes dattes à Tunis (1). »

Les dattiers des oasis sont, du reste, pour le gouvernement, une source de revenu importante, la redevance étant fixée à o fr. 50 par arbre (2). Pour les Zibans, c'est une véritable fortune.

Au sud-est de Biskra, l'oasis Sidi-Okba, rapprochée des montagnes qui bordent le désert au nord et forment les dernières ramifications du massif de l'Aurès, tire profit de la petite rivière l'Oued-Abeid pour cultiver le dattier, l'oranger et le citronnier. A défaut de cette rivière, assez souvent à sec, l'eau est amenée de l'oasis de Si-Kirli, sur 7 kilomètres de parcours. Le nombre des dattiers y est dans le même rapport qu'à Lachana, dans l'oasis de Zadja.

Biskra est pour les dattes ce que Blidah est pour les oranges; on n'y compte pas moins de 150 variétés, se divisant en deux sortes très distinctes, les dattes dures et les dattes molles; les premières plus recherchées que les secondes, mais toutes deux rivalisant avec les meilleurs fruits dans ce genre, du Maroc et de la Tunisie. Propagé par drageons que l'on détache des plantes femelles,

---

(1) *Géographie d'Abulfeda*, traduite de l'arabe par Reinaud, t. II.
(2) De Tchihatcheff, *loc. cit.*, p. 303.

au printemps, le palmier des bonnes espèces se conserve indéfiniment. Les semis, donnant plus de mâles que de femelles, on ne conserve des palmiers mâles que le nombre strictement nécessaire pour la fécondation.

La plupart des dattes de Biskra sont réunies en gros pains pressés, ou confites; ailleurs, elles sont distillées. Dans les oasis de Laghouat (province d'Alger) qui renferment 675,000 palmiers, pour le cercle militaire seulement, cet arbre est exploité comme producteur de vin (*lakmi* des Arabes). La sève, quand le palmier a atteint 40 ans, c'est-à-dire, son maximum de vigueur, est obtenue par une incision circulaire au-dessous du bouquet terminal, à raison de 3 à 4 litres en moyenne par jour, pendant un mois, et mise à fermenter. Le vin de palmier, à couleur opaline, d'une odeur excitante, d'une saveur de cidre, pétille à la façon du champagne : sa consommation est toute locale (1).

Un fait curieux à signaler, c'est que si le dattier cultivé pour ses fruits, pour ses palmes, ou pour le vin que fournit la sève, ne prospère qu'à la condition d'arrosages abondants et continus, le palmier nain dont les touffes encombrent les terres incultes et causent un embarras continuel aux colons, ne cède la place que grâce à l'action d'irrigations copieuses. Dans le territoire de Hadji-Roum, en moins de deux ans, les souches vigoureuses du palmier nain ont été détruites et converties en un humus abondant par l'irrigation à grande eau. Les défrichements ont pu dès lors s'effectuer sans frais, permettant la mise en valeur de terrains d'une grande fertilité (2).

Égypte. — La culture des dattes, en Égypte, est une branche d'exploitation précieuse. Il y en a un assez

(1) De Tchihatcheff, *loc. cit.*
(2) Cosson, *Rapport sur le voyage botanique en Afrique*, p. 38.

grand nombre de variétés dont les fruits se mangent frais ou conservés; la principale est le *Phœnix dactyli-fera* qui croit spontanément et atteint jusqu'à 20 mètres de hauteur, sur 0^m,60 à 1 mètre de diamètre.

Les dattes provenant des palmiers de la vallée, sur des terrains bas et humides, sont à pulpe molle, muco-mielleuse; elles fermentent facilement et ne se conservent pas. Celles à pulpe sèche saccharine, se desséchant parfaitement sans fermenter, et de bonne conservation, proviennent des dattiers qui croissent sur les bords du fleuve, dans la basse Nubie, à Dongola, Korosko, Assouan; elles sont chargées en grandes masses sur les barques d'Assouan, pour être expédiées au commerce du Caire. Les dattes de la grande province de Zagazig fournies par les palmiers cultivés à la limite du désert, sont surtout recherchées pour l'exportation, à cause de leur saveur aromatique (1).

Le dattier est l'arbre providentiel de l'Égyptien : fruits, tiges, feuilles et fibres, même les noyaux, sont utilisés dans l'alimentation et l'industrie. Un arbre spécial de la famille des palmiers, le *doum (Crucifera thœbaica)* qui croit à l'état spontané, mais que l'on cultive et que l'on arrose, rend également de grands services en Égypte par son fruit qui ressemble à un gros œuf avec une enveloppe sucrée, rappelant celle du caroubier; et par son bois fibreux et compact, susceptible du plus beau poli.

7. LE CACAOYER.

Le cacaoyer cultivé dans l'Amérique centrale, au Venezuela, aux Antilles, aux Canaries, aux Philip-

(1) Pepin. *loc. cit.*, t. XI. p. 208.

pines, etc., vient au mieux dans les terrains vierges, riches, profonds, humides, offrant la pente nécessaire pour l'irrigation.

Les plantations, dans les régions chaudes, offrent un même aspect; elles sont situées dans des lieux abrités, à peu de distance de la mer, auprès d'un torrent, ou sur les bords d'une rivière. Au-dessous d'une température moyenne et constante de 24 degrés, les fruits, peu développés, atteignent rarement la maturité (1).

Pour recevoir les plants élevés en pépinière, le terrain convenablement ombragé par des bucares (*Erythriva umbrosa*) ou par des bananiers, est débarrassé de mauvaises herbes, puis sillonné par des rigoles qui facilitent l'écoulement des eaux. Les plants sont alignés en allées dont l'écartement varie, suivant la qualité des terres, entre 2 et 5 mètres, le cacaoyer devenant très touffu et obligeant à élaguer. Les fleurs apparaissent rarement avant 36 mois, mais on les détruit le plus souvent, pour ne laisser venir les fruits que dans la quatrième année. On fait par an deux récoltes principales, à partir de la quatrième année ; toutefois, dans les grandes cultures, on cueillette tous les jours, car l'arbre porte à la fois des fleurs et des fruits.

Au Venezuela, un cacaoyer de 7 à 8 ans fournit annuellement $0^k,75$ de cacao sec et marchand; quand il est parvenu à l'âge de douze ans, il rapporte comme maximum 2 kil. de graine par arbre et par an. Sa taille dépasse rarement 6 mètres (2).

(1) Boussingault, *Agronomie*, t. VII, p. 275.
(2) *Vegetable substances*, *loc. cit.*, p. 372.

XII. — LES CULTURES POTAGÈRES ET FLORALES.

La culture potagère et maraîchère fournit à la population d'un pays, aux campagnes comme aux villes, l'immense variété de légumes verts de toute espèce et de toute saison, et de légumes secs, qui se consomment en racines, en graines, en tiges, en feuilles, et donnent à la table un supplément de nourriture aussi saine qu'agréable (1). Les fleurs des jardins offrent à leur tour un délassement et un charme que l'aisance de la population tend à accroître chaque jour et à répandre davantage ; elles font l'objet dans certaines localités, pour leurs essences, leurs principes colorants, etc., d'un commerce très actif. Cette double culture qui s'exerce partout sur de grandes étendues, surtout au voisinage des centres populeux, et occupe un grand nombre de bras, exige avant tout de l'eau, au Nord, comme au Centre et au Midi. L'arrosage, obtenu au moyen des machines ou des rigoles, est la condition essentielle de production du plus grand nombre de légumes et de cultures florales. Dans le Midi, les pommes de terre, les haricots, les pois, les céleris, les oignons, etc., exigent à peu près autant d'eau que les prairies naturelles, du moins par arrosage, et les arrosages doivent être répétés à peu près toutes les semaines, mais pendant une plus courte durée.

La culture des légumes frais a reçu spécialement des circonstances économiques, un grand essor, et le commerce des primeurs a pris de nos jours une extension croissante, grâce à l'achèvement et au perfectionnement des voies ferrées. Sans les irrigations, la production légumière et florale du Midi n'existerait certainement pas.

(1) Puvis, *Journal d'agric. prat.*, 1843-44, t. VII

La plupart des plantes fourragères de pleine terre appartiennent à l'agriculture du Nord et du Centre. Sur ses terres sèches, le Midi ne peut guère cultiver que quelques racines d'hiver; quant aux racines d'été et aux tubercules, ils y réussissent fort mal. C'est seulement dans les terres arrosables que ces cultures deviennent faciles et peuvent fournir de grands produits. La pomme de terre y donne des récoltes de tubercules peut-être plus grossiers que dans le Nord, mais plus abondants; la patate également, qui par ses feuilles fournit une grande quantité de nourriture verte; la betterave repiquée, ou semée plus tôt que dans le Nord, végétant plus rapidement sous l'action du soleil et de l'eau, et plus longtemps, à cause du climat plus doux de l'automne, rend jusqu'à 100 et 120,000 kilogrammes de racines, sans doute moins sucrées, mais d'un grand prix pour l'alimentation du bétail. En dehors des racines alimentaires ou des céréales, les terres arrosables qui ne doivent jamais se reposer portent des récoltes dérobées, telles que les haricots ou les choux, dont les produits peuvent être consommés la même année; ou bien deux récoltes de pommes de terre de variétés hâtives se succédant, ou encore des carottes, des raves et des navets, semés sans attendre les pluies d'automne, comme on le fait dans les terres sèches, et venant quelques mois plus tôt à maturité.

I. LES LÉGUMES.

France. — En France, les jardins maraîchers et potagers représentent, sur une surface de 430,000 hectares, une production de légumes et de denrées les plus variées, dont la valeur annuelle atteint près d'un milliard de francs (1). Plus de 90,000 hectares sont cultivés pour la vente régulière des légumes, fournissant un produit moyen par hectare de 2,100 francs : c'est là toutefois un chiffre minimum, car dans nombre de cas, le produit dépasse 4,000 et 5,000 francs. Comme répartition, les cultures potagères sont plus importantes dans les départements du Nord, dans la Manche, la Bretagne, en Seine-et-Oise; mais depuis quelques années, le Midi fait les plus louables efforts pour accroître la production des primeurs et soutenir la concurrence de l'Espagne, de l'Italie et de la Belgique.

Provence. — Rien n'est plus frappant dans la Basse Provence, et de plus captivant à la fois, que l'association intime de l'agriculture et de l'horticulture. C'est un de ses traits caractéristiques; il est assurément difficile de préciser où l'une commence, et où l'autre finit.

De Toulon jusqu'à Gênes, la mer est bordée d'une admirable ceinture, à peine interrompue, de jardins potagers, fruitiers et fleuristes. La plaine de Hyères, arrosée par le Béal, canal dérivé du Gapeau, recouverte d'un sol riche et profond, peuplée de villages industrieux, n'est d'un bout à l'autre qu'un verger abritant des légumes et des fleurs. Il en est de même des coteaux de Grasse et du Cannet, protégés des vents froids, desservis par des sources et par les eaux du canal de la Siagne. Plus loin, aux environs de Nice, d'Antibes, de Menton, etc., partout où se présentent des terres arrosables, l'horticulteur s'en est emparé pour y créer des merveilles comme primeurs, comme plantes de rapport ou d'agrément. Il ne s'est pas borné à la culture facile, car du moment où il pouvait disposer d'eau, il a conquis le rocher, comme à Cannes-Eden, au golfe Juan, à Mo-

(1) *Statistique agricole de 1882, etc.*

naco, etc., pour y suspendre des terrasses et y installer les cultures florales et arborescentes les plus diverses.

Le développement des communications n'a pas peu contribué à cette rapide croissance de l'hortolage, en facilitant l'approvisionnement continu des grands centres en produits maraîchers, récoltés en hiver, et en plantes de rapport, rares ou précoces.

Comme légume précoce, l'artichaut qui exige une terre riche en engrais et beaucoup de travail, arrive, sous l'action des arrosages, à produire dès le mois de décembre. Il continue à produire pendant plusieurs mois, de même que le chou-fleur, auquel succède le brocoli. La culture des salades d'hiver, de la chicorée frisée en première ligne, fournit des transports réguliers incessants vers les marchés du Nord. L'asperge, à cause de la précocité que donne le climat, ou à cause de la fertilité des terres qu'on lui assigne, assure aux jardiniers habiles un produit des plus élevés.

Comme légume d'été, le haricot donne lieu à la grande culture. La variété pour consommation en vert vient en terre arrosable. Pendant six mois de l'année, jusqu'au milieu de novembre, le haricot vert approvisionne le Nord, longtemps après que les maraîchers de cette région ont cessé de le produire.

A Hyères (1), le haricot est cultivé deux fois par an pour l'expédition. Il est semé d'abord en mai, pour subvenir, 20 jours avant celui de la culture en plein air, aux besoins du centre de la France; puis il est semé encore en août, pour donner jusqu'en décembre, quand sous un autre climat tout produit similaire est détruit. Les expéditions sont si importantes que les cultivateurs

1) Hardy aîné, *Revue horticole*, 1872, p. 310.

consacrent jusqu'à 2,000 mètres carrés aux porte-
graines du haricot noir de Belgique.

Indépendamment des farineux récoltés en sec, et des
pommes de terre de pleine culture, les jardiniers du littoral produisent nombre de légumes spéciaux, tels que
les courges et les concombres, l'aubergine et le piment.
Il en résulte que dans toutes les saisons il y a des légumes frais, et que les hortolages ne cessent de livrer
des produits lucratifs à la vente.

C'est encore dans les jardins de Hyères, le long du
Gapeau et du Béal, que le fraisier se cultive en grand,
dans les intervalles des pêchers et des autres arbres fruitiers. Malgré les inconvénients de cette pratique, sous le
rapport des arrosages qui, appliqués aux fraisiers, ne
conviennent pas aux arbres, ou réciproquement, la culture des fraises sur une terre abondamment fumée et
convenablement irriguée, donne un produit net considérable par hectare.

Les melons, qui s'obtiennent en grandes quantités, à
des prix bien inférieurs à ceux des régions situées plus
au nord, ont un débit d'autant plus sûr que les variétés
à chair blanche, à écorce lisse, et celles d'hiver se succèdent jusqu'à une époque avancée de l'année. La culture
de la pastèque exigeant un peu plus de chaleur que
celle des melons donne lieu également à une grande
production.

Les *bastides* des environs de Marseille (d'Arène à
Saint-Giniez) offrent le type des hortolages que l'on
retrouve loin du littoral, dans les cantons de Saint-
Rémy, d'Orgon, de Châteaurenard, de Vitrolles, etc.
Sur une surface qui varie de 50 ares à 2 hectares, les
carrés sont abrités, quand il y a lieu, par des rideaux de
peupliers ou de cyprès, et sur les routes, les chemins
et intérieurement, par de hautes palissades de roseaux.

Des planches étroites, légèrement ccurbées reçoivent les eaux des rigoles par infiltration; au centre, on y cultive les melons ou les pastèques, et sur les bords, les laitues et les romaines de primeur. Les planches plus larges portent des choux-fleurs avec melons ou courges intercalaires, et lorsqu'en septembre, les melons sont mûrs et arrachés, l'arrosage qui a été suspendu reprend activement pour les choux-fleurs, livrables à la consommation en novembre, ou en décembre. Dans d'autres planches, les piments sont associés aux laitues; les céleris aux chicorées; les tomates sont plantées en lignes, et quand elles sont forcées comme primeur, on les abrite par des paillassons en berceau; enfin, certains carrés sont cultivés en une seule espèce de légume; pomme de terre, rave, épinard, carotte, etc., suivant un assolement qui occupe toujours le sol.

Sur les terres colmatées des graviers de la Durance, à Cavaillon (Vaucluse), les hortolages cffrent comme culture en grand, des artichauts qui, pendant dix mois de l'année, alimentent Lyon, Paris et le Nord; des melons qui produisent en juillet, août et septembre pour les mêmes destinations; des céleris, des oignons et des aulx approvisionnant une grande partie du Midi; et des haricots semés deux fois par an, en août et en juin, donnant par les arrosages une récolte qui dure de mai à octobre. Dans le livre précédent, chap. IV, (1) la disposition est indiquée du terrain servant à la culture simultanée du melon et de l'artichaut.

La terre est préparée pour les autres légumes à l'aide d'une fouille à deux pointes de louchet, ($0^m,80$ de profondeur), puis ameublie et divisée en planches de $1^m,75$ de largeur, A la limite des deux planches contiguës, une

____

(1) Voir t. II, p. 543.

fosse ou rigole est creusée, de 0^m,15 à 0^m,20 de largeur et de profondeur, et la terre est relevée en butte qui porte au sommet, sur plusieurs rangs, les divers légumes. L'eau est introduite dans la fosse jusqu'à ce que l'imbibition soit complète; ce qui exige à peu près six fois son volume d'eau, ou 1,000 mètres cubes par hectare, chaque fois.

Dans le comtat d'Avignon, les haricots en grande culture sont arrosés par nappe comme les prairies, le terrain étant préparé de la même manière. Les premiers haricots semés en avril et récoltés depuis mai jusqu'à fin juillet, sont consommés à l'état vert, et à partir de juin, on récolte des haricots blancs. Les seconds haricots, proviennent des semences faites sur un chaume qui a été inondé pendant 2 ou 3 jours. La récolte commence en août et finit en octobre.

Gers. — La riche plaine du Pradoulin offre, entre le Gers et Lectoure, et sur les coteaux mêmes de cette ville, des hortolages étendus qui, approvisionnant en outre Condom, Fleurance, Nérac, etc., doivent aux arrosages et à une exposition favorable une production spéciale, basée sur la culture en grand des légumes. Il s'y plante chaque année, d'après Dumas (1), à peu près de 30 à 40,000 choux (choux de Milan et cabus d'été), 300,000 pieds de chicorées ou de scaroles; 250,000 de céleris et autant de romaines. Il se vend 50,000 bottes de radis chaque printemps, et tous les étés, au mois d'août 60,000 plants de choux. Le produit que donne le chou seul s'élève chaque année à 25,000 francs; la contenance actuelle des jardins étant de 20 à 25 hectares, on obtient ainsi anuellement de 90 à 100,000 francs. Avec des légumes plus recher-

(1) A. Dumas, *la Culture maraichère pour le midi de la France*, p. 11.

chés, comme l'asperge, la somme des revenus des marais de Lectoure doublerait assurément.

Somme. — Nous avons déjà mentionné, en traitant de l'arrosage par aspersion, les marais de la Somme, répartis au nombre de 1,500 environ, entre les propriétaires ou locataires des marais.

L'ensemble des hortillonnages autour d'Amiens et sur divers points des vallées de l'Avre, de la Celle et de l'Agrapin, couvre 800 hectares de terrains spongieux, noirâtres, découpés en parcelles dont quelques-unes n'ont que trois ares. Grâce à l'assolement triennal, ces hortillonnages ne chôment jamais et l'équilibre se maintient entre les produits et les amendements. Outre que toutes les plantes potagères, sauf les lentilles, sont indistinctement cultivées avec le même succès, les produits sont cités pour leur beau développement: des choux de 18 à 20 kil.; des radis de Tournai de 6 à 10 kil.; des navets de 6 à 8 kil.; des betteraves rouges de 10 à 12 kil., etc.

Puvis (1) a calculé que dans l'espace de trois ans, sans aucune culture d'hiver, on fait quatorze récoltes sur un même terrain tourbeux bien égoutté, grâce à l'engrais des canaux, à l'arrosage et à la main-d'œuvre incessante.

La première année, après une bonne fumure et un labour, on récolte au mois de mai les radis; le mois suivant, les salades; en juin et juillet, les carottes primeurs; en août, les oignons; en septembre, les poireaux; puis on fume de nouveau et on laboure pour repiquer les choux et les salades.

La deuxième année, après le curage des canaux et une fumure suivie de labour, on sème des pois en rangée, avec des pommes de terre intercalaires. Les pois récoltés en juin

(1) *Des récoltes légumières; Journ. agric. prat.*, 1838-39, t. II, p. 483.

sont remplacés par des choux; les pommes de terre récoltées en août et septembre sont remplacées par des laitues ou des chicorées d'automne. Quant aux choux tardifs, ils sont enlevés en décembre et janvier.

La troisième année, après curage, fumure et labour, on sème des radis et des salades, et sur ces semis, en mars et avril, des œilletons d'artichaut, qui produisent en août et septembre, pour faire place à des chicorées.

Indépendamment des légumes courants, quelques arbres fruitiers, mais surtout les framboisiers, les groseillers et les melons, sont cultivés avec profit sur quelques unes des aires.

Angleterre. — D'après les dernières statistiques, on comptait, en Angleterre seulement, plus de 18,000 hectares de cultures maraîchères, dont le tiers se trouve dans les comtés de Middlesex, d'Essex et de Kent.

C'est dans la zone immédiate de la capitale, où domine la culture à la bêche, que l'on cultive les plus fins légumes, tels que l'asperge, le crambé, le brocoli, les choux-fleurs, les haricots verts, qui demandent des soins spéciaux et des châssis au commencement du printemps. Au delà de cette zone, on cultive les choux, les pois, les fèves, les oignons, les carottes, les navets, etc., pour l'approvisionnement des marchés, mais sans aucun assolement régulier. La succession des récoltes maraîchères dépend du sol, de l'eau dont on dispose, et surtout de la consommation.

Le climat de l'Angleterre est plus favorable aux légumes qui se consomment en feuilles, car les récoltes, pendant l'hiver, ne souffrent pas autant des froids, et pendant l'été, elles n'exigent pas des arrosages aussi répétés que dans le Midi. Aussi, après Noël, dans les terrains

---

(1) Puvis, *loc. cit.; Journal d'agric. prat.*, p. 486.

meubles et secs, on sème, quand le temps est propice, les radis, les épinards, les oignons et les autres graines pouvant supporter un peu de froid ; puis, en février, s'il est possible, on plante les choux-fleurs élevés sous châssis, et plus tard, les choux, remplacés avant la fin de la saison par des endives et du céleri (1). La règle consiste naturellement à n'avoir aucune jachère, le terrain étant toujours occupé par une récolte prête pour le marché.

Comme type de culture très usitée dans les comtés qui avoisinent Londres, on peut signaler : 1° une récolte de choux plantés en juin et enlevés en janvier, suivie 2° d'une récolte de pommes de terre hâtives, obtenues en juin ou au commencement de juillet; 3° des choux d'hiver ou des brocolis branchus, remplacés 4° par des petits pois cueillis au mois de juin; 5° des oignons d'hiver; puis de nouveau, des choux et des brocolis verts (2). Une succession aussi rapide de cultures épuisantes ne peut se soutenir sans une masse d'engrais et d'eau. Sur les alluvions avec sous-sol graveleux, ou sur les loams argileux à texture légère, une fumure de 100 à 125 tonnes de fumier de ferme est nécessaire, surtout en vue de la culture des légumes du genre *brassica;* et partout où cela se peut, on pratique l'irrigation sur les bords de la Tamise.

Dans le concours des exploitations maraîchères, ouvert en 1879 par la Société d'agriculture (3) le prix de l'une des classes fut décerné au marais Lancaster, à Stratford (Essex), couvrant 32 hectares auxquels s'appliquaient les irrigations d'été. Une pompe à vapeur élève

(1) Puvis, *Journal d'agric. prat.*, loc. cit.

(2) Ch. Whitehead, *The cultivation of hops, fruit and vegetables; Journal Roy. Agric. Soc. of England*, 1878, vol. XIV, p. 751.

(3) *Report upon the market garden competition; Journal Roy. Agric. Soc. of England*, 2e série, vol. XV.

les eaux d'un ruisseau dans lequel débouchent les tranchées qui drainent le terrain jadis en pâturage, et les distribue par un réseau de conduites et de rigoles aux planches de légumes. Comme le sol, très humide en hiver, ne se laisse pas facilement travailler, la culture ne commence au printemps qu'après l'action des vents de mars; elle comporte en première ligne le céleri qui, à raison de 24,000 pieds par hectare, occupe 18 hectares; puis les radis, les laitues, les choux-fleurs, les concombres, les oignons printaniers, la rhubarbe, etc.

C'est spécialement en vue de la culture légumière intensive, que l'irrigation à l'eau d'égout permet de réaliser les plus forts rendements. Les fermes arrosées des villes de Croydon, de Leamington, d'Aldershot, de Wrexham, de Cheltenham, etc., offrent des exemples de cultures parfaitement réussies comme qualité et comme quantité.

Nous nous bornerons à citer la ferme de Romford Breton's farm) qui avait fourni en 1871-72, pour les légumes arrosés, les rendements consignés dans le tableau XI, en regard des volumes d'eau distribués par hectare et par tonne de produit (1).

(1) A. Ronna, *Egouts et Irrigations*. p. 347.

TABLEAU XI. — *Breton's farm (Romford)*;
Consommation d'eau et rendement des légumes arrosés.

| | Volume d'eau d'égout distribué | | Produit par hectare. |
	par hectare.	par tonne de produit.	
	m. cub.	m. cub.	kil.
Choux.....................	3.386	65,1	52.430
Choux verts..............	4.404	197,2	22.340
Choux de Milan...........	4.493	964,2	47.460
Choux de Bruxelles........	1.811	27,2	66.660
Brocoli....................	7.025	»	»
Choux fleurs	6.412	1.234,2	5.190
Haricots..................	5.820	2.504,1	2.320
Pois......................	3.275	751,9	4.350
Épinards..................	3.145	671,1	4.680
Laitues...................	5.173	3.277,0	1.570
Oignons...................	5.290	125,4	42.170

Italie. — En Italie, les légumes qui n'ont pas un
besoin absolu d'arrosage se cultivent dans les champs,
ou dans les jardins attenant aux fermes; ce sont les
pommes de terre, les haricots, les raves, les melons,
etc., nécessaires à la consommation des paysans, du fermier et du propriétaire; l'excédent seul est porté au
marché; mais la culture des légumes et des primeurs
qui approvisionnent les marchés et le commerce se lo-
calise au nord, auprès des grandes villes et des chemins de fer. C'est dans ces pays du Nord, comme en
Toscane, que la culture maraîchère s'exerce à part, tandis que dans l'Italie du Sud elle fait partie de l'assolement des céréales et des plantes textiles, ou bien elle est
associée à celle des arbres à fruits (1).

(1) Bertagnoli, *loc. cit.*, p. 116.

Outre les légumes cultivés en grand, tels que les choux,
les pois, les choux-fleurs, les pommes de terre, etc.,
les primeurs, comme tomates, se tirent spécialement de
la Ligurie et de l'île d'Elbe, pour l'exportation en Amérique; celles des petits pois, de Brescia, Empoli, Naples
et la Sicile, pour l'Europe; celles des choux-fleurs, de
Lecce, Caltagirone, pour les pays transalpins et l'Amérique. Bien avant que Gênes et Naples pussent expédier
leurs primeurs encore plus hâtives, San Colombano
avait acquis une renommée pour ses petits pois; Cara-
vaggio, dans la province de Milan, pour ses melons
(*poponi*); Lodi et Pavie, pour les concombres (*angurie*)
ou les citrouilles; Milan, pour ses légumes verts; Côme,
pour ses oignons et ses brocolis; Novare pour ses céleris; etc. De ces nombreuses cultures dans les provinces arrosées, celle du melon est des plus lucratives, en
ce qu'elle donne lieu à la vente pour exportation.

Sur les rives du lac de Garde, l'arrosage des jardins
maraîchers s'opère à l'aide de l'eau des ruisseaux qui
descendent dans le lac, ou bien de l'eau du lac même,
que l'on élève avec des pompes, ou que les bœufs transportent par tonneaux, pour être utilisée directement;
quant à l'eau des ruisseaux, elle doit être échauffée dans
des bassins, avant de gagner par les rigoles les planches
en légumes.

La plus grande partie du territoire de Venise est consacrée à la culture légumière, que l'on retrouve également
ment sur 150 hectares à Brà, auprès de Turin; autour
des villes de la côte de Gênes dont elle a modifié l'économie agricole; aux environs de Florence d'où elle a
éloigné à peu près les autres cultures; sur la côte de
Naples, à Castellamare, et dans la plaine qui s'étend
au pied du Vésuve; enfin, dans le bassin du Sarno, jusqu'à Pagani et Nocera.

Ce sont les jardins maraîchers de Naples, qui alimentent Rome, dont l'extension a été si rapide. Entre Pise et Cascina, l'horticulture très développée approvisionne Livourne et Florence ; l'arrosage s'y pratique à l'aide de la noria décrite sous le nom de *bindolo* (1). Presque toute la plaine de Pescia est en hortolages ; celle des environs de Lucques et de Pistoia également, aussi loin que peuvent s'étendre les irrigations. Il n'y a presque pas de terrains irrigués en Toscane, qui soient livrés à la grande culture ; le jardinage s'en empare toujours et en chasse le blé et les fourrages (2). « La pratique des jardiniers toscans consiste à mettre l'eau dans leurs terres à toutes les heures, soit de jour, soit de nuit ; et les cultures n'en éprouvent jamais de mauvais effets. Ils arrosent les légumes verts tous les 8 jours, à l'exception des semis, et toutes les 24 heures, les petits oignons. Les terres qu'ils veulent préparer sont arrosées et essuyées pendant deux ou trois jours, avant d'y mettre la bêche. »

Dans les terres arrosées de Reggio, de Calabre, les légumes cultivés en assolement avec le maïs, le chanvre et le lin, permettent de faire trois ou quatre récoltes dans l'année, soit une à l'automne, une au printemps et une ou deux en été.

En Sicile, les jardins maraîchers, plantés d'arbres à fruits, occupent 1,500 hectares, tandis que les jardins spécialisés pour légumes en comprennent 5,700. « Le Sicilien a le goût de l'horticulture, et depuis le citronnier jusqu'au chou-rave et à la scarole, cultivée à Palerme pour la nourriture des chevaux, on trouve pour le jardinage, des terres arrosées avec un soin et une activité qui

(1) Voir tome I, p. 565.
(2) Toscanelli, *l'Economia rurale della provincia di Pisa*, p. 11.

disparaissent quand manque le secours de l'eau (1 . »

Quatre légumes occupent une place dominante dans l'horticulture italienne : la tomate, les pois, les haricots et les choux-fleurs. La culture de la tomate ne cesse de se développer, surtout le long de la côte ligurienne d'où se font les exportations dans l'Amérique du Sud. Les tomates cultivées en Calabre, pour être exportées en Sicile, de même que les laitues qui se sèment toute l'année, sont arrosées suivant les besoins, par infiltration. Le terrain est dressé à cet effet en billons, après avoir été copieusement fumé sur labour à la houe (2).

Les petits pois sont cultivés en Ligurie, dans le Brescian, à Empoli, sur la côte de Naples et de la Sicile, de façon à approvisionner les marchés italiens et étrangers pendant tout l'hiver.

En Ligurie, partout où l'on dispose d'une source, ou d'une rigole d'irrigation, on cultive le haricot, soit seul, soit entre les vignes et les oliviers. Les terrains cultivés en haricots, dans le district de Chiavari, donnent un revenu plus élevé que ceux emblavés en froment (3).

Les choux-fleurs des provinces méridionales et de la Sicile donnent lieu à des exportations importantes. Dans les communes de Palagonia et de Mineo, qui relèvent de Caltagirone, les plantations représentent 40,000 pieds à l'hectare, et à Ascoli Piceno, 20,000 (4).

Quelle que soit la variété, la culture maraîchère est toujours largement rémunératrice, grâce à la possibilité d'arroser abondamment. L'exportation totale des légu-

(1) De Gasparin, l'Agriculture de la Sicile; Journ. agric. prat., 1839-40, t. III.

(2) De Marco, Inchiesta agraria, loc. cit., vol. IX.

(3) A. Bertani, Inchiesta agraria, loc. cit., vol. X, fasc. I.

(4) Vitelleschi, Inchiesta agraria, t. XI, fasc. 2, p. 734.

mes de l'Italie, non compris les pommes de terre, atteignait déjà, en 1855, le chiffre de 124,237 quintaux.

Espagne. — La plupart des légumes d'Espagne sont choisis et de bonne qualité, aussi bien les haricots, les pois, les lentilles, etc., que les tomates, les oignons, les aulx, notamment ceux de Murcie, les patates roses de Malaga, etc.

Les haricots (*judias*), cultivés le plus souvent en seconde récolte, ne produisent que par l'irrigation ; encore faut-il qu'elle soit appliquée avec réserve, car la saturation des rigoles peut perdre la récolte. Dans la plaine de Valence, on les trouve surtout associés au maïs. Les variétés précoces se sèment sur la côte de la Méditerranée, en mars ou en avril; trois semaines après, le plant se lève, et dès lors, on commence à arroser pour cesser à l'époque de la floraison. Dans la *vega* d'Alicante, chaque plant est pourvu d'un tuteur, et les tuteurs reliés au nombre de trois formant une *barraca*, les protègent contre les vents. Les arrosages (*adores* se répètent de quinzaine en quinzaine. Le maïs remplace les tuteurs dans la culture dérobée des haricots.

Les variétés tardives, à Alicante, se sèment fin juillet, et au bout de cinq jours, les plants étant levés, on trace les sillons pour l'arrosage hebdomadaire. La récolte a lieu en octobre, ou en novembre (1).

Égypte. — Comme culture d'hiver, la *fève* est le légume qui réussit le mieux en Égypte; elle est d'ailleurs très répandue pour la nourriture des hommes et des animaux.

Dans la région des bassins, on sème la fève sur les terres inondées au commencement de novembre, sans

---

(1) Llauradó. *loc. cit.*, t. I, p. 405.

labour, à raison de 3 à 4 hectolitres par hectare, et on récolte trois mois plus tard, en février. Dans la Basse-Égypte, on sème à la même époque, après la crue, et après un labour en sillons que l'on égalise, on divise le terrain en petits carrés par des digues. La récolte exige deux à trois arrosages. Le produit moyen est de 12 hectolitres, mais il atteint 20 et 25 hectolitres dans les bonnes terres (1).

Les lentilles, les pois chiches et les lupins se cultivent également pendant l'hiver; surtout les lentilles qui restent 4 mois en terre et rendent en moyenne 12 à 13 hectolitres par hectare. Les lupins qui restent 5 mois en terre, et les pois chiches, 7 mois, donnent un produit très variable, suivant la nature des terres. Les époques et les procédés de culture ne diffèrent pas sensiblement de ceux indiqués pour les fèves.

Sur les bords du Nil, quand les eaux se sont retirées, ou sur les bords des canaux, dans les terres basses et humides, on cultive les pastèques (*battikh*), les melons (*chammam*), les concombres et les potirons. Les berges sur lesquelles on plante les pastèques sont en plan incliné; on y creuse des trous rectangulaires, parallèlement au cours du fleuve, à une profondeur assez grande pour que l'eau du sous-sol entretienne l'humidité voulue. Dans ces trous, distants d'un mètre les uns des autres, on dépose de la colombine, de la terre, et on sème quelques graines, pour ne garder qu'un plant après germination. De petites palissades en roseaux secs protègent les pastèques contre les vents et le sable. Le nombre de pastèques qui entrent dans la consommation est énorme; il en est de même des melons d'été qui se cultivent à peu près de la même façon, à la même époque;

(1) Barois, *loc. cit.*, p. 108.

des concombres semés au printemps, récoltés en mai et qui se succèdent pendant tout l'été.

Les courges et les potirons font également l'objet de cultures très étendues sur les bords du Nil; leurs fruits sont livrés jeunes à la consommation, depuis le mois de mars jusqu'à la fin de l'automne. Comme on cultive les espèces printanières, estivales et même hivernales, on trouve de ces fruits sur les marchés pendant toute l'année; mais la grande saison est de mai à août (1).

Californie. — Dans le comté de los Angeles, les grains et les légumes du Nord, aussi bien que ceux des contrées semi-tropicales, produisent en abondance et sont cultivés tour à tour, comme dans les jardins maraîchers du midi de la France. Une récolte continuelle de beaux et bons légumes : choux-fleurs, laitues, radis, céleri tendre et plein, endives, navets, etc., s'effectue en décembre, comme en juillet. Tous les terrains sont disposés en planches de $1^m,20$; les sentiers bordent des fossés de $0^m,30$ de profondeur, qui servent en été à l'irriga-ion, et dans la saison pluvieuse, à l'assainissement des terres. Les haricots sont produits toute l'année sans interruption, et les variétés hâtives des légumes approvisionnent dès le printemps les marchés de San-Fran-cisco.

Les champs de fraisiers les plus vastes sont situés entre San José et Adoiso (vallée de Santa-Clara); il y en a de 20 et de 50 hectares. Le terrain est préparé par de bons labours et mis en sillons, écartés de $0^m,60$. Les fraisiers sont plantés sur chaque côté de ces sillons et l'irrigation se pratique entre les lignes. Aucune autre culture n'est intercalée, de façon à faire produire davantage,

----

(1) Delchevalerie. *Culture des cucurbitacées; Revue horticole*, 1875, p. 292.

et de meilleurs fruits. A l'exception des carrés destinés à la multiplication, tous les coulants sont supprimés. La cueillette se fait dans l'après-midi. Le prix des fraises varie suivant les saisons et les années ; mais les dernières sont à peine expédiées à San-Francisco le 6 janvier, que les nouvelles arrivent le 22 février. La récolte, en avril et en mai, comporte l'envoi journalier de 500 caisses contenant de 125 à 130 kilogrammes chacune. Le bénéfice net par hectare est abandonné par moitié aux Chinois qui cultivent, arrosent, cueillent et emballent les fruits (1).

Inde. — Non moins que le riz, les légumes farineux, pois, haricots, doliques, etc., jouent un rôle essentiel dans la nourriture des Hindous qui les accommodent, soit en les faisant bouillir avec le riz, soit pour les manger avec leurs galettes de farine de froment (2). Ils sont le complément essentiel de leur régime. L'Indien ne peut pas se passer de ces légumineux, et s'il ne les produit pas, il doit les acheter sur le marché. Sauf le *dâl* ou *thur*, cajan ou pois des champs (*Cajanus indicus*), qui se cultive sur les bords des champs, ou entre les lignes de céréales et de coton, restant plus longtemps en terre, les autres légumineux rentrent dans les cultures dites *kharif*, récoltées à l'automne, par opposition à celles du froment, de l'orge, du gros millet (*jowar*), des graines oléagineuses, de la canne à sucre, etc., dites *rabi*, récoltées au printemps. Dans les régions arrosées, ils fournissent souvent une récolte intercalaire, au lieu de la jachère qui devrait précéder le riz, le coton, la canne cultivés après les céréales. Ils consistent en différentes variétés du pois chiche (*Cicer arietinum*), telles que le *gram* vert ou *moong*, le *gram* noir ou *oorud*, le *kool-*

(1) Marchand, *loc. cit.*, *Revue horticole,* 1877, p. 335.
(2) Dr Royle, *loc. cit.*, p. 193.

tee; en certaines doliques (*Dolichos uniflorus*) et en
haricots variés : *mosh, shim* ou *poput;* ainsi qu'en pois
communs (1).

La plupart sont soumis à l'arrosage, ou semés au commencement des pluies, quand on veut assurer leur pleine
production. Les uns sont consommés à l'état vert, ou
frais; les autres, à l'état sec; d'autres enfin, une fois les
graines récoltées, sont donnés comme fourrage aux animaux, ou comme nourriture d'engraissement. Le *gowar*
(*Cyamopsis psoralioides*), le *mutt* (*Phaseolus aconitifo-
lius*), qui sont des cultures d'été des plaines du Punjab,
sont ainsi cultivés à double fin : comme grains fournissant de la farine à galette, et comme fourrage (2).

2. LES FLEURS.

Les merveilles de l'hortolage ne sont pas seules à ré-
véler la puissance des arrosages; la culture florale pratiquée en grand pour les besoins de la parfumerie et du
commerce des graines, n'est pas moins digne de mention. La plupart des plantes à parfum, cultivées dans les
contrées méridionales, ne peuvent se passer de l'eau qui
maintient le développement des fleurs et des feuilles
et de l'arôme qu'on en extrait, sous l'action d'un soleil
ardent, tout en conservant la fraîcheur des racines.

L'acacie de Farnèse dont les fleurs se succèdent
sans interruption en Égypte, pendant neuf mois, et fournissant l'huile essentielle dite à la cassie, exige des arrosages fréquents; la verveine-citronnelle également.
L'héliotrope et le réséda, la tubéreuse et la jonquille,

(1) G. Watt, *Wheat-growing in India, loc. cit.*
(2) Forbes Watson, *loc. cit.,* p. 53.

dans les Alpes-Maritimes, sont sarclés et arrosés soigneusement pendant tout l'été. La menthe poivrée que l'on produit en grandes quantités en Angleterre, et en France, près de Sens, réclame des terres profondes et toujours fraîches ; mais en Provence, de même que pour la lavande, il faut recourir aux arrosages, afin d'en obtenir tout le produit en essence.

France. — Le long de la Corniche, aux environs de Cannes, de Grasse, d'Antibes, le *jasmin d'Espagne* qui fleurit depuis l'été jusqu'à l'hiver, est cultivé en pleine terre, légère et substantielle, mais susceptible d'être arrosée. Après la plantation sur un terrain en pente, exposé au midi, rigoureusement défendu contre les vents du nord, on pratique un labour à l'automne, et quelques arrosages pendant l'été. Au printemps suivant, les jeunes sujets greffés près de terre, sont copieusement fumés et labourés, puis treillagés, binés et buttés, jusqu'à ce que les arrosages se succèdent tous les deux jours, à partir du commencement de mai, pour cesser à la mi-octobre. Ces opérations se répètent chaque année pendant la durée moyenne de dix ans d'une plantation (1).

La cueillette s'opère d'octobre à décembre, chaque matin après la rosée, jusqu'à 10 heures, et l'après-midi de 5 à 7 heures, pour éviter que les fleurs ne soient imprégnées d'eau et brunies, c'est-à-dire refusées par les usines (2).

A Cannes et à Grasse, *le rosier* du nord, ou de Provins, est remplacé par celui de Damas, pour l'essence et la préparation de l'eau distillée. Les deux variétés se propagent également par rejets ou drageons. Après la

(1) Du Breuil, *Culture du jasmin; Journ. agric. prat.*, 1855, t. XXIII, p. 509.
(2) A. Ronna, *loc. cit., la Semaine agricole*, 1882.

taille et la courbure annuelles, exécutées au printemps, on fume et on laboure; pour le rosier de Damas, dans le midi, on arrose selon les besoins, au lieu de biner.

Dans le Var, la récolte des roses irriguées s'effectue matin ou soir, tous les deux jours, sur le même pied, depuis le mois d'avril jusqu'à fin mai. Un hectare de rosiers de Damas y fournit 3,000 kil. de fleurs environ.

La *violette* de mars et la violette double de Parme, cultivées sous les frais ombrages des orangers et des oliviers irrigués, se récoltent en janvier et février et se vendent toutes fraîches cueillies aux usines, à raison de 1 franc à 1 fr. 50 le kilogramme.

Les autres fleurs recherchées pour l'arôme qu'elles abandonnent à des essences ou à des graisses, font l'objet de cultures moins étendues; mais la lavande, surtout dans les îles d'Hyères, la menthe poivrée, le romarin, la mélisse, l'aspic, dont on tire des huiles essentielles et des eaux de senteur, couvrent de grands espaces.

Dans les Basses-Alpes, M. Raibaud-Lange, à Paillerols, arrose jusqu'à 3 hectares de menthe à la fois. Barral signale des champs étendus de menthe et de marjolaine dans les Bouches-du-Rhône, pour la culture desquels les arrosages sont très employés.

L'importance des jardins fleuristes et des usines de parfumerie qui s'échelonnent de Grasse à Nice, au golfe Juan, à Vallauris, jusqu'à Menton, peut se déduire du fait que, dans les Alpes-Maritimes seulement, la production, évaluée à plus de 20 millions de francs, comprend 60,000 kil. d'essences, 500,000 kil. de pommades, 250,000 kil. d'huiles parfumées, 4 millions de kil. d'eaux aromatiques et 40.000 kil. d'extraits spiritueux. Le produit le plus cher est l'essence de néroli dont il se fabrique 2,000 kil., au prix de 350 à

400 francs le kilogramme; le moins cher est l'essence de lavande.

Indépendamment des fleurs pour la parfumerie, les jardiniers de Provence cultivent en pépinière les plantes et les arbustes d'ornement : dattiers, goyaviers, chamœrops, balisiers, bignonées, mimosées, cactus, aloès, nèfliers, etc., dont le commerce approvisionne les serres chaudes et tempérées des pays moins privilégiés, en même temps que les plantes annuelles, vivaces et exotiques, dont les fleurs fraîches sont coupées et expédiées aux grandes villes et aux capitales pendant l'hiver.

Turquie. — « A la descente du col de Chipka, vers le midi, s'étend la célèbre vallée de Kazanlik, protégée contre les ouragans par des montagnes aux pentes douces, couvertes de cultures de roses et de champs où jaunit la moisson; partout de nombreux villages musulmans que traversent de limpides cours d'eau et qu'ombragent d'immenses noyers (1). »

Sur les 123 villages de la Thrace qui s'adonnent à la culture des roses, 42 appartiennent à cette charmante vallée où l'on récolte plus de la moitié des 1650 kilogrammes d'essence que produit annuellement, en moyenne, le Gulistan européen. L'espace occupé par le rosier est très vaste, puisqu'il ne faut pas moins de 3,200 kilogrammes de roses pour obtenir un kilogramme d'huile essentielle.

Trois variétés de rosier sont cultivées en Thrace, comme aussi en Égypte, en Tunisie et dans l'Inde; les rosiers de Damas, les rosiers toujours verts et les rosiers musqués (*Rosa damascena, sempervirens* et *moschata*). Elles se propagent par marcottes, ou par boutures, que l'on plante à raison de 10,000 à 12,000 par hectare, au

(1) Kaunitz, *la Bulgarie danubienne*, p. 177.

printemps et à l'automne, dans des sols plutôt légers.

Sur les terres sablonneuses, exposées au soleil, que baignent les eaux du Ketchildéré venant du Balkan, et celles de la Toundja, les champs de roses font merveille. La cueillette s'y fait en mai et au commencement de juin. A Maglich, sur la route de Travna, les roseraies fournissent en moyenne 25 kilogrammes de la plus forte essence.

Égypte. — L'irrigation des rosiers en Égypte se renouvelle tous les quinze jours, et la plantation, tous les six ans; on cueille depuis les premiers jours d'avril jusqu'en mai. Dans le Fayoum, la production de roses à l'hectare équivaut au tiers de celle obtenue en Provence; mais 100 kilogrammes de pétales y fournissent quatre fois plus d'essence pure, d'un arôme supérieur. Les rosiers plantés en carrés, à $0^m,65$ d'intervalle en tous sens, sont arrosés par les rigoles qui entourent les carrés (1).

Algérie. — Le géranium rosat qui se cultive à Grasse, sans pouvoir toujours y supporter les hivers, se prête à une exploitation importante en Algérie, où il acquiert de grandes proportions, dans les sols profonds, à l'abri des vents et de l'humidité en hiver. Pendant les fortes chaleurs, on l'arrose autant que possible, afin de paralyser l'action du soleil ardent, surtout quand les touffes ne sont pas serrées. On compte sur 20 kilogrammes d'essence en moyenne, par hectare comprenant de 20,000 à 30,000 pieds.

A Hydra, c'est le jasmin qui est spécialement cultivé et arrosé. Un hectare planté de jasmin d'Espagne fournit en moyenne, pendant cinq mois de l'année, 8,000 kilogramme de fleurs.

(1) G. Heuzé, *loc. cit.*, t. II, p. 367.

L'iris, qui exige une exposition chaude et une terre légère, amendée au besoin avec du sable, comme auprès de Florence, doit être aussi largement arrosé. C'est son rhizome desséché, que caractérise une odeur de violette très prononcée, qui en fait rechercher la poudre dans la parfumerie; les fragments sont utilisés pour la médecine (1).

(1) Duchartre, *Manuel des plantes*, t. IV, p. 697.

LIVRE XI.

L'ÉCONOMIE DES IRRIGATIONS.

I. CONSOMMATION DE L'EAU.

Quel volume d'eau faut-il employer pour l'irrigation d'une surface déterminée? telle est la question qui se pose tout d'abord au point de vue économique.

Ce volume s'exprime de diverses manières : ou bien l'on indique la surface qu'un certain débit d'eau peut arroser pendant l'année, ou pendant une saison ; ou bien l'on calcule la hauteur de la nappe d'eau que fournirait le débit d'eau employé pendant l'année, ou pendant la saison; ou bien, enfin, on se borne à mentionner le volume d'eau débité par unité de surface. C'est ce dernier mode qui est le plus usité (1).

---

(1) Si l'on suppose une irrigation de six mois de durée, se renouvelant tous les dix jours, par exemple, la consommation de 1 litre par hectare et par seconde, représentera par hectare et par an :

$$\frac{60 \times 60 \times 24 \times 183}{1.000} = 15.811 \text{ m. cubes.}$$

Chaque irrigation exigera en conséquence par hectare :

$$\frac{60 \times 60 \times 24 \times 10}{1.000} = 864 \text{ m. cubes.}$$

Quand on exprime la consommation par un nombre
de litres à la seconde, en écoulement continu, on peut
ainsi déterminer le nombre d'hectares susceptibles
d'être arrosés par le cours d'eau, ou le volume d'eau dont
on dispose. Si l'on indique une couche d'eau de plusieurs
centimètres d'épaisseur, on peut comparer l'arrosage à
la chute d'eau pluviale que recevrait la surface arrosable.
Enfin, si l'on mentionne le nombre de mètres cubes
d'eau par hectare, on peut calculer le nombre d'hectares arrosables, à l'aide du réservoir disponible dont on
connaît la capacité.

Exprimée d'une manière ou de l'autre, la consommation de l'eau d'irrigation n'en est pas moins éminemment
variable; elle échappe à toutes règles fixes, et d'après
les conditions mêmes des arrosages, qu'il s'agisse de les
employer à humecter le sol, à le fertiliser, ou à le colmater, on comprend qu'il règne une grande divergence
quant aux données sur le volume d'eau qui leur est nécessaire. Cette divergence est plus apparente que réelle,
les circonstances n'étant pas les mêmes pour les cultures
déjà si variées; de telle sorte qu'en examinant les irrigations du Midi, du Centre et du Nord, selon qu'elles
sont pratiquées avec abus ou économie, on ne saurait généraliser, sous peine d'admettre des écarts du
simple au double, au quadruple et au delà.

Saisons et climats. — Les irrigations d'hiver qui

La hauteur de la nappe d'eau correspondante sera égale à

$$\frac{864}{10.000} = 0^m.864$$

et celle de l'eau débitée d'une manière continue, à raison de 1 litre par
seconde et par hectare, sera en 24 heures de :

$$\frac{60 \times 60 \times 24}{1.000 \times 10.000} = 0 \text{ m. cube } 008.640.$$

s'appliquent d'une manière continue aux marcites, et par intermittence, aux prairies ordinaires, ne sont pas comparables aux irrigations d'été, fonctionnant d'une manière continue dans les rizières, et périodiquement dans les cultures arables, potagères et arbustives, pour entretenir l'humidité et favoriser la dissolution des engrais.

L'arrosage] à grands volumes d'eau, qui tend à créer par limonage une couche arable sur des terrains pierreux et stériles, offre également peu de rapport avec celui à volume réduit des céréales et des luzernes. Par le seul fait qu'il se pratique de jour ou de nuit, suivant qu'il commence à l'aube pour finir au crépuscule, ou inversement, l'arrosage périodique consomme d'autres volumes d'eau que lorsqu'il est quotidien, c'est-à-dire disponible tout le jour, en toute saison, et sans interruption. En outre, l'irrigation estivale qui, dans les pays à canaux comme la Lombardie, s'étend du 25 mars au 7 septembre, entre les deux fêtes de la Sainte-Marie, n'est pas maintenue partout dans ces mêmes limites, pas plus en Espagne, que dans le midi de la France. Le commencement et la fin de l'irrigation dépendent des conditions météorologiques qui les rendent très variables. Il arrive souvent, en Lombardie même, que l'on doit irriguer avant les premiers jours d'avril, comme dans le Crémonais, quand on ne veut pas compromettre les semailles de lin qui tardent trop à lever, à cause de la sécheresse. Il arrive également qu'en juin on n'a plus besoin d'eau, c'est-à-dire, qu'on la laisse courir sans emploi (1).

Ainsi, la différence des saisons pendant lesquelles ont lieu les irrigations, rend très difficile la comparaison des dépenses d'eau. Il en est de même des climats. On a pu penser que leur influence est assez limitée pour qu'on

(1) Marenghi, *Inchiesta agraria, etc.; loc. cit.,* vol. VI, p. III.

n'en tienne pas compte lorsque l'on détermine le volume
d'eau nécessaire à un arrosement, mais elle est très
importante si l'on veut fixer le nombre d'arrosements à
distribuer dans l'année. Quoi qu'il en soit, les expériences
méthodiques font défaut sur ce point, comme sur
beaucoup d'autres en matière d'irrigation.

Déjà, sous le rapport des pluies, comme il a été démontré, le climat influe sur les arrosages, ne serait-ce
que pour la détermination de leur nombre et de leur volume. Boussingault (1), se plaçant au point de vue des
prairies de l'Alsace, estime qu'elles donnent seulement
dans les années humides, un produit satisfaisant, quand
elles ne sont pas irriguées.

En 1816, par exemple, Herrenschneider a mesuré à
Strasbourg 0^m,793 de pluie et de neige, répartis en 162
jours; soit par jour 0^m,0022, et par hectare, 22 mètres
cubes d'eau. Durant la saison chaude de la même année
(du 1er avril au 31 août), il est tombé 0^m,433 de pluie;
soit par jour 0^m,0028, et par hectare 28 mètres cubes.
La récolte de foin a été bonne.

En 1818, année extrêmement sèche, où les foins ont
manqué généralement, il y a eu seulement 0^m,533 de
pluie, répartis en 129 jours; soit par jour 0^m,0015, ou
15 mètres cubes par hectare. Dans la saison chaude,
pour 0^m,225 de pluie, on eut par jour 0^m,0015 d'eau et
par hectare 15 mètres cubes; c'est-à-dire que la moyenne
de la saison chaude, printemps et été, s'est confondue
avec la moyenne annuelle.

Il semblerait d'après ces nombres, ajoute Boussingault, qu'en assurant à un hectare de prairie de 28 à
30 mètres cubes d'eau par jour, sous le climat alsacien,
on obtienne un bon résultat; il n'en est rien pourtant.

(1) *Économie rurale*, 2e édit. t. II.

car ce volume qui active puissamment la végétation, à l'état de pluie, est absolument insuffisant quand il est déversé sur la prairie.

Il en est de même sous un tout autre climat, celui de la vallée du Pô, où il est admis qu'il suffit d'arroser les prairies quinze fois dans une année, à raison d'une hauteur d'eau de $0^m,o3$ environ par arrosage; ce qui représente par hectare et par arrosage 3oo mètres cubes, et pour l'année, 4,5oo mètres cubes. Or, quinze pluies ayant lieu aux jours et aux heures auxquels on pratiquerait l'irrigation, donnant chacune une hauteur de $0^m,o15$ au pluviomètre, soit $0^m,220$ pour les quinze jours pluvieux, ne représenteraient par hectare qu'une dépense annuelle de 2,25o mètres cubes, c'est-à-dire la moitié de la dépense de l'irrigation. Comme une pluie de $0^m,o15$ est déjà forte, on devra reconnaître que $0^m,o1o$ seulement de pluie permettent d'obtenir de meilleurs résultats qu'une irrigation atteignant $0^m,o5$, et à plus forte raison, $0^m,o3$ de hauteur d'eau.

« C'est qu'en effet, l'action de la pluie réglée, qui arrive à l'état de division, à une température adoucie, chargée de principes utiles, se répartissant uniformément sur les plantes et sur le terrain, lavant les feuilles et les tiges jusqu'aux racines, ravivant l'évaporation, est plus complète que celle des irrigations intermittentes, quelque bien faites qu'elles soient (1). »

Essais de Llauradò. — Des essais qu'il a pratiqués sous le climat de Barcelone, où la température moyenne de l'année est de 16°,3, avec un maximum de 32°,3 et un minimum de 0°,1, la pluie moyenne de l'année mesurant $0^m,607$ pour 73 jours pluvieux, Llauradò conclut que l'irrigation a exigé en moyenne sur divers sols :

(1) Vignotti, *Journ. agric. prat.;* 1863, t. II.

Eau continue
par seconde
et par hectare.

—

lit.

Pour 5 mois, de janvier à mai, 4 arrosages mensuels de 0,^m042.   o.66
  —   3   —   juin, juillet et août, 11 arrosages............   1.81
  —   4   —   septembre à janvier, 5 arrosages mensuels...   o.82

Le volume moyen annuel était ainsi de 1 lit. 09 par seconde et par hectare, sans tenir compte des pertes des rigoles qui étaient faibles; du reste l'eau était fournie par une noria située dans la propriété.

Llauradò ajoute que dans la province de Valence, où la température moyenne annuelle atteint 17°,8, avec un maximum de 40°,3 et un minimum de 3°2, la pluie moyenne annuelle étant de 0^m,334 pour 44 jours pluvieux, l'arrosage d'un hectare par les dérivations du Jucar comporte 2 lit. 40 par seconde, depuis le 15 mai jusqu'au 15, ou au 30 octobre.

Terrains. — De Gasparin a présenté de savantes considérations dans le but de régler les arrosages d'après la proportion de sable que renferment les terrains. Suivant que le sol arrosable renferme 20, 40, 60 ou 80 pour cent de sable, le nombre d'arrosages de 0^m,10 de hauteur pendant les six mois (avril à septembre), étant de 12, 17, 30 et 36; c'est-à-dire, avec rotation de 15, 11, 6 et 5 jours, le débit par seconde devra être de o lit. 80, 1 lit. 10, 1 lit. 90, et 2 lit. 40. Ces données applicables aux prairies naturelles de Vaucluse, se modifient naturellement pour les autres cultures, comme celle de la luzerne, qui pour 6, 10, 12 et 18 arrosages, dans les mêmes conditions de sol que précédemment, exige o lit. 40, o lit. 60, o lit. 80 et 1 lit. 20 de débit continu par seconde (1).

(1) *Cours d'agriculture*, t. I, p. 417.

Il ne semble pas que la détermination de la dépense des arrosages, par la méthode Gasparin, basée sur la composition du sol, ait plus de portée pratique que celle de Pareto, qui consiste à donner aux prairies, outre l'irrigation abondante qui suit chaque coupe, des irrigations ordinaires, en prenant avec une petite bêche, de la terre à 13 centimètres de la surface du sol, pour examiner si elle est sèche au toucher. De là, une distinction établie par cet ingénieur entre les arrosements abondants, pouvant durer plusieurs jours, qui mouillent la terre jusqu'à 20 ou 25 centimètres, et les arrosements légers ayant assez de 7 ou 8 heures, qui ne mouillent la terre que jusqu'à 10 ou 15 centimètres de profondeur; de là aussi des expériences pour démontrer que l'irrigation ayant cessé, après avoir pénétré le sol sur une certaine épaisseur, l'absorption se prolonge en profondeur « sans doute, ajoute-t-il, en raison de la capillarité qui doit être différente dans les différentes natures de terre (1). »

Ce n'est pas précisément par de pareilles démonstrations, ni par des dosages de sable, quand toutes les autres conditions varient, que l'on peut évaluer la consommation d'eau des diverses cultures. Ainsi, il est reconnu que les sols argileux exigent plus d'eau que les sols sablonneux; mais les terrains de niveau réclament aussi plus d'eau que ceux en pente, ou à surface ondulée.

Dans les expériences de Llauradò que nous avons rapportées plus haut, les sols arrosés comprenaient des terres argileuses, ameublies par les fumures, cultivées en hortolages, et des terres arables, plus compactes, dressées en billons de 0^m,40 de largeur.

(1) Pareto. *loc. cit.*, t. I, p. 266.

La terre argileuse ameublie ayant reçu un arrosage par submersion de 0^m,105 de hauteur, correspondant à 1,050 mètres cubes par hectare, a été pénétrée jusqu'à 0^m,25 de profondeur; de telle sorte que le rapport entre l'épaisseur de la nappe et la profondeur du sol humecté a été de 10 à 25. L'autre terre plus compacte, après un arrosage de 600 m. cubes par hectare, a été pénétrée à 0^m,22 de profondeur dans les sillons, les billons intermédiaires étant restés complètement à sec. Le rapport s'est trouvé ainsi de 12 à 22.

Des essais du même genre, répétés sur divers points de l'Italie, de la France, etc., éclaireraient la question de la dépense d'eau par rapport aux sols, sous les divers climats (1); en attendant, ce n'est pas beaucoup présumer que d'affirmer la relation étroite qui existe entre le volume d'eau nécessaire par unité de surface, et la texture du terrain arable. Plus la couche superficielle est légère, plus le sous-sol est perméable, et plus il faut d'eau pour l'irrigation.

Les observations recueillies sur la perméabilité des sols à l'eau pluviale peuvent guider jusqu'à un certain point dans l'appréciation du volume d'eau (2), mais elles ne suffisent pas.

Le fait qu'après une certaine période, une contrée soumise à l'arrosage exige graduellement un moindre volume d'eau total, indique qu'il s'établit à la longue un équilibre entre les quantités d'eau déversées sur le sol et celles qu'enlèvent l'évaporation et les infiltrations. Il y a donc lieu de tenir compte de cet équilibre dans

(1) Nous avons rappelé livre II, chap. I, les résultats des expériences isolées de Belgrand et de O'Meara sur la perméabilité des sols nus; mais ils ne concernent qu'indirectement les arrosages; voir tome I, p. 58.

(2) Voir livre II, chap. I, *Eau, sol et atmosphère.*

les résultats des expériences instituées pour évaluer la consommation des irrigations.

Parmi les facteurs qui influent spécialement sur les dépenses d'eau figurent, comme nous l'avons indiqué livre II, l'évaporation du sol et des plantes et l'écoulement par drainage du sous-sol ou des couches inférieures, qui dépend de leur inclinaison et de leur nature.

Essais de König et de Hess. — König a voulu se rendre compte des pertes quantitatives dues à l'évaporation dans les différentes saisons, par des expériences sur une caisse d'arrosage de $2^m,50$ de longueur, 1 m. de largeur et $1^m,60$ de profondeur, munie à l'avant d'un robinet, ou vanne de fond, servant à l'écoulement de l'eau rassemblée en ce point, et à l'arrière, d'un orifice permettant l'entrée de l'eau sans pression dans l'intérieur de la caisse.

La caisse contenait au fond une couche de $0^m,30$ de sable grossier, sur laquelle reposait un tuyau de drainage débouchant par un robinet; puis une couche de $0^m,90$ de sable argileux fin, peu perméable; et finalement une couche supérieure de $0^m,30$, en bonne terre de prairie, avec son gazon. Dans la couche intermédiaire de sable argileux, à $0^m,66$ du fond de la caisse, un second tuyau de drainage, était muni également d'un robinet d'écoulement sur la paroi antérieure. Le tableau XII reproduit la moyenne des résultats des jaugeages qui s'opéraient 4 à 5 fois par jour, d'après lesquels, la perte pour cent de l'eau d'arrosage au printemps, par voie de drainage, serait supérieure des deux tiers à celle constatée en automne, et la perte en été serait plus que double de celle observée au printemps. Beaucoup d'autres points devraient toutefois être pris en considération afin de rendre ces résultats comparables, à savoir : la dose d'humidité de la terre; le degré de sécheresse et de ténacité des particules terreuses; la couleur de la surface; son étendue; son inclinaison et son orientation; le degré de température et d'hygrométrie atmosphérique; la présence ou la vitesse du vent; finalement l'état de croissance des plantes.

TABLEAU XII. — *Expériences de König sur les pertes d'eau d'arrosage.*

Volumes d'eau par minute	d'Eau amenée; débit.	Eau écoulée.			Perte	
		drain supérieur.	drain inférieur.	total.	totale.	pour cent.
Irrigation d'automne : 21 nov. au 6 déc. 1881.	c. cub. 640.5	c. cub. 592.7	c. cub. 18.8	c. cub. 611.5	c. cub. 29.0	4.53
Irrigation de printemps : 24 au 26 mai 1882.	687.0	618.8	19.7	638.5	48.5	7.09
Irrigation d'été : 18 au 22 août 1882.	690.0	580.8	6.2	587.0	103.0	14.93

Pour fixer par quelques chiffres l'importance de ces divers facteurs, Hess et König ont suivi des recherches sur l'arrosage des prairies; le premier, dans le Hanovre, et le second, en Westphalie.

Les recherches de Hess ont porté sur un ensemble de prairies arrosées par des eaux de moulins et des dérivations de ruisseaux. La moyenne des jaugeages soigneusement exécutés a été la suivante (1) :

	Automne et printemps.	Été.
Consommation d'eau par seconde et par hectare.	78 lit.	48 lit.
Perte en eau............	11 — soit 14,1 %	11 — soit 22,9 %

(1) Hess, *die Ermittlung der Wasserverluste bei Bewässerungs anlagen; Cultur-Ingenieur; Braunschweig,* 1871, *band III.*

Hess a cru devoir corriger cette moyenne en notant d'une part, l'altitude des terrains, et d'autre part, pour le printemps et l'automne, les jours de brouillard pendant lesquels l'évaporation cesse. Il y a, en outre, diminution dans l'évaporation pendant la nuit, et au commencement du printemps le terrain des prairies est abondamment détrempé; de telle sorte que les résultats d'automne et de printemps ont été modifiés comme il suit :

Hauteur d'eau.	Eau amenée par seconde et par hectare.	Perte d'eau par seconde et par hectare.
$0^m.19$ à $0^m.24$	71 lit.	4 lit. 70 soit 6,6 %
$0^m.34$ à $0^m.39$	95 —	11 — 30 soit 22 %

Pour l'été également, les résultats doivent être réduits des $5/7^{es}$ à cause de la siccité du terrain pendant la dernière période de végétation, et lors de la récolte des foins, par rapport à la moindre évaporation de la nuit. On obtient ainsi :

Hauteur d'eau.	Eau amenée par seconde et par hectare.	Perte d'eau par seconde et par hectare.
$0^m.19$ à $0^m.24$	47 lit.	5 lit. 67 soit 11.9 %
$0^m.36$ à $0^m.39$	47 —	10 — 50 soit 22 %

Les chiffres obtenus par König dans ses expériences sur les prairies de la Boker-Heide et d'autres prairies en Westphalie, sont inférieurs à ceux constatés et corrigés par Hess; ils se résument de la manière suivante (1) :

	Perte d'eau moyenne pour cent.
Automne..........................	1.18 à 3.67
Printemps........................	0 à 4.60
Été..............................	6.84 à 8.57

Les détails de deux séries d'essais sont rapportés dans les tableaux XIII et XIV.

(1) *Landw. jahrbücher.* 1869, p. 563.

TABLEAU XIII. — *Expériences de König sur la dépense d'eau des prairies de la Boker-Heide.*

	Eau débitée. m. cub.	Eau écoulée. m. cub.	Augmentation ou diminution totale. m. cub.	Augmentation ou diminution totale. p. 100.	Eau consommée par seconde et par hectare : moyenne. m. cub.	Augmentation ou diminution de l'eau utilisée par 1" et par hectare. m. cub.	Augmentation ou diminution de l'eau utilisée par 1" et par hectare. p. 100
1. Le 29 juillet 1875........	2.946	1.954	— 0.992	— 33.6	0.123	— 0.0139	— 11.3
2. Du 27 février au 1er mars 1876.................	8.910	10.110	+ 1.200	+ 13.5	0.174	+ 0.0053	+ 3.0
3. Du 2 au 4 mai 1876....	5.451	5.152	— 0.299	— 5.5	0.162	— 0.0028	— 1.7
4. Du 31 juillet au 1er août 1876.................	3.434	2.338	— 1.096	— 31.9	0.174	— 0.0206	— 11.4

TABLEAU XIV. — *Expériences de König sur la dépense d'eau de diverses prairies en Westphalie.*

	Eau par 1" et par hectare		Nombre de jours d'utilisation de l'eau	Température moyenne du jour.	Aspect du ciel.	Diminution d'eau		Diminution d'eau pour chaque utilisation pour 100.
	débitée.	écoulée.				par 1" et par hectare		
	m. cub.	m. cub.		centigr.		totale.	p. 100.	
1. ARROSAGES D'AUTOMNE.								
La Taille; 2 au 3 novembre 1877....	0.200	0.178	3	6°.67	Clair et serein.	0.022	11.0	3.67
Mettingen; 16 au 17 novembre 1877.	0.141	0.131	6	6°.74	Couvert.	0.010	7.1	1.18
2. ARROSAGES DE PRINTEMPS.								
La Taille; 25 au 26 février 1878....	0.261	0.261	17.30	6°.18	Pluie partielle.	»	»	»
Hollage; 12 au 13 avril 1878........	0.174	0.158	6	10°.16	Clair et soleil.	0.016	9.2	4.6
3. ARROSAGES D'ÉTÉ.								
La Taille; 7 au 8 août 1878.........	0.153	0.126	25	19°.48	Nuages et vent.	0.027	17.6	»
Mettingen; 29 au 30 juillet 1878....	0.190	0.177	1	14°.37	Pluie intermittente.	0.013	6.3	6.8
Hollage; 8 au 9 août 1878..........	0.070	0.064	1	18°.15	Couvert.	0.006	8.6	*

La dépense d'eau a été très inconstante, puisqu'elle est comprise entre o m. cube 070 et o m. cube 3oo. König croit devoir en conclure qu'un débit de o m. cube 125 par seconde et par hectare répond à un arrosage moyen des prairies. « La réduction pour cent de la consommation, ajoute-t-il, est d'autant plus grande que le volume d'eau amenée est plus faible; par contre, des surfaces égales perdent, dans des conditions pour ainsi dire semblables, la même quantité à peu près, qu'on y déverse peu ou beaucoup d'eau (1/4 normalement), du moment où il y en a assez pour maintenir les prés saturés. »

Essais de Keelhoff. — Grâce à l'appareil jaugeur Keelhoff dont nous avons donné la description (1), un grand nombre d'expériences intéressantes ont pu être faites sur les irrigations de prairies comme celles de la Campine, en sols sablonneux, très perméables, opérées à différentes doses. C'est ainsi que Keelhoff a trouvé : 1° pour arroser par déversement des prairies en ados de 5 m. de largeur sur 25 m. de longueur, avec pente transversale de o^m,o5 par mètre, et des rigoles de déversement de o^m,28 de profondeur, qu'il fallait un débit de 79 lit. 66 par seconde et par hectare, se décomposant de la manière suivante :

	lit.
Volume d'eau absorbé par infiltration de la rigole principale..	5.72
Volume d'eau absorbé par infiltration des rigoles de répartition...	5.27
Volume d'eau absorbé par infiltration des rigoles de déversement..	64.17
Volume d'eau pour déversement sur les ailes des ados..	4.5o
Total..	79.66

(1) Voir tome II, p. 284.

2° pour arroser des prairies de même nature, mais avec une profondeur de rigoles de 0^m,05, qu'il fallait par hectare et par seconde un débit de 31 lit. 59 se décomposant ainsi qu'il suit :

	lit.
Volume d'eau absorbé par infiltration dans la rigole principale..............................	5.72
Volume d'eau absorbé par infiltration dans les rigoles de répartition...........................	5.27
Volume d'eau absorbé par infiltration dans les rigoles de déversement.......................	16.12
Volume d'eau pour déversement sur les ailes des ados..	4.48
Total...................................	31.59

3° L'eau absorbée par mètre carré de surface filtrante et par seconde est de :

0 lit. 0077 pour la rigole principale.
0 — 0148 pour les rigoles de répartition.
0 — 0370 pour les rigoles de déversement de 0^m.28 de profondeur.
0 — 0232 pour les rigoles de déversement de 0^m.05 —

Faisant usage de ces données pour une prairie qui serait coupée par des rigoles de 0^m,05 de profondeur sur 0^m,10 de largeur, espacées de 10 mètres, par exemple, la surface d'infiltration étant de 0,2 m. carré, par mètre courant de rigole, et par conséquent, de 200 m. carrés par hectare, on aurait comme dépense d'eau par seconde : dans le cas des rigoles de déversement : 200 $\times$ 0 lit. 0232 = 4 lit. 44, et dans le cas des rigoles de répartition : 200 $\times$ 0 lit. 0148 = 2 lit. 98.

Systèmes d'irrigation. — Suivant qu'on emploie tel ou tel système d'irrigation, la quantité d'eau varie, indépendamment des causes que nous venons d'analyser.

On conçoit, en effet, que la consommation diffère

du simple au double, et bien au delà, selon que l'on
submerge, ou que l'on pénètre par infiltration le sol
cultivé. Si, par exemple, on dépense 1 d'eau pour
l'arrosage par rigoles de niveau, on dépensera 2 dans la
méthode par razes, ou par planches; l'arrosage par infiltration consommera sensiblement la même quantité
que celle dépensée par les rigoles de niveau; mais la submersion temporaire (en négligeant les rizières et les
marcites) permettra de réduire notablement la dépense
d'eau, surtout si les inondations sont assez prolongées.

Essais comparatifs. — König conclut des expériences
dont nous avons fait connaître quelques résultats, sur
l'action fertilisante des eaux dans les divers systèmes
appliqués aux prairies (1), que si l'on dispose de 10 à
20 litres d'eau par seconde et par hectare, il est avantageux de recourir aux méthodes combinées avec le drainage.

La méthode Petersen convient ainsi, quand on veut
obtenir le plus grand effet avec le moindre volume d'eau ;
ou bien, quand par suite d'une trop forte pente, on craint
un entraînement trop rapide de l'eau dans le sous-sol ; ou
bien enfin, si en présence d'un sol très aride, il faut
aider l'action oxydante de l'eau par l'aération ; c'est-à-
dire, par des alternatives d'humidité et de sécheresse.

Lorsque l'on dispose d'une plus grande quantité d'eau,
de 20 à 30 litres par hectare et par minute, la prairie
étant en pente faible, la méthode Abel comportant
moins de regards que celle de Petersen, pour une surface
donnée, devra être préférée, car l'eau peut être arrêtée
à 0^m,30, puis à 0^m,60, etc., soit à des niveaux souterrains
différents. Dans le système Petersen, en effet, l'arrêt en une
seule fois de l'arrosage, en raison de la pression simul-

_____

(1) Voir t. Ier, livre II, pp. 82 et 93.

tanée de 1 mètre d'eau sur les regards, occasionne un délayage des terres fines et l'ensablement des drains.

Enfin, pour de plus grands volumes d'eau, 50 à 70 litres par hectare et par minute, la pente étant faible et les drains étant disposés à une profondeur suffisante, il n'y a pas lieu de recourir aux regards des deux premières méthodes.

König estime que dans les systèmes Petersen et Abel, l'eau d'écoulement par les drains est moins abondante, mais l'effet oxydant de l'eau est plus énergique; tandis que dans le système de drains ordinaires, il y a plus d'eau exerçant moins d'action, de telle sorte que l'effet final est sensiblement le même.

Dans la méthode Vincent qui consiste en une irrigation rationnelle, combinant les arrosages par déversement en ados et par rigoles de niveau, avec drainage du sous-sol, s'il y a lieu, on peut compter sur une dépense moyenne de 100 litres par hectare et par minute. On obtient dans ce cas, l'effet combiné du drainage et d'une irrigation restreinte.

Quelle que soit la méthode adoptée, il est certain que si les eaux ayant servi à l'irrigation d'une pièce, sont déversées sur une seconde, et parfois sur une troisième pièce, aussi étendues que la première, le volume d'eau débité sur la prairie supérieure ne saurait être imputé seulement à la première irrigation. L'arrosage par reprises d'eau dans certains pays, comme les Vosges, Siegen, etc., se pratique sur base de volumes qui ne sont pas comparables avec ceux employés dans les arrosages simples. L'eau de reprise, d'après les essais de König, après avoir coulé un certain temps dans une rigole à ciel ouvert, perd de ses éléments organiques par oxydation, et de son acide carbonique, mais elle s'enrichit en oxygène et s'équilibre comme température. L'eau de reprise constitue donc une eau précieuse pour l'arrosage; au moins aussi bonne, dans les conditions ordinaires, que l'eau initiale.

Le propriétaire lombard qui emploie de 800 à 1,000 mètres cubes d'eau d'irrigation par hectare, cède une grande partie de ce volume par les colatures, au domaine inférieur, et le propriétaire de ce dernier en cède encore, s'il y a lieu, par les colatures, à un autre domaine; si bien que, tout calculé, il n'y a sur les 1,000 mètres cubes d'eau primitive que 3 ou 400 mètres cubes effectivement absorbés par la première irrigation. La question de la consommation d'eau des prairies se trouve ainsi intimement liée avec celle des reprises. Nadault de Buffon fait justement remarquer à cet égard, que « partout où l'on voit le superflu des irrigations soigneusement recueilli dans des colatures, et les colatures servir elles-mêmes encore à un ou plusieurs arrosages, on peut être assuré que l'art de bien utiliser les eaux est parvenu dans cette contrée à une grande perfection. Cela se fait très exactement dans le Milanais; mais ailleurs, la même précaution n'est pas observée (1). »

Suivant que les prairies supérieures sont plus ou moins fumées, les eaux d'écoulement sont plus ou moins chargées de matières fertilisantes; les prairies inférieures exigent alors un moindre volume d'eaux enrichies. On arrive ainsi, grâce aux reprises, non seulement à améliorer les eaux, ou à les corriger au besoin, mais encore à égaliser leur température.

Cultures diverses. — Il est évident, d'après ce que nous avons exposé sur les cultures arrosées dans le livre précédent, que l'influence des plantes elles-mêmes n'est pas à négliger.

_____

(1) *Traité des irrigations,* t. I, p. 91.

Pour celles dont les racines ne pénètrent pas profondément dans le sol, les arrosages sont, règle générale, moins abondants, mais plus fréquents, que pour celles fortement enracinées.

Pour les plantes à végétation herbacée, l'eau est employée à plus forte dose que pour celles dont on récolte les fruits, ou les semences. Les plantes semées à la volée, qui doivent être arrosées par submersion, exigent plus d'eau que celles semées en lignes, sur billons s'arrosant par infiltration.

Enfin, les jeunes plantes ont moins besoin d'arrosage que celles plus âgées, qui résistent mieux aux effets des limons, des insectes, etc.

Les récoltes ensemencées de bonne heure, profitant des pluies printanières, réclament moins d'eau que celles semées plus tard. De même, il faut moins d'eau d'une manière générale, l'évaporation étant moins forte, quand on arrose le soir, ou tard dans le jour, au lieu du matin.

Un dernier point reste à considérer pour expliquer le désaccord quant à la dépense d'une bonne irrigation, c'est la pratique même, si variable dans plusieurs contrées, d'après laquelle, ici, on arrose à jour fixe, qu'il pleuve ou qu'il vente, et là, on arrose à volonté, sans s'assujettir à aucune règle, ou en obéissant à la routine : dans tel pays, on donne beaucoup trop d'eau ; dans tel autre, on n'en donne pas assez.

Régimes du Midi et du Nord. — Pour qui veut se rendre compte de la consommation croissante que l'on observe en avançant du Midi vers le Nord, il y a lieu d'envisager spécialement le double but de l'irrigation que nous avons plusieurs fois défini.

Dans le Midi, les arrosages servent principalement à rafraîchir le sol et à rendre possibles les phénomènes d'absorption et d'évaporation, indispensables à la vie des plantes; les eaux n'agissent que partiellement par leurs matières fertilisantes; il faut les aider par des engrais, pour augmenter la production. Dans le Nord, au contraire, les irrigations qui servent assurément à humecter le sol, offrent surtout le moyen de lui fournir les matières fertilisantes nécessaires à l'augmentation des récoltes, ou à l'accroissement progressif de sa richesse, et c'est le drainage qui doit leur venir en aide. Il convient ainsi de considérer deux groupes distincts d'irrigations, sous le rapport des consommations d'eau; les irrigations *arrosantes* et les irrigations *fertilisantes*.

Ce partage en deux groupes a été mis en lumière par les jaugeages de Hervé-Mangon dans Vaucluse, et dans les Vosges, et aussi par la qualité des arrosages observée dans les deux cas.

Le tableau XV reproduit les principaux renseignements recueillis sur six parcelles, dont quatre situées dans le Vaucluse, et deux dans les Vosges. Des quatre parcelles du Midi, trois en culture différente (commune de Taillades), étaient arrosées par les eaux de la Durance (canal du Cabedan), et la quatrième en prairie, était arrosée par les eaux de la Sorgue. Des deux parcelles en prairie du département des Vosges, la première, aux environs de Saint-Dié, et la seconde à Habeaurupt, dans la commune de Plainfaing, étaient irriguées par les eaux de la Meurthe.

Les différences des deux régimes sont parfaitement accusées par le tableau XV. Ici, on emploie peu d'eau; l'arrosage ne dure que le temps nécessaire pour imbiber le sol; les colatures toujours très faibles sont même souvent supprimées; et là, les arrosages durent des semaines entières, l'eau coule en abondance d'une manière

TABLEAU XV. — Expériences de Hervé-Mangon; jaugeage des irrigations dans le midi et dans le nord-est de la France.

	VAUCLUSE			Prairie de l'Isle	VOSGES	
	Prairies de Taillades.	Luzerne de Taillades.	Haricots de Taillades.		Prairies de Saint-Dié.	Prairies d'Habeaurupt.
Nombre d'arrosages..........	13	11	6	5	8	6
Durée totale des arrosages sur la parcelle..........	h. 11.0	h. 38,04	h. 24.5	h. 31,00	h. 1.178,00	h. 2.436,30
Durée moyenne des arrosages sur la parcelle..........	50.46	3,28	27,30	6,12	147,15	406,05 m. cub.
Volume d'eau entrée par hectare.	m.c. 16.383,0	m.c. 37,959,2	m.c. 5.125,6	m.c. 5.402,3	m.o. 1.548.661,2	4.483.722
— sortie par hectare par les colateurs..........	3.178,9	2.001,2	0	326.4	1.467.207,8	3.979.405,3
Débit moyen pour la parcelle pendant l'arrosage..........	lit. 26.56	lit. 25,76	lit. 7,97	lit. 4,57	lit. 278,70	lit. 544,20
Débit moyen pour la parcelle pendant les saisons..........	1,89	4,39	0,99	1,23	68,67	217,13
Débit moyen pour la parcelle pendant l'hiver..........	»	»	»	»	101285	312835
Débit moyen pour la parcelle pendant l'été..........	1,89	4,39	0,99	1,23	33,74	49,93

continue, les colatures sont presque aussi abondantes que les prises d'eau elles-mêmes. Dans les années trop pluvieuses, on peut réduire quelques arrosages d'été et d'automne, mais les froids de l'hiver n'arrêtent, pour ainsi dire pas, la submersion des prairies vosgiennes.

L'arrosage de la prairie de l'Isle, par exemple, n'utilise qu'une couche d'eau de $0^m,54$ d'épaisseur, tandis que celui de la prairie de Habeaurupt emploie une couche d'eau de près de 400 mètres, si on la réunissait à un moment donné. Le nombre des arrosages qui est de 5 sur la prairie de l'Isle, avec une durée par arrosage, de 6 heures environ, est de 6 sur la prairie de Habeaurupt, mais avec une durée par arrosage, de 406 heures.

Il s'agit surtout comme termes extrêmes, des volumes d'eau déversés pendant l'été : « en effet, les eaux « sont, en général, assez abondantes pendant l'hiver, pour « subvenir à tous les besoins ; il n'y a pas à se préoc- « cuper de leur distribution en grandes masses. Lors- « qu'elles n'agissent pas par colmatage (comme dans « les prairies de la Moselle), elles servent alors beau- « coup plus (comme dans les marcites lombardes) à ré- « gulariser les conditions de température, qu'à fournir « aux plantes et aux terrains des matières fertili- « santes (1). »

Négligeant les règles empiriques, nous nous contenterons de référer, en regard des résultats relevés par Mangon, les données de quelques-uns des pays soumis aux deux régimes d'irrigation.

1. *Irrigations arrosantes.*

Italie. — Si nous consultons uniquement les agro-

(1) H. Mangon, *Expériences sur l'emploi des eaux dans les irrigations*, p. 124.

nomes les plus distingués de l'Italie, nous trouverions, dans le pays qui est passé maître en irrigations, les plus grandes divergences à l'endroit des arrosages d'été.

Cuppari admet pour l'arrosage d'un terrain plutôt sec, à la profondeur de 0^m,30, un débit de 1,000 m. cubes par hectare, soit une couche de 0^m,10 d'épaisseur, indépendamment de la perte d'eau par les rigoles, etc.; mais Ridolfi adopte comme moyenne, 1 m. cube par 5 mètres carrés, soit 2,000 m. cubes par hectare, ou une couche de 0^m,20 d'épaisseur; c'est le double.

D'après les données du collège des ingénieurs de Pavie, une once d'eau milanaise permet l'arrosage de 45 perches de prairie par jour, ou si la rotation est de 9 jours, de 405 perches. Pour les terres arables, il faut réduire d'un septième le débit affecté aux prairies; mais pour les rizières, une once d'eau continue assure la submersion de 400 perches (1).

L'ancienne administration centrale des travaux publics, à Milan, avait fixé à une once le débit pour l'arrosage de 700 perches de prairie naturelle; ce qui équivaut à 44 litres pour un peu plus de 45 hectares, soit 1 litre environ par hectare. Nadault de Buffon (2) estime, en conséquence, que si les prairies naturelles à trois coupes, consomment environ 1 litre par seconde et par hectare, durant la saison estivale, les rizières en consomment plus du double, soit environ 2 lit. 50 pendant la même période, et les prés-marcites, 12 litres par hectare, coulant de jour et de nuit. Les autres cultures, telles que le maïs, les céréales, etc., ne reçoivent guère plus de la moitié de la dose normale des prairies, soit environ 0 lit.,6 par seconde, sur chaque hectare.

(1) Canevari, *Utilità dell irrigazione; l'Italia agricola*, 1878, p. 10.
(2) *Hydraulique agricole, etc.*, t. II, p. 66.

Cattaneo exprime autrement cette relation entre les quantités d'eau afférentes à chaque espèce de culture, en indiquant qu'avec une once d'eau, on arrose 1 hectare de marcites, ou 2 hectares de maïs, ou 3 à 4 hectares de prairies naturelles, et l'on maintient de 20 à 25 hectares de rizières constamment inondées (1).

On conçoit que la culture par assolement étant de plus en plus suivie, les surfaces affectées aux diverses récoltes et les consommations d'eau qu'elles exigent diffèrent considérablement. On doit donc se borner à des données approximatives, sauf à les vérifier dans les diverses localités.

Cantalupi réfère de son côté que 1 m. cube d'eau continue suffit en moyenne pour arroser, suivant la nature des sols :

EN ÉTÉ.

—

	Hectares.
Terrain en prairie............................	750
Terrain arable très perméable.................	940
— moyennement perméable.......	1.130
— peu perméable.................	1.300
— compact	1.500

EN HIVER.

Terrain en marcite (avec utilisation des colatures).	60

de telle sorte que, moyennant 1 litre d'eau continue, on peut irriguer 0,75 hectare de pré, et de 0,94 à 1,50 hectare de terres arables, pendant l'été.

La limite est fixée par ce fait que l'augmentation de produit à attendre d'une irrigation trop abondante ne correspond plus au prix qu'il faut payer pour l'eau. Aussi, doit-on admettre que dans une culture exigeant

(1) *Biblioteca agraria*, Milano.

10 à 12 arrosages pendant 5 mois d'été, un volume de 6,000 à 7,000 m. cubes par hectare de terre arable, ou de 9 à 10,000 m. cubes par hectare de prairie, pendant toute l'année, satisfait aux besoins des récoltes (1).

La commission technique chargée de l'examen du projet du canal Villoresi, a déterminé à la date la plus récente les consommations d'eau, à savoir : par hectare de terre arable, 1270 m. cubes, et par hectare de prairie, 1050 m. cubes. Cette consommation se répartit de la manière suivante :

	TERRE ARABLE.	PRAIRIE.
	m. cub.	m. cub.
Absorption......................	595	410
Utilisation......................	675	640
Totaux.................	1270	1050

Suivant les assolements et les tournées d'arrosage, les surfaces irrigables, pour un débit d'un mètre cube, seraient en conséquence les suivantes :

	TERRE ARABLE.	PRAIRIE.
	hectares.	hectares.
1 arrosage par 7 jours...........	»	575
— 10 —	»	822
— 14 —	954	»
— 20 —	1 420	»

Pour contrôler toutes ces données disparates, nous choisirons d'abord, en interrogeant la dernière enquête italienne, deux des districts les mieux arrosés de la Lombardie : la Lomelline et le Lodigian, dont nous avons déjà fait connaître les conditions géologiques et climatériques (2).

(1) O. Bordiga, *Economia rurale*, p. 874.
(2) Voir tome I, liv. III, p. 221.

Lomelline. — La consommation d'eau sur les terres déjà soumises à l'arrosage se calcule, en Lomelline, d'après les données ci-après (1).

Prairies. — Arrosage d'été : 1 litre par seconde et par hectare; c'est-à-dire que 20 litres, par exemple, s'écoulant successivement sur une prairie de 20 hectares, pendant le temps qu'assure la rotation hebdomadaire, l'arroseront complètement.

Marcites. — Arrosage d'hiver : 40 litres par seconde et par hectare, si l'on emploie des eaux froides; et seulement de 20 à 25 litres, si l'on utilise l'eau des sources, non loin de leur origine.

Rizières. — Arrosage semestriel : 2 litres environ par seconde et par hectare; soit un volume de 172 m. cubes en 24 heures, plus 800 litres, qui, répartis sur un hectare, représentent une nappe d'eau de $0^m,172$. En évaluant de $0^m,002$ à $0^m,003$ la perte par évaporation et par absorption, il reste une nappe de $0^m,015$, c'est-à-dire environ 150 m. cubes pour l'infiltration dans le sol et l'écoulement périodique de l'eau.

Maïs. — L'arrosage a lieu deux ou trois fois dans la saison d'été, et comporte chaque fois environ 1,500 m. cubes par hectare.

Prairie artificielle. — 1,000 m. cubes par hectare.

Dans le tableau statistique (XVI) dressé par la chambre de commerce de Pavie, dans le but de montrer les progrès réalisés par les irrigations, de 1872 à 1877, les données diffèrent légèrement de celles que nous venons de rapporter d'après l'enquête; elles ont été établies sur base d'observations expérimentales, et de celles trouvées par de Regis et Cantoni, à savoir (2) :

---

(1) Pollini, *Inchiesta agraria, etc.*; vol. VI, t. II, f. 3.
(2) P. Farina, *Cenni intorno all'industria agricola*, Mortara, 1878, p. 11.

TABLEAU XVI. — *Lomelline; surfaces arrosées et consommation d'eau continue dans les années 1872 et 1877.*

TERRES ARROSABLES.	1872.			1877.			
	Surface arrosable.	Litres d'eau continue		Surface arrosable.	Litres d'eau continue		
	hectares.	par hectare.	volume total.	hectares.	par hectare.	volume total.	
Terres arables en assolement, arrosées de 10 à 15 jours........	58.766	0.8070	47.424	66.298	0.8070	53.5o2	
Terres arables en assolement, avec rizières alternes.............	24.912	1.4416	35.9i3	27.412	1.4416	39.5i7	
Terres à rizières permanentes..	3.870	1.1533	4.463	3.800	1.1533	4.383	
	87.548		87.800	97.510		97.402	

Eau continue par hectare.
litres.

	litres.	
Terres arables, en cultures diverses.	0.807	pendant 10 à 15 jours.
— avec rizières alternes.	1.441	—
Terres en rizières permanentes....	1.153	—

Farina estime la consommation moyenne actuelle, dans la Lomelline, à o lit., 9988, et celle d'une marcite, à 30 litres par hectare.

Lodigian. — Les eaux des canaux se distribuent à Lodi, par *ruota*, le plus souvent de 14 jours; c'est-à-dire, que chaque usager a droit à l'eau pendant un certain nombre d'heures après 14 jours.

Il est admis dans le district que, si pour arroser un terrain compact ou argileux, avec sous-sol crayeux, il faut un volume d'eau déterminé, par rotation de 14 jours, ce même volume peut être utilisé pour une rotation de 8 jours, sur un sol léger, sablonneux, avec sous-sol de cailloux, ou de gravier.

Une once continue de Lodi assure l'irrigation de 200 perches en rizières, sur terrain argileux, ou de 230 perches en rizières, sur terrain sablonneux (1); ce qui revient à dire que la consommation par hectare est dans le premier cas, de 1 lit., 34, et dans le second, de 1 lit., 54.

Pour les prairies artificielles et les terres arables assez meubles, *terreno ladino*, où l'on cultive le trèfle blanc, la dépense est de 2 lit., 06 par hectare, correspondant à 1 once de Lodi par 130 perches.

Les marcites qui exigent 1 once pour 0,39 hectare en terre forte, et pour 0,26 hectare en terre perméable, consomment par conséquent comme arrosage d'hiver,

---

(1) L'once de Lodi est égale à 17 lit., 55 par seconde, tandis que l'once milanaise équivaut à 34 lit., 60; d'après les hydrauliciens, l'once de Lodi représente 0,5175 de l'once de Milan. La perche de Lodi est égale à 6 ares 54 dixièmes.

44 et 67 litres d'eau continue par hectare. Il y a lieu d'observer que les eaux d'hiver valent seulement le dixième, et parfois le vingtième, du prix des eaux d'été.

Enfin, avec 1 once d'eau continue pendant 24 heures, par rotation de 14 jours, on peut irriguer 1,44 hectare de prairie naturelle en terre forte, et, par rotation de 8 jours, 1,44 hectare de prairie en terre perméable. Il en résulte que la prairie recevant 1,053 m. cubes par hectare et par arrosage, exige dans le premier cas, un débit continu de 0 lit., 874, et dans le second cas, de 1 lit., 748 par seconde; ce qui revient à dire qu'une exploitation moyenne qui n'aurait besoin que de 5 onces d'eau continue sur des terrains argileux, en exige 7 et demie, sur des terres sablonneuses ou légères (1).

Verolanuova. — Comme durée d'arrosage dépendant des cultures, Erra mentionne que, dans le district de Verolanuova (Brescian), avec une once d'eau (soit une bouche de 0^m,16 de largeur et 0^m,12 de hauteur, sous une charge d'eau de 0^m,08) on peut arroser en une heure (2) :

> 1/3 d'hectare de prairie.
> 1/6 d'hectare de maïs.
> 17 hectares de rizières alternes.

Ailleurs, ajoute-t-il, la prairie et le maïs exigent le même volume d'eau.

Vénétie et Mantouan. — Dans la Vénétie et le Mantouan, la consommation des eaux du Tartaro et de ses affluents, a été réglée par le traité dit d'Ostiglia, du 20 avril 1752, intervenu entre l'impératrice Marie-Thérèse et la république de Saint-Marc. En vertu de ce traité, le *qua-*

---

(1) Bellinzona, *Inchiesta agraria, etc.*, *loc. cit.*
(2) Erra, *Inchiesta agraria, Monografa di Verolanuova;* vol. VI. t. II, f. 4.

dretto véronais de 145 litres par seconde suffit pour irriguer 80 *campi*, soit 26 hectares environ de rizières; ou 182 *campi*, soit 59 hectares de prairie, à raison de 8 hectares par jour dans la semaine (1). Cette dernière quantité est reconnue trop faible quand les terrains sont perméables, ou bien lorsque les eygadiers n'apportent pas le plus grand soin à la distribution, les terrains étant de consistance ordinaire (2).

L'article VIII du traité d'Ostiglia, visant les demandes des propriétaires qui exigeraient un volume d'eau plus considérable pour des terrains en rizière, situés à différents niveaux, est libellé comme il suit :

« Les propriétaires de ces rizières devront se contenter « de la mesure régulière appliquée aux rizières en ter- « rain plat, c'est-à-dire, à une prise d'eau d'un *qua-* « *dretto* pour 80 *campi* véronais, et ils devront s'en « prendre à eux-mêmes si avec ce volume ils ne peu- « vent pas arroser, comme ils le désirent, leurs rizières à « des niveaux plus élevés. » Le procédé est peut-être simple pour donner satisfaction aux réclamations des intéressés, mais il n'est guère encourageant. Les praticiens estiment en effet que sur un sol de perméabilité moyenne, le *quadretto* véronais permet d'irriguer 100 *campi*, ou 32,5 hectares environ; non pas que ce volume d'eau soit nécessaire pendant toute la durée de l'irrigation, mais bien, pour obtenir au début une distribution égale sur toute la rizière, et après que le terrain a été mis à sec. Lorsque la rizière a été mise en eau dans tous les compartiments, le quart, ou la moitié au plus du *quadretto* suffit pour maintenir la nappe d'eau à l'épaisseur voulue.

Dans le Mantouan où l'irrigation s'opère, soit avec des

(1) Le *campo* est égal à 3250 mètre carrés; Lampertico, *Inchiesta agraria, Monografia del distretto di Vicenza*; vol. V, t. I.

(2) *Inchiesta agraria, Monografia della provincia di Verona*; vol. V, t. I.

eaux vives, c'est-à-dire, celles fournies par les sources et les cours d'eau, soit avec des eaux mortes, provenant des écoulements ou colatures, le *quadretto* véronais (de 145 litres), en suite du décret de Marie-Thérèse, devait servir à arroser, comme rizière :

> 76 *biolche* ou 26 hectares en eau vive.
> 38 — ou 13 — en première colature.
> 19 — ou 6,5 — en seconde —
> Soit 133 — ou 45,5 hectares.

et comme prairie, 166 *biolche* ou 52,27 hectares.

On estimait, d'après cela, que chaque hectare de rizière exigeait 0,020 *quadretto*, ou 2 litres 90 d'eau par seconde, et chaque hectare de prairie, 0,019 *quadretto,* ou 2 litres 60 par seconde. Le débit étant limité, quant à la durée de l'écoulement, à 2 heures 56 minutes par hectare, il s'ensuit que, pour arroser 52,27 hectares de prairie, il fallait 7 jours. Une fois les 2 heures 56 minutes passées, pendant lesquelles chaque hectare de prairie aurait dû jouir de 29,092 m. cubes d'eau, on devait laisser les eaux retourner au canal, ou au colateur.

L'expérience est venue démontrer plus tard que le débit d'un *quadretto* dans le temps fixé, est supérieur aux besoins de l'irrigation d'un hectare, de telle sorte que l'usager ne l'utilise pas entièrement. Aussi, pour une utilisation moindre, eut-il été juste que l'usager payât moins ; cependant le tarif est resté le même depuis 1781 (1).

Piémont. — Les rizières, si répandues dans les provinces arrosables du Piémont, et très variables comme durée dans l'assolement, rendent difficile l'évaluation

---

(1) E. Paglia, *Inchiesta agraria; Monografia di Mantova;* vol. VI, t. IV, p. 815.

moyenne du volume d'eau que réclame l'irrigation d'un hectare. La proportion des colatures restant sans emploi pour les irrigations subséquentes y est plus grande qu'en Lombardie. Aussi, l'évaluation adoptée dans les provinces lombardes, d'un quart de la quantité d'eau livrée aux appareils régulateurs, pour les colatures, ne s'applique-t-elle pas au Piémont.

La Société d'irrigation verceillaise n'en a pas moins relevé, d'après les résultats obtenus de 1876 à 1879, sur quelques milliers d'hectares, les chiffres moyens suivants, pour les principales cultures (1) :

	lit.	
Rizières......................	2,637	par seconde.
Prairies......................	1,130	—
Maïs, avoine et trèfle............	0,377	—

Le dernier chiffre s'applique à des récoltes qui s'arrosent en juillet et août, pendant 60 jours, et correspond par arrosage, au volume de 1,950 mètres cubes par hectare. Ces cultures comportent par an seulement deux arrosages, par cela même très copieux. Le tableau XVII reproduit les données d'après lesquelles les chiffres moyens ci-dessus ont été obtenus.

Dans le Novarais où les terres moyennement fortes sont cultivées surtout en rizières, la dépense d'eau est évaluée à 3 litres ou 3 litres et demi par hectare; quoique aux environs de Novare même, elle descende à 2 litres, en raison de la diminution des rizières (2).

C'est entre 2 lit. 637 de débit, trouvé par l'association verceillaise, et 3 à 4 litres à la seconde, pour les sols de moyenne ténacité du Novarais, observé par l'ingé-

(1) E. Markus. *Das landw. meliorationswesen Italiens*, p. 59.
(2) Meardi, *Inchiesta agraria;* vol. VIII, p. 254.

TABLEAU XVII. — *Arrosages et consommation d'eau dans le Verceillais* (1876-1879).

NATURE DES TERRAINS.	Surfaces arrosées.	Consommation d'eau totale par seconde.	Consommation par seconde et par hectare.			
			Rizière.	Prairie.	Cultures arables.	Moyenne.
	hectares.	litres.	litres.	litres.	litres.	litres.
Terrains très forts....	10.618.93	12.087.92	2.081	0.892	0.297	1.14
— forts.........	6.072.60	10.041.50	2.398	1.026	0.342	1.65
— moyens......	5.315.59	11.715.48	3.486	1.494	0.498	2.20
— légers........	962.81	2.257.94	4.773	2.046	0.682	2.35
Totaux et moyennes.	22.989.93	36.102.74	2.637	1.130	0.377	1.83

nieur P. Angiolini (1), qu'oscille la consommation d'un hectare de rizière établie sur un sol ordinaire. Le rapport le plus récent publié par le ministère de l'agriculture (2), admet qu'un module italien suffit, en général, au service de 40 à 60 hectares de rizières sur un sol très compact; de 20 à 30 hectares, sur un sol perméable; et de 10 à 20 hectares sur un sol très perméable.

Comme nature d'eaux consommées par les rizières de la vallée du Pô, le même rapport officiel indique la répartition suivante pour cent :

(1) Negroni, *Relazione al ministero delle finanze,* 1876.
(2) Ministero di agricoltura, *Monografia sulla coltivazione del Riso in Italia,* 1889, p. 107.

	Cours d'eau.	Canaux.	Étangs.	Sources.
Novare.............	25.5	56.1	»	18.4
Verceil.............	7.0	89.8	2.8	0.4
Mortara............	25.7	53.9	»	20.4
Pavie.............	14.1	85.4	0.4	0.1
Moyennes......	1808	71.3	0.8	9.82

D'après ces moyennes, les canaux alimentent principalement les rizières du Verceillais, comme du Pavesan, et pour plus de moitié, celles du Novarais et de Mortara.

Sicile et provinces napolitaines. — La culture du riz, d'ailleurs peu étendue dans la province de Catane, réclame par *salma* (3,42 hectares), une *zappa* d'eau (17 litres 19), c'est-à-dire 5 litres d'eau continue par hectare. Les arrosages du maïs, du coton, etc., comportent une dépense d'eau bien moindre (1).

Dans la province de Catanzaro (Calabre), où l'eau d'arrosage s'emploie abusivement, le volume distribué par hectare est compris entre 8,000 et 10,000 mètres cubes dans la montagne, et entre 12,000 et 17,000 mètres cubes dans les vallées et les plaines. La culture en terrasses, et la chaleur du climat ne justifient pas des irrigations à pareil volume (2). Le sol crayeux friable, mélangé de gravier, qui couvre le territoire de Cortale, grâce à l'irrigation, porte annuellement deux récoltes. A la première qui comprend le lin, le froment ou l'orge, succède de la fin juin à la mi-juillet, celle du maïs avec haricots qui exigent de copieux arrosages, en raison de la nature même du sol. Ainsi, un débit de 225 mètres cubes par heure, dans une tournée de 24 heures,

(1) A Damiani, *loc. cit.*, vol. XIII, p. 414.
(2) A. Branca, *loc. cit.*, vol. IX, t. I, p. 150.

suffit à peine pour arroser un hectare et demi. Après une première irrigation, on laboure et on sème le maïs avec les haricots, en vue de récolter de la mi-octobre à la mi-novembre. Pendant cette période, le nombre des arrosages s'élève à 4; et, si la saison est très sèche, à 5 ou à 6, les arrosages se suivant tous les 12 ou 15 jours. La consommation moyenne atteint ainsi de 12,000 à 15,000 mètres cubes par hectare et par an (1).

L'arrosage d'été appliqué au maïs, aux hortolages et aux arbres fruitiers, dans la province de Salerne (*vallo della Lucania*), pendant cinq mois de l'année, consomme 923 mètres cubes par hectare de maïs; 3,846 mètres cubes par hectare de légumes, et pour les autres récoltes, 1,920 mètres cubes.

Espagne. — Sous le rapport de la consommation d'eau, les récoltes en Espagne peuvent être classées en trois catégories; celle des oliviers, des vignobles et des céréales qui exigent des arrosements du mois d'octobre au mois de mai; celle des plantes textiles et des légumes qui s'arrosent d'avril à septembre; celle enfin des prairies qui s'irriguent toute l'année, mais plus abondamment en été qu'en hiver. Tandis que la première classe de récoltes a besoin de 4 ou 5 arrosements au plus, les deux autres en réclament de 18 à 30 pendant l'année (2).

Il s'ensuit qu'à l'aide d'un faible débit, on peut irriguer en hiver de vastes surfaces plantées en oliviers, en vignes, ou emblavées en céréales, et qu'avec un débit considérable, on doit restreindre l'irrigation à des surfaces peu étendues en légumes, en chanvre ou en prairie.

---

(1) A. Cefali, *Inchiesta agraria*, vol. IX, t. II.
(2) Zoppi e Torricelli, *Annali di agricoltura*, 1888.

En supposant qu'un volume de 500 mètres cubes par hectare, représente la consommation moyenne des arrosements (non compris les rizières); la première catégorie de récoltes réclamera, à raison de 4 arrosements et demi, 2,250 mètres cubes d'eau pendant 9 mois, soit un débit de $0^{lit},09$ par seconde et par hectare. Pour la seconde catégorie, les 18 ou 20 arrosements s'étendant sur une période de 6 mois, exigeront un débit à la seconde, de $0^{lit},61$; et comme dans les mois d'avril, mai et juin, le nombre des arrosements est moitié de celui des mois de juillet, août et septembre, le débit par seconde sera d'abord de $0^{lit},50$, puis de $0^{lit},80$. Pour la troisième classe, les prairies, le débit s'évalue à $0^{lit},50$ en eau continue, soit $0^{lit},80$ pendant trois mois de grande sécheresse, et $0^{lit},40$ pendant le reste de l'année.

Si l'on tient compte des pertes par évaporation et par infiltration, la consommation moyenne des deux dernières classes de cultures est d'environ 1 litre par seconde et par hectare. C'est le chiffre qui ressort approximativement des expériences de Llauradò que nous avons rapportées plus haut. Examinons comment il varie suivant les récoltes et les régions de l'Espagne.

Dans la vallée de l'Ebre, où l'on cultive surtout la vigne et les céréales, l'eau consommée par les 236,000 hectares irrigués ne représente pas 236 mètres cubes par hectare, à raison de 1 litre par seconde qui serait la moyenne; mais comme en été, on irrigue surtout les hortolages, cette consommation se trouve restreinte sur certains canaux, tels que celui de la vallée de Llobregat. Dans la vallée du Besos, la dépense des irrigations d'été est de $0^{lit},74$ par seconde. Pour toutes ces vallées, y compris celles du Ter et du Fluvià, le nombre, pendant l'année, des arrosements mensuels des trois classes de récoltes déjà mentionnées apparaît dans le tableau XVIII. Les chiffres donnés par Llauradò (1) quant au nombre et au volume d'eau des arrosages sur le littoral méditerranéen (tableau XIX), diffèrent de ceux indiqués dans le tableau précédent; de telle sorte qu'en appliquant aux cultures de la Catalogne les mêmes volumes qu'aux cultures de la côte, la consommation serait plus élevée au Nord qu'au Sud-Est de la péninsule. Les observations recueillies dans les différentes *huertas* du Midi confirment cette différence.

Dans la *vega* de Grenade, le Genil, avec 2 mètres cubes de portée par seconde, irrigue environ 6,900 hectares; ce qui correspond à $0^{lit},29$ par seconde et par hectare. Or, les cultures principales de la *vega*, céréales, vignes et oliviers, n'exigent en moyenne que $0^{lit},15$ à $0^{lit},20$, y compris les pertes; les autres cultures réclament en moyenne $0^{lit},60$. Si, d'après ces consommations, on répartit les différentes cultures sur la surface irriguée, on trouve que les quatre cinquièmes doivent être cultivés en céréales, en vignes et en oliviers, tandis qu'un cinquième seulement est consacré aux fèves, à l'orge, au chanvre et au lin. Cette proportion se rapproche effectivement de la situation existante.

La *huerta* de Murcie, sur 10,769 hectares, en compte 8,000 arrosés par les eaux *vives* de la Segura, et le reste par les eaux *mortes,* ou colatures. En défalquant 769 hectares qui reçoivent des eaux de sources, ou artésiennes, il reste 10,000 hectares arrosés par la Segura, dont le débit est compris entre 8 et 9 m. cubes par seconde; ce qui équivant à une consommation par hectare de $0^{lit},85$ à la prise des canaux, ou en déduisant les pertes sur le parcours, de $0^{lit},65$.

(1) *Les Irrigations dans les terres arables; Assoc. française pour l'avancement des sciences,* 1887, 2° partie, p. 889.

TABLEAU XVIII. — *Calendrier des irrigations en Catalogne.*

CULTURES ARROSÉES.	Octobre.	Novembre.	Décembre.	Janvier.	Février.	Mars.	Avril.	Mai.	Juin.	Juillet.	Août.	Septembre.	Année entière.
1re classe : Oliviers	1	»	1	»	1	»	1	»	1	»	»	»	5
— Vignes	»	1	»	1	»	1	1	»	»	»	»	»	4
— Céréales	1	»	»	1	»	1	»	1	»	»	»	»	4
2e classe : Légumes	»	»	»	»	»	»	2	2	2	4	4	4	18
— Plantes textiles	»	»	»	»	»	2	2	2	2	4	4	4	20
3e classe : Prairies	2	2	2	2	2	2	2	2	2	4	4	4	30

TABLEAU XIX. — *Consommation d'eau des cultures sur le littoral espagnol de la Méditerranée.*

CULTURES ARROSÉES.	ÉPOQUE DES IRRIGATIONS.	Nombre d'arrosages.	Volume par hectare par arrosage.	Volume par hectare total.
			m. cub.	m. cub.
Froment	De mars à juin	3	1.000	3.000
Maïs	De juin à octobre	8	1.000	8.000
Chanvre	D'avril à juillet	4	1.000	4.000
Haricots	De juin à octobre	8	500	4.000
Carottes	De juin à février	8	500	4.000
Orangers	De mai à octobre	16	540	10.640
Luzerne	Toute l'année	31	1.600	49.600

La dépense d'eau par hectare, correspondant à chacun des huit canaux dérivés du Turia qui arrosent la *huerta* de Valence, est la suivante (1) :

Canaux du Turia.	Dotation par hectare en litres par seconde.
Moncada	1,22
Cuart	0,74
Tormos	0,88
Mislata	0,96
Mestalla	0,98
Favara	0,73
Rascaña	1,45
Rovella	2,21

Outre que la *huerta* de Valence, couvrant 10,500 hectares, est consacrée principalement aux cultures estivales : chanvre, légumes, maïs, etc., et accessoirement aux céréales, ce qui justifie le chiffre élevé de la consommation moyenne par hectare, il y a lieu de faire remarquer que le canal de Moncada jouit, par suite d'anciens privilèges, d'une dotation supérieure aux besoins; que le canal Rovella dessert les égouts de la ville de Valence, et celui de Rascaña sert exclusivement aux arrosages des jardins maraîchers des environs, qui consomment beaucoup d'eau (2).

Dans d'autres *huertas*, la dépense d'eau par hectare est bien inférieure à celles que nous venons de mentionner. A Lorca, par exemple, pendant la reconstruction du réservoir de Puentes, de 1802 à 1886, l'irrigation des 11,000 hectares a été pourvue par le Guadalantin, à raison de 1,000 litres comme débit

(1) Xavier Borrull, *Tratado de la distribucion de las aguas del rio Turia;* 1831.
(2) Aymard, *loc. cit.*, p. 26.

moyen des eaux d'hiver, soit 0^{lit},10 environ par seconde et par hectare. Il est vrai que les cultures hivernales de la *huerta* n'exigent que deux arrosages, et qu'en été, le débit de 340 litres du Guadalantin suffit pour les légumes et les jardins.

La *huerta* d'Elche comprenant 8,900 hectares en céréales, en vignes et en oliviers, et 2,100 hectares en orangers, dattiers, etc., est arrosée par le Vinalopo dont la portée varie entre 600 litres et au-delà de 1 mètre cube. Grâce au réservoir, cette portée peut s'évaluer à 1,500 litres, ce qui laisserait 0^{lit},125 par seconde et par hectare, pour les cultures d'hiver.

Au contraire, dans les *huertas* à rizières, comme celle du Jucar, la consommation d'eau excède 2 litres par seconde et par hectare.

Aymard a calculé, en se basant sur le jaugeage du canal du Jucar, que la quantité d'eau absorbée par les rizières dans la plaine d'Alcira était équivalente, en 24 heures, à une lame d'eau de 0^m,021 de hauteur, dépensée en partie par l'évaporation, qui peut être supposée de 0^m,011 pendant 24 heures, comme dans la plaine de la Métidja, en Algérie, et en partie, par le sol et la nutrition de la plante (1). Aymard néglige toutefois dans son calcul les infiltrations qui, d'après les observations de Llauradò, seraient considérables. Ainsi, d'après ce dernier, sur la rive gauche du Jucar, entre Albéric et Alcira, le territoire occupé par les rizières donne naissance en aval, au rû des arches, dont le jaugeage atteint jusqu'à 7645 litres par seconde. La consommation pendant la durée de la submersion, depuis le 15 mai jusqu'à la fin d'octobre, peut donc s'estimer

---

(1) Aymard, *loc. cit.*, p. 88.

en moyenne, à $2^{lit},40$ (1). En recourant aux variétés de riz à arrosage intermittent, telles que la Japonaise (*okabo*), ou la Caroline (*sequeiro*), elle se réduirait facilement à 1 litre par seconde et par hectare; c'est-à-dire que la culture s'étendrait à une surface une fois et demie plus grande, pour la même consommation. L'acclimatation des variétés non immergées aurait ainsi, en Espagne, un intérêt capital, sous le rapport de l'emploi plus économique des eaux, du développement des cultures et de la salubrité (2).

Dans les rizières à sous-sol imperméable, en terrains élevés, les pertes d'eau par infiltration ont une influence décisive, que l'on ne saurait négliger pour le règlement du débit, surtout quand les colatures restent sans emploi, comme en Espagne.

Le canal Jativa fournit encore à la partie de la *huerta* du Jucar, cultivée en hortolages, un débit de $1^{lit},67$, et celui de Mesos, aux rizières de la même plaine, $2^{lit},40$ à la seconde par hectare.

Malgré ces consommations excessives, en adoptant le débit annuel de $0^{lit},50$ par seconde et par hectare, comme dépense des cultures d'hiver et d'été, l'administration espagnole n'en a pas moins réglé sagement la moyenne qui s'approche le plus près des dépenses usuelles.

Algérie. — La plupart des cultures productives de l'Algérie, celles d'été, le coton, en première ligne, puis le maïs, le lin, le sésame, le tabac, la vigne, les jardins et les prairies artificielles, s'irriguent pendant cinq mois, de mai à septembre, et exigent un débit d'un demi-litre à la seconde par hectare; soit 6,480 mètres cubes pour

(1) Llauradò, *Tratado de aguas y riegos*, t. I, p. 52.
(2) Llauradò, *Culture du riz par arrosages intermittents; Assoc. française pour l'avancement des sciences*; 1883, p. 820.

la saison entière. Ce débit se répartit en 10 arrosages de
0^m,064 de hauteur d'eau qui est entièrement absorbée et
ne laisse aucunes colatures. Les cultures d'hiver, céréales (froment, orge et avoine) et fourrages, s'arrosent
deux ou trois fois, suivant que la saison est plus ou
moins pluvieuse. On irrigue généralement les terres
avant le labour d'automne, et les grains se sèment en
labourant; mais les Arabes sèment avant de labourer.
Les arrosages d'hiver réclament un sixième de litre
à la seconde, pendant sept mois, soit un volume de
3,000 mètres cubes par an, répartis en trois couches
de 0^m,10 de hauteur d'eau chacune; on ne compte
cependant que sur un cinquième de litre par hectare et
par an (1).

Les expériences rapportées par Aymard l'avaient conduit à fixer des chiffres différents de ceux qui viennent
d'être indiqués, pour les plaines arrosées du Sig, de l'Habra et de Relizane. Le débit continu observé par ses soins,
se rapportait aux cultures de la haute Metidja, au pied de
l'Atlas, à savoir : (2).

	lit.
Jardins maraîchers	1.620
Orangeries	0.825
Tabac	0.393
Maïs	0.177

Pour les jardins et pour les orangers, l'hectare exige
le même débit par arrosement; seulement les jardins
en reçoivent deux par semaine, et l'orangerie un seul.
Le tabac qui donne deux récoltes, la première dans le
courant de juillet, la deuxième à la fin de septembre,
est arrosé 4 ou 5 fois avant la première récolte, et un

(1) Zoppi e Torricelli, *Annali di agricoltura*, 1886, p. 11.
(2) Aymard, *Mémoire sur les irrigations de la Metidja, etc.*, 1853.

peu plus souvent entre les deux, ce qui représente un arrosage par quinzaine. Le débit de $0^{lit},393$ est une moyenne qui tient compte de l'intervalle entre chaque arrosage, variant de 7 à 21 jours. Le maïs semé en avril, est irrigué tous les dix à quinze jours, jusqu'en août.

Les conditions de l'irrigation en Algérie sont résumées dans le tableau XX, qui porte le nombre des arrosages, leur quotité pendant la période de culture, et la consommation d'eau par hectare et par seconde (1), pour chacune des principales récoltes.

TABLEAU XX. — *Conditions des arrosages en Algérie.*

CULTURES.	Nombre des arrosages	Consommation d'eau		Durée de la culture	Consommation d'eau par seconde et par hectare.
		par arrosage.	pour la culture.		
		m. cub.	m. cub.	mois.	litres.
Luzerne............	10	400	4.000	6	0,25
Légumes...........	36	400	14.000	6	0,93
Coton, lin, sésame.	10	640	6.400	5	0,50
Maïs..............	4	400	1.400	2	0,30
Céréales d'hiver.....	3	1.000	3.000	7	0,16
Orangeries.........	12	400	4.800	6	0,30
Tabac.............	4	400	1.600	3	0.20
Vignes............	4	1.200	4.800	3	0,60

Égypte. — Des trois genres de cultures que pratique l'Égypte, celles d'été et d'hiver qui restent le plus longtemps sur pied, occupant les plus grandes surfaces, sont les plus importantes. Les cultures d'hiver n'exigent pas d'irrigation, tandis que celles d'été, comprenant la canne à sucre, le coton, le riz, le maïs, ne peuvent se

(1 Perels, *Handbuch des Landw. Wasserbaus*, p. 502.

passer d'arrosage pendant les mois les plus chauds de l'année, lorsque les eaux du Nil sont les plus basses. Les récoltes de printemps, ou d'automne, qui ne durent guère que 60 à 80 jours, consacrées principalement au dourah et au maïs, réclament également l'irrigation, ou la submersion.

La consommation d'eau qui assure l'irrigation de plus d'un million d'hectares, tant dans la haute que dans la basse vallée, est plus faible que celle adoptée dans d'autres pays, même moins arides. Boussingault relève le fait que Linant, ingénieur au service du pacha, évalue à 29 mètres cubes d'eau, l'arrosage donné par jour à 1 hectare des terres du Delta. « On pourrait, il est vrai, se demander d'abord si ce régime est suffisant; mais il faut remarquer qu'il s'agit surtout, en Égypte, de conserver l'humidité introduite dans le sol par l'inondation du Nil (1). » Linant de Bellefonds indique, en effet, comme débit reconnu suffisant dans la pratique ordinaire, $0^{lit},65$ pour les rizières, et $0^{lit},44$ pour les autres cultures, soit une moyenne de $0^{lit},55$, que la commission internationale des études du canal de Suez avait également adoptée; il ajoute toutefois que $0^{lit},826$ satisfont à peine aux besoins du coton et de la canne à sucre, et $0^{lit},989$, à ceux des rizières.

L'ingénieur Fowler, dans son étude des projets d'ensemble pour l'irrigation de l'Égypte, fonde ses calculs sur une moyenne de 0 lit. 58 par hectare en culture, et le Ministère égyptien des travaux publics (1883), sur un débit continu de $0^{lit},65$ par seconde et par hectare.

Les projets actuels, en cours d'exécution, ou à l'étude, ont admis un débit de $0^{lit},826$ par hectare de culture

_____

(1) *Économie rurale*, 2° édit., t. II.

d'été, pendant les plus basses eaux, excepté pour les rizières. On estime que ce volume appliqué au tiers de la surface cultivable d'une région, suivant ce qui se pratique pour les récoltes d'été, couvre largement les besoins; et le tiers, soit $0^{lit},275$ par seconde et par hectare, sert de base aux calculs du débit d'étiage des canaux (1).

Dès que les eaux du Nil montent, la dépense d'eau devient bien plus considérable, en raison de l'arrosage des cultures d'automne, maïs et dourah, et de la préparation des terres pour les cultures d'hiver, qui demandent une submersion de quelques centimètres, à laquelle le fleuve pourvoit. Excepté pendant cette courte période de crue, ou d'inondation, la dépense d'eau d'irrigation est encore moins élevée que dans l'Inde (2).

France. — Pour terminer ce qui a rapport aux irrigations arrosantes, nous comparerons les résultats de deux départements du midi de la France, où elles sont le plus répandues, le Vaucluse et les Bouches-du-Rhône.

Vaucluse. — Sauf dans les associations de canaux, on n'arrose les blés, les vignes et les fourrages, non compris les luzernes, que dans les saisons de sécheresse; c'est-à-dire, quand il ne pleut pas, en mai et en juin.

L'association du canal Saint-Julien arrosait en 1850, 2,950 hectares sur base des consommations qu'indique le tableau XXI. La dépense qui résulte des données du tableau est d'environ $0^{lit},85$ par hectare. L'ingénieur Conte en conclut que pour une association comprenant 1,000 hectares, il faudrait, à cause de la diversité même des cultures, que le débit moyen du canal fût de $0^{m},085$ par seconde (3); malgré cela, la consommation d'eau

(1) J. Barois, *loc. cit.*, p. 34.
(2) Willcocks, *Egyptian Irrigation*, 1889, p. 234.
(3) *Journ. agric. prat.*, 1851, t. XV, p. 513.

Tableau XXI. — *Consommation d'eau des cultures
dans Vaucluse.*

CULTURES ARROSÉES.	Superficie.	Débit nécessaire par 1″ et par hectare.	Volume consommé.
	hectares.	litres.	litres.
Jardins......................	479.32	2.500	1.198.30
Prairies naturelles..........	319.54	1.003	320.50
Luzernes....................	239.66	1.003	240.38
Haricots....................	279.60	1.390	388.64
Chardons	119.83	0.380	45.53
Cultures diverses (céréales, oliviers, etc.)...........	1.352.28	0.254	208.25
Garances...................	159.77	0.416	66.46
	2.950.00		2.468.06

effective sur les 2,950 hectares arrosés s'élevait à 1^{lit}, 19
par hectare.

Bouches-du-Rhône. — Suivant les canaux, les arrosages des prairies naturelles, entre le 1er avril et le 30 septembre, sont au nombre de 12, 23, 29 ou 43, compre-
nant pour la saison, des tranches égales de 131, 68, 54 ou
37 millimètres de hauteur d'eau. On met de 3 à 6 heures
pour distribuer chaque tranche.

Les blés et les avoines reçoivent 2 ou 3 arrosages en
avril, ou dans la première quinzaine de mai, selon le
degré de sécheresse de la saison. Chaque arrosage est de
6 litres par seconde et par hectare, pendant 6 heures, ce
qui correspond à 648 mètres cubes, ou à une couche
d'eau de 0^m,0648.

Les luzernes réclament un arrosage de 30 litres pendant 6 heures, tous les 12 jours, soit 9,720 mètres cubes,
répartis en quinze tranches de 0^m,0648, représentant
une hauteur totale 0^m,972.

Les cultures arbustives sont également arrosées ; la vigne souvent 2 ou 3 fois ; les oliviers 2 fois, en juin et en août. Par hectare d'oliviers arrosés, on emploie environ 1,000 mètres cubes dans l'année (1).

Le tableau XXII présente, d'après Markus (2), la durée et le nombre des arrosages, ainsi que la dépense d'eau des principales récoltes irriguées des départements de Vaucluse et des Bouches-du-Rhône. Le débit de 1 litre par seconde et par hectare, sauf pour les jardins, les prairies artificielles et les oliviers, peut être considéré comme répondant à la consommation moyenne des cultures.

2. Irrigations fertilisantes.

France. — *Vosges et Moselle.* — Le caractère spécial de l'irrigation des Vosges, nous l'avons déjà montré, est d'agir par de grandes masses pendant la plus grande partie de l'année ; il n'y a d'exception, fait remarquer Boitel, que dans les vallées industrielles où l'irrigation est subordonnée aux besoins des usines. Les consommations, en effet, sont énormes. Les jours d'arrosement, Boussingault le constate, l'hectare de pré reçoit une hauteur d'eau de $0^m,45$; il faut par conséquent disposer par an de 90,000 mètres cubes d'eau pour un hectare, en admettant 20 arrosements. En moyenne annuelle, l'hectare de pré recevrait ainsi par jour 246 mètres cubes. Puvis, qui a traité spécialement de ces irrigations à grand volume, et discuté un assez grand nombre de renseignements, conclut qu'une couche

---

(1) Barral, *les Irrigations dans les Bouches-du-Rhône*, p. 489.
(2) E. Markus, *Die Bewässerungen in den departements Bouches-du-Rhône und Vaucluse*, Wien, 1886, p. 54.

TABLEAU XXII. — *Consommation d'eau, durée et nombre d'arrosages (Provence).*

CULTURES.	ARROSAGES.		CONSOMMATION D'EAU	
	Périodes.	Nombre.	par seconde et par hectare.	totale par année.
			lit.	m. cub.
Prairies naturelles............	Avril à octobre.	23	0.940 à 1.003	14.904 à 15.860
Luzerne...................	»	15	0.630 à 1.003	9.720 à 15.860
Céréales..................	Avril et mai.	1 ou 2	0.040 à 0.150	648 à 2.371
Légumes et jardins.........	Avril à octobre.	23	2.50	39.528
Garance..................	»	»	0.400 à 1.000	6.325 à 15.811
Légumineuses	»	»	1.000 à 1.390	15.811 à 21.977
Pommes de terre...........	»	»	1.00	15.811
Oliviers..................	Juin et août.	2	0.063	1.063

d'eau de $0^m,20$ de hauteur seulement par hectare, et 25 à 30 jours d'arrosage avec cette quantité, donneraient les mêmes résultats. Ce serait par hectare et par arrosage 2,000 mètres cubes, soit 55,000 mètres cubes par an, ou environ 150 mètres cubes par jour, en moyenne (1).

Une remarque essentielle à faire, en présence de ces chiffres de débit excessif, c'est qu'une grande partie des eaux est rendue aux colateurs. Selon M. Perrin, arpenteur à Remiremont, l'arrosage d'une des belles prairies des environs de cette ville, couvrant 22 hectares, consommait $1^{m\ cub},440$ d'eau par seconde, soit 5,655 mètres cubes par hectare et par 24 heures, dont 4,655 mètres cubes s'écoulaient par les colateurs; ainsi pour un débit continu de 65 litres par seconde et par hectare, 11 litres sont utilisés par la prairie, et 54 litres sont rendus à l'irrigation.

Dans la Moselle, les arrosages des grèves stériles et mouvantes du lit de la rivière, transformées en fertiles prairies par les frères Dutac et par leurs successeurs, consomment 100 litres par seconde et par hectare, avec rotation de 61 jours; ce qui porte le débit à 25 litres par seconde, déversés sur des planches, ou par des razes irrégulières de 150 mètres de longueur; mais les colatures retournent aussitôt à la rivière. C'est un limonage continu sur des grèves filtrantes (2).

Foltz a effectué dans ces prairies quelques jaugeages qui aboutissent à des chiffres plus élevés (3). Ainsi, en 1847, la prairie de la Gosse, créée depuis vingt ans par les frères Dutac, était encore arrosée par un canal dont la section

(1) Puvis, *Irrigation des prés des Vosges,* 1846.

(2) De Gourcy, *Voyage agricole en Lorraine; Journ. agric. prat.,* 1852, t. XVII.

(3) Foltz, *Mémoire sur les irrigations des prairies de la Moselle,* 1847.

moyenne était de $4^{\text{m car}},54$, et la vitesse moyenne de $0,50$; ce qui représente 2 mètres cubes d'écoulement par seconde. Ce débit arrosait sans intermittence 19 hectares, et correspondait à 120 litres par seconde et par hectare. La prairie de Thaon, d'une contenance de 200 hectares, formée de 1835 à 1837, était arrosée en 1847 par une dérivation débitant $12^{\text{m cub}},97$, ou 65 litres par seconde. L'irrigation se faisant en deux périodes, qui correspondaient aux deux parties arrosées alternativement, chaque hectare recevait à son tour 130 litres par seconde.

Les jaugeages exécutés par Mangon sur les eaux des prairies de Saint-Dié et de Habeaurupt, confirment les consommations d'eau rapportées pour les Vosges et la Moselle.

Vallée de la Seine. — Belgrand a cité quelques irrigations abusives de la vallée de la Seine, ou du moins, des vallées de l'Hozain (Aube), de l'Yonne, de l'Avre (Eure), qui correspondent à des débits continus de 390, 152 et 137 litres par seconde et par hectare (1). Les prairies arrosées par l'Hozain comportent quatre irrigations, deux au printemps et deux en été, et reçoivent chaque fois une couche d'eau de $0^{\text{m}},351$ de hauteur; celles d'Avallon, arrosées d'une manière continue pendant 4 mois, admettent une hauteur d'eau totale de $0^{\text{m}},158$; enfin celles de l'Avre reçoivent en 44 arrosages, pendant 5 mois, une hauteur d'eau par hectare de $44 \times 0^{\text{m}},04 = 1^{\text{m}},76$, le sous-sol étant perméable. Ce sont là des exemples d'inondation, plutôt que d'irrigation.

Allemagne. — En Allemagne, le problème de la dépense d'eau a pu être mieux étudié qu'ailleurs, à cause

(1) *Annales des ponts et chaussées,* 1852.

des volumes qu'exige l'arrosage des prairies, et des conditions mêmes de l'irrigation sous des climats peu favorables; mais les évaluations ne sont pas moins variables que celles dont nous avons jusqu'ici fait mention. Autant d'écrivains, autant d'avis.

Zeller (1) estime que la quantité d'eau à distribuer sur une prairie, en 24 heures, doit correspondre à une tranche de $0^m,13$ à $0^m,25$. En prenant $0^m,18$ comme une moyenne qui se répète en 26 arrosements, on a $4^m,5$ de hauteur d'eau sur la surface entière. De Westerweller (2) constate qu'avec le minimum indiqué par Zeller, il ne peut être question que de submerger, en vue d'améliorations très sensibles. Ainsi, à Eppenheim (grand duché de Hesse), un pré de 425 hectares est arrosé avec un débit de 500 litres seulement par seconde. Dans les 200 jours d'irrigation, chacun des 14 lots d'égale contenance, qui partagent le pré, reçoit tous les 14 jours une hauteur d'eau de $0^m,14$. La surface entière ne reçoit ainsi pour 14 arrosements qu'une hauteur de $1^m,96$, au lieu des $4^m,5$, mentionnés plus haut. A l'appui de cet exemple, Boussingault (3) conclut à l'utilité d'une irrigation de 98 mètres cubes par hectare et par 24 heures; car, moyennant un débit de 96,6 mètres cubes d'eau par jour, il a pu convenablement arroser, une prairie de 1 hectare, 15 ares. Dans les grandes sécheresses de l'été de 1846, la totalité de l'eau a été absorbée par le sol, quoique reposant sur un fond d'argile. On considère comme un résultat moyen en Allemagne, ajoute-t-il, que 25 à 30 jours d'irrigation en temps opportun, avec 5 mètres de hauteur d'eau, suffisent pour la prairie. C'est en somme, par hectare, 50,000 mètres cubes, et pour chaque jour d'arrosage, un débit de

(1) Secrétaire perpétuel de la Société d'agriculture de Hesse.
(2) Ingénieur hydraulique du duché de Hesse-Darmstadt.
(3) *Economie rurale*, loc. cit.

1,818 mètres cubes ; soit 137 mètres cubes par jour, en supposant l'irrigation répartie dans tout le cours de l'année.

D'après Dunkelberg, les conditions de l'irrigation des prairies, dans les provinces du centre et du sud de l'Allemagne, seraient les suivantes (1) :

	Litres par hectare et par seconde.	Hauteur d'eau par jour.
Pour une irrigation complète..........	42 à 53	0^m.36 à 0^m,45
— très satisfaisante...	35	0^m,30
— satisfaisante.......	28	0^m,24
— suffisante..........	17	0^m,15

Wurfbaïn admet une limite inférieure à celle donnée par Dunkelberg, quand il s'agit d'eaux riches et de terrins pourvus d'humus, sablonneux, mais quelque peu adhésifs. Dans ce cas, un débit de 11 litres par hectare et par seconde suffit, à la condition que les arrosements aient lieu par rotation. Une hauteur d'eau de 0^m,095 assure la pénétration du sol jusqu'à 0^m,60 à 0^m,75, ainsi que le drainage à 0^m,60 au-dessous du point le plus bas de la surface arrosée. C'est une grave erreur, selon lui, que de convertir l'irrigation en inondation, comme certains praticiens le font, sans qu'un pareil abus de l'eau ait la moindre utilité. L'excès, même s'il est corrigé par des assainissements énergiques et bien entretenus, nuit à la végétation des bonnes plantes de prairies (2).

Cette remarque de Wurfbaïn est confirmée par le fait que dans les Vosges, on est forcé de combattre les effets

(1) Dunkelberg. *Der Wiesenbau, loc. cit.*: 2te *auflage; seite* 72.

(2) Wurfbaïn, *Nachrichten uber Landes-meliorationen*, etc.; Berlin, 1856.

des irrigations trop abondantes, sur des prairies mal assainies, par des cendres neuves et des charrées.

Hess croit qu'un débit de 10 à 20 litres par hectare et par seconde, assure un bon arrosage par submersion, mais quand on peut disposer, pendant un certain temps, d'eaux riches, très fertilisantes, on peut descendre au-dessous de ce débit (1).

Dans sa méthode dite rationnelle, que nous avons déjà examinée, Vincent part du point de vue que les matières en dissolution et en suspension dans l'eau, doivent pouvoir remplacer celles que le fourrage coupé a enlevées à la prairie; en conséquence, les débits pour l'irrigation des plans inclinés devront varier comme il suit (2) :

	Litres par hectare et par seconde.	Hauteur d'eau par hectare.
Pour planches en ados de 8ᵐ sur 16ᵐ.........	60	0ᵐ,52
— de 6ᵐ sur 12ᵐ.......	90	0ᵐ,78
— de 4ᵐ sur 8ᵐ.........	120	1ᵐ,04

Par les systèmes d'irrigation combinés avec le drainage, tels que celui de Petersen, la consommation se trouve ramenée pour les prairies, à un débit continu de 12 litres, correspondant à une hauteur quotidienne de 0ᵐ,10 (3), qui est celle constatée par König dans ses expériences.

Les données pour les prairies de l'Allemagne et de la Belgique ont été résumées dans le tableau XXIII. Le débit moyen par hectare et par seconde, si l'on en excepte

(1) Franzius und Sonne, *Der Wasserbau; Handbuch der Ingenieur Wissenschafften*, Leipzig, 1882.

(2) L. Vincent, *Der rationelle Wiesenbau, loc. cit.*; voir t. III, p. 28.

(3) Turrentin, *Der Wiesenbau nach der neuen methode Petersen*; Schleswig, 1864.

TABLEAU XXIII. — *Consommation d'eau pour les irrigations fertilisantes; Allemagne et Belgique.*

	Débit continu par hectare et par seconde			Hauteur d'eau moyenne par jour.	Indication des auteurs.	OBSERVATIONS.
	Maximum.	Minimum.	Moyenne.			
	lit.	lit.	lit.	m,		
Allemagne (centre et sud).	53	17	35	0.302	Dunkelberg.	»
— (ouest).........	»	»	11	0.095	Wurfbain.	Eau riche sur sol sablonneux avec humus.
— (nord).........	»	»	12	0.104	Turrentin.	Méthode Petersen.
— (nord).........	120	60	90	0.778	Vincent.	Méthode rationnelle.
Hanovre.........	10	20	15	0.130	Hess.	Submersion.
Belgique (Campine)......	»	»	30	0.295	Keelhoff.	Planches en ados.

les prairies arrosées d'après la méthode Vincent, varient entre 11 et 35 litres en moyenne, et la hauteur d'eau quotidienne, entre $0^m,095$ et $0^m,302$.

Conclusions. — De l'étude que nous avons faite des nombreuses cultures arrosées, il ressort que sous les climats tempérés, soumis au régime de pluies plus ou moins abondantes, lorsque l'on dispose d'eaux claires de bonne qualité, de terres fertiles, ou convenablement fumées, et de travaux d'irrigation bien exécutés, la tranche d'eau par arrosage, dans les cas habituels (sauf bien entendu, les marcites, les rizières, les limonages, etc.), peut se limiter à une épaisseur de $0^m,03$ à $0^m,04$. C'est trois à quatre fois la hauteur de la couche que fournit une pluie de $0^m,01$, imbibant le sol à la profondeur où doivent pénétrer les arrosages (1).

D'après cela, Hervé Mangon établit que 2,500 à 4,000 mètres cubes par saison, correspondant à un débit de $0^{lit},20$ par seconde, satisfont à l'irrigation d'un hectare de céréales; que 5,000 à 8,000 mètres cubes par saison, ou un débit par seconde de $0^{lit},32$ à $0^{lit},54$, répondent aux besoins d'arrosage des prairies, et que 15,000 à 24,000 mètres cubes, soit un débit par seconde, compris entre $0^{lit},96$ à $1^{lit},53$, suffisent aux exigences des jardins et des cultures maraîchères (2).

Pour nous résumer, nous estimons, d'accord avec Mangon, qu'un débit moyen permanent de $0^{lit},50$ par seconde et par hectare, en allouant le nécessaire en vue des pertes par infiltration, par les vannes, par les rigoles défectueuses et les fausses manœuvres, etc., et en tenant

---

(1) Nadault de Buffon admet en termes généraux une épaisseur de $0^m,03$, tandis que de Gasparin considère que dans le Midi, il faut donner par arrosage, une hauteur d'eau de $0^m,08$ à $0^m,10$ qui est évidemment supérieure aux besoins réels de la culture : voir tome I, liv. V, p. 441.

(2) Hervé Mangon; article *Agriculture; Dict. des arts et manufactures,* 2e édit., 1853.

compte des exigences d'une grande entreprise d'irrigation pour laquelle se trouvent réunis, dans leurs rapports
ordinaires, les trois genres de cultures, jardins, prés et
céréales, suffit aux besoins d'une irrigation pratique.
« S'il serait préférable de pouvoir disposer d'un volume
« d'eau plus considérable, d'un litre par seconde, par
« exemple, correspondant pour la saison (six mois) à
« 15,750 mètres cubes, et pour l'année à 31,500 mètres
« cubes; du moins, cette abondance n'est nullement in-
« dispensable au succès des opérations bien dirigées » (1).

Le débit moyen de $0^{lit},50$ par seconde et par hectare
est celui que l'administration espagnole, comme nous
l'avons mentionné, a adopté pour les irrigations d'hiver,
et pour celles d'été. Llaurado le considère comme plutôt
théorique et il incline vers un débit en pratique de
$0^{lit},75$, quoique les doses relevées sur divers points de
la péninsule semblent confirmer la moyenne de $0^{lit},50$ (2).

Dans les irrigations ordinaires de la Lombardie et du
Piémont, le débit d'un litre d'eau par seconde correspond
à l'arrosage moyen de 0,80 à 1 hectare, 10 ares; mais
dans l'Inde, avec le même débit, on arrosait, en 1864 :
3 hectares, 14 ares sur le canal Jumna Est; 4 hectares sur
le canal Jumna Ouest, et 2 hectares sur celui du Gange.
La consommation moyenne des canaux indiens, depuis
que leur réseau s'est complété, s'appliquant à une surface en culture plus que double et même triple, sous un
climat bien plus extrême que celui de la vallée du Pô,
de même que la consommation en Égypte, témoignent
de l'abus de l'eau qui est fait en Italie, plus encore
qu'en Espagne (3), et de l'exactitude d'une moyenne

(1) Hervé Mangon, *loc. cit.*
(2) Zoppi e Torricelli, *Irrigazioni della Spagna; Annali di agricoltura;*
1888, p. 71.
(3) *Contemporaneous irrigation in Italy; Engineering;* 1872, p. 215.

de moitié inférieure, adaptée à nos climats tempérés, comme celui du midi de la France.

Nadault de Buffon trouve que dans les évaluations générales, « c'est prendre une moyenne très large que « 0^{lit},75 par hectare, ou, ce qui revient au même, de con- « sidérer que 1 litre d'eau continue doit pouvoir arroser 1 hectare et demi »; mais il ajoute que pour la prai- rie, un demi-litre est une évaluation maximum, et sauf pour les jardins, un quart de litre représente à la rigueur un débit suffisant appliqué aux autres cultures (1).

(1) Ainsi, s'est-on bien légèrement avancé, dans des discussions récentes devant les commissions municipales et les Chambres, au sujet de l'épan- dage des eaux d'égout de la ville de Paris sur les plaines de Gennevilliers. Achères et Saint-Germain, quand on a opposé au débit moyen de 10 ou 12,000 mètres cubes par hectare et par an, pouvant atteindre un maxi- mum, pour certaines cultures, de 20 à 25,000 mètres cubes, que nous in- diquions comme limite d'utilisation consacrée par la pratique de l'Angle- terre, des consommations de 70,000 mètres cubes pour les cultures jardinières de la *huerta* de Valence, tandis qu'elles reçoivent effectivement pendant six mois seulement de l'année, 20 arrosages à raison de 0^{lit},60 par seconde et par hectare, correspondant à 10,000 mètres cubes par saison; ou bien de 78,000 mètres cubes dans la plaine du Jucar, dont la moitié est occupée par des rizières sans colatures. Les autres consommations in- voquées à l'appui de leurs assertions, par les ingénieurs municipaux. à savoir : quant aux prairies défrichées de l'Écosse. 630,000 mètres cubes; aux ados de la Campine, 977,000 mètres cubes; aux marcites lombardes. 1,324,000 m. cubes; et aux prairies des Vosges. 4,500,000 mètres cubes. s'appliquant à des submersions continues, ou à des irrigations permanentes. avec colatures, à l'aide d'eaux de toute innocuité, sur des surfaces parfaite- ment dressées, ne sont pas moins fantaisistes, au cours d'une discussion qui entraînait des conséquences graves, tant au point de vue de l'assainissement de la Seine, que de la salubrité atmosphérique de la capitale, et qui négligeait le point le plus essentiel, celui de l'emploi par le sol des éléments fer- tilisants des eaux d'égout (1).

La confusion créée par les défenseurs des projets municipaux, qui a abouti à la loi du 4 avril 1889, soi-disant d'utilisation agricole, dans la- quelle, il est vrai, le maximum a été ramené à 40,000 mètres cubes par hectare et par an, est d'autant plus regrettable que s'il s'agit, dans certains cas, comme dans les Vosges et la Moselle, d'eaux pures ou cristallines, ou

(1) A. Ronna, *Commission technique de l'assainissement de Paris; procès-verbal de la qua- trième sous-commission du 10 février 1885.*

L'économie de l'eau d'arrosage est une des questions qui appellent l'attention la plus sérieuse des agronomes, dans les pays d'irrigation. On doit pouvoir arriver, là où l'eau est abondante, comme en Italie, ou plus rare, comme en Espagne, et surtout en France, à réduire la dépense d'eau par hectare. L'Inde et l'Égypte prêchent d'exemple; si de grands canaux subviennent largement à l'arrosage de vastes territoires, il importe de ne pas oublier que la plus grande surface y est arrosée à l'aide d'eaux de réservoirs ou de puits, ou élevés par des norias, c'est-à-dire, avec parcimonie.

C'est en poussant à l'économie de l'eau que l'on obtiendra de pouvoir étendre plus sûrement le périmètre irrigué, et de développer les bienfaits des cultures arrosées; mais pour mettre un terme au gaspillage, tout au moins, à la prodigalité dans les arrosements, faut-il démontrer, par des expériences rationnelles, l'inutilité de l'abus. Que l'eau soit à bon marché, ou à un prix élevé, elle mérite bien autant que les engrais, des recherches qui établissent les besoins des terres et des plantes, sous les climats variés où l'irrigation se pratique (1). C'est à la science de frayer la voie vers une consommation plus réduite des eaux d'irrigation.

comme en Campine et en Lombardie, d'eaux de sources et de canaux, déjà décantées, qui se déversent sur des ados admirablement réglés au point de vue des pentes et de l'égouttement des terres, et que l'on reprend, ou que l'on évacue sans le moindre danger; il est question dans le cas actuel d'eaux troubles, chargées de matières putrescibles, de microbes, de gaz nauséabonds, de sédiments inertes, dont on propose de couvrir, au gré de chacun, des terrains submersibles, ou grossièrement dressés pour l'infiltration. Et ces eaux employées à des doses trop considérables, faute de surfaces assez étendues, doivent alimenter des arrosages continus, hiver comme été, à proximité de la capitale, à portée des lieux de villégiature, sans un programme défini de restitution méthodique à la culture !

(1) Voir tome I, p. 49.

II. COUT DE L'IRRIGATION.

Les dépenses d'irrigation sont de deux sortes; celles
de l'eau, et celles des travaux, du personnel et du matériel nécessaires pour sa distribution sur le sol.

Les frais de l'eau se payent annuellement, ou par saison, sous forme d'une taxe ou redevance, qui figure au
compte d'exploitation; ou bien, ils sont portés au compte
capital, quand l'eau a été achetée par voie de concession.

Les frais de premier établissement et de distribution
comprennent d'une part, l'intérêt du capital employé par
le propriétaire en ouvrages spéciaux, tels que prise d'eau,
partiteurs ou vannes, canaux de répartition, rigoles
d'arrosage, colateurs, etc., et d'autre part, la main-d'œuvre qu'exigent l'entretien, la surveillance et la conduite
des arrosages.

1. Prix de l'eau.

Dans les pays où la propriété de l'eau est liée à celle du
sol, c'est-à-dire, ceux où fonctionnent des syndicats de
propriétaires, le prix de l'eau se décompose en deux parties; l'intérêt du capital dépensé dans la dérivation et les
canaux, et la quote-part dans les frais de curage, de
réparations, d'entretien et d'administration des canaux.
Il arrive souvent que dans les contrées qui jouissent
de longue date des irrigations, le capital de premier
établissement est inconnu, soit qu'il ait été fourni par le
trésor, ou par les premiers usagers, soit qu'il ait été
amorti, et le prix de l'eau actuellement payé se réduit à la
quote-part dans les frais annuels des syndicats.

Italie. — En Italie, l'eau se paye en raison du volume

distribué, ou de l'heure de débit que fixent les divers modules, ou enfin, de la surface irriguée, par arrosage.

D'après certains règlements entre propriétaires et fermiers, ceux-ci payent l'eau moyennant une taxe fixe, ou *canon*, qui se base, soit : (1)

1° Sur l'écoulement du volume d'eau convenu, par une bouche modellée, pendant un temps déterminé;

2° Sur l'écoulement d'un volume convenu, en rapport avec la surface à irriguer;

3° Sur l'écoulement que fournissent les terrains supérieurs, à l'état de colatures.

Quel que soit le mode adopté vis-à-vis du domaine, des communes, ou des propriétaires, le prix vénal de l'eau, qu'on l'achète, ou qu'on la loue, est extrêmement variable, suivant qu'elle est continue, ou employée en hiver ou en été; suivant sa provenance et sa qualité; suivant la nature des terrains et les localités.

L'administration domaniale concédait jadis sur les grands canaux lombards, une once d'eau continue (34 litres 60 par seconde) au prix de 490 *lire* par an; soit 14 *lire* par litre à la seconde. Un grand nombre de concessions perpétuelles ont été faites dans ces conditions, qui représentent aujourd'hui un prix nominal (2).

Nous chercherons, d'après les documents plus récents, fournis par l'enquête agricole italienne, à établir les prix qui se payent actuellement dans l'Italie du Nord, pour la concession et la jouissance des eaux d'irrigation.

Pavesan. — Dans l'arrondissement de Pavie, par exemple, l'once d'eau continue (34 litres 60 par seconde), pour l'année entière, vaut 20.000 francs. Le prix de

(1) G. Calvi, *l'Italia agricola*; 1879.
(2) Bordiga, *loc. cit.*, p. 877.

jouissance de l'once d'eau d'été est de 1,200 ou de 1,400 francs, et celui de l'eau d'hiver, de 70 à 75 francs (1).

Deux sortes de contrats règlent la jouissance de l'eau : *la compera d'acqua,* aux termes de laquelle le fermier s'engage à utiliser la concession inhérente au domaine, moyennant un prix fixe, convenu pour la durée du bail, et l'*affitto,* en vertu duquel le fermier paye le prix convenu par année, ou par saison, en redevances échelonnées par termes.

Pour l'arrosage des prairies en rotation, le prix varie entre 61f,10 et 76f,40 par hectare ; pour celui des autres cultures, entre 53f,50 et 68f,75. Quant aux rizières, on convient parfois de payer en nature, soit un quart, ou un cinquième de la récolte.

Le prix des colatures est difficile à établir, à cause de leur qualité variable, vu la nature des terrains traversés, de la difficulté de les recueillir, et de les diriger vers un point déterminé.

Lomelline. — Dans la Lomelline, l'once continue vaut 16,000 francs, et, comme jouissance, 1000 francs. Suivant les rotations, l'arrosage se paye en moyenne 75 francs par hectare ; quand il s'agit d'une rotation de 10 jours, le débit de 4 modules italiens, ou de 12 onces milanaises, coûte en moyenne 60 francs par heure (2).

Crémonais. — On estime à 20 hectares la surface moyenne que l'on peut irriguer avec une once d'eau continue de 16 litres 32. Pour irriguer une plus grande surface avec ce même débit, il faut que l'assolement comporte une partie en froment, qui ne s'arrose pas. L'once crémonaise se loue 500 à 600 francs par an et

(1) Saglio, *Monografia di Pavia, Inchiesta agraria, loc. cit.*
(2) Pollini, *Monografia della Lomellina ; Inchiesta agraria, loc. cit.*

représente comme prix d'achat 10,000 à 12,000 fr. (1).

Véronais. — Les propriétaires qui possèdent une concession de 30 ans de l'État, ou qui appartiennent à un syndicat jouissant d'une telle concession, sont tenus de verser au trésor 100 francs pour 100 litres d'eau à la seconde, et de prendre à leur charge les travaux de conduite et de distribution, qui augmentent le coût de l'arrosage de 10 à 15 pour cent, si l'on comprend les pertes par infiltration.

A moins de circonstances exceptionnelles, les propriétaires n'utilisent que le volume d'eau concédé : s'il ne suffit pas, ils en achètent aux usagers qui en ont de trop; et s'il est trop abondant, ils en cèdent à des prix qui varient entre 35 et 40 francs par hectare arrosé, ou bien entre 15 et 20 pour cent du produit en nature de l'hectare arrosé (2).

Les experts estiment la valeur d'un module ancien, ou *quadretto* véronais de 145 litres 36 d'eau par seconde, entre 15,000 et 20,000 francs. En général, la concession d'un module se partage entre 3 usagers; le premier qui a l'eau de première main, paye 6446^f,16; le second qui jouit du reliquat non employé, paye 3223^f,08, et le troisième qui dispose seulement des colatures du précédent, paye 1611^f,69; de façon que l'administration domaniale reçoit 11,280 fr., ou 77^f,80 par litre (3).

Mantouan. — Dans la province de Mantoue, quoique le *quadretto* véronais, réglé par Marie-Thérèse au point de vue des surfaces en rizière et en prairie, ait été reconnu d'un débit trop élevé et ne s'utilise qu'en par-

(1) Marenghi, *Monografia del circondario di Cremona, Inchiesta agraria;* loc. cit.

(2) *Monografia della provincia di Verona; Inchiesta agraria; loc. cit.*

(3) Bordiga, *loc. cit.*, p. 877.

tie, la valeur du *quadretto* est encore aujourd'hui payée au domaine, soit en capital, soit par redevance annuelle, à raison de 4 pour cent de ce capital, comme l'exigeait le décret impérial du 25 décembre 1781, rendu par Joseph II, aux conditions suivantes :

	TERRES	
	en culture.	en friche.
	fr.	fr.
Premier usager....................	6.494.98	5.704.97
Usager des premières colatures....	3.207.37	2.852.36
— des secondes colatures.....	1.623.56	1.426.18
Total	11.325.91	9.983.51

ce qui revient à faire payer annuellement aux trois usagers, par hectare de prairie, ou de rizière, les prix suivants peu justifiés par l'emploi (1) :

	TERRES	
	en culture.	en friche.
	fr.	fr.
Premier usager	129.90	114.10
Deuxième usager....	64.15	57.05
Troisième usager	32.47	28.52
Total	226.52	199.67

Piémont. — Le prix de l'eau en Piémont s'établit de diverses manières, suivant que les eaux ou les canaux, appartiennent au domaine, aux communes, ou aux particuliers.

Dans la province de Cuneo, il y a des canaux dont les eaux sont utilisées, sans qu'il soit payé aucune redevance; mais les usagers sont tenus de payer les frais de

---

(1) E. Paglia, *la Provincia di Mantova; Inchiesta agraria*, vol. VI, f. 4, p. 81.

curage, d'entretien, de réparation, etc., qui atteignent, à Mondovi, de 7 à 12 francs par hectare. Pour d'autres canaux, c'est le plus grand nombre, les eaux se payent à raison de o fr. 5o à 6 francs par surface arrosée de 38 ares; ou bien, à raison de 5 à 10 francs par heure, dans chaque rotation, suivant que la saison est plus ou moins chaude. Enfin, pour certains canaux, les usagers versent aux propriétaires une redevance fixe annuelle, sur base de la surface à arroser, ou de la portée d'eau concédée.

Dans la province de Turin, les eaux appartenant aux communes donnent lieu au paiement de redevances annuelles, et celles concédées à des syndicats, seulement à une quote-part proportionnelle dans les frais d'entretien.

Les communes de la province d'Alexandrie, propriétaires des eaux d'arrosage, les font distribuer, soit directement par les eygadiers, soit par location aux fermiers. Le prix varie entre 3 fr. et 4 fr. 5o par hectare et par arrosement.

C'est dans le Novarais que le prix de l'eau est le mieux réglé, par suite de l'intervention du domaine et de l'association d'irrigation verceillaise.

Il n'en existe pas moins des concessions anciennes, faites à perpétuité, pour lesquelles les redevances sont presque nominales, par rapport au volume d'eau distribué; tandis que les concessions récentes, sur base du module légal, reviennent à 2,000 et 3,000 francs de loyer annuel.

L'administration domaniale des canaux Cavour fait payer le module, du 1er avril au 31 septembre, 2600 francs, soit 26 francs par litre à la seconde, et le module d'hiver, du 1er octobre au 26 février, 180 francs, soit 18 francs par litre à la seconde; mais elle se réserve toutes les eaux des colatures. Pour les syndicats qui ont contribué à la construction des canaux secondaires, l'eau d'été est cédée à 15 francs, au lieu de 26 francs le litre, et pour les arrosages sur des terres qui n'ont pas encore été soumises à l'irrigation, la réduction est de 20 pour cent.

A raison de 2600 francs, prix moyen de jouissance du module italien fourni par le canal Cavour, une rizière exigeant 7 litres à la seconde, représenterait une dépense de 78 francs par hectare, non compris l'intérêt des travaux d'irrigation et la main-d'œuvre; mais par la reprise des colatures, ce débit peut servir à l'arrosage gratuit d'un tiers ou d'un quart de la surface en assolement, les eaux étant plus chaudes et plus riches en principes fertilisants que celles immédiatement dérivées pour la rizière.

En outre, le domaine concède exceptionnellement l'eau par bouches non modellées, et sans garantie, par conséquent, aux conditions suivantes :

		fr.
Par hectare de rizière		100
—	de prairie	60
—	de maïs, etc., et par chaque arrosage	15

Ces concessions ne s'accordent pas toutefois pour les terrains trop perméables, ou superposés à des nappes souterraines.

L'association verceillaise qui utilise les eaux des canaux domaniaux dérivés de la Dora Baltea et du *Roggione* de Verceil, a renouvelé, après 30 ans d'exercice, la convention qui lui assure 500 modules pour la saison d'été, et 250 modules pour la saison d'hiver. Le prix de l'eau qui avait été jusque-là de 1724 francs par module légal, plus 689 francs pour quote-part dans les frais d'administration, d'entretien, etc., soit en tout, de 2413 francs, a été fixé, pour le module d'eau d'été, à

2,600 francs. Il est vrai que l'association a droit à une remise de 10 pour cent sur les 200 premiers modules, de 11 pour cent sur les 100 modules suivants, de 13 pour cent sur les 100 autres modules et de 16 pour 100 sur les 50 derniers. Le débit venant à excéder 450 modules, l'État concède même une remise uniforme de 12 pour cent sur la totalité; le prix du module n'en reste pas moins de 2288 francs, y compris la jouissance pendant 30 ans des eaux de colature, mais non compris les frais proportionnels dans l'administration syndicale.

Il est d'usage dans le Verceillais, comme dans le No-varais, pour les rizières notamment, de payer l'eau en nature aux propriétaires ou concessionnaires, qui ne sont pas le Domaine, moyennant l'abandon d'un tiers ou d'un quart du produit. Pour une rizière rendant 45 quintaux de paille et 30 quintaux de riz brut, ce paiement équivaut de 170 à 230 francs par hectare.

Sur la rive droite de la Sesia, dans le territoire de Gattinara, jusqu'aux approches du canal Cavour, la com-mune afferme ses eaux, à raison de 40,000 francs par an, à un concessionnaire qui les loue, moyennant un sixième du produit des terres arrosées (1).

Dans la province de Plaisance, où l'on n'utilise que les eaux estivales (du 23 avril au 31 août), pour l'arrosage des prairies, le mètre cube d'eau, par rotation de quinzaine, vaut environ 4000 francs et se loue par heure, dans la saison, au prix de 200 à 260 francs.

Aquila. — La province d'Aquila, dans les Abruzzes, se signale par l'emploi direct des eaux de rivières, de lacs et de sources. Sur les 26,000 hectares arrosés, il y a un quart de la surface à peine qui recourt aux ca-naux. Parmi ces derniers, un des plus importants,

(1) Meardi, *Inchiesta agraria, loc. cit.,* vol. VIII, f. 1, p 255.

dérivé de la rivière Aterno, à San Veneziano, fait payer, au profit de la commune, les redevances suivantes, à raison d'une heure et demie en rotation, par 12 ares (*coppa*), pendant la saison (1) :

> 3 fr. pour les terrains en jardinage; ou 40 fr. par hectare;
> 1 fr. 50 pour les autres terrains; ou 20 fr. par hectare.

Ces redevances applicables à la zone interne, sont payées sur rôles, au mois d'août. Dans la zone externe, le prix de chaque arrosage est fixé par *coppa*, à 0 fr. 50, soit 6 fr. 66 par hectare, payable dès la livraison de l'eau.

D'après un règlement du 6 mars 1871, pour les eaux du lac de Scanno, dérivées par le canal Corfinio qui arrose la vallée occidentale de Solmona, et par le canal Sagittario qui arrose la vallée orientale, avec une portée commune de 8 m. cubes à la seconde, le syndicat des canaux perçoit une taxe d'irrigation, comprise entre 4 et 6 francs par hectare.

Sicile. — Le prix de l'eau n'a pas cessé d'augmenter en Sicile depuis que les cultures arbustives se sont étendues. Dans certaines provinces, le prix est double de ce qu'il était il y a cinquante ans (2). Les eaux de la commune de Chiaramonte (Catane) sont cédées aux usagers par le propriétaire emphytéotique, à raison de 89 fr. 25 pour 12 heures dans la semaine, pendant l'année. Le droit à l'eau pendant 6 heures dans la semaine, s'achète à raison de 6.935 francs à Chiaramonte, et de 1.275 francs dans la commune de Comiso.

Espagne. — Dans les grandes *huertas* du midi de l'Espagne, ce sont les syndicats des canaux qui fixent le prix de l'eau, en assemblée générale.

---

(1) Quaranta, *Inchiesta agraria, Monografia di Aquila* : vol. XII, f. III, p. 57.

(2) Damiani, *Inchiesta agraria, loc. cit.,* vol. XIII, f. I, p. 412.

A Valence, les taxes ordinaires sont de deux sortes: la taxe proprement dite (*tacha*), et la taxe de curage (*cequiage*). Chaque usager paye proportionnellement à la surface qu'il possède. Les taxes extraordinaires sont également assignées par les assemblées, et réparties au *prorata* de la surface à chaque usager. Dans quatre des syndicats de Valence, le règlement ne fixe aucunes limites de taxes ordinaires et extraordinaires. Dans le syndicat de Tormos, le maximum fixé pour la taxe ordinaire est de 3 fr. 70 par hectare; dans celui de Mestalla, il est de 1 fr. 75; dans ceux de Mislata et Chirivella, de 4 fr. 20, et dans celui de Rascaña, de 2 fr. 10. En admettant que la taxe extraordinaire soit égale à la plus forte taxe ordinaire de 4 fr. 20, le prix de l'eau n'excède pas ainsi 8 fr. 40 par litre à la seconde, et par hectare.

A Murcie, les canaux sont entretenus, les uns au compte de la commune, les autres aux frais des riverains; quant aux autres dépenses, elles donnent lieu à une taxe proportionnelle à la surface, mais sur base de trois catégories de terrains, qui sont dans le rapport de 3, 2 et 1; c'est-à-dire que les meilleurs terrains payent trois fois plus que les terrains médiocres.

Dans la *huerta* d'Almansa les syndics fixent la redevance annuelle, qui est d'environ 3 francs par hectare et par arrosage, tandis qu'à Alicante, le syndicat, sur base des dépenses obligatoires et volontaires, établit deux taxes: une taxe ordinaire de 0 fr. 03 par minute d'eau débitée, suivant les rotations que fixe le syndicat, et de 2 fr. 08 par hectare irrigué à l'aide des eaux de crue; elle fixe en outre une taxe extraordinaire variable.

La taxe ordinaire de 0 fr. 03 par minute d'eau en rotation, représente 0 fr. 50 par hectare en hiver, et 0 fr. 35 en été, pour chaque arrosement. En comptant 12 rotations hivernales et 6 estivales, le montant de cette taxe s'élève à 8 fr. 10 environ par hectare; si l'on prend ce même chiffre pour le paiement des autres taxes, on obtient comme redevance totale par hectare, 16 fr. 20; mais les bilans annuels du syndicat n'indiquent généralement pas plus de 12 francs.

C'est exceptionnellement, en cas de sécheresse et de pénurie, que les propriétaires des eaux du réservoir de Tibi doivent en acheter aux anciens propriétaires du Rio Monegro, et que le prix du débit d'une heure continue, ou de 900 mètres cubes, atteint 20 francs; ce qui représente le prix très élevé de 0 fr. 022 par mètre cube, et porte le coût de l'irrigation d'un hectare à 20 fr.

La *huerta* de Lorca est celle où le prix de l'eau est le plus élevé en raison des spéculations des propriétaires, surtout pendant les années de sécheresse. Aymard, se fondant sur les résultats de la vente des eaux dans une de ces années exceptionnelles, en 1861, avait calculé le prix du litre d'eau continue à 1966 francs (1); mais le débit du Guadalantin qui avait servi pour son calcul, est trois fois moindre que celui effectivement jaugé; de façon que le prix devrait être ramené à 655 francs. Rapporté à l'hectare, le prix moyen de l'eau de Lorca est compris entre 50 et 60 francs, et s'applique aux cultures spéciales; céréales, vignes et oliviers, qui s'arrosent l'hiver.

Dans les autres centres d'irrigation, les prix ne sont pas moins variables que dans le midi. Ainsi le prix par hectare et par an de l'eau d'arrosage, dans la vallée du Ter, est de 18 francs; tandis qu'il est de 14 francs sur le canal de Moncada, dans la vallée du Besos. Le canal de Manresa fait payer 12 fr. 50, alors que le canal de l'Infanta, dérivé également du Llobregat, a désintéressé

(1) Aymard, *loc. cit.*, p. 237.

les usagers, moyennant un paiement effectué en une fois, de 415 francs par hectare.

Le canal de la rive droite du Llobregat, administré par l'État, fait payer le tarif suivant par hectare et par an :

			fr.
Eaux troubles pour limonage....................................			5.5o
Eaux claires { pour surfaces au-dessous de 25 hectares. {	1ʳᵉ catégorie.		3ı.oo
	2ᵉ —		26.oo
	3ᵉ —		2ı.5o
pour surfaces au-dessus de 25 hectares............			ı2 à 3o

L'ingénieur Job rapporte, d'après des documents mis sous ses yeux, que sur le canal impérial d'Aragon, il était perçu 1/6 de la récolte en grains de toutes sortes, prêts pour la vente, plus 1/8 de fruits, tels que figues, olives, etc., et une somme de 54 francs en argent, par hectare arrosé; d'où il suit qu'un hectare de terrain arrosé, produisant dans la même année deux récoltes de grains, et concurremment une récolte de fruits, payerait à l'irrigation environ 3oo francs. Dans d'autres districts, ajoute-t-il, la redevance serait payée entièrement en argent, à raison de 15o francs par hectare (1).

Les prix actuels du canal impérial de la vallée de l'Ebre sont de 15 francs par an, pour 1 litre par seconde, quand la location excède une année. Pour les débits à durée fixe, le prix est variable selon la durée souscrite; c'est-à-dire d'autant plus élevé que la durée de la période d'irrigation est plus courte. Le canal d'Urgel, dans la même vallée, fait payer 59 fr. 5o par hectare et par an.

D'autres canaux comme ceux d'Esla, de Lozoya, de Henarès concèdent l'eau continue à des prix qui varient entre 18 et 67 francs par hectare.

(1) Job, *Rapport sur les travaux de canalisation de l'Ebre*, 1853.

Selon Roberts, sur base de renseignements soigneusement recueillis, en tenant compte des circonstances exceptionnelles et des bénéfices des entrepreneurs, les travaux des canaux en Espagne donnent lieu à l'établissement suivant du coût par hectare arrosé (1) :

		fr.
Province de Madrid	....	945
—	Lograno............................	478
—	Tolède............................	385
—	Gerona............................	512
—	Léon	463
—	Navare............................	462
—	Guadalajara	400

Quant au prix de l'eau par hectare et par an, déterminé le plus souvent par les dépenses d'entretien et de garde, Roberts l'indique comme il suit :

	fr.
Canal de Urgel........	59.40
Vallée du Tage.......	10 pour cent du produit.
Malaga..............	58.75
Llobregat...........	16.90 à 52.40
Aragon	12.30 à 83.30
Catalogne...........	37.00 à 49.30
Navare.............	37 fr. pour 4 arrosages par an.
Canaux récents.......	2 à 3 fr. par arrosage.

L'usage le plus répandu consiste en une redevance de 10 pour cent sur les récoltes.

En résumé, le prix de l'eau des canaux qui est représenté, pour 15 à 20 arrosages à l'hectare et par an, par 12 francs, dans les grandes *huertas* du Midi;

_____

(1) *Irrigation in Spain; Engineering;* 1873.

s'élève de 15 à 60 francs et au delà, dans les autres centres d'irrigation, que les eaux appartiennent à des
syndicats, à l'État, ou à des particuliers.

Eaux artésiennes. — Dans la *huerta* de Murcie,
un certain nombre de puits artésiens ont pu être forés,
mais seulement à 2 kilomètres de la ville, vers Orihuela, avec une profondeur moyenne de 35 mètres, et
un débit variable entre 3 litres et demi et 20 litres par seconde. Certains forages se sont étendus jusqu'à 100 mètres des bords de la Segura. Le niveau maximum des
eaux jaillissantes au-dessus du sol a été de 6 mètres.
En y comprenant le tube d'ascension en tôle qui représente une dépense de 12 fr.50 à 15 francs par mètre courant, le coût moyen d'un puits varie entre 1750 et
5.000 francs, à raison de 54 fr. le mètre.

Sur quelques points de la *huerta*, les eaux artésiennes
se vendent pour l'arrosage. Sur l'un des puits fournissant
1.300 mètres cubes d'eau par jour, permettant d'arroser
60 ares de terre en trois heures, l'eau se vend au prix de
12 francs par jour, ou de 0 fr.50 par heure : c'est-à-dire
que le mètre cube d'eau se paye 0 fr.009. Un autre puits,
fait payer l'eau 1 franc par heure, quoique le débit soit
moindre, mais le niveau est plus élevé pour l'arrosage
des terrains supérieurs.

Pour les puits qui ne donnent pas des eaux jaillissantes, des pompes élèvent les eaux, sous l'action de
moulins à vent (*molinetas*), comme dans la plaine de
Carthagène.

France. — En France, de même qu'en Italie et en
Espagne, il y a des localités privilégiées où le prix de
l'eau représente simplement « une ancienne redevance
féodale, ou coutumière, qui n'a pas changé, malgré les
bouleversements des rapports de toutes choses ». Ailleurs, des ordonnances anciennes ont fixé des droits

invariables de concession, sans tenir compte des variations de l'unité monétaire (1).

Sans parler des canaux dont l'établissement remonte à la domination des Arabes, ou des chartes et cartulaires octroyés au moyen âge pour concession des prises des cours d'eau ou des sources, la plupart des redevances évaluées en nature, ou au taux nominal des monnaies, ne représentent plus que le tiers ou le quart de la valeur réelle de l'eau. Jusques de nos temps, l'eau a encore été concédée gratuitement contre échange des terrains livrant passage aux canaux, et l'agriculture a naturellement bénéficié en plus grande partie de cet état de choses.

Eau gratuite. — Parmi les canaux qui donnent leurs eaux gratuitement, on peut citer ceux des moulins de Peyrolles, du Puy Sainte-Réparade et du réal d'Eyragues, dans les Bouches-du-Rhône. Le canal de Peyrolles, qui a une longueur de 6.200 mètres et débite 300 litres à la seconde, a été construit au seizième siècle; il permet d'arroser sans redevance 250 hectares. Les arrosants n'ont à leur charge que les frais du curage, dans la traversée de leurs terres. Le canal du Puy Sainte-Réparade offre une longueur de 7.600 mètres et un débit de 1.000 litres à la seconde, à l'aide duquel on irrigue gratuitement 250 hectares, sans fixation d'heures ou de jours; cette jouissance a été accordée en retour des terrains sur lesquels passe le canal. Le réal d'Eyragues, établi au douzième siècle, pour l'arrosage de 400 hectares, fut l'objet d'une cense de 30 doubles décalitres de blé, payée à l'archevêché d'Avignon; mais depuis la Révolution, les propriétaires arrosants ne sont plus soumis à aucune taxe,

(1) Barral, *Irrigations, Engrais liquides*, p. 364.

et c'est la commune même d'Eyragues qui contribue aux frais d'entretien pour une somme annuelle de 300 francs.

Dans Vaucluse, la jouissance des eaux de la Durançole, des canaux de Vaucluse, de l'Hôpital, de Violès, de Puget, etc., n'est l'objet d'aucune réglementation. Les eaux du canal du Grozeau, dans la commune de Crestet, arrosent 12 hectares, sans qu'il soit payé aucune cotisation. Chaque arrosant en dispose comme il l'entend, pour la submersion des prairies en hiver.

Eau à prix réduit. — Dans certaines associations, les actions de capital et les obligations confèrent le droit à l'arrosage, avec ou sans paiement de cotisations annuelles. Ainsi, dans l'œuvre du canal des Alpines, chaque obligation donne la jouissance de l'arrosage gratuit d'un hectare, et pour l'embranchement d'Istres, du même canal, deux actions donnent droit à 30 litres d'eau par seconde, mais avec paiement de la redevance annuelle. Les concessionnaires du canal domanial obtiennent à ce titre, la jouissance de l'eau à des prix réduits; 60 francs par exemple, pour un débit de 33 litres à la seconde.

En dehors de ces cas particuliers pour lesquels la gratuité, ou le rabais du prix de l'eau, correspondent à des avances et à des participations dans les frais d'établissement des canaux, le prix de l'eau, tout en étant relativement bas dans certaines localités, est accru de redevances accessoires, de servitudes multiples et complexes, provenant de conventions, ou de droits anciens que fixent les syndicats d'arrosage par leurs règlements. Enfin, les inégalités dans les durées et les espacements des arrosages et dans les débits, ne sont pas sans influer sur la valeur de l'eau. Aussi, peut-on dire, d'une manière générale, que dans aucun pays, le même volume d'eau est payé à des prix aussi variables et aussi élevés qu'en France.

Les associations syndicales de Vaucluse, parmi lesquelles s'en trouvent qui possèdent des canaux importants, livrent l'eau d'arrosage au meilleur prix. Le relevé que nous présentons dans le tableau XXIV, d'après les chiffres de la commission chargée du concours des irrigations du département en 1876, montre que pour une surface de près de 5.000 hectares, arrosée par 20 syndicats différents, la redevance moyenne par hectare et par an, a été de 18 fr. 30. Les prix les plus bas des cotisations sont de 2 et de 7 francs, et les prix les plus hauts de 29 et 30 francs.

Dans les Bouches-du-Rhône, certains canaux alimentés par des sources, ou en rivière directement, livrent l'eau d'arrosage à bon marché. Au canal de Lafare, ou des Nationaux, qui a sa prise d'eau dans l'Arc, les arrosants en syndicat autorisé ne payent d'autre redevance que la cote d'entretien et de gestion, s'élevant à 8 francs environ par hectare. L'association syndicale de Gèmenos qui emploie les eaux de la source de Saint-Pons à l'arrosage de 79 hectares, fait payer une cote de 16 francs par hectare. Celle du canal de Chateaurenard, exécuté à la fin du siècle dernier, pour l'arrosage de 2.600 hectares, base son rôle annuel sur trois classes de terrains, payant, la première 15 francs, la seconde 10 francs, et la troisième 5 francs par hectare.

L'œuvre générale de Crapponne qui comprend deux branches de canaux; celle de Salon et celle d'Arles, pour lesquelles le régime des redevances est différent, offre sur la branche de Salon, certaines concessions gratuites, en échange des terrains traversés, et pour les autres arrosants, une cote se réduisant aux frais d'entretien, variable entre 5 et 10 francs par hectare. Sur la

TABLEAU XXIV. — *Situation et redevances des arrosages de quelques syndicats autorisés de Vaucluse en 1876.*

SYNDICATS	COMMUNES	Date de constitution.	CANAUX Provenance.	CANAUX Débit moyen, lit.	CANAUX Longueur, mètres.	Usines nombre.	Usines force, chev. vap.	Budget moyen annuel, fr.	Surface arrosée, hect.	Redevance par hectare et par an, fr.
1. Du canal supérieur	St-Roman.	1860	L'Aigues.	230	4.000	1	8	515	59	9,50
2. Du canal de Roaix.	Vaison.	1873	L'Ouvèze.	331	4.700	1	17	»	49	30,00
3. Des Mayres et des Eperons.	Ste-Cécile.	1840	L'Aigues.	400	13.550	3	42	1.700	46	20,00
4. Du Rouzet.	Cairanne.	1863	—	190	»	»	»	2.500	10	30,00
5. Du canal du Moulin.	Sablet.	1864	L'Ouvèze.	300	9.750	3	48	720	113	20,00
6. Du Grozeau.	Malaucène.	1860	Sources.	320	2.600	16	320	»	241	10,30
7. De Rieu et d'Antignac.	Piolenc.	1852	Le Rieu.	»	»	»	»	»	15	13,00
8. Des Arènes et Grenouillet.	Orange.	1861	La Meyne.	»	»	»	»	600	21	10,00
9. Du canal de la Mayre.	—	1854	—	29	»	»	»	250	20	29,00
10. De Saint-Symphorien.	—	1860	—	1.000	»	»	»	900	14	19,00
11. De Cagnan.	Crillon.	1847	Sources.	70	14.500	3	17	600	69	20,00
12. Du canal du Pont.	—	1854	Le Mède.	20	3.300	»	»	250	34	26,00
13. De la prise du Rocher.	—	1836	L'Ouvèze.	»	»	»	»	»	12	26,00
14. Du canal de Violès.	Violès.	1847	La Seille.	350	11.350	1	18	»	176	2,00
15. Des canaux de Bedarrides.	Bedarrides.	1853	Canal Vaucluse.	800	»	»	»	3.300	30	8,30
16. Du canal du Griffon.	Sorgues.	1824	—	»	»	»	»	»	38	7,00
17. Du canal Plan Oriental.	Cavaillon.	1824	Durance.	2.000	6.500	»	»	10.715	250	19,50
18. Du Cabedan neuf.	—	1852	—	2.000	18.000	»	»	15.300	260	17,50
19. Du canal de Carpentras.	Avignon.	1852	—	10.000	88.495	»	»	»	2.600	27,00
20. Du canal de l'Isle.	Isle, etc.	1849	—	2.000	11.500	»	»	37.000	880	37,00

Surface totale arrosée en 1876........ 4.937
Redevance moyenne par hectare et par an.... 18,30

branche d'Arles, les taux d'arrosage sont au contraire fixés par la convention transactionnelle de 1802, de la manière suivante :

	fr.
Jardins	19.52
Prés et luzernes	13.02
Terres en culture, oliviers et vergers	6.12

Malgré de nombreux appels aux tribunaux pour obtenir le rétablissement équitable des tarifs, ils sont restés les mêmes depuis le commencement du siècle.

Tarifs en nature. — L'œuvre générale des Alpines qui administre l'ancien canal domanial, c'est-à-dire la branche de Lamanon, en même temps que le tronc commun et la prise d'eau, pour compte de l'État, applique à sa propre concession des taxes différentes de celles exigées par la société concessionnaire des branches septentrionales du canal.

Le décret du 5 février 1814 fixait les taux à payer par les membres, ainsi qu'il suit :

Par are de pré, jardins, légumes	2 litres de blé.
Par trentenier d'oliviers	2,3 —
Par are de verger semé	2 —
Par are de terre ensemencée	1 —

« Ces arrosages sont payables en argent, sur le pied du plus haut cours du blé, au marché de Salon le plus proche de Notre-Dame d'août, et d'après l'arpentage du géomètre juré de l'association. »

Pour les non-abonnataires, les prix de l'irrigation par hectare étaient :

	fr.
Prés	85
Haricots	45
Pommes de terre	35

		fr.
Céréales		8
Semis et terres vaines		100
Oliviers (3o pieds)		23

D'autre part, une ordonnance du 11 avril 1839 avait fixé sur la branche septentrionale d'Orgon, le maximum de la redevance à payer pour l'arrosage d'un' hectare, à 1 hectolitre et demi de blé de première qualité ; mais lorsque la société concessionnaire des deux branches septentrionales des Alpines, comprenant celle d'Orgon, fut fondée, un règlement intervint (18 janvier 1865) qui établit ainsi les redevances :

		EN BLÉ.
Hectare.	Litre par seconde.	Lit.
Pour 0.01	0.01	1.49
— 0.50	0.53	74.50
— 1.00	1.07	149.00

En 1873, le prix de l'eau déterminé par la mercuriale représentait 35 fr.29 par hectare, et en 1874, 36 fr.45. La société prit alors l'initiative de réduire à 25 francs par hectare la redevance pour les cultures demandant 3 arrosements dans le cours de la campagne, à savoir, les céréales, les vergers d'oliviers et les chardons. Cette réduction fut étendue à la submersion des nouvelles plantations de vignes pendant les deux premières années.

Il ressort des renseignements recueillis pendant les concours ouverts en 1875 et en 1876 dans le département des Bouches-du-Rhône, que la redevance payée au canal des Alpines, sans distinction de branches ou de filioles, varie entre 35 et 40 francs par hectare.

La compagnie du canal de Peyrolles admet trois catégories d'arrosants ; 1° ceux auxquels l'eau a été cédée à perpétuité ; 2° les actionnaires qui ont échangé le droit au dividende contre le droit d'arrosage, et 3° ceux auxquels l'eau est vendue pour la saison, du 1er avril au 3o septembre. La redevance, quoique fixée en blé, par l'ordonnance de concession (19 octobre 1843), est payable entièrement en argent, au mois d'août, sur base du taux moyen des mercuriales d'Aix pendant les dix années précédentes. Ce taux varie naturellement chaque année; il a oscillé entre 37 et 45 francs par hectare arrosé.

Tarifs des concessions nouvelles. — Nous ne jugeons pas utile de pousser plus loin l'examen de la situation complexe et peu favorable au développement des irrigations, que créent des variations pareilles du coût de l'eau d'arrosage, dans une même région, et à plus forte raison, dans un même département. C'est ainsi, d'après Peut (1), que dans les Bouches-du-Rhône, l'eau nécessaire à l'irrigation d'un hectare de prairie coûtait sur le canal de Crapponne à Arles, 24 fr.; sur le canal des Alpines 37 fr.; sur le canal de Senas 85 fr., et sur le canal d'Istres et d'Entressens 200 francs.

En admettant comme base de tarification dans les concessions nouvelles, l'unité de 1 litre par seconde, l'eau étant vendue au volume, sans distinction de son emploi, l'administration a cherché à simplifier cette situation. L'eau, en effet, est distribuée périodiquement avec un débit de 34 litres par seconde, de manière que pour le nombre des arrosages effectués, le volume total obtenu est l'équivalent de celui que donnerait l'unité fictive. Ce sont les règles adoptées pour la répartition des eaux des canaux de Marseille, du Verdon, etc.

L'adoption du litre d'eau par seconde, comme base des redevances, offre l'inconvénient que les propriétaires sont

(1) H. Peut, *Du Delta du Rhône*, 1848, p. 16.

portés à conclure que ce débit doit arroser une superficie d'un hectare, et si un hectare n'est pas suffisamment arrosé par la concession d'un litre, ils récriminent, parce qu'ils ne reçoivent pas toute l'eau qui leur est due. Cette erreur trouve une sorte de confirmation dans les modes de redevance adoptés par certaines administrations de canaux, qui font payer à raison de l'hectare, et concèdent ensuite des prises d'eau, correspondant à 1 litre par seconde. Or, l'unité invariable en volume absolu, telle que le litre, laisse le propriétaire absolument maître d'en user selon ses besoins, ou selon les circonstances; d'arroser plus ou moins d'un hectare, à sa guise. La concession d'eau d'arrosage d'un litre, donne seulement le droit de recevoir sur ses terres, mais d'une manière périodique, c'est-à-dire par des arrosages intermittents, suivis de suppression d'écoulement, un volume d'eau représentant 15.552 mètres cubes pendant 6 mois (si la saison est de 6 mois), ou une hauteur d'eau par hectare de $1^m,555$ pendant 180 jours. Quand la livraison de l'eau ne s'étend qu'au tiers du temps, soit sur 2 mois, le volume obtenu sera de 3 litres par seconde pendant la durée de chaque arrosage. Les divers canaux ont naturellement des règles particulières pour cette livraison.

Un inconvénient plus grave, c'est qu'en supposant qu'un litre d'eau correspond théoriquement, ou en moyenne, à l'arrosage normal d'un hectare de prairie, l'administration a sanctionné un fait qui ne se vérifie pas en pratique. Ce débit trop faible dans les terres perméables, surtout pendant les premières années, est trop fort dans les terres argileuses. Il en résulte qu'après l'avoir admis pour le canal du Verdon, il a fallu l'abaisser à 0 litre 75 pour le canal de Saint-Martory (Haute-Garonne), et à 0 litre 50 pour le canal du Forez

(Loire), etc., en faisant varier les prix en conséquence.

Sur le canal du Verdon, le prix de la redevance par an et par litre est de 70 francs pour la commune d'Aix, et de 60 francs pour les autres communes, les rigoles étant à la charge des concessionnaires ou des arrosants; tandis que celui des eaux continues est de 80 francs par module de 1 décilitre par seconde, dans toutes les communes.

Pour le canal de Saint-Martory, il y a une redevance maximum fixée à 50 francs par hectare; mais celle du litre par seconde est de 66 fr. 67; les frais d'appropriation des terres à l'arrosage, soit 500 francs en moyenne par hectare, étant à la charge des intéressés. Le projet de l'ingénieur Salles, pour ce canal, a été basé sur un débit de 10 mètres cubes par seconde, suffisant à l'arrosage d'une surface de 14,000 hectares, soit 0,75 litres d'eau par seconde et par hectare.

Dans la Drôme, les canaux de Pierrelatte (prolongement) (1) et de la Bourne (2), ont été soumis au même régime de redevances annuelles, à savoir : 50 francs par litre à la seconde, à payer par les souscripteurs au prolongement, dans le premier cas, et, dans le second cas, au canal, avant la mise en eau, et 60 francs pour les souscripteurs engagés après. Sur l'ancien canal de Pierrelatte, les usagers ont toutefois conservé les tarifs de la concession de 1838. Sur le récent canal de la Bourne, le droit de rachat des redevances a été admis, en capitalisant à 6 pour cent; mais les eaux continues destinées aux potagers, aux jardins, etc., ont été cotées à 160 francs par module d'un décilitre par seconde, et à 120 francs par chaque module en sus.

(1) Concession de 1880.
(2) Concession du 5 mai 1873.

Le tarif de 5o francs pour les souscripteurs à 1 litre par seconde, et de 8o francs, par module de 1 décilitre d'eau continue, a été également appliqué au canal de Manosque, dans les Basses-Alpes, exécuté par l'État (1881).

Des deux récents canaux des Alpes-Maritimes, le canal du Foulon, concédé à la ville de Grasse en 1885, jouit d'un tarif basé sur 6o francs de redevance annuelle par module de 1 décilitre, tandis que le canal de la Vésubie, concédé en 1878, applique un tarif, par litre à la seconde, de 400 francs à forfait, représentant les frais d'établissement des canaux tertiaires, et d'une redevance annuelle de 8o francs pour jouissance.

Nous citerons enfin, comme autre variation dans les tarifs des nouvelles concessions, celle du canal de Gignac (Hérault) qui comporte quatre taux de redevance; 5o fr. 5o par litre d'eau d'arrosage pour un hectare, au profit des souscripteurs, avant homologation des statuts; 70 francs pour les arrosants, après homologation; le prix de 8o francs par module d'un décilitre d'eau continue à la seconde; et un prix spécial pour submersion des vignes, basé sur 25.000 mètres cubes par période et par hectare (1).

C'est d'après les mêmes errements que, pour les canaux projetés du Rhône, il avait été proposé d'exiger une redevance de 63 fr. 5o par an, pour 1 litre à la seconde, pendant la durée des arrosages, comme pour la submersion des vignes, en dehors de la saison; en même temps qu'un prix de 8o francs par module de un décilitre d'eau continue (2).

On peut admettre que le prix de l'eau varie dans une certaine mesure, par rapport à la dépense primitive d'é-

(1) Concession au syndicat du 13 juillet 1882.
(2) Krantz, *Rapport au sénat du 13 juin* 1882.

tablissement des canaux, et qu'il doive entrer en ligne de compte pour couvrir l'intérêt des capitaux engagés dans les entreprises, mais il y a une limite au delà de laquelle on ne saurait aller sans manquer le but même que l'on se propose d'atteindre pour développer les irrigations. En regard des charges de plus en plus lourdes qui pèsent sur l'agriculture, le coût de 3o francs par hectare arrosé, est une moyenne, et celui de 5o francs un maximum. Que l'on se place au point de vue le plus large de l'augmentation de la production fourragère, ou de l'amélioration du rendement des cultures spéciales, c'est vers une tarification comme celle du canal du Forez qu'il faudrait tendre, en déchargeant les terres à irriguer des dépenses de conduite et d'évacuation des eaux.

L'eau doit être à bon marché pour que les irrigations se créent et s'étendent; si elle est chère, on constate les résultats que nous montrons dans le tableau XXV. Sur huit canaux en France, représentant ensemble un débit d'eau par seconde, de 48 mètres cubes, destiné à l'arrosage de 164,000 hectares, il n'y avait d'arrosés effectivement, après une durée moyenne de 9 années d'irrigation, que 27,700 hectares, environ un sixième de la surface totale. Dans le même laps de temps, le canal Cavour, prêt pour l'irrigation dès 1870, utilisait, en 1878, 200 mètres cubes pour l'arrosage d'environ 200.000 hectares, grâce, il est vrai, à un prix de 25 francs par litre à la seconde, en été, et de 18 francs en hiver.

Inde. — Des trois modes de redevance qu'il eût été possible de percevoir dans l'Inde, pour les eaux d'irrigation, deux ont été naturellement écartés, à savoir : celui basé sur le volume nécessaire à chaque culture, qui eût exigé un débit constant, à l'abri des variations des canaux, et celui du volume effectivement consommé par

TABLEAU XXV. — *Situation des arrosages et des redevances pour quelques canaux en 1880 (France).*

DÉSIGNATION DES CANAUX.	Débit du canal par seconde.	Dates des concessions.	Dates des irrigations.	Nombre d'années d'irrigation.	Surface totale arrosable.	Surface totale arrosée en 1880.	Redevance annuelle par litre d'eau d'arrosage.	Redevance annuelle par hectare.
	m. cub.				hectare.	hectare.	fr.	fr.
1. Canal de Marseille (Bes-du-Rhône)....	9	1838	1847	33	8.000	3.500	80	»
2. Canal de Verdon —	6	1863	1875	5	16.400	892	60	»
3. Canal d'Aubagne —	1	1864	1872	8	1.600	600	70	80
4. Canal de la Bourne (Drôme).........	7	1873	1876	4	22.000	7.000	»	»
5. Canal de Saint-Martory (Hte-Garonne).	10	1866	1876	4	42.000	1.200	50	50
6. Canal de la Neste (Hautes-Pyrénées)..	7	1864	1868	12	29.500	7.000	60	50
7. Canal du Lagoin (Basses-Pyrénées)...	3	1867	1869	5	18.300	6.000	»	25
8. Canal du Forez (Loire).............	5	1873	1874	6	26.000	1.500	»	35
	48				163.800	27.692		35

chaque propriétaire, ou cultivateur, qui eût impliqué des jaugeages exacts, à l'aide d'appareils d'un fonctionnement assuré. Il restait à faire payer, en raison de la surface arrosée pendant la saison; c'est ce mode qui a prévalu, quoiqu'il réclame un personnel nombreux pour vérifier quels ont été les champs arrosés, et qu'il ne fournisse aucune indication certaine sur la consommation des eaux, puisqu'elle varie suivant les terrains et suivant les cultures. L'expérience apprend toutefois que les mêmes cultures arrosées reviennent sur les mêmes terrains, de façon qu'en taxant l'eau par hectare d'après la récolte, on obtient une moyenne suffisamment approchée.

Dans le Punjab, sur le canal Bari-Doab et ses branchements, l'administration n'avait eu d'abord que deux taxes applicables à toutes les récoltes : la première de 15 fr. 14 par hectare pour l'eau courante, et l'autre de 7 fr. 55 par hectare, pour l'eau élevée mécaniquement. Plus tard, les récoltes furent divisées en quatre classes, à chacune desquelles on appliqua une taxe spéciale 1° : pour la canne à sucre, 33 fr. 26 par hectare; 2° pour le riz et les jardins, 26 fr. 60; 3° pour le froment, l'orge, le coton et l'indigo, 14 francs; et 4° pour les autres céréales, millets, légumineux, etc., 8 fr. 50. Déjà, en 1873, plus de 92.000 hectares arrosés par le canal Bari-Doab, étaient soumis à ce régime de redevances.

Sur les canaux du Jumna occidental, depuis 1866, les tarifs appliqués aux différentes catégories de récoltes ont été les suivants : 27 fr. 72 par hectare et par an pour les terres en jardins, l'eau étant continue; 16 fr. 60 pour la canne à sucre et l'indigo; 12 fr. 50, pour le riz, le coton et les céréales; et 10 francs pour les légumineux, l'orge, etc. Si l'eau doit être élevée artificiellement par des roues, des écopes, etc., ces redevances sont réduites d'un tiers.

Les canaux du Jumna oriental et du Gange appliquent à peu près les mêmes taux de redevance, à savoir : 27 francs 72 pour la canne à sucre; 16 francs 60 pour le tabac, le riz et les jardins; 12 francs 50 pour l'indigo, le coton et les millets; et 5 francs 50 pour les légumineux.

La surface arrosée des provinces du Nord-Ouest, soit 380,000 hectares, en 1873, représentait pour l'administration une redevance moyenne, par hectare arrosé, de 13 fr. 80 (1).

Les redevances fixées d'après la nature des récoltes, n'ont été établies dans les diverses régions de l'Inde, qu'à la suite d'observations soigneusement recueillies et d'expériences bien conduites; mais une fois établies, il devient difficile de les relever. L'écart entre le rendement des terres arrosées et de celles non arrosées, qui se trouvent dans le voisinage immédiat; les différences observées dans les rendements des diverses saisons, suivant la chute d'eau pluviale; la prédominance de telle ou telle culture dans la région irriguée; enfin, le coût de l'eau élevée par des manèges attelés, sans laquelle certaines récoltes ne peuvent être obtenues, sont autant d'éléments d'appréciation du coût de l'irrigation, dans une contrée comme l'Inde, qui la pratique depuis un temps immémorial (2).

Les données relatives aux canaux de l'Inde, groupées dans le tableau XXVI, permettent de comparer le coût de l'arrosage à l'hectare avec le prix de revient du litre d'eau par seconde, et le prix payé durant l'année du même litre d'eau continue (3). Quoique remontant à

(1) *East India, progress and condition;* 1874, p. 65.
(2) *Agricultural engineering in India; Engineering,* 18 mai 1888.
(3) Jackson's *Hydraulic manual;* Madras, 1871.

TABLEAU XXVI. — *Canaux de l'Inde* (1846-68).

DÉSIGNATION DES CANAUX.	Portée moyenne.	Surface		Coût total des travaux.	Prix de revient du litre d'eau par seconde.	Coût d'entretien		Coût de l'hectare arrosé.	Prix du litre d'eau continue par an.
		arrosable.	arrosée.			par an.	par hectare et par an.		
	m. cub.	hect.	hect.	fr.	fr.	fr.	fr.	fr.	fr.
Gange (1864)............	122	10.000.000	182.000	51.000.000	»	»	»	28.3	»
Gange (1808)............	»		437.000*	60.000.000	493	1.893.000	4.33	12.4	38.8
Jumna (Est) (1846)...	28	388.000	171.000	4.860.000	173	183.500	1.07	28.3	3.8
— (Ouest) (1846).	79	359.000	142.000	3.000.000	379	315.000	2.21	20.8	21.2
Rohilcund (1864)......	»	»	34.000	780.000	»	»	»	23.0	»
Delhi (1864)...........	»	»	26.000	393.000	»	»	»	15.1	»
Agra (1864)...........	»	»	14.000	467.000	»	»	»	33.0	»
Moyennes.......	»	»	»	»	348	»	»	23.0	31.6

* Sur ces 437.000 hectares, 24.000 étaient arrosés d'une manière continue en 1868; 118.000 pendant le printemps seulement, et 295.000 pendant l'automne.

une période (1846-1868), pendant laquelle les canaux n'étaient pas achevés, ces données indiquent que l'irrigation se pratiquait dans l'Inde à des conditions bien plus avantageuses qu'en Europe, sans que le nombre des arrosages y fût moins grand; car, sous un climat aussi chaud que celui des provinces du nord-ouest, par exemple, pour le canal Nageenale, les arrosages étaient réglés de la manière suivante :

Arbres fruitiers et jardins.........	8	arrosages par an.
Chanvre......................	5	— par récolte.
Riz, indigotier, canne à sucre, tabac, plantes de prairie.........	4	— —
Coton, froment, orge, graines légumineuses.................	3	— —

Prix comparatifs. — Il est facile, d'ailleurs, en comparant le prix de l'eau fournie par les canaux en France, en Italie et en Espagne (tableau XXVII), avec celui de l'Inde (tableau XXVI) de constater l'infériorité de l'agriculture européenne.

On a prétendu que la véritable valeur de l'eau est le prix qui rémunère le canal et laisse un bénéfice au cultivateur; en d'autres termes, elle devrait résulter d'un débat entre les parties intéressées. Peut-être serait-ce exact dans certaines contrées où la jouissance de l'eau est l'objet d'une concurrence, et donne lieu à des enchères, à cause de la spéculation des propriétaires (comme en Espagne, à Elche, à Lorca, à Alicante), et où le prix de l'eau est de beaucoup le plus élevé, parce qu'elle est moins abondante; mais demander que des agriculteurs, qui ne jouissent pas encore des bienfaits de l'irrigation, commencent par s'imposer des sacrifices au-dessus de leurs forces, pour rémunérer les capitaux des compagnies ayant construit trop chèrement, ou d'après des tracés forcément improductifs sur une grande partie de leur parcours, c'est évidemment rendre le débat stérile. Il ne faut pas oublier que les agriculteurs n'ont pas seulement à payer la redevance annuelle par litre d'eau, ou par hectare arrosé, mais qu'ils ont des frais considérables, établis dans le paragraphe suivant, pour approprier leurs terres suivant les divers systèmes d'arrosage, et modifier leurs cultures, ou leur assolement.

On a prétendu bien plus, que le prix de l'eau en France, est généralement fixé trop bas, et qu'au prix de 50 francs par litre à la seconde, il serait à souhaiter, dans l'intérêt de l'agriculture, qu'elle fût taxée dans la plupart des cas (1).

Il n'y a pas de plus riches cultures que celles des plaines de la vallée du Pô et des *huertas* de l'Espagne, où les irrigations établies depuis des siècles ne cessent de se développer, et pourtant, comme le montre le tableau XXVII, la redevance moyenne par litre d'eau, quoique supérieure à celle de l'Inde, n'y excède pas 30 francs; le coût de l'arrosage par hectare variant entre 1 fr. 75 et 50 francs. C'est à ces conditions également qu'arrosent les agriculteurs des départements français dont les canaux anciennement établis sont exploités en syndicat (2); mais le prix de 50 francs est un maximum qui n'est pas de nature assurément à favoriser l'extension des arrosages, même pour les très riches cultures; à plus forte raison, pour les prairies auxquelles les régions du centre et du Nord devront d'augmenter le rendement des récoltes.

(1) C. de Cossigny, *Notions élémentaires sur les irrigations*, p. 116.
(2) Voir le tableau XXIV indiquant la situation des arrosages dans Vaucluse.

TABLEAU XXVII. — *Prix de l'eau comparés : Espagne, Italie et France.*

ESPAGNE			ITALIE			FRANCE		
CANAUX ET LOCALITÉS.	Prix de l'eau par litre et par seconde.	par hectare arrosé.	CANAUX ET LOCALITÉS.	Prix de l'eau par litre et par seconde.	par hectare arrosé.	CANAUX ET SYNDICATS.	Prix de l'eau par litre et par seconde.	par hectare arrosé.
Syndicats.			**Canaux.**			**Syndicats.**		
Ampurdan.....	fr. »	fr. 4.5	Cavour.....	fr. 24.80	fr. »	Bouches-du-Rhône.	fr. »	fr. 12.00
Tormos.....	»	3.70	Cigliano.....	24.80	»	Vaucluse.....	»	18.30
Mestalla *.....	»	1.75	Muzza*.....	»	1.00	Crapponne (Salon)..	»	7.50
Mislata *.....	»	4.20	Villoresi.....	33.00	33.00	(Arles)..	»	6 à 19
Rascana *.....	»	2.16	Martesana *.....	12.00	»	Alpines (moyenne).	»	35 à 40
Almansa *.....	»	6	Cremone, Crema, Bergame, etc.....	12 à 16	»	Peyrolles.....	»	37 à 45
Alicante *.....	»	12	Ledra.....	30	»	Forez.....	»	35
Canaux.			Véronais.....	23 à 27	23 à 27	Lagoin.....	»	25 à 35
Lorca.....	»	50	Bagnone (Massa)..	30	»	Saint-Martory.....	30	»
Elche.....	»	50	Corfinio (Solmona)...	20	50	Gap.....	40	»
Vallée du Ter.....	»	18	Simeto (Catane).....	27	»	Ventavon.....	50	»
Moncada.....	»	14	So.mona *.....	.....	4 à 12	Martigues.....	50	»
Manresa.....	»	12.50				**Canaux.**		
Infante.....	»	12 à 31				Bourne.....	50 à 60	»
Impérial.....	15	»				Pierrelatte.....	50 à 60	»
Esla, Lozoyo, Henares..	»	18 à 50				Manosque.....	50 à 60	»
						Gignac.....	52, 50 à 70	»
						Verdon.....	60 à 70	»
						Foulon.....	60	»
						Vésubie.....	80	»
						Marseille.....	80	»

(*) Les canaux désignés par un astérisque ne font payer qu'une cotisation d'entretien, de surveillance et d'administration syndicale.

2. Coût des travaux préparatoires.

La redevance, pour la jouissance ou l'acquisition de l'eau d'arrosage, sous quelque forme qu'elle soit payée, à l'État, aux compagnies ou aux propriétaires, ne représente qu'une partie du coût de l'arrosage; puisqu'il reste à faire les frais de la conduite de l'eau, depuis le canal principal, ou son branchement, jusqu'à la limite de la propriété, et que l'agriculteur doit pratiquer de toutes manières sur son propre terrain, les rigoles, planches ou ados, les fossés d'écoulement, etc., nécessaires à l'utilisation.

Les travaux pour amener l'eau jusqu'aux propriétés à irriguer varient beaucoup, suivant l'éloignement des branches du canal principal et la nature des terrains; ils sont le plus souvent coûteux.

France. — En France, les prix adoptés pour les travaux de premier établissement, sur le canal de Marseille, sont les suivants :

400 francs par module (règlement du 21 février 1853).
800   —   (règlement du 21 mars 1855).

Les ingénieurs de la Drôme, du Gard, de Vaucluse, etc., fixent l'estimatif des rigoles secondaires ou tertiaires, en moyenne, à 500 francs ; d'autre part, la garde, l'entretien et l'administration des eaux de ces rigoles ne représentent guère moins de 30 francs par litre.

Il a déjà été fait mention que sur le canal d'Aubagne, l'administration perçoit 400 francs pour les frais des filioles d'amenée. Sur le canal de la Vésubie (Alpes-Maritimes), la compagnie générale des eaux, concessionnaire de la ville de Nice, applique le tarif de 400 francs par litre à la seconde; comme représentant à forfait les frais d'établissement des canaux dits tertiaires.

Les frais d'appropriation des terres ne sont pas moins onéreux. Au canal de Saint-Martory (Haute-Garonne) ils sont évalués à 5oo francs en moyenne, par hectare, à la charge des intéressés.

Le canal de Lestelle, dérivé de la Garonne, dans le même département, a causé aux propriétaires associés une dépense de 5oo francs par hectare, pour leur quote-part dans la construction du canal et des rigoles, et une dépense de 5oo francs également par hectare, pour les travaux préparatoires du sol comprenant un nivellement, soit en surface plane, soit en ados, et l'exécution des rigoles de distribution et des colateurs. Outre cette dépense totale de 1,000 francs par hectare, chaque associé arrosant paye annuellement, pour sa cotisation dans les frais de garde, d'entretien et de comptabilité, 10 francs par hectare (1).

Nadault de Buffon a donné comme frais moyens pour la mise en irrigation d'un hectare de terre, à la charge des propriétaires arrosants, des renseignements qui feraient considérer le chiffre de 5oo francs comme un maximum; mais l'ingénieur Pareto a fourni les détails de plusieurs irrigations qu'il a exécutées, notamment pour une grande opération entreprise en Sologne, à Lamotte-Beuvron, dans la propriété du vicomte d'Hervilly (de 1847 à 1849), qui comportent un chiffre inférieur. Sur un ensemble de 161 hectares et demi soumis à l'irrigation, la dépense des réservoirs, conduite et distribution des eaux, de l'établissement de prés sur 42 hect. 09, de la transformation de landes et terres en prés sur 19 hectares et de terres labourées

(1) *Notice sur les travaux des ponts et chaussées : Expos. univ. de 1878.*

sur 86 hectares 77, enfin de la direction, s'est élevée au total de 31,393 fr. 67, soit en moyenne générale, à 194 fr. 26 par hectare. Nous signalerons seulement comme cas particulier de cette opération, parce qu'il représente la dépense la plus forte, celui de la transformation de 12 hect. 81 de landes ou pâtureaux, en prairies arrosées. Le sol de ces landes, couvert de bruyères, d'ajoncs et de rares graminées, avec scabieuses, était sablonneux, assez aride, quoique renfermant de l'humus, et propre à l'écobuage. Les dépenses ont été les suivantes :

		fr.
Réservoirs	Digues	340.14
	Bondes	100.00
Conduite des eaux	Canaux de distribution	280.00
	Fossés d'écoulement	60.00
Distribution des eaux	Rigoles d'irrigation et colature.	315.18
	Auges et vannes	130.00
Prairie	Écobuage et labours	821.85
	Terrassements	304.80
	Graines et ensemencement	532.80
Direction	Honoraires et surveillance	512.60
	Total	3.397.37

soit 265 fr. 15 par hectare, et si l'on défalque les frais de graines, ensemencement et direction, 183 fr. 50 par hectare pour l'installation proprement dite de l'irrigation (1).

Dans les travaux d'irrigation exécutés à la Celle-Guenand, Touraine, empruntant l'eau simultanément à un réservoir d'eaux pluviales, à une petite rivière et à des sources, la surface irriguée de 35 hect. 84 a représenté une dépense totale de 5937 fr. 49, soit une moyenne par hectare, de 165 fr. 66.

Italie. — Les frais de premier établissement en Piémont, comme en Lombardie, sont très variables, suivant les canaux. Dans les canaux domaniaux du

(1) Pareto, *loc. cit.*, t. III, p. 790.

Piémont, ils comprennent, outre les travaux de nivellement et de rigoles, ceux des édifices de prises d'eau qui sont construits en maçonnerie et pierre de taille, aux frais des concessionnaires, d'après les plans approuvés par l'administration domaniale. Les frais d'entretien de ces ouvrages sont à la charge des usagers. Dans certains syndicats, comme celui de Verceil, les sociétaires doivent suivre les indications de la direction pour la disposition des terrains à arroser, notamment pour le groupement des rizières, mais excepté les travaux d'irrigation intérieurs, tous ceux concernant la dérivation, la conduite, la distribution et l'emploi des eaux, sont exécutés aux frais du syndicat qui se fait rembourser, de même que pour l'aménagement des terrains, sur des rôles payables chaque année, avec les autres contributions.

Les dépenses d'aménagement des terrains sont notablement diminuées dans le cas d'usufruit des eaux d'écoulement, provenant des terrains plus élevés, quand les colatures ont été réglées sur l'ensemble du territoire irrigué. Les syndicats permettent de réaliser cette économie, en même temps que de réduire les frais de nivellement.

Baumgarten admet que le mouvement des terres soumises à l'irrigation, s'étendant de $0^m,40$ à $0^m,50$ de hauteur, représente de 2,000 à 2,500 mètres cubes pour la moitié d'un hectare, c'est-à-dire une dépense de 400 à 500 francs. Si l'on y ajoute celle des rigoles de distribution, des colateurs et des bâtiments, soit de 800 à 1,000 francs, on trouve que le coût des travaux préparatoires, depuis la prise d'eau jusqu'à la vanne d'écoulement, varie entre 1,500 et 2,000 francs par hectare (1). Vignotti conclut à un chiffre inférieur de 1200 à 1500 francs,

(1) O. Bordiga, *loc. cit.*, p. 371.

que compense largement le prix du fermage des terres
irriguées (1).

Allemagne. — Comme complément d'information
sur les frais spéciaux d'établissement des prairies, en vue
des divers systèmes d'irrigation, nous rapportons dans
le tableau XXVIII les données qui figurent à la fin du
traité de Perels (2), quoiqu'ils s'appliquent à des travaux
exécutés en Allemagne depuis quelques années, et par
conséquent, avec des prix de main-d'œuvre plutôt élevés.
Les frais spéciaux ne comprennent pas les travaux de
dérivation, ni de conduite des eaux jusqu'au terrain arrosé, à savoir : les prises d'eau, le canal secondaire, les
ponts ou aqueducs, les siphons, etc. Ces dernières
dépenses, quand elles sont à la charge des arrosants,
représentent parfois le double, ou le triple des dépenses
d'appropriation du terrain lui-même.

III. RENDEMENT DES CULTURES ARROSÉES.

Après avoir retracé dans le livre X, avec tous les
détails nécessaires, la plupart des cultures arrosées, il
reste encore à rechercher, au point de vue économique,
les éléments des dépenses de ces cultures, afin d'établir
leur prix de revient, ou le produit qui résulte des arrosages. Nous nous bornerons à quelques-unes des
récoltes les plus importantes, à commencer par les prairies.

1. Les Prairies.

Dans les pays de l'ouest de l'Europe, ce sont les
prés naturels et temporaires et les herbages pâturés qui

(1) *Journ. agric. prat.* 1863, t. II.
(2) Perels, *Handbuch des Landw-Wasserbaus*, p. 642.

Tableau XXVIII. — *Dépenses d'installation des systèmes d'arrosage des prairies; Allemagne et pays divers.*

SYSTÈMES D'IRRIGATION.	COÛT PAR HECTARE.	OBSERVATIONS.
	fr.	
Submersion	65 à 190	
Submersion avec écoulement	75 à 125	
Rigoles de niveau	65 à 200	
Ados	95 à 225	Exceptionnellement jusqu'à 225 francs.
Ados par étages	225	
Prés de la Boker Heide	450	
Planches et rigoles (système mixte Vincent)	375 à 565	Exceptionnellement jusqu'à 825 francs.
Prés de Siegen	875 à 1500	En moyenne 940 francs.
Prés de Lüneburg	600 à 750	Exceptionnellement jusqu'à 1500 francs.
Système Petersen	450 à 750	
Prés de Campine (Belgique)	900	
Prés marcites (Italie)	375 à 1250	Le prix de 375 fr. s'applique seulement à de faibles terrassements.

tiennent la tête des cultures fourragères, sous le rapport de la contenance et de la valeur des produits récoltés. Si les racines donnent une récolte dont la valeur proportionnelle est beaucoup plus élevée, elles occupent une superficie relativement restreinte; il en est de même des fourrages annuels (vesces, trèfle incarnat, maïs, choux, seigle, moha, etc.) et des prairies artificielles (trèfles, luzerne, sainfoin, etc.), bien que ces dernières représentent comme surface, de 4 à 9 pour cent du territoire, dans les divers pays.

Comme prairies naturelles et pâturages, les Pays-Bas et les Iles-Britanniques sont les plus riches. La Hollande compte 34,4 pour 100 de son territoire en prairies et pâtures, et les Iles-Britanniques en ont seulement 32,08 pour cent. La Belgique et l'Allemagne viennent après ces deux pays pour l'importance des herbages, avec 13,20 et 12,06 pour cent. La France ne compte en dernier que 11,79 pour cent de son territoire en prés, correspondant à 23,97 de terres labourables.

Quoi qu'il en soit du développement qu'a reçu la production animale dans ces contrées, grâce à l'extension de leurs prairies, il y a une limite à l'étendue du territoire occupée par les récoltes fourragères, qu'il n'est pas sage de dépasser, à moins de devenir tributaire de l'étranger pour la plus grande partie de la consommation en grains. C'est ce qui arrive dans les Iles-Britanniques où la proportion des terres en fourrages représente 44,5 pour cent du territoire, et 152,7 pour cent des terres labourables.

Comme le fait remarquer Tisserand, « un hectare consacré à la production fourragère fournit en aliments, sous forme de viande ou de lait, le tiers seulement de ce que donne un hectare de céréales, et le quart de ce que fournit un hectare de pommes de terre. La force et la richesse d'un pays dépendent essentiellement, d'ailleurs, des ressources alimentaires obtenues directement de son sol. Les agriculteurs doivent donc se préoccuper avant tout d'élever le rendement par hectare, et éviter de tomber dans l'excès, en exagérant l'étendue des terres consacrées à la production des fourrages, au détriment de celles qui sont dévolues à la production granifère (1). »

Le moyen le plus sûr d'élever le rendement de la prairie proportionnée à l'étendue des terres arables, et d'asseoir la culture intensive sur une base rationnelle, consiste à l'irriguer. C'est ainsi que malgré la proportion très faible de prairies, par rapport à celle des terres arables, la Lombardie, à la faveur de ses marcites, de ses irrigations de prairies alternes, et de l'élève du bétail, offre une balance économique qui atteint les rendements agricoles les plus élevés que l'on connaisse. Sans s'arrêter à la Lombardie, ni aux climats du midi où la prairie naturelle n'est possible que lorsqu'on est en mesure de l'arroser abondamment pendant les mois les plus chauds de l'année, n'a-t-on pas sous les yeux le contraste éclatant qu'offrent les prairies des régions tempérées, suivant qu'elles sont arrosées, ou sèches, ou encore, selon qu'elles sont irriguées naturellement par les crues des rivières, ou artificiellement à l'aide de canaux et de travaux spéciaux ?

Même sous le climat Vosgien qui est, comme celui de l'Auvergne et du Limousin, le plus froid et le plus humide de la France, l'eau bien dirigée crée, à des altitudes élevées, dans un sol rebelle, une production fourragère dont n'approche pas celle obtenue sous un climat plus bénin, dans un terrain fertile que submergent les rivières, comme celui de la vallée de la Saône,

(1) *Statistique agricole de la France pour 1882; Introduction*, p. 103.

mais déprivé d'irrigations bien conduites et d'assainissement.

Les prés temporaires, constitués par des mélanges de plantes d'une composition plus ou moins rapprochée de celle des prairies permanentes, ont pris surtout du développement dans les pays relativement secs, où ils remplacent les prairies naturelles qui ne pourraient s'y maintenir sans irrigation. Leurs rendements et leurs prix moyens sont moins élevés que ceux des prairies naturelles, et surtout des prairies arrosées.

La culture de ces prairies artificielles, qui occupe 8,64 pour cent du territoire en Angleterre et 6,11 pour cent en Belgique, est moins développée en France, où elle s'exerce sur 5,38 pour cent de la surface totale, avec un rendement moyen de 43,40 quintaux par hectare. En Allemagne, la proportion est encore moindre; 3,72 pour cent du territoire. Comparée à la prairie naturelle, la prairie artificielle, dans laquelle le trèfle joue le principal rôle, réclame pour l'assolement à céréales, une grande partie de l'engrais fourni par le bétail qu'elle nourrit, et n'en laisse guère de disponible pour son extension, si l'on n'utilise pas l'irrigation.

Dans le Midi, la luzerne arrosée se montre bien supérieure au trèfle, car elle peut durer huit et dix ans, en donnant quatre et cinq coupes, qui représentent dix et douze mille kilogrammes de fourrage sec par hectare; tandis que le trèfle ne dure guère que deux ans et livre seulement deux coupes par an. Aussi bien, faut-il que la terre nettoyée reçoive de larges fumures, qui soient complétées fréquemment par des fumiers frais, des terreaux, ou par des engrais pulvérulents, et qu'on donne au moins deux arrosages en été, dans l'intervalle d'une coupe à l'autre (1).

(1) Riondet, *l'Agriculture de la France méridionale*, p. 357.

Comme prairies de graminées, le fromental (*Avena elatior*); la fétuque (*Festuca elatior*) ou groussan, et surtout le ray-grass (*Lolium italicum*), associés au trèfle blanc, grâce aux fumures abondantes et aux arrosages répétés tous les 15 ou 20 jours, en été, assurent une production d'excellents fourrages, en quantité aussi abondante que les luzernières.

1. *France.*

Si l'on consulte la dernière statistique agricole de la France, on constate que les prairies naturelles occupaient, en 1882, une surface de 4,115,424 hectares, sur lesquels 1,755,156 n'étaient pas irrigués naturellement, ni artificiellement. Quant aux prairies irriguées couvrant 2,360,268 hectares, elles avaient augmenté depuis 1862, en 20 ans, de 552,150 hectares. Le tableau XXIX résume les données principales concernant les prairies naturelles permanentes et temporaires et les herbages pâturés, en France (1).

L'importance des prairies irriguées artificiellement est un fait intéressant qui démontre les progrès récents des irrigations.

Le produit à l'hectare des prairies permanentes valant en moyenne 213 francs, est de 192 francs pour les prairies non irriguées, et de 235 francs pour celles soumises à l'irrigation régulière. Par contre, les prix moyens du fourrage diffèrent peu; de 6 fr. 10 à 6 fr. 20 le quintal. Le produit à l'hectare et le prix du quintal de fourrage, pour les prés temporaires, sont sensiblement inférieurs à ceux des prairies arrosées; pour les herbages pâturés, ils représentent la limite appréciable du territoire productif, au point de vue agricole.

(1) *Statistique agricole de la France pour* 1882; *loc. cit.*, p. 94.

TABLEAU XXIX. — *Prairies permanentes, temporaires, et herbages en France* (1882).

CATÉGORIE DES CULTURES.	Superficie.	Production totale.	Rendement moyen par hectare.	Valeur totale.	Prix moyen du quintal.	Valeur brute à l'hectare.
	hectares.	quintaux.	quintaux.	fr.	fr.	fr.
Prairies permanentes — irriguées — naturelles	1.405.003	50.958.015	36.26	316.006.206	6.20	224
Prairies permanentes — irriguées — artificielles	955.205	36.851.106	38.57	224.952.375	6.10	235
Prairies permanentes — non irriguées	1.755.156	55.049.039	31.36	335.872.158	6.11	192
Totaux et moyennes	4.115.364	142.859.060	34.73	876.830.739	6.14	213
Prés temporaires	408.870	12.960.671	31.68	68.673.645	5.29	168
Herbages pâturés — de plaines	821.920	20.091.357	24.44	102.895.250	5.12	125
Herbages pâturés — de coteaux	600.046	9.373.913	15.62	44.445.895	4.75	74
Herbages pâturés — alpestres	289.150	2.695.869	9.32	12.581.674	4.67	43
Totaux et moyennes	1.711.116	32.161.139	18.79	159.922.819	4.95	93
Totaux généraux et moyennes générales.	6.235.410	187.980.870	30.85	1.105.427.203	5.60	173

Les prairies naturelles, arrosées par les crues des rivières, se rencontrent surtout dans la région du Centre, de l'Ouest, et aussi un peu dans l'Est; celles irriguées à l'aide de canaux et de travaux spéciaux, se concentrent dans deux départements de l'Est où la culture est très avancée, dans les Vosges et Saône-et-Loire, et sur le plateau central, déjà si bien partagé sous le rapport des eaux, grâce à sa situation hydrographique, à sa configuration et à son relief, comprenant le Cantal, le Puy-de-Dôme, la Corrèze, la Creuse et la Haute-Vienne. Leur rendement varie de 24,60 à 48 et 54 quintaux par hectare.

Dans la figure 8, se trouve indiquée, sur une réduction de la carte de France à petite échelle, la répartition des prairies submergées et irriguées dans les départements les mieux dotés. Le tableau XXX complète cette indication par la mention des surfaces et de la production de chacun des départements hachurés sur la carte, mais avec addition des prairies non irriguées. D'après l'ordre d'importance de la production, correspondant à la plus grande surface en prairies permanentes, les départements de Saône-et-Loire, Loire-Inférieure et Haute-Vienne occupent le premier rang; puis viennent ceux de la Corrèze, des Vosges, du Puy-de-Dôme, de la Manche, du Cantal et de la Vendée.

Les applications sont bien trop nombreuses en France, qui montrent les avantages que procure l'irrigation des prairies, dans une exploitation rationnelle, pour que nous puissions songer à citer même les principales dans un seul département, et à plus forte raison, dans l'ensemble du territoire.

Prairies du Midi. — En Provence, l'irrigation des prairies, moyennant fumure tous les trois ans, à la fin de janvier, à raison de 200 quintaux de fumier con-

sommé par hectare, assure un produit moyen de 8,000
à 12,000 kil., en trois coupes. Le rendement des deux
premières coupes excède faiblement celui des prés arrosés de première qualité, sans fumure (1).

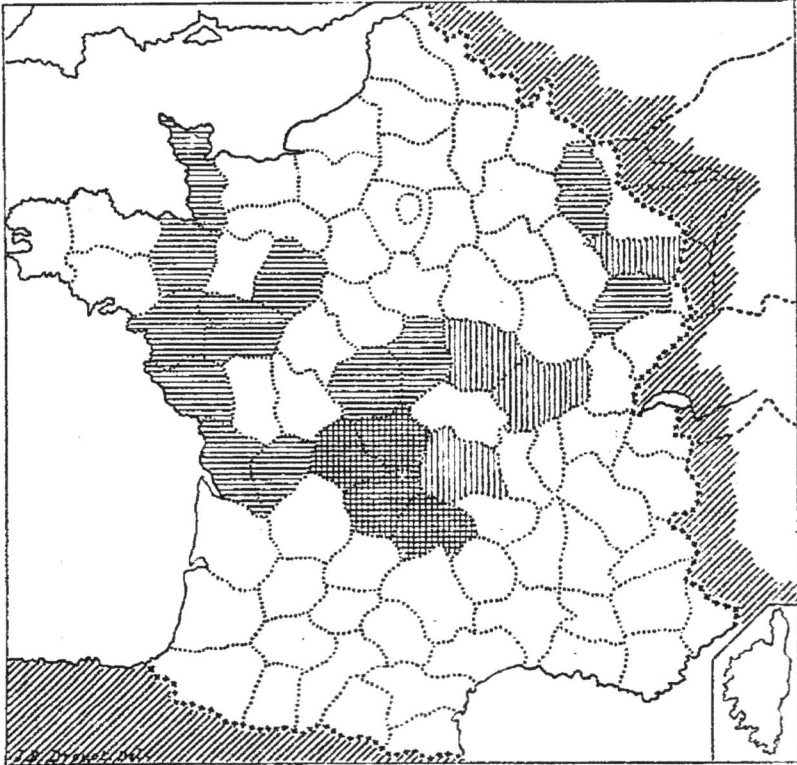

FIG. 8. — CARTE DE LA FRANCE MONTRANT LES DÉPARTEMENTS LES MIEUX
DOTÉS COMME PRAIRIES NATURELLES ARROSÉES (2).

Bouches-du-Rhône. — A Lançon, les prés arrosés par

(1) Puvis, *Journ. agric. prat.*, 1843-44, t. VII, p. 563.
(2) Les brachures horizontales indiquent la prédominance des prairies
submergées; les brachures verticales, celle des prairies arrosées artificiellement; et les brachures croisées, celle des prairies irriguées par les deux
modes.

TABLEAU XXX. — *Surface et production des prairies dans les départements de France où domine l'irrigation naturelle et artificielle* (1882).

DÉPARTEMENTS.	Irrigation naturelle.		Irrigation artificielle.		Non irriguées.		Surface totale.	Produit total.
	Surface. hectares.	Produit. quintaux.	Surface. hectares.	Produit. quintaux.	Surface. hectares.	Produit. quintaux.	hectares.	quintaux.
1. Cantal	29.348	991.962	38.796	1.423.813	29.188	709.268	97.332	3.125.043
2. Charente	31.206	1.100.373	13.190	503.199	18.681	621.143	63.077	2.233.715
3. Charente-Inférieure	30.997	1.103.493	7.923	294.736	35.729	853.923	74.649	2.252.152
4. Cher	29.918	738.975	11.448	294.557	21.263	484.796	62.629	1.518.328
5. Corrèze	34.752	1.591.642	34.637	1.548.274	8.257	307.160	77.646	3.447.076
6. Creuse	15.338	543.885	38.426	1.641.174	13.778	376.828	67.542	2.561.887
7. Ille-et-Vilaine	31.687	998.141	8.410	278.720	32.760	930.384	72.857	2.207.245
8. Indre	32.196	1.142.958	11.862	407.341	13.654	342.988	57.712	1.893.287
9. Loire-Inférieure	41.111	1.549.885	20.195	720.962	49.107	1.816.959	110.413	4.087.806
10. Maine-et-Loire	32.910	1.362.474	9.872	384.021	35.755	1.083.377	78.537	2.829.872
11. Manche	29.873	1.296.488	13.574	598.172	31.712	1.314.145	75.159	3.208.805
12. Meuse	32.843	1.051.794	4.202	152.827	13.742	370.072	50.787	1.574.693
13. Nièvre	28.317	974.954	36.254	1.145.616	20.261	613.908	84.832	2.734.478
14. Puy de Dôme	23.502	829.621	39.125	1.468.188	20.388	937.477	92.015	3.235.286
15. Saône (Haute-)	36.282	1.367.831	13.965	544.635	12.948	455.770	63.195	2.368.236
16. Saône-et-Loire	51.717	1.727.348	36.272	1.225.944	45.178	1.301.126	133.167	4.254.418
17. Sarthe	29.798	964.561	5.626	170.355	23.816	624.694	59.240	1.759.610
18. Vendée	35.963	1.348.253	14.744	622.492	34.747	1.127.888	85.454	3.008.633
19. Vienne (Haute-)	35.974	1.402.986	51.574	1.878.325	12.107	356.914	99.655	3.638.225
20. Vosges	16.622	695.625	39.221	1.580.214	26.853	1.011.284	82.696	3.287.123

compartiments successifs, et fumés tous les ans avec du fumier consommé, fournissent par hectare de 10,000 à 12,000 kil. en trois coupes. Ils sont créés avec du fromental, auquel on ajoute un peu de trèfle rouge et de luzerne, qui bonifie le foin pendant les premières années, et disparaît au bout de six ou sept ans. Le terrain bien préparé, après avoir subi une bonne et profonde culture, reçoit, dès la première année, 100 m. cubes de fumier de ferme. L'arrosage a lieu toutes les semaines, par déversement dans des compartiments.

A Istres, on arrose onze mois de l'année les prairies que l'on fume tous les deux ans, après avoir donné consécutivement de l'engrais pendant les trois premières années ; on n'interrompt l'arrosage, en mars, que pour purger les canaux et les rigoles. Le produit est de 10,000 kil. par hectare et par an, et il reste une quatrième coupe en regain pour le pâturage des moutons.

Les luzernières fumées tous les ans, alternativement avec du fumier de ferme et des engrais phosphatés, moyennant trois ou quatre arrosages entre chaque coupe, de juin à septembre, fournissent encore à la sixième année, cinq coupes, représentant ensemble 12,000 kil. de foin à l'hectare, et un regain, à faire manger en vert par les moutons, évalué à 500 kil.

Sur le canal du Verdon, les luzernières rendant de 10,000 à 14,000 kil. de foin à l'hectare, consomment de 6,000 à 8,000 m. cubes d'eau, mais les terres n'y sont pas encore assez colmatées.

La prairie Barbier, arrosée par les eaux des canaux de Crapponne et de Boisgelin, moyennant une redevance annuelle de 24 francs par hectare, reçoit une fumure annuelle de fumier, avec tourteaux, estimée à 2,000 francs. Les arrosages commencent le 2 avril, avec les eaux de Boisgelin, et le 14 du même mois, avec celles de Crapponne.

Compte de la prairie Barbier, à Salon (4 hectares 75).

		fr.
Dépenses :	Engrais...........................	2.000
	Eau	24
	Fauchage.........................	180
	Fanage et main-d'œuvre..........	270
	Charrois.........................	110
	Impôts	90
	Total..................	2.674
Produit brut (50 tonnes à 100 fr.)...........		5.000
	Produit net.....................	2.326
Soit par hectare.......................		489

On fait trois coupes, dont la première vers le 25 mai; après la troisième coupe, viennent les moutons, d'octobre à février; le berger paye de 400 à 500 francs selon la durée de la dépaissance. Suivant le prix du foin, le bénéfice net moyen peut être bien plus élevé; la prairie, du reste, ne donnant environ que 10,500 kil. par hectare, n'a pas atteint le maximum de fertilité.

Compte d'un hectare de luzerne arrosée à l'Armeillère (Camargue) : quatrième année.

		fr.	
Dépenses :	Arrosage (avril et septembre)............	54.00	
	Fauchages (6 à 6 fr. 50).................	39.00	
	Râtelages (6 à 2 fr.)	12.00	
	Transport sous hangar et déchargement.	15.00	
	Fermage.............................	70.00	
	Frais généraux (impôts, administration, etc.)................................	45.00	
	Engrais (300 kil. guano dissous à 38 fr. les 100 kil.)...........................	114.00	
	Épandage............................	1.50	
	Total des dépenses...........	350.50	350.50

kil.

Recettes :	1re coupe.	835			
	2e —	1.760	kil.	1re et 6e coupes 1.495 kil. à 8 fr. 50 les 100 kil..	127.10
	3e —	2.985	11.200		
	4e —	2.860		2e à 5e coupes 9.705 k. à 10 fr. les 100 kil.....	970.50
	5e —	2.100			
	6e —	660			

Fermage d'hiver pour 250 moutons...... 25.00

Total des recettes............. 1.122.60   1.122.60

Produit net par hectare...................... 772.10

Calculé sur les trois années, 1872, 1873 et 1874, la dépense d'établissement se trouvant remboursée dès la seconde année, en 1872, le bénéfice net moyen est de 685 francs par hectare. L'installation de l'irrigation, à l'aide d'une pompe à vapeur sur le Rhône, fait ressortir le coût à 54 francs par hectare (1).

Vaucluse. — Sur le domaine de Mousquety, commune de l'Isle, dont nous avons décrit l'installation pour l'arrosage (2), le prix d'établissement de l'hectare de prairie est compté à 2,526 francs. Les prairies, semées en fromental, sont arrosées par l'eau du canal de Carpentras, pendant deux jours par semaine, moyennant un système de filioles qui se déroulent autour de la colline et ne laissent entre elles qu'un intervalle variable de 4 à 8 mètres, selon la pente. Elles sont divisées en deux lots pour la fumure; ces lots reçoivent alternativement une année du fumier, et l'autre année, du guano du Pérou, mélangé à cinq fois son volume de plâtre. Le fumier provient des chevaux qui font le service de la minoterie (13,000 kil. de paille pour 10 chevaux), et le guano est employé à raison de 500 kil., au prix de 168 fr. 90 le kilo, additionné de 2,500 kil. de plâtre, valant 16 fr. 25.

(1) Voir tome I, p. 692.
(2) Voir tome I, p. 672.

D'après cela, résumant tous les frais par hectare, le calcul des dépenses est le suivant :

FRAIS.

	fr.
Arrosage et fumure; paille, guano, épandage et frais d'arrosage......................................	209.10
Fauchage, séchage et rentrée des foins..........	113.64
Intérêts du capital d'achat à 5 pour cent........	126.30
— d'amélioration et frais divers.	87.00
Total des frais....	536.04

Les frais de fauchage sont fixés à forfait, 14 francs 25 par coupe et par hectare; ceux de séchage et de rentrée sont variables; une partie du foin est vendue sur le pré, et une autre dans le grenier, à raison de 10 francs les 100 kilogrammes. En 1875, le produit par hectare, en regard des frais indiqués, avait été de 552 fr. 80 (tableau XXXI) (1). Ce produit de 552 fr. 80 est absolument net, la rente du capital d'achat et d'amélioration étant comprise dans les frais.

Les résultats de l'irrigation des prairies diffèrent beaucoup, selon que l'on arrose à l'eau trouble, comme celle de la Durance, ou à l'eau claire, comme celle de la Sorgue. L'ingénieur Conte a établi cette différence de la manière suivante (2) :

DÉPENSES PAR HECTARE ET PAR AN.	Eau trouble.	Eau claire.
	fr.	fr.
Frais d'arrosage, de coupe et de tournage....	140.00	140.00
Fumier, 40 m. cub. et 42 m. 75.............	412.67	427.50
Total...............	552.67	567.50

(1) Barral, *les Irrigations de Vaucluse, loc. cit.*
(2) *Annales des ponts et chaussées*, 2ᵉ série, 1851, t. XX.

Tableau XXXI. — *Production des prairies de Mousquety (Vaucluse).*

Coupes.	Dates.	Frais par hectare.		Rendement par hectare.	Prix de vente par 100 kil.		Prix de vente par hectare.
			fr.	kil.		fr.	fr.
1re	14 mai.........	Fauchage.	14.25	4.523	Sur pré.........	8	361.85
		Séchage...	6.82				
2e	28 juin.........	Fauchage.	14.25	3.637	Au grenier......	10	363.70
		Séchage...	18.12				
3e	16 août.........	Fauchage.	14.25	2.273	—		227.30
		Séchage...	15.30				
4e	1er octobre......	Fauchage.	14.25	1.511	—		135.99
		Séchage...	16.40				
	Totaux.............		113.64	11.944			1.088.84

A déduire les frais........................ 536.04

Produit net par hectare.................. 552.80

PRODUIT EN FOIN PAR HECTARE.

	kil.	kil.
1ʳᵉ coupe................	6.300	4.760
2ᵉ —	4.630	3.870
3ᵉ —	2.430	1.470
Total.......	13.360	10.100

PRODUIT EN ARGENT.

3 coupes; ensemble 13.360 kil. à 7 fr. 33 les
100 kil................................... 983.67
3 coupes; ensemble 10.000 kil. à 6 fr. 61 les
100 kil................................... 673.67

| | Bénéfices.......... | 431.00 | 106.17 |

Ainsi les irrigations à l'eau claire, dans l'arrondissement d'Avignon, ne donnent qu'un faible produit; partout où l'on peut, on leur substitue les eaux troubles; mais si l'on augmentait la fumure, les eaux claires perdraient beaucoup de leur infériorité.

Avec les eaux de la Durançole, sur le territoire d'Avignon, les luzernières arrosées par planches, donnent en cinq coupes, 13,500 kil. pendant cinq ans; l'engrais annuel est fourni par le fumier et les guanos, ou par des composts avec de la trouille.

A Cavaillon, les luzernières fumées avec un compost de tourteaux et de trouille, irriguées par les eaux du canal de Fugueyrolles, rendent 15,000 kil. à l'hectare. Succédant au blé, après melons fortement fumés, elles peuvent donner en cinq et six coupes, jusqu'à 10,000 kil. de foin par hectare, sans fumure spéciale.

Les luzernes, à Loriol, sont arrosées tous les quinze jours, c'est-à-dire deux fois pour chaque coupe. Il est fait cinq ou six coupes, selon l'époque plus ou moins hâtive de la première. Le rendement ordinaire des terres relativement sablonneuses, mais assez profondes, atteint 14,000 kil. de foin par hectare.

Prairies du Centre. — *Aveyron.* — En vue de l'élevage, de l'entretien et de l'engraissement des bêtes à cornes de la race d'Aubrac, le domaine de Ruelle, situé à 6 kilomètres de Rodez (Aveyron), a réservé une large part aux prairies naturelles, en dehors des pâtures qui reposent sur le roc. Des conduits souterrains amènent les eaux supérieures dans un vaste bassin, qui recueille également les liquides des étables, des cours, du village, etc., et sert à l'irrigation des terrains inférieurs, convertis en prairies. La production des prairies atteignant de 6,000 à 8,000 kil. de foin par hectare, sur 60 hectares, permet d'entretenir 48 vaches, plus des bœufs et des moutons à l'engrais, des bêtes bovines de l'année, etc. La chaux, à raison de 8 mètres cubes, après un chaulage initial de 15 à 50 mètres cubes par hectare, selon la nature et la fertilité de la couche arable, est le principal agent pour maintenir les terres de prairie en bonne productivité. Le fumier de ferme n'est guère appliqué que tous les trois ans, à la dose de 20 mètres cubes par hectare.

Haute-Loire. — Le Chassagnon, canton de Langeac (Haute-Loire), comprend aussi, pour l'élevage et l'engraissement des bêtes bovines et ovines, 42 hectares de prairies naturelles arrosées, et 20 hectares de pâtures. En raison même de la faible surface en pâturage, la stabulation est presque permanente. C'est seulement après la fenaison que les vaches et les animaux d'élevage sont conduits dans les prairies susceptibles de fournir un regain fauchable.

Les eaux du ruisseau la Chamalière débouchent dans un réservoir de 1000 mètres de superficie et 2^m,20 de profondeur, qui domine les prairies et alimente les canaux et les rigoles de niveau. L'arrosage, entre les rigoles espacées de 10 mètres, se fait par reprises d'eau.

Les liquides des étables et les fumiers servent à la fertilisation des prairies dont la récolte totale atteint de 220,000 à 250,000 kilogrammes.

Creuse. — A la ferme-école de la Villeneuve, 130 hectares de prairies naturelles peuvent être regardés comme la base essentielle de toutes les spéculations. Ces prairies sont en grande partie irriguées par reprise de l'eau provenant du drainage des étangs et de deux grands ruisseaux dérivés sur un parcours de 1,200 mètres. Les rigoles sont disposées de manière à assurer en temps convenable l'assainissement du sous-sol. Un compost appliqué comme fumure, complète l'action des eaux naturellement froides et dépourvues de sédiments. En 1869, les prairies irriguées de la Villeneuve donnaient à l'hectare 3,500 kil. de foin de qualité moyenne, et en outre, à l'automne, un pâturage très abondant.

Au Mas-Gellier, dans le but d'assainir les terres, de recueillir les nombreuses sources que le sous-sol imperméable ne laisse pas filtrer en profondeur, et de créer des prairies irriguées, une canalisation souterraine a été exécutée sur 15 kilomètres, exigeant 35 aqueducs, pour assurer le débit, par 24 heures, de plus de 3,000 mètres cubes d'eau. Trente bassins de répartition, ou *pêcheries,* outre un étang de 6 hectares, emmagasinent et bonifient les eaux d'arrosage. Moyennant une avance de 48.000 francs qu'ont exigé les travaux de captation et d'irrigation, il a été possible de créer 65 hectares de prairies nouvelles.

Haute-Vienne. — De même que dans la Creuse, les prairies de la Haute-Vienne sont, pour la plupart, arrosées à l'aide des ruisseaux qui sillonnent le pays (1).

Sur les 62 hectares de faire valoir direct du domaine

(1) Voir tome I, p. 41.

de Nexon, 22 sont des prairies, en terrain argilo-siliceux, avec sous-sol argileux, mais parfois granitique.
La plupart des eaux qui arrosent ces prairies, après
avoir lavé les rues et les égouts de la ville voisine,
sont de nouveau reprises par une large rigole, en communication avec deux réservoirs, qui permettent d'irriguer 10 autres hectares de prés, de première qualité.

Comme résultat de cette opération, tel hectare qui,
avant l'arrosement, produisait 1,500 kil. de foin, en
a produit 10,000 après l'arrosage, avec les eaux mélangées des purins et des liquides de la ville, et des terres
qui s'affermaient de 30 à 40 francs, se sont converties
en prairies arrosées que l'on afferme au prix de 250 francs
l'hectare (1).

Dans la propriété de la Chateline, en pleine région
granitique, à 415 mètres d'altitude, non loin du partage
des eaux du bassin de la Loire et de celui de la Garonne, 53 hectares de prairies ont été créés de toutes
pièces par l'irrigation, dans des bruyères, ou des terres
aussi peu productives. Les eaux d'arrosage proviennent
des sources captées sur tous les points du domaine, et
d'un étang alimenté par la petite rivière de la Dronne.
Deux béliers hydrauliques accouplés servent à leur distribution. Les prairies, qui reçoivent en outre du fumier
de ferme et des composts formés de plâtre et de superphosphate, rendent 6000 kil. de foins (2).

Au domaine de Lavaud (arrondissement de Limoges),
10 hectares de prés sont arrosés par un ruisseau et
par les eaux de sources réunies dans quatre *pêcheries*.
Le canal de dérivation du ruisseau a 1,500 mètres et
celui des sources, 2,000 mètres de longueur. Les prés

---

(1) E. Bonnemère, *la Prime d'honneur de la Haute-Vienne, Journ. agric.
prat.*, 1862, t. II.
(2) E. Risler, *Géologie agricole*, p. 72.

reçoivent tous les ans, soit du phosphate de chaux des Ardennes, soit du fumier (50 voitures par hectare), et rendent de 5,000 à 6,000 kil. de foin. Le regain, comme dans la plupart des autres exploitations limousines, est mangé sur pied par les animaux, jusqu'à la Toussaint.

La terre de Sereilhac, pour l'arrosage de 44 hectares et demi, compte 20 *pêcheries* d'une longueur moyenne de 8 mètres, sur une largeur de 6 mètres; 9,760 mètres de rigoles principales; 1,120 mètres d'aqueducs; et trois prises d'eau dans le ruisseau Lajugie. Les rigoles, creusées à l'aide de la rigoleuse, répartissent l'irrigation sur toute la surface, que l'on fume régulièrement avec du terreau et du fumier. Le rendement moyen en foin est de 4,000 kil. (1).

Cantal. — La haute Auvergne, embrassant le département du Cantal, est peu boisée; ses points les plus élevés sont engazonnés jusqu'au sommet. Les herbages dominent presque partout, dans les vallons, sur les plateaux, et à la montagne. La différence de rendement ou de richesse ne provient que de la position des prés, et des soins qui sont donnés aux irrigations, les eaux étant partout abondantes.

Les prairies naturelles sont parquées, fumées et arrosées. Quand elles ne sont pas *déprimées*, c'est-à-dire parquées pendant la première pousse, du 25 avril au 25 mai, elles donnent par l'arrosage de 8,000 à 10,000 kil. de foin, avec un regain de très bonne qualité; mais la moyenne des prairies où le *déprimage* est usité, correspond à 6,000 et 7,000 kil. par hectare.

Pour les *montagnes*, ou pacages naturels, dans les-

---

(1) Barral, *l'Agriculture et les irrigations de la Haute-Vienne, loc. cit.*

quels les vaches passent la belle saison, il y a lieu de distinguer la partie arrosée à l'aide de l'eau des sources ou des ruisseaux, et la partie fumée par le bétail (1). Chaque domaine possède une vacherie à la montagne ; à moins que plusieurs cultivateurs ne se soient associés pour faire pâturer une même montagne. De toutes manières, ces pacages doivent être irrigués, afin que la tête d'herbage corresponde, comme dans les *montagnes* de Salers, à 70 ares en moyenne ; ou bien comme dans les *montagnes* de Coyan, de Trizac et du Cantal, à 1 hectare (2).

Allier. — Les prairies des arrondissements de Moulins et de Montluçon font l'objet d'irrigations importantes ; celles situées sur les terrains primitifs et calcaires, sont arrosées avec soin, en raison de la vertu fertilisante des eaux. La vallée de la Sioule, soumise à des inondations assez fréquentes, contient de très belles prairies.

Dans leur domaine de la Salle (1,000 hectares), MM. Riant frères, pour augmenter les engrais et par suite, la production fourragère, ont créé 80 hectares de prairies nouvelles, sur un massif enclavé entre deux ruisseaux, qui se réunissent après un parcours de 2 kilomètres en terrain déclive. Les prises d'eau se font à même sur les ruisseaux, et les rigoles en pente irriguent toute la surface sans frais notables.

Pour la mise des terres en prairie, on commence par les chauler, à raison de 120 mètres cubes par hectare, et on les ensemence en blé d'automne. L'année suivante, on les fume, et on y cultive encore du blé d'hiver. Enfin, la troisième année, on sème de l'avoine ou de l'orge, au printemps, avec de la graine de foin. Les trois

(1) Voir tome III, p. 16.

(2) V. Duffourc, *les Herbages de la haute Auvergne. Journ. agric. prat.,* 1859, t. XXXI.

récoltes de céréales payent les frais de chaulage et de fumure, et il ne reste plus, comme dépenses applicables à la création des prairies, que l'achat de la graine de foin, s'élevant environ à 120 francs par hectare, et l'établissement des rigoles, représentant une main-d'œuvre de 5 fr. 10 par hectare.

Prairies de l'Est. — *Ain.* — Au Saix, près de Peronnas, 60 hectares de prairies sont arrosés, en automne et au printemps, par les eaux pluviales que recueillent des fossés servant à la fois de collecteurs de drainage et de rigoles d'irrigation. Ces rigoles sont munies, à cet effet, de vannes fixes et de vannes mobiles. La fertilité est entretenue par des fumures, des terreautages et des purins dilués; ce qui explique la persistance des légumineuses. L'ensemencement comprend, outre la graine mélangée des fenils, 15 kil. par hectare, de graines de trèfle, rouge, blanc et hybride, et de lupuline.

Un autre domaine, celui de Cornaton, situé au cœur de la Bresse, et formé d'un sol argilo-siliceux, ou terre blanche, sur sous-sol d'argile compacte, imperméable, offre 140 hectares de prairies, dont 14 créées sur marais tourbeux desséché, et 25 sur d'anciens étangs. La plupart de ces prairies, qui représentent au delà du tiers de la superficie du domaine, sont irriguées suivant des pentes horizontales, sur les versants où le sol devient calcaire, avec sous-sol marneux. Dans les parties planes des anciens étangs ou marais, elles sont irriguées par planches. Des retenues permettent de recueillir les eaux qu'amènent de toutes parts les fossés d'assainissement et d'eaux pluviales. Les prairies qui ne peuvent être irriguées sont hersées tous les trois ans (1).

---

(1) De Guaita. *la Prime d'honneur de l'Ain; Journ. agric. prat.* 1861, t. II.

D'une manière générale, pour arroser en terre forte et imperméable, sur des surfaces horizontales ou en faible pente, les rigoles de niveau sont prescrites, à moins de rigoles d'assainissement aussi larges et aussi profondes que le comporte l'égouttement rapide des prairies. La pente ne gêne nullement l'arrosage, quand on barre les rigoles de niveau, de distance en distance, par des vannettes qui règlent l'étendue de la prairie restée sans eau, au point de vue de l'égouttement. Boitel constate que ce système mixte d'arrosage et d'assainissement est appliqué avec beaucoup de succès, aux environs de Nantua, à des prairies qui étaient toujours restées mauvaises, avant d'avoir été ainsi traitées.

Belfort. — La prairie le Duc, située dans le ban de la Chapelle-sous-Chaux, près de Belfort, occupe 6 hectares et 35 ares de mauvaises terres louées ensemble, jusqu'en 1861, au prix de 400 francs. Grâce à l'installation de rigoles qu'alimentent trois barrages mobiles sur le ruisseau de Plancher, et à l'application d'un compost formé de terre, de suie, de plâtre et de fumier, coûtant 28 francs par hectare et par an, la prairie le Duc se louait 920 francs en 1867. Il a suffi d'une dépense totale en améliorations de 1725 francs, pour doubler et au delà le prix du fermage (1).

Vosges. — Le département des Vosges, qui figure au huitième rang, d'après la dernière statistique, parmi ceux comptant le plus de prairies naturelles (86,296 hectares), vient au second rang pour l'étendue des prairies irriguées artificiellement. Aussi bien, dans la région des plateaux et des montagnes, où se rencontre la plus forte proportion de prairies arrosées, la qualité et le volume des eaux, joints à la qualité des sols légers

(1) Heuzé, *les Primes d'honneur en 1867*, p. 189.

et perméables, assurent une supériorité marquée aux foins de cette région. Comme dans le Limousin et l'Auvergne, la plupart des irrigations en montagne sont alimentées par des sources, des ruisseaux, des réservoirs, et quand l'eau n'est pas assez abondante, par les eaux pluviales provenant des terrains supérieurs. Le plus souvent arrose-t-on par reprise d'eau. Les réservoirs à bondes automatiques qui permettent d'utiliser toute l'eau autrefois perdue par le trop-plein, économisent en même temps la main-d'œuvre de l'irrigateur (1).

Tandis qu'au Ménil, près de Thillot, à 300 mètres au-dessus de la vallée, les prairies où les graminées sont associées aux légumineuses et aux plantes diverses, rendent 5,000 kil. de foin remarquablement fin et parfumé; celles de Gerardmer, à 600 mètres d'altitude, offrant également une bonne composition d'herbe, que caractérise le trèfle blanc, ne rendent que 4,000 kil. Dans les deux cas, les prairies sont arrosées par des rigoles de niveau qu'alimentent des sources abondantes descendant de la montagne. Aux environs de Remiremont, à 500 mètres d'altitude, sur une colline à flancs inclinés, l'arrosage des prairies se pratique à l'aide de réservoirs qu'approvisionnent des eaux de fontaine, distribuées par rigoles de niveau avec reprise, et le rendement en foin de bonne qualité y atteint 5,000 kil. pour la première coupe et le regain. Sur le terrain sec, maigre et granitique de ces prairies, on procède toutefois à des fumures, et à des arrosages au purin.

A Saulxure-sur-Moselotte, avec un sol constitué par des alluvions très perméables, granitiques et sans calcaire, les prairies ne sont jamais fumées, ni pâturées; mais elles reçoivent d'énormes quantités d'eau. Malgré

(1) Voir tome I, p. 433.

une altitude de 416 mètres, et le voisinage de montagnes qui ne rendent ces prairies fauchables qu'au commencement de juillet, le rendement atteint 5,000 kil. de foin en première coupe, et 2,300 kil. pour le regain. Ce foin, riche surtout en graminées, forme une bonne nourriture pour les vaches laitières, les bœufs et les chevaux de travail. Le prix de location des prairies de Saulxure s'élève à 250 francs par hectare.

Moselle. — C'est dans les grèves stériles et mouvantes du lit de la Moselle, au-dessous d'Épinal, que s'étendent jusque dans la Meurthe, les prairies des frères Dutac, acquises depuis, par Naville de Genève, et couvrant plus de 400 hectares. Sur plusieurs points, le cours de la rivière a dû être détourné pour faire place à un canal, afin de surélever les bords, et de maintenir les eaux au niveau qu'exige l'arrosage des parties les plus hautes des prairies, ou bien, pour gagner du terrain. Dans ce dernier but, un canal de 15 mètres de largeur donnant accès à la rivière, force le courant à l'approfondir et à l'élargir, tandis que l'ancien lit, pendant les hautes eaux, se colmate et se remplit, pour être plus tard nivelé et ensemencé.

Quand le sol dans lequel il s'agit de détourner la Moselle a été encombré de grèves ou de sables amoncelés, une chaussée est établie en travers, qui oblige le courant, pendant les crues, à entraîner les dépôts pour les porter plus loin dans l'ancien lit. Ces chaussées empierrées construites sur de très grandes longueurs, à l'aide des matériaux des carrières du voisinage, ont enrichi de prairies fertiles plusieurs communes riveraines.

Sur les grèves ainsi couvertes d'un limon visqueux, on sème, après nivellement, de la graine de foin et des graines de légumineuses, spécialement du trèfle blanc et des ray-grass d'Angleterre et d'Italie. Après deux ou trois mois d'irrigation continue, le gazon est formé; toutefois l'herbe qui croît la première année n'a pas grande valeur; quoique sur les bonnes grèves la première coupe est déjà importante. C'est seulement à partir de la troisième année, que les herbes grossières disparaissent, pour faire place aux bonnes plantes fourragères. La coupe par hectare est de 3,000 à 4,000 kil. de foin sec, fin et odorant (1).

Prairies de l'Ouest. — Comme toutes les contrées granitiques (2), la Bretagne, si riche en sources et en petits cours d'eau, deviendrait l'une des plus fertiles régions du territoire, malgré un sol montagneux et pauvre, et des landes stériles, si les eaux étaient utilisées pour féconder des prairies, grâce aux nitrates et aux sels alcalins qu'elles tiennent en dissolution (3).

Le domaine de l'école du Lézardeau, près de Quimperlé, a montré ce que l'emploi régulier du sable marin à 70 pour cent de calcaire, de fumures abondantes et répétées, de labours profonds, et d'eaux de source de bonne qualité, pouvait réaliser dans toutes les cultures, et principalement sur les prairies naturelles qui fournissent 5,000 kil. de foin par hectare, en première coupe. La seconde coupe est pâturée par les vaches. Le foin touffu des prairies irriguées du Lézardeau ne permet pas aux légumineuses d'atteindre un grand développement, mais à la repousse, elles prennent leur revanche sur les graminées, grâce au sable calcaire des composts. Ainsi, dans ces formations primitives, l'eau des granites et les sables coquilliers de la mer suffisent au maintien, et même à l'accroissement de la fertilité des prairies (4).

(1) De Gourcy, *Voyage en Lorraine; Journ. agric. prat;* 1852, t. XVII, p. 266.
(2) Voir tome I, p. 281.
(3) E. Risler, *loc. cit.,* p. 93.
(4) Boitel, *loc. cit.,* p. 471.

A Clisson, dans la Loire-Inférieure, 3o hectares de prairies sur un sol argilo-siliceux et non schisteux, fournissent par l'irrigation, de 5,000 à 5,5oo kil. de foin par hectare. Il est certain que sur la rive gauche de la Loire, dans toute la vallée, l'irrigation pourrait s'étendre aux prairies naturelles avec un égal succès (1), en recourant aux amendements calcaires.

Avec l'aide d'un canal de dérivation du Loir, alimentant des canaux secondaires et des rigoles, le marquis de Talhouet, a pu créer, dans sa terre de Lude (Sarthe), sur des dunes siliceuses avec sous-sol calcaire, dit *tuffau*, 62 hectares de prairies, en se passant d'engrais. Ces prairies, après deux années d'ensemencement, ont produit sous l'action de l'arrosage, jusqu'à 3,3oo kil. de foin par hectare, et en moyenne, 2,378 kil. En outre, 9 chevaux, 15 vaches et 145 moutons ont été abondamment entretenus dans les regains, du 15 août au 15 décembre.

Aux termes du rapport de Kergorlay (2), la dépense figurant au compte capital, pour l'irrigation de 165 hectares, y compris l'établissement d'une turbine au prix de 8131 fr., se répartissait de la manière suivante, par hectare :

	fr.
Quote-part des terrains déjà irrigués.........	49.3o
Frais d'établissement des prairies et de l'irrigation...................................	85.7o
Ensemencement, graine et main-d'œuvre....	89.00
Total...............	224.00

A cette dépense de 224 francs par hectare, correspondait un revenu variable selon les années, de 6o à 235 francs.

(1) *Enquête sur les engrais industriels*, t. I, p. 409.
(2) *Soc. centrale d'agriculture*, mai 1867.

2. *Alsace.*

Les prairies de l'Alsace, dans la zone accidentée ou montagneuse, sont installées suivant la méthode vosgienne, et les rigoles de déversement y sont changées tous les ans.

Dans la plaine, elles sont suffisamment déclives, pour qu'à l'aide de barrages sur les cours d'eau, l'irrigation s'opère méthodiquement. Le foin est un peu grossier, mais la plupart des plantes fourragères qui constituent le tiers de la flore des prairies alsaciennes, fleurissent en juin et juillet.

Dans le Haut-Rhin, ce sont les eaux de l'Ill qui fournissent les meilleures irrigations. Les plus belles prairies arrosées se rencontrent à Bollviller, Soultzmatt, Merxheim, Lutterbach, Dornach, etc.

A la ferme d'Adolsheim, près de Mulhouse, les prairies en plaine, sur sol argilo-siliceux, avec sous-sol graveleux, plutôt sec, sont arrosées toute l'année, sauf pendant les mois de mars et d'avril. C'est le canal de Vauban, ou de Quattelbach, dérivé de l'Ill, qui alimente les rigoles d'irrigation. Ces prairies d'une contenance de 28 hectares, donnent trois coupes représentant 5,000 kil. de foin, en moyenne, par hectare.

Possesseurs de 160 hectares de prairies d'un seul tenant, sur la rive gauche de la Lauch, qu'une digue garantit contre les submersions, les habitants de la commune d'Eguisheim, près de Colmar, au nombre de 360, formèrent un syndicat qui, à l'aide de deux rôles de contributions, s'élevant ensemble à 30,000 francs, établit un barrage à quatre pertuis, avec vannes de garde et de prises d'eau et trois rigoles porteuses dirigeant l'eau sur toute la longueur des prairies. Les fossés d'arrosage et d'écoulement ont 30 kilomètres de développement. Avant 1860, les prairies d'Eguisheim rendaient de 3,000 à 3,500 kil. de foin par hectare, et valaient de 2,500 à 3,000 francs l'hectare. Depuis l'installation des irrigations, sous la surveillance d'un syndic, elles produisent de 4,000 à 5,000 kil. de foin, et se vendent de 5,500 à 7,000 francs l'hectare (1).

Sur le domaine de Hombourg, près de Harsheim, une certaine étendue de bois, défrichée, puis cultivée successivement en avoine, en pommes de terre et en orge, a été convertie, dès la quatrième année, en prairies irriguées. Les eaux du Rhin maigres et froides, souvent chargées de sable fin, se décantent et s'échauffent dans des petits réservoirs situés sur les parties les plus élevées des prairies, d'où elles alimentent les rigoles de distribution. A cause de la perméabilité du sol et du sous-sol, des colateurs reçoivent les eaux surabondantes qui servent en reprise. Les réservoirs reçoivent d'ailleurs du fumier, dans le but d'améliorer la qualité des eaux, et les prairies elles-mêmes sont fertilisées par le parcage des bêtes à laine.

D'après le produit de la vente des foins et des regains sur pied, aux cultivateurs du pays et du duché de Bade qui n'obtiennent presque pas de fourrages sur des terrains analogues, les 150 hectares de prairie de Hombourg assurent un revenu net moyen par hectare de 123 francs. Ce revenu, calculé sur une moyenne de 15 années, a atteint jusqu'à 174 francs. Avant défrichement, les bois donnaient un revenu net annuel de 30 francs par hectare.

3. Suisse.

Sur 21,600 kilom. carrés de terres livrées à la culture,

(1) Heuzé, *les Primes d'honneur en* 1867, p. 172.

la Suisse compte 70 pour cent de prairies et pâturages. L'Angleterre et la Hollande offrent seules une surface proportionnelle plus grande de prairies. Si le climat, la nature du sol et l'humidité de l'air sont favorables à la végétation des pâturages suisses, classés en *alpes* hautes, moyennes et inférieures, l'irrigation, partout où elle est praticable, ne contribue pas moins à maintenir à un taux élevé la production fourragère, et par suite, celle du bétail de choix, du lait, du beurre, du fromage et de l'engrais.

Dans le canton d'Argovie, par exemple, après que les canaux et les rigoles ont été curés et réparés, la dernière coupe se faisant généralement en octobre; l'irrigation se poursuit pendant les mois d'octobre, de novembre et de décembre jusqu'à ce que les fortes gelées arrivent. S'il neige et qu'il ne fasse pas trop froid, on reprend les arrosages pour faire fondre la neige. Pendant le printemps, on n'arrose pas, à cause précisément de la fonte des neiges. La première coupe s'effectue en avril pour la nourriture du bétail à l'étable; elle est souvent si riche qu'on la mélange avec du foin. Après cette coupe, on met l'eau pendant deux ou trois jours, et deux ou trois semaines plus tard, l'arrosage se répète jusqu'au commencement de juin. On fauche alors pour foin; on laisse à sec pendant 10 ou 12 jours, puis on reprend les arrosages de la même manière jusqu'en août, quand a lieu la seconde coupe pour foin. Enfin, continuant à arroser jusque fin septembre, ou au commencement d'octobre on fait la dernière coupe, qui laisse parfois un regain fauchable. Le rendement des prairies de Aarau, ainsi irriguées, est estimé de 6,500 à 8,000 kil. par hectare.

Il arrive qu'ou bout de 4 ou 5 ans, les prairies irriguées sont rompues pour faire place au blé, aux pommes de terre, au trèfle, etc., pendant un certain nombre d'années, puis remises de nouveau en pré (1).

Aux environs de Zurich, la terre labourable vaut de 5,000 à 7,000 francs, tandis que la prairie de bonne qualité s'y vend de 8,000 à 10,000 francs l'hectare (2).

Dans le canton de Berne, la pratique est à peu près la même que dans l'Argovie; seulement, à partir de mai, l'arrosage n'a plus lieu que de nuit. On fait deux coupes pour foin, dont la première en juin. Le bétail est au pâturage durant l'automne; mais à l'étable, il ne consomme pas de foin arrosé.

A Hofwyl, rendu célèbre par la ferme de Fellenberg (3), l'arrosage, de 24 heures de durée, se poursuit sur les prairies, une fois par semaine, aussi tard que possible, jusqu'à l'entrée de l'hiver. On y fait quatre coupes, dont la première et la dernière sont fournies en vert à l'étable, et les deux autres sont converties en foin. La première coupe s'effectuant en mai, la dernière s'opère fin octobre; parfois un regain se fauche encore aux environs de Noël.

Une pratique caractéristique de la culture des prairies suisses consiste à les fumer par tous les moyens disponibles, en toutes saisons, au milieu de l'été, immédiatement après le fauchage. Il n'y a pas de cantons où les prairies, quand elles sont irriguées, ne reçoivent les purins en mélange avec les eaux d'arrosage; elles ne fournissent pas plus de coupes, mais l'herbe est plus succulente. Les Valaisans sont passés maîtres en fait d'irrigations fertilisantes (4).

On a remarqué que dans les plantureuses prairies,

(1) H. Jenkinson, *On irrigation in Switzerland; Journ. Roy. agric. soc.,* 1850, vol. XI.

(2) L. Grandeau, *Études agronomiques;* 1886-1887, p. 231.

(3) Voir tome II, p. 559.

(4) Voir tome I, livre Ier, p. 43.

depuis Genève jusqu'à Fribourg, Berne et Interlaken, les plantes composées et ombellifères dominent, au détriment des légumineuses, et souvent des graminées. La berce et le cerfeuil qui deviennent très abondants en première coupe, sous l'influence des purins, sont exclusifs à la repousse du regain. C'est seulement en défrichant, ou en recourant à des cultures sarclées, que le sol peut être nettoyé de ces ombellifères.

Sur les pentes fortement inclinées des montagnes, la prairie forcément pérenne constitue, par l'engazonnement, le seul moyen de prévenir le ravinement et la destruction de la couche arable; l'amélioration des plantes n'y est possible qu'à l'aide de l'arrosage, si les eaux sont de bonne qualité, et du drainage, si les terres souffrent d'un excès d'humidité.

A la froide altitude de 1,000 mètres, la vallée de Chamounix offre des prés arrosés sur alluvions micaschisteuses, où les graminées représentent jusqu'à six dixièmes, et les légumineuses, deux dixièmes des espèces. Le foin de bonne qualité nourrit parfaitement une race tachetée rouge et blanche, bonne laitière et bien conformée pour la boucherie. Jusqu'à 2,000 mètres, dans la région alpine du Mont-Blanc, ce sont les graminées qui dominent; mais en descendant vers Evian, sur le lac de Genève, où les basses montagnes jurassiques fournissent l'élement calcaire, l'herbe plus abondante, plus substantielle, renferme une proportion de légumineuses deux ou trois fois plus élevée que celle des graminées; le rendement ne dépasse guère toutefois 5,000 kil. pour trois coupes.

Tandis que dans les montagnes les prairies les plus productives livrent une herbe courte donnant, pour la première coupe, à peine 1,500 kil. de foin, de première qualité comme finesse et valeur nutritive, sur des sols calcaires et perméables; celles des vallées, grâce aux fortes fumures et aux arrosements répétés, ne donnent jamais moins de 5,000 kil. pour la première coupe, mais les graminées quoique nombreuses et variées y font place aux autres espèces.

Boitel conclut de son étude des prairies de la Suisse (1) que dans les vallées, en général, on se préoccupe plus de l'assainissement du sol que de l'arrosage. Les fumures abondantes, sous un climat humide et pluvieux comme celui de la Suisse, donnent aux plantes diverses la prédominance sur les graminées et les légumineuses.

4. *Belgique.*

Les prairies arrosées de la Belgique n'ont mérité une certaine attention que depuis la mise en valeur de la Campine. C'est en 1849 que le gouvernement prit l'initiative de la création d'une colonie agricole sur les landes de Lommel (Limbourg), qu'il avait achetées à proximité de la première section du canal de la Meuse à la Scheldt. La colonie devait comprendre 20 fermes d'une contenance de 5 hectares, dont 1 hectare de terre arable. 3 hectares de landes et 1 hectare de prairie irriguée. Malgré des conditions particulièrement avantageuses offertes aux colons, et des subventions de toute nature, comme engrais, bétail, fourrage et argent, l'entreprise, qui avait coûté à l'État 247,000 francs, dut être abandonnée, à défaut du paiement des fermages pendant 10 années. Vendue aux enchères, en 1861, pour le prix de 51,500 francs, la colonie fut adjugée à M. Keelhoff, qui conserva les fermiers, moyennant qu'ils fissent abandon de leur lot de prairie, le prix du fermage restant le

(1) A. Boitel, *loc. cit.*, p. 706.

même. En dépit de cet abandon, les mêmes fermiers ne pouvant plus invoquer l'assistance du gouvernement, n'ont pas cessé de payer leur fermage depuis 1861, et de prospérer.

Le sol de la Campine, à Lourmel, est de très bonne qualité; la couche arable y a de 0^m,20 à 0^m,25 d'épaisseur, et le sous-sol est constitué par du sable doux, ou jaune.

La colonie occupe un rectangle de 96 hectares, bordé au sud-ouest et au nord-est par des landes communales, et au nord-ouest, par la lande coloniale comprenant les lots irrigués que M. Keelhoff s'est réservés. Un canal navigable partage le rectangle en deux parties; les lots irrigués sont alimentés par un canal principal sur lequel le précédent s'embranche. Chaque parcelle irriguée est bordée par un fossé dont les bords sont plantés pour abri; ce fossé remplit deux buts; il draine l'eau en excès; et en cas de sécheresse prolongée, il agit par infiltration. Sur la ferme même, le prix initial du terrain sablonneux a été de 120 fr. l'hectare; le nivellement et le labour ont coûté 140 francs, et l'appropriation des planches et rigoles, environ 140 francs par hectare de prairie irriguée.

Les arrosages des prairies se font généralement au nombre de douze, entre le 15 mai et le 15 octobre, et au nombre de six, entre le 15 octobre et le 15 mai. On n'arrose pas 15 jours avant, ni 15 jours après la coupe. Le foin est vendu en totalité et même exporté. En 1880 la première coupe avait rendu 4,500 kil. et la deuxième, 2,500 kil. par hectare. Les prairies reçoivent en outre, chaque année, une forte fumure qui a varié de composition. Elle a d'abord comporté 188 kil. de superphosphate, 250 kil. de sulfate d'ammoniaque et 95 kil. de sulfate de chaux, représentant une dépense de 175 francs par hectare. Plus tard, elle n'a compris que 300 kil. de sulfate d'ammoniaque et 200 kil. de superphosphate. Cette fumure, combinée avec un arrosage rationnel, assure un rendement de 5,000 kil. de foin et 3,000 kil. de regain, vendu sur pied, à raison de 141 fr. 50. De nouveaux essais de fumure ont été tentés, en ajoutant au dernier mélange précité, du chlorure de potassium (1).

Non seulement l'engrais, mais l'ensemencement et l'arrosage des prairies, comme volume, nombre et périodes d'irrigation, sont soumis à l'expérience. La réussite de cette exploitation a exercé une grande influence sur le défrichement des landes environnantes et l'extension des prairies irriguées. Jenkins constate dans son Rapport à la commission royale anglaise (2), que la Campine comptait plus de 3,600 hectares de prés irrigués en 1880, et près de 200 kilomètres de canaux d'arrosage alimentés par la Meuse.

Dans la plupart des vallées de la Belgique, le sol fertilisé par les crues fournit aux prairies les rendements les plus élevés. Dans certains districts, le produit de ces pâturages est si considérable que les propriétaires refusent de les louer. En moyenne, le loyer des prairies submersibles varie entre 185 et 370 francs par hectare (3). L'herbe est coupée tous les deux ans, mais on regarde comme plus avantageux de laisser paître pendant deux années, et de couper à la troisième. Sur les petites exploitations, l'herbe est vendue aux enchères; dans une bonne année, elle vaut 600 francs par hectare, et dans les années ordinaires de 435 à 500 fr.

(1) Keelhoff, *Rapport au ministre de l'Intérieur; Bullet. cons. supér. agric.* 1878, t. XXX.

(2) *Report on the agriculture of Belgium; Agric. interests commission,* 1881, p. 140.

(3) Jenkins, *Report on the agriculture of Belgium; Journ. Roy. Agric. Soc.* 1870, vol. VI, p. 66.

Dans quelques communes, les fermiers ont droit au pâturage gratuit du regain, de septembre à octobre, notamment sur les bords de l'Escaut; ailleurs, ce privilège est payé en argent. L'irrigation commence vers la mi-novembre et cesse en mars; pour les rivières canalisées, soumises au flot de marée, l'irrigation se pratique naturellement, en ouvrant les écluses.

Dans d'autres provinces comme le Luxembourg, où le terrain est montagneux, les petits cours d'eau sont utilisés pour l'arrosage des prairies, mais les résultats, d'après Leclerc, sont peu satisfaisants, en raison de la mauvaise installation des irrigations; les cultivateurs reculent devant la dépense de nivellement des surfaces arrosables.

5. *Grande-Bretagne.*

On a évalué à plus de 50,000 hectares l'étendue des prairies irriguées en Angleterre; en Écosse même, où le quart des terres cultivées est consacré aux prairies naturelles et artificielles, certains prés irrigués donneraient jusqu'à huit coupes (1). L'humidité du climat de l'Irlande y rend inutile la pratique des irrigations.

Les comtés de l'Angleterre où les arrosages s'opèrent en grand, avec beaucoup de soin et de succès, sont le Devonshire, le Hampshire, le Wiltshire et le Gloucestershire.

Devonshire. — Dans le comté de Devon, renommé comme pays d'herbages et de cultures fourragères, pour son bétail de race, sa crême, son cidre et son climat, partout, les eaux coulent dans les riches et chaudes vallées,

(1) Enquête agricole, *Rapport du directeur de l'agriculture*, 1878, p. 131.

et les prairies sont irriguées. Aussi bien les vallées d'Exeter et de Honiton, baignées par la rivière Exe, avec leurs loams sablonneux reposant sur l'argile, que celles des districts du sud, dirigées vers la côte, avec leurs argiles calcaires et leurs loams légers, surpassent en fertilité, grâce à l'arrosage des prairies, toutes les autres terres du comté. C'est dans le Devonshire que se sont formés les meilleurs irrigateurs de l'Angleterre (1).

Hampshire. — La culture du district méridional du Hampshire, qui longe la craie et repose sur l'argile de Londres, comporte, dans les vallées de l'Avon et de la Stour, des prairies irriguées à l'eau courante, et d'autres irriguées par submersion; ce procédé forme un des traits caractéristiques de l'agriculture du comté. Les exemples les plus frappants de ces irrigations se trouvent sur l'Avon, où les prairies, par la profondeur de leur alluvion et leur sous-sol graveleux, surpassent en production et en qualité celles des vallées du Test, de l'Anton et de l'Itchen, à Winchester, dont l'alluvion repose sur un sous-sol d'argile et de tourbe. L'industrie laitière, comprenant la fabrication du beurre et du fromage, suit de près le développement des prairies irriguées.

Dans son instructif mémoire sur le Devonshire (2), Wilkinson insiste sur le rôle des prairies irriguées dans la nourriture des moutons, en vue de l'assolement qui fait précéder l'orge par les navets de Suède, et exige beaucoup de fumier pour le blé, avant les navets.

Wiltshire. — Le Wiltshire, avec ses immenses troupeaux de Southdowns et de Westcountrydowns qu'on y élève afin de maintenir la fertilité du sol crayeux et peu

(1) Voir tome III, p. 45.
(2) Rev. J. Wilkinson, *The farming of Hampshire; Journ. Roy. Agric. Soc.* 1851, vol. XXII, 1re série.

profond, se distingue par ses cultures très répandues de sainfoin, et ses prairies arrosées, que l'on voit vertes et luxuriantes sur le bord des rivières et des ruisseaux.

Aussi bien sur les prairies irriguées, que sur les prairies artificielles et les dunes, les moutons sont parqués toute l'année. Lorsqu'ils ont été mis le jour sur le parcours des dunes, on les parque la nuit sur les champs arables; ou, bien à l'encontre du parcage de jour, où ils ont été disséminés sur de grands espaces, on les parque serrés le plus possible, pendant la nuit; certains parcs contiennent jusqu'à 5,000 moutons par hectare, mais on a soin de déplacer ces parcs chaque jour, pendant l'hiver et le printemps (1). Sur les prairies irriguées, les moutons ne parquent que de jour, dans les intervalles où l'arrosage n'est pas pratiqué.

Dès que les agneaux peuvent suivre leurs mères, vers la mi-mars, le troupeau est conduit aux prairies irriguées, que l'on a laissé égoutter plusieurs jours auparavant. Pour éviter les effets de l'herbe fraîche, les brebis et leurs agneaux ne sont admis dans les prés qu'après le départ de la rosée, et après avoir quelque peu mangé à l'étable. C'est de 10 à 11 heures du matin, jusqu'à 4 ou 5 heures de l'après-midi, que les moutons sont en plein air; puis, on les rentre à la bergerie. L'essentiel est de pouvoir faire durer la nourriture en vert jusqu'à ce que l'orge ait pu être emblavée. Avec un hectare, on arrive à nourrir d'herbe fraîche un millier de paires de moutons pendant cette période.

Les prés irrigués de Orcheston, près d'Amesbury, sont réputés à cause de la richesse du fourrage où prédomine l'agrostis traçante, qui, sous l'action des submer-

(1) J. Algernon Clarke, *Practical agriculture* : *Journ. Roy. Agric. Soc.* 1878, vol. XIX.

sions répétées, acquiert des qualités succulentes pour les moutons. Le sous-sol de cailloux se prête au développement des racines de cette herbe, et aux touffes qu'elle forme, lorsque les crues sont fréquentes. Au contraire, quand les hivers ont été secs et que les débordements sont rares, ou moins abondants, la végétation est réduite, et le produit en fourrage est de qualité inférieure. Cette particularité de l'agrostis, qui résiste à la sécheresse, de s'améliorer par l'excès d'humidité, la rend précieuse dans la plupart des sols du comté.

En décrivant le Wiltshire, Davis estime qu'un hectare de pré irrigué, après quatre ou cinq ans, produit en moyenne plus de douze tonnes de fumier et permet de maintenir en état permanent de fertilité, 20 ares de terre arable (1).

Gloucester. — Les irrigations des prés de South Cerney sont dues au révérend Wright, qui retraçait, dès la fin du siècle dernier, les procédés employés (2). Les eaux chargées de limon, provenant des grosses pluies de novembre, sont introduites sur les prairies; la submersion se pratique en décembre et en janvier pour abriter l'herbe contre les fortes gelées de la nuit; on a seulement soin tous les dix jours, d'évacuer l'eau, afin de permettre au sol de s'aérer, et aux racines de ne pas pourrir. Au mois de février, on doit éviter de laisser séjourner l'eau jusqu'à l'apparition de l'écume, ou de l'évacuer par un temps de gel, sans avoir préalablement mis le pré à sec. Pendant ce mois, le volume d'eau est réduit, dans le but de maintenir seulement l'humidité. Au commencement de mars, il y a déjà assez d'herbe pour qu'après huit jours, les eaux étant évacuées, on puisse faire paître

(1) Th. Davis, *General view of the agriculture of Wiltshire*, 1794.
(2) Rev. Th. Wright, *Account of the method of watering meadows in the county of Gloucester*, London, 1789.

le bétail, en ajoutant un peu de foin pour la nuit. A la fin d'avril, le parcage cesse, et l'eau est de nouveau donnée durant quelques jours. L'arrosage des prés en automne, en hiver et au printemps, ne cause pas la clavelée des moutons; c'est seulement quand on l'arrose l'été, que cette maladie règne dans les vallées, et décime les bêtes ovines.

Les eaux des sources qui jaillissent de l'oolite sont très favorables à la fertilisation des prairies des Cotswolds; mais on trouve également de très riches pâturages dans les vallées de la Colne et de la Churn. Les inondations de la Severn fertilisent aussi des prairies étendues, que l'on fauche et que l'on fait pâturer alternativement. La terre et l'herbage s'améliorent sans engrais, et le produit est plus précoce pour l'alimentation des animaux.

6. *Allemagne.*

De nombreux systèmes d'irrigation, comme on l'a vu, sont appliqués aux prairies de l'Allemagne; chacun trouve d'ardents partisans, comme aussi des critiques passionnés, sans que la question d'excellence ait pu être tranchée; ce qui s'explique par le fait que les avantages et les inconvénients de chaque méthode résultent avant tout des conditions particulières de l'application (1).

Tandis que les provinces rhénanes demeurent fidèles à l'ancien système de Siegen, qui exige des nivellements coûteux et des remaniements de terrains, la province de Prusse donne la préférence au système Saint-Paul (de Sacknitz, près de Zuites), qui procède par infiltration, au moyen de fossés et de rigoles dans

(1) E. Marie, *Revue étrangère; Journ. agric. prat.* 1867, t. I, p. 623.

lesquels l'eau séjourne et pénètre le sol. Tous les quatre ans, d'après ce système, on répand à la surface des prairies, des composts terreux, et on les rajeunit par des hersages dont Pohl et Sprengel ont fait connaître les effets avantageux.

En Poméranie, prévaut le système Vincent, qui se règle par le volume d'eau disponible. Les pentes et les accidents du terrain sont utilisés, de telle sorte que la dépense des installations soit toujours en rapport avec le profit à attendre de l'irrigation. Les ados par étages, essayés à Regenwald, rentrent dans ce système.

Enfin, dans la Silésie et le Holstein, le système Petersen compte de nombreux adhérents ; le drainage, à défaut de grands volumes d'eau disponibles, sert de régulateur à l'arrosage (1).

Dans le cercle de Siegen, situé à 360 mètres environ d'altitude, les méthodes de planches en ados permettent d'obtenir en trois coupes, 120 quintaux de fourrage par hectare, alors que les meilleurs prés naturels en fournissent de 70 à 80. Dans les vallées, notamment de la Sieg et de la Dill, favorisées par une faible pente transversale du terrain, celle dans le sens du thalweg étant prononcée, trois facteurs essentiels : le sol, l'eau et le climat, ont concouru au développement des irrigations, malgré le coût de leur installation. Le sol, formé par le délitement des roches, est fin et perméable ; l'eau riche en matières minérales en suspension, exhausse le sol des prairies de 0m,025 par an, ce qui exige leur remaniement au bout de 20 à 25 années ; malgré cet amendement naturel, il est de règle de fumer aussi abondamment que possible les prairies irriguées. Le climat est particulièrement approprié aux arrosages. Enfin, comme les

(1) Voir tome I. pp. 82 et 117; tome II, p. 585, et tome III, p. 302.

exploitations ont peu d'étendue (60 ares en moyenne), et que la population jouit d'une grande aisance, la main-d'œuvre abondante a permis d'établir avec avantage un système que l'Italie a pu développer en pays plat, sur de grandes propriétés, mais avec l'aide de grands canaux, et d'une main-d'œuvre plus chère. Il ne faut pas oublier, en effet, que dans le pays de Siegen, pour des rendements qui atteignent en moyenne 100 quintaux par hectare et par an, les frais d'installation d'une prairie arrosée s'élèvent à 1500 fr. par hectare.

La partie de la Prusse rhénane qui s'étend depuis la route d'Aix-la-Chapelle à Cologne, entre le Rhin et la frontière hollandaise, jusqu'au Nord, n'a de prairies que sur les bords du Rhin, de la Roër et de l'Erft, qui coulent entre des bords bas et plats, rendus par cela même marécageux. Les surfaces gazonnées sont alternativement prairies et herbages; c'est-à-dire, que pendant trois années au moins, elles servent de pâturage aux bestiaux d'élève, et l'année d'après, on les fauche.

De l'autre côté des digues, ou mieux entre les digues et le Rhin, les herbages ont une valeur bien supérieure aux autres, quoique exposés comme les *segonaux*, le long du Rhône, aux crues et aux débordements; mais le gros limon dont ils sont périodiquement couverts, augmente d'année en année leur fertilité. On ne fauche ces herbages que tous les 7 ou 8 ans, et Lobbes évalue leur produit moyen, en foin et en regain, entre 80 et 90 quintaux métriques par hectare.

Comme le lit du Rhin tend constamment à s'élever, tandis que les terrains en contre-bas des digues ne haussent pas, il y a toujours à craindre leur rupture par les crues exceptionnelles. Le système des chaussées perpendiculaires eût offert l'avantage de maintenir le courant libre, en provoquant un exhaussement égal et simultané des rives; il n'a pas été adopté (1).

Dans le Wurtemberg, les irrigations sont générales, les prairies occupant du quart au cinquième des terres cultivées; aussi le nombre des animaux suit-il une progression constante, pendant que leur qualité s'améliore.

Les contrées montagneuses de la Bavière, très propices à la production du bétail, offrent aussi des pâturages et des prairies d'une grande importance, dont bon nombre doivent leur fertilité à l'irrigation. Adam Müller a consacré une notice spéciale aux irrigations de Martinshöhe (2) visitées par le comice agricole de Hombourg (Bavière rhénane). Le sol du canton montagneux de Sickingen, où Martinshöhe est situé, est entrecoupé de ravins et formé d'argile légèrement calcaire qui devient sablonneuse au fur et à mesure que l'on descend dans les vallées. Partout où cela était possible, les pentes escarpées ont été converties, à force de travail, en prairies qu'arrosent les petites sources du terrain, ou des rigoles à eaux pluviales. Ces prairies, que l'on fume souvent avec des cendres et des composts, fournissent un foin de qualité bien supérieure à celle du foin des vallées. L'arrosage se fait par plans inclinés, et la distribution de l'eau de chaque source est réglée par acte authentique; chaque cultivateur sait d'avance le jour et l'heure où il peut disposer de l'eau.

Les prairies de Poméranie sont généralement établies dans des terrains de sable granitique, ou des tourbières, et les eaux qu'on y amène ont traversé des

(1) L. Moll, *Excursion dans la province rhénane; Journ. agric. prat.* 1841-42, t. V, p. 109.

(2) A. Müller, *Description d'un village de la Bavière rhénane; Journ. agric. prat.* 1859. t. XXXI, p. 232.

sols marneux, parfois des lieux habités. Ces terrains ont une très faible valeur locative, car il en est qui, avant l'irrigation, ne rapportaient guère plus de 15 francs par hectare. La main-d'œuvre étant à bas prix, on les a installés en prairie, à raison de 450 francs environ par hectare, tous travaux compris; ce qui représente l'intérêt de 22 fr. 50 par an. L'entretien des rigoles et la surveillance des arrosages sont évalués à 30 francs, les frais de fenaison, à 28 francs, de façon que les dépenses annuelles atteignent 105 fr. 50. Or le produit moyen est de 8000 kil. de foin, dont 5000 kil. en première coupe, et 3000 kil. en regain.

Pour obtenir au meilleur compte l'engrais correspondant à cette production, les cultivateurs Poméraniens nourrissent des moutons à laine, qui consomment 1 kilogramme, valeur en foin, par jour. A ce taux, un hectare de prairie nourrit par an près de 22 têtes dont le produit en laine laisse plus de 40 francs net à l'hectare, et 10.000 kil. de fumier pour rien. Tel est le calcul présenté autrefois par Vincent, pour engager les capitaux dans l'établissement de prairies irriguées d'après sa méthode (1).

7. Italie.

Marcites ou prairies d'hiver. — L'étendue des marcites n'est limitée que par le volume des eaux hivernales qu'exige leur irrigation. Dans le Milanais, elles occupent de 9.000 à 10.000 hectares, dont une moitié près de la ville même, et l'autre, dans le Pavesan et la Lomelline. Il y a aussi des marcites dans les pro-

(1) *Zeitschrift für Deutsche Landw.; 1855.*

vinces de Lodi et de Crémone, à Verolanuova (district de Brescia), qui donnent de 5 à 7 coupes annuellement. En Piémont, le Novarais et le Verceillais comptent un grand nombre de marcites (4 à 5000 hectares), arrosées par les eaux de sources (*fontanili*), fumées deux ou trois fois dans l'année, et qui se fauchent cinq ou six fois.

Milanais. — Les marcites, comme production de fourrage, constituent la richesse principale de l'agriculture Lombarde, mais particulièrement de la culture milanaise. Leur rendement, grâce aux coupes dont le nombre peut aller jusqu'à neuf, est merveilleux. Jacini l'évalue en moyenne à 150 quintaux de foin. Au sud de Milan, les marcites arrosées par les eaux de la Vettabbia et du Bolanos qui reçoivent les liquides et les déjections de la ville, rendent sans engrais jusqu'à 250 quintaux de foin par hectare (1). Aussi n'y a-t-il pas lieu d'être surpris que des fermes de 20 hectares, cultivées presque exclusivement en marcites, puissent entretenir 60 vaches laitières, ou bien, que des exploitations de 70 hectares, dont les deux tiers en marcites, entretiennent 110 vaches.

Zanelli confirme le rendement des marcites milanaises, équivalant à 200 quintaux de foin, c'est-à-dire à 1500 francs de produit par hectare. Le prix du loyer de ces marcites varie entre 1000 et 1500 fr. (2). L'herbe est consommée en plus grande partie à l'état vert, par les vaches dont la production est forcée pendant toute l'année, grâce à l'excellence du fourrage.

Au temps où Berra cultivait ses marcites et écrivait

(1) *Inchiesta agraria, etc.*; vol. VI, f. I.
(2) Zanelli, *Del pascolo, del prato e della marcita; Enciclopedia agraria,* t. II, p. 155.

son remarquable traité (1), la production annuelle se répartissait en cinq coupes par hectare, à savoir :

		Quintaux.
1re coupe en février		130
2e — de mars à avril		194
3e — d'avril à mai		202
4e — de mai à juillet		113
5e — de juillet à septembre		277
Total		916

équivalant en foin sec, à 230 quintaux.

« Quand on coupe pour faire du foin, ajoutait-il, il faut donner à l'herbe le temps de mûrir, et se borner à quatre coupes par an. Mais comme le but des marcites est d'obtenir le plus de lait possible, en nourrissant les vaches plus longtemps d'herbe fraîche. on doit faucher avant que l'herbe ait atteint sa maturité; ce qui donne 5 et 6 coupes par an, au lieu de 4. Le calcul qui consiste à convertir en 230 quintaux de foin sec, les 916 quintaux d'herbe fraîche, pour le même objet, ne serait pas exact. »

Ce même agronome a établi le compte d'exploitation de 8 hectares et demi de marcites, utilisées depuis 7 années pour l'entretien de 55 vaches d'âges différents, et de 2 taureaux; en tout, de 57 animaux. La nourriture en herbe fraîche était fournie à l'étable pendant toute l'année, à l'exception de quelques jours de pâturage sur le regain. Aussi bien le fourrage vert que le foin, avaient été pesés. D'après les relevés de ses livres, Berra constate que pendant le mois de février, une vache laitière consomme par jour, en moyenne, 23 kil. d'herbe en mélange avec du foin, et 60 kil. d'herbe seule, pendant les six mois

(1) Berra, *Dei prati del basso Milanese detti a marcita;* Milano, 1822.

et demi qui suivent, jusqu'au 15 septembre. Il en résulte que 8 hectares et demi de marcites suffisent à la nourriture de 49 vaches et d'un taureau, pendant les sept mois d'été, et comme 6 hectares et demi suppléent amplement à leur nourriture d'hiver, d'octobre à février, on trouve que 15 hectares de marcites permettent d'entretenir une vacherie de 50 têtes. Aucune autre culture ne fournirait un exemple pareil de produit à l'hectare.

Comme le revenu net des marcites dépend de celui de la vacherie, c'est-à-dire, du rendement en lait et en fromages, Berra établit le bilan de culture de ses 8 hectares et demi, en évaluant la quantité de fourrage que consomme chaque bête, au prix du marché d'alors. Ce bilan qui figure dans le tableau XXXII, indique, comme produit net par hectare, 582 francs environ, et en ajoutant la valeur de 200 tombereaux de fumier qu'ont produit les bêtes pendant 7 mois, après déduction du prix d'achat de la paille et d'autres frais, un bénéfice net de 725 francs. Le produit des saules et des oseraies plantés le long des canaux augmente encore ce revenu.

Quand les marcites reçoivent des eaux fertilisantes, comme celles de la Vettabbia, et qu'elles peuvent se passer d'engrais, leur revenu dépasse 1.000 francs.

Pavesan. — Dans le Pavesan, les marcites fournissent annuellement, en 5 ou 6 coupes, une moyenne de 95 quintaux à l'hectare. Le revenu principal provient des coupes en vert de novembre et de mars; l'herbe fraîche exerce alors une action décisive sur la quantité et la qualité du lait; aussi, dans ces deux mois, une seule coupe de marcite vaut-elle jusqu'à 300 francs par hectare, et en moyenne 230 francs (1). Certaines marcites donnent 110 et 115 quintaux en 7 coupes.

(1) Saglio, *Inchiesta agraria,* loc. cit., p. 118.

TABLEAU XXXII. — *Bilan de culture de 8 hectares et demi de marcites dans le Milanais.*

Doit	fr.	Avoir	fr.
Curage des rigoles; réparation des canaux, nivellement des prés; 20 journées par hectare à raison de 1 franc.	200	Nourriture en février de 50 bêtes à raison de 23 kil. d'herbe fraîche par jour, pendant 15 jours............	280
Fumier ou charrées; 16 voitures par hectare, à raison de 15 francs par voiture...................	2.040	Nourriture de mars à septembre de 50 bêtes, à raison de 60 kil. par jour, pendant 195 jours..............	7.300
Épandage et charroi de l'engrais........	35	Regain (*quartirola*) obtenue après la dernière coupe................	270
Coupe et charroi de l'herbe aux étables pendant 7 mois, à raison de 3 francs par jour..	630	Total.......	7.850
Total................	2.905	A déduire les dépenses.........	2.905
		Reste comme produit net.......	4.945

Lodigian. — Une marcite ordinaire du Lodigian, qui ne manque pas d'eau, livre de 600 à 700 quintaux d'herbe fraîche ; soit de 150 à 200 quintaux de foin par an. On ne fauche qu'un tiers de la surface, quand on n'a pas d'autre fourrage à fournir au bétail (1).

Lomelline. — Le but principal des marcites étant de fournir de l'herbe pendant toute l'année aux vaches, et de maintenir la production du lait à une moyenne élevée, en vue de la fabrication du fromage, le choix des vaches laitières a la plus grande importance. Les chevaux, d'ailleurs, refusent l'herbe des marcites, et il n'y a aucun profit à engraisser les veaux avec ce fourrage. Les vaches qui fournissent le meilleur lait pour les fromageries, proviennent, la plupart, des marchés de Schwitz, Lucerne, Zug, Uri, Appenzell, etc., au débouché des vallées qui aboutissent à Lugano. Celles élevées en Italie perdent rapidement le type de la race Schwitz, et quant aux vaches de croisements des variétés Schwitz et Tyroliennes, elles sont moins bonnes laitières que celles importées directement de la Suisse, ou de l'Engadine.

Dans les vacheries de la Lomelline, qui comptent 50, 150, et même jusqu'à 200 vaches venant de Suisse, on évalue le produit d'une vache de Schwitz, d'un poids moyen de 450 kil., consommant journellement 12^k,15 de fourrage, à 30 hectolitres de lait par an. Le prix d'une telle vache est de 500 francs en moyenne. De 1852 à 1882, en trente ans, le prix du lait a augmenté de 8 à 14 francs. Le prix moyen des 10 dernières années a été de 12 francs. Une vache suisse, après dix ans de durée, ne vaut plus qu'un quart du coût primitif.

La chambre de commerce de Pavie a donné, pour les

(1) Bellinzona, *Inchiesta agraria*, loc. cit.

dix années de durée d'une vache laitière, un compte établissant le revenu net annuel, qui figure dans le tableau XXXIII. Ce revenu varie suivant que les vaches suisses sont plus ou moins mêlées, dans la vacherie, aux races indigènes. D'après le recensement de la même chambre de commerce, la Lomelline possédait, en 1875, 15,569 vaches laitières pour la fabrication du fromage *di grana*, ou Parmesan, et 8,381 génisses (1).

Les essais qui ont été faits pour remplacer les vaches des cantons suisses par des vaches bergamasques, ont permis d'obtenir parfois un rendement normal de 30 hectolitres par an, grâce au fourrage vert consommé pendant 10 mois de l'année, mais le plus souvent, au détriment de la durée des animaux. La question de l'élevage n'en reste pas moins soumise, en Lombardie, à celle des soins spéciaux et de l'emploi du temps qui est une perte d'argent pour l'éleveur. Le calcul, dans ce dernier cas, est bien simple. Les vaches lombardes donnent 25 hectolitres de lait en moyenne, tandis que les vaches suisses en donnent 32, pendant 7 années consécutives, il y a donc tout avantage, le lait étant compté à 0ᶠ,12 le litre, à acheter une vache suisse, en la payant 100 francs plus cher (2).

D'ailleurs, nées dans des climats salubres, robustes, bien nourries et soignées, les vaches de la Suisse ont un tempérament sain, résistant, qui s'ajoute à leurs qualités prolifiques, de durée et de docilité. Amenées en Lombardie à l'âge de 3 ou 4 ans, avant qu'elles aient atteint leur plein développement, elles profitent de l'alimentation succulente fournie par l'herbe des marcites, augmentent en poids, prennent de belles formes et remplissent le but que recherche le cultivateur lombard.

(1) Pollini, *Inchiesta agraria, loc. cit.*
(2) Jacini, *Inchiesta agraria; Relazione; loc. cit.*

TABLEAU XXXIII. — *Produit net annuel d'une vache laitière (Lomelline).*

Doit	fr.	Avoir	fr.
Amortissement en 10 ans du coût d'une vache à raison de 8 %..............	40	Produit en lait, 30 hectol. à 12 fr.........	360
Fourrage, 50 quintaux...............	260	— en fumier..............	82
Loyer de l'étable...............	12	— veau et divers..............	50
Frais de service...............	75	Quote-part dans la revente après 10 ans..	12
Litière...............	24	Total des recettes.............	504
Huile et ustensiles..	3		
Frais généraux...............	26	A déduire le total des dépenses..........	440
Total...............	440	Reste comme produit net par an..........	64

Novarais. — La culture des marcites qui produisent dans le Novarais moins que dans le Milanais, donne un revenu variable, selon que le rendement oscille lui-même entre 820, 720 et 640 quintaux par hectare. Le bilan présenté dans le tableau XXXIV est emprunté aux informations que le professeur Bordiga a fournies à l'enquête agricole (1), sur base de ces trois hypothèses de production.

Prairies naturelles d'été. — Avant d'examiner les prairies alternes, dites *a vicenda,* dont les rendements sont élevés dans toute la vallée du Pô, surtout si l'on tient compte des récoltes de maïs, ou des autres céréales qui les suivent, il convient de comparer aux marcites (*prati iemali*) les prairies irriguées ordinaires (*prati irrigatorii*) qui exigent de l'eau en été et de l'engrais, mais dont la production, tout en étant à peu près la même que celle des prairies temporaires, demeure inférieure à celle des marcites.

Les meilleures prairies d'été rendent jusqu'à 120 quintaux, et les moins bonnes, de 70 à 80 quintaux par hectare. Quoique dans certaines provinces (2), on classe les prairies permanentes, les prairies alternes et les marcites dans le rapport de 2 à 3 et à 5, cette proportion est très discutable. Dans le Pavesan, on estime que le pré d'hiver, rendant de 110 à 1:5 quintaux, le pré d'été fournit 90 quintaux et le pré alterne, 65 quintaux; la relation entre l'herbe livrée à la pâture et celle convertie en foin étant de 50 à 150 pour les deux dernières catégories (3). Dans le Véronais, au contraire, on évalue la production des prairies permanentes entre

---

(1) *Notizie raccolte dal prof. O. Bordiga; Inchiesta agraria;* vol. VII, t. I, p. 317.

(2) La Lomelline et le Brescian ; *Inchiesta agraria; loc. cit.*

(3) Saglio, *il circondario di Pavia, loc. cit.*

TABLEAU XXXIV. — *Compte détaillé de la culture d'un hectare de marcite (province de Novare, Piémont).*

Doit

	1.	2.	3.
Engrais et épandage................	300	275	250
Nettoyage de la marcite...........	6	6	6
Curage des rigoles et entretien des ouvrages............... 20,00			
Eaux d'été, 1 lit. 25 par seconde à 23 fr. par litre.... 28,75	90	90	90
Eaux d'hiver, 16 lit. 66 par seconde à 1 fr. 80.... 28,00			
Garde des eaux, arrosages.. 13,25			
Coupes (5 à 6) à 9 fr. par coupe...	55	50	45
Mise en foin (5 fr.).............	5	5	5
Transport de l'herbe et du foin....	31	28	25
Total....	487	454	421
Frais généraux, imprévus (1), etc..	174	161	146
Loyer et impôts.................	280	240	200
Total des dépenses............	941	855	767

Avoir

	1.	2.	3.
Herbe de 4 à 5 coupes à 1 fr. 60 :			
500 quintaux............	820		
450 —		720	
400 —			640
Foin de printemps (1re coupe à 8 fr. 50) :			
28 quintaux.............	238		
26 —		221	
24 —			204
Total des recettes........	1.038	941	844
A déduire total des dépenses	941	941	767
Reste comme produit net à l'hectare	97	86	77

(1) *Détail des frais généraux, etc.*

	1.	2.	3.
Administration..................	8,0	8,0	8,0
Perte de terrain ; 4 o/o du loyer...................	11,2	9,6	8,0
Intérêts et amortissements 10 o/o..............	40,0	38,0	36,0
Entretien 6 pour 1000	6,0	6,0	6,0
Frais divers..............	4,8	4,1	4,0
Frais imprévus	104,0	95,0	84,0
Totaux................	174,0	160,7	146,0

Frais généraux

25 et 75 quintaux par hectare, et celle des prairies alternes entre 75 et 150 quintaux.

Cantoni estime le rendement d'une prairie ordinaire Milanaise, bien fumée et bien arrosée, à 10,000 kil. qui laissent un produit net par hectare de $316^f,80$, se décomposant de la manière suivante :

	fr.	fr.
100 quintaux de foin à 5 fr. le quintal.............		500.00
Dépenses de culture.....................	83.20	
— d'engrais.....................	100.00	
Total des dépenses..................		183.20
Produit net.......................		316.80

Prairies alternes ou en assolement. — En Lombardie, les prairies artificielles constituent la base de l'assolement d'une zone entière dont le Lodigian fait partie; c'est la zone privilégiée pour la fabrication des fromages, improprement dénommés Parmesans.

Ce n'est pas fortuitement que dans cette région, la prairie dite *alterne* a remplacé la marcite et la rizière. En effet, les eaux d'hiver n'y sont pas assez abondantes, ou celles qui s'y rencontrent, sont trop froides, en raison de leur éloignement des sources, pour que l'on songe aux marcites; et le sol est trop léger, trop défavorable, pour la culture du riz. Les prairies artificielles permettent seules d'utiliser la mince couche arable, avec des résultats d'autant plus remarquables que le fumier des étables ne cesse d'augmenter la puissance et la fertilité de cette couche, de manière à l'approprier aux arrosages.

Un ancien dicton caractérise la culture dans les trois zones principales de la plaine lombarde : « *acqua milanese; terra pavese; conduttore lodigiano* » (eau de Milan; terre de Pavie; fermier de Lodi); en d'autres termes, on

(1) Cantoni, *Il bestiame ed il prato;* 1869.

attribue, dans le Lodigian, le succès des cultures que l'on doit à l'eau pour les marcites milanaises, et au sol pour les récoltes de Pavie, au mérite pratique du fermier, ou à l'assolement qui, sur 7 années, en consacre 4 à la prairie artificielle. L'assolement ordinaire de Lodi comporte en effet: 1re année, froment; 2e, 3e, 4e et 5e années, trèfle; 6e année, lin de mars, suivi de maïs quarantain; et 7e année, maïs.

Nous n'avons pas à revenir sur les prairies de trèfle blanc, *ladino*, qui se maintiennent luxuriantes pendant quatre années, à l'aide d'abondantes fumures, et se reproduisent d'elles-mêmes. Leur rendement est, en moyenne, de 70 quintaux par hectare; mais dans les terres les plus fertiles, il atteint 110 et 120 quintaux. On fait le plus souvent 4 coupes, et le bétail trouve encore un regain copieux à l'automne.

L'objectif de l'exploitation rurale de cette zone, est d'obtenir le plus d'herbe possible sur une surface donnée, de convertir cette herbe dans le plus grand volume possible de lait, et de fabriquer avec ce lait la quantité maximum de produits vendables. A force de capitaux, de travail, d'eau et d'engrais, la production en herbe du territoire entier n'a pas été égalée ailleurs. Le second point n'a pu être réalisé, pour les marcites, que par l'introduction des vaches de la Suisse; quant au troisième, quoique la fabrication du beurre et du fromage soit susceptible de nombreuses améliorations, le résultat dépasse toute attente.

Ainsi que les marcites, les prairies alternes de la Lombardie, constituent la culture à gros profit, basée sur deux produits d'une importance capitale, le lait et l'engrais.

Comme produit à l'hectare des prairies alternes, en Lombardie, nous comparerons celui d'une culture de trèfle, pendant trois années, dans le Lodigian et le Pavesan.

Prairie de trèfle (Lodigian) (1).

PREMIÈRE ANNÉE.

Par hectare.

	fr.	fr.
Dépenses : y compris 12 arrosages (80 francs); mais non compris l'engrais appliqué l'année précédente au froment; ni l'intérêt du capital et l'impôt..............	185	
Recette : 70 quintaux de foin à 8 fr......................	560	
Produit de la 1re année.......		375

DEUXIÈME ANNÉE.

	fr.	fr.
Dépenses : comme pour la première année, plus 70 fr. de fumier..	255	
Recette : 60 quintaux de foin à 8 fr.......................	480	
Produit de la 2e année.......		225

TROISIÈME ANNÉE.

	fr.	fr.
Dépenses : comme pour la première année, plus 100 fr. de fumier..	285	
Recette : 50 quintaux de foin à 8 fr.......................	400	
Produit de la 3e année.......		115
Produit total des trois années........		715
Moyenne annuelle...........		238.33

Prairie de trèfle (Pavesan) (2).

PREMIÈRE ANNÉE.

Par hectare.

	fr.	fr.
Dépenses : 3 coupes et mise en foin; 10 journées d'homme et 40 journées de femme............................	60	
12 arrosages pendant l'été; frais de curage, etc.........	80	
Charrois..	15	
Administration et frais divers......................	30	
Total des dépenses......	185	
Recette : 70 quintaux de foin à 8 fr.....................	560	
Produit de la 1re année........		375

(1) Bellinzona, *il circondario di Lodi; loc. cit.*
(2) Saglio, *il circondario di Pavia, loc. cit.*

DEUXIÈME ANNÉE.

Dépenses : comme pour la 1re année, plus 75 fr. de fumier.. 260

Recette : 60 quintaux de foin à 8 fr..................... 480

Produit de la 2e année........ 220

TROISIÈME ANNÉE.

Dépenses : comme pour la 2e année, plus 30 fr. de fumier.. 290

Recette : 50 quintaux de foin à 7 fr.................... 350

Produit de la 3e année....... 60

Produit net des trois années........ 655

Produit net moyen annuel... 218.33

Piémont. — Dans le Novarais (Piémont), le compte de culture d'un hectare de prairie irriguée est fourni par le tableau XXXV, sur base des rendements et des prix suivants, considérés par classe de prairie : n° 1 bonne qualité; n° 2 qualité moyenne; n° 3 qualité inférieure (1).

	Prix par quintal.	Rendement par hectare					
		en quintaux.			en argent.		
	fr.	1.	2.	3.	1.	2.	3.
1re coupe : mai.......	8.50	38	35	32	323	297.50	272
2e — : août.......	7.50	21	24	22	195	180.00	165
3e — : septembre.	6.50	18	15	14	117	97.50	78
Regain................	6.50	22	20	18	132	120.00	108
Totaux..............					767	695.00	623

Dans d'autres localités du Piémont, les dépenses et le produit des prés irrigués, sont indiqués comme il suit :

(1) *Notizie raccolte dal prof. Bordiga; loc. cit.*

TABLEAU XXXV. — *Compte de culture d'un hectare de prairie temporaire arrosée (Novarais).*

Doit	1. fr.	2. fr.	3. fr.
Curage et entretien des rigoles..	20	20	20
Eau d'irrigation et main-d'œuvre pour l'arrosage............	38	38	38
Engrais et épandage (1/2 fumier et 1/2 compost).............	210	190	170
Coupes; 4 à 12 fr. et à 12 fr. 50.	50	49	48
Charrois et meules.............	21	19	17
Perte de récolte 1/12e.........	65	58	52
Frais généraux................	50	45	40
Total...................	454	419	385
Loyer et impôts...............	240	210	180
Total des dépenses..........	694	629	565

Avoir	1. fr.	2. fr.	3. fr.
3 coupes (mai, août et septembre)...............	635	575	515
Regain.......................	132	120	108
Total des recettes........	767	695	623
A déduire pour dépenses........	694	629	565
Produit net..........	73	66	58

	Dépenses par hectare.	Produit par hectare.
Province de Cuneo.......................	166 (1)	388
— district d'Alba	110 (2)	480
Arrondissement de Saluzzo........	269.80	633
— de Pinerolo............ ..	280	577
— —	340 (3)	720
— de Tortone...............	170	540
— de Valsesia	94.60	215

8. *Espagne.*

Dans la région Cantabrique, le faible débit des sources, les fortes déclivités du terrain, l'escarpement des bords des cours d'eau, la profondeur des cuvettes, et, en général, le faible parcours des rigoles, tendent à restreindre l'irrigation des prairies; mais en raison même du climat plutôt humide et tempéré des Asturies et de la Galice, la zone des prés naturels, très étendue, alimente un bétail nombreux et de choix.

Les prairies arrosées (*di regadio*) y forment deux groupes : l'un pour lequel le pâturage est admis, et l'autre pour lequel on fauche, afin de fournir la nourriture en vert au bétail. Dans ces deux groupes de prairies, on ne convertit en foin que les coupes d'été. Les irrigations se pratiquent toute l'année, sauf pendant les mois de pâturage, avril, septembre et octobre, les journées de gel, et les 10 ou 15 jours qui précèdent chaque coupe.

Dans les provinces Basques, la production fourragère alterne avec celle du froment et du maïs, de telle sorte que tous les deux ans, on fait une récolte de chaque produit; le maïs se récolte en grain mûr au mois de

---

(1) Non compris le coût de l'eau; (2) non compris les impôts et l'intérêt du capital; (3) y compris 250 francs d'engrais.

septembre, et se coupe comme fourrage au mois de mars.

Les provinces du centre et du midi de l'Espagne ne recourent pas aux eaux d'hiver pour l'arrosage des prairies, qui sont abandonnées à la production spontanée.

Les marcites très peu répandues n'ont qu'une durée de trois à quatre ans; ce sont à vrai dire des prairies d'hiver temporaires. On les sème en ray-grass avec du trèfle nain, à l'abri d'une céréale.

Les rizières.

Nous examinerons la culture des rizières sous le rapport des résultats économiques, en Italie, en Espagne, au Japon, et dans l'Inde.

Italie. — Le riz est cultivé en Italie sur 232,000 hectares, dont 174.000 en Lombardie et en Piémont. La production totale de 9,700,000 hectolitres de riz brut, au prix de 13 francs l'hectolitre, représente 130 millions de francs (voir le tableau XXXVI).

Malgré la législation spéciale des rizières qui tend à restreindre leur culture, elle n'a cessé de faire des progrès. C'est que le riz constitue un produit d'autant plus avantageux qu'il exige peu d'engrais, en dehors de l'eau où il croît et arrive à maturité. Les efforts des autorités, non moins que les anathèmes des médecins hygiénistes et des économistes, ont toujours échoué contre la résistance qu'offre l'intérêt privé. Il faut dire, d'ailleurs, qu'en faisant entrer les rizières dans l'assolement, le riz alternant avec le froment, le maïs, le lin, le colza et les prairies, les inconvénients pour la salubrité tendent à diminuer, tandis que la production augmente (1).

(1) *Enquête agricole de 1866; Rapport du directeur de l'agriculture;* 1868, p. 144.

TABLEAU XXXVI. — *Production totale du riz en Italie* (1876-1881).

	Surface cultivée.	Produit à l'hectare.	Produit total.
	hectares.	hectol.	hectol.
Piémont...............	73.653	44.47	3.275.529
Lombardie............	100.835	43.51	4.387.687
Vénétie...............	32.260	38.92	1.255.435
Ligurie...............	»	»	»
Émilie	24.257	34.88	846.074
Marches et Ombrie....	»	»	»
Toscane..............	480	31.00	14.880
Latium...............	»	»	»
Midi (Adriatique)......	70	28.00	1.960
— (Méditerranée)...	57	32.24	1.838
Sicile................	479	30.28	14.503
Sardaigne	»	»	»
Totaux et moyenne.	232.091	42.22	9.797.906

En ce qui concerne les terres marécageuses, transformées en rizières permanentes, il y a également un grand intérêt à les assainir de la sorte, en raison de l'écoulement régulier des eaux et du maintien d'une nappe d'eau courante qui prévient les exhalaisons malfaisantes (1).

Dans le nord de l'Italie, la main-d'œuvre des rizières est fournie en grande partie par des journaliers, hommes et femmes, venus des montagnes pendant la saison, et pour lesquels les plaines que traverse le Pô sont désignées sous le nom de *risaje,* les rizières (2).

(1) De Gasparin, *Cours d'agriculture;* t. III, p. 726.
(2) G.-P. Marsh, *Irrigation; its evils and compensations : Report Comm, Agric. for. 1874,* p. 366.

Haute Italie. — Jusqu'à il y a un siècle, les rizières de la Lombardie étaient à peu près toutes permanentes, d'un revenu médiocre, et les fermes, à moins d'exploiter des marcites, jouissaient d'une faible valeur vénale. Depuis que le régime des eaux d'arrosage a été assis, à la suite des grands travaux d'assainissement, les rizières alternes ont modifié du tout au tout les conditions des territoires qui comprennent une partie du Milanais, la Lomelline et le Pavesan. Tandis que le produit des rizières permanentes peut s'évaluer de 15 à 20 hectolitres par hectare, celui des rizières alternes est en moyenne de 50 à 60 hectolitres, et atteint jusqu'à 112 hectolitres par hectare (1). Cette différence considérable de rendement se justifie par le fait que le sol dans lequel on persiste à cultiver tous les ans la même plante finit par s'épuiser, si l'on ne répare pas les pertes par des fumures. Mais où trouver des fumures, quand à défaut d'assolement, la prairie manque, les eaux étant appliquées au riz? Au contraire, par les rizières alternes, le sol reçoit en assolement des prairies de trèfle; les prairies appellent le bétail; le bétail, l'engrais; et au moyen de l'engrais, le maïs, le froment, ou l'avoine, qui dès lors alternent avec le riz, et font retrouver une terre richement fumée, en même temps qu'un produit considérable.

Les dépenses d'installation et d'irrigation des rizières, varient sensiblement d'un pays à l'autre, et affectent le prix de revient de la culture. De plus, dans un grand nombre de localités, l'usage de l'eau pour les rizières se paye par une quote-part du produit en nature, qui diffère naturellement, selon que les terrains exigent peu ou beaucoup d'eau.

(1) Jacini, *Inchiesta agraria ; Relazione,* loc. cit.

Tandis que Saglio compte sur une·dépense totale de 140 francs par hectare pour l'irrigation et la surveillance des eaux dans les rizières du Pavesan, Bordiga l'évalue, pour le Novarais, à 85 francs. En Lombardie, le prix de l'eau par hectare de rizière, varie entre 45 et 160 francs, correspondant au paiement d'un quart du produit en nature; mais en Piémont, on compte, tantôt sur un prix de 120 à 150 francs, équivalant à un quart du produit; tantôt sur un prix de 80 francs, représentant un cinquième du produit; ou bien enfin sur un prix de 60 à 100 francs en espèces, plus un cinquième, ou un sixième du produit en nature.

Le nouveau traité intervenu entre l'administration domaniale et la Société Verceillaise fixe à 58 fr. 08 le prix moyen de l'eau par hectare de rizière, ce qui représente un sixième du produit dans quelques cas particuliers; or cette quote-part n'en est pas moins perçue à raison du tiers, du quart et du cinquième.

Malgré ces écarts on peut estimer en moyenne, les dépenses par hectare de rizière, dans la vallée du Pô, ainsi qu'il suit (1) :

FRAIS DE CULTURE.

	fr.
Travaux préparatoires	50
Fumure	60
Irrigation	60
Ensemencement	25
Nettoiement	40
Récolte, transport et battage	60
	295

(1) Bertagnoli, *loc. cit.*, p. 111.

FRAIS GÉNÉRAUX.

	fr.
Intérêt du capital......................	150
Impôts et taxes....,.....................	30
Administration, assurance..................	20
Total.....................	495

D'après ce compte, la rizière doit produire au moins
20 hectolitres de riz dépouillé, au prix de 25 francs
l'hectolitre, pour qu'il n'y ait pas de perte; ou bien
18 hectolitres, si l'on évalue la paille à 2 francs le
quintal. Comme le produit moyen à l'hectare est,
en moyenne, de 42,22 hectolitres de riz brut, équivalant à 22,5 hectolitres de riz dépouillé, et qu'au prix
de 25 francs, la paille est comptée, on constate qu'un
hectare de rizière, rendant en moyenne 600 francs,
offre une culture rémunératrice.

Bertagnoli fait observer qu'en se basant sur les
rendements ci-après, consignés dans l'enquête, le produit moyen peut être réduit, puisque le rendement varie
selon les variétés cultivées.

PRODUIT A L'HECTARE.	Riz brut. hectol.
Pavesan...........................	55 à 70
Lomelline	35
Lodigian...........................	42
Brescian...........................	30 à 40
Véronais...........................	30
Novarais...........................	30

Dans l'arrondissement de Pavie, toutefois, où on
cultive le mieux le riz, on n'admet pas qu'une bonne
rizière produise moins de 60 hectolitres de riz brut
à l'hectare; ce qui laisse un bénéfice net de 429 fr. 50,
comme le montre le compte suivant (1) :

(1) Saglio, *il circondario di Pavia; loc. cit.*

Compte de culture d'un hectare de rizière dans le Pavesan (1880-86).

DÉPENSES.

	fr.
Préparation du sol pour rizière neuve................ ...	80
Fumier, transport, épandage...........................	70
Semence (1.50 hectol. riz brut à 17 fr.) et ensemencement.	29.50
Sarclage et nettoyage; 50 journées de femme à 1 fr. 20...	60
Irrigation et surveillance des eaux......................	140
Récolte, battage, etc.......	80
Imprévus ; soit 10 pour cent de la valeur du grain......	96
Frais d'administration et divers	55
Total des dépenses....................	610.50

RECETTES.

	fr.
60 hectolitres de riz brut à 16 fr...................	960
40 quintaux de paille à 2 fr......................	80
Total des recettes......................	1040.00
Produit net.........................	429.50

Le seul arrondissement de Pavie renferme d'ailleurs 10,280 hectares en rizières ainsi réparties :

		Riz produit	
		brut.	dépouillé
	hectares.	quint.	quint.
Rizières cultivées en riz chinois, japonais, des Pouilles, etc........................	6.670	233.450	106.270
Rizières cultivées en riz commun et variétés...............................	3.610	97.450	54.150
Total.................	10.280	330.900	160.420

mais dans le nombre de ces rizières, il s'en trouve de permanentes, dont le rendement, par rapport à celui des rizières alternes, est à réduire du tiers ou de moitié (1).

Espagne. — C'est dans la *huerta* du Jucar que sont groupées les principales rizières de l'Espagne, sur 24

(1) Voir tome III, p. 83.

milliers d'hectares. Leur produit brut annuel évalué à
1800 francs par hectare, laisse comme produit net sur
60 hectolitres de riz, environ 1250 francs, sans compter
la paille, qui est incinérée sur place pour engraisser les
fèves, ou qui sert de litière aux animaux.

Comme frais de culture, Llauradò compte, par *hanegada* (8 ares 33), 56 francs, qui se répartissent entre l'a-
chat du guano, deux labours en novembre et sept labours
dans la rizière inondée de la mi-avril jusqu'au 25 août,
480 bottes de jeunes plants mis en terre, le coût d'un
hectolitre et demi de chaux, un labour donné trois semaines après la transplantation, le fauchage de la récolte
et le transport des gerbes pour battage et vannage du
grain. En ajoutant les frais de garde et d'irrigation, la
dépense totale de culture atteindrait 60 fr. 50. Ces frais
sont bien inférieurs à ceux indiqués par exemple, pour
l'arrondissement de Pavie; ils ne comprennent, il est
vrai, ni les dépenses de main-d'œuvre, ni les dépenses
imprévues, ni les intérêts.

D'après les documents officiels qu'a publiés une commission royale d'enquête en 1886, le compte de culture
du riz dans le territoire d'Antella, porte une dépense
moyenne totale par *hanegada* de 58 fr. 05, contre une
recette brute de 135 fr. 27, soit un produit net par hectare de 927 francs.

Les terrains en rizières du midi de l'Espagne sont
d'un prix très élevé; ils se vendent de 9500 à 10,000
francs l'hectare, et se louent par bail, à raison de cinq
pour cent environ de la valeur vénale; le propriétaire
conserve à sa charge le paiement de l'impôt et des
contributions.

Dans le delta de l'Ebre où 3750 hectares furent
ensemencés en 1865, les labours s'opéraient à l'aide
de la charrue à versoir; l'alluvion très riche permet de

se passer de guano, car les eaux, par l'excellent limon qu'elles charrient, sont très fertilisantes, et le rendement atteignait jusqu'à 75 hectolitres par hectare.

Sur base des cultures expérimentales de Carvallo, dans la ferme de Castillaroz, située à l'embouchure de l'Ebre, la dépense par hectare, en 1863-64, s'établissait de la manière suivante :

	fr.
Labours et réparation des banquettes...............	94.64
Ensemencement....................................	15.77
Sarclage ; irrigation et droit aux eaux..............	126.19
Récolte, dépiquage et transport au grenier.........	164.05
Total des dépenses..	400.65

Il faut calculer, en conséquence, sur un fonds de roulement, pour 200 hectares de rizière, de 80,000 francs, et sur une récolte minimum de 30 hectolitres par hectare si l'on veut solder les dépenses, non compris l'intérêt du capital. Or, étant donnée la qualité des alluvions, la récolte courante varie entre 55 et 65 hectolitres (1).

Japon. — On évalue comme il suit les frais par hectare de la culture du riz au Japon :

	fr.
Main-d'œuvre........................	93.60
Engrais.............................	41.60
Intérêts............................	52.00
Total	187.20

Le rendement de 2915 kil., à 0 fr. 12, représente 349 fr. 80 ; ce qui laisse comme produit net 162 fr. 60 par hectare. Si c'était le produit net que le cultivateur réalise, la culture serait très profitable ; mais le gouvernment perçoit 50 pour cent environ du produit, et il ne

(1) J. Carvallo, *Acad. nat. agric.*, *loc.*, *cit.*

reste au cultivateur que de 88 à 95 francs par hectare (1).

Inde. — D'après le lieutenant Ortley, chargé du service du canal du Gange, le rendement des rizières à l'hectare s'élève :

Pour les meilleures terres, dans les années exceptionnelles, à 40 hectolitres, et jusqu'à 45, dans le district de Hidgellee; dans les années ordinaires, entre 30 et 33 hectolitres;

Pour les terres sablonneuses, élevées, dans les bonnes années, à 15 hectolitres, et en moyenne, sur dix années, entre 8 et 10 hectolitres.

La moyenne générale du rendement dans les terres de toutes classes, ne dépasse guère 12 hectolitres et demi.

Les expériences faites, en 1873, par Apjohn, dans le district de Midnapore, montrent que pour les mauvaises années, la récolte de riz provenant des terres soumises à l'irrigation du canal, est quatre fois et demie plus forte que celle obtenue sur les terres non irriguées; dans les années ordinaires et pluvieuses, la récolte irriguée est à la récolte non irriguée dans le rapport de 6 à 5; ce qui, sur la vaste surface cultivée en riz, donne une différence énorme de production.

Le maïs.

Les meilleurs sols de l'Italie, pourvus d'une irrigation régulière et abondante, et convenablement fumés, assurent un rendement du maïs, qui s'élève de 21 à 40 hectolitres, et même jusqu'à 50 hectolitres dans des circonstances exceptionnelles.

(1) H. Capron, *Agriculture in Japan,* loc. cit.

L'enquête agricole italienne indique les rendements suivants dans divers terrains en bonne culture :

Pavesan (terres bien cultivées) jusqu'à 5o hectol.
Lodigian (—) moyenne de 45 hect. jusqu'à 65 hectol.
Trevisan (—) — 40 — 66 —
Novarais (meilleurs terrains) moyenne de 3o hect. jusqu'à 6o hectol.
Calabre (terrains arrosés et bien fumés) 25 — 35 —

Dans le Novarais, sur base de cinq rendements différents, les frais d'irrigation sont estimés, pour trois arrosages, à 3 2 francs. Si l'on ajoute les impôts, les frais généraux et de loyer, on trouve que, sauf pour les rendements élevés de 3 2 à 5 2 hectolitres,' la culture du maïs arrosé ne laisse pas un bénéfice suffisant (voir tableau XXXVII).

Le produit à l'hectare, pour les cinq rendements supposés, a été établi comme quantité et comme valeur en argent, ainsi qu'il suit (1) :

Produit par hectare du maïs arrosé.

QUANTITÉS.

	I.	2.	3.	4.	5.
Hectolitres de grain à 15 fr.	52	42	32	22	12
Quintaux : tiges à 1 fr. 5o..	48	38	28	18	9
— feuilles à 3 fr...	12	9	7	5	2
— panicules à 2 fr.	24	18	14	10	5

VALEUR.

	fr.	fr.	fr.	fr.	fr.
Grain.....................	73o	63o	490	33o	18o
Tiges.........	72	57	42	27	13
Feuilles.................	36	27	21	15	6
Panicules.................	48	36	28	20	10
Produit brut en argent. ·	936	75o	581	392	209

(1) O. Bordiga, *Inchiesta agraria, loc. cit.*

TABLEAU XXXVII. — *Compte de culture d'un hectare de maïs arrosé (Novarais) établi sur base de cinq rendements différents.*

	1. (52 hect.)	2. (42 hect.)	3. (32 hect.)	4. (22 hect.)	5. (12 hect.)
DÉPENSES.					
Engrais et épandage	310	240	180	120	60
Façons du sol	50	40	30	25	20
Culture (réserve d'un quart pour semence)	195	157	120	83	45
— effeuillage	18	14	11	8	3
Irrigation; trois arrosages	32	32	32	32	32
Frais généraux et divers	45	40	35	30	25
Loyer	180	150	120	90	60
Frais imprévus (1/9e perte de semence)	86	70	53	33	20
Total	916	743	581	421	265
RECETTES.					
Grain, tiges, feuilles et panicules	936	750	581	392	209
Profit ou perte	+ 20	+ 7	0	— 29	— 56

Le compte de culture d'un hectare de maïs associé aux haricots, soumis à l'irrigation, dans le district de Monteleone (Calabre), laisse un bénéfice net de 156 fr., 80 qui résulte des chiffres ci-après (1) :

DÉPENSES.

	fr.
Labours (35 jours à 1 fr. 10)	38.50
Fumure (250 quint. à 0 fr. 70)	175.00
Semence maïs, 20 litres	4.00
— haricots, 16 litres	4.00
Ensemencement	6.50
— du lupin	6.00
Sarclages, 15 jours	16.50
Buttages, 12 jours	13.20
Récolte du grain et des haricots	30.00
Effeuillage	25.50
Loyer	200.00
Total des dépenses	519.20

RECETTES.

	fr.	
Fourrage vert et sec	85	
Haricots, 4 hectol. 48	91	
Maïs, 30 hectol.	500	
Total des recettes		676.00
Bénéfice net		156.80

Le lin.

Le lin, cultivé à peu près dans toutes les provinces de l'Italie, pour les besoins de la consommation locale, n'entre dans l'assolement de quelques districts du nord et du midi qu'à la faveur des arrosages. Les pays de plus grande production sont les suivants (2) :

(1) Morabito, *Inchiesta agraria, loc. cit.*
(2) *Bollettino di notizie agrarie;* 1882.

| | Surface cultivée. | Production | |
		moyenne à l'hectare.	totale,
	hectares.	quint.	quint.
Lombardie...................	36.798	3.28	120.573
Marches et Ombrie..........	2.695	2.64	7.125
Adriatique (méridionale)....	9.399	2.53	23.817
Méditerranée (méridionale).	18.782	2.49	46.732
Sicile......................	8.033	2.32	18.636
Autres provinces............	6.746	2.56	18.091
Totaux...............	82.453	2.65	234.974

Le rendement moyen indiqué par cette statistique, est moitié moindre que celui obtenu en Belgique (5,26 quintaux, en 1874), et en Autriche (4,66 quintaux).

Dans les provinces de Crémone, de Milan et de Brescia, un meilleur choix de semences permettrait d'obtenir un brin double. Toutefois, les lins du nord de l'Europe, au cas où ils s'acclimatent en Italie, perdent en brin et gagnent en graine, par l'effet du climat chaud auquel l'irrigation ne peut remédier, en diminuant la sécheresse du sol (1).

Le lin *marzuolo* que l'on irrigue, mûrit vers la fin de juin, ou au commencement de juillet, et produit une fibre plus courte, mais plus fine que le lin *invernengo*, ou d'automne, qui périt, si la température s'abaisse à 12 degrés.

Dans le district de Crema représentant la plus forte et la meilleure production de l'Italie septentrionale, où se concentre aussi le commerce du lin, la récolte se vend en herbe et sur pied, au printemps, aux industriels qui la coupent, la transportent, la rouissent et la travaillent avec grand bénéfice (2). Cantoni cite

(1) G. Cantoni, *les Produits de l'agriculture de la Lombardie, etc. loc. cit.*
(2) Marenghi, *il circondario di Cremona; loc. cit.*

comme prix de récolte du lin sur pied, 750 francs par hectare pour le lin d'automne, et 600 francs environ, pour le lin de printemps.

Cette culture, qui réclame de fortes fumures et des sarclages soignés, exige en somme peu d'arrosages; ou du moins, l'irrigation n'intervient pas d'une manière très coûteuse. L'ingénieur Saglio, dans son mémoire sur l'agriculture du Pavesan, donne de la culture du lin irrigué le compte suivant, par hectare (1) :

RECETTES.

	fr.
5 quintaux de filasse à 140 fr...............	700.00
1,5 quintal d'huile à 160 fr..................	240.00
3,5 quintaux d'étoupe, etc., à 10 fr..........	35.00
Total des recettes.............	975.00

DÉPENSES.

	fr.
Préparation du sol....................	45
Fumure.............................	60
Graine et ensemencement.............	75
Trois arrosages......................	15
Sarclage, récolte et rouissage.........	50
Traitement et filage..................	80
Extraction de l'huile et transports....	30
Frais imprévus (1/10e de la valeur)...	83.80
Total.....................	438.80
Excédent des recettes sur les dépenses.......	536.20

Il y a lieu de déduire de cet excédent les frais généraux : intérêts, impôt, administration, etc.

Sans compter les dépenses de broyage et de filage, Cantoni établit les frais de culture proprement dits comme il suit (2) :

(1) Saglio, *il circondario di Pavia, loc. cit.*
(2) *Enciclopedia agraria Ital.*, vol. II, 4.

	fr.
Labour et hersages.....................	35.00
Engrais...............................	60.00
Graine et ensemencement.............	41.60
Sarclages	15.00
Irrigation............................	40.00
Arrachage et séchage.................	40.00
Total.......................	231.60

Le produit brut est évalué à 526 francs par hectare.

Selon Bordiga, dans le Novarais, les dépenses de culture s'élèvent en moyenne à 585 francs, et le produit brut, à 954 francs par hectare (1).

Le chanvre.

Dans l'Émilie, le siège principal de la culture du chanvre, on ne recourt pas à l'irrigation. A Bologne, où elle occupe 33.000 hectares, et à Ferrare, où elle utilise 25.000 hectares, l'arrosage n'est pas pratiqué, quoique le rendement moyen s'élève à 7,91 quintaux par hectare, et atteigne même 10 quintaux de filasse, de beaucoup supérieur à celui obtenu en Autriche, en France, et même en Belgique.

Dans les provinces méridionales et la Sicile, quand on ne dispose pas de terres fraîches et profondes, que l'on peut fortement fumer, on arrose le chanvre; mais le produit est inférieur à celui du Bolonais, ou du Ferrarais.

A Ascoli Piceno, le compte de culture d'un hectare de chanvre est le suivant (2) :

(1) Inchiesta agraria, etc.; loc. cit.
(2) Nobili-Vitelleschi, Inchiesta agraria; vol. XI, f. II, p. 734.

DÉPENSES.

fr.

Fumier de ferme, 3o quintaux.........	15o	⎫ 225
Engrais de colombier, etc., 14 quintaux.	75	⎭
Irrigation.................................		22
Ensemencement		63
Frais de culture		31o
Total des dépenses........		62o

RECETTES.

9,49 quintaux de filasse à 1o5 fr. le quintal...	965.45
Excédent des recettes sur les dépenses.....	376.45

En déduisant de l'excédent, les frais pour rouissage, 49 fr. 82, et pour l'impôt, 47 fr. 38, soit 97 fr. 20, il reste comme produit net par hectare, 279 fr. 25.

Dans l'arrondissement de Reggio-Calabre, le chanvre est cultivé sur les terrains irrigués, avant les récoltes de maïs et de fenouil ; les frais de culture sont évalués comme ci-après (1) :

DÉPENSES.

fr.

Engrais ; 13o charges à o.85................	11o.5o
Semences,.................................	13.oo
Préparation de la terre, récolte et transports au routoir, 46 journées à 1.o5	48.3o
Frais de rouissage..........................	1o.2o
Frais de broyage et teillage................	1o8.37
Total des dépenses...............	29o.37

RECETTES.

51o kil. de chanvre à 1 fr. o6..............	54o.6o
Reste comme produit............	25o.23

(1) A. Branca, *Inchiesta agraria*, vol. IX, f. 2, p. 514.

La province de Syracuse cultive plus de 800 hectares de chanvre dans les terres irriguées, ou facilement submergées. La chanvrière reçoit après le second labour, de 30 à 40 tonnes d'engrais, par hectare, et en avril, la semence, à raison de 3 hectolitres environ, semés à la volée. La terre étant dressée en planches, des arrosages abondants se succèdent tous les quinze jours, depuis mai jusqu'en août. Le rendement moyen est de 6 à 8 quintaux par an, pendant les trois années de culture consécutive sur la même terre; il atteint parfois 10 quintaux (1).

Le coton.

Égypte. — En Égypte, on évalue le rendement moyen du coton égrené de 300 à 350 kil. par hectare. Le produit brut s'établit ainsi qu'il suit(2) :

	fr.
300 kil. de coton à 154 fr. le quintal......	462.00
10 hectol. de graine à 9 fr. l'hectolitre.....	90.00
900 kil. de bois à 0 fr. 54 le quintal.......	4.86
Total......................	556.86

Le chiffre de 300 kil. de rendement est bas; mais le prix de 154 francs par quintal tend à diminuer; de telle sorte que le produit brut ci-dessus reste assez exact; on manque toutefois de données sur le compte des dépenses, comprenant les 8 ou 10 arrosages que comporte la culture.

Le débit normal de 0,826 litre par seconde et par hectare de coton, correspondrait à une dépense totale

---

(1) A. Damiani, *Inchiesta agraria; Relazione, loc. cit.*
(2) J. Barois, *loc. cit.*, p. 110

de 10,700 mètres cubes pour la récolte d'un hectare; or cette quantité est inférieure à celle admise dans les bassins de submersion du Nil, c'est-à-dire 14,000 mètres cubes. De plus, les eaux d'arrosage prises à l'étiage sont vingt fois moins chargées que celles des crues qui submergent, et apportent moins d'engrais au sol. Les dépenses de culture se ressentent notablement de cette différence dans l'irrigation, suivant que le sol est submergé annuellement, ou régulièrement irrigué.

Sicile. — Pour le coton cultivé à Mazzara (province de Trapani, Sicile), le bilan de culture sur deux hectares a été donné par Nicolosi, comme il suit (1) :

	fr.
Labours; 6 de 18 journées de mulets à 5 fr. 52.......	99.36
Nivellement à la houe (*stuffuniari*); 8 journées à 2 fr. 12.	16.96
Enlèvement des herbes et broussailles................	5.10
Semence à raison de 89 kil. par hectare..............	42.50
Tracé de la rigole principale, des planches et rigoles de distribution, à la charrue......................	11.05
Établissement à la houe et régalage des rigoles.......	35.70
Eau d'arrosage, pendant 4 mois, à l'aide d'une puiserande (*senia*) mue par deux bêtes.................	458.40
Sarclages (*zappuddi*) et arrosages....................	344.25
Frais divers; puiserande, godets, etc.................	34.00
Total des dépenses................	1.047.32
Soit par hectare..........	523.66
En regard de cette dépense, la récolte de 360 kil. de coton égrené, au prix de 154 fr., admis pour l'Égypte dans l'exemple précédent, représente par hectare...	554.40
Excédent de la recette sur la dépense..........	30.74

On conçoit qu'avec des frais d'irrigation aussi élevés, la culture du coton ne soit pas rémunératrice à Mazzara, et qu'elle soit praticable là seulement où l'eau

(1) Voir tome III, p. 175.

est à meilleur prix, ou bien, dans les terres suffisamment profondes et humides, telles que celles baignées par la rivière Arena et le lac Cantarro, qui peuvent se passer d'arrosages artificiels (1).

Le tabac.

Italie. — La culture du tabac, en Italie, se répartit entre 12 provinces, parmi lesquelles, celle de Bénévent seule cultive 1500 hectares; le produit total est évalué à environ 50.000 quintaux de feuilles sèches.

Dans les provinces méridionales, le tabac est irrigué, quand on dispose d'eau, principalement pour forcer la végétation et augmenter le rendement en vue du nombre de feuilles déterminé par l'administration, au delà de 30.000 (2).

D'une manière générale, on peut estimer à 40 pour cent du produit, les dépenses de culture qui s'établissent comme ci-après (3) :

	fr.
Labour et préparation du sol.................	51
Achat des plants...........................	40
Engrais....................................	100
Transplantation et buttage...................	50
Sarclages..................................	15
Irrigation.................................	100
Récolte et séchage.........................	55
Transport au magasin......................	15
Total...................	426

En comprenant le loyer de la terre, les frais de culture, relevés par la commission spéciale des tabacs et

(1) A. Nicolosi, *Coltura del cotone in Mazzara; loc. cit.*
(2) Voir tome III, p. 182.
(3) Bertagnoli, *loc. cit.*, p. 166.

mis en regard du produit net par hectare, seraient les suivants, dans les diverses provinces :

	Frais de culture. fr.	Produit net. fr.
Provinces de Bénévent................	190	200
— de Sienne.................	350	700
— de Caserte...............	450	600
— de Catane................	470	500
— d'Arezzo.................	507	780
— de Syracuse..............	650	1.000

Quoique ce relevé n'indique pas la différence de rendement des cultures irriguées, par rapport aux cultures sèches, il n'en ressort pas moins que la production du tabac laisse un gros bénéfice et s'adresse plus spécialement, en raison des soins d'entretien et des nombreuses façons que les femmes et les enfants peuvent exécuter à peu de frais, aux petites exploitations dont elle ne peut . qu'améliorer les résultats.

Cuba. — La récolte de la *vega* Lima (à Pats-Viejo) dans l'île de Cuba (1), est estimée, sur une pièce de 1, 6 hectare, contenant 68.000 plants de tabac, à une valeur de 21,675 francs, qui se décompose de la manière suivante :

68.000 plantes à 12 feuilles chacune, représentant pour deux coupes (*principal* et *capadura*) 1.632.000 feuilles se répartissant en :

	fr.
Un quart, 1re classe (*libra*); 4.080 poignées de 100 feuilles...................................	10.200
Un quart, 2e classe (*injuriado* (4.080 poignées de 100 feuilles...................................	7.950
Un quart, 3e classe (*injuriado*) 2.720 poignées de 150 feuilles...................................	2.550
Un quart, 4e classe (*tripa*) 2.040 poignées de 200 feuilles...................................	1.275
Produit brut total	21.675

(1) Voir tome III, p. 183

Les frais comprenant le loyer de la terre,
  le fumier, la main-d'œuvre (2 ouvriers à
  l'année et six pour six mois) plus la nourriture, s'élèvent pendant l'année à.......... 5.510
Le capital d'exploitation comprenant un atte-
  lage de bœufs, une noria, les outils, le
  hangar à tabac, etc., montant à 4.500 fr.,
  représente à 10 % l'intérêt annuel de.....   450
       Dépenses totales.....................   5.960

Il reste ainsi comme produit net.............   15.715

soit par hectare, environ 9,800 francs.

Les arbres fruitiers.

Italie. — La culture des arbres à fruits acides
(*agrumi*) est une des plus riches et des plus lucratives
de l'Italie.

Dans le pays de Sorrente, une plantation d'orangers produit dès la troisième année, et rend après 10 ans, 16 kil.
de fruits en moyenne, par arbre. A partir de la 24ᵉ année,
le produit normal est de 60 kil. Savastano en conclut,
que le produit net par hectare, atteint 5,400 francs,
et le loyer, de 3,000 à 3,700 francs (1).

Une plantation de citronniers, dans les mêmes conditions, donne dès la troisième année 100 fruits par an;
après 10 ans, 580, et au bout de 14 ans, 650 fruits. Le
produit brut par hectare est de 6,278 fr., et le prix moyen
du loyer varie entre 4,500 et 5,000 francs.

Ces prix sont plus élevés que ceux qui résultent de
la dernière enquête; en effet, l'hectare d'orangers et de
limons, aux environs de Naples, y figure comme loyer, au
prix moyen de 1,700 francs, le maximum atteignant

(1) Savastano, *Di alcune colture della provincia di Napoli*, p. 124.

2000 francs (1). En revanche, la valeur vénale dans les Calabres, à Reggio par exemple, est estimée, par hectare cultivé en orangers et citronniers comme il suit (2) :

	Zônes		
	très fertiles.	moyennes.	moins fertiles.
	fr.	fr.	fr.
Districts de Reggio.....	17.500	12.000	6.500
— de Palme......	12.500	9.000	5.250
— de Gérace.....	12.000	7.500	4.000

Le produit brut n'est évalué toutefois qu'entre 1000 et 3000 francs (3).

Dans la province de Reggio, un hectare de berga-motiers, comprenant 408 arbres, coûte annuellement 318 fr. 60 de culture, et donne un produit brut de 2,139 fr. 18 (4). Aliquò a établi, comme nous le mon-trons dans le tableau XXXVIII, le produit des divers arbres à fruits acides, pour un rendement minimum et maximum à l'hectare (5).

En Sicile, le rendement par hectare est compté à 460 francs (6); mais d'après les réponses des maires à l'enquête, qui sont relatées ci-après, le produit net varierait de 250 à 1,100 francs, et celui par 1,000 pieds d'arbres, de 1,200 à 3,400 francs (7) :

(1) De Siervo, *Inchiesta agraria*, vol. VII, p. 119.
(2) Aliquò, *Inchiesta agraria*, vol. IX, f. I, p. 304.
(3) Morabito, *Monografia di Monteleone, loc. cit.*
(4) Ce produit consiste en 64 kil. 535 d'essence, à 28 fr. le kilogramme, à raison de 160 gr. 34 par arbre, soit 1833 fr. 18, plus 306 francs pour fruits traités : *Inchiesta agraria*, vol. IX, f. I, p. 306.
(5) *Inchiesta agraria, loc. cit.*, p. 305.
(6) Izenga, *Relazione sulle condizioni dell' agricoltura*, 1870-74, t. I, p. 420.
(7) A. Damiani, *Inchiesta agraria, loc. cit.*

TABLEAU XXXVIII. — *Produit des arbres à fruits acides, à Reggio.*

	Dépenses.		Recettes.			
	Produit maximum.	Produit minimum.	Produit maximum.		Produit minimum.	
			Quantité.	Valeur.	Quantité.	Valeur.
	fr.	fr.		fr.		fr.
Oranges.......	200	140	90.000	900	50.000	500
Bergamottes...	300	190	40 kil. essence.	1.200	25 kil. essence.	750
Citrons.......	190	100	80.000	840	40.000	480

	Produit par 1000 pieds.		Produit net par hectare.
	fr.		fr.
Cerda...............	3.400	Villabate..............	1.100
Monreale { citronniers.	3.266	Caronia...............	1.000
{ orangers...	3.100	Carini.................	700
Caltagirone...........	3.000	Montelepre...........	600
San Como............	3.000	Torretta..............	600
Carlentini............	2.500	Mistretta.............	550
Palagonia............	2.500	Cefalù................	500
Caprileone...........	2.500	Oliveri...............	400
Floridia..............	2.000	Castiglione...........	350
Patti	2.000	Acicatena.............	300
Campofelice..........	1.500	Fiumefredco..........	250
Palermo..............	1.275		

Dans le compte des dépenses annuelles des plantations d'orangers, en Sicile, les frais spéciaux d'irrigation par hectare, sont les suivants :

fr.

Installation des planches et des rigoles d'arrosage, 5 jours à 2 fr. 12................. 10.60
20 arrosages, 3o jours à 2 fr................. 60.00
Purge des canaux et sarclage des planches, 6 jours à 2 fr......................... 12.00
Frais pour moteur de la noria pendant 5 mois. 157.5o

Total........................... 240.10

En Ligurie, où la statistique officielle de 1882 signale la culture d'un demi-million, tant d'orangers que de citronniers, le revenu net de l'hectare est évalué à 1000 francs, pour l'arrondissement de Chiavari (1).

Les orangers, à Finale, quand ils sont en pleine production, fournissent de 5,ooo à 8,ooo fruits par arbre (2). C'est Savone, après San Remo, qui offre le chiffre d'exportation le plus élevé.

Capponi calcule que dans la rivière de Gênes, un citronnier âgé de 10 ans, produit 5 francs, et âgé de 15 ans, de 10 à 15 francs, suivant la nature des terrains ; mais il estime à 20 francs le prix de 1,ooo citrons. Sur cette base, 1 hectare de citronniers portant 400 pieds, rapporterait, au bout de 10 à 15 ans, de 4,ooo à 6,ooo francs, déduction faite seulement des frais de culture (3).

Pour résumer ces diverses informations, on peut considérer comme une moyenne, le bilan de culture suivant, appliqué à un hectare planté de 400 arbres, en estimant à 15 fr. le millier de fruits.

(1) *Inchiesta agraria*, vol. X, p. 3o8.
(2) *Descrizione di Genova*, loc. cit., t. II, p. 84.
(3) Capponi, *l'Olivo in riviera*, p. 112.

DÉPENSES.

	fr.
Façons du sol; épandage du fumier et engrais..	100
Engrais et fumier	300
Irrigation; 10 arrosages	11
Taille et émondage	22
Récolte	25
Total	458
Frais généraux, loyer, intérêt du capital, etc....	1.200
Total des dépenses	1.658

RECETTE.

200.000 fruits (production-moyenne) à 15 fr. le mille	3.000
Produit net par hectare	1.342

Dans un travail intéressant, publié à Acireale (province de Catane), la comparaison a été faite entre le produit annuel d'un hectare planté en orangers ou citronniers, et d'un hectare planté en divers arbres, y compris l'olivier et la vigne. Tous ces arbres à l'état adulte sont en quinconce, à une distance de 6^m,50, sauf les vignes qui sont plantées à 1^m,25. Les arbres comparés ne sont pas irrigués, car dans le cas d'irrigation, l'hectare d'orangers ou de citronniers eût donné un bénéfice net bien plus considérable que celui indiqué dans le tableau XXXIX (1).

Indépendamment du pêcher qui exige, sous le climat de la Sicile, une terre riche, argileuse et humide; du cerisier, du poirier, du pommier et du noyer, qui se plaisent de préférence dans un sol meuble, mais profond et gras; les orangers et limoniers, quoique venant bien, dans la première période, sur les sols volcaniques et cal-

(1) Russo Maugeri Casa, *l'Agricoltura nel territorio di Acireale*, 1880.

TABLEAU XXXIX. — *Produit comparé de divers arbres fruitiers non arrosés (Sicile).*

Nombre d'arbres par hectare.		Produit par arbre.			Produit brut.	Frais de culture.	Produit net.
		Nombre de fruits.	Litres.	Kilogr.	fr.	fr.	fr.
300	Orangers ou citronniers..........	1.000	»	»	3.825.0	379.0	3.446.0
300	Noyers..........	»	34.38	»	1.800.0	60.0	1.740.0
300	Pommiers ou poiriers..........	»	»	31.73	1.530.0	60.0	1.470.0
300	Noisetiers..........	»	12.89	»	1.350.0	80.0	1.270.0
300	Amandiers..........	»	17.19	»	1.275.0	60.0	1.215.0
300	Caroubiers..........	»	»	39.67	1.275.0	127.5	1.147.5
300	Cerisiers, pruniers, abricotiers, pêchers, figuiers ou néfliers...	»	»	31.74	1.020.0	60.0	960.0
300	Oliviers..........	»	»	34.38	1.434.2	545.0 (1)	880.2
7.260	Pieds de vigne..........	»	Vin 687.72 (2)	»	1.042.4	187.3	855.1

(1) Y compris l'extraction de l'huile. — (2) Vin de presse (produit total).

caires, ne peuvent se passer de deux ou trois arrosages. A Acireale, les citronniers prospèrent jusqu'à 500 et 1000 mètres d'altitude, sur le versant de l'Etna, protégé contre les vents du nord, mais les plantations arrosées donnent des fruits en bien plus grande quantité et long-temps avant les plantations à sec (1).

Espagne. — Dans les districts d'Alcira et de Carcagente, on estime qu'au bout de la quatrième année, le rendement des orangers en bonne terre est moyennement de 11 kil. de fruits par arbre, et au bout de 10 ans, de 115 kil. correspondant à 700 oranges. Un hectare produisant 28,750 kil. fruits, vaudrait jusqu'à 6,000 *douros* (31,400 francs) (2).

France. — Au Plineau, commune de Carpentras (3), 75 ares en jardin potager et fruitier, où se trouvent les arbres les plus variés, et des vignes en treilles et en tonnelles, ont donné, grâce aux eaux du canal, comme produit brut moyen de trois années :

	Nombre d'arbres.	Vente des fruits.	Produit par arbre.
		fr.	fr.
Cognassiers..............	90	250	2.77
Pommiers	100	100	1.00
Poiriers................	70	100	1.42
Figuiers................	5	20	4.00
Noisetiers.............	100	40	0.40
Cerisiers..............	60	300	5.00
Abricotiers...........	50	80	1.60
Pruniers..............	10	20	2.00
Pêchers...............	55	55	1.00
Ceps de vigne.........	3.000	500	0.16
Total..................		1.565	

(1) Alfonso-Spagna, *Sulla coltivazione degli agrumi in Sicilia; loc. cit.*
(2) Voir t. III, p. 250, et Llauradò, *loc. cit.*, t. I, p. 512.
(3) Barral, *les Irrigations de Vaucluse, loc. cit.,* p. 253.

soit, un produit annuel par hectare d'environ 700 francs.

Les légumes.

Il est difficile d'établir le compte de revient d'une culture en légumes, le prix de l'eau étant rarement compté à sa valeur.

France. — *Gers.* — A la ferme-école de Bazin (Gers) le compte des recettes et des dépenses du potager représente par hectare un produit net de 1072 fr. 55, sans qu'il y soit fait mention de l'eau, ni des arrosages (1) :

	Recettes. fr.	Dépenses. fr.
Légumes vendus à Lectoure........	1.120,25	»
— fournis à la ferme-école..	1.154,20	»
421 journées des élèves à 1 franc...	»	421,00
Engrais et semences...............	»	180,00
Totaux................	1.673,55	601,00
Produit net...............	1.072,55	

Provence. — L'importance des irrigations appliquées aux jardinages est accusée par le fait que dans une seule commune des Bouches-du-Rhône, Châteaurenard, qui a les trois quarts de sa superficie à l'arrosage, les exportations annuelles, en 1876, ont atteint approximativement :

1.500.000 kil. de haricots verts.
750.000 — de pois verts.
300.000 — de tomates.
40.000 — de carottes.
10.000 — de haricots secs.
40.000 douzaines d'aubergines.
35.000 — de choux.
2.000 — de raies d'aulx.
1.500.000 — — d'oignons.

(1) A. Dumas, *Culture maraichère pour le midi*, p. 9.

En y joignant la production de même nature de la commune voisine de Barbentane, également arrosée, le tonnage ·de légumes et de fruits expédiés par la gare de Barbentane s'élève, année moyenne, dans les deux communes, à 5,300 tonnes, en grande vitesse, et à 2,000 tonnes (fourrage et pommes de terre), en petite vitesse. Les exportations de cette gare ne peuvent s'évaluer à guère moins de deux millions de francs (1).

Pour les artichauts seulement, le produit brut d'un hectare, aussi bien dans les Bouches-du-Rhône que dans le Var, à raison de 0 fr. 20 à 0 fr. 30 par pied, prix d'hiver, représente pour 1,000 pieds, de 2,000 à 3,000 francs.

Pour les pommes de terre cultivées à Cavaillon et aux environs, les tubercules de semence viennent du département du Loiret. Le rendement des variétés jaunes hâtives, sous l'influence des arrosages, se maintient entre 20,000 et 23,000 kil. par hectare.

A la Capucine, commune de Lagnes (Vaucluse), les carottes arrosées rendent 6,400 kil. à l'hectare.

L'ingénieur Conte a donné, sur le produit d'un hectare cultivé en jardinages, à Cavaillon les détails suivants qui permettent d'établir le rendement net à 1,900 francs (2) :

DÉPENSES.

	fr.
Préparation du sol au louchet...................	250
Culture, plantation, semis.....................	250
Fumier	1.400
Main-d'œuvre pour arrosage.....................	50
Cueillette et transport........................	600
Total des dépenses...................	2.550

(1) Barral, *les Irrigations des Bouches-du-Rhône;* 2ᵉ rapport, 1876, p. 156.

(2) A. Conte, *Journ. agric. prat.* 1851, t. XV.

RECETTES.

	fr.
20.000 melons par hectare...................	4.000
Ou 5.800 artichauts à 12 têtes...............	4.350
Ou 50.000 céleris............................	5.000
Total...................	13.350
Dont la moyenne représente.................	4.450
Et en déduisant les dépenses.................	2.550
Il reste comme produit net..........	1.900

Le produit net de 1900 francs n'est pas le seul à considérer, car le blé, le plus souvent, suit les légumes sur un simple labour, sans fumier, et après le blé viennent les haricots semés sur chaume, pour être suivis encore d'une sole de froment non fumé; de telle sorte que la terre fumée et arrosée pour les légumes porte trois récoltes successives.

Italie. — Dans les Calabres, à Reggio, le produit d'un hectare de terrain irrigué portant trois récoltes annuelles de jardinages, résulte du compte ci-après :

DÉPENSES.

Pommes de terre.

	fr.	fr.
Préparation du sol, façons et récolte, 58 journées à 1.05...............................	60.90	
Engrais....................................	85.00	
Pommes de terre pour semence.............	21.67	167.57

Choux.

	fr.	fr.
Préparation du sol, façons et récolte, 44 journées.....................................	46.20	
Engrais....................................	127.50	173.70

Laitues.

	fr.	fr.
Préparation du sol, etc., 50 journées........	52.50	
Engrais....................................	85.60	137.50
Total des dépenses.............		478.77

RECETTES.

	fr.
6o quintaux pommes de terre à 8 fr.......	480,00
Choux.................................	360,00
Laitues...............................	340,00
Total......................	1.180,00
En retranchant pour dépenses de culture..	478,77
Il reste par hectare.............	701,23

dont il y a lieu de déduire les frais généraux et les arrosages (1).

L'hectare de tomates arrosées, dans l'île d'Elbe, représente une dépense de culture de 170 francs, pour une recette de 480 francs, basée sur une récolte de 80 quintaux de tomates, à 6 francs le quintal (2).

Voici, d'après Berti-Pichat, le relevé de quelques dépenses de culture et de vente, en regard des produits en légumes, déduction faite du coût de l'engrais qu'utilisent les récoltes :

	Frais de culture et de vente.	Produit.
	fr.	fr.
Melons et pastèques..............	410	1.125
Courges........................	410	844
Raves..........................	400	495 à 750
Oignons........................	730	1.300
Choux-fleurs (20.000)............	296	664

A ces rendements qui varient naturellement aux environs des villes, suivant l'entente et l'industrie des cultivateurs, les prix de loyer à l'hectare varient depuis 3oo à 35o fr. dans le Vicentin, 5oo francs dans le Véronais, et 6oo francs dans les environs de Plaisance, jus-

(1) De Marco, *Inchiesta agraria*, *loc. cit.*, p. 513.
(2) G. Pullé, *Inchiesta agraria*, *Monografia*, vol. III, f. II, p. 595.

qu'à 900 francs près de Naples, et 1,000 francs sur le territoire d'Albe (Piémont) (1).

Angleterre. — Les comptes rendus que nous avons fournis des cultures à l'eau d'égout, dans les fermes municipales anglaises, notamment à Lodge Farm, près de Barking, et à Breton's Farm, exploitée par le colonel Hope, démontrent ce que peuvent les irrigations fertilisantes pour augmenter le rendement des cultures maraîchères (2). Quelques-uns des produits obtenus sur les deux fermes signalées figurent dans le tableau XL, évalués en quantité, ou en argent (3).

M. Hope considère que les choux-fleurs, par exemple, qui ont l'avantage de pouvoir occuper chaque année une grande surface pendant peu de temps, à raison de 25,000 pieds à l'hectare, et dont le prix varie de 0 fr.20 à 0 fr.60 par pied, reviennent comme culture à 1,000 francs par hectare, soit :

	fr.
Prix de l'eau d'égout......................	320
Loyer et impôts...........................	250
Façons de culture et d'arrosage..............	50
Graine et transplantation...................	60
Récolte et transport pour vente..............	320
Total......................	1.000

Le produit brut, calculé sur le prix de 0 fr.20 seulement par pied, soit 5,000 francs, laisse 4,000 francs de bénéfice net.

De même, le chou cavalier planté à raison de 10,000 pieds à l'hectare, au prix moyen par 12 bottes de 5 choux,

(1) *Inchiesta agraria*, vol. IV, VII et VIII.
(2) A. Ronna, *Égouts et irrigations*, *loc. cit.*, p. 204 et suiv.
(3) Voir aussi, tableau XI, la consommation d'eau et le rendement de légumes arrosés à Breton's farm (t. III, p. 272).

TABLEAU XL. — *Cultures légumières à l'eau d'égout (Angleterre).*

Désignation des pièces.	Désignation des pièces.	Eau d'égout.		Produit à l'hectare.	
		Nombre d'arrosages.	Volume à l'hectare.	Quantité.	Argent.
			m. cub.	tonnes.	fr.
Lodge-Farm (1869-70).					
Choux................	A	»	5.872	»	1.608.90
— de Milan..........	E	»	3.977	»	1.206.20
— rouges............	G	»	6.515	»	2.285.00
Oignons.............	G	»	8.233	»	1.188.75
—	C	»	1.110	»	2.320.00
— et fraises........	K	»	4.450	»	1.934.00
Pois.................	E	»	5.116	»	1.100.00
Pommes de terre.....	F	»	6.549	»	1.360.00
Carottes............	G	»	4.606	»	2.065.00
Panais..............	G	»	3.034	»	2.532.80
Haricots verts......	K	»	4.024	»	2.580.00
Épinards, choux et fraises.	K	»	1.473	»	1.040.00
Bretton's Farm (1871-72).					
Choux................	A	4	1.624	90.40	»
— de Milan..........	A	6	4.529	56.13	»
— et plants.........	E	9	8.208	37.76	»
— cavaliers.........	E	6	8.215	82.25	»
Oignons.............	F	8	3.514	104.93	»
Pommes de terre.....	E	9	8.246	38.88	»
Panais..............	T	2	1.573	17.57	»
Haricots............	R	4	3.580	19.23	»
Carottes............	G	3	2.344	3.00	»
	F	4 à 5	3.876	30.76	»

de 1 fr. 25, représente un revenu brut de 2,200 francs. Or, le chou est une récolte dérobée, et comme on doit compter sur au moins deux récoltes de légumes dans l'année, le revenu doublé s'élève à 4,400 francs, dont il faut déduire 1,600 francs pour les frais, à savoir :

	fr.
Prix de l'eau d'égout	430
Loyer et impôts	250
Graine et transplantation	180
Culture et arrosages	100
Récolte et transport pour vente	640
Total des frais	1.600

Il reste ainsi comme bénéfice, par hectare de choux, en prenant la moitié des frais, 1,400 francs, et pour l'hectare à double récolte, 2,800 francs.

Le revenu brut des oignons à l'hectare varie entre 3,000 et 3,700 francs; celui des fraisiers atteint jusqu'à 6,000 francs (1).

Les grandes récoltes.

Égypte et Inde. — Nous avons réservé pour compléter ce chapitre sur le rendement des cultures arrosées des divers pays, la comparaison entre les produits des grandes récoltes de l'Égypte et de l'Inde. Comme le montre le tableau XLI, basé sur les mercuriales les plus basses de l'Égypte et des rendements moyens comme quantité dans les deux cas, le sol du delta du Nil est doué d'une merveilleuse fertilité par rapport à celui de Cawnpore, choisi dans les meilleures provinces du nord-ouest de l'Inde, qu'arrose le Gange. Le contraste est grand en faveur de l'Égypte.

(1) A. Ronna, *loc. cit.*, p. 346.

Les variations de prix, des céréales en particulier, exercent naturellement une grande influence sur l'estimation comparative des produits en argent des deux contrées. Ainsi, le froment qui valait, il y a quelques années, en Égypte, 23 fr. 20 le *ardeb* (105 kil.), s'est payé 14 fr. 20; les autres céréales se sont avilies proportionnellement. Dans l'Inde, au contraire, les mercuriales se sont relevées dans les dernières années par le fait de l'exportation. Le colonel Ross, en dressant le tableau XLI, a tenu un juste compte de ces différences (1).

IV. VALEUR DES TERRES ARROSÉES.

La valeur des terres arrosées est en relation directe avec la nature des terres et des récoltes qui sont soumises à l'irrigation. C'est un lieu commun de dire aujourd'hui que l'irrigation double, triple ou quintuple la rente de la terre et augmente en même temps la valeur foncière, ainsi que la population. Les conséquences de l'emploi de l'eau, suivant le mode adopté, sont très variables.

Il importe de rechercher dans quelles limites, pour des pays qui pratiquent de longue date les arrosages, et pour certains cas particuliers, la plus-value s'est réalisée. Si, dans les pays neufs, il est parfois facile de relever, après quelques années d'irrigation, les résultats obtenus comme augmentation des fermages; il n'est guère possible, eu égard aux nombreux systèmes de culture; extensif, intensif, pastoral, ou industriel, et à la variété des climats et des récoltes, de formuler d'une manière précise les avantages que procure aux terres arrosées le régime des irrigations.

(1) W. Willcoks, *Egyptian irrigation, loc. cit.; Introduction by lieut.-colonel Justin Ross, inspector general*, p. xix.

TABLEAU XLI. — *État comparatif des rendements des principales récoltes de l'Égypte et de l'Inde.*

Récolte.	Noms botaniques.	ÉGYPTE. Rendement par hectare.		INDE. Rendement par hectare.		Noms indiens.
		kilogr.	francs.	kilogr.	francs.	
Millet..........	*Holcus sorghum*.......	2.600	316	647	61.70	Jú, âr.
Maïs............	*Zea maïs*............	2.600	380	1.100	54.80	Makai.
Riz............	*Oryza sativum*.......	1.500 à 3.000 (1)	316	1.100	66.40	Dhân.
Froment.......	*Triticum sativum*......	1.800	330	1.100	106.10	Gehún.
Orge...........	*Hordeum vulgare*......	2.000	180	1.100	66.40	Jan.
Canne à sucre....	*Saccharum officinarum*.	10 à 12 % (1)	1.520	?	354.30	Ukh.
Coton..........	*Gossypium herbaceum*..	595	864	460	112.60	Kapâs.

(1) Ces chiffres n'ayant pas été indiqués par le colonel Ross, sont empruntés au mémoire de J. Barois sur l'irrigation en Égypte; p. 106.

France. — En France, si l'on consulte la dernière statistique (1), les valeurs les plus élevées des terres en cultures (non compris le département de la Seine) se rencontrent dans les départements du Nord, de la Normandie, de Seine-et-Oise, etc., où l'on n'irrigue pas; elles sont portées entre 2,500 et 5,600 francs par hectare; tandis que les valeurs les plus faibles, inférieures à 1,200 francs par hectare, se trouvent dans les départements du Centre, et exceptionnellement, dans la Haute-Vienne, les Bouches-du-Rhône, où les arrosages sont abondants et anciennement pratiqués. Il est vrai que dans quelques départements irrigués, tels que les Pyrénées-Orientales, le Vaucluse, les Bouches-du-Rhône, l'Isère, le taux du fermage à l'hectare des terres labourables est des plus élevés, étant compris entre 40 et 289 francs pour l'ensemble des cinq catégories établies. Dans huit départements situés au sud-est, où les arrosages sont pratiqués, le prix du fermage des prés et des herbages dépasse 200 francs, à savoir :

	fr.	fr.
Haute-Loire	75 à	258
Vaucluse	95 à	240
Rhône	69 à	235
Isère	72 à	231
Alpes-Maritimes	58 à	226
Aveyron	61 à	225
Dordogne	64 à	214
Var	55 à	205

tandis que dans Seine-et-Marne, le montant du fermage d'un hectare de prés n'excède guère 100 francs; dans l'Oise, 81 francs; dans Seine-et-Oise, 80 francs, etc.

Pendant une période de trente ans (1852-1882), la va-

(1) *Statistique agricole de la France pour 1882*, Introduction, p. 375.

leur vénale moyenne de l'hectare a augmenté de 1,266 francs à 1,686 francs, c'est-à-dire de plus de 33 pour cent, et pour les prés et herbages spécialement, de 2,256 à 2,961 francs, soit de 31,25 pour cent, sur le territoire entier; mais si l'on considère les augmentations par départements, on constate que parmi la catégorie moyenne, correspondant à une augmentation de 300 à 700 francs, se trouvent certains départements arrosés du Centre; et dans le Sud-Ouest, la Dordogne, les Hautes-Pyrénées, les Pyrénées-Orientales, l'Hérault. Toutefois les augmentations inférieures à 300 francs se rencontrent précisément dans les départements de l'Est : Côte-d'Or, Meuse, Haute-Saône, Jura, et dans ceux du Sud-Ouest : Isère, Basses-Alpes, Vaucluse, Var, Bouches-du-Rhône, Gard, etc., dont la richesse est due en partie aux irrigations (1).

Sauf dans certains départements à irrigation, tels que la Nièvre et l'Allier, le Tarn-et-Garonne, la Haute-Garonne et l'Aude, qui accusent une plus-value des terres, supérieure à 700 francs, pendant cette période trentenaire, le classement ne peut servir à établir la progression de la valeur foncière due aux arrosages.

Il en est autrement de la comparaison du revenu net imposable, qui représente sensiblement le taux moyen du fermage pour les terres labourables et les prés. Ce revenu s'est accru dans l'ensemble des cultures, de 39,16 pour cent, et seulement de 33,25 dans les terres labourables et les prairies. Très variables d'un département à l'autre, les différences du revenu net apparaissent comme maximum dans cinq départements du Sud-Ouest : l'Aude, l'Hérault, le Tarn-et-Garonne, la Haute-Garonne et les Pyrénées-Orientales, quoique les

(1) *Statistique agricole*, *loc. cit.*, p. 390.

pleins effets des améliorations dues aux arrosages n'y aient pas été ressentis depuis assez longtemps. Elles se révèlent comme minimum dans les départements déjà irrigués du Sud-Est : les Hautes-Alpes, l'Ardèche, la Drôme, les Bouches-du-Rhône, le Vaucluse, le Var, etc.; et aussi dans le Centre : Creuse, Corrèze, Cantal, qui irriguent les prairies.

C'est seulement par des faits indépendants du jeu des moyennes, que l'on arrive à préciser le rôle des arrosages sur la plus-value des terres. Ces faits sont tellement nombreux qu'il semble superflu de les mettre en lumière. Dans la région du Midi, ils abondent; aussi bien celui signalé par le comte de Gasparin, à Pierrelatte, où 14 hectares de terrains sablonneux, provenant d'un bois défriché et coûtant 18,000 francs, ont rapporté dès la première année, à l'aide de l'irrigation du canal de la Donzère, 350.000 kil. de luzerne valant 18,000 francs, c'est-à-dire le prix d'achat (1), que celui des terres de l'arrondissement d'Hyères, où la terre non arrosée s'affermait, il y a cinquante ans, au prix moyen de 100 francs l'hectare, et la terre à jardin, également non arrosée, au prix de 400 à 500 francs; alors qu'aujourd'hui, ce dernier prix a triplé, de même que l'étendue des jardins irrigués (2).

Haute-Garonne. — Il n'en reste pas moins une dernière question à examiner dont la solution ne ressort pas clairement de tous les exemples que l'on peut citer, à savoir : quel est l'intérêt pécuniaire que peuvent avoir des agriculteurs à arroser leurs terrains, dans des pays où les irrigations ne sont pas installées, ou bien peu répandues. Comme le fait remarquer l'ingénieur en chef,

(1) De Gasparin, *Cours d'agriculture*, loc. cit., t. I, p. 458.
(2) H. Doniol, *Journ. agric. prat.*, 1864, t. II.

M. Fontès (1), c'est pourtant la question la plus intéressante pour les arrosants; elle se décompose en deux
points : à quelles dépenses de premier établissement
par hectare entraîne l'appropriation des terrains, et
quelle augmentation de revenu doit-on en attendre?

Avec un soin digne d'éloges, M. Fontès, pour ré-
pondre à ces deux points, a relevé les résultats pratiques d'irrigations de diverses catégories, dans des localités très variées du département de la Haute-
Garonne, sur une superficie d'environ 1,200 hectares. Ce relevé s'applique, pour plus de la moitié, à
des arrosages pratiqués au moyen du canal de Saint-
Martory, et, pour le reste, à des arrosages effectués par
des syndicats, à l'aide de systèmes très différents, sources,
dérivations de rivières, etc., à des altitudes diverses, et
dans des terrains de nature variée sous le rapport oro-
graphique et géologique.

Le travail qui est relatif aux arrosages du canal, indique, outre la contenance de chaque propriété, la nature du sol formé le plus souvent de gravier, et du sous-
sol, formé de gravier, ou de grès; le genre de culture
comprenant principalement des prés et des sainfoins;
les modes d'arrosage par ados simples, ou par ados et
déversement; les plus-values annuelles des propriétés
ou parcelles, avec et sans amortissement. Ces derniers
chiffres sont rapportés à l'hectare, en regard des frais
de premier établissement que comportent les opérations
d'aménagement et de nivellement du sol, les labours
et piochages, les engrais et l'ensemencement, de telle
sorte qu'à côté du revenu net annuel, avant l'arrosage,
ressort celui obtenu après l'arrosage, déduction faite de

(1) Fontès, *Considérations sur les avantages des canaux d'irrigation;
Assoc. française pour l'avancement des sciences*, 1888, p. 904.

10 pour cent du total des frais de premier établissement.

Puisées dans un ensemble de 578 hectares qui ont été répartis en quatre groupes de propriétés, les données donnent lieu aux moyennes suivantes, par hectare arrosé (1877-81) :

		fr.
Frais de premier établissement.	Aménagement des terres........	259
	Engrais........................	56
	Ensemencement................	43
	Total par hectare..............	358

		fr,
Revenu net annuel avant l'arrosage, par hectare......		119
Frais moyens par an, tout compris.............	108 fr.	
Revenu brut annuel, par hectare..............	373	
Revenu net annuel après arrosage, par hectare........		265
Plus-value annuelle sans amortissement, par hectare...		146
— avec — par hectare...		110

Ainsi le revenu net annuel, du fait de l'arrosage, a augmenté, sans tenir compte de l'amortissement du capital engagé, de 146 fr. en moyenne, par hectare, et en retranchant l'amortissement, de 110 francs ; ce qui équivaut à peu près à doubler le revenu de la terre. Quelques propriétaires sont même arrivés, ajoute M. Fontès, à une plus-value nette supérieure à 200 francs.

Les conclusions à tirer des données fournies par les arrosants du canal se résument en ceci, qu'en consacrant 350 francs à l'aménagement du terrain et des rigoles, 100 francs à l'engrais, et 50 francs aux premiers semis ; au total, 500 francs comme premier établissement ; et en dépensant par an 130 francs comme frais de culture, on peut, dans des circonstances normales, à l'aide d'irrigations soignées, s'assurer une plus-value nette d'au moins 150 francs, soit, plus de 100 francs par hectare, si l'on comprend l'amortissement du capital engagé.

Les résultats relevés auprès des associations et des syndicats du département, organisés en vue des irrigations, à Labarthe-Inard, Soueich, Lestelle, Saint-Gaudens, Villeneuve, etc., où l'abondance des eaux dispense de créer des canaux à grande portée, confirment ceux des arrosages de la plaine au moyen du canal. La plus-value nette annuelle constatée sur 615 hectares s'élève, en effet, à 169f,63, au lieu de 146 francs; mais cette dernière, pour rendre la comparaison exacte, devrait être augmentée du prix de la redevance exigée par le canal, soit, 30 francs en moyenne, ce qui la porterait à 176 francs.

On peut en déduire encore que l'influence de la région sur les plus-values résultant des arrosages, et l'action des eaux, qu'elles soient fournies par les sources, les rivières ou les canaux, ne sont pas très sensibles, quoique les climats, la durée des saisons et la végétation diffèrent à peu près autant d'une localité à l'autre du département, que d'une région à l'autre de la France.

Belgique. — Dans un rapport adressé au ministère de l'Intérieur sur l'état des irrigations de la Campine, pendant l'année 1876, Keelhoff relève les prix de vente des terres irriguées depuis quelques années seulement, à savoir (1) :

	Prix	
	de vente. fr.	par hectare. fr.
1873. Vente Demulder : 28 hect. prairies.......	75.000	2.678
— — Van der Gracht : 49 hect. prairies.	125.000	2.551
1875. — Sampermans : 10 hect. prairies....	21.000	2.100
— — Delbrouck : 47 hect. prairies......	120.000	2.553
1876. — Clermont : 21 hect. prairies......	55.000	2.619

(1) *Bulletin du Conseil supér. de l'agriculture*, Bruxelles, 1876, t. XXX.

Si l'on considère, ajoute Keelhoff, que ces terrains valaient de 100 à 150 francs par hectare, avant d'être trans-
formés en prairies irriguées, les prix de vente peuvent
paraître élevés; cependant les acquéreurs, en exploitant
leurs prairies avec soin, retirent aisément 7 à 8 pour
cent du capital engagé. Les acquisitions ont donc encore été faites à bon compte; en tous cas, elles font
voir que grâce aux irrigations, des terrains invendables,
il y a dix années, étaient déjà sérieusement appréciés.

Italie. — En Italie, bien plus qu'en France, l'écart
de prix des fermages et de la valeur vénale des terres,
est attribuable à l'irrigation de l'ensemble des cultures,
plutôt qu'à celle des prairies. La Lombardie, par exemple, dans laquelle un tiers du territoire cultivable est
soumis à l'irrigation, n'a de prairies naturelles, par
rapport aux prairies en assolement, que dans la proportion de 9 à 11. En Vénétie, au contraire, les terres irriguées ne forment qu'un soixantième du territoire arable,
et les prairies artificielles sont aux prairies permanentes,
dans le rapport de 8 à 1 (1).

La nature des terrains est un point essentiel à considérer pour juger de la plus-value que donnent les arrosages. Ainsi, en présentant le projet du canal qui porte
son nom, l'ingénieur Villoresi cherchait à démontrer
que la production d'un terrain arrosé est à celle d'un
terrain sec, comme 9 est à 1 pour les sols siliceux;
comme 5 est à 3 pour les sols silicéo-argileux, et comme
3 est à 2 pour les sols argileux et compacts. Le collège
des ingénieurs de Milan, chargé de revoir le projet,
s'est prononcé pour l'augmentation de produit net, sur
les divers terrains, dans les termes suivants (2) :

(1) Maestri, *l'Italie économique en 1867*, p. 52.
(2) Cantalupi, *la Scienza e la pratica della stima*; 1870. p. 80.

		fr.
Terrains légers siliceux		69.46
— silicéo-argileux		64.90
— argilo-siliceux		61.25
— compacts		51.98

Presque partout en Lombardie, le terrain, par lui-même, n'a pas grande valeur; sur beaucoup de points, le sol n'est que du caillou, du galet, ou du gravier recouvert de 2 ou 3 centimètres de terre végétale (1); les prés irrigués y viennent admirablement et donnent quatre coupes de foin, plus un regain à l'automne.

Les grèves des petits torrents de Monte Scuderi, près de Messine, sur lesquelles les cultivateurs arrosent le froment en hiver, comme ils feraient pour des marcites, rendent sans engrais, de 25 à 30 et 40 hectolitres de grain par hectare (2).

Les terres arables de bonne qualité, dans la haute Italie, s'afferment entre 120 et 150 francs à l'hectare; mais si elles sont arrosables, le prix du fermage, net de la redevance de l'eau, atteint de 200 à 250 francs. Pour les terres de moins bonne qualité, le loyer, du fait de l'irrigation, s'élève de 40 et 50 francs jusqu'à 100 et 120 francs; ce qui laisse dans les deux cas, en sus des 40 à 50 francs qui représentent les frais d'appropriation des terrains, un produit net de 20 à 50 francs, correspondant à la rente naturelle due à l'eau d'arrosage (3).

D'ailleurs, certains terrains plantés en arbres fruitiers qui valent de 20,000 à 40,000 francs l'hectare en Ligurie (4), se louent pour la même culture, sur le territoire de Sorrente, jusqu'à 2,000 fr. par hectare (5).

(1) Voir tome I, pp. 19 et 152.
(2) Ottavi, *la Chiave dei campi*, § 94.
(3) Bordiga, *Economia rurale; loc. cit.*, p. 373.
(4) Bertani, *Inchiesta agraria; loc. cit.*, p. 209.
(5) De Siervo, *Inchiesta agraria; loc. cit.*, p. 40.

Quelques hortolages se vendent aux environs d'Astı, entre 12,000 et 30,000 fr. (1), et se louent en Sicile au prix de 2,500 à 3,000 fr. l'hectare (2). On compte la valeur vénale d'un hectare de marcite, dans le Milanais, entre 10,000 et 15,000 francs (3). Il s'agit, il est vrai, de cultures spéciales, plus ou moins comparables, suivant les provinces de l'Italie, pour lesquelles l'arrosage est indispensable; mais on peut estimer d'une manière générale, dans la grande vallée du Pô, le prix moyen, des terres irriguées entre 5000 et 6,000 francs par hectare, et celui des terres non arrosées, à cultures variées, de l'Italie ce ntrale, de 1,000 à 3,000 francs (4).

Lombardie. — Les recherches que Jacini a entreprises pour déterminer, sur base du revenu net, la valeur des terres irriguées de la Lombardie, établissent que ce revenu, considéré comme redevance de fermage annuel ou *canon*, doit être diminué des frais d'entretien courant, des dépenses d'administration et des impôts, avant d'être capitalisé.

Les frais d'entretien sont le plus souvent élevés, en raison des ouvrages d'art que comportent les canaux; on peut les évaluer, dans la plupart des exploitations, à 14 fr. par hectare. Les frais d'administration diffèrent suivant les propriétaires. Quant aux impôts, ils excèdent comme principal tout ce que l'on trouve ailleurs en Europe, et par surcroît, les impôts des provinces et des communes qui vont toujours en augmentant, ne font qu'aggraver la charge de l'impôt foncier. Ainsi, dans certaines fermes crémonaises où se révèle la disproportion la plus forte entre le revenu et l'impôt de la terre, la

(1) Meardi, *Inchiesta agraria; loc. cit.*, p. 5 13.
(2) Damiani, *Inchiesta agraria; loc. cit.*, p. 33.
(3) Jacini, *Relazione generale; loc. cit.*, p. 104.
(4) Bertagnoli, *loc. cit.*, p. 34.

totalité des impositions représente 5o pour cent, non pas du revenu net, variable suivant l'année agricole, mais bien du loyer des terres, pendant neuf ou douze années, tels que l'ont fixé les enchères publiques.

D'après cela, le revenu net des exploitations, en Lombardie, se capitalise entre 4 et 5 pour cent, mais plutôt à 4 pour cent.

Si l'on envisage, avec Jacini, les diverses zones de cultures dominantes, on constate que, pour la basse plaine occidentale, dans la zone des marcites, avec des baux comportant de 3oo jusqu'à 7oo francs de loyer par hectare, la valeur vénale, déduction faite des frais indiqués et des impôts, est comprise entre 5,000 et 15,000 francs par hectare. Dans la zone des prairies artificielles, le prix du loyer à bail variant entre 2oo et 25o francs, la valeur vénale ressort, par hectare, de 3,ooo à 3,5oo francs. Dans la zone des rizières, le prix du fermage des exploitations moyennes (Pavesan) étant compris entre 18o et 2oo francs, la valeur vénale, toutes déductions faites, est de 2,5oo à 3,5oo fr. par hectare. Enfin, dans la zone du lin, le prix du fermage variant de 13o à 2oo francs par hectare, la valeur vénale, à cause de l'importance exceptionnelle des impositions, est comprise entre 1,5oo et 3,ooo francs.

Pour la basse plaine orientale où les irrigations sont moins développées, le loyer variable correspond, à partir de 8oo fr. jusqu'à 2,5oo fr. montant de la valeur vénale des terres, aux exploitations bien ou mal gérées, et plus ou moins étendues. Les fermes irriguées de cette région, que le propriétaire exploite directement, ne comportent en déduction du produit brut que les impôts et les frais de culture, pour le calcul du revenu net. Le travail du propriétaire, l'intérêt et l'amortissement du capital engagé, n'entrent pas en ligne de compte.

Dans le Pavesan, au contraire, pour évaluer la rente d'un domaine rural, abstraction faite de l'impôt, on compte les six dixièmes et au delà du produit brut, comme frais de culture, de loyer et autres, à sa voir (1) :

1° Frais de culture : semences, façons du sol, engrais, irrigations, entretien des bâtiments, conservation, préparation et transport des produits, salaires fixes et gages journaliers, outils, animaux en réserve, accidents, gestion, etc.;

2° Prix du loyer, quand le propriétaire n'exploite pas personnellement;

3° Intérêt du fond de roulement, représenté par les bêtes de rente et de travail, le matériel et l'argent en caisse.

C'est dans ces mêmes conditions que se calcule, en Lomelline, la rente des exploitations d'une étendue comprise entre 20 et 100 hectares, et au-dessus. Cet arrondissement dont nous avons fait connaître les caractères topographiques, géologiques et climatériques (2), permet, en se bornant aux résultats de six années (1872 à 1877), d'apprécier par un seul exemple le régime économique des irrigations, dans une des zones les mieux cultivées de la Lombardie.

Le travail statistique publié par la chambre de commerce de Pavie, dont le tableau XLII est extrait, facilite la comparaison des cultures sur une étendue de 97,510 hectares irrigables, sous le rapport des récoltes, comme quantité et comme valeur; du produit brut et des dé-

(1) Saglio, *Inchiesta agraria*, loc. cit.
(2) Voir tome I, p. 220.

TABLEAU XLII. — *Production des terres irriguées de la Lomelline (moyenne de six années, 1872 à 1878).*

TERRES ARROSABLES.	Surface cultivée. (hectares)	Récolte à l'hectare en quintaux.	en hectolitres.	Prix moyen du quintal ou de l'hectolitre. (fr.)	Valeur moyenne totale des récoltes. (fr.)	Produit brut à l'hectare. (fr.)	Dépenses de culture à l'hectare. (fr.)	Produit net à l'hectare. (fr.)
Rizières alternes..............	27.412	»	»	»	»	»	»	»
Riz brut après navette.........		31.50	»	»	»	615.00	240.00	105.00
Rizières permanentes...........	3.800	»	»	»	»	»	»	»
Riz brut......................		18.90	»	»	»	379.00	277.00	102.00
Riz total....................	»	»	»	18.00	16.835.000	»	»	»
Prairies marcites..............	3.250	»	»	»	»	»	»	»
Foin de cinq coupes...........		189.00	»	4.00	»	735.00	165.00	570.00
Prairies.......................	19.181	»	»	»	»	»	»	»
Foin des deux 1res coupes.....		114.00	»	4.00	»	466.00	105.00	361.00
— de la 3e coupe........		38.00	»	3.00	»	»	»	»
Regain des marcites et prairies.....		19.00	»	2.00	»	»	»	»
Foin total.................	»	»	»	»	14.477.000	»	»	»
Seigle........................	2.500	»	20.00	12.50	625.000	395.36	115.00	280.36
Froment.......................	12.284	»	17.00	20.00	4.210.000	450.00	122.00	328.00
Avoine et graines.............	8.486	»	42.00	7.00	2.495.000	438.00	124.00	314.00
Maïs..........................	15.480	»	44.00	10.00	6.811.000	456.00	140.00	316.00
Lin pour graines..............	.800	»	12.00	18.00	»	»	»	»
— pour filasse..........		2.00	»	160.00	»	»	»	»
Lin total...................	»	»	»	»	429.000	536.00	140.00	306.00
Navette avant riz.............	»	»	14.00	20.00	1.517.000	378.00	112.00	266.00
— seule..............	1.600	»	14.00	»	»	»	»	»
Maïs quarantain (récolte dérobée).	»	»	»	16.00	575.000	»	»	»
Haricots......................	»	»	»	378.00	807.000	»	»	»
Légumes et fruits des potagers.....	2.717	»	»	756.00	1.486.000	756.00	282.00	474.00
Totaux	97.510				50.267.000			

penses de culture; et finalement, du revenu net par
hectare (1).

Le vaste périmètre de terres irrigables, comprenant
63,876 hectares annuellement arrosés, produit 726,000,
hectolitres de riz dépouillé; 96,700 hectolitres de petit
riz; 1,173,300 hectolitres de froment, seigle, avoine,
maïs, haricots, graines de lin et de navette; ensemble
1,996,000 hectolitres, sur lesquels la consommation locale prélève environ 853,000; ce qui laisse 1,143,000
hectolitres pour la vente ou l'exportation. Il y a lieu
d'ajouter à cette production : 676,000 quintaux de foin
provenant des marcites; 3,280,000 quintaux de foin
des prairies irriguées, permanentes et temporaires, et les
légumes divers fournis par 2,717 hectares de potagers.

La culture dominante du riz améliore les terres plutôt
sablonneuses du district. Dans les bons sols, bien cultivés, la rizière rend couramment 75 quintaux de riz
brut; les marcites 225 quintaux de foin; les prés arrosés
145 quintaux de foin, et les terres arables donnent en
céréales : 20 hectol. de froment; 24 hectol. de seigle;
54 hectol. d'avoine, ou de maïs. En y comprenant les
rizières permanentes d'un rendement médiocre, le produit brut moyen des terres arrosées est de 515^f,50 par
hectare; tandis que celui des terres sèches (10,875 hectares) atteint à peine 190 fr.

Dans cette période de six années, sur les terres arrosées et bien cultivées, le prix des fermages a doublé;
il est en moyenne de 180 francs, mais il atteint jusques
220 francs par hectare.

Il semble qu'il n'y ait rien à ajouter à un pareil tableau
pour démontrer la puissance de l'irrigation sur des terrains d'alluvion, légers, siliceux et de niveau, entre-

(1) P. Farina, *Cenni intorno all'industria agricola della Lomellina*; *loc. cit.*

mêlés de véritables sables (*sabbioni*), qui rendaient, avant 1871, un produit net de 10 à 15 francs par hectare.

Sur 10,307 hectares de la Lomelline rendus arrosables, de 1872 à 1877, par des travaux qui ont coûté ensemble 7,150,000 francs, soit 694 francs environ par hectare, on a élevé le produit de 90 à 270 francs, par hectare, et le produit total de 928,600 fr. à 2,782,900 francs. La différence de 1,854,300 francs, par rapport au montant dépensé en travaux, représente un intérêt annuel de 25,90 pour cent.

Reggio. — Dans la province de Reggio (Émilie), la valeur vénale et le prix de fermage à l'hectare, des terres en prairies irriguées et en prairies sèches, tout en n'accusant pas des écarts aussi prononcés qu'en Lomelline, méritent d'être rapportés (1) :

	Valeur vénale.	Prix de fermage.
	fr.	fr.
Prairies irriguées.....................	2.228	144
— non irriguées................	1.273	96
— — avec vignes et arbres de rapport.	1.446	129
Prairies artificielles..................	1.446	115
Rizières	1.308	113

Alpes. — Pour les prairies en montagne, la plus-value que donne l'irrigation, sur le versant des Alpes italiennes, aux terres rocheuses, presque inaccessibles, n'est pas négligeable.

Dans les Alpes lombardes et piémontaises, l'irrigation des prés se pratique en effet, jusqu'à la limite des glaces. L'eau de la fonte des neiges, malgré sa température peu

(1) Chizzolini, *Sui poderi concorrenti al premio d'onore; loc. cit.*

élevée est conduite après un certain parcours, directement sur les prairies. Les montagnards italiens, comme ceux des Pyrénées françaises, du Valais, du Tyrol autrichien, ont montré une grande intelligence pour détourner les obstacles superficiels et adapter les canaux et rigoles aux ondulations des pâturages alpestres. Marsh fait remarquer qu'ils parviennent par l'irrigation à obtenir de bonnes récoltes sur des terrains tellement inclinés que les paysans, principalement les femmes, ne peuvent s'y maintenir sans se faire accrocher, ou bien sans être pourvus de chaussures à crampons (1). La coupe de l'herbe à de pareilles hauteurs leur fait courir les plus grands dangers; mais les terres de prairie sont chères; une bonne prairie arrosable se vend couramment de 1000 à 2500 francs l'hectare.

Le tableau XLIII reproduit les données relatives à la valeur vénale des terres sèches, des terres irriguées, et des terres marécageuses, soumises à la culture dans la Haute Italie, telles que Pareto les a mentionnées dans son rapport sur les bonifications et irrigations (2).

Espagne. — Des trois zones de grande production que comprend la péninsule Ibérique, celle plus septentrionale, consacrée aux prairies et au bétail, qui occupe la Galice et les Asturies, pratique les irrigations, à portée de l'eau des sources et des ruisseaux des monts cantabriques, jusque sur les versants les plus déclives. Les prairies arrosées (*de regadio*) forment deux groupes; dans l'un de ces groupes, l'herbe est pâturée en vert; dans l'autre, elle est fauchée et fournie au bétail dans les étables. La production essentiellement fourragère des

---

(1) G. P. Marsh, *Irrigation; its evils and compensations; loc. cit.*, p. 370.
(2) Pareto, *Sulle bonificazioni ed irrigazioni; Relazione,* 1865.

TABLEAU XLIII. — *Valeur vénale des terrains en culture; Piémont, Lombardie et Émilie* (1865).

	Terrains secs.	Terrains irrigués.		Terrains marécageux.
		prix de l'eau non compris.	prix de l'eau compris.	
	fr.	fr.	fr.	fr.
PIÉMONT.				
Province de Cunéo : Mondovi.........	600 à 700	»	1.000 à 2.600	10 à 100
Saluzzo............	2.630	»	3.420	1.110
Province de Turin : Susa............	2.600	»	2.800	»
— Novare »...........	1.200	2.000	»	300
— — Biella........	1.200	»	2.100	1.500
— — Ossola........	3.500	»	5.000	400
— — Verceil........	1.050	1.800	»	»
Province d'Alexandrie............	1.500	»	4.500	200
LOMBARDIE.				
Province de Pavie : Voghera........	2.000	2.000 à 3.000	5.000	800
Lomelline.........	600 à 1.360	»	1.500	»
— Bobbio............	1.200	»	2.800	400
Province de Sondrio.............	2.000	1.000	»	1.000
Milan............	3.000	2.250	»	400
— Abbiategrasso......	1.500	1.800	6.750	»
— Monza...........	3.750	»	»	300.
Province de Bergame et de Brescia.....	1.000	2.400 à 7.200	»	400 à 1.000
Crémone..........	1.500 à 1.600	1.000 à 7.000	»	»
— Crema...........	1.200 à 3.600	2.000 à 7.000	»	1.200
— Casalmaggiore. ...	1.000 à 4.500	»	»	»
ÉMILIE.				
Province de Parme.....	1.500	»	2.200	1.200
— Plaisance.........	1.300 à 3.600	»	2.500 à 3.500	»
— Modène..........	2.600	»	5.400	»
— Carpi...........	2.800	»	3.500	1.200

provinces basques n'admet que la culture alterne du blé et du maïs.

Dans la żone centrale, dite des céréales, qui s'étend sur les provinces d'Avila, de Valladolid, de Salamanca, sur la vallée à climat humide et tempéré du Douro, l'irrigation ne joue aucun rôle.

C'est seulement le long de la côte orientale de la Méditerranée, où domine l'irrigation, que l'on rencontre les productions les plus variées des *huertas*, et des plus célèbres *vegas* de Valence, d'Alicante, de Murcie, de Grenade, etc. Cette zone se caractérise par l'eau uniquement. Sur tous les points où l'eau est disponible, l'agriculture se développe et acquiert une intensité remarquable de production, qui la place au premier rang.

On comprend qu'avec trois zones aussi distinctes, la recherche de la plus-value des terres arrosées soit difficile. Au nord, l'irrigation, grâce au climat humide et au sol profond, est facultative; au centre, elle est nulle; à l'est et au midi, elle devient la condition impérieuse de toute végétation. Aussi, le dicton applicable à cette dernière zone, qu'en Espagne l'eau vaut plus que la terre, ne manque-t-il pas de justesse. Une évaluation populaire, fondée sur une pratique de bien des siècles, assigne le rapport de 5 à 20 entre le sol et l'eau.

Aux environs de Valence, la terre arrosée se paye de 3700 à 4700 francs l'hectare, et dans un rayon plus éloigné, de 2000 à 2600 francs, tandis que la terre non arrosée (*di secano*) vaut à peine 500 francs (1). Dans la vallée du Genil, à Palma del Rio, le prix moyen de l'hectare planté en orangers, etc., est de 10,000 francs, pouvant atteindre 15,000 francs (2). Dans une autre vallée,

(1) *Report on irrigation of the valleys of California;* Washington, 1875.
(2) Aymard, *Irrigations du midi de l'Espagne, loc. cit.*

celle du Tage, la terre arrosée rend douze fois plus que celle non arrosée. Dans la province de Madrid, on compte sur une plus-value quadruple et même décuple des terres, par la possibilité de les arroser.

En Catalogne, la *huerta* très étendue de Lerida, qui possède des eaux abondantes et un système d'arrosage remontant au temps des Maures, se trouve dans des conditions exceptionnelles, permettant d'affermer les terres au prix de 300 à 400 francs l'hectare (1). De même, la valeur vénale moyenne des terres de la *huerta* de Manresa qu'arrose le Llobregat, est comprise entre 4000 et 5000 francs; sur la rive droite du Llobregat, la terre vaut jusqu'à 10,000 francs l'hectare. Enfin, dans la *vega* du Besos, le prix moyen de 10,000 francs des terres arrosées représente le triple de la valeur des terres sèches (2).

V. LES ASSOLEMENTS ET L'ÉTENDUE DU DOMAINE.

L'irrigation exerce une influence distincte, que nous essaierons de déterminer, sur la culture, la rotation des récoltes et l'étendue du domaine exploité, dans les contrées depuis longtemps soumises aux arrosages.

Italie. — L'influence sur la culture se traduit par le fait des labours moins profonds. Si dans les terres non arrosées, les labours profonds sont en effet indispensables pour ramener l'humidité du sous-sol à la surface, ou rapporter à la surface une couche inférieure de qualité égale, comme cela se pratique dans beaucoup d'alluvions fluviales du Ferrarais, du Bolonais, etc.,

---

(1) *Rapport du consul général de France;* octobre 1879.
(2) Zoppi e Torricelli, *Annali di agricoltura, loc. cit.,* p. 24.

il n'en est pas de même dans le territoire irrigué compris entre Codogno et Milan, passant par Lodivecchio et Melegnano. Deux chevaux légers attelés à une charrue ordinaire, labourant à 0^m,10 ou 0^m,12 de profondeur, suffisent amplement dans les pays de Milan, de Pavie et de Lodi, pour assurer une récolte de 20 hectolitres de froment, de 60 hectolitres de maïs et autant de riz à l'hectare. C'est que tous ces terrains n'ont pas de sous-sol qu'il soit avantageux de défoncer. Leur sous-sol de gravier (*ferretto*), ou de sable, est mieux à sa place où il est, pour l'égouttement des eaux d'arrosage (1).

Dans l'arrondissement de Chiari, l'irrigation seule fait que, grâce à la spécialisation des cultures, on tire parti de terrains qui seraient absolument stériles, à cause de la trop grande perméabilité du sous-sol. Le maïs arrosé occupe deux soles dans l'assolement de Chiari, après deux ou trois années de froment, et avant une année de prairie en trèfle (2).

L'influence des arrosages sur l'assolement se justifie en premier lieu sous les climats du Midi, par la croissance rapide des récoltes, si rapide, qu'on peut en obtenir deux et même trois par an. En supposant que la moitié seulement des terres exploitées soit arrosée rationnellement, et que les produits soient consommés sur place, le fumier suffirait pour donner à l'autre moitié des terres le degré de fertilité que le sol peut atteindre sans irrigation. Même dans la partie arrosée, il y a avantage à prendre de temps en temps une récolte sans irrigation, pour permettre au sol de s'aérer et de s'ameublir (3).

<hr/>

(1) *Su alcune pratiche nei poderi irrigui di Lombardia; Italia agricola;* 1879.

(2) Sandri, *Inchiesta agraria; il circondario di Chiari;* vol. VI.

(3) Patrick Mathew, *Agricultural Gazette*, 1864.

Quand l'eau abonde, comme dans la plupart des pays de la vallée du Pô et de ses affluents, on arrose non seulement les prairies, mais les rizières alternes, qui, outre un produit souvent double, et toujours plus élevé d'un tiers que celui des rizières permanentes, laissent, après deux ou trois années de culture, le sol revivifié et purgé de toutes mauvaises herbes. Dans la zone des rizières, les assolements sont-ils ainsi très variables, quoique basés sur le trèfle, qui se développe spontanément après la récolte de froment ou d'avoine. Deux ou trois années de trèfle blanc sont suivies de maïs, et après le maïs, de deux ou trois années de riz; ou bien encore, le riz succède au trèfle pendant trois années, et il est suivi du maïs, puis du froment ou de l'avoine. Dans cet assolement de huit années, le pré occupe presque la moitié de la surface exploitée, et le fourrage joue un rôle presque aussi important que le riz, mais il exige des étables bien fournies pour la production du lait et du fromage. En sacrifiant une année de riz pour avoir une année de pré en plus; c'est-à-dire deux années de riz, au lieu de trois, on ne tient pas compte de l'excédent de valeur dû aux produits de la laiterie, quoique l'on favorise la fertilité du sol, en y laissant plus longtemps le trèfle qui fournit d'ailleurs un excédent de 60 à 70 quintaux de foin par an, et l'on augmente la salubrité du territoire, sans diminuer pour cela le montant du revenu (1).

Il y a lieu de remarquer enfin que la qualité, non moins que la quantité des eaux d'irrigation, joue un rôle dans le choix des assolements.

Milanais. — Dans le Milanais, par exemple, l'abondance des eaux de sources, ou des *fontanili*, assigne la place dominante de l'assolement aux *marcites*

_____

(1) Jacini, *Inchiesta agraria, Relazione; loc. cit.* p. 115.

que l'on peut arroser tout l'hiver; dans le Pavesan, si l'on dispose d'eau continue pour l'été, c'est la rizière qui domine, et au cas d'eau disponible pour des arrosages intermittents, c'est la prairie. Dans ce dernier cas, l'assolement est le suivant :

1re année. Maïs fumé.
2e   —   Froment, seigle ou avoine.
3e, 4e et 5e années. Prairie.
6e année. Maïs.

Parfois le froment de la 2e sole est suivi d'une sole d'avoine, et l'assolement s'étend sur 7 années, au lieu de 6. Quand on cultive le lin, il entre comme tête de rotation à la sixième année, pour être suivi de millet, ou de maïs quarantain (1).

Lomelline. — De même, dans la Lomelline, le volume d'eau détermine l'assolement qui utilise le mieux le débit, sans faire courir le risque d'en manquer, de façon qu'entre deux récoltes consécutives le temps soit ménagé pour donner au sol les façons de culture qu'il comporte. La prairie et les plantes fourragères qui visent spécialement la production du lait, occupent la terre pendant deux ou trois années sur les six ou sept de l'assolement. Le riz suit la prairie, mais ne la précède pas (2).

Crémonais. — Le Crémonais, dans la zone complètement irriguée, indépendamment de la culture caractéristique du lin, offre un assolement plus varié, qui se distingue par la production d'un plus grand nombre de récoltes, y compris celle des mûriers. L'assolement le plus répandu est quinquennal, à savoir :

(1) Saglio, *Inchiesta agraria; il circondario di Pavia; loc. cit.*
(2) Pollini, *la Lomellina, loc. cit.*

1re année. Froment et trèfle.

2e et 3e années. Trèfle blanc.

4e année. Lin et maïs quarantain.

5e — Gros maïs.

Quand l'assolement s'étend sur six années, la prairie de trèfle est conservée une année de plus. Les avantages de cette culture sont manifestes; car si le rendement du maïs s'améliore, tout en exigeant moins de travail, il en est de même du froment et du lin. Les dommages de la grêle sont moins à craindre. Les produits de la laiterie, beurre et fromage, s'ajoutent à ceux des récoltes; le bétail augmentant comme nombre et comme qualité, le fumier s'accroît. Ces avantages sont très réduits dans la zone partiellement irriguée, où l'assolement est quadriennal; la prairie n'y occupe plus qu'une année (1).

Assolement-type. — Si l'on prend comme type l'assolement de la basse Lombardie, à savoir :

1re année : Maïs, sur bon labour et bonne fumure.

2e — Froment, fumé, avec récolte fourragère intercalaire, semée sur le froment au printemps, qui donne une coupe de fourrage en juillet, et une de foin, en septembre.

3e année : Prairie alterne, copieusement fumée à l'automne.

4e et 5e années : même prairie, fumée à la 4e année de nouveau avec fumier et terreau.

6e année : Lin de mars, suivi de maïs quarantain sans engrais.

on remarquera que l'exploitation même consomme le foin de la prairie triennale, le fourrage intercalaire du froment, les pailles de froment, les tiges et les feuilles du maïs, les panicules du lin, et pour le service des paysans, le maïs. Parfois, quelques hectares additionnels de marcite ou de prairie permanente complètent les res-

(1) Marenghi, *il Circondario di Cremona*, *loc. cit.*

sources d'entretien du bétail. D'autre part, l'exploitation
exporte le grain, la filasse de lin, le lait des vaches à
l'état de beurre ou de fromage; les veaux au nombre
de 1 en moyenne par vache, vendus à l'âge de 10 à 15
jours.

Comme cheptel, le domaine irrigué entretient une
vache à l'hectare, et plus encore, s'il y a des prés temporaires; une bête de travail par 6 ou 7 hectares, et avec
les résidus de la fromagerie, etc., 12 à 15 porcs qui fa-
briquent aussi de l'engrais.

L'exportation de matières utiles, réduite ainsi à sa
plus simple expression, ne semble pourtant pas suffisamment compensée par les limons des eaux d'irrigation
et les curages de rigoles. Le phosphate finit par s'é-
puiser; de là, l'obligation d'acheter des engrais de commerce, pour amener le rendement du blé de 18 à 30 hectolitres, par hectare; celui du maïs, de 45 à 65 hectolitres; et le produit en foin, de 100 à 120 et 140
quintaux. De là aussi, la nécessité d'un fonds de roulement considérable qui peut atteindre de 1,000 à 1,200
francs par hectare.

En admettant, sur base de l'assolement type précité
sans rizières, un produit brut, y compris celui de l'étable, de 6000 francs environ pour 6 hectares, on trouve
que ce produit se répartit de la manière suivante :

	fr.	Pour cent. fr.
Consommation, salaires et impôts...	4.050	67.50
Intérêt à 5 % du fond de roulement, soit de fr. 6.000	300	5.00
Intérêt à 4 % du capital foncier, soit de fr. 30.000	1.200	20.00
Quote-part pour la direction, à raison de 75 fr. par hectare	450	7.50
Totaux	6.000	100.00

Dans le capital foncier de 30,000 francs, les placements permanents, tels que bâtiments d'exploitation, à raison de 1000 francs par hectare; aménagement et nivellement du sol, à raison de 700 à 800 francs; chemins et ouvrages d'art pour l'irrigation, environ 1,000 francs, ne laissent plus que 2,000 francs sur 6,000 d'intérêt annuel, soit 80 francs par an, à imputer au revenu naturel du sol, qui correspond dès lors à 8 pour cent du revenu brut.

Étendue du domaine. — Les détails précédents empruntés à Bordiga (1) n'ont d'autre objet que de pouvoir établir, par rapport aux capitaux disponibles, l'étendue normale des exploitations soumises à l'irrigation. Nous ne reviendrons pas sur ce qui a été dit à cet égard (2) quant à l'assiette de la propriété, aux baux, et à la condition des classes rurales résultant des arrosages pratiqués dans les diverses zones de la vallée du Pô. Deux conditions principales limitent l'étendue des propriétés irriguées : le capital, quand il s'agit des exploitations où dominent les marcites, comme dans le Milanais; et le mode intensif de culture appliquée dans les zones des prairies alternes et des rizières. Dans le premier cas, en raison du capital énorme qu'exige le cheptel de vaches laitières, une étendue de 80 hectares est un maximum; tandis que dans le second cas, l'eau ne manquant pas, une ferme normale comprend de 100 à 200 hectares. Au delà de ces surfaces, comme dans le Pavesan, il devient impossible d'appliquer avec bénéfice les assolements à l'aide desquels l'eau est rationnellement utilisée.

Dans le Crémonais, où l'irrigation est incomplète en

---

(1) Bordiga, *loc. cit.*, p. 202.
(2) Voir livre 1er, p. 23.

raison des nivellements imparfaits, plutôt que de la pénurie des eaux, l'étendue d'une ferme ordinaire irriguée est de 80 hectares environ. Toutefois, les fermes de 50 hectares peuvent rentrer dans la catégorie des grandes propriétés irriguées de la zone du lin.

Un bon emploi des eaux, dans les exploitations partiellement irriguées du Véronais, exige une étendue d'au moins 100 hectares. Les dépenses sont alors proportionnelles au produit. Il est vrai que beaucoup de fermes plus petites recourent aux arrosages, mais les propriétaires se sont associés, dans ce cas, pour la jouissance de l'eau.

Fermages. — D'une manière générale, au régime de l'irrigation, en Lombardie, comme en Vénétie, correspond le fermage, avec des baux à échéance de 3, 6, 9 ans, jusqu'à 18 ans; mais dans les plus grandes propriétés, le bail usuel est de 9 ans. Si les eaux sont continues, ou assez abondantes pour que le fermier soit assuré de tirer profit de l'exploitation des terres arrosées, en payant une rente suffisante, le propriétaire ne dirige pas lui-même son exploitation. Les fermages se payent en argent, sauf pour certains articles de peu d'importance, qui sont fournis en nature au propriétaire (1).

I. TYPES DE DOMAINES IRRIGUÉS.

Comme conséquences pratiques des principes de l'irrigation, nous décrirons quelques exploitations pouvant servir de types dans la haute Italie. D'autres exemples

(1) *Monografie agricole del Prof. Bodio: l'Italia agricola,* 1874, t. VI, p. 420.

pris dans les Bouches-du-Rhône, le Vaucluse, les Hautes-Pyrénées, l'Allier et le Gard, fourniront des données positives sur d'utiles applications réalisées dans des circonstances toutes différentes. Un dernier type se réfère à l'un de ces *ranchues* américains qui n'ont pas leur semblable en Europe.

Haute Italie.

Pasesan. — Le domaine de *Cascina grassa ed Uniti*, commune de Landriano, propriété du comte Taverna, affermé en 1877 à l'ingénieur Salvini, comprend 13o hectares d'un seul tenant dont le sol est d'alluvion. Sur ces 13o hectares, 110 lotis en 18 parcelles sont soumis à l'assolement, et 20, divisés en 12 parcelles sont cultivés en marcites. Les prairies-marcites représentent ainsi environ 15, 4 pour cent de la contenance totale.

L'assolement comporte :

1re et 2e années. Riz.
3e année. Maïs.
4e — Céréales et trèfle en seconde culture.
5e et 6e années. Prairies.

Le cheptel se compose de 158 têtes, à savoir : 105 vaches, 9 bœufs de travail, 12 chevaux, des veaux et des porcs représentant ensemble 32 têtes de gros bétail.

Les purins sont recueillis dans des citernes, mais outre le fumier provenant des 158 animaux, on achète du guano et du superphosphate, de façon à dépenser annuellement en engrais de commerce, de 120 à 15o francs par hectare de prairie.

Le travail est conduit par 20 familles de paysans comprenant 60 personnes sédentaires. On engage en sus, suivant les besoins de l'exploitation, pour les travaux du printemps, la fauchaison, la moisson, etc., des journaliers du dehors.

La production du domaine est basée sur les rendement ci-après :

100 vaches livrant annuellement.	2.400 hectol. de lait.	
Maïs...........................	36 —	par hectare.
Froment.......................	18 —	—
Avoine.........................	36 —	—
Riz............................	60 —	—
Paille.........................	46,32 quint.	—

Les prairies en assolement donnent de 4 à 5 coupes, et les marcites 6 coupes.

Pour un fermage de 21,000 francs, soit de 168 francs environ par hectare (1), le produit résultant de la moyenne de 10 années, a été de 32,100 francs, soit de 247 francs par hectare. Jusqu'en 1863, 27,500 fr. avaient été immobilisés en travaux d'amélioration, et à partir de cette année, environ 4,000 francs par an ont été dépensés de ce chef; soit un montant total de 100,000 fr., ou 768 francs environ par hectare.

Le plan du domaine irrigué de Cascina grassa (fig. 9) montre la répartition des cultures et le tracé des irrigations, avec les canaux qui les desservent. Le plan des marcites, à plus grande échelle (fig. 10), indique avec quelle perfection les eaux du Lambro, dérivées en amont par une rigole principale, qui longe l'étage des planches nº 1 jusqu'à la ferme, sont conduites jusqu'à celui qui porte le nº 14, où elles débouchent en partie dans le Lambro, après avoir servi à un moulin; l'autre partie s'écoule dans le canal Francesca qui porte les eaux plus loin, en dehors du domaine. Les colateurs ne

---

(1) Le fermage a été élevé depuis à 27,000 francs.

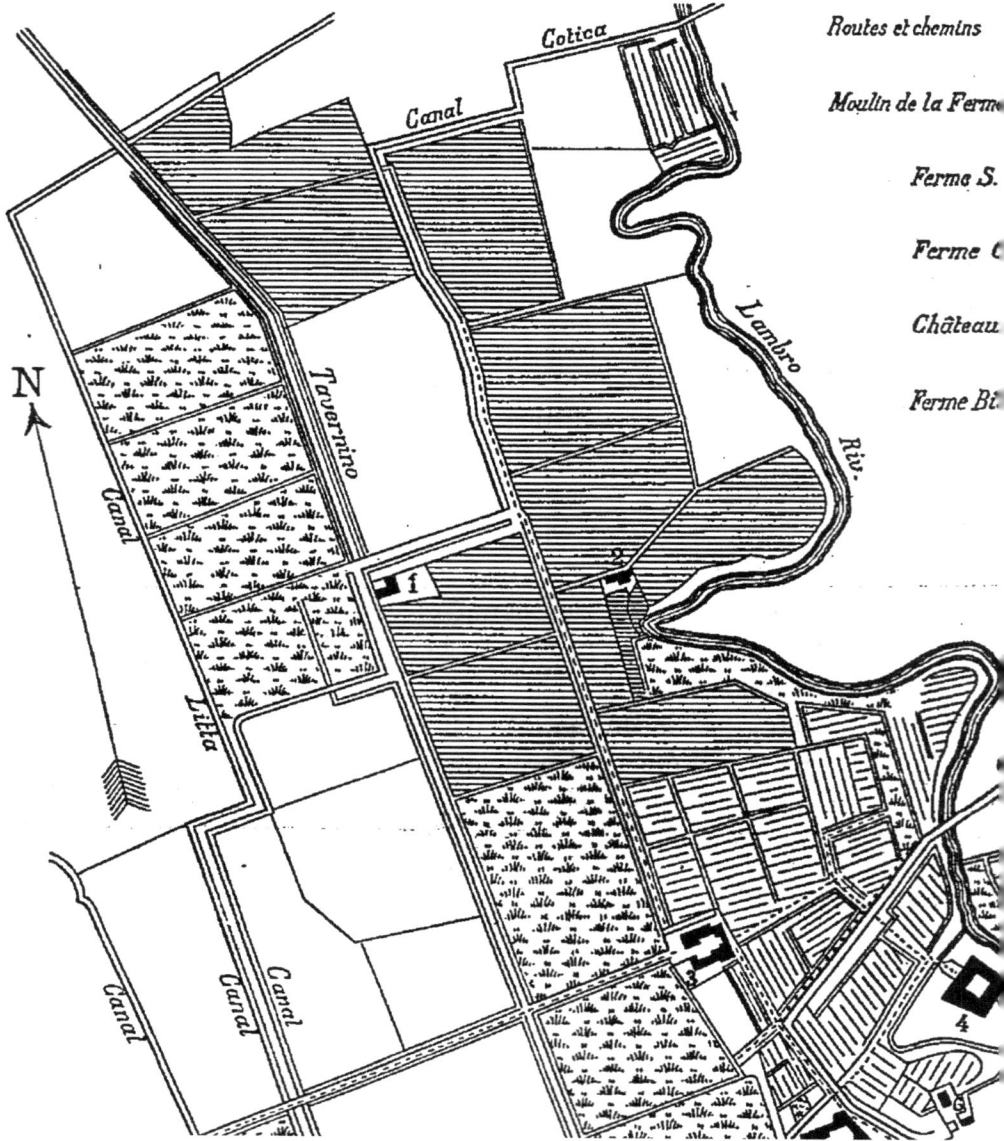

Cotica

Canal

Lambro

Riv.

N

Tavernino

Canal

Ditta

Canal

Canal

Canal

4

Riv. Lambro.

11

9

10

8   7

1   2   3

6

5

12

Grassa
Ferme.

4

12

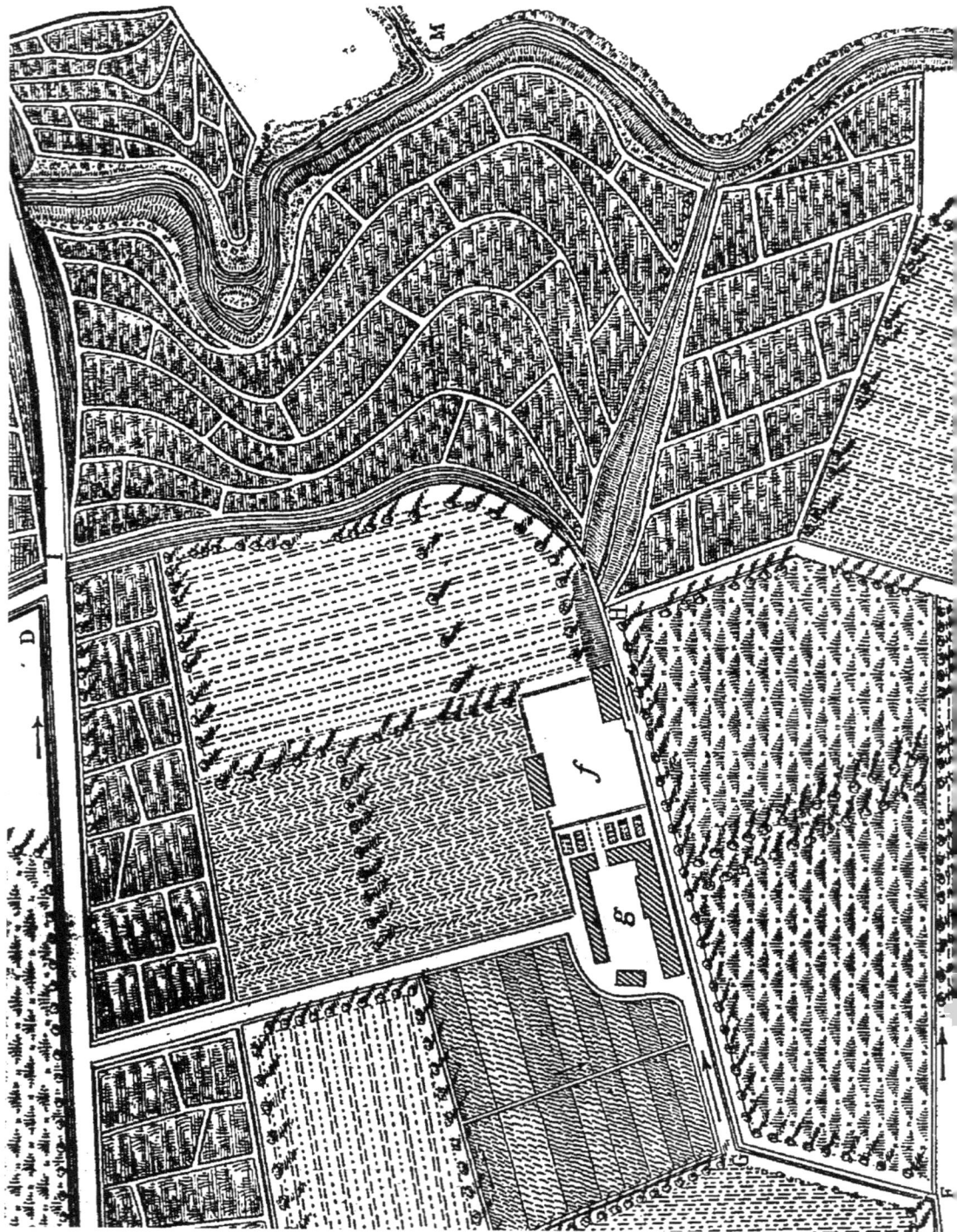

sont pas moins bien installés que les rigoles de distribution; ainsi le colateur de droite des parcelles 1, 2 et 3, permet de compléter l'irrigation des parcelles 7, 8 et 9 ou 10; tandis que le colateur de gauche, concourt à l'arrosage des parcelles 4 et 5, et ainsi de suite.

La consommation d'eau sur ces 20 hectares de marcites, varie entre 24 et 27 litres par seconde et par hectare.

Verceillais (Piémont — Le plan (fig. 11) d'une exploitation du Verceillais, sur laquelle toutes les cultures sont arrosées, s'étend à une superficie de 100 hectares qui se divisent comme il suit :

	Hectares.
Rizières...	40
Prairies naturelles.............................	20
Terres labourables.............................	40
Total.............................	100

Le sol est argilo-siliceux, de consistance moyenne, et de moyenne fertilité. Le cours d'eau qui alimente l'irrigation permet de disposer de 116 litres par seconde, ou de 1000 mètres cubes d'eau par 24 heures. La consommation des cultures par hectare est fixée en conséquence de la manière suivante :

	lit.		
Rizières...........	2.400	eau continue.	
Prairies...........	2.000	—	(tous les 15 jours).
Terres labourables.	0.330	—	(deux fois par an).

L'assolement est ainsi disposé :

1re année. Riz.
2° — Riz.
3e — Froment et trèfle.
4e — Maïs.

et la production moyenne, par hectare, correspond

pour le riz dépouillé à .... 18 hectol.
— le froment à.......... 16 —
— le maïs à............. 34 —
— les prairies à......... 4.000 kil. en 3 coupes.

La légende du plan fig. 11 est la suivante :

ABCD ; canal qui longe le domaine.
E; prise d'eau pouvant fournir 145 litres par seconde.
FGHL; canal principal du domaine dont la chute est utilisée
pour la mise en mouvement des pilons à riz et des
batteuses.
NMOP; canal d'écoulement, ou colateur principal.
aa; rizières à digues droites sur terrain plan et régulier.
bb; — courbes suivant les lignes de niveau,
sur terrain en pente et irrégulier.
cc; champs arables.
dd; prairies naturelles.
e; marcites ou prairies d'hiver.
f; grange et aire de battage ou de séchage,
g; habitation, potager, etc.

Le prix de fermage de ce domaine n'est pas indiqué (1), mais pour les terres arrosables de moyenne qualité, dans le Verceillais, la valeur locative se tient aux environs de 100 francs par hectare; tandis que pour les terres de bonne qualité et profondes, elle varie entre 160 et 200 francs.

Reggio (Émilie). — Les trois fermes Rossa, Arienta et Bergonza, exploitées par les frères Spalletti en 1877, font partie du vaste domaine de San Donnino de Ligurie, qui comprend 700 hectares.

Sur les deux fermes Rossa et Arienta (plan général, fig. 12) d'une contenance de 56 hectares 47, l'irriga-

(1) Heuzé, *l'Agriculture de l'Italie septentrionale, loc. cit.*, p. 118.

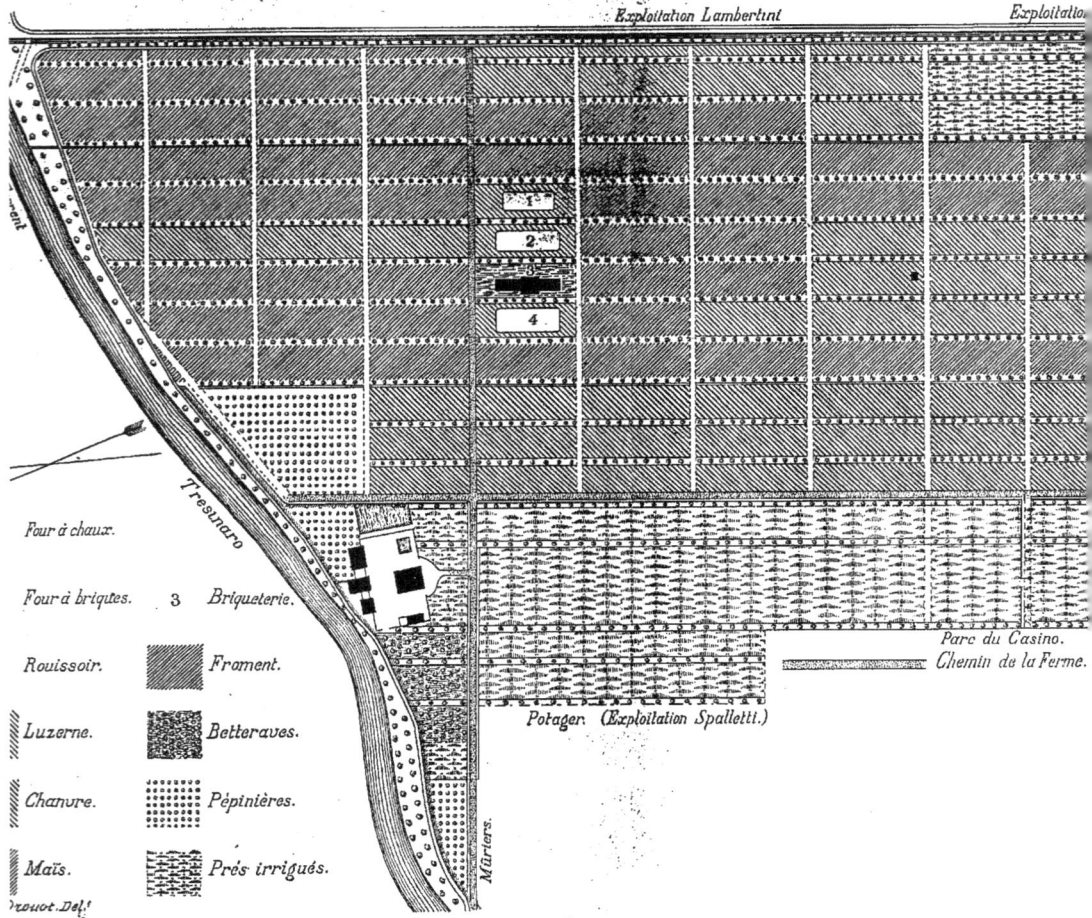

Four à chaux.

Four à briques.   3   *Briqueterie.*

Rouissoir.   *Froment.*

Luzerne.   *Betteraves.*

Chanvre.   *Pépinières.*

Maïs.   *Prés irrigués.*

Parc du Casino.

Chemin de la Ferme.

Potager (Exploitation Spalletti.)

rouot. Del.

Fig. 12. — Domaine de San Donnino (Émilie); plan général de l'exploitation Rossa et Arienta.

tion s'applique à 10 hectares 88 de prairie, et sur la
troisième ferme de Bergonza (plan général fig. 13) d'une
surface de 37 hectares 24, à des prairies couvrant 5 hectares 25. En d'autres termes, sur un ensemble de 93
hectares 70, les prairies irriguées occupent 16 hectares,
13 ares.

Les parcelles en culture et non cultivées des trois
fermes sont les suivantes :

SURFACE DES TROIS FERMES.	1re et 2e fermes.	3e ferme.
	hectares.	hectare.
Maisons, cours et jardins..............	0.52	0.56
Prairies irriguées......................	10.89	5.25
Luzernière.............................	4.96	9.00
Chanvrière............................	6.67	4.84
Cultures fourragères,..................	5.62	5.10
Terres arables, froment...............	15.05	8.30
— maïs..................	2.82	1.30
— betteraves.............	0.28	1.11
Pépinieres (ormes et divers)...........	1.68	»
Mûriers (pépinière)...................	0.26	»
Digues, bords et pâtis.................	4.28	»
Briqueterie, fours à chaux et rouissoirs.	0.51	»
Routes, chemins et fossés.............	2.93	1.78
Totaux.....................	56.47	37.24

Le sol d'alluvion, argilo-siliceux, plutôt argileux, est
situé à un niveau légèrement supérieur à celui du confluent des deux torrents Tresinaro et Secchia. Ce dernier fournit l'eau d'irrigation aux deux premières fermes,
investies régulièrement du droit de jouissance, moyennant une redevance annuelle insignifiante. Sur la ferme
de Bergonza, les eaux sont dérivées du canal domanial

Carpi, à un demi-kilomètre environ, moyennant une taxe fixée à 3 fr. 42 par hectare.

L'eau n'est pas jaugée, et l'irrigation d'un hectare comporte en moyenne un débit de 7 heures, pour une hauteur d'eau variant entre $0^m,01$ et $0^m,02$. L'irrigation d'hiver ne se pratique pas.

Au nord, comme à l'est de la propriété, des digues protègent les terres contre les crues des deux torrents; mais ces digues s'égouttent, suivant la pente du terrain, dans des fossés qui convergent vers un colateur général débouchant dans le Tresinaro, où une vanne empêche le refoulement des crues. Les canaux secondaires d'irrigation sont également pourvus d'écluses à bajoyers résistants, avec vannes hydrotimétriques.

Les prairies s'arrosent, s'il y a lieu, avant la première coupe de mai; deux fois avant la deuxième coupe du commencement de juillet, et une dernière fois avant la troisième coupe, vers la mi-août. La production moyenne en mètres cubes par hectare est la suivante :

1re coupe......................	55 mètres cubes.
2e —	40 —
3e —	25 —
Total...............	100 —

On attend, pour faire la seconde coupe, que la moisson ait eu lieu et que le blé ait été battu, afin de mélanger la paille avec le foin. La première coupe exige 60 faucheurs; la deuxième 50, et la troisième 35. Les soins du fanage et de la rentrée au fenil occupent 70 journaliers pour la première coupe; 40 et 30 pour les deux coupes suivantes. Le transport par chars à bœufs s'opère à forfait.

Les prairies sont fumées à la fin de l'automne en

Domaine Braglia (Propriété Spalletti.)

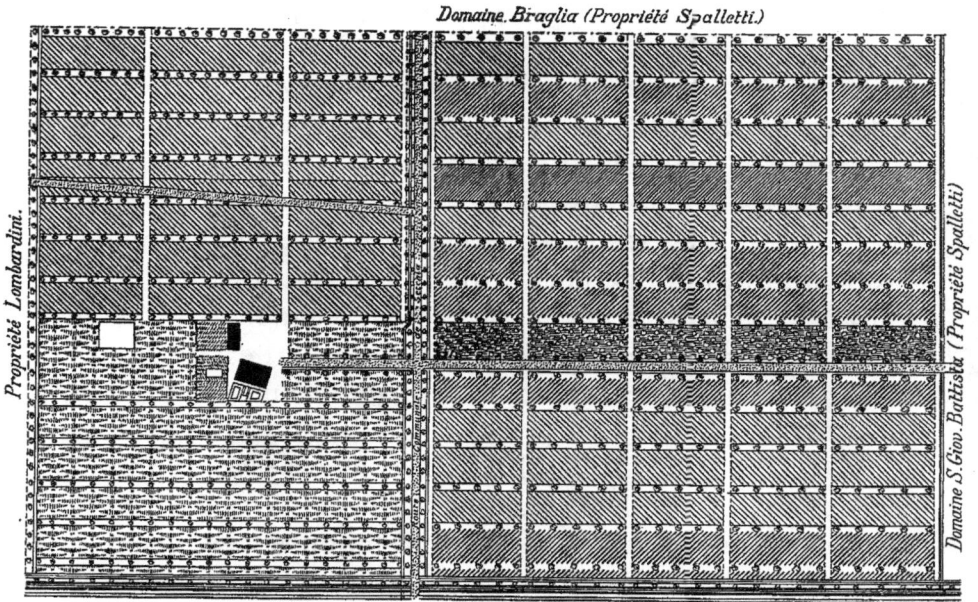

Fig. 13. — Domaine de San Donnino (Émilie); plan général de l'exploitation Bergonza.

deux fois; d'abord, au moyen d'un compost (50 mètres cubes), formé pour les deux tiers de fumier d'étable consommé, et pour un tiers, de terre; puis avec un mélange d'engrais : phosphates, nitrate de potasse et plâtre, répandu à la volée. Le coût de la fumure représente 170 francs par hectare.

Le reste des terres est soumis à deux assolements, suivant que domine la culture du chanvre, ou celle de la luzerne. Dans le premier assolement biennal, le chanvre et le froment alternent; dans le second, qui est de quatre ans, la rotation comporte : luzerne, froment, maïs et froment.

Les labours pour le chanvre et la luzerne se font à 0^m,45, en été, puis à égale profondeur, avec la bêche, à l'automne; pour le maïs, on laboure seulement à 0^m,35.

La chanvrière reçoit annuellement par hectare, sur un quart de la surface labourée à la bêche, 50 mètres cubes de fumier, et sur la superficie totale, 12 quintaux de tourteau oléagineux avec fumier de colombier, au printemps. La luzernière reçoit par hectare, 35 quintaux de matières de vidanges, et le maïs, 40 mètres cubes de fumier, avant le labour.

Les quantités de semence et les rendements des diverses cultures figurent ci-après :

	Semence. hectol.		Rendement.
Chanvre..........	1.25	{ filasse....	522 kil.
		(étoupe ...	94 —
Froment.........	1.45	grain.....	14.08 hectol.
Maïs.............	0.16	—	21.72 —
Avoine..........	1.00	—	21.00 —
Luzerne..........	25 kil.		quatre coupes.

Malgré le faible rendement des céréales dans une
culture aussi intensive, les prairies et la luzerne permettent d'entretenir sur les trois fermes, le cheptel suivant :

Bœufs à l'engrais.......................... 4
— de travail...................... 16
Vaches laitières........................ 26
Génisses et bouvillons..................... 14
Veaux..................................... 15
Taureaux................................. 2
Moutons................................. 24
Porcs 24

Le tableau XLIV donne le bilan pendant l'année
1875 de l'exploitation des trois fermes réunies. On y remarquera que les produits de l'étable et de la laiterie
représentent près du tiers du revenu brut; le froment
et le chanvre représentent ensemble un autre tiers.
Comme exploitation, un système mixte est adopté;
les animaux sont à la charge de bouviers (*bifolchi*),
payés en argent et en nature, et les cultures sont à la
charge de deux chefs (*castaldi*) faisant le métayage
à mi-fruit. Ce système est dit *a boaria*. Les journaliers
exécutent les travaux des champs et des pépinières,
sous la surveillance des *castaldi*.

En 1875, les trois fermes réunies avaient donné
un produit brut de 38,042^f,61, d'où, en retranchant
23,419^f,77 de dépenses, un produit net de 14,622^f,84,
correspondant à une moyenne de 150 francs par hectare. Avant que les améliorations dues à l'assainissement, au nivellement des terres pour l'irrigation, et aux
assolements de chanvre et de luzerne, eussent été introduites, en 1872, le produit net était de 91^f,83 par
hectare, impôts non déduits. Au bout de trois ans,

Tableau XLIV. — *Bilan de l'exploitation des trois fermes Spalletti* (1875). *Domaine de San Donnino, à Reggio.*

Doit.

	fr.
Journaliers : 5,567 journées.....	5,351.27
Travaux à forfait........	1,300.34
Vin pour paysans; 171 hectol....	1,130.45
Achat de fumier..........	865.64
Achat de litières pour écuries, etc.	1,747.75
Achat d'engrais..........	3,534.47
Semences...............	190.53
Grain et tourteaux pour bétail....	2,666.29
Achat de foin et de fourrages.....	950.31
Outillage et matériel, entretien....	525.20
Salaires aux bouviers..........	4,264.40
— aux chefs de culture......	893.12
Total des dépenses........	23,419.77

Avoir.

	Produits. Quantité. hectolit.	Produits. Prix. fr.	fr.
Froment........	278.30	20.00	5,966.00
— criblures........	4.80	6.00	29.10
Avoine........	69.20	10.00	692.00
Vesces........	5.00	12.00	60.00
Pois........	11.70	15.00	175.50
Haricots........	9.65		144.70
Maïs..........	92.40	10.00	924.00
Noix........	31.90	7.50	239.25
Fascines........	4,750.00	0.08	380.00
Cocons........	1,788 kil.	»	2,657.27
Raisin........	356.05 quint	9.00	3,209.31
Chanvre........	62.00	85.00	5,277.60
— étoupe........	11.15	45.00	501.60
Pommes de terre....	8.00	7.00	56.14
Miel........	»	»	0.84
Produits de laiterie.....			1,515.36
Vente de fumier....			597.10
— de plants d'arbres.....			1,523.80
— de foin et paille.....			2,889.68
— de graines de semence.			372.45
Produits d'étable....			10,830.91
Produit brut....			38,042.61
A déduire total des dépenses.			23,419.77
Reste comme produit net....			14,622.84

l'augmentation du produit net était ainsi de 70 pour cent environ (1).

France.

Bouches-du-Rhône. — Le domaine de la Darcussia, commune de Marseille, occupe sur un sol en pente, assez accidenté, 19 hectares 81 ares de prairies qu'arrose une filiole de la branche, entre Saint-Barnabé et Saint-Pierre, du canal de Marseille.

Quatre prises d'eau alimentent l'irrigation, de manière que l'abonnement d'un litre correspond à 43 arrosages de 3 heures, avec un débit de 34 litres par seconde, pendant chaque période de 3 heures.

D'après le roulement établi, l'eau est reçue par série de quatre arrosages, effectués sur chaque prise, dans chaque période de 17 jours, pendant 183 jours de la saison d'été; ce qui représente 205 millions de litres pour la saison. Un litre d'eau, en dehors des 13 litres qui assurent la distribution ci-dessus, est fourni par un bélier hydraulique, dans un bassin situé au sommet des terrains de la propriété à la cote de 18 mètres. Enfin, une conduite souterraine amène de Saint-Barnabé 3 dixièmes de litre d'eau continue pour l'arrosage des pelouses, des bosquets et des jardins de l'habitation.

La redevance annuelle payée au canal (14 litres) est de 1,400 francs; les 664 heures d'arrosage, moitié de jour à 0^f,25, et moitié de nuit à 0^f,50, payées à l'irrigateur correspondent à une dépense de 249 francs.

Les prairies sont fumées au moyen d'un compost préparé avec du fumier d'étable ou d'écurie, de la terre et des vidanges. Le fumier est livré en partie par le

(1) Chizzolini, *Relazione sui poderi concorrenti, etc., loc. cit.*, p. 37.

domaine même, en partie, par une écurie de 15 chevaux située en ville, et en partie, acheté au dehors. La
fumure, à raison de 700 mètres cubes pour 12 hectares,
équivaut à une dépense annuelle de 2,150 francs.

Les prairies rendent, en quatre coupes, 9,000 kil.
par hectare. Une faucheuse, un rateau à cheval et une
faneuse réduisent à 48 journées la main-d'œuvre de la
récolte, à laquelle il faut ajouter les charrois.

Le compte du domaine de la Darcussia s'établit dès
lors de la manière ci-après :

DÉPENSES.

fr.

	fr.
Prix de l'eau............................. .	1.400
Impôt et octroi de la ville.................	1.350
Engrais..................................	2.240
Frais d'arrosage pour 12 hectares..........	249
Charroi des engrais; 150 journées à 2 fr. 50	375

Récolte, faucheuse et faneuse.......	320	
— 300 journées à 2 fr. 60.....	780	1.300
— entretien et amortissement des machines..............	200	

Total des dépenses........ 6.914; soit 576 fr. par hect.

RECETTES.

110.000 kil. de foin à 12 fr. les 100 kil..... 13.200

Produit net (1)............ 6.286; soit 524 fr.   —

Dans le plan général du domaine de la Darcussia
(fig. 14), les principales cotes de niveau sont rapportées; les canaux souterrains en poterie sont indiqués
par des pointillés, ainsi que ceux de drainage, servant
d'écoulement aux eaux.

Les regards des martelières, ont une largeur moyenne
de 0^m,40 à 0^m,60, sur une hauteur de 0^m,60 à 0^m,80;
tous les tuyaux ont 0^m,20 de diamètre. Quant aux van-

(1) Non compris l'intérêt du prix du terrain, etc.

nes, ou *espassiers*, qui dirigent les eaux sur les martelières, elles ont de 0^m,25 à 0^m,35 de largeur et de 0^m,35 à 0^m,80 de hauteur, suivant la profondeur des regards (1).

Vaucluse. — Le domaine des Pigeclets, à cheval sur les deux communes de Saumanes et de l'Isle, a une contenance totale d'environ 70 hectares; il est exploité à mi-fruit pour compte de la famille propriétaire du marquis de l'Espine.

En 1862, le domaine comprenant deux métairies, produisait, outre de la garance et du vin, des cocons, du blé et d'autres récoltes de consommation. Les magnaneries et les mûriers ayant périclité à la suite de la pébrine, le propriétaire parvenait encore à tirer du vin et de la garancine, un revenu net annuel de 8,000 à 9,000 francs, soit de 110 à 130 francs par hectare; mais le phylloxera et l'alizarine artificielles ne tardèrent pas à porter le dernier coup à ce revenu industriel. Dès lors, il fallut songer à avancer des capitaux pour l'irrigation de récoltes à consommer par le bétail, pour défricher les garrigues, assainir les parties basses et les transformer en prairies, et étendre la culture du blé, en même temps que submerger les vignes à replanter.

Les eaux du canal de Carpentras et celles détournées de la Sorgue ont permis de mettre en arrosage :

10 hectares de luzernes,
8 — de prairies,
6 — de vignes,
4 — de jardinages,

et au besoin toutes les terres à blé, quand la saison est trop sèche.

(1) Barral, *les Irrigations dans les Bouches-du-Rhône*, loc. cit., p. 88.

Fig. 14. — Domaine de Darcussia (Bouches-du-Rhône); plan général des irrigations.

Les cotes annuelles d'arrosage portent sur 24 hectares. Le propriétaire a d'abord payé 575 francs par hectare, comme premier droit de concession, et depuis l'établissement des canaux tertiaires du Large et de Goult, dérivés du canal de Carpentras, il paye, à moitié avec les fermiers, une redevance de 32 francs pour frais d'entretien et d'amortissement. A l'aide d'eaux de sources captées par des travaux spéciaux, on arrose en outre 4 hectares.

Les 8 hectares de prairies semées en fromental, avec trèfle, et un peu de luzerne, offrent un rendement moyen annuel, en 3 coupes, de 10,000 kil. par hectare.

Les 6 hectares de vignes nouvelles, plantées dans des terrains pierreux, en compartiments étagés, sont submergés complètement, moyennant une mise en état du terrain, qui représente une dépense de 500 francs par hectare.

Le cheptel comprend 32 bœufs, 200 moutons (dont 120 brebis au moins) et 32 porcs. L'estimation du bénéfice annuel à partager est de 3,200 francs pour les bœufs, de 2,000 francs pour les moutons et de 2,000 francs pour les porcs; ce qui représente l'équivalent de la production fourragère, basée uniquement sur l'irrigation. L'engrais est fourni, comme fumier, par les bêtes à l'engrais, et par 8 bêtes de trait, principalement des mulets, et complété par 20.000 kil. de trouille, des superphosphates, etc.

Comme autres produits, le partage porte sur 300 hectolitres de blé, 100 hectolitres d'avoine et 20 hectolitres de haricots.

L'emploi de l'eau permet enfin de mettre en culture 2 hectares de pommes de terre, carottes, ou betteraves, employées à l'engraissement du bétail.

Grâce aux améliorations introduites par le défrichement, le nivellement, le drainage et l'irrigation du domaine des Pigeolets, deux fermes ont pu être ajoutées aux deux déjà existantes, tout en maintenant une réserve de 9 hectares environ au propriétaire; à savoir : 6 hectares de vignes et 3 hectares de prairies.

Dans le plan général du domaine (fig. 15) les travaux d'irrigation exécutés par le marquis de l'Espine sont représentés : 1° par l'établissement de 7 prises d'eau sur la filiole n° 1 du canal du Large, et par autant de rigoles pour l'arrosage des terres que longe la route départementale; 2° par la construction de barrages à travers les vallats de la roubine de Campredon et du Buis, détournant les eaux qui se perdaient dans la Sorgue; 3° par l'exécution de martelières, ponts ou siphons traversant les chemins publics et particuliers du domaine (1).

Hautes-Pyrénées. — Le domaine de Fleurance (canton de Rabastens), éloigné de 14 kilomètres de la ville de Tarbes, embrasse 117 hectares, sur lesquels 39 en terres labourables, 50 en prairies naturelles, 2 en pacages et 14 en vignes. D'un seul tenant, avec une légère pente du midi au nord, le terrain est argilo-siliceux, peu profond, et le sous-sol, rarement perméable.

Toutes les prairies sont irriguées; en partie, par un canal de 500 m. dérivé de l'Adour, et en partie, par les eaux d'une nappe souterraine, relevée à la profondeur de 1 m. 50, qui fournit un volume de 25 litres environ par seconde. Malgré cela, étant donnée la vaste étendue des prairies, le volume limité des eaux des deux provenances a exigé un emploi méthodique, basé sur des pièces d'eau servant de réservoirs, et l'aide d'un irrigateur spécial, chargé du service des arrosages.

(1) Barral, *les Irrigations de Vaucluse, loc. cit.*, p. 162.

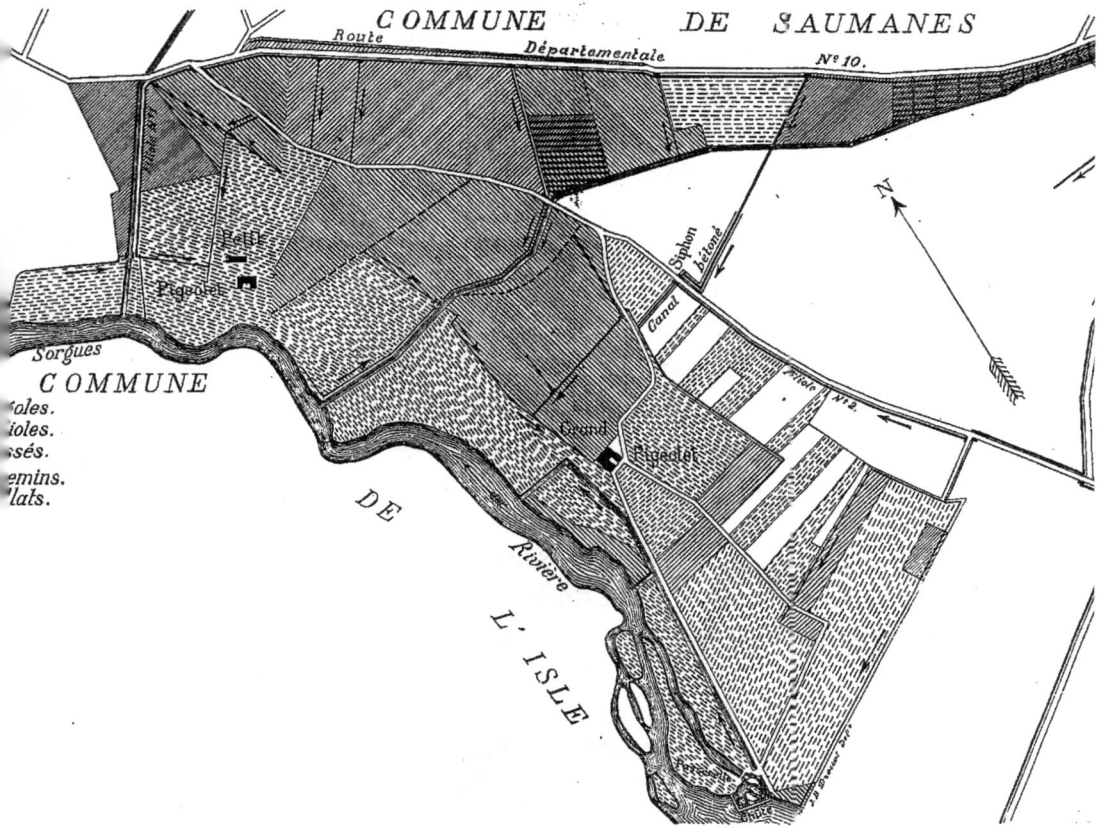

FIG. 15. — DOMAINE DES PIGEOLETS (VAUCLUSE); PLAN GÉNÉRAL DE L'EXPLOITATION.

Les anciens prés, mal nivelés, ne donnaient qu'une coupe peu abondante; après défrichement, nivellement et irrigation, ils rendent en deux coupes autant que les prés de création récente, à savoir, 7,700 kil. de foin par hectare; le regain est ordinairement pâturé. Tantôt ils sont affermés; tantôt leur produit est vendu sur pied, quand il n'est pas fauché et emmagasiné pour les besoins de la ferme. Il y a parfois plus de bénéfice à vendre les foins au prix de 40 francs les 1,000 kilogrammes qu'à les faire consommer par le bétail d'exploitation, et à acheter une partie des fumiers nécessaires.

Aussi bien les fumiers des étables et les purins que les curures de routes et de fossés, et le parcage de troupeaux étrangers, à raison de 53 francs par hectare, servent à la fertilisation des terres de Fleurance.

L'assolement suivi est de neuf ans, sur lesquels trois années, nos 1, 3 et 7, sont en jachère. Les autres années sont occupées par le froment, le maïs et l'avoine; le froment rend 18 hectolitres, et l'avoine 40 hectolitres par hectare.

Le bétail consiste en jeunes bœufs et en vaches qui hivernent et sont revendus au printemps ou pendant l'été, outre 12 vaches à demeure, donnant des veaux, du lait, du fumier et les travaux nécessaires.

Le capital du domaine s'établit comme il suit :

	fr.	fr.	fr.
Prix d'achat (1855).....................		70.000	
Dérivation de l'Adour..............	3.037		
Captation de sources..............	3.000		
Création de prairies (40 hectares)...	15.500		
Constructions et moteur..........	8.875		
Vignes, potager, aqueducs........	7.637		
Travaux d'amélioration................		38.049	
Valeur du domaine............		140.049	
Mobilier aratoire.................	3.100		
Vaisseaux vinaires (500 hectol.)...	4.000		151.649
Achat d'animaux.................	4.500		
Capital agricole		11.600	

Au montant de 151,649 francs correspondait en 1865, toutes dépenses payées, un bénéfice net de 14,932 francs, soit un peu moins de dix pour cent.

En diminuant les terres labourables de 41 hectares par rapport aux 80 qu'elles occupaient en 1855, et en créant ou améliorant par l'irrigation 42 hectares de prairies, tandis que le domaine en possédait 8, le revenu, par suite de l'abandon de la culture dominante des céréales au profit de celle du foin et des fourrages, a été de cette façon plus que triplé (1).

Le plan général des terres en culture (fig. 16) indique le tracé du canal et des rigoles d'irrigation, ainsi que le ruisseau qui longe le domaine et les réservoirs des sources qui assurent les arrosages des prairies hors de portée du canal.

Allier. — Sur la terre de Belleau (canton de Jaligny), possédée par le baron de Veauce, la ferme-école fondée en 1852, comprenait en 1867, sur 203 hectares, 120 en terres labourables, 60 en prés irrigués, 14 en étangs, etc. (2).

Le sol, légèrement accidenté, présente plusieurs vallons, autrefois barrés par des chaussées d'étang, mais qui se drainent naturellement au profit des cultures. La couche arable est argilo-sablonneuse, parfois entremêlée de calcaire; ou bien, elle est formée d'alluvions des anciens étangs.

Les eaux d'arrosage proviennent du drainage des terres de la propriété, et sont distribuées par des rigoles à niveau parfait, comme le montre le plan général (fig. 17). On commence à irriguer les prairies en novembre, et on ne suspend que pendant les gelées, pour reprendre en janvier ou en février, suivant la température. A partir de cette époque jusque fin mars, on opère trois ou quatre

(1) G. Heuzé, *les Primes d'honneur en 1867*, p. 579.
(2) G. Heuzé, *les Primes d'honneur en 1869*; p. 551.

Terres
labourables.

Prairies.

Taillis.

N

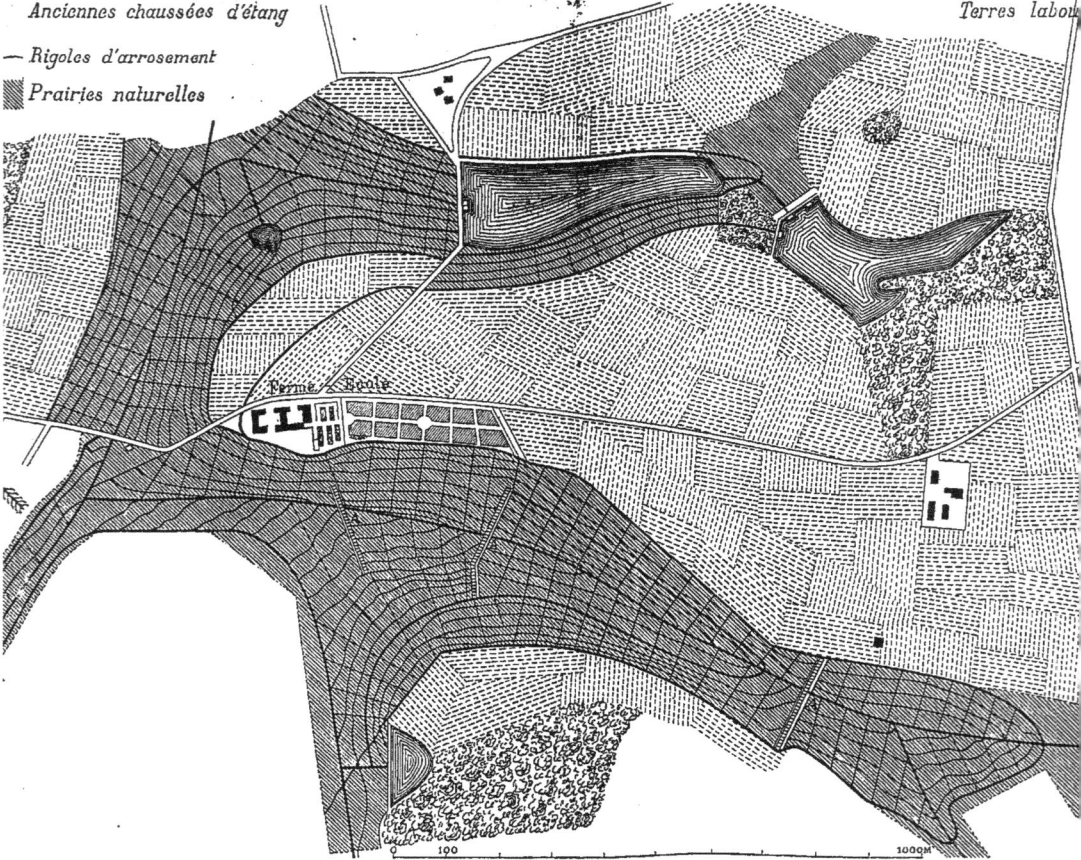

Ferme 2 École

FIG. 17. — FERME DE BELLEAU (ALLIER); PLAN GÉNÉRAL DES CULTURES.

arrosages copieux; après mars, jusqu'à la fin de mai, on pratique encore deux ou trois arrosages. Quand la première coupe a eu lieu, on donne une abondante irrigation que l'on renouvelle une ou deux fois avant la fin d'août. Ainsi traitées, les prairies de Belleau rendent de 40 à 50 quintaux de foin par hectare.

Comme fertilisant, le fumier produit par le bétail, évalué à environ 1 million de kilogrammes par an, est le principal engrais; parfois on ajoute du guano, ainsi que des phosphates, en cas d'insuffisance du fumier.

L'assolement quinquennal comprend pour les terres labourables :

> 1re année; plantes sarclées (betteraves ou carottes, pommes de terre, vesces, gesses et maïs) avec fumure de 50.000 kil. par hectare.
> 2e année; froment d'hiver.
> 3e année; trèfle ordinaire et ray-grass.
> 4e année; froment d'hiver.
> 5e année; avoine et escourgeon.

La luzerne est cultivée en dehors de l'assolement, par soles de 21 hectares chacune.

Outre les animaux de travail, chevaux et bœufs, le bétail de vente est composé de bêtes charolaises-durham et de quelques vaches laitières, de moutons soumis à l'engraissement, et de porcs de diverses races.

Le capital engagé dans l'exploitation s'est élevé, de 1856 à 1867, de 40,000 fr. à 99,767 fr. 28 ainsi répartis :

Animaux......................	37.708.80
Mobilier et outillage...............	20.929.90
Magasin..........................	22.003.00
Engrais en terre et en dépôt.......	6.479.63
Avances aux cultures, etc..........	12.645.95
Total égal...............	99.767.28

soit, par hectare, un capital de 491 fr. 39.

Quant aux améliorations foncières, elles ont exigé, de 1852 à 1867, une dépense totale de 50,491 fr. 32, s'appliquant au chaulage des terres, à raison de 150 hectolitres par hectare; au drainage de 80 hectares, à raison de 310 fr. par hectare; au captage des eaux; et à l'irrigation d'une surface égale.

Les comptes de la terre de Belleau indiquent comme bénéfice net moyen d'exploitation (1852 à 1867) 15,612 fr. 18 par an; soit 80 fr. 47 par hectare.

Le fermage avant 1852, c'est-à-dire avant les améliorations qui ont conduit à l'irrigation des prairies, était de 4,464 fr. 20, et le produit de 33 hectares de bois ajoutait annuellement au fermage, 330 francs. En majorant le total de l'intérêt à 6 pour cent du montant dépensé en améliorations foncières, soit 2,495 fr. 76, et de 5 pour cent l'intérêt d'une somme de 22,100 francs représentant les nouvelles constructions exécutées depuis 1852, on arrive à 8.394 fr. 98, qu'il y a lieu de retrancher du bénéfice annuel précité. On a alors :

Bénéfice net moyen d'exploitation..........	15.612.18
A déduire : pour ancien prix de fermage et intérêts....................................	8.394.98
Soit une différence de............	7.217.20

qui représente le produit réel, réalisé en faisant valoir, au lieu d'affermer, c'est-à-dire, par rapport au capital engagé de 99,767 fr. 28, un bénéfice de 7,23 pour cent.

Gard. — Nous avons réservé comme dernier type de domaine irrigué, celui de Gaujac, situé dans le Gard, à quelques kilomètres d'Anduze, où travaillent quelques filatures de soie importantes. Ce domaine que nous visitions en 1868, et auquel nous consacrions une mo-

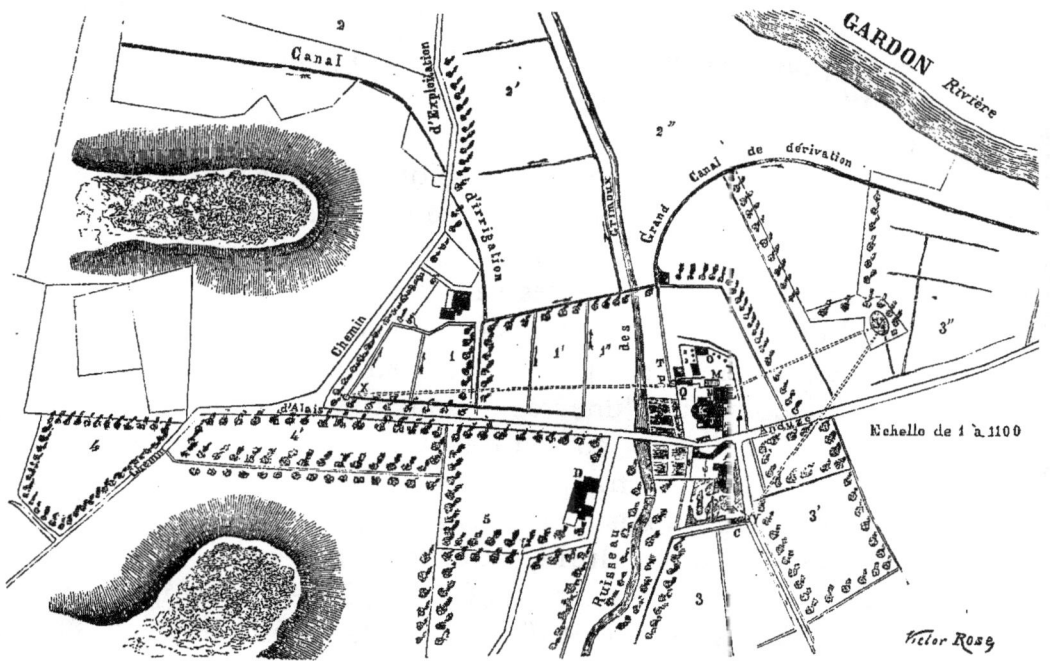

FIG. 18. — DOMAINE DE GAUJAC (GARD); PLAN GÉNÉRAL DES CULTURES.

nographie spéciale (1), mérite d'être signalé, surtout au point de vue de l'emploi combiné des arrosages, des engrais liquides et des composts. « Malgré les chaleurs déjà très intenses en juin, disions-nous, et les effets caractéristiques d'une sécheresse prolongée, on ressentait, dès l'approche de Gaujac, l'influence si bienfaisante de l'irrigation. En face des versants dénudés de la vallée du Gardon, on ne pouvait se lasser de contempler les verts mamelons du domaine, sillonnés par les rigoles, recouverts d'une végétation luxuriante et bordés de mûriers encore en feuilles. Cet ensemble formait un contraste bien frappant avec le pays d'alentour. » Dans une région aussi cruellement éprouvée alors, par l'état de la sériciculture, une tentative aussi hardie que celle du propriétaire de Gaujac, M. Albert André, offrait un enseignement d'autant plus significatif, qu'il était couronné d'un plein succès.

Le domaine, qui s'étend sur 115 hectares, comprenait, lors de notre visite, 20 hectares en prairies arrosées, 10 hectares en cultures arables, 3 hectares en rosiers, 15 hectares en préparation très avancée pour la vigne, 35 hectares en voie de colmatage pour prairie, etc. Il est cotoyé par le Gardon, qui coule de l'ouest à l'est, et traversé par le ruisseau des Grimoux, qui se jette, suivant la direction nord-sud, dans le Gardon, à Gaujac même.

Les figures 18 et 19 réduites à l'échelle, d'après les plans, indiquent la topographie de Gaujac, en même temps que l'agencement des bâtiments et les dispositions prises pour la distibution des eaux. La figure 19 notamment, représente à une plus grande échelle le

---

(1) A. Ronna, *les Irrigations et les engrais à Gaujac; Journ agric. prat.,* 1868, t. II, p. 739.

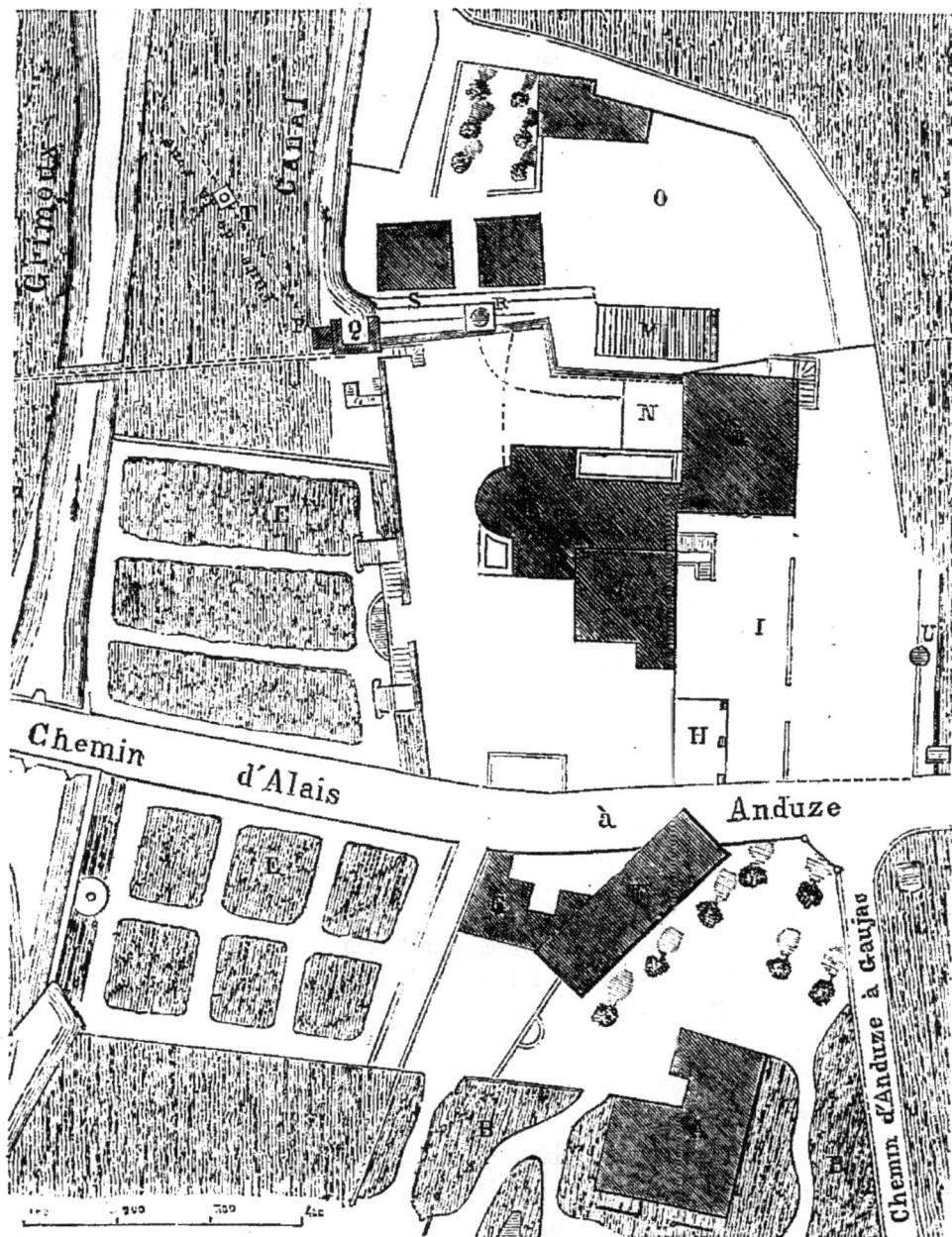

FIG. 19. — DOMAINE DE GAUJAC (GARD); PLAN DES BATIMENTS D'EXPLOITATION.

plan de la ferme et des constructions pour la préparation des engrais liquides. La légende suivante s'applique indistinctement à ces deux figures :

A. Maison de maître.
B. Jardin fleuriste.
C. Orangerie.
D. Distillerie.
E. Jardin potager.
F. Greniers.
G. Four.
H. Hangar.
I. Première cour.
J. Habitation du régisseur.
K. Bergerie.
L. Étables et écurie.
M. Fosse à fumier.
N. Citerne à purin.
O. Deuxième cour.
P. Noria du canal.
Q. Roue hydraulique.
R. Noria à purin.
S. Chemin de fer.
T. Fuite de la roue.
U. Puits.
V. Bassin du réservoir.
X. Point terminus du siphon.
Y, Robinet de distribution.
1, 1', 1''. Prairies arrosées par le siphon.
2, 2', 2''. Prairies arrosées par le canal.
3, 3' 3''. Prairies arrosées par la noria.
4, 4'. Champs de rosiers.
5, 5'. Terres à blé.
6, 6'. Bois.

Les eaux du Gardon sont prises à 1,860 mètres en amont de la propriété, par un barrage en maçonnerie, de 80 mètres de longueur sur 5 mètres de largeur, dont la moitié a été basée sur le rocher, et

l'autre sur pilotis, de façon à exhausser le plan d'eau
de o^m,57. Le canal amorcé sur ce barrage a 3 mètres
de largeur à la tête, 1 mètre de largeur à la base et
1 mètre de hauteur; sa section est représentée par
la figure 20. Depuis le barrage jusqu'à l'embouchure du ruisseau des Grimoux, la pente du Gardon
est de 3^m,53 ; celle du canal est uniformément établie à
o^m,0001 par mètre courant. Sauf à l'amorce, où il est
recouvert sur une faible longueur, et dans une petite
partie de son parcours, située en contre-bas du terrain,
et soutenue par des murs en maçonnerie, le canal est

FIG. 20. — DOMAINE DE GAUJAC; COUPE DU CANAL D'IRRIGATION.

creusé dans le sol et à niveau. Pour l'isoler de la rivière
au moment des crues, une vanne de décharge a été
établie non loin de l'embranchement. Cette vanne, en
bois de chêne, pourvue de crémaillères et mue facilement
par deux hommes, à l'aide de manivelles, a 2 mètres de
largeur sur 3 mètres de hauteur.

Le canal d'amenée débouche au centre des bâtiments
d'exploitation (fig. 19) et déverse sur une roue hydraulique à augets, de 2 mètres de largeur sur 1^m,70 de
diamètre, qui met en mouvement une noria dont les
godets contiennent chacun 12 litres 1/2, et portent les
eaux à une hauteur de 11 mètres. La disposition de la
roue et de sa noria est représentée figure 21. La chute
du canal étant de 2^m,20, l'effet utile est calculé à 284
kilogr., et le débit de la roue est assuré à 300 litres.

En y ajoutant le débit de 25 litres par la noria, on obtient ainsi un total de 325 litres.

Au sommet de la noria, les eaux sont distribuées par trois siphons, en ciment de France, de o^m,20 de diamètre intérieur. L'un d'eux, LV (figure 18), d'une longueur de 120 mètres, conduit l'eau sous une charge de 8 mètres, sur le point culminant de la propriété, dans le bassin V, d'une contenance de 3oo mètres cubes, situé à 14^m,3o au-dessus du niveau du Gardon. Le deuxième, VY, d'une longueur de 13o mètres, amène les eaux en Y, à la cote de 13^m,36, sous une charge de 6 mètres. Enfin, le troisième siphon PX, d'une longueur de

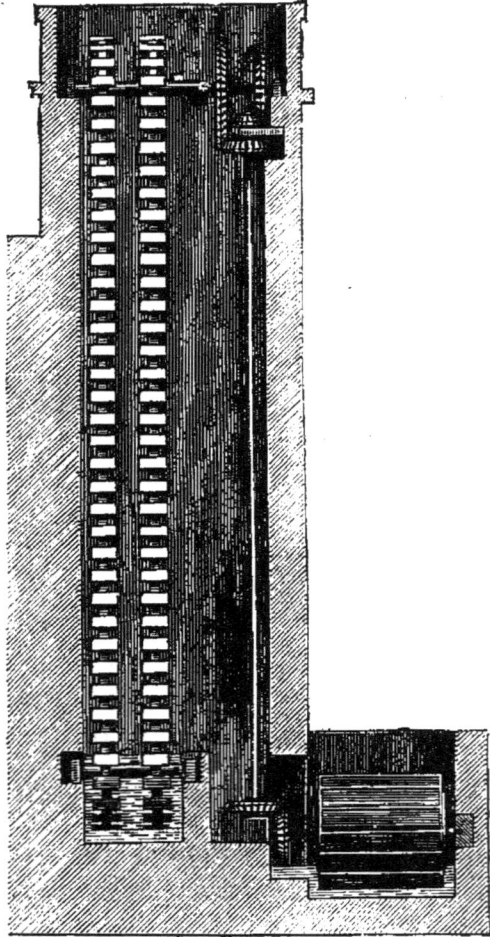

Fig. 21. — Domaine de Gaujac; élévation de la roue et coupe de la noria des eaux du canal.

3oo mètres, déverse les eaux sous une charge de 12^m,6o en X, à la cote de 12^m,68.

Dans ces conditions, les eaux élevées par la noria ar-

rosaient 9 hectares de prairies sur un sol argilo-schisteux; celles du canal d'amenée, 11 hectares de prairies
sur un sol d'alluvion; enfin les eaux de fuite, 35 hectares de prairies soumises au colmatage.

Les rigoles, dont la longueur est de 400 mètres par
hectare, sont munies de petites vannes de service, qui
consistent (figure 22) en un petit volet en tôle fermant,
sur un cadre en fonte, avec rainure à boudin en caoutchouc, AA. La pression obtenue par l'adhésion du
caoutchouc assure une clôture hermétique.

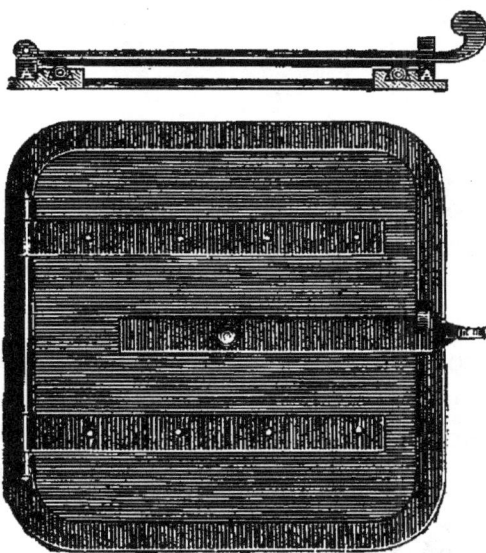

FIG. 22. — DOMAINE DE GAUJAC;
FACE ET COUPE D'UNE VANNE.

Deux grandes fosses, au centre des étables, servent à
la préparation des engrais solides et liquides. La première M mesure 17 mètres de longueur sur 7 mètres
de largeur et 1 mè-
tre de profondeur.
Une plate-forme
en argile battue incline d'un côté vers cette fosse et y
ramène tous les liquides du fumier, sans perte possible.
La deuxième N est voûtée et hermétiquement close à
la partie supérieure; elle communique par le bas et par le
haut avec la fosse N, et recueille les purins qui
s'écoulent des étables et écuries L, par des rigoles cimen-
tées, ainsi que les jus de la fosse à fumier M, et les vidanges extérieures. Cette citerne mesure 10 mètres de

longueur sur 5 mètres de largeur et 2 mètres de profondeur.

L'ensemble des travaux exécutés pour la concentration des eaux et des matières fertilisantes a entraîné les dépenses suivantes :

		fr.
Coût du barrage		12.000
—	du canal d'amenée	6.000
—	de l'indemnité	12.000
—	des machines élévatoires	3.500
—	des constructions	1.500
—	des fosses à engrais	700
—	des réservoirs	300
	Total	36.000.

A ce total de 36,000 francs il faut ajouter une somme d'environ 10,000 francs pour la dépense des siphons, calculée à 6 fr. 50 le mètre courant, et pour celle des rigoles, comptée à 1 fr. 25 le mètre. Il n'y a, du reste, de rigoles en maçonnerie que celles qui bordent les prairies, soit 200 mètres environ par hectare ; les rigoles intérieures sont taillées dans le sol même.

Pour se procurer des vidanges en dehors de la ferme, un traité a été passé, moyennant la propriété exclusive pendant quatorze années, des matières fécales, avec plusieurs filatures d'Anduze, pour l'établissement de fosses étanches dans lesquelles aucune eau de pluie, ni de lavage, ne peut s'introduire. Il a été également conclu un marché avec la ville pour la construction et le service des latrines publiques.

Suivant les saisons, les matières ainsi obtenues, qui cubent annuellement de 800 à 1,000 mètres, sont chargées sur des chalands d'une capacité de 5 mètres cubes, ou voiturées sur roues jusqu'à Gaujac. Pendant neuf mois de l'année, le transport se fait par les chalands qui parcourent 2 kilomètres sur le Gardon, et 2 kilomètres sur le canal d'amenée. Ces chalands abordent au pied de la noria P, c'est-à-dire, à plus de 12 mètres en contre-bas de la plate-forme S (figure 19) sur laquelle une grue fonctionne pour élever au niveau du sol les tonnes, que l'on fait rouler sur un petit chemin de fer jusqu'à la citerne fermée N. Les liquides de cette citerne, en communication avec la fosse à fumier, s'écoulent par une vanne à vis dans un canal souterrain (indiqué en ponctué) qui conduit au bassin de la deuxième noria R, établie à côté de celle qui élève l'eau du canal. Cette noria est mise en mouvement par une transmission prise sur la grande noria; ses godets ont été calculés comme nombre et comme capacité, par rapport à ceux de la noria P, de façon que le mélange d'eau et d'engrais liquide s'opère dans les proportions voulues. Ainsi les matières fluides provenant d'Anduze et marquant 5 degrés à l'aréomètre Baumé, n'indiquent plus après leur mélange avec les purins de la ferme que 3 degrés. Pour les arrosages de février, on additionne 2 parties de ce liquide à 3 degrés, avec une partie d'eau du canal; pour les autres arrosages qui suivent chacune des coupes, on additionne, au contraire, une partie du liquide avec 3 parties d'eau.

Les neuf hectares de prairie arrosés par la noria reçoivent en moyenne, par hectare, 180 mètres cubes de purin à 3 degrés, depuis le 15 avril jusqu'au 15 septembre; la durée de l'épandage étant d'environ 5 heures par semaine et par hectare. Au mois de février, la fumure de l'hectare comporte 80 mètres cubes de purin, mélangés avec 500 mètres cubes d'eau. Les coupes se font au nombre de trois et rendent successivement 5,000, 2,500 et 2,500 kilogr.; soit en tout 10,000 kilogr. à l'hectare. Après chacune de ces coupes, l'arro-

sage s'opère avec 5o mètres cubes de purin pour 5oo mètres cubes d'eau.

Les prairies arrosées directement par le canal comportent une fumure moins considérable que celles desservies par la noria, à cause de la meilleure qualité du sol.
Le produit en foin y est un peu plus considérable, par
suite du volume d'eau plus important qu'absorbe le
sol, d'une plus faible pente; mais le foin y est de qualité inférieure. La compensation s'établit dans les deux
cas comme rendement en argent.

Enfin les terres soumises au colmatage ont dû rester
immergées pendant huit ans avant d'être converties en
prairies.

Outre les engrais liquides destinés aux prairies, on
fabrique des composts avec les matières solides disponibles et notamment avec les curages du canal, auxquels
on ajoute, selon la nature du sol et des plantes en rotation, des engrais minéraux. La fabrication de ces
composts est conduite avec une grande intelligence.
Après les crues périodiques du Gardon, on vide en
décembre le canal d'amenée, et quelques jours après la
mise à sec, on rejette sur les berges les amas de mousses
et de limon qui se sont accrus pendant l'année. Lorsque
ce travail est fait, on remet le canal à flot et les chalands recueillent sur leur passage tous ces dépôts que
l'on amène au pied de la noria, et comme pour les
tonnes de vidanges, dans la fosse à compost M (fig. 19).
Les détritus sont mélangés dans cette fosse avec des
cendres, des phosphates, ou des matières fécales. Le
canal en fournit près de 3o,ooo kilogr. par an, à un
prix de revient de 25 à 3o centimes par mètre cube rendu
dans la fosse. La plus grande partie, mélangée à de la
chaux, sert à amender les prairies qui recouvrent le sol
argilo-schisteux. L'autre partie absorbe les vidanges et

se mêle avec une proportion de chaux, ou de plâtre, calculée pour la fixation des gaz. Grâce à cette importante fabrication de composts, il a été possible de parer au manque de litière dont la suppression des céréales, sur une partie de la ferme, déprive le sol, et de se procurer de l'azote au-dessous du prix du commerce.

Pour terminer ce qui a rapport à l'exploitation de Gaujac, il y a lieu de signaler l'assolement des 10 hectares arables, s'étendant sur trois années : première année, pommes de terre, avec défoncement ; deuxième année, blé ; troisième année, avoine, ou un autre blé.

Les récoltes industrielles comprenaient 3 hectares en rosiers, qui se plaisent, comme on le sait, dans un sol argilo-schisteux et réclament peu de frais de culture. La production moyenne à l'hectare est d'environ 1,000 kilogr. de roses, valant de 0 fr. 50 à 0 fr. 60 le kilogramme, et le produit en argent atteint de 350 à 400 fr. Comme les roses fermentent très rapidement et ne supportent pas le transport, un traité fut passé avec un parfumeur de Cannes, auquel était louée la distillerie. Cet industriel y distillait non seulement les roses dont les résidus sont à peu près nuls, mais aussi les lavandes dont les résidus sont préférés à la paille de blé pour les étables. La distillerie en fournissait environ 50,000 kil. par an.

On maintenait sur l'exploitation pendant toute l'année deux paires de bœufs et deux chevaux, plus une troisième paire de bœufs, de juin à novembre. Un bœuf fournit en moyenne 10 kilogr. de purin (solide et liquide) par vingt-quatre heures, indépendamment de ce qui est absorbé par la paille. Du mois d'octobre à la fin de janvier, on engraissait, avec les herbages d'hiver et les feuilles de mûrier conservées dans ce but, des moutons, des vaches, ou des bœufs. Le nombre de têtes à l'engrais variait peu : c'était le plus souvent 200 moutons, et de 30 à 40 vaches, ou bœufs.

Le foin des prairies, sauf la provision nécessaire aux besoins de la ferme, qui était évaluée de 50 à 60,000 kilogr., se vendait au prix moyen de 9 fr. les 100 kil. Quant aux mûriers qui profitent de l'arrosage, et qui ont été conservés, malgré la transformation de Gaujac, les feuilles du printemps servaient aux vers à soie, et celles du mois de septembre étaient emmaganisées pour l'alimentation du bétail.

En ajoutant au capital primitif de Gaujac une somme de 100,000 francs, consacrée aux travaux d'irrigation, aux bâtiments, à l'outillage, etc., on s'était proposé d'obtenir l'ancien prix de fermage fixé à 7,000 francs, plus l'intérêt à 10 pour 100 du capital engagé à nouveau. Ce résultat prévu a été dépassé depuis que les terres en colmatage ont été converties à leur tour en riches prairies; il était déjà atteint dans les conditions que nous venons de décrire, c'est-à-dire, en augmentant l'ancien produit en mûrier qui subsiste et qui formait le principal revenu de l'ancien domaine, par celui des prairies que fertilisent les eaux animalisées, et des terres mieux fumées; en améliorant l'outillage; en créant des cultures industrielles appropriées à la région; enfin, en profitant des ressources de production que fournit l'arrosage.

Californie.

En Californie, le succès de l'élève du bétail en prairie, et de la culture des céréales, dépend uniquement de la chute d'eau pluviale et, à son défaut, de l'irrigation. Sans eau, le sol, malgré ses excellentes qualités, ne rend rien. Dans la vallée de San Joaquin, quand l'irrigation n'est pas pratiquée, on obtient une récolte trois fois sur cinq, et pour cette récolte, le rendement est de 13 hectolitres de blé par hectare, tandis que dans les terres irriguées, il atteint de 23 à 25 hectolitres.

Dans son rapport à la commission parlementaire (1), M. Clay décrit l'exploitation d'un *ranche* de plus de 130,000 hectares, situé en amont de la vallée de San Joaquin, au défilé qui sépare les Sierras Nevadas des monts de la Côte, et dont toutes les récoltes sont obtenues par l'irrigation. Dans ce *ranche*, 16,000 hectares sont à la fois en assolement régulier; soit 8,000 en froment, 3,000 en orge, et le reste en luzerne (*alfalfa*), L'eau est fournie par la rivière Kern et conduite par des canaux sur les points principaux du domaine. A partir des canaux, l'eau gagne les champs dans des fossés de dimensions différentes, munis de vannes, et la submersion s'étant prolongée le temps nécessaire, grâce aux digues qui entourent chaque pièce, l'eau est écoulée sur la pièce voisine. La submersion est assez bien installée pour qu'un seul ouvrier subvienne à l'irrigation de 400 hectares par semaine. Pour les céréales, une seule submersion suffit; mais pour la luzerne, il faut répéter plusieurs fois.

Sur un sol parfaitement aride, l'irrigation porte le rendement moyen par hectare à 23 hectolitres de froment, à 27 hectolitres d'orge, et de 30 à 35 quintaux de luzerne. Ce fourrage constitue la récolte la plus admirable pendant toute la saison estivale, à cause de la profondeur qu'atteignent ses racines dans le sol pério-

---

(1) John Clay, *Report on the state of California; Royal Commission on agriculture; Digest and appendix*, 1881; p. 820.

diquement submergé. Fauché trois ou quatre fois, il laisse un regain que les animaux peuvent encore pâturer en automne et en hiver. Si l'on irrigue le premier jour du mois, par exemple, on obtient une coupe mise en meule avant le premier du mois suivant. La rapidité de la croissance de l'alfalfa est extraordinaire, sous l'action de l'arrosage.

Le bétail et les moutons consomment la luzerne pendant l'hiver; le foin est réservé pour les animaux à l'engrais. De même, le chaume des céréales, à peine la moisson enlevée, est mangé par les moutons qui nettoient et fument les terres.

Les pâturages du *ranche* de Haggin et Carr maintiennent ainsi annuellement 12,000 têtes de bétail, 75,000 moutons, 2,000 chevaux et 5 ou 6,000 porcs.

De 300 à 500 journaliers sont occupés sur les terres exploitées; la plupart sont des Chinois qui reçoivent 5 fr. par jour, sans la nourriture, dont le coût moyen est évalué par semaine et par tête à 12 fr. 50. Les chefs de service, surveillants, irrigateurs, employés, etc., reçoivent depuis 5 jusqu'à 25 francs par jour; ils sont logés et nourris.

Le coût d'entretien d'un cheval ou d'un mulet est de 1 fr. 10 par jour; celui du labourage de 13 à 15 francs par hectare, et celui du battage à la machine, de 1 fr. à 1 fr. 10 par hectolitre de blé. L'établissement des clôtures représente une dépense de 1,600 francs environ par kilomètre.

De vastes ateliers permettent non seulement d'ouvrer les matériaux nécessaires aux constructions, mais de fabriquer sur place les outils et les machines qui sont appelés à remplacer partout où cela est possible la main-d'œuvre coûteuse. Charrues, faucheuses, râteaux, batteuses, locomobiles, etc., des types les plus perfectionnés. sont établis ainsi à bon compte et maintenus en état.

Indépendamment des surfaces consacrées aux cultures en assolement, la compagnie propriétaire afferme des terres aux colons italiens, portugais, etc., par lots de 100 et 200 hectares; chaque lot a son habitation, ses bâtiments de ferme, les chevaux et le matériel nécessaires. Le paiement est d'un quart du produit brut des récoltes venues par l'irrigation.

Le *ranche* Haggin et Carr produisait en l'année 1880 : 2,000 têtes de gros bétail, 10,000 moutons, 5,000 agneaux, et 137,000 hectolitres de froment, vendus sur le marché. Les impôts s'élevaient à 1,67 pour cent du produit de la vente, et le capital déjà absorbé dans cette immense entreprise industrielle, basée uniquement sur l'irrigation, était de plus de 15 millions de francs.

LIVRE XII.

HISTOIRE, LÉGISLATION ET ADMINISTRATION.

I. HISTOIRE.

L'origine des irrigations se perd dans la nuit des temps. Dans les contrées aux étés brûlants, où toute végétation s'arrête ou meurt par la sécheresse, l'art des irrigations est naturellement né avec l'agriculture. Les premiers agriculteurs de l'Orient, mettant à profit les inondations des cours d'eau, les nappes souterraines, les réservoirs, et finalement les canaux, ont dû commencer par arroser leurs terres pour les faire produire et entretenir leur fertilité. Jadis, comme aujourd'hui, l'eau a tout fait pour le sol.

Parmi les nombreux vestiges que l'on retrouve des travaux hydrauliques exécutés pour recueillir et conduire les eaux, figurent ceux des plus anciennes civilisations, au temps de leur plus grande splendeur, en Chine, dans l'Inde, en Assyrie et en Égypte. Partout, dans l'histoire des nations de l'Orient, la perfection de l'art des arrosages coïncide avec le degré de lumière et de vigilance des dynasties régnantes. Il semble que chez toutes, les ouvrages destinés à fertiliser le sol, aient eu pour conséquence directe, de discipliner les peuples, en les at-

tachant aux institutions qui protègent le travail agricole,
et d'ennoblir leurs destinées, en les aidant à coloniser
d'immenses contrées où les récoltes les plus variées :
céréales, riz, soie, coton, sucre, épices, encens, fruits et
arbustes précieux, jointes à l'élève d'un nombreux bétail, de chevaux et de troupeaux, ont créé l'opulence,
à l'abri d'une législation sage et pratique.

L'histoire des irrigations dont l'Orient fut le berceau
a fourni ample matière à Jaubert de Passa qui leur a
consacré un important ouvrage (1) où abondent les
renseignements puisés dans les anciens auteurs et dans
les récits des voyageurs modernes, sur l'étendue et le
rôle des travaux hydrauliques, l'état de l'agriculture et
son régime légal chez les peuples de l'antiquité. C'est
seulement l'esquisse à grands traits d'un aussi vaste
sujet que nous essaierons de présenter ici.

Aussi loin que la science historique permet de décou-
vrir l'horizon, apparaissent et brillent simultanément
de grands centres de culture : l'Égypte, dont l'éclat
remonte au moins à 50 siècles avant notre ère; l'Inde,
dont l'époque védique seulement, est de 20 siècles antérieure à Jésus-Christ; Babylone, Ninive, l'Iran et la
Chine où régnèrent les dieux, puis les descendants des
dieux, inventeurs du feu, des maisons, de l'agriculture,
des arts et métiers, etc. La chronologie régulière des
Chinois remonte à 27 siècles avant l'ère actuelle, c'est-
à-dire bien au delà de leur première émigration, venue
du versant nord-est du Kouenlun, pour suivre la vallée
qu'arrose le cours inférieur de l'Hoang-Ho. « Ces points
« centraux rappellent involontairement les grandes
« étoiles qui étincellent au firmament, ces éternels soleils

_____

(1) Jaubert de Passa, *Recherches sur les arrosages chez les peuples anciens*,
4 vol., 1846-47.

« des espaces célestes dont nous connaissons la force lu-
« mineuse, sans pouvoir, sauf pour un petit nombre
« d'entre eux, mesurer la distance qui les sépare de notre
« planète (1). »

LA CHINE.

Que les fondateurs de la civilisation de l'Empire
céleste, Yao, Chun et Yu, également vénérés dans les
livres sacrés, aient régularisé les cours des grands
fleuves Bleu et Jaune, ou que leurs successeurs, sous
la dynastie de Tchéou, aient eux-mêmes dérivé les
grands canaux qui sillonnent le territoire, il paraît
avéré que l'irrigation suivit de près le système grandiose de colonisation entreprise par les premiers empereurs, bien des siècles avant l'ère chrétienne.

La vie pastorale étant encore celle de la plupart des
peuples de l'Occident, le Tchéou-li nous a conservé
les règles de culture appliquées en Chine, 200 ans avant
Jésus-Christ, et les prescriptions imposées aux fonctionnaires chargés de surveiller l'ensemencement des terrains submergés.

« Ils sont préposés à l'ensemencement des terres
basses, est-il écrit; ils rassemblent les eaux au moyen
de réservoirs; ils arrêtent les eaux par des barrages;
ils les répartissent par des rigoles; ils les font s'é-
couler par des saignées entre les sillons; ils les font
circuler par des conduits intérieurs; en allant dans
l'eau, ils enlèvent les vieilles tiges des plantes coupées;
ils préparent les champs.

« Pour ensemencer les étangs, ils détruisent par
l'eau les herbes pendant l'été; ils les coupent et les

(1) A. de Humboldt, *Cosmos*, 2e *partie, Introduction*, p. 92.

arrachent; dans les lieux où croissent les plantes aquatiques, ils sèment des grains à épis..... (1). »

Parmi les commentaires auxquels ces prescriptions donnent lieu, Wanging-Tien observe que :

« Dans la plaine où le sol est élevé, l'eau est à une certaine profondeur, la terre est fertile. Elle convient aux différents millets, aux plantes potagères, au froment. C'est seulement près de l'eau qu'il y a des terres basses. On doit apprendre aux peuples à les ensemencer en les inondant, par l'entremise de fonctionnaires qui les dirigent. »

Le commentaire A définit l'expression « grains à épis » par riz et froment; mais le commentateur Tchi-King remarque que le froment ne convenant pas pour l'eau, il s'agit seulement de riz.

Ainsi, la Chine serait redevable à l'initiative et à la sollicitude de ses empereurs, des rizières produisant la nourriture la plus abondante, et utilisant le plus complètement les matières fertilisantes des eaux (2). Elle leur doit également les canaux de navigation et d'arrosage.

Le canal Impérial qui réunit le Pei-Ho avec le Yang-tse-Kiang, fut commencé au septième siècle et achevé seulement au neuvième siècle de notre ère. D'une longueur de 1350 kilomètres, il établit une communication navigable de 3,200 kilomètres, desservant 40 villes (3), et donnant des eaux pour les arrosages des terres.

Dans la Chine proprement dite, que bornent la grande muraille, la mer et les premières montagnes

(1) Tchéou-Li, *Traduction de Ed. Biot*, liv. XVI, p. 366.
(2) Simon, *Note sur les irrigations; Enquête sur les engrais industriels*, t. I, p. 623.
(3) Knight, *American Dictionary*, t. I, p. 437.

du Thibet, la densité de la population est en moyenne de 4 habitants par hectare ; mais dans certaines provinces, comme celle de Kiang-nan, elle atteint jusqu'à 10 habitants, et dans les plaines de Pékin et de Tchentoa près du Thibet, jusqu'à 15 et 17 habitants.

Pour pourvoir à la nourriture et au développement d'une population aussi dense, quelque industrieuse et sobre qu'elle soit, la terre, appelée à fournir les récoltes les plus nutritives, mais en même temps les plus épuisantes, n'a été maintenue en pleine fertilité que par les deux engrais les moins coûteux, l'eau et les déjections. La jachère étant inconnue, voire même impraticable, le sol ne cesse de produire le plus souvent deux récoltes annuelles, et presque partout la même plante se succède sans assolement : blé sur blé, suivi de millet ou de sorgho, dans la plaine de Pékin ; et riz sur riz, depuis des siècles, dans la plaine de Tchentoa. Non seulement les mêmes céréales, mais les mêmes plantes fourragères, la luzerne, par exemple, qui salit peu, reviennent dans le même terrain presque indéfiniment.

A Pékin, le thermomètre indique jusqu'à 42 degrés de chaleur pendant l'été, et 30 degrés au-dessous de zéro, en hiver. A Shang-Haï, à Amoy, à Canton, la température de l'été se maintient aux environs de celle de Pékin, et quoiqu'il gèle assez fort en hiver, on fait d'habitude deux récoltes annuelles : coton et légumes, ou blé et légumes. Dans les terres moins favorablement situées, la seconde récolte est semée trois ou quatre semaines plus tard, dans les intervalles laissés pour la première.

Sauf l'engrais enfoui en vert, auquel on ne consacre que le trèfle, la lupuline, la coronille, les engrais employés sont à l'état liquide ou pulvérulent, et les irrigations portent le complément sans lequel les seules matières excrémentielles seraient insuffisantes.

Si précieux que soit l'engrais fécal en Chine, si faible que soit la dose employée, si rationnel que soit l'usage de tous les détritus et de toutes les déjections, un seul agent permet de s'en passer sur une très grande étendue du territoire, ou d'accroître considérablement son action pour le maintien de la fertilité, c'est l'eau, ou l'irrigation. Quarante siècles répondent de la puissance d'un agent qui a permis de nourrir 350 millions d'individus accumulés sur un territoire de plus de 600 lieues d'étendue (1).

Les jardins font l'objet d'une application constante des eaux d'arrosage. Sous la dynastie glorieuse des Han, ils avaient envahi une telle étendue de terres qu'ils devinrent un danger pour l'agriculture et une cause de séditions (2). Le grand jardin impérial de Zhe-Bol, au nord de la muraille de la Chine, que décrit Sir George Staunton, répond aux prescriptions sur l'ordonnance des arbres et des eaux qu'a laissées l'écrivain Lieou-Tscheou dans un ouvrage volumineux (3).

L'INDE.

D'après les plus anciens textes de l'Inde, l'eau employée en agriculture est un bienfait tel que les divinités l'ont pour agréable. La plus vieille chronique, le Paorana, écrit en langue sanscrite à une date restée inconnue, apprend qu'aucun bonheur n'est éprouvé

(1) Héricart de Thury, *Rapport à la Société roy. et centr. d'agriculture*, 1846.
(2) *Mémoires concernant les Chinois*; t. VIII, p. 309.
(3) *Account of the embassy of the Earl of Macartney to China*; t. II, p. 245.

dans les trois mondes : ciel, terre et enfer, sans eau.
« Aussi tout homme sage et éclairé doit faire que l'on
« édifie des réservoirs, des étangs, des puits, etc. »

Plus loin, il y est dit : « Quiconque construit des
« puits, des canaux de distribution d'eau, établit des
« jardins, des plantations d'arbres, donne des filles en
« mariage et pourvoit à l'édification des barrages, des
« ponts, etc., sur les rivières; et tout cela, par charité
« pour son prochain, obtient dans le paradis une féli-
« cité éternelle. Quiconque aussi maintient en pleine
« eau ses réservoirs, ou ses étangs, mérite un bonheur
« éternel sans conteste..... O toi, fils de Kenti, procure
« au prix de toutes tes richesses, que le volume d'eau
« soit grand; car l'homme dont le réservoir peut étan-
« cher la soif d'une vache, est le sauveur de sa fa-
« mille (1)! »

C'est dans le Rig-Veda que l'on lit aussi : « Ce-
« pendant les eaux, mères des êtres et amies des
« hommes pieux, viennent, suivent leur voie, et dis-
« tribuent leur lait aussi doux que le miel. »

Comme les livres sacrés, les lois de Menou, de Brahma,
de Bouddha, qui déclarent la liberté du sol, organisent la
propriété et fondent la commune, en comprenant parmi
ses agents le distributeur de l'eau, classent la construction
des réservoirs et des canaux parmi les œuvres que ré-
compensent les divinités. L'eau, dans la mythologie
hindoue, est le premier principe de la création; c'est
pourquoi le *lotus*, plante d'eau, est une fleur sacrée, et
le fleuve Gange est sacré également, « car il provient de
l'eau dans laquelle nage l'univers ».

Le bassin de l'Indus, où s'établit la première race civilisée de l'Inde, couvre une superficie d'un million de

_____

(1) Danvers, *Engineering in India; Transactions Soc. of Engineers*, 1868.

kilomètres carrés. Il comprend au nord, le Punjab, où s'étendent en éventail six tributaires du fleuve, et au midi, le Sind. Aussi bien sur la moitié du territoire du Punjab, que sur la vallée entière du Sind, la région d'une aridité extrême, recevant moins de $0^m,38$ de hauteur de pluie annuelle, a été le plus anciennement arrosée; l'irrigation était indispensable pour assurer l'existence des populations.

Dix siècles avant l'ère vulgaire, parmi les milliers de canaux qui sillonnaient le territoire, il y en avait dont la longueur atteignait jusqu'à 100 lieues. L'un d'eux réunissait l'Hyphase (ou Garra) au Gange, séparés par 245 kilomètres de distance; un autre venant de Pamput, traversait le Doab sur 30 lieues et rejoignait le Djemmat, près de Delhi (1).

Sous les princes indiens, l'irrigation se pratiquait à l'aide de réservoirs, de préférence aux canaux, dont on trouve encore les vestiges dans le Maratta méridional et aux environs des sources du Tambuddra et de ses tributaires. Le système des canaux, dans le delta de Tanjore, remonte au deuxième siècle de notre ère. Sous le règne d'un Rajah Veeranum qui fit la conquête du Tanjore, l'armée envahissante, venue de la province stérile du Teligoo, au nord, fut employée à creuser de grands canaux d'irrigation, en même temps qu'à édifier des pagodes gigantesques. Le colonel Baird Smith (2) observe que ces canaux témoignent d'une grande hardiesse dans le tracé, mais aussi d'une prodigalité de matériaux, qui leur impriment un caractère massif, hors de proportion avec le but de pareils ouvrages.

Les réservoirs de cette même époque sont exécutés

(1) Héricart de Thury, *loc. cit.*, p. 7.
(2) Baird Smith, *Irrigation of southern India*, 1860.

sur une échelle aussi grandiose. Les barrages de Paonary, district de Trichinopoly, sur 48 kilomètres de longueur; de Veeranum, sur 16 kilomètres, et une foule d'autres d'égale importance, étaient pourvus d'écluses et de vannes pour la distribution des eaux.

Le premier canal Indien dont il soit fait mention authentique dans les livres, remonte à l'an 1351, sous le règne de Feroze-Toglach qui fit édifier, dit-on, 50 barrages sur les rivières, et 30 réservoirs pour les irrigations, outre 40 mosquées, 30 collèges, 100 caravansérails, 100 hôpitaux, 150 ponts et nombre de palais. Un décret du grand Akbar, daté de 1568, ordonne que l'on creuse plus profondément, et sur une plus grande largeur, le canal Feroze-Shah qui s'était en partie comblé. Un demi-siècle plus tard, sous le règne du Shah Jehan, de nouveaux canaux furent creusés; celui entre autres de Delhi, destiné à l'embellissement de sa résidence favorite, Shahjehanabad, dont l'exécution fut confiée au célèbre ingénieur Ali Mardam Khan. En 1626, le canal de Delhi fonctionnait encore, et seulement vers 1753, sous le règne d'Alumgir II, il resta à sec. De même, vers 1707, le canal Feroze ne coulait plus dans Hurriana, ni en 1740, à Suffidun. Les canaux du Mongol, vers le milieu du siècle dernier, avaient ainsi cessé à peu près de fonctionner. Le canal du Jumna Est, ouvert de nouveau en 1780 par Zabita Khan, ne coula que pendant quelques mois.

Les canaux des provinces du nord-ouest, tracés sous la dynastie mahométane, suivant les courbes de niveau avec de grandes sinuosités, sans égard pour le règlement des chutes qui créaient des dépôts et des ravinements, n'étaient pas faits pour avoir une durée comparable à ceux de la dynastie hindoue, dont les ruines étaient encore debout au dernier siècle, dans le delta de

Kisnah, et dans le Guntoor. Les deux canaux de Boodaimair et de Pollier servaient depuis des siècles aux irrigations.

C'est dans l'Inde principalement que naquit et se développa, sous l'influence de la religion de Bouddha, le culte des végétaux; déjà avant notre ère, grâce aux monastères bouddhistes, les habitants de la Chine et du Japon étaient familiarisés avec les espèces végétales les plus précieuses de l'Hindostan. Le docteur Birdwood attribue la plupart des arbres à fruits qu'il faut arroser aux pays indiens, d'où ils ont été importés par la race aryenne dans les autres contrées (1). Le citron, *Citrus medica*, serait originaire des monts Himalaya; l'orange, dérivée du *Citrus aurantium* sauvage, serait originaire de Gurwhal, Sikkem et Khasia, et le limon, dérivé du *Citrus limonum*, de Sikkem et de Kumaon. Le grenadier, *Punica granatum*, vient du nord-ouest de l'Inde; la première émigration aryenne le porta en Médie et en Syrie. Plus tard, les Phéniciens et les Carthaginois le cultivèrent, d'où le nom latin; absolument comme le nom du dattier, *Phœnix*, est attribuable aux Phéniciens. Le fruit du grenadier est constamment représenté sur les bas-reliefs assyriens et égyptiens, avec les raisins et les pêches. La Bible en fait souvent mention. Son nom hébreu était *rimmon*, qui est devenu le nom arabe *rumman*, et celui de plusieurs localités en Palestine. La vigne de l'Inde est répandue par les Aryens dans les pays « où croissent les pâles citrons; où brillent les fruits d'or sous leur sombre feuillage; où la brise qui souffle du ciel azuré est plus douce que l'haleine; où le laurier a l'allure tranquille; où le myrte pousse droit et fier. »

Le coton, originaire de l'Inde, a été cultivé et ou-

(1) Dr G. Birdwood, *Manuel de la section des Indes britanniques*, 1878.

vré par les Indiens dès la plus haute antiquité. La manufacture des tissus, déjà très répandue dans l'Hindostan, avait atteint une grande perfection à l'époque à laquelle les premiers historiens grecs font mention de ces contrées, où elle resta pendant longtemps confinée (1).

Les Égyptiens cultivaient le coton, qu'ils appellent *kotu,* mais après l'avoir reçu de l'Inde, en même temps que les procédés de tissage, applicables à la laine et au chanvre.

Ceylan. — L'île de Ceylan montre de merveilleux travaux hydrauliques, exécutés bien longtemps avant les Arabes, par les Hindous. On y compte 30 étangs et 700 réservoirs, dont le principal, celui de Padivil, près d'Anuradhapoura, est formé par une retenue de 18 kilomètres de longueur, 27 m. de hauteur, 70 m. de largeur à la base qui a 10 m. au couronnement. Dégradé par la suite des siècles, il coûterait plus de 30 millions de francs à restaurer (2). On trouve le pendant de ce réservoir dans l'Inde, à Saymbrumbacum, capable d'alimenter pendant 18 mois les cultures de 32 villages, et offrant une nappe d'eau de 13 kilomètres de longueur, sur 6 kilomètres de largeur (3).

Java. — Nulle part peut-être l'irrigation n'a donné de plus belles et de plus riches récoltes que dans l'île de Java, où l'arrosage pratiqué aux époques les plus reculées s'est maintenu, malgré tous les obstacles et la disparition des villes qui lui furent jadis redevables de leur prospérité. Le temps a laissé debout l'immense barrage en briques (325 m. de longueur sur 4 m. de hauteur) qui alimentait les rizières et les riches terres à coton de Saurabaya.

(1) Verdeil, *de l'Industrie moderne,* 1861, p. 337.
(2) A. Léger, *les Travaux publics aux temps des Romains,* loc. cit. p. 427.
(3) Vignotti, *les Irrigations du Piémont et de la Lombardie,* loc. cit.

Inde moderne. — Sous un climat que caractérisent les alternatives de pluies diluviennes et continues et de sécheresses extrêmes prolongées, l'irrigation est le salut unique de l'agriculture, et l'unique moyen de pourvoir aux subsistances de la population, comme aussi à l'augmentation des revenus. C'est ce que l'administration britannique a bien compris en cherchant, dès 1817, sous la lieutenance du marquis de Hastings, à restaurer dans le nord-ouest les canaux de Delhi et du Doab, et dans le nord, les réservoirs de retenue des eaux de pluie (1).

Deux systèmes furent dès lors étudiés et poursuivis au début avec plus ou moins d'activité, en ce qui concerne les canaux. Le premier système appliqué dans les provinces du Midi, présidence de Madras, consiste dans l'établissement sur le delta des grands fleuves, tels que le Godaveri, le Kistnah, etc., de barrages qui permettent d'élever le niveau des eaux jusqu'aux canaux dominant les alluvions irrigables (2). Le deuxième système pratiqué dans le nord, reporte les prises d'eau en amont, au pied des montagnes, de manière à pouvoir commander l'irrigation des vastes plateaux, tels que le Doab. Enfin, pour les terres basses, *Khadis,* situées notamment le long du Punjab, les canaux dits d'inondation ont été partout rétablis ou creusés, dans le but de donner, au moins aux récoltes d'automne, l'arrosage fourni par les crues des rivières (3).

Les canaux exécutés par le gouvernement britannique dans ce dernier demi-siècle, dépassent comme proportions, les plus grands travaux de la haute Italie et du monde. Suivant Baird Smith, le seul canal du Gange,

(1) Voir tome Ier, livre V, *les Réservoirs dans l'Inde,* p. 536.
(2) Voir tome II, livre VII, *Barrages de Madras et de la Sone,* p. 109.
(3) Danvers, *loc. cit.*

débite un volume d'eau trois fois plus grand que la Muzza; la superficie arrosée est huit fois plus étendue, et il est trente fois plus long, assurant un revenu annuel centuple. Il n'y a pas d'ouvrages d'art, sur les canaux de la Lombardie, qui approchent en importance de ceux des canaux Indiens du nord. Ainsi, sur le canal ouest de la Jumna, dont le débit égale celui de la Muzza, avec une longueur décuple, correspondant à un territoire irrigué cinq fois plus étendu, on compte 670 bouches d'écoulement, au lieu de 75; 214 ponts au lieu de 6, et le revenu brut atteint 750,000 francs par an (1).

Les canaux récemment construits offrent une section de 18 à 54 mètres de largeur sur 2^m,75 de profondeur; ils sont tous pourvus d'écluses qui facilitent la navigation de bateaux à vapeur, de 300 à 400 tonnes.

Parmi les grandes entreprises des provinces du Midi, la plus anciennement réalisée a été celle du delta du Cauveri. Un barrage de 1,600 m. de longueur, jeté à travers le fleuve, assure l'arrosage de 400,000 hectares et un revenu annuel de plus de 12 millions de francs. Dans la présidence de Madras, les deltas du Godaveri et du Kistnah ont été soumis de même à l'irrigation, grâce à la construction de barrages déjà décrits, qui alimentent 3,000 kilomètres de canaux et de rigoles. Le district du Godaveri, autrefois l'un des moins fertiles et des plus éprouvés, se classe comme le second de la Présidence, dans l'ordre du revenu, depuis l'irrigation; le premier est celui de Tanjore anciennement irrigué.

Après les travaux du Godaveri représentant une dépense de 12 millions et demi, sont venus ceux du canal du Gange qui coûtaient déjà en 1867, 56 millions; puis

---

(1) Baird Smith, *Italian irrigation; Report on the agricultural canals* etc., 1852.

ceux du Punjab, dont le canal est dérivé de l'Indus, moyennant un coût de 25 millions de francs, à la même date; enfin ceux de la Jumna, du Sind, de Bombay, de Tombudra, d'Orissa, etc.

L'ensemble de ces dérivations auxquelles se joignait, en 1867, une canalisation intérieure de 1,600 kilomètres forme un admirable réseau, relié depuis par des lignes secondaires qui établissent une navigation continue de Kurrochee dans l'ouest, à Suddye, à l'est (4,000 kilom.) et à Tanjore au midi (5,000 kilom.).

Comme rendement des travaux d'irrigation, le major Sir Arthur Cotton l'estimait, dans les districts du Godaveri, pour un coût de 37ᶠ,50 par hectare, le prix de l'eau étant de 15ᶠ,45 par hectare (1), à plus de 40 pour cent. Depuis que les travaux ont été terminés, le coût s'étant élevé à 78 francs environ par hectare, prix moyen applicable à toutes les plaines, le rendement se serait abaissé à 20 pour cent (2).

Les rapports du gouvernement ont établi qu'en raison des irrigations fournies par les canaux de la Jumna (provinces du nord-ouest), la valeur en augmentation de récoltes atteignait 36 millions de francs. Or, le canal de l'est de la Jumna avait rapporté à lui seul, en dehors de la plus-value des récoltes, 244,000 francs à l'État, c'est-à-dire 50 pour cent. Quelles que soient les estimations de bénéfice, 20 pour cent suivant Cotton, ou 50 pour cent suivant Baird Smith, le résultat est le même, puisque le gouvernement et les populations qui se livrent à la culture des terres arrosées sont largement indemnisés du capital que les travaux ont coûté (3).

(1) Voir tome Iᵉʳ, p. 541.
(2) Engel Dollfus, *Production du coton; Rapp. jury intern.*, classe 43, 1868.
(3) Colonel C. B. Young (ingénieur en chef des provinces basses du Bengale), *Report of May* 1858.

De 1868 à 1878, pendant 10 ans, le gouvernement a consacré aux entreprises d'irrigation la somme énorme de 261 millions et demi de francs. Pour l'année 1877-78, il a perçu 12,379,000 francs, et en défalquant 9,269,000 francs de dépenses faites dans la même année, il lui restait comme produit net, 3,110,000 francs (1).

Comme aperçu sommaire des travaux gigantesques exécutés jusqu'à ce jour, nous signalerons :

1. Dans le *Punjab;* un premier réseau, Bari Doab-Sirkind, d'une longueur de 1720 kilomètres, ayant coûté plus de 37 millions, et arrosant 150,000 hectares compris dans les districts de Gurdaspur, Amritsar, Lahore et Montgomery, entre les fleuves Ravi et Sutley; un deuxième réseau, Jumna-ouest, de même longueur environ, ayant coûté 21 millions jusqu'en 1883, et arrosant 122,000 hectares dans les divisions de Delhi et de Hissar. Les canaux d'État, Punjab, irriguent actuellement 3 millions d'hectares de terres classées de première qualité, dans les vallées et dans les plaines.

Un troisième réseau de canaux du Sirhind, représentant une dépense de plus de 100 millions, vient d'être achevé pour l'arrosage des divisions Ambala, Lahore, et Firozpur.

Dans le midi du Punjab, jusque vers le Sind, et dans l'immense territoire de Multan arrosé par le cours supérieur de cinq fleuves, les irrigations sont alimentées par les canaux d'inondation.

2. Les provinces du *Nord-ouest* (Bengale) sont desservies par des canaux d'État qui arrosent 613,000 hectares et des canaux particuliers qui desservent 2,147,000 hectares. Parmi les canaux d'État, les principaux, sont indiqués dans le tableau XLV, en regard des surfaces irriguées et des dépenses faites jusqu'en 1883.

(1) Hunter, *the Indian Empire*, 1882.

Tableau XLV. — *Canaux d'État des provinces
du Nord-Ouest de l'Inde.*

CANAUX D'ÉTAT.	Longueurs.	Surfaces.	Dépenses.
	kil.	hectares.	fr.
Jumna Est (Rajpur à Delhi)..........	1.204	103.200	6.800.000
Agra (Delhi à Agra).................	785	62.000	19.750.000
Gange supérieur (Jumna à Ramganya).	4.808	512.500	65.000.000
Gange infér. (Hardwar à Allahabad).	3.466	255.300	60.000.000

Il suffira d'indiquer la condition type réalisée par les canaux dont celui du Gange offre l'exemple, à savoir, qu'avec une portée de 142 m. cubes par seconde, le coût du mètre cube par seconde, par rapport au tronc principal, est compris entre 300,000 et 310,000 francs, et celui du mètre cube par seconde et par kilomètre, entre 360 et 370 fr.

3. L'*Oudh* ne possède pas de canaux d'État. Des pluies suffisantes, des inondations périodiques, des eaux stagnantes, permettent d'arroser 1,200,000 hectares, sans le concours du gouvernement.

4. Le *Bengale* proprement dit est pourvu de deux réseaux importants de canaux d'État, sur les deux rives du Gange; le premier, dans le district de Shahabad, est dérivé par le canal de la Sone (1), et le deuxième, dans le district de Chapra, par le canal Saran, qui se relie aux provinces du nord-ouest. La surface irriguée par ces réseaux et par les canaux particuliers s'étend sur 405,000 hectares.

5. Sauf dans le *Sind,* la présidence de Bombay a

(1) Voir tome II, p. 111.

donné peu de développement aux canaux d'État. Dans le Sind même, où le sol sablonneux ne fournit des récoltes qu'à l'aide des irrigations, les canaux sont de deux sortes; ceux d'État, construits par les Anglais, et ceux d'inondation, dus aux anciens princes hindous, que la population maintient en bon état. Les propriétaires forment des syndicats et répartissent les frais d'entretien entre les villages. L'administration n'a pas exécuté plus de 200 kilomètres de canaux d'inondation. Enfin, des puits par milliers, qui rencontrent l'eau arrêtée à peu de profondeur, sous les sables, par une couche d'argile imperméable, complètent les ressources d'irrigation pour 730,000 hectares.

6. Les provinces du Centre et le Berar ne jouissent que d'arrosages particuliers, sur une surface de 312,000, et de 19,000 hectares respectivement (1).

Le tableau XLVI résume les données principales que nous venons d'indiquer, à la date de 1883.

Aussi bien, le gouvernement n'a pas ralenti ses efforts pour augmenter la culture des prairies et des pâturages, en rapport avec les irrigations. Dans le Punjab, où le bétail est le plus abondant, on comptait 2 millions d'hectares en prairies; dans les provinces centrales 800,000; dans Berar, environ 220,000; et dans le Sind, plus de 283,000 hectares (1882-83).

L'irrigation, une fois les travaux du Sirhind achevés, aura atteint provisoirement sa limite, en augmentant le produit des récoltes de 50 pour cent en moyenne, et le programme des canalisations entreprises par l'État, le plus vaste qui ait été conçu et réalisé, se trouvera épuisé. Il est peu probable que l'initiative privée avance du même pas pour développer l'œuvre de l'administration coloniale.

(1) Dʳ J. Wolf, *Thatsachen der Ostindichen Konkurrenz.; loc. cit.*

· TABLEAU XLVI. — *État des irrigations dans l'Inde* (1882-83).

PROVINCES.	Surfaces		Longueurs des canaux		Rapport pour cent des surfaces irriguées aux surfaces cultivées.		
	cultivées.	irriguées.	d'État.	de distribution.	Canaux d'État.	Canaux privés.	Total.
	hectares.	hectares.	kilom.	kilom.			
Punjab............	9.510.000	2.893.000	5.077	2.573	8.0	23.0	31.0
Nord-Ouest.......	10.420.000	2.734.000	2.332	8.899	5.7	20.0	25.7
Oudh.............	3.966.000	1.198.000	»	»	»	38.0	38.0
Bengale..........	22.257.000	405.000	1.011	3.127	»	»	1.8
Bombay...........	8.903.000	227.000	1.432	3.440	»	»	5.5
Sind.............	910.000	723.000			»	»	80.0
Centre...........	5.732.000	312.000	»	»	»	5.0	5.0
Berar............	2.960.000	19.000	»	»	»	6.5	6.5
Totaux..........	64.658.000	8.511.000			Moyenne...		13.16

LES ASSYRIENS ET LES PERSANS.

Sous le premier, comme sous le second empire assyrien, et plus tard en Chaldée, en Babylonie, et dans la Bactriane, qui furent incorporées l'une après l'autre à la Perse, les irrigations étaient très étendues. Les historiens grecs et latins nous en ont laissé des descriptions détaillées.

D'immenses canaux dérivés du Tigre et de l'Euphrate, fertilisaient le pays, pendant les règnes de Ninus et de Semiramis. C'est Alexandre qui pénétrant en Scythie, aurait découvert sur les frontières cette inscription célèbre de la puissante Impératrice : « J'ai contraint les fleuves de couler où je voulais, et j'ai voulu qu'ils coulent seulement là où c'était utile ; j'ai rendu féconde la terre stérile en l'arrosant de mes fleuves. » Des canaux creusés sous le lit de l'Euphrate, dont les eaux en crue étaient utilisées comme celles du Nil, faisaient communiquer le réseau du Tigre avec celui de la Mésopotamie. Plus de cent mille hectares entre ces deux fleuves profitaient des bienfaits de l'irrigation (1). Xénophon signale l'existence de ces canaux multiples qui arrêtaient la marche des troupes pendant leur retraite, et Hérodote mentionne les machines puisant l'eau dans de nombreux canaux, pour l'arrosage des terres qui côtoient l'Euphrate, de même que le réservoir creusé par la reine Nitocris, alimenté par les eaux du fleuve et offrant huit lieues de tour, ou trente lieues, d'après Diodore. Polybe affirme

(1) C'est au roi Nabuchodonosor que l'on attribue la construction des deux canaux; le Naarsares (rivière royale) qui réunit le Tigre et l'Euphrate, en amont de leur confluent, et le Pallakopas, à la limite septentrionale de la Babylonie, dérivé de la rive droite de l'Euphrate (Pierer's *Conversation lexikon*, 2ᵉ vol., 1889).

que, dans l'Assyrie, quiconque créait des irrigations sur les terrains stériles, en obtenait la propriété pour cinq générations successives.

Les fouilles de Botta, de Layard, de Place, etc., sur l'emplacement de l'ancienne Ninive, à Khorsabad, à Konyoundjik, ont permis de vérifier ce qu'Hérodote et Diodore ont écrit de la magnificence de cette civilisation assyrienne, basée sur le développement de l'agriculture et des irrigations. Dans le voisinage de Babylone et de Bagdad, on a retrouvé les vestiges de deux des anciens émissaires dont l'un, situé à 35° de latitude, et à 30 kilomètres au nord de Babylone, serait la *Fossa Semiramidis* des géographes grecs. De même, le colonel Rawlinson a pu suivre jusqu'à son embouchure, le canal de Nabuchodonosor, tracé entre Is, ou Œiopolis et le golfe Persique (1). Depuis l'abandon du système admirable des arrosages, avant et après la domination mahométane, il n'a plus été possible, suivant Layard, d'entretenir en Assyrie et en Mésopotamie une population suffisante (2).

Dans la Bactriane, le réseau de canaux avait, pour le présider, des magistrats et des intendants spéciaux, comme plus tard en Perse, où le prophète Daniel fut intendant des eaux. Cette fonction est encore remplie de nos jours par le septième ministre, *Mir-ab*, qui surveille toutes les eaux des rivières, des canaux, des réservoirs, des galeries et leur distribution, d'après les besoins de la culture.

Dès la plus haute antiquité les habitants de l'Iran, à l'instar de ceux de la Chine et de l'Inde, professent le culte des jardins et des arbres qui ne viennent à bien

---

(1) Knight, *American dictionary, loc. cit.*, t. I, p. 436.
(2) J. de Liebig, *Lettre au Times*, 1860.

que par l'arrosage. Sémiramis avait fait installer au pied du mont Bagistanus des jardins que Diodore a décrits, en ne leur assignant que douze stades de circuit (1). Leur renommée était telle qu'Alexandre, en marche pour la ville de Celonœ, à travers les pâturages de Nysa, crut devoir se détourner de sa route pour les visiter. Les défilés du Bagistanus s'appellent encore aujourd'hui *Tanki-bostan*, arc du jardin (2). Les habitants adoraient les arbres, suivant en cela les préceptes de Hom, prophète de la loi, invoqué dans le Zend-Avesta. Aux arbres se rattachaient, pour ces peuples primitifs, la vénération des sources sacrées qui donnent le repos, l'ombrage et la fraîcheur. A la vue du grand platane qu'il rencontre en Lydie, Xercès le fait orner de colliers et de bracelets d'or, et en confie la garde à l'un de ses dix mille immortels (3). Les *paradis,* plantés de cyprès, qui forment les parcs des rois persans, passèrent de l'Asie à l'Occident avec les Arabes, sous le nom de *farâdîs,* et avec les Arméniens, sous le nom de *fardîs.*

Perse. — La sécheresse absolue du territoire persan donne aux travaux hydrauliques une valeur que n'ont pas ceux de l'Assyrie et de l'Égypte, traversées par des fleuves puissants. C'est seulement à l'aide de bassins à murailles épaisses, creusés dans les vallées, de chaussées encaissant les cours d'eau peu abondants, de puits foncés jusqu'à la nappe aquifère et reliés souterrainement, ou *Kerise* (4), que les Persans modernes sont parvenus à suppléer aux arrosages indispensables. Encore ne s'étendent-ils aujourd'hui que sur quelques fractions de provinces. Les efforts tentés autrefois pour vaincre

(1) Liv. II, c. 13.
(2) Dreysen, *Geschichte Alexanders des Grossen;* p. 553.
(3) Herodote, livre VII, c. 31.
(4) Voir tome I, livre V, p. 391.

l'aridité ne se sont pas renouvelés. « Si on excepte les provinces voisines de la Caspienne, et certaines parties de l'Aderbeidjan, l'Iran offre l'idée d'un désert cultivable où le travail de l'homme crée d'année en année un nombre plus ou moins grand d'oasis (1). » La plaine de Cazbin, minée en tous sens par des tunnels creusés à une profondeur moyenne de 8 à 10 pieds, dont la longueur atteint plusieurs kilomètres, se couvre de récoltes et de fruits, en raison de l'humidité constante qu'entretient l'irrigation souterraine; mais cette plaine est à peu près unique, et dès que les galeries sont abandonnées, tout dépérit.

LES ÉGYPTIENS.

La Genèse dit, en parlant de l'Égypte : « *ubi aquæ ducuntur irriguæ* »; la pratique des irrigations y était installée, en effet, de temps immémorial; mais comme les autres fleuves, le Nil, ne commença pas par être bienfaisant; ses inondations portèrent d'abord leurs ravages sur la plaine, laissant derrière elles, sous l'impétuosité des courants, des grèves désolées et des sables arides. Les travaux gigantesques qu'il fallut exécuter pour encaisser le fleuve et diriger par des canaux les crues qui colmatent les terrains submersibles et fixent les sables mouvants à l'aide des limons fertiles, sont antérieurs à l'époque historique. Dans la haute Égypte notamment, où la plupart des digues existent dans leur intégrité, au-dessus de Thèbes, les épanchoirs bien entretenus règlent l'écoulement des eaux que les canaux et les rigoles, suivant la pente générale de la vallée, distribuent au loin sur les deux rives.

---

(1) Patenôtre, *Revue des Deux-Mondes;* 1875.

A peine la crue commençait à décliner qu'on barrait les canaux, et dès lors, ils devenaient des réservoirs d'où l'eau était élevée et répandue sur le sol, à l'aide des roues hydrauliques ou *sakiés*, installées en nombre infini. Ce n'étaient pas là les seuls réservoirs utilisés par les anciens Égyptiens; ils en avaient construits pour alimenter et régler leurs grands canaux.

On doit citer en première ligne, à cet égard, le lac Mœris (aujourd'hui Birket-el-Keroun), creusé dans le Fayoum (de l'égyptien *Ph-Ioum,* la mer) qui emmagasinait les hautes eaux du fleuve, en vue des irrigations (1). Selon Hérodote, Strabon et Pline, ce lac n'avait pas moins de 600 kilomètres de tour et couvrait 12,000 hectares. Un canal d'une vingtaine de kilomètres y amenait les eaux que dépensait tout un réseau de rigoles. Pomponius Mela n'indique que moitié de la surface, soit 6,000 hectares. Suivant Savary, il comportait une longueur de 40 lieues; mais les mesures que relate Diodore de Sicile, en décrivant le canal de communication dérivé du lac, ne s'accordent pas avec celles de Savary et des auteurs modernes (2). Quoi qu'il en soit, les travaux grandioses de ce réservoir, entrepris par Amenehmat III, sous la 12e dynastie thébaine du moyen empire, furent accompagnés de repères des crues du Nil, à Semneh. D'après ces repères, gravés sur les rochers à pic du fleuve, il paraît constant qu'à la deuxième cataracte les eaux montaient alors 7 mètres plus haut que de nos jours. De grands changements se seraient ainsi produits dans la configuration de cette région.

Sir Isaac Newton, le très célèbre physicien, avait admis

(1) Rahunt était le nom du lac Mœris, appelé aussi Mu-ur, le grand lac, d'où Mœris pour les Grecs. Ces dénominations ont été révélées par un papyrus de Boulaq.

(2) A. Rhoné, *l'Égypte à petites journées, loc. cit.,* p. 326.

en effet, que dès les premiers âges, le blé était cultivé dans la basse Égypte; mais Hérodote et quelques autres historiens grecs affirment que cette partie de l'Égypte a commencé par être un immense marais; ce qu'a vérifié le major Rennel, dans ses recherches sur la géographie d'Hérodote. Stillingfleet en a conclu que la culture du froment ayant pris naissance dans la haute Égypte, s'étendit seulement plus tard et peu à peu à la vallée basse du fleuve (1). Pour cela, faut-il supposer que la haute vallée s'inondait jadis aussi régulièrement que la vallée basse aujourd'hui; les repères d'Aménemhat III justifiraient cette hypothèse.

On fait remonter encore aux premiers âges de l'Égypte la culture et l'industrie du lin. La déesse Isis qui avait appris à cultiver le blé et l'orge, à employer les outils agricoles, jouissait aussi de la vénération publique pour avoir inventé l'art de tisser, que d'autres attribuent aux Hindous, en matière de coton et de soie. Dans les riches alluvions du Nil, le lin atteint un grand développement; mais la fibre, sans le secours de l'irrigation, manque de l'élasticité et de la souplesse qui caractérisent les lins du Nord (2).

Toutes les villes situées à une certaine distance du Nil étaient entourées de citernes pour approvisionner les habitants et l'irrigation. Les jardins s'arrosaient d'une manière primitive, à l'aide de puisettes, ou d'écopes en bambou, ou en nattes, que l'on manœuvrait par le pied. C'est la machine élévatoire à laquelle Moïse fait sans doute allusion quand il parle « de semer la graine et de l'arroser du pied » (3). Les paniers à cordes qui se

(1) Stillingfleet, *Life and works*, t. II, p. 524.
(2) Verdeil, *l'Industrie moderne, loc. cit.*, p. 373.
(3) *La Sainte Bible; Deutéronome*, XI, 10.

désignent maintenant sous le nom de *nattal* (1), fonctionnaient sous les Pharaons.

Pendant plus de quinze siècles d'abandon, le sable a envahi progressivement la surface cultivable de cette magnifique vallée du Nil, en comblant tour à tour les fossés d'amenée et d'écoulement des eaux (2), qui portaient jadis au loin les bienfaits de l'irrigation. Strabon nous a laissé encore sur la production agricole de l'Égypte, si intimement liée à la prospérité de Rome, sous la domination des empereurs successeurs des Lagides, des renseignements précieux.

Comme de nos jours, la hauteur des crues qui étend plus ou moins le périmètre inondable, correspondait à l'abondance, ou à la disette. Le Nil s'élevant à 14 coudées de hauteur, la récolte atteignait son maximum; s'il restait à 8 coudées et au-dessous, on ressentait la famine. Suivant Pline, une hauteur de 16 à 18 coudées assurait le maximum des récoltes; tandis qu'une hauteur de 12 coudées, pouvant descendre à 5 minimum, répondait à la pénurie (3). Il y a là toutefois des incertitudes dues à l'ignorance où nous sommes de la dimension rigoureuse de la coudée, et de la position exacte du zéro de l'échelle des crues à diverses époques.

L'ingénieur Lepère, attaché à l'expédition d'Égypte, a donné des crues, selon les hauteurs, la division suivante (4) :

---

(1) Voir tome I, p. 548.
(2) Loudon, *Encyclopædia of agriculture*; 1825, § 12.
(3) A. Léger, *les Travaux publics aux temps des Romains*, loc. cit., p. 413.
(4) *Description de l'Égypte*, t. II.

Au-dessous de 5ᵐ.40............		Famine.
— de 5ᵐ.40 à 6ᵐ......		Crue insuffisante. disette.
— de 6ᵐ à 7ᵐ........		Récolte faible.
— de 7ᵐ à 7ᵐ. 5o....		Récolte favorable, abondance.
— de 7ᵐ. 5o à 8ᵐ....		Crue forte, devenant nuisible.
Au-dessus de 8ᵐ..............		Crue extrêmement nuisible, famine certaine, danger de peste.

Les puits artésiens dans l'ancienne Égypte, comme en Syrie et en Arabie, avaient été établis en grand nombre.

Samuel Birch a communiqué à la Société des antiquaires de Londres (1), un mémoire explicatif d'une stèle de l'an 3 du règne de Rhamsès II, concernant un travail d'utilité publique, exécuté par ordre de ce Pharaon, dans le désert de Nubie, et qui se réfère à un puits foré d'une profondeur considérable. Dans le texte hiéroglyphique de la stèle de Koubân qui remonte à l'an 1536 avant J.-C., le vice-roi d'Éthiopie, appuyant de son témoignage personnel la réclamation du chef du pays des mines d'or, dit au Pharaon : « Il est vrai, « l'herbe est brûlée dans ce pays depuis le règne des « Dieux, et tous les rois vos prédécesseurs ont désiré « qu'un puits fût creusé sur la route; mais ils n'y ont « pas réussi. Déjà, par les ordres du roi Séthos, on était « arrivé jusqu'à la profondeur de 120 coudées en cherchant « la nappe d'eau ; malheureusement l'eau ne parut « point. Mais toi, si tu disais à ton père Hapi-môon, « le père des dieux : Fais que l'eau s'étende à la surface « du rocher, il en serait de cela comme de toutes tes paroles « ... Le roi répond : Les demandes que vous m'adressez « sont justes ... j'ordonne de forer un puits afin « que l'eau coule sans interruption ... » et le texte s'arrête là. Plus loin, on lit (29ᵉ ligne) : « Rien de semblable n'avait été fait depuis qu'il y a des rois en Égypte » ...

(1) *Archæologia*, t. XXIV.

et aux lignes 36 et 37 « L'ouvrage est achevé, les ordres ayant été accomplis »; enfin, à la dernière ligne, il est dit que le puits portera le nom de « Rhamsès, aimé d'Ammon ». Cette entreprise, ajoute M. Lenormant (1), n'était pas la première de ce genre que l'on eût vue dans l'empire des Pharaons; le passage du récit (ligne 8) où il est dit en termes généraux que le roi était occupé « à donner des ordres pour l'exécution des puits forés », dans les stations du désert conduisant aux mines d'O-kaou où l'on lavait l'or, montre d'une manière évidente qu'il s'agit d'un procédé d'un usage ancien et permanent.

Les puits fonctionnaient encore au commencement de notre ère. Diodore, évêque de Tarse, écrit au quatrième siècle (2) que la grande région de la Thébaïde, qu'on nomme oasis, n'ayant ni rivières, ni pluies qui l'arrosent, est vivifiée uniquement par le courant des fontaines qui sortent d'elles-mêmes de terre, non par des eaux pénétrant dans le sol et remontant par ses veines, mais grâce à un grand travail des hommes. Photius qui nous a conservé cet exemple de l'évêque de Tarse, en cite un plus récent, emprunté à l'ouvrage qu'il a traduit de l'historien Olympiodore sur les oasis, datant du cinquième siècle, au temps d'Honorius, où il est question des immenses étendues de sable et des nombreux puits que l'on creuse de 200 jusqu'à 500 aunes ou coudées (d'un demi-pied), dont les eaux jaillissent, pour se répandre en débordant dans les oasis (3).

Les oasis de Thèbes et de Garb, d'après Ayme-bey, qui fut directeur des établissements métallurgiques de

(1) Ch. Lenormant, *Note à l'Acad. des Inscript. et Belles-Lettres; Athenæum français*, 1853, p. 199.
(2) Degousée et Laurent, *Guide du sondeur, loc. cit.*, t. I, p. 53.
(3) *Bibliot. cod.* 80.

Mehemet-Ali pacha, sont criblés de puits artésiens dont la profondeur atteint de 60 à 75 pieds, jusqu'à la roche calcaire d'où jaillit l'eau inférieure. Les orifices percés dans la roche dure avec des fers lourds, ou des tiges résistantes, sont réglés par des bondes en pierre, de la forme d'une poire, armées d'anneaux en fer. Certains puits dont la construction datait de quatre mille siècles, ayant été désensablés, on a reconnu qu'ils étaient tubés en briques, ou en bois.

Égypte moderne. — L'agriculture égyptienne dépend aujourd'hui de deux systèmes : celui des bassins, ou de la submersion, système traditionnel qui permet au fellah d'obtenir chaque année, presque sans travail et sans peine, sous un ciel sans pluie, les cultures les plus riches et les plus variées; et celui de l'irrigation, d'une origine plutôt récente, qui réclame des canaux bien entretenus, des méthodes plus compliquées, une main-d'œuvre plus forte, mais qui fournit des récoltes plus abondantes et d'un plus haut rendement.

Les bassins d'inondation constituent un immense réseau qui s'étend depuis l'extrémité de la haute Égypte jusqu'à la pointe du Delta. Chaque bassin se trouve lié, non seulement avec les bassins voisins, mais souvent avec un ensemble de bassins, plus ou moins éloignés des rives du Nil. D'une contenance moyenne de 5,000 à 10,000 hectares, il consiste en une digue parallèle au fleuve, suffisamment élevée au-dessus des hautes eaux pour le protéger contre l'inondation directe; en deux digues transversales, l'une en amont et l'autre en aval, destinées à contenir les eaux de submersion; en un canal d'amenée et un canal de fuite. Les bassins se succédant dans le sens de la pente transversale de la vallée, communiquent par des ouvrages régulateurs, qui permettent de régler le niveau de l'eau d'après celui du bassin d'amont. Si les pertuis des digues des divers bassins sont ouverts, la vidange s'opère librement jusque dans le colateur qui retourne au Nil, en basses eaux.

Sur la rive gauche du fleuve, le réseau des bassins de Sohag à Siout, pour une longueur de 150 kilomètres, embrasse une superficie de 140,000 hectares; il est desservi par un large canal, le Sohagieh, qui suit le thalweg de la vallée et aboutit à un autre canal en prolongement, le Bahr Youssef, dont le périmètre de submersion comprend 16 bassins principaux, représentant environ 170,000 hectares.

Dans les provinces d'Esneh et de Keneh, où la vallée est plus resserrée, et sur la rive droite, barrée de distance en distance par des promontoires plus élevés, la submersion ne s'opère que là où les eaux dépassent le niveau des terres riveraines. Certaines bandes étroites le long du fleuve ne peuvent être cultivées, pour ce motif, qu'à l'aide de machines élévatoires.

Le canal Ibrahimieh, construit sur la rive gauche, par ordre du khédive Ismaïl Pacha, il y a une vingtaine d'années, est le seul de la haute Égypte, qui sur un parcours de 260 kilomètres ait permis d'installer l'irrigation des cultures d'été (sefi) pendant l'étiage, et des cultures d'automne (nabari) et d'hiver (chetoni) pendant la crue et les eaux moyennes. C'est surtout en vue du développement de la culture de la canne à sucre, dans cette longue bande, d'une largeur moyenne de 6 kilomètres, comprise entre les deux déserts lybique et arabique, que le canal Ibrahimieh a été exécuté. Formé par une section d'amenée de 61 kilom. de longueur, il se bifurque en trois sections; une principale, qui conserve le nom d'Ibrahimieh, d'une longueur de 195 kilomètres, et deux dérivations secondaires, Sahelieh et Déroutieh, représentant ensemble

110 kilomètres. Avec sa prise à Siout, le canal dépense en basses eaux, 50 m. cubes d'eau, et en hautes eaux 740 m. cubes par seconde; il dessert 190,000 hectares par irrigation et 240,000 par submersion, en tout 430,000 hectares, répartis entre les provinces de Siout, de Mineh et Beni-Souef, rive gauche, et aussi le Fayoum, grâce au Bahr-Youssef qui reçoit les eaux pendant la crue.

Jusqu'à Méhémet-Ali, le système de la submersion fonctionnait à peu près seul dans la basse Égypte. Quand on voulait faire de l'irrigation d'été, sur le bord du Nil seulement, on devait, pour avoir de l'eau à l'étiage, creuser les canaux d'inondation à la prise, au-dessous du niveau de l'étiage, et constituer ainsi des canaux d'amenée portant de l'eau toute l'année, sur lesquels se branchaient les canaux secondaires aboutissant à un colateur général.

Depuis la construction du grand barrage de la pointe du Delta, en 1843 (1), l'irrigation des provinces de l'Est est assurée par une série de canaux échelonnés sur la rive droite de la branche de Damiette, au nord du Kaire, en amont et en aval du barrage; celle des provinces du Centre, par le rayah de Menoufieh qui a sa prise en amont du barrage, et par quelques canaux branchés sur Damiette en aval; enfin, celle des provinces de l'Ouest, par le rayah de Béhéra, dérivé en amont du barrage, et par les canaux Katatbeh et Mahmoudieh situés en aval (2). Au débit de tous ces canaux, s'ajoute le produit de nombreuses machines à vapeur établies sur les rives des deux branches du Nil. Le tableau XLVII indique l'état des canaux naturels et artificiels de la haute et de la basse Égypte, avec les provinces desservies, les portées, les longueurs et les surfaces

(1) Voir tome II, p. 104.
(2) Voir tome I, *Usine de Katatbeh*, p. 713, et *Usine d'Afteh*, p. 716.

TABLEAU XLVII. — État des canaux d'irrigation naturels et artificiels de l'Égypte.

Canaux principaux	Canaux secondaires ou prolongements	Provinces desservies	Portée Étiage (m. cub.)	Portée Crue (m. cub.)	Longueurs (kilom.)	Surfaces irriguées (hectares)
		Haute Égypte.				
Sohagieh	(Naturel)	Guirgieh; Siout	17	»	150	140.000
Bahr Yousef	....	Fayoum	50	850	200	170.000
Ibrahimieh	»	Minieh Beni-Souef		740	260	190.000
—	Sahelieh				40	
—	Deroutieh				70	
		Basse Égypte.				
Ismailieh	Ouadi	Vallée Ouadi	11	18	136	201.000
Cherkaouieh	Chibini et El Akdar	Churkieh	7	»	90	
					28	
Bessoussieh		Galioubieh	6	»	95	
Bahr Moer	Tilfileh et Bahr Fakour	»	23	»	48	
Sahel	(Naturel)	»	11	»	45	
Mansourieh	Bouhieh	Dakahlieh	38	»	106	
—	Bahr Saghir	»		»	30	
—	Damiette	»		»	48	
—	Bahr Tanah	»		»	40	
Om Salama	Nenaieh	Menoufieh	25	»	60	200.000
Rayah Menoufieh	Om El Sebel	»		»	80	
—	Naggar			»	40	
—	Bahr Chibin	Garbieh		»	35	
—	Sersaouieh	Menoufieh		»	42	
—	Bagourieh	Garbieh		»	47	
El Atef	(Naturel)	»		»	55	
Hadraou.ch	»	Behera	23	»	67	196.000
Rayah Behera	»			»	70	
Katatbeh	»			»	58	
Mahmoudieh	»			»	33	
					42	
					123	
					78	
Totaux			211	»	2216	1.100.000

irriguées; les chiffres, sauf pour les canaux principaux, sont approximatifs.

En suivant l'impulsion donnée par Mehemet-Ali, ses successeurs n'ont plus laissé de bassins d'inondation que sur moins du tiers de la surface de l'Égypte. La puissance de production du pays s'en est trouvée considérablement augmentée, par le fait que les territoires irrigués sont cultivés toute l'année et peuvent porter, pendant l'été, des cultures aussi riches que la canne à sucre et le coton. Le revenu net d'une terre du Delta, par la substitution du système d'irrigation à celui des bassins, a été augmenté de 70 pour cent, d'après les calculs les plus autorisés (1). On comprend dès lors quelle plus-value les propriétés ont acquise par le service des canaux.

La surface totale susceptible d'être cultivée actuellement par irrigation, dans la haute, comme dans la basse Égypte, est de 1,320,000 hectares, ce qui exigerait, pour l'ensemble des cultures d'été, un débit à l'étiage de 365 m. cubes par seconde, correspondant à une partie considérable de la portée du Nil à cette époque de l'année; mais jusques vers 1882, le débit de tous les canaux et des machines élévatoires n'a guère dépassé le chiffre de 265 m. cubes, et s'il a atteint à peu près 300 m. cubes en 1885, grâce à la retenue de 3 mètres faite au grand barrage du Delta, un volume important, en raison des imperfections des canaux et de leur régime mal assis, ne continue pas moins à être perdu pour l'arrosage.

La nécessité d'introduire des eaux périodiquement aussi limoneuses que celles du Nil, crée une des difficultés les plus graves du système des canalisations. Les

---

(1) Barois, *Irrigation en Égypte, loc. cit.*, p. 121.

corvées qui ont servi à l'exécution gratuite des canaux, dont le développement remonte à peine à un demi-siècle, et plus tard à leur entretien, ne sont plus pratiquées que sur une échelle insuffisante et seulement pour les terrassements. Quant au travail pénible des curages, qui représente l'enlèvement de 1 million et demi de mètres cubes pour les seuls canaux d'Ibrahimieh, d'Ismailieh et de Mahmoudieh, on a substitué aux prestations corvéables, les dragages mécaniques ou exécutés à l'entreprise. En avançant les ouvrages de prise aussi près que possible de la position du courant du fleuve, et en réglant l'écoulement des eaux de façon à ne pas ralentir leur vitesse pendant les crues, il serait possible d'éviter dans une grande proportion le dépôt des limons et les dragages, ainsi que les énormes terrassements qui en sont la conséquence.

Comme la propriété n'a été constituée d'une manière générale et définitive qu'en 1871, par une loi d'Ismaïl Pacha, il y a lieu de craindre que pendant longtemps encore, le gouvernement doive centraliser entre ses mains tout le service des irrigations, en prenant à sa charge les 15 millions de francs qui sont nécessaires chaque année pour entretenir les ouvrages d'art, les travaux de défense contre l'inondation et exécuter les curages. Le bénéfice de l'irrigation est par là durement acquis pour le propriétaire, qui, outre l'impôt en argent sur les terres exemptes, variant entre 10 et 60 francs par hectare, et sur les autres, entre 94 et 107 francs, doit fournir l'impôt en nature de la corvée, et payer dans certains cas des taxes spéciales. Ainsi, au canal Ibrahimieh, creusé par la corvée, les propriétaires arrosants payent un impôt total, sur 26,000 hectares, de 850,000 francs; soit de 30 francs et demi environ par hectare.

Depuis 1882, les ingénieurs anglais, mandés de l'Inde par Sir Colin Moncrieff pour prendre la direction des travaux d'irrigation, ont cherché à rompre avec la routine de l'ancienne administration européenne du Kaire. Ils sont entrés en contact immédiat avec les subordonnés arabes et les *cheiks* pour commander et diriger les travaux indispensables d'entretien et de curage, en utilisant au mieux la corvée que l'abus de pouvoir et les malversations avaient condamnée. Une nouvelle loi des canaux est soumise à une commission de *mudirs*, de propriétaires et de techniciens. Des mesures sont prises pour la réparation et la régularisation du grand barrage du Delta, et pour remettre en vigueur le système des bassins d'où dépendent l'irrigation d'été, et par suite l'abaissement de la crue, sinon la réduction de durée des hautes eaux. Enfin, le projet est à l'étude définitive, d'un immense réservoir au sud-ouest du Fayoum, le Wadi Rayän (lac Mœris), alimenté au moyen d'un canal spécial qui devra débiter 12 millions de mètres cubes par jour, en été.

Comme le fait justement observer le colonel Ross, les questions techniques en Égypte se compliquent avant tout de difficultés soulevées par les intérêts politiques divergents; et si même ces questions s'aplanissent, il faudra attendre longtemps, malgré une énergie soutenue, avant de mettre le système des canaux en bon ordre, et de pouvoir faire travailler les indigènes à leur maintien (1).

SYRIE, PALESTINE ET PHÉNICIE.

Entre l'Égypte qui est restée grâce à son fleuve, mal-

---

(1) Wilcock, *Egyptian Irrigation, loc. cit.*, p. XXII.

gré tant de siècles d'asservissement et de guerres acharnées, un des pays les mieux arrosés et les plus fertiles
de l'Orient, et la Syrie, le contraste est grand. Placées
entre les puissants empires de Babylone et de l'Égypte,
dominées plus tard par les Grecs, les Romains, les
Arabes et les Turcs, les contrées qui s'étendent entre
l'Euphrate, le désert et la Méditerranée, ont fini par
perdre leur fertilité et leur richesse d'autrefois qu'ils
devaient à l'irrigation.

La Syrie, traversée par de nombreuses chaînes de
montagnes qui donnent naissance aux cours d'eau de
l'Oronte, du Litani, du Jourdain, du Barada, etc.,
offre les climats les plus variés, suivant la direction des
vallées. La plaine orientale de l'Euphrate au Jourdain
reçoit des pluies abondantes et de peu de durée; la
végétation y est luxuriante, mais les chaleurs de l'été
y sont dévorantes. Les montagnes, les plateaux et les
vallées du Liban jouissent d'un climat à peu près analogue à celui de la France. Enfin, les plages maritimes,
aux chaleurs accablantes, sont tempérées par les vents
d'ouest qui prolongent la saison des pluies, et par la
fonte des neiges du Liban, qui gonflent les cours d'eau
et maintiennent la fertilité, mais, faute d'entretien des
irrigations suivies d'assainissement, les plages sont de-
venues insalubres et souvent meurtrières (1).

Outre la magnifique plaine de Damas, arrosée jadis
par les sept branches du Chrysorrhoas, le Barada
des modernes, Antioche possédait des irrigations qui
s'étendaient du mont Sierius au grand lac de la route
d'Alep. Séleucie, préservée des inondations par l'entaille
faite au cours d'eau qui irriguait les terres basses; Alep
et son canal d'arrosage, faisant suite au bel aqueduc

(1) Dezobry et Bachelet, *Dictionnaire général*, t. II, p. 2570.

qui conduisait les eaux de montagnes; Épiphanie sur les rives de l'Oronte, avec ses campagnes arrosées et ses jardins en pleine culture, etc., ne sont plus, pour ainsi dire, qu'à l'état de souvenir. Il en est de même des champs et des terrasses du Liban, des plaines fertiles de Samarie, de Rama, de Jéricho, en Palestine. Les irrigations signalées par Tacite, Pline, Strabon et Josèphe, sur les rives du Jourdain, dans la belle vallée de Gor, ont disparu, comme celles du Haman, le pays de Basan de la Genèse, dont la capitale Bostra rivalisait avec Ninive et Memphis. Tour à tour, les Romains brûlèrent les villes; les Israélites comblèrent les canaux; les Arabes minèrent les barrages, et les Turcs décimèrent les populations.

C'est en recourant aux sources artificielles que les plaines, aujourd'hui désertes, entre Damas et l'Euphrate, et au pied de l'Anti-Liban, ont vu fleurir Palmyre, détruite par Nabuchodonosor, et Balbeck, saccagée par les califes abbassides et par Tamerlan. Les voyageurs Wood et Dawkins ont trouvé sous les décombres qui marquent l'emplacement de ces célèbres cités, les traces des fontaines et des canaux creusés par la main de l'homme, versant sur les terrains sablonneux l'eau à l'aide de laquelle la fraîcheur était maintenue (1).

Les puits artésiens étaient aussi anciens que les plus anciens temples de Palmyre, bâtie par Salomon qui lui donna le nom de Tadmor, ville des palmiers. Quelques auteurs ont été amenés à croire que les Hébreux avaient aussi connu les fontaines jaillissantes, et que dans le livre de Job (chap. XXVIII, v. 10), un des premiers

---

(1) On a fait valoir que des tremblements de terre, comme celui qui acheva la ruine de Balbeck, en 1759, ont pu tarir les sources et qu'il n'en fallut pas davantage pour que la contrée se dépeuplât (*IXe congrès historique*, 1843).

écrits de la Bible, le passage « *prorumpere jussit rivas de rupibus* », appliqué au miracle de Moïse, doit s'entendre des puits forés par percussion, dans le désert (1).

Palestine. — Quoique la vallée du Jourdain fut arrosée, « pareille au jardin du Seigneur, la terre d'Égypte, » comme la désigne la Bible (2), Abraham et Jacob firent plusieurs fois appel aux récoltes de la vallée du Nil, pour apaiser les famines cruelles des Hébreux.

Comme il ne pleut en Palestine qu'au printemps et à l'automne, les Israélites, chassés de l'Égypte, durent songer de bonne heure aux citernes, en vue des arrosages d'été. Les citernes de Salomon, établies en étages, au nombre de trois, sur la pente de la colline de Bethlehem, ont une largeur moyenne de 90 pas. La citerne supérieure mesure 160 pas en longueur; la citerne au-dessous, 200 pas. Les eaux alimentaient Jérusalem (3).

Phénicie. — De même que la terre de promission « arrosée de lait et de miel » où les éclaireurs de Josué cueillirent les raisins, les figues et les grenades qu'ils montrèrent aux Israélites, l'ancienne Phénicie n'est plus qu'une province pestilentielle, dénudée, et fuie par les habitants; toute la côte syrienne, du Carmel à l'Oronte, où resplendirent les cités de Tyr, de Sidon, de Byblos, d'Aradus; comme le pays de Chanaan, arrosé, au pied des Alpes fleuries du Liban, par les plus belles eaux, où s'élevèrent les villes fortes des Hittites, des Amorrhéens, des Girgoséens, des Hévites, et sur les bords de la mer, les États des Sidoniens, des Giblites, d'Arka, de Sinna, de Simyra et d'Hamath, n'offrent plus qu'une profonde désolation. Les plaines d'Amrit (autrefois Marathus) et celles de Gebeil (jadis Byblos) ont subi

---

(1) Jobard, *les Nouvelles Inventions*, t. I, p. 230.
(2) *La Sainte Bible; Genèse*, XIII, 10.
(3) Knight, *American dictionary*, *loc. cit.*, t. I, p. 557.

les mêmes ravages, aux mains des chrétiens animés par la fureur sacrée et des infidèles.

« Les innombrables caves creusées dans le roc sur toute la côte de Phénicie, les silos pour la conservation des grains, les piscines, les citernes, les pressoirs à vin et à huile, les meules énormes, éparses dans les champs, tout cet outillage agricole, aux proportions colossales, qui révèle le génie propre de la vieille race chananéenne, atteste aussi l'action qu'exerçait l'emploi de l'eau pour l'arrosage et comme force hydraulique. La Phénicie, ajoute Renan, est le seul pays du monde où l'industrie des anciens ait laissé des restes grandioses. Un pressoir y ressemble à un arc de triomphe. Les Phéniciens construisaient une piscine pour l'éternité (1). »

A l'époque du voyage d'Hérodote, vers le Ve siècle avant notre ère, les Phéniciens avaient déjà jeté hardiment trois aqueducs sur la mer, pour conduire dans l'île de Tyr (Souv), les eaux fraîches du Kasimieh et de trois sources de la terre ferme. Aujourd'hui encore, en face de l'île de Tyr, et dominant sa plaine, s'élève le rocher de Maschouk, colline sainte de Paletyr, où les eaux du Ras-el-Aïn étaient jadis amenées; mais les aqueducs ne subsistent plus qu'en partie. Sidon, maintenant Saïda, est demeurée, à l'encontre de Tyr, fertile, salubre et peuplée, comme aux temps anciens. Avec ses grenadiers, ses orangers, ses figuiers, ses citronniers, ses abricotiers et bananiers, elle est toujours la Sidon « fleurie »; c'est que l'eau continue à y produire les merveilles qui hantent dans ses visions le maigre Arabe moderne (2).

(1) E. Renan, *Mission de Phénicie*, 1874.
(2) J. Soury, *Revue des Deux-Mondes*, 1875.

Carthage. — Issus d'une colonie phénicienne, les Carthaginois furent des agriculteurs très experts. Leur agriculture, née sous le climat de la Syrie, était productive et variée, grâce aux arrosages qu'alimentaient des cours d'eau, des canaux et des sources amenées de loin par des aqueducs, et recueillies dans de vastes citernes.

Carthage même était depuis longtemps dotée d'un aqueduc, lorsque les Romains en firent la conquête. Après avoir détruit l'aqueduc, ils durent plus tard le réédifier pour assurer leur propre domination.

A une époque où la culture de l'olivier n'avait pas encore pénétré en Espagne, les Phéniciens importaient, par l'entremise des Carthaginois, des quantités considérables d'huile d'olive, contre des barres d'argent (1).

Lorsque Agathoclès, tyran de Syracuse, vint audacieusement porter la guerre sur le territoire de Carthage, en l'an 310, dans le but de délivrer ses propres États que dévastait l'armée punique, il traversa un pays couvert de jardins, de vergers et de terrains admirablement cultivés. Diodore, qui raconte (liv. XX) la marche d'Agathoclès sur le sol africain, ajoute : « Le pays est tout entier irrigué par des ruisseaux et des canaux; les fermes sont nombreuses, les habitations couvertes de tuiles, signe manifeste du bien-être des propriétaires. Une longue paix a permis aux habitants de s'enrichir. Les champs sont en partie plantés en vignes et en oliviers, et en partie occupés par des prairies que peuplent les troupeaux. »

Vaincus à Imera par Gélon, roi de Syracuse, en 480, lors de leur invasion précédente, les Carthaginois apprirent aux Siciliens à planter les vignes et les oliviers.

(1) *Maison rustique du XIX⁹ siècle*, t. II, p. 134.

Certains propriétaires de Girgenti en avaient obtenu jusqu'à cinq cents (1). Si l'agriculture fleurit plus tôt à Palerme qu'ailleurs, en Sicile, c'est que les Carthaginois y dominèrent plus longtemps.

ASIE MINEURE.

Les pratiques agricoles de l'irrigation pénétrèrent de bonne heure en Asie Mineure, avec les colonies ioniennes, par le littoral de la mer Égée; avec les Arméniens, par les hautes vallées de l'Euphrate et de l'Anti-Taurus; avec les Perses, par les gorges du Taurus et les plaines d'Édesse et de Thapsaque; enfin, avec les Syriens, par les ports et les défilés de la Cilicie. Malgré les luttes de races et les conquêtes qui dévastèrent cette contrée, l'irrigation permit longtemps à l'agriculture de prospérer. Aussi bien, sous les premiers rois de Phrygie, de Lydie et de Cappadoce (2), l'agriculture était honorée; de vastes pacages arrosés nourrissaient de nombreux troupeaux. Les environs de Prusa (Brousse), de Nicée, de Nicomédie, étaient admirablement arrosés et cultivés. La Galatie se faisait remarquer par l'étendue et la fertilité de ses campagnes, aujourd'hui incultes et dépeuplées. Les prairies et les cultures arrosées par l'Halys, sous les murs d'Ancyra, étaient célèbres, non moins que celles de Césarée, où coulent les eaux du mont Argée, de la vallée de l'Iris, affluent du Lycus, et de Thémiscyra qu'arrose le Thermodon. Magnésie d'Éphèse, dont le territoire était arrosé par un affluent du Méandre, ne montre plus aucunes traces d'irrigation. De Tchihatcheff conclut

(1) Holm, *Geschichte Siciliens im Alterthume.*
(2) Strabon, XII, cap. I. § 11.

de ses recherches et de ses voyages dans l'Asie Mineure (1), qu'il est difficile d'admettre que les régions exposées de nos jours au fléau des miasmes pestilentiels, jadis couvertes de cités populeuses et florissantes, telles que Tarsus en Cilicie, Tyana, dans la plaine de Cappadoce, Caunus sur la côte de la Carie, Nicomédie préservée des inondations par les empereurs byzantins, entr'autres par Justinien (2), Trébizonde, capitale des Comnènes, avec ses 31 mille vignobles, etc., n'aient pas été, à ces époques reculées, saines et bien cultivées, et par cela même, bien aménagées sous le rapport des canaux d'arrosage et d'écoulement. A l'abandon de ces travaux de conduite des eaux doit incomber l'état actuel d'insalubrité.

Déjà, au moyen âge, la côte cilicienne était tellement funeste, que les chroniques des croisades ne tarissent pas sur l'influence mortelle de la *Terra Armena*. Au quatorzième siècle, les habitants du littoral, d'après un mémoire de 1311, durent se réfugier, pour échapper à la mort ou à la fièvre, dans les montagnes éloignées (3). De même, la Lycaonie, transformée en un immense plateau marécageux, après avoir été le séjour des populations industrieuses d'Iconium, prouve combien la suspension du travail de l'homme peut modifier l'état du sol, en l'exposant à l'envahissement des eaux.

LES GRECS.

Quoique la Grèce antique ne puisse vanter aucune irrigation étendue, sauf dans l'Élide et en Béotie, c'est à la colonisation des Ioniens que l'agriculture de

(1) P. de Tchihatcheff, *Asie Mineure*, t. II, p. 569.
(2) Procopius, *De ædificiis*, lib. V, 2.
(3) *Trésor des chartes; cart.* 456, p. 36.

la Sicile et des provinces méridionales de l'Italie, comme aussi de la côte occidentale de l'Asie Mineure, dut de devenir florissante à un haut degré. Commerçants, soldats, artistes dans leur pays, les Grecs s'étaient faits agriculteurs en émigrant.

Les Phocéens qui fondèrent Marseille, 600 ans avant l'ère vulgaire, enrichirent la Gaule de l'olivier. Du temps de Tarquin le superbe, c'est-à-dire un siècle plus tard, cet arbre n'était pas encore cultivé en Italie (1).

Alexandre le Grand avait été arrêté dans sa conquête de l'Inde, par le Saravaste, le fleuve sacré, entre le Satadron et le Yamouna, dans le bassin de l'Indus. C'était la barrière traditionnelle entre les purs adorateurs de Brahma à l'est, et les races impures de l'ouest; mais après lui, les Grecs purent nouer des rapports durables avec la partie la plus civilisée de l'Inde, le Madhyadesa, contrée du Centre, et répandre dans tout l'Occident des produits et des procédés jusque-là ignorés (2).

Les Grecs en Sicile. — De même que les Carthaginois, après les Phéniciens, les Grecs dotèrent la Sicile tant convoitée d'excellentes méthodes de culture. Des montagnes couvertes d'une riche végétation forestière s'écoulaient des eaux abondantes dans les plaines. Les écrivains de l'antiquité ne mentionnent pas une localité, sans parler des rivières, des eaux de sources ou courantes. Diodore (3), Cicéron (4), Ovide (5) et Claudien (6) citent les eaux et les prairies irriguées d'Enna. Homère, dans l'*Odyssée,* donne à l'île d'Ortigia, couverte de prairies arrosées, l'épithète de *udrêloi;* Ovide désigne le fleuve

(1) *Maison Rustique du XIXᵉ siècle*; *loc. cit.*

(2) De Humboldt, *Cosmos, loc. cit.*, p. 136.

(3) Lib. V.

(4) *In Verr.* IV;

(5) *Fast.* IV et *Metam.* V.

(6) L'Enlèvement de Proserpine.

Aci, qui descend de l'Etna, en traversant les prairies jusqu'à Taormina, « *herbifer Aci* ». Outre un temple élevé par les Assorins au fleuve Chrysas (1), un autre fleuve, l'Eloro, était réputé pour la fécondité que donnaient ses eaux. Virgile dit à son sujet (2) : « *Exsupero præpingue solum stagnantis Helori* », et Servius d'ajouter, « *Qui ad imitationem Nili effunditur campis* » (3). Les submersions de ce cours d'eau, pendant l'hiver, sont observées également au seizième siècle par Fazello, et encore au dix-huitième siècle, par Bartels (4).

L'ancienne Trinacrie était donc irriguée. La nature du climat, l'abondance des eaux, l'art des Siciliens experts dans les travaux hydrauliques, tendent à confirmer la pratique d'un système général d'arrosages appliqués aux prairies et aux autres cultures. Les aqueducs, parmi lesquels ceux restés célèbres de Syracuse et d'Agrigente, et les ruines du réseau de canaux qui alimentaient les campagnes, autorisent Schubring à conclure que l'irrigation s'opérait en grand aux environs de Syracuse, à l'aide des eaux venues des montagnes, à l'ouest et au nord (5). La richesse de Palerme en eaux d'arrosage était restée proverbiale jusqu'au siècle dernier.

D'autres ouvrages d'art datant des époques anciennes ne peuvent se référer qu'à l'irrigation. La fontaine d'Aréthuse n'était vraisemblablement qu'un aqueduc de Syracuse, et la Colymbethra, attribuée à Dédale qui endigua le fleuve Alabon, pour transformer en lac la vallée où il coulait, s'applique sans doute à la construction d'un vaste réservoir d'arrosage. C'est, en effet,

(1) Cicero, *in Verr.* VI.
(2) *Œneid.*, III.
(3) *Commentaires sur Virgile.*
(4) *Briefe über Kalabrien und Sicilien*, t. III.
(5) *Die Bewässerung von Syracus; Philologus*, XXII.

le lac San Gusmano, sous Taormina, qui possédait encore des écluses au treizième siècle; on n'en voit plus aujourd'hui que les bajoyers (1). Aussi bien, l'émissaire du lac de Perguse (2), la piscine d'Agrigente, construite par Gelon, après sa victoire d'Imera sur les Carthaginois, qui avait 7 stades de tour sur 20 coudées de profondeur (3); les canaux d'Ippari, chantés par Pindare (4), servaient tous à l'irrigation.

La Sicile ne produisait pas seulement des céréales pour les exporter en Grèce et à Rome, mais aussi des vins, des huiles, des fruits; l'élevage des bestiaux dans l'étable, au moyen de vastes prairies arrosées, y avait reçu un grand développement. C'est ainsi que Pindare, visitant la Sicile, 474 ans avant notre ère, la qualifie de *polumalos*, riche en bétail (5). Pour Denys de Syracuse, à court de ressources, le bétail devint une source féconde d'impôts, mais comme l'élevage diminuait, il les supprima. Plus tard, les Syracusains se livrant à l'exportation des bestiaux, il le rétablit, et prohiba l'abatage, notamment des vaches (6). L'élevage n'avait pas seulement pour objet les animaux de travail, mais ceux de rente, fournissant de la viande, du beurre, du fromage, et aussi des cuirs qui étaient exportés en Grèce et sur le continent. Les herbages de la Sicile permettaient, en outre, l'élevage de chevaux dont la race était renommée. Les tyrans Gelon, Teron, Geron et Denys n'étaient pas moins passionnés que les particuliers pour les chevaux, et les meilleurs coursiers de la Grèce venaient des

(1) Holm; *loc. cit.*, t. 1, p. 107.
(2) Diodor. IV, et Claudien, XI.
(3) Athen. XII, 10.
(4) Ode V.
(5) Olimp., Ode I.
(6) Aristot., *Econ.*, II.

haras de Lilibée, de Girgenti et de Syracuse (1). Enfin, les pâturages de l'Etna étaient vantés pour leurs troupeaux de moutons dont Aristote (2) et Strabon (3), signalent les qualités d'engraissement.

Lorsque, après la chute du dernier tyran Timoléon, les Carthaginois eurent dévasté l'île, les Romains l'annexèrent, mais en respectant la législation de Géron, qui mérite les suffrages de Cicéron. La république romaine ne tarda pas à l'exploiter comme une vaste ferme dont les grains et les bestiaux approvisionnaient la capitale. Caton la désigne comme « *cellam penariam Reipublicæ nostræ, nutricem plebis romanæ* »; et Cicéron ajoute qu'elle est la providence de Rome : « *Nam, sine ullo sumptu nostro, coriis, tunicis frumentoque suppeditato maximos exercitus nostros vestivit, aluit, armavit* (4). » En effet, la Sicile relativement peu peuplée, était divisée en grandes propriétés qui pouvaient seules consacrer de vastes étendues aux prairies, jouissant d'eaux d'arrosage en abondance, et tirant du bétail le fumier nécessaire pour atteindre le haut degré de production dont parlent Diodore, Varron, Cicéron, et Pline. Les riches propriétaires de Rome qui affermaient les terres en Sicile y consacraient des capitaux importants, « *magna impensa, magno instrumento* » dit Cicéron (5). Suivant Diodore, ils possédaient des fermes très vastes dans l'île (6). Les champs Léontins

---

(1) Virgile (*Œneid.* III) cite Girgenti comme « *magnanimum quondam generator equorum* »; Silius Italicus (XIV), comme « *altor equorum* » et Pindare (Pyth. XII) comme « *mélaboton acragatos* »; (voir aussi Sophocle dans *Œdip. Colon*). Pindare dans la 2ᵉ Ode à Geron, célèbre l'élevage des poulains de Syracuse.

(2) *De naturâ animal.* III.

(3) Lib. VI.

(4) Cicero *in Verr.* II.

(5) Cicero *in Verr.* II.

(6) *Fragm.* liv. XII

s'étendant sur 36.000 arpents (1) furent répartis, sous l'administration du préteur Verrès, entre 32 proprié-taires, au lieu de 83, de sorte que les exploitations de 430 arpents furent portées à 1100. De même, le ter-ritoire *Muticense* avait été divisé entre 101 propriétaires, au lieu de 188; et celui de *Erbitense* entre 120, au lieu de 257.

La Grande-Grèce. — Les Ioniens colonisèrent encore les provinces actuelles de la Pouille, de Bari, d'Otrante et des Calabres, qui formaient la Grande-Grèce. L'agriculture y était des plus florissantes; les tables d'Héraclée nous ont laissé un souvenir durable, remon-tant à l'an 300 avant J.-C., des deux systèmes de cul-ture alors usités : l'emphytéose et le fermage. On célébrait la fertilité du sol pour les céréales, comparable à celle des champs Léontins de la Sicile, de Garada en Syrie, et de Bysacium en Afrique. Les vins et les huiles y faisaient l'objet d'exportations considérables par les ports de Tarente et de Sybaris. Comme en Sicile, cette production intensive des bonnes terres de la Grande-Grèce était due aux prairies et aux pâturages que l'a-bondance des eaux permettait d'enrichir.

D'après Strabon, la contrée de Tarente n'était pas très aquifère; mais le Galesus était bordé de magnifiques prairies, où paissaient les fameuses brebis *pellitæ* dont parle Virgile, à l'occasion des prés de Mantoue. Ce nom leur venait, dit Varron (2) de ce qu'on les enveloppait de peaux, comme dans l'Attique, afin de conserver la finesse de la laine et de la rendre plus facile à tondre, à laver et à teindre. Columelle (3) traite longuement des soins

(1) L'arpent était la surface que deux bœufs pouvaient labourer en un jour.
(2) *De agricultura*. lib. II, 2.
(3) *De re rustica,* lib. VII, 4.

de nourriture et d'entretien qu'exigent les brebis grecques, dites de Tarente, et du prix plus élevé de leurs toisons. Horace chante les mêmes troupeaux en ces termes (1) :

> « De ces lieux fortunés si le destin m'exile,
> « Champs où régna Phalante, et toi, chère aux troupeaux,
> « Rive du Galesus, votre séjour tranquille
> « M'offrira du moins le repos (2). »

Pline mentionne que l'entretien des prairies arrosées était une des occupations les plus suivies des Tarantins dont les troupeaux fournissaient de la laine non moins estimée que celle de Milète, et des béliers pour l'amélioration des autres races. Enfin, Athenius reconnaît que, grâce seulement à la fortune et à l'industrie de ses habitants, Sybaris dut de pouvoir creuser des canaux pour l'irrigation des terres. Les eaux venaient des rivières Cratis et Sybaris, descendant des monts Lucaius (3); et celles d'Héraclée, des deux cours d'eau navigables, Siri et Aciri. Toute la plaine en herbages, de Conia, où se trouvait Héraclée, était arrosée par les eaux du Sirus, Sinus, ou Semnus (4).

Dans une des tables d'Héraclée, relatives au bail de la ferme de Bacchus, le règlement des irrigations est indiqué comme il suit :

> « Il est défendu de pratiquer des prises d'eau dans les

---

(1)   « Unde si Parcæ prohibent iniquæ
          « Dulce pellitis ovibus Galesi
          « Flumen et regnata petam Laconi
          « Rura Phalanto. » (Odes, liv. II, iv).

(2) Traduction de De Wailly; Tarente dut son développement à la colonie de Lacédémoniens qui l'occupa sous la conduite de Phalante.

(3) Diodore, X et XXII.

(4) Licoph. in Cassand.

canaux et rigoles qui traversent les terres; l'eau n'étant dérivée que pour l'irrigation, tous les soins devront être apportés pour ne pas la gaspiller, ni l'arrêter. Le fermier devra curer les canaux et les rigoles sur les terres, toutes les fois qu'il sera nécessaire... Quiconque transgressera ces prescriptions sera condamné par les préfets urbains en fonction, à l'amende et au rétablissement de l'ancien état de choses (1). »

LES ÉTRUSQUES.

Tandis que la Grande-Grèce prospérait aux mains des colonies helléniques, l'Étrurie, fondée par les Tyrrhéniens, descendants des Pélasges, était devenue très florissante. Confinés d'abord dans la région de l'Italie qui correspond de nos jours à la Toscane et aux Marches, les Étrusques subjugués par les Rasènes, au onzième siècle avant J.-C., s'étaient étendus vers le nord, par delà l'Apennin, jusque sur les deux rives du Pô, et au midi, jusqu'en Campanie. Mais dès le cinquième siècle, les invasions des Samnites au sud, et au sixième siècle, celles des Gaulois, portèrent un coup fatal à la puissance de l'Étrurie; la conquête romaine, en l'an 395, l'anéantit complètement, détruisant ses monuments et son histoire (2).

Le peu que l'on sait de l'ancienne Étrurie autorise à croire que son agriculture était très riche; l'art des irrigations lui était venue de la Chaldée, pays d'origine (3), quoique l'on ne trouve aucune allusion dans les anciens auteurs aux travaux d'arrosage. Du reste, les

(1) Bertagnoli, *Delle vicende dell' agricoltura in Italia*, p. 67.
(2) Gherardi, *Storia d'Italia;* 1861, cap. XVII.
(3) Gray, *History of Etruria*, t. I, p. 286.

conditions topographiques de la contrée ne se prêtaient pas à l'établissement de canaux, et les Étrusques devaient se borner à utiliser directement les torrents des Apennins (1). Il n'en est pas de même des travaux
énormes qu'ils exécutèrent pour assainir la grande
vallée du Pô, formant un immense marais encaissé entre
le pied des Alpes et les Apennins. Quand ils eurent
conquis le territoire des Ombriens jusqu'à Bologne et
Ferrare, puis la Polesine où ils fondèrent Adria, ils se
trouvèrent arrêtés dans leurs tentatives contre les Vénètes
par le fleuve, le Pô, et par les marécages, et contre les Ligures, par la Trebbia. Dès lors, ils résolurent, sans s'obs-
tiner à dépasser la rive gauche du Pô, de soumettre à la
culture la plaine formée d'un sol d'une fécondité inépui-
sable, qui pouvait facilement communiquer avec la mer,
et ils colonisèrent la nouvelle Étrurie. Des canaux d'é-
coulement, des dragages sur les affluents du Pô et dans
le lit même du fleuve, permirent de conduire l'embouchure jusque vers Adria. La plage entre Ravenne et
Aquilée, aussi bien que les territoires de Reggio, de
Mantoue, de Brescia et de Come (2), entre Modène et
Bologne (3), n'étaient que des marais; ils tentèrent
le desséchement de la rive droite par les canaux *Phi-
listins* (4), se déchargeant dans l'Adriatique, près de Bron-
dolo; celui du delta du Pô, par les canaux d'embouchure
à travers les lagunes d'Adria, connus sous le nom des
Sept mers; celui du Padouan, par le canal *Clodia*, etc. (5).

C'est après que ces vastes entreprises eurent été exécutées, que les douze colonies agricoles, filles des douze

(1) Elian, *Hist. var.*, IX.
(2) Strabon, l. V.
(3) Appian, l. III.
(4) Visi, *Notizie storiche di Mantova*, t. I, p. 114.
(5) Re, *Saggio storico sulle vicende dell' agricoltura antica*, p. 36.

Lucumonies des métropoles étrusques, Felsina ou Bo
nonia, Adria, Mantoue, Melpum, etc., purent se développer et atteindre un haut degré de richesse. Diodore
attribue la grande production du sol étrusque à l'habileté
principalement des habitants pour régler, contenir et
distribuer les eaux courantes. Polybe ne sait trouver
des termes assez élogieux à adresser à l'Étrurie du nord
qu'ils ont assainie, peuplée, cultivée et rendue la plus productive de toute l'Italie. Il vante l'abondance et la qualité
des céréales, des vins, des glands pour la nourriture des
porcs dont les viandes salées ou desséchées sont exportées en grandes quantités (1). Strabon reprend cette description, en attribuant les résultats aux irrigations. Plutarque, qui retrace la vallée du Pô, occupée par les
Gaulois, dit qu'elle est fournie de toutes plantes, riche
en grains, en pâturages, en eaux d'irrigation, et qu'elle
compte dix-huit villes plus industrieuses et plus riches les unes que les autres.

On doit aux Étrusques les travaux d'évacuation des
eaux des lacs Némi (*Nemorensis*) et Ariccia, qui occupaient les fonds d'anciens cratères. L'émissaire du lac
d'Albano dont une partie biaise et conique, admirablement appareillée, nous a été conservée, témoigne
de la capacité des Étrusques auxquels revient aussi le
mérite de l'exécution de la *Cloaca maxima* qui des-
séchait le *Velabrum,* fréquemment envahi par les eaux
du Tibre.

Initiés par la pratique de l'Orient au colmatage des
terres, ils furent les plus habiles agriculteurs de leur
temps. Jusque sous la domination romaine, les pays de
Lombardie conservèrent leur renom de grande fertilité (2),

(1) Polybe, l. XI.
(2) Tacite, liv. XI; Polybe, liv. XI; Plutarque, *in Mar.* et *in Cam.*

quoique Denys d'Halicarnasse accorde la supériorité à la Campanie, que Tite-Live qualifie de « *amœnissimus Italiæ ager* », et aussi de « *agrum Italiæ uberrimum* »; c'est que, suivant Diodore, la Campanie formée de plaines et de vallées propres à la culture arable, était largement pourvue d'eaux, non seulement en hiver, mais encore pendant l'été. Pline l'Ancien cite, dans la vallée même du Tibre, au pied des collines, les vignobles bordés d'arbres fruitiers, et dans la plaine, les champs de céréales et les prairies de trèfle qu'irriguent des eaux perennes (1).

Quoi qu'il en soit, les villes étrusques du Nord étaient encore, avant l'arrivée d'Annibal, très puissantes, grâce à l'état avancé de leur agriculture, à leur bétail et à leurs chevaux élevés dans les vastes pâturages. La ville de Padoue, à elle seule, pouvait mettre en ligne 120,000 hommes à cheval (2); dans ses prairies paissaient d'immenses troupeaux de chevaux et de moutons. Vérone est désignée comme « *ager rheticus opimus et ferax* (3) »; son épeautre comptait parmi les meilleurs de l'Italie, et son arboriculture fruitière n'était nulle part surpassée (4). Les plaines vénitiennes ne le cédaient point, pour la bonté des pâturages, à celles de Mantoue, chantées par Virgile. Crémone, la plus récente des colonies gauloises, devint la plus florissante de toutes, au temps où Tacite écrivait (5): « *Igitur numero colonum, opportunitate fluminum, ubere agri annessu connubiisque gentium adolescit, floruit.* »

Les Gaulois avaient gardé les traditions de la bonne

(1) Lib. V, *Epist.* 6.
(2) Strabon, l. I.
(3) Solin., XXIV.
(4) Columelle, l. III, c. 2.
(5) *Hist. lib.* III, c. 34.

agriculture étrusque, en développant les gras pâturages qui permettaient au bétail des montagnes d'hiverner sur d'excellents herbages obtenus à l'aide des irrigations. Du reste, ces pratiques s'étaient propagées également dans les pays du Piémont qu'habitaient les Ligures. Les luttes fréquentes et acharnées entre les Salassi de la vallée d'Aoste et les Ligures de la plaine étaient causées par les dérivations des eaux de la Doire (Duria). Les Salassi qui travaillaient à la recherche de l'or dans les sables de la Doire, détournaient les ruisseaux dont les agriculteurs en aval avaient besoin pour arroser leurs récoltes. Pour mettre fin à ces luttes, Auguste dépêcha une armée dans le val d'Aoste, qui déporta 40,000 hommes et les vendit comme esclaves (1).

LES ROMAINS.

Héritiers des Étrusques, les Romains, passés maîtres en l'art de défendre les côtes maritimes et les rives des fleuves, de dessécher les lacs et les marais, de canaliser les rivières pour la navigation, ne paraissent pas avoir eu recours à l'irrigation, au point d'y consacrer des canaux de quelque importance, soit qu'ils n'en reconnussent pas l'utilité, soit pour certains motifs, comme ceux, a-t-on allégué, contre lesquels les divinités durent réagir.

C'est ainsi que pendant le siège du dernier rempart de l'Étrurie, qui résista si longtemps aux armes romaines, un augure fait prisonnier répondit au Sénat que Véies se défendrait tant que les Romains ne dériveraient pas les eaux du lac d'Albe pour l'irrigation. Cicéron commentant cette réponse, comprend que l'augure voulait

(1) Strabon, *lib. V.*

que les eaux ne fussent pas rejetées à la mer, mais répandues sur les champs (1). C'est d'ailleurs ce que les députés, envoyés à Delphes pour consulter les dieux sur la durée du siège, rapportèrent, d'après Tite-Live, d'une manière plus claire encore (2).

Les Romains eurent donc à entreprendre pour les eaux d'Albe leur premier grand travail d'irrigation, mais ils connaissaient depuis longtemps, l'ayant appris des Étrusques et des Phéniciens, l'art de dériver les sources par des canaux, tantôt souterrains, tantôt à fleur du sol, et tantôt soutenus par des arcades en un seul rang, ou en deux ou trois rangs superposés, qui traversaient marais, rivières, monts et vallées, pour alimenter les capitales et porter l'eau au loin sur les lieux secs ou arides. Les grands aqueducs des Romains, restés sans imitateurs, offrent un éclatant témoignage de leur puissance et de leur génie comme constructeurs.

Sous la Rome républicaine, quatre aqueducs assuraient déjà le service hydraulique de la cité; c'étaient *Appia, Anio vetus, Marcia* et *Tepula*. Vers l'an 442, Appius Claudius Cæcus, le censeur immortalisé par la voie qui porte son nom, amena les premières eaux dans Rome, venant des sources qui coulaient à plus de 7 milles de distance, au pied des collines de Collatia (3). Quarante ans plus tard, d'autres censeurs Curius Dentatus et L. Papirius Cursor, pour procurer de l'eau aux quartiers élevés que n'atteignait pas la première source

(1) Cicero, *de Divin.* liv. I, 45.

(2) « Romane, aquam Albanam cave lacu contineri, cave in mare manare suo flumine sinas, emissam per agros rigabis, dissipatamque rivis extingues. » *Livius*, lib. V, 16.

(3) « L'aqueduc et la voie d'Appius marquent un moment d'une grande importance dans la destinée de Rome; ils sont comme une magnifique vignette entre le premier alinéa de l'histoire de la république et les suivants. » Ampère, *Hist. rom.*, IV, 49.

presque toujours en souterrain, dérivaient les eaux de
l'Anio, à environ 200 mètres au-dessus de la plaine, et
leur faisaient parcourir, tant en tunnel qu'en viaduc,
43 milles de distance. Cet aqueduc, qui étonne autant
par son étendue que par la difficulté des percements et
la hardiesse des arches, fut achevé par Fulvius Flaccus.
Cependant la population croissait toujours, et avec elle,
le goût des eaux abondantes. L'année même de la prise
de Carthage (608), le prêteur Marcius Re entreprenait
la dérivation de nouvelles sources situées au centre de
l'Apennin, dans la haute vallée de l'Anio. Comme le
précédent aqueduc, celui de Marcius, tantôt en souterrain, tantôt supporté par des arceaux, aboutissait, après
un trajet de 61 milles de longueur, au Capitole. Le quatrième aqueduc, construit par les censeurs Caïus Servilius
Cæpio et L. Cassius Longinus (627), conduisait à Rome
les eaux de la source *Tepula,* émergeant à une distance
de 10 milles environ.

Les empereurs ne devaient pas arrêter là la distribution des eaux, car voulant se surpasser l'un l'autre dans
leurs dépenses fastueuses, ils construisirent jusqu'à
Claude, cinq nouveaux aqueducs : *Julia, Virgo, Alsietina, Claudia* et *Anio novum.* Sous Auguste, la source
Julia, aux environs de Marino, fut distribuée aux quartiers inférieurs par un canal de 15 milles, dont plus de
6 milles portés sur des voûtes; la source *Virgo,* aux
environs de Collatia, fut dérivée par un aqueduc de
14 milles, de longueur, et l'eau *Alsietina,* ou *Augusta,*
tirée du lac *Alsietinus,* à 22 milles de distance, vint
alimenter la naumachie impériale et les arrosages des
jardins. A son tour, Caïus Caligula, pour effacer ses
prédécesseurs, entamait l'aqueduc que Claude termina
en l'an 803, dans le but de fournir à Rome autant
d'eau que les sept aqueducs édifiés jusqu'alors. Dans son

développement de 46 milles, le conduit supporté pendant plus de 6 milles par des arceaux dérivait encore de la vallée de l'Anio les eaux des deux fontaines *Cerulea* et *Curtia*. Finalement, sous Claude, l'aqueduc le plus colossal de tous fut édifié pour dériver les eaux épurées de l'Anio même, sur un parcours de 60 milles, dont 9 milles étaient soutenus par des arcades atteignant 32 m. de hauteur.

De toutes ces eaux distribuées en partie hors de Rome, et pour la plupart, aux différents niveaux de la cité impériale, les unes étaient pures et limpides, provenant des sources et destinées à l'alimentation; les autres fournies par l'Anio, bien qu'épurées, ou par le lac *Alsietinus*, ne servaient qu'aux irrigations, aux naumachies et aux viviers (1).

Au sixième siècle de notre ère, sous l'empereur Procope, les aqueducs avaient été portés au nombre de quatorze, recevant, suivant Publius Victor, les eaux de vingt dérivations distinctes. Le volume total des eaux qui, d'après Frontin, atteignait déjà 1,300,000 m. cubes par jour, en comptant 600,000 m. cubes détournés, perdus ou distribués hors de la ville (2), s'était encore accru cinq siècles plus tard.

Trois des aqueducs anciens suffisent à l'alimentation de la cité moderne (3). Les autres ne montrent plus

(1) De Tournon, *loc. cit.*, t. II, p. 216.

(2) *De aquæductibus urbis Romæ commentarius*. Ce commentaire n'est autre qu'un rapport officiel adressé à l'empereur Trajan par Frontin, consul pour la seconde fois en l'an 98, et chargé à ce titre du service hydraulique, *curator aquarum*. Trajan, consul éponyme de l'an 100, avec le même Frontin, décida sans doute sur ses projets la construction de l'aqueduc dérivant les eaux du lac Bracciano : (E. Desjardins, *Les Antonins d'après l'épigraphie: Revue des Deux-Mondes*, 1874).

(3) Les trois aqueducs conservés sont : Vergine, anciennement *Virgo*, restauré par les papes Nicolas V et Sixte IV; Felice, anciennement *Marcia* et *Claudia*, repris et développé par Sixte V ; et Paola, autrefois *Alsietina*.

que des ruines qui font, il est vrai, le charme inoubliable de la campagne romaine. Telles on revoit les arches majestueuses de l'aqueduc Claude, passé la *Via latina*, le long de la voie Appienne (1); ou celles de Pali, venant de Palestrina, sur lesquelles coulaient à la fois les eaux *Claudia* et *Anio novus*, au-dessus d'un ravin de 36 m. de profondeur (2).

Quoique la prairie fut une grande culture romaine, les retenues qui eussent permis, avec des rivières torrentielles comme celles de l'Apennin, d'assurer l'approvisionnement des canaux pendant l'été, sont restées inconnues. L'arrosage des prairies que Columelle préconise sur une terre quelconque, compacte ou maigre, mais de préférence sur cette dernière, dans les plaines légèrement déclives (3), ne se pratiquait qu'à l'aide de rigoles dérivées des ruisseaux. Caton recommande de ne pas convertir les terres arables en prairies, tout en voulant que l'on crée des prairies pour l'élève du bétail, qu'elles soient sèches ou arrosées. « Si vous avez un pré arrosé, dit-il, vous ne manquerez pas de foin; s'il ne l'est pas, fumez-le pour en avoir »; et plus loin il ajoute : « Si vous avez de l'eau, attachez-vous surtout aux prairies arrosées;

que le pontife Paul V fit rétablir par Jean Fontana, et que Clément X augmenta d'un canal dérivé du lac Bracciano. Le débit total de ces trois aqueducs, égal à 180.500 m. cubes par 24 heures, assure l'alimentation en eau potable et l'irrigation des jardins maraîchers, situés au Rione Monti (*acqua Felice*), au Rione Transtevere (*acqua Paola*), et à la Porte du peuple (*acqua di Trevi*, ou *Vergine*) (*Monografia della città di Roma*, 1878, I, p. 103).

(1) « La grande coupole du ciel est lumineuse. L'aqueduc de Sixte-Quint, puis, l'aqueduc ruiné de Claude, allongent à gauche dans la plaine leur file d'arcades, et leurs courbes s'arrondissent avec une netteté extraordinaire dans l'air transparent. Trois plans forment tout ce paysage : la plaine verte chaudement éclairée par l'averse des rayons ardents; la ligne immobile et grave des aqueducs; plus loin, les montagnes dans une vapeur dorée et bleuâtre... » (H. Taine, *Voyage en Italie*, t. I, p. 371.)

(2) Voir tome II, p. 181; et Dare, *Days near Rome*, t. I, p. 281.

(3) *De re rusticâ*, *lib.* II, xvi.

mais si vous n'en avez pas, installez des prairies sèches autant que vous pourrez : c'est le meilleur usage que vous puissiez faire de votre domaine (1). » Cette sorte de contradiction de l'ancien agronome s'explique par le fait que les troupeaux paissant l'été sur les montagnes du Samnium et de la Lucanie, descendaient l'hiver dans la Pouille, l'Étrurie et le Latium. Varron signale le fait que les troupeaux hivernant dans l'Apulie, vont l'été sur la montagne de Reate, et les mulets quittent les prairies de Rosea, après l'hiver, pour les hautes montagnes de Gurgur (2). L'élève des chevaux se faisait en grand dans les pacages des provinces qui longent l'Adriatique, l'Apulie et le Latium, venant de Rieti (3).

L'*Agro Romano* était peuplé de troupeaux que l'on recherchait en raison de la qualité et de la race des animaux soigneusement entrenus. Les prairies s'étendaient au delà du pont Milvius par la voie Laurentienne, hors de la porte d'Ostie, jusqu'à la mer. Pline le jeune, parlant de la vallée du Tibre, signale les prés « *florida et gemmea prata, trifolium aliasque herbas teneras semper molles et quasi novas alunt. Cuncta enim perennibus rivis nutriuntur* (4). » Ainsi, toutes ces prairies étaient irriguées; rien de surprenant par conséquent que, suivant Pline l'ancien, elles fussent fauchées quatre fois par an en Ombrie : « *Interamnæ* (5) *in Ombria quater anno secantur prata* (6). » Dans les prés de Rosea, l'irrigation et l'engrais développaient la végétation au point, que du jour de la coupe au lendemain matin,

---

(1) *Les Agronomes latins :* M. P. Caton, *Économie rurale ; trad. de Antoine.*
(2) Varro, *de Agricultura*, lib. II, § 1 et 2.
(3) Pline, *Epist.* II, 17.
(4) *Lib.* V, *Epist.* 6, *ad Apoll.*
(5) *Interamnæ ;* aujourd'hui Terni, ville d'Ombrie.
(6) *Lib.* XIII, c. 28.

suivant Varron (1), l'herbe fraîche poussée la nuit cachait aux regards le piquet fiché en terre. « Il en est qui mettent les prairies arrosées en première ligne, ajoutait-il, et je suis de ce nombre ; nos pères les appelaient *parata* et non *prata*. »

Malgré cela, les agronomes Romains ont rarement fait mention des irrigations, et l'on ne retrouve dans les *Géorgiques* de Virgile, dans Pline et dans Columelle, que des passages indiquant l'intérêt qu'avait leur pratique pour la fertilisation des terres, la création des prairies et la fumure des pâturages (voir *Georg.*, lib. I, v. 104 ; lib. II, v. 184 et 198 ; *De re rusticâ*, lib. II, XVI et XVII).

Outre les prairies, sous les murs mêmes de la capitale, les jardins maraîchers du Pincio, étaient très étendus, fournissant les légumes les plus variés à la consommation, et aussi des fleurs. Les *horti irrigui*, jardins arrosés, se développaient le long du Tibre, jusque vers la Sabine. Le précepte de Caton « *Sub urbe, hortum omne genus* (2) » était observé ; pourtant, lorsqu'il fut nommé censeur, il priva les jardins suburbains des eaux qui servaient à l'arrosage, quoiqu'ils eussent à payer la redevance « *vectigal ex aquæ ductibus* », la même taxe que Polybe appelle « *telos tôu Kêpiôu* », versée entre les mains du *curator aquarum* qu'avait institué Auguste.

Les jardins potagers se retrouvaient à Capoue, à Tivoli, dans le Samnium et le Brutium. Columelle insiste sur la nécessité de faire des saignées aux ruisseaux, ou de recueillir les sources dans des citernes pour l'arrosage des jardins toujours altérés ; « *sitientibus hortis* (3) ».

(1) *Lib.* I, c. 7.

(2) « Près de la ville, vous aurez des jardins de tous genres ; » mais comme genre de jardins, Caton ne parle spécialement que d'oignons, de choux et d'asperges ; *De re rusticâ*, VIII.

(3) *De re rusticâ*, lib. X.

La culture du lin développée par les Étrusques et les Falisques dans le pays qu'arrose le Tibre, près de son embouchure, avait perdu de son importance aux abords de Rome. Caton l'ignore; Varron et Columelle la passent sous silence; Pline seul en parle, mais comme étant pratiquée dans le Faentin et la vallée du Pô. Toutefois, sous l'Empire, Ravenne possédait une filature de lin appartenant à l'État (1).

Domination romaine. — Loin des murs de Rome, l'Italie, dévastée plus tard par les barbares, offre quelques rares débris des aqueducs et des citernes dont étaient pourvues les villes provinciales, telles que Aquilée, Pæstum, Pompéi, etc.; mais c'est plutôt en Afrique, en Asie, en Espagne et dans la Gaule, sur l'immense territoire soumis à la domination romaine, que se trouvent les restes des constructions les plus remarquables.

Les citernes espacées le long des aqueducs servaient à la fois à régulariser la pression, à permettre les réparations des conduits, ou à clarifier les eaux destinées à l'alimentation. Au bout des aqueducs, on ménageait des réservoirs, ou châteaux d'eau (*castella cisternæ*), qui assuraient la distribution dans les villes. A l'instar des bains de Titus, dans le périmètre de Rome ancienne, qui montrent encore neuf citernes souterraines, mesurant 137 pieds de longueur, 12 pieds de hauteur et 17 pieds et demi de largeur, les sept citernes voûtées de Oudna, construites par les Romains aux environs de Carthage, pouvaient contenir ensemble 14.000 mètres cubes d'eau. L'aqueduc de Carthage, lui-même, dont les ruines majestueuses apparaissent au fond du golfe de Tunis, conduisait les eaux des sources situées à cinq jours de marche, dans de magnifiques citernes d'où par

(1) « Procurator linificii Ravennatium » (*Not. dign. occ.*, X).

taient les caniveaux et les tuyaux d'alimentation de la
ville punique. L'une des sources, celle de Zaghouan,
était placée sous la protection d'un temple, dans l'area
duquel aboutissait un réservoir dont les eaux se sont
écoulées pendant des siècles au milieu des jardins en-
vironnants, peuplés de figuiers, de bananiers, de lau-
riers-roses, etc. Le mont Zaghouan, au pied duquel
s'adosse le temple, est probablement le mont *Zengi-*
tanus de l'antiquité, et la date de l'édifice est sans
doute celle de l'aqueduc que l'empereur Adrien entreprit pour mettre un terme à la sécheresse qui désolait
Carthage depuis cinq années (1). Adrien, d'ailleurs,
d'après son biographe Spartianus, avait développé
les aqueducs dans tout l'empire. Un de ses successeurs, Septime Sévère, aurait eu la gloire d'achever
l'aqueduc de Carthage, qui réunit la seconde source
de Djougar, enfermée de même dans une enceinte que
protégeaient les divinités. Parmi les monuments épars
autour de Djougar, on retrouve la piscine d'une exécution remarquable, dans laquelle on descendait par dix
degrés (2).

Hippone, qui brilla pendant longtemps comme
l'un des plus beaux fleurons des riches possessions
de Carthage, que les Romains saccagèrent lors de la
deuxième guerre punique, puis les Vandales, et finalement les Arabes, en 669, jouissait d'un aqueduc mo-
numental franchissant le Boudjama, et portant les eaux
des sources de l'Edough dans d'énormes réservoirs
voûtés, encore debout aujourd'hui. Ce sont ces mêmes

(1) V. Guérin, *Voyage en Tunisie.*
(2) Grâce aux travaux des ingénieurs, Collin et Dubois, les eaux des
deux sources ont été de nouveau conduites à Tunis, en utilisant partiellement les anciens ouvrages Romains.

sources qui servent à l'usage de Bone; seulement, l'eau y est dirigée par des tuyaux souterrains (1).

De même, à Philippeville, bâtie sur les ruines de *Rusicada,* les citernes placées au-dessus de l'amphithéâtre construit par les Romains, reçoivent les eaux de sources émergeant à environ 2 kilomètres à l'ouest, dans les montagnes, par des conduits sous terre, et servent à la distribution de la ville actuelle.

Cherchell (*Cœsarea*), Arzew (*Arsenaria*), Aumale (*Anzia*), Constantine (*Cirta*), Bougie, etc. ont conservé de belles citernes voûtées; de même Ténès (*Cartenna*) Alger (*Icosium*), El-Kadra (*Oppidum novum*), Tebessa, Orléansville, etc., exhibent les ruines d'aqueducs importants, destinés à conduire l'eau des sources, pour la plupart utilisées comme du temps de la domination romaine.

Aussi bien, l'énumération serait-elle trop longue de ces grandes et utiles constructions élevées en Corse, en Sardaigne, en Sicile, en Palestine, dans l'Asie Mineure et en Turquie. Les aqueducs de Cagliari (*Calaris*), de Beyrout, etc., rappellent à des degrés divers ceux de la grande époque de Rome.

Byzance. — Depuis Adrien, qui essaya de conduire dans Byzance les eaux du Cydaris et du Berberyses jusqu'à Justinien Ier, deux aqueducs furent élevés pour approvisionner la capitale et les jardins de la résidence des empereurs d'Orient. Le premier ne fut qu'une continuation des travaux hydrauliques exécutés par Constantin le Grand (320-337), dans le but d'amener les eaux des ruisseaux situés à l'ouest; les conduits souterrains qu'il fit établir s'arrêtaient à l'entrée de la ville, dans une citerne à triple étage, comprenant

(1) De Tchihatcheff, *Espagne, Algérie et Tunisie, loc. cit.*, p. 371.

600 piliers, dont seulement la moitié supérieure est aujourd'hui déblayée (1). L'empereur Valens se borna à prolonger les conduits dans l'enceinte (364-76), à l'aide d'un aqueduc qui comptait 1,200 m. d'arcades, de 24 mètres de hauteur, en double rangée, et débitait 12,000 mètres cubes par jour. Le second aqueduc construit, ou plutôt restauré depuis Adrien, par Justinien Ier (527-55), présente sur son parcours, à 12 kilomètres à l'est de Constantinople, un magnifique pont par-dessus l'Alibey-sou, non loin du village de Djebedjekoï. Il a une hauteur totale de 35 mètres, avec deux étages de voûtes ogivales surbaissées, dont le plus long mesure 240 mètres de longueur. C'est ce dernier aqueduc que l'empereur Andronicus Comnène compléta, cinq siècles plus tard, en jetant pardessus le ruisseau qui coule à peu de distance de l'Alibeysou, un troisième pont, dit de Pyrgos, disposé sur une ligne brisée en forme de coude (2).

L'Espagne et la Gaule, richement dotées par les Romains, montrent à l'envi les aqueducs de Ségovie, de Tarragone, de Mérida, ou bien ceux de Nîmes, de Lyon, de Fréjus, de Cahors, etc.

Espagne. — Sous l'empereur Trajan fut construit, dit-on, l'aqueduc à deux étages de Ségovie, et sous Scipion, d'après Pline, celui, également à deux étages, de Tarragone. « L'aqueduc de Ségovie est certainement un des monuments de l'antiquité les plus majestueux et les mieux conservés. Il a traversé les siècles, remplissant chaque jour et à toute heure, sans jamais l'interrompre, la mission qui lui a été donnée (3) ». La source du Fuenfria, conduite par un canal de 15 kilomètres,

(1) Murray, *Handbook Constantinople,* etc., p. 91.
(2) De Tchihatcheff, *le Bosphore et Constantinople,* 1877, p. 51.
(3) Germond de Lavigne, *Itinéraire de l'Espagne, loc. cit.,* p. 51.

dont 8 à découvert, qui se poursuit sur un massif de maçonnerie de 772 m. de longueur, débouche dans un bassin de dépôt, avant de gagner le pont-aqueducde 119 arcades, sur 818 m. de longueur, aboutissant à l'Alcazar. La hauteur de ces arcades varie, suivant les dispositions du terrain, entre 7 et 28 mètres; distribuées sur deux étages au point le plus profond, elles ont une légèreté remarquable. La construction tout entière est en pierres de grand appareil, presque polies, à joints précis, sans ciment, donnant à l'ensemble une solidité inébranlable.

De l'aqueduc de Tarragone, il reste le pont à deux étages, avec 27 mètres de plus grande hauteur; les onze arcades en plein cintre du premier étage et les vingt-cinq arcades du second, offrent 6^m,30 d'ouverture; elles sont montées aussi en grand appareil et à joints précis d'une conservation parfaite.

Des deux aqueducs de Mérida, le plus ancien, dû sans doute aux légionnaires de Trajan, bâti sur trois rangs d'arches à près de 25 m. de hauteur, ne laisse plus voir qu'une trentaine de piliers qui rappellent, de même que l'arc de triomphe encore debout, et que les vestiges des temples, de l'amphitéâtre, de la naumachie, etc., la grandeur et la prospérité de cette province privilégiée des Romains (1).

Gaule. — La Gaule ne se laissa distancer par aucune autre province de l'empire. Lyon, qui en était la capitale, possédait quatre aqueducs dont le premier en date, celui du mont Pilat, avec le siphon du Garon que nous avons décrit (2), fut construit sous l'empereur Claude, et le second, du Mont d'Or, qui dessert actuellement

(1) A. De Laborde, *Itinéraire descriptif de l'Espagne*, 1808.
(2) Voir tome II, p. 190.

la ville, fut édifié par les légionnaires d'Antonin, ou
de Marc-Aurèle. Claude fit établir l'aqueduc de Fréjus que Vespasien répara pour le service du *Forum
Julii.* Des deux aqueducs de Lutèce, l'un (dit d'Au-
teuil) fut élevé sous Constance Chlore, et l'autre
(dit d'Arcueil) par Julien l'Apostat, en même temps
que les thermes et le palais de sa résidence. L'aqueduc de Nîmes, dont l'œuvre capitale est le Pont du
Gard (1), attribué à Antonin, ou à Vipsanius Agrippa,
gendre d'Auguste, est le plus solennel témoin, res-
pecté par les Barbares et par le temps, des sacrifices
énormes que s'imposait l'administration romaine pour
s'attacher les provinces conquises.

Toulouse, Bordeaux, Cahors, Saintes, etc., possédaient chacune leur aqueduc; Poitiers en comptait
quatre; Aix également, dont un établi par Sextius;
Vienne, trois; Antibes et Arles, deux; dans toute la
Gaule se rencontrent les restes de ces travaux hydrauliques que les Romains voulaient rendre aussi durables
que les besoins auxquels ils répondaient.

LES BARBARES.

Dans la longue période de barbarie qui succède à
l'effondrement de l'empire romain, tout disparaît, sciences, lettres et agriculture. On a retrouvé encore quelques décrets des empereurs de la décadence, frappant de
peines sévères ceux qui tentaient de détourner les eaux
des aqueducs publics. A la fin du quatrième siècle, sous
les consulats de Stilicon et d'Aurélien, les empereurs
d'Occident, Arcadius et Honorius, décrétèrent à Milan la

(1) Voir tome II, liv. VII, p. 191.

confiscation des canaux et des terres appartenant aux délinquants (1); et puis, le silence.

Des nombreux peuples qui firent irruption sur l'ouest de l'Europe, Francs, Vandales, Alains et Suèves, Hérules, Goths, Ostrogoths et Lombards, issus de la Germanie ou de l'Orient, guerriers ou pasteurs errants, vivant d'après des coutumes, les Visigoths ont seuls laissé quelques traces de leur domination, au profit de l'agriculture. Plus civilisés que les autres barbares, ils s'étaient approprié non seulement les bonnes lois des Romains, mais ils firent de louables efforts pour améliorer le sort des habitants des pays subjugués (2). Après avoir pris et saccagé Rome, sous Alaric, ils envahirent les Gaules en 436, sous le roi Ataulphe, occupèrent la Narbonnaise et l'Aquitaine jusqu'à l'Océan; leurs rois habitaient Toulouse; puis à la mort d'Amalric, défaits par le roi des Francs, Childebert, ils se retirèrent au delà des Pyrénées pour fonder la dynastie des rois Goths d'Espagne, en maintenant toutefois sous leur pouvoir la Septimanie et la Provence.

Est-ce bien à la domination romaine, ou aux Visigoths, que l'on doit certains travaux hydrauliques déjà cités, du midi de la France et du nord de l'Espagne? Aucun document ne permet plus de le discerner aujourd'hui avec certitude. Llauradò voit dans les aqueducs de Merida, de Teruel, de Ségovie, de Tarragone, etc., dans les canaux dérivés du Francoli, du Besos, etc., l'œuvre des Romains qui soumirent tout le pays aux lois de la République. Ce furent là, en effet, de grandes cités romaines, dotées spécialement par les lieutenants d'Auguste, de Trajan, etc.; mais il paraît hors

(1) Berti-Pichat. *Instituzioni, loc. cit.*
(2) Cibrario, *Économie politique du moyen âge; traduct. Barneaud*, t. I, p. 20.

de doute que les Visigoths surent perpétuer avec succès, par leur initiative, les arts de l'ancienne Rome ; qu'ils cherchèrent à sauver les monuments épargnés lors des premières dévastations, et que, sans avoir de grandes ressources, ils entreprirent des œuvres nouvelles parmi lesquelles les nombreux petits canaux qui, depuis le bassin de l'Adour jusqu'aux plaines du Roussillon, vivifient les prairies au pied des Pyrénées.

L'un de ces canaux a conservé le nom d'Alaric, sous le règne duquel il fut creusé, dans les premières années du sixième siècle. D'autres canaux semblables furent également ouverts aux septième et huitième siècles, pendant la durée de la monarchie des Visigoths (1). Sous Alaric II, leur domination s'étendant encore sur la Provence, jusqu'aux Alpes du Dauphiné, les Visigoths pénétrèrent par la vallée du Rhône, dans le Valais, pour y exécuter des travaux de canalisation. Dans la vallée de Viège, une tradition de haute antiquité attribue le canal des Païens à leur occupation. Du reste, les Sarrasins, continuant et agrandissant le système d'arrosage que les Visigoths avaient eux-mêmes amélioré après les Romains (2), auraient construit le canal de Vercorin (*bis des Sarrasins*), qui descend des glaciers du val d'Anniviers, dans le même canton du Valais (3); les vestiges du *bis* (canal) sont encore visibles au sud de Sierre.

Doit-on enfin rapporter aux Goths, ou aux Romains, les canaux du Vertosan et de Planaval, dans la vallée d'Aoste, issus des torrents Vertosan et Valgrisanche, ainsi que les restes du grand ouvrage qui arrosait le versant oriental de Châtillon et tout le territoire de Saint-Vincent?

(1) Nadault de Buffon, *Traité des irrigations, loc. cit.*, t. I, p. 42.
(2) Nadault de Buffon, *loc. cit.*, p. 45.
(3) Voir tome I, livre 1er, p. 45.

Au VIe siècle, en l'an 541, Théodoric, roi des Visigoths maîtres de l'Italie, fit réparer les monuments publics, dessécher les marais et rétablir les distributions d'eau. On lui attribue la construction du pont-aqueduc *Della torre* de Spolète. Cet ouvrage, à deux étages d'une longueur de 206 mètres et d'une hauteur de 81 mètres, avec arcades gothiques, se fait remarquer encore de nos jours par sa légèreté de construction et une sveltesse extrême (1).

LES ARABES.

L'histoire du peuple arabe est restée à peu près inconnue jusqu'à la chute de la domination romaine, coïncidant avec la barbarie. Au centre de la péninsule arabique vivait à l'état nomade le peuple ismaélite de l'Hedjaz, race noble et robuste, étrangère pendant des siècles au reste du monde. Vers le sud-est, au contraire, le long de la mer Érythrée, l'Yemen, contrée fertile, admirablement arrosée et cultivée, avait vu fleurir le royaume de Saba, fondé, d'après la Genèse, par des descendants de Chus, c'est-à-dire des Éthiopiens. Placés entre l'Éthiopie et la Syrie, au temps des Ptolémées et des Romains, les Sabéens étaient devenus par leur commerce, les plus riches de l'Arabie. Diodore et Strabon font de leur opulence une description fantastique. Ils exportaient chez les Égyptiens, les Perses et les Hindous, comme chez les Grecs et les Romains, la myrrhe, l'encens, le baume, et constituaient l'Arabie heureuse. De même Gerrha, sur le golfe Persique, entretenait des re-

(1) D'autres auteurs font mérite de cet ouvrage à Théodelapius, premier duc de Spolète (604); Campello, *Storia di Spoleto*.

lations actives, pour les denrées de l'Inde, avec les comptoirs phéniciens d'Asado et de Tylos.

Quoique l'intérieur de l'Arabie soit un désert sablonneux et sans arbres, l'Oman, situé entre les pays de Jailan et de Batna, offrait une série d'oasis bien cultivées, arrosées par des canaux souterrains. Le commerce aidait puissamment l'agriculture, et l'Arabie servant de station au commerce avec les Indes et la côte orientale de l'Afrique, voyait ses produits confondus avec ceux de ces provenances. « Ils viendront de Saba, dit Isaïe (60, VI), et nous apporteront de l'or et de l'encens. » Petra, notamment, servant d'entrepôt à Tyr et à Sidon pour les denrées précieuses, était le siège principal des Nabathéens, originaires des monts de Gerrha, sur le cours inférieur de l'Euphrate, qui trafiquaient eux aussi avec la Perse et l'Inde.

Avant la conquête de l'Yemen par les Abyssins (570 ap. J.-C.), se place un fait mémorable, conservé par l'histoire, la rupture de la digue de Mareb, appelée Seyl-al-Arim, dont on attribue la fondation à Locmân, un des rois Adites; elle servait à retenir et à distribuer les eaux d'irrigation sur une très vaste contrée. Il en existe encore des ruines considérables. Ce déluge local fut la cause de la dispersion des Himyarites dans toute l'Arabie (vers l'an 120), et de la création de trois États ou groupes; le Hira dans l'Iraq; le Ghaçan en Syrie, et les Khoraites à la Mecque (1). C'est de cette ville, la ville sainte, où le prophète fonda l'islamisme, que la guerre porta en quelques années la religion du Coran dans tout l'Orient romain, en Perse, en Égypte, au nord de l'Afrique et en Espagne. Brusquement sorti de l'obscurité, après s'être policé au contact des anciennes nations ci-

(1) Dézobry et Bachelet, *Dictionnaire général d'histoire*, loc. cit.

vilisées, le peuple nomade des Himyarites parvint à dominer, au neuvième siècle, tous les pays compris entre les colonnes d'Hercule et le mont Bolor de l'Inde. Mahomet avait donné à l'Arabie, par la puissance de la foi, l'unité religieuse, en même temps que l'unité politique; mais ses successeurs ne purent conserver cette dernière, qui s'émietta entre les califats d'Orient, les fatimites de l'Égypte et le califat de Cordoue, pour s'éteindre complètement au treizième siècle.

Les Arabes ne se bornent pas, dans leur brillante mais courte domination du monde, à sauver le trésor des connaissances puisées à la science indienne et hellénique; ils ouvrent des voies nouvelles à l'agriculture et apportent en Occident, partout où ils pénètrent, leurs propres usages. Ils habitaient un pays où règne partout le climat des palmiers, et sur une plus grande partie, depuis Mascate jusqu'à la Mecque, celui des tropiques. Doués d'une activité surprenante et sans exemple dans l'histoire, d'une grande tolérance après la conquête, ils se fondent avec les peuples vaincus, pour les instruire dans les arts qu'ils possèdent, et surtout dans ceux de l'hydraulique. C'est parmi les Nabathéens, des pays de Petra et de Gor, rompus aux travaux des barrages, des réservoirs, des canaux et de la mise en valeur des friches incultes, que s'était formée l'école des agronomes et des savants dont un Maure andalous, Ebn-el-Awam, se fit l'interprète, bien plus tard, dans l'ouvrage que le gouvernement espagnol fit traduire au commencement de ce siècle (1). Instruits des pratiques agricoles de la Chaldée, de la Perse, de l'Égypte et de la Grèce, les Arabes avaient appliqué en grand la science de l'hydraulique dans leur propre contrée. Niebuhr parle d'une

(1) Ebn-el-Awam, *traducido por D. J. A. Banqueri*; Madrid, 1802.

retenue formée par le barrage d'une vallée, sous la reine Belcis de Sheba, la même qui, d'après les traditions, visita Salomon. « Ce bassin, ajoute le savant érudit, est encore regardé aujourd'hui comme une merveille; il fertilise une vaste plaine sur une journée et demie d'étendue, de droite et de gauche. » Hérodote signale l'établissement de rigoles d'aqueducs, à l'aide de tuyaux en cuir (1), à défaut d'autres matériaux. Ils ne reculèrent pas devant les travaux les plus coûteux pour assurer les bienfaits des irrigations à leurs conquêtes d'Afrique, et ensuite d'Espagne. Les nombreux barrages en belle construction appareillée, qui retiennent les eaux et permettent de les conduire par des canaux, retrouvés aujourd'hui dans la plaine du Hodna, entre Alger et Constantine, sur les rivières d'Oued-Selman, de Mnaïfa, Magra, Barika, etc., sont l'œuvre des Arabes, tout comme les indispensables *pantanos* et les canaux de l'Andalousie.

Les Macédoniens qui avaient accompagné Alexandre le Grand jusques dans le delta oriental de l'Indus, avaient bien rapporté, il est vrai, des notions nouvelles; celles des rizières entrecoupées de ruisseaux, auxquelles Aristobule accorda une mention; des cotonniers et des étoffes fines tissées avec le duvet du coton; des vins fabriqués avec le riz et le suc des palmiers, dont parle Arrien (2); du sucre de canne, différent du suc de bambou (3), etc.; mais tous ces produits et les plantes rares originaires de l'Inde, naturalisés en Arabie par les Séleucides, et introduits en Égypte par les Lagides (4),

(1) *Hist.*, lib. III.
(2) *Indica*, l. VII.
(3) Strabon, l. XV.
(4) Pline, l. XII.

étaient, depuis des siècles, l'objet de la culture des Arabes.

Les Arabes en Égypte. — Sous l'administration d'Omar, deuxième calife, et le premier conquérant arabe de l'Égypte, qu'a rendu trop célèbre le second incendie de la bibliothèque d'Alexandrie (641), les anciens nilomètres furent restaurés, et de nouveaux furent construits pour l'observation des crues du fleuve; mais sous les Abbassides Al-Mansour, qui transportèrent à Bagdad la capitale de l'empire musulman (762), ces utiles monuments furent détruits ou délaissés (1). Celui de l'île de Randah, un des plus importants, que le calife Souleyman avait édifié (715), fut restauré en 813 par Al-Mamoun, fils d'Haroun-el-Reschid; encore une fois détruit par un tremblement de terre, il fut relevé pendant le règne de El-Motawakkel, en 861, tel à peu près qu'on peut le voir au vieux Kaire, où il porte le nom, de *Mekyâs-el-Djedid,* le nilomètre nouveau (2). Pour donner une idée des fortunes privées à cette époque, Makrisy raconte que les jardins arrosés des Benou-Sinân, les plus beaux du vieux Kaire, ayant plu au calife Mamoun, Ibrahim ben Sinân lui déclara qu'il payait annuellement pour ces jardins 20.000 dinârs d'impôt foncier et qu'il en estimait le revenu à 100.000 dinârs (3).

Des aqueducs et des fontaines furent encore construits en grand nombre, en même temps que des mosquées, pendant le règne du fastueux gouverneur, devenu sultan d'Égypte, indépendant des califes abassides, Ahmed-ebn-Thouloun (870). Malgré la réduction des impôts vexatoires perçus par les prédécesseurs de Ah-

(1) Rhoné, *loc. cit.,* p. 367.
(2) Fagnan, *les Coudées du Mekâs ; Journal Asiatique,* 1873.
(3) Le dinâr valait de 12 à 15 francs.

med, le revenu annuel du pays était estimé à 300 millions de pièces d'or (1); pourtant, le blé était à bon marché; les 10 *ardebs* (1500 livres) valaient un dinâr, et sous Khomarovaïh, fils et successeur immédiat de Ahmed, les 5 *ardebs* valaient encore le même prix (2).

Jusqu'à la dynastie des sultans Ayyoubites qu'inaugura, en 1171, Salah-el-Din-Youssouf (3) gouverneur, du calife de Bagdad, l'Égypte, pendant le X siècle, est la proie des guerres civiles et étrangères et retombe dans tous ses maux passés. C'est l'époque du renversement de la puissance arabe en Sicile, des invasions des Turkomans, des croisés, des Normands de Sicile, etc., des pillages et des incendies commis par les envahisseurs, chrétiens ou infidèles. Sous Saladin qui se fait sultan de Syrie (1174), le vizir gouverneur de l'Égypte, Behâ-ed-Din, rétablit à force d'impôts les canaux d'inondation, les chemins, et un pont de 40 arches sur le canal entre Gizèh et les Pyramides: mais lors de la cinquième croisade conduite par Jean de Brienne, les musulmans rompent les digues des canaux, et leur sultan El-Melek-el-Kamel oblige les croisés, malgré leur victoire de Mansourah, à capituler devant l'inondation et à évacuer l'Égypte (4). A la dynastie des Ayyoubites succéda finalement, en 1250, celle des sultans Mamelouks d'origine turkomane, qui mit fin à la domination arabe de l'Égypte. En 1517, Séhire Ier, devenu maître du Kaire, réunissait à Constantinople le pouvoir temporel des

---

(1) De Guignes, *Histoire des Huns*, t. III, p. 135.
(2) Khitât, I, 331.
(3) Saladin, fils d'Ayoub.
(4) Six siècles plus tard (1801), les Anglais recouraient au même expédient désastreux, en rompant les digues d'Aboukir, ce qui permit aux eaux de la mer de se déverser dans le lac desséché de Mareotis et d'inonder les terres autour d'Alexandrie, afin de bloquer et de faire capituler l'armée française du général Menou.

sultans d'Égypte et le pouvoir spirituel des califes abbassides. Désormais l'histoire de la vallée du Nil n'offre
plus aucun intérêt; les pachas, comme les beys, ne travaillent plus qu'à s'enrichir, en ruinant l'agriculture
des fellahs et les ouvrages d'irrigation.

Les Arabes en Sicile. — Après plusieurs expéditions dirigées vers la Sicile pendant le VIII⁰ siècle, la
dynastie musulmane des Aglabites finit, en 867, par s'em-
parer de l'île; celle des Fatimites, qui lui succéda en
917, en resta maîtresse jusqu'au IX⁰ siècle, où elle fut
chassée à son tour par les Normands.

Les auteurs arabes qui décrivent la Sicile de ces temps
là, aussi bien Ibn-Schebbat et Ibn-Ghalanda (1), qu'Abu-
Ali et Abu-Hassan, citent en termes exaltés les richesses forestières de l'Etna et des monts Cefalù, et les
eaux admirables que protègent les forêts (2). L'aménage
ment des forêts et des eaux d'arrosage mérite tous les
soins des nouveaux conquérants. On leur attribue la
construction du grand réservoir de Belliami, aux environs de Palerme (3).

On leur doit aussi l'introduction de la canne à sucre,
qu'ils cultivèrent d'abord en Sicile (4), pour la porter
ensuite à Rhodes, en Crète et à Chypre. L'acclimatation dans l'île, du limon et de l'oranger, s'étendit
rapidement le long des côtes, et plus tard en Calabre.
Makrisi signale, d'après Massoudi, vivant vers le milieu
du dixième siècle de notre ère, que le citron rond fut
importé d'Arabie vers cette époque (5), mais les chro-

---

(1) *Bibliot. Arabo-Sicula.*

(2) Michele Amari, *Storia dei Musulmani di Sicilia*, 1854-73.

(3) Damiani, *Inchiesta agraria, loc. cit.*

(4) Heeren, *Essai sur l'influence des croisades.* p. 397; et Gibbon,
History of the decline of the Roman Empire, t. XIII, p. 244.

(5) Abd-Allatif, *Relation de l'Égypte*, 1810, p. 117.

niqueurs arabes ne mentionnent pas l'orange, lors de
leur invasion en Sicile, au neuvième siècle. La première
indication que l'on trouve dans un diplôme de l'an 1094
se réfère à une *Via de Arangeriis*, à Patti, et aux jardins de la villa royale de Favara, près de Palerme, que
chantèrent les poètes arabes en l'honneur du roi Roger.
Aussi Michel Amari croit-il que la Sicile dut aux Musulmans plutôt qu'aux Arabes la culture des orangers (1).
L'ancienne désignation italienne de *narancio* que l'on
retrouve dans les lettres de l'époque (2), se rapproche
d'ailleurs davantage de la racine orientale. Quoi qu'il en
soit, Léon d'Ostie raconte qu'en l'an 1002, un prince
de Salerne offrit, comme cadeau précieux, des pommes
citrons (*poma citrina*), aux ducs normands qui avaient
payé la rançon aux Sarrasins. Le Normand Falconde,
contemporain d'Edrisse l'Oriental, parle avec enthou-
siasme des pommes arabes, douces et acides, et des
citrons (3).

Les Arabes avaient été les premiers à introduire
la culture du riz. D'après un écrit de l'an 255 de
l'hégire, adressé par le gouverneur de l'île au Mulej, le
riz était compris dans les denrées d'exportation (4),
de même que le sucre. Ils auraient enfin importé en
Sicile, dans l'île de Malte et en Grèce, sans que des
documents authentiques viennent à l'appui, la culture
du coton (5), que d'autres écrivains font remonter
aux Phéniciens.

Les Arabes en Espagne. — Maîtres de l'Espagne,

(1) Amari, *loc. cit.*, t. II, p. 13.
(2) *Lettere di Uomini illustri; Venezia*, 1584, f. 510 et 316.
(3) *Historia Sicula, præf.*
(4) Canciani, *Barbarorum leges antiquæ*, p. 333.
(5) Nicolosi, *Memoria sulla coltivazione del cotone, loc. cit.*, et Onorati,
Delle cose rustiche (1804).

après la défaite et la mort du dernier roi des Visigoths, Roderic (711), les Arabes d'Afrique, ou les Maures, comme on les désigne au moyen âge, ne tardèrent pas à donner à l'agriculture de la péninsule, comme à celle du midi de la France, une impulsion remarquable. Sous leur domination l'Espagne fut glorieuse et puissante, comme elle ne l'a jamais été depuis. Pour le bien de l'agriculture, ils portèrent les irrigations à un rare degré de perfection (1), et on peut les regarder à juste titre comme les principaux promoteurs de cette belle application des eaux en Europe.

L'agriculture et l'horticulture étaient placées à un si haut rang par les Arabes, qu'ils abandonnaient l'année lunaire toutes les fois que la connaissance de la longueur de l'année solaire était nécessaire pour les travaux de culture; ils recouraient alors aux mois syriaques ou cophtes, et sous les derniers califes, aux mois latins. Le calendrier de Harib, dédié à l'empereur Mostanier, mort en 1243, rapporte ainsi un grand nombre de phénomènes de végétation dont Arago s'est servi pour ses recherches sur la question des températures du globe.

Dès l'établissement du califat de Cordoue, en 756, Abd-er-Rhaman songe à créer un jardin près de sa résidence, et il dépêche aussitôt des voyageurs en Syrie, chargés de lui rapporter des semences de plantes rares. C'est lui qui plante le premier dattier sur la terre espagnole, près du palais de la Rissafah, et qui le chante, dans des vers où il se reporte mélancoliquement vers Damas, sa ville natale (2).

Les établissements des Maures en Espagne étant devenus de véritables colonies agricoles, les irrigations en

(1) Rosseuw de Saint-Hilaire, *Civilisation des Arabes au XIe siècle.*
(2) A. Conde, *Historia de la dominacion de los Arabes.*

firent une des plus riches contrées, notamment du royaume de Valence (1). C'est après leur conquête que les Juifs cessèrent d'être cruellement persécutés : ils vécurent dès lors plus tranquilles, se livrant à l'agriculture dans les campagnes et perfectionnant beaucoup l'art d'arroser les terres (2).

Tandis que les provinces du nord et du centre de la péninsule, sous la conduite de leurs princes féodaux, s'étaient épuisées dans des luttes longues et sanguinaires contre les usurpateurs, le royaume de Grenade florissait. Les vastes campagnes du Mijares, du Palencia, du Turia, du Guadalquivir, etc., étaient sillonnées de canaux distribuant les eaux de ces rivières principales et de leurs affluents. Entre Cordoue et Séville, là où les tributaires du Guadalquivir s'engorgent et inondent les terres de leurs eaux qui restent stagnantes, les Maures avaient assaini, en ménageant la pente des terrains pour l'écoulement des eaux qu'ils utilisaient. Les canaux arabes se sont obstrués depuis; les pentes ont disparu; des émanations pernicieuses répandent les fièvres qui déciment des villages, comme Guadajoz, tandis que l'autre rive, Alcolea, aux cultures arrosées par les eaux du Guesna, est plein de vie et de mouvement (3). De même les marais de San Juan, près de Cadix, attestent l'abandon des travaux des Arabes. Sous l'eau qui les recouvre, on retrouve la trace des anciens chemins, des rigoles d'assainissement et d'irrigation. Les niveaux n'ayant pas été conservés, les eaux se sont accumulées.

Tout ce système d'irrigation et d'assainissement témoigne d'une sollicitude plus particulière pour l'An-

---

(1) Prescott, *History of the reign of Ferdinand and Isabella,* t. I, p. 270.
(2) Cibrario, *Économie politique du moyen âge,* loc. cit., t. I, p. 153.
(3) Germond de Lavigne, *loc. cit.*, p. 518.

dalousie, en raison de la plus longue occupation de cette province. Un grand nombre d'aqueducs et de canaux encore en activité attestent les efforts des Maures pour ne laisser guères un pouce de terrain sans culture. Ils y avaient importé comme ailleurs, la canne à sucre (1) le cotonnier, le mûrier et le riz. L'élève des troupeaux marchait de front avec la culture du sol; chevaux andalous, moutons de la Sierra Morena, lainages de Murcie, soieries de Grenade et d'Almeria, papier de coton de Xativa, etc., faisaient l'objet d'un commerce embrassant l'Afrique et les contrées de la Méditerranée. Aussi bien, les monuments qui subsistent, font foi de la richesse et de la magnificence qui régnaient à Cordoue, à Séville, à Grenade, etc. Abderame III est le digne émule de Haroun-el-Reschid, et l'âge d'or de la civilisation arabe brille à Cordoue avec tout autant d'éclat que sur les bords du Tigre. Jamais la population ne fut plus considérable, en Espagne, que sur le territoire de Séville, qui comptait plus de 20,000 villages et bourgs. Lors de la reddition de cette ville, en 1248, 300,000 Arabes sortirent de ses portes pour émigrer de nouveau en Afrique (2).

Dans les provinces mêmes qu'ils occupèrent pendant moins longtemps, comme celles que traverse l'Èbre, les Maures ont laissé des traces impérissables de leur possession. En effet, l'Èbre, qui prend sa source à 12 lieues de l'océan Atlantique, pour se jeter dans la Méditerranée, était navigable au temps des Carthaginois et des Romains jusqu'à Logrono, à 550 kilomètres

---

(1) Thomas Willoughby, qui parcourut le midi de l'Espagne en 1664, a laissé une intéressante description des plantations de cannes et de la fabrication du sucre à cette époque. (Mac Culloch. *Commercial Dictionary*, p. 1241.)

(2) Scherer, *Histoire du commerce*, traduction Richelot et Vogel, t. I, p. 268.

dans les terres; mais après l'invasion des Maures, ceux-ci, plus préoccupés d'agriculture que de navigation et de commerce, établirent sur le parcours du fleuve de solides barrages fournissant des chutes qui faisaient mouvoir les roues hydrauliques et élevaient les eaux d'arrosage. Ces barrages construits à pierres perdues, à des distances très grandes les uns des autres, mettent encore aujourd'hui en mouvement des norias qui montent l'eau à 12 et 15 mètres de hauteur, (1). Le canal de Manresa qui dérive les eaux du Llobregat pour l'irrigation de la *vega*, par un barrage en pierres de taille, avec défense en pilotis, remonte à la moitié du quatorzième siècle.

Le caractère essentiel des constructions hydrauliques que les Maures ont laissées, est la grandeur et la solidité qui font qu'elles n'ont pas varié depuis des siècles; de leur côté, les irrigations ont été conçues sur l'échelle la plus vaste. L'établissement de barrages en lit de rivière, tels que ceux de Valence et de Murcie, a servi de modèle aux dérivations exécutées depuis par les Espagnols. Celui de Turia, dont les crues atteignent de 5 à 6 mètres, qui inondaient jadis Valence, est si bien réglé qu'à l'étiage, le débit total se répartit de nos jours, comme au temps des Maures, dans la proportion même qu'ils ont déterminée, entre les quatre canaux qui distribuent les eaux sur la *huerta*. Le barrage de la Segura, plus important et plus ancien encore que celui de la Turia. réalise toutes les conditions avec une perfection que la science moderne ne permettrait guère de dépasser, épanchant les eaux sur la *huerta* de Murcie, suivant des débits proportionnels à l'étiage, depuis plus de huit siècles, sans la moindre avarie. La prise d'eau du Mijares, qui assure

(1) Job, *Rapport sur les travaux de la canalisation de l'Èbre, loc. cit.*

l'irrigation de la *vega* de la Plana, date du même
temps que celle de Valence, mais elle s'en distingue par
deux ouvrages de premier ordre : le réservoir avec tunnel, au pont de Villareale, et le siphon que nous avons
décrit de la Veuve (*Rambla de la Viuda*), continuant
le canal de Castellon sur une longueur de 100 mètres,
sous le lit de la Rambla (1).

Si les Espagnols se sont signalés plus tard par la
construction de barrages-réservoirs aux dimensions
colossales, qui nous reportent aux monuments des anciens âges (2), les Maures avaient plus modestement
rapporté des contrées de l'Asie l'usage des réservoirs,
pour la construction desquels ils se montrèrent non
moins habiles que dans l'art de conduire les eaux.
Dans son remarquable ouvrage, Ebn-el-Awan démontre
la nécessité des réservoirs, en vue de combattre les
sécheresses de l'été. D'ailleurs, les Maures avaient aussi
vulgarisé sur les cours d'eau l'emploi des norias que
l'on retrouve dans tous les pays ayant fait partie de
leurs vastes conquêtes.

L'ESPAGNE.

Lorsque les Arabes se furent retirés peu à peu du
nord de l'Espagne, les terres restées sans culture après
les longues luttes, furent concédées dans les plaines, pour
être défrichées et cultivées, avec divers privilèges qui
variaient dans un même municipe, selon les gens appelés à en jouir. Les *fueros* prospérant avec le concours
des nobles, commencèrent alors à s'établir partout, dans
les royaumes de Catalogne, d'Aragon, de Léon et de

(1) Voir tome II, p. 199.
(2) Voir tome I, liv. V, p. 526.

Castille, sur base des bonnes coutumes que Charles le Chauve avait octroyées, dès l'année 844, aux Espagnols habitant le comté de Barcelone (1). Le développement du gouvernement communal auquel on doit la reprise de la culture du sol, fut aidé puissamment en Espagne, comme en Italie et ailleurs, par la confirmation des anciennes observances écrites, ou des bonnes coutumes, avec le consentement des souverains et des évêques.

Les Maures chassés, les rois, aussi bien Jacques Ier dit le *Conquistador*, roi d'Aragon, quand il se rendit maître de leurs admirables provinces, que Ferdinand III et Alphonse X, quand ils prirent possession du bassin du Guadalquivir et des territoires de la Segura, d'Elche, de Murcie et de Lorca, imposèrent toutefois pour le partage des terres, non plus les principes et statuts des *fueros*, mais l'observation rigoureuse des lois et des usages à l'aide desquels les Musulmans avaient administré les eaux.

Avant que Ferdinand V eût consacré la réunion définitive, en 1452, du royaume des Maures à la couronne d'Espagne, Jacques Ier avait imprimé une vigoureuse impulsion aux travaux d'irrigation dans les provinces soumises, en ordonnant les canaux du Ter, de l'Èbre et du Jucar. Ses successeurs, rois d'Aragon et de Castille, étendirent les privilèges accordés, firent de nouvelles concessions d'eau et réformèrent l'administration, pour parer aux nécessités croissantes de la culture.

Du temps des Maures, les eaux du Jucar étaient dérivées sur la rive gauche; la ville et les villages autour d'Alcira leur devaient leur prospérité; mais ce fut le roi don Jayme Ier qui ordonna la construction

---

(1) Cibrario, *loc. cit.*, t I, ch. IV, p. 70.

du canal (*Real Acequia de Antella*). Don Martin
concéda le privilège des arrosages, et le roi Charles III
ayant fait achever ce remarquable travail (1), le duc
de Hijar obtint, à la fin du dernier siècle, la concession
de prolongement, depuis le torrent d'Alginet jusqu'à
celui de Catarroja où aboutit la *huerta* arrosée de
Valence.

Après les rois d'Aragon et de Castille, Charles Ier,
roi d'Espagne, ou Charles-Quint, empereur, conçut des
projets grandioses de dérivation des eaux de l'Èbre et
de la Sègre, par les canaux Impérial et d'Urgel, mais la
politique de conquêtes qu'il inaugura, entraînant la na-
tion espagnole à la suite des souverains de la maison
d'Autriche, amena l'épuisement et la décadence rapide du
royaume.

Le canal Impérial, dit d'Aragon, qui devait établir
la communication entre l'Èbre, près de Tudela, et la
mer, ne fut poussé plus tard avec quelque activité
que jusqu'à Saragosse, d'où devaient partir les deux
branches Miraflores et El Burgo; Charles Ier abdi-
quant, il fut délaissé. Quoique Philippe II eût fait
venir d'Italie le célèbre ingénieur Francesco Sitoni,
en 1561, et que plus tard, Philippe IV eût chargé
don Domingo Usenda y Mansfelt de terminer le canal,
les travaux ne furent point repris. Philippe V fit en
vain appel aux cortès d'Aragon, et Charles III octroya
la concession du prolongement avec de nombreux
privilèges, sans plus de résultat.

Une compagnie ayant entrepris, en 1770, la construction du canal Impérial, don Ramon Pignatelli,
chanoine de la cathédrale de Saragosse, fit canaliser

(1) L'inscription placée à l'entrée du canal Royal porte : « Yo debo mi
« principio al Rey don Jayme; al Justo don Martin mi privilegio, y la
« gloria de verme concluida al monarca mayor Carlos Tercero. »

une partie du fleuve sur 90 kilomètres, dans le but presque exclusif de l'irrigation. A la fin de la guerre de l'indépendance, Philippe Conrad, ingénieur français, soumit à son tour, en 1833, des projets d'achèvement à partir de Saragosse, puis en 1843, don Enrique Misley, et finalement, en 1849, Pourcet, obtinrent la concession de la canalisation de Saragosse à la mer, pour la céder à une compagnie qui se constitua par décret du 29 décembre 1852.

Passé Saragosse, jusqu'à Quinto, les deux rives de l'Èbre, formant une plaine de 6 à 8 kilomètres de largeur, sont arrosées d'un côté par deux prises, El Burgo et Fuentès, et de l'autre, par une dérivation de la rivière El Gallego.

Plus en aval, entre Quinto et Cherta, où se trouvent les barrages construits par les Maures, la vallée resserrée, sinueuse, ne présente plus que des jardins et des *huertas* moins étendus, que séparent des rochers nus et à pic. Enfin, de Cherta, sur 65 kilomètres, jusqu'à l'embouchure, la vallée de l'Èbre, très large d'abord dans les plaines de Tortosa et d'Amposta, se termine par 30,000 hectares d'alluvions à dessécher et à arroser (1).

L'étude des travaux d'irrigation que comporte la vallée de l'Èbre avait permis d'évaluer à 70,000 hectares la superficie sur laquelle les arrosages auraient pu s'étendre, en rehaussant le niveau jusqu'à Quinto, en utilisant les barrages comme moteurs pour élever les eaux, et en créant, à partir de Cherta, deux canaux parallèles sur chacune des rives, dont l'un alimenterait la section navigable de San Carlos; mais la compagnie absorba son capital en améliorations

---

(1) Job, *loc. cit.*

de la partie la plus importante du parcours du fleuve, sans pouvoir réclamer la garantie de l'État pour l'exécution des canaux projetés. Les améliorations avaient comporté l'élargissement du canal d'Amposta, la rectification et l'endiguement de l'Èbre jusqu'à Cherta, l'ouverture de la navigation jusqu'à Mequinenza, au confluent des rivières la Sègre et le Cinca, puis jusqu'à Escatron (1860), à 257 kilom. de la mer, avec distribution des eaux sur 40,000 hectares (1).

Le canal proprement dit, exécuté de 1770 à 1790, par la compagnie financière qui s'y ruina, pour un débit variant de 35 à 15 mètres cubes par seconde, à l'étiage le plus bas de Tudela, ne tarda pas à perdre son importance comme voie navigable, lorsque le chemin de fer de Pampelune à Madrid et à Saragosse eut été achevé; mais l'emploi des eaux pour l'irrigation, devenu une nécessité financière de l'exploitation par l'État, n'en prit que plus de développement. Les dépenses engagées avaient laissé au trésor une charge annuelle de 1 million et demi de francs; or, après un siècle d'exploitation, la recette atteignait à peine 200,000 francs, lorsqu'en 1848, le gouvernement se décida à réduire de moitié les redevances directes. Dès lors, la surface arrosée augmenta de plus du tiers; les terres jadis en jachère donnèrent de deux à trois récoltes par an, et les terres incultes qui ne payaient pas d'impôts furent soumises à la culture avec bénéfice pour le fisc, grâce .aussi aux produits indirects perçus sur 28,000 hectares environ.

Le canal navigable de San Carlos de la Rapita, qui complète la canalisation de l'Ebre dans la dernière section vers la mer, joint Amposta avec l'île Buda, sur une

(1) Germond de Lavigne, *loc. cit.*, p. 319.

longueur de 22 kilomètres, et fournit les eaux nécessaires à l'arrosage de 12,000 hectares de terrains à droite du delta.

En même temps que le canal impérial d'Aragon conçu par Charles-Quint, celui de Tauste fut projeté pour la dérivation, entre Tudela et Cabanillas, de 6 m. cubes d'eau de l'Ebre; mais rien n'indique qu'il fut entrepris sous son règne. Son fils, Philippe II, put faire exécuter quelques ouvrages hydrauliques de premier ordre, tels que les réservoirs d'Alicante, d'Elche, d'Almansa et d'Aranjuez. Les deux premiers de ces *pantanos* que nous avons décrits (1), n'ont d'analogie, comme le remarque Aymard, avec les travaux des anciens que par la grandeur de la conception; ils ne sauraient être comparés à aucun autre monument du même genre, dans aucune autre contrée du globe (2). Le plus ancien réservoir, celui d'Almansa, fonctionnait avant 1586; il avait été construit par les usagers, à l'aide d'emprunts remboursables par annuités. Le principe de l'association des capitaux pour des œuvres d'intérêt commun, était ainsi appliqué en Espagne, à une époque reculée. C'est encore sous le règne de Philippe II que fut rédigé l'acte de Loyosa, ou le recueil des us et coutumes appliqués par les Maures pour l'irrigation de la *vega* de Grenade.

Après lui, l'Espagne dégénérant rapidement ne retrouva que le siècle suivant, pendant le règne de Charles III, le calme à l'intérieur, et les ressources nécessaires pour continuer les travaux hydrauliques que réclamait l'agriculture. Sous ce prince, outre le prolongement de *l'Acequia Real de Antella* (Jucar) jusqu'à l'Albufera, une grande partie du canal navigable de

---

(1) Voir tome 1er, livre V, p. 526.
(2) Aymard, *loc. cit.*, p. 7.

Castille, entrepris par son prédécesseur Ferdinand VI, fut construite ; les deux réservoirs de Lorca, connus sous les noms de Puentes et de Val de Infierno, furent édifiés, ainsi que d'autres ouvrages d'irrigation moins importants.

Le canal navigable de Castille, formé du canal du Nord qu'alimentent les eaux du Pisuerga et du Carrion, entre Alar et El Serron, et des deux canaux du Sud et de Campos qui aboutissent à Valladolid et à Rioseco, est à peine utilisé pour les arrosages, malgré un parcours total de 207 kilomètres.

Les deux réservoirs de Lorca, décrétés aux frais du trésor public, par édit du 11 février 1785, furent achevés à la fin de 1791. Ils devaient emmagasiner ensemble 54 millions de mètres cubes d'eau. Celui du Val de Infierno, construit sur le Rio-Luchena, affluent du Guadalantin, avec une hauteur totale de $35^m,50$, a fonctionné jusqu'en 1835, et s'est envasé jusqu'à la crête. Le réservoir de Puentes, établi au confluent des torrents Velez, Turilla et Luchena, d'où naît le Guadalantin, avec une hauteur totale de 5o mètres, s'est effondré, après avoir fonctionné pendant dix ans, le 3o avril 1802. Il vient d'être reconstruit par une compagnie concessionnaire, dans des dimensions plus grandioses encore que le précédent ; sa hauteur de 72 mètres, et sa contenance de 40 millions de mètres cubes en font l'ouvrage le plus important qui existe.

On doit à Ferdinand VII (1808-32) la construction du canal de Castaños qui arrose la rive gauche du Llobregat, en Catalogne, et le prolongement du canal de Castille, achevé sous Isabelle II. Le canal *de la Infanta* (1), dérivé du Llobregat (1824), est un des seuls qui ait

(1) Infanta Doña Luisa Carlota de Bourbon.

réussi au point de vue économique. Le débit de 4,200 litres par seconde, affecté à des usages industriels et agricoles, dans le voisinage de Barcelone, s'est placé de manière à fournir, pour le capital dépensé, un revenu immédiat de 1 million et demi de francs. Les irrigations s'étendent sur plus de 3,000 hectares.

Sous le règne d'Isabelle II, furent construits les canaux d'arrosage d'Urgel, de Henares, de l'Esla, de Cherta, de Lozoya et quelques autres d'importance secondaire.

Le canal d'Urgel, dérivé de la Sègre, a été exécuté de 1843 à 1861. La zone irrigable comprend 115,000 hectares (1). Pour une longueur totale de 145 kilomètres, répartie entre 4 artères principales, le canal d'Urgel a nécessité des ouvrages d'art très coûteux, à savoir : barrage de prise de 130 mètres de longueur; deux tunnels de près de 300 mètres, un tunnel de 4,197 mètres, une tranchée de 1700 mètres de longueur sur 23 mètres de hauteur, et des ponts aqueducs, dont un sur la rivière Sio, de 56 mètres de longueur. Le canal est revenu à 74,000 fr. par kilomètre (2), pour une portée effective de 16 m. cubes.

Le canal de Cherta, dérivé de la rive droite de l'Èbre, arrose 5,000 hectares environ. Le canal de Lozoya qui conduit à Madrid les eaux du torrent de ce nom, et du Guadalis, pour un débit de 2 m. cubes et demi, a coûté 62 millions de francs. Dans cette dépense est inclus le devis de deux vastes réservoirs, del Ponton sur le Lozoya, et del Villar qui a une contenance de 20 millions de m. cubes (3).

Dans ces dernières années, un grand nombre de projets ont été mis à l'étude, et beaucoup de concessions

(1) *Catalogo de la Seccion Española*, 1878.
(2) Zoppi e Torricelli, *Annali di agricoltura*, loc. cit.
(3) Voir tome I, liv. V, p. 535.

ont été accordées, sans que les irrigations se soient accrues proportionnellement.

Des trois plus récentes entreprises, le canal de la Sègre, pour l'arrosage des plaines de Barcelone, de Puycerda, d'Urgel, etc., a donné des résultats désastreux. Quant aux canaux dérivés, l'un, de la rive gauche de l'Henares, et l'autre, de la rive droite du Llobregat, embrassant des périmètres beaucoup plus étendus que ne comporte le volume des eaux d'été, le premier a ruiné la compagnie concessionnaire, et le second a dû être racheté par le gouvernement à des conditions très onéreuses. Il en est de même de la plupart des réservoirs ou *pantanos* de construction nouvelle.

« Les causes de ces échecs financiers, remarque Llauradò (1), ont un caractère général, applicable à toutes les entreprises, et un caractère particulier, inhérent à des vices de formation ou d'exécution, de la part des compagnies et des syndicats.

« La lenteur avec laquelle se développent les cultures est un grave obstacle pour le rendement des capitaux affectés aux entreprises d'irrigation. Soit que les agriculteurs manquent des aptitudes voulues, ou des ressources nécessaires pour la transformation des cultures, il s'écoule un temps très long, avant que les eaux des canaux soient appréciées, utilisées et payées à leur valeur.

« Malgré le principe des subventions, sanctionné par la loi espagnole du 13 avril 1877 sur les travaux publics, la situation du budget de l'État est trop précaire pour qu'on puisse toujours y faire appel. Il n'y aurait place aujourd'hui que pour des entreprises restreintes, dans lesquelles l'intérêt et l'amortissement du capital employé seraient assurés. »

---

(1) Llauradò, *Tratado de aguas y riegos*, *loc. cit.*

C'est à ces considérations que doit s'attribuer le retard apporté à la réalisation des projets étudiés par le corps des ingénieurs espagnols et présentés dès 1878 (1), tels que les canaux d'irrigation de Mediodia (prov. de Almeria), de Sobrarve (prov. de Huesca), du Tage (prov. de Madrid), de la Granja (prov. de Palencia), de Talavera de la Reina et de Valladolid (prov. de Tolède); la régularisation du Guadalquivir (prov. de Séville), etc.

L'ITALIE.

Que les communes aient trouvé ou non leur origine dans les institutions romaines, dans les institutions germaniques, ou dans les droits complexes, issus des organisations primitives, comme pour les *fueros* d'Espagne, c'est d'elles que sont parties les premières tentatives de transformation agricole de l'Italie du Nord. L'initiative des communes lombardes, en rendant obligatoires les travaux d'irrigation, en se substituant aux particuliers, ou en réglementant par de bonnes lois l'usage des eaux, fonde l'œuvre des canaux, à une époque où l'agriculture est déjà assez développée pour en apprécier les bienfaits. Les capitaux et la main-d'œuvre ne recherchent pas alors les conditions d'intérêt et de salaire élevés que l'industrie et le commerce ont plus tard procurées. Aux communes se joignent tout d'abord les abbayes, jouissant alors d'immunités et de privilèges que les municipes autonomes sont seuls à posséder.

Les princes, succédant aux communes libres, ont évidemment entrepris des travaux plus importants; la ri-

(1) *Material de los Ingenieros civiles; Catalogo de la Seccion Española* 1878.

chesse publique et leurs ressources personnelles étaient
plus considérables; mais ils n'ont fait que suivre les
errements pleins de sagesse des communes. Là où les li-
bertés municipales sont refusées, dans l'Italie méridionale et en Sicile, quoique les eaux abondent de toutes
parts, les irrigations manquent; l'agriculture reste sta-
tionnaire (1).

Venétie. — L'hydraulique cultivée avec succès par
les Arabes, n'avait pas été délaissée par les Vénitiens,
contraints de régulariser les émissaires des cours d'eau
torrentiels qui débouchent des Alpes sur leur territoire,
et de ménager leurs communications par eau avec les
pays de terre-ferme, en les défendant contre les eaux
stagnantes et les atterrissements. Aussi bien les populations de Rovigo, de Padoue et de Venise, que celles
de Ferrare et de Ravenne, continuant l'œuvre inau-
gurée par les Étrusques, étaient condamnées à disputer
aux fleuves leurs terres en culture et à chercher des
écoulements directs, aussi courts que possible, vers la
mer. Les canaux, délaissés sous la domination barbare,
avaient fini par s'obstruer; les bas-fonds s'étaient de nouveau remplis, et les marais étaient devenus inaccessibles.

Dès avant le dixième siècle, Vénitiens et habitants de
la Polésine étaient à l'œuvre pour l'exécution des canaux navigables et de dessèchement, qui se partageaient
en deux réseaux : l'un gravitant entre le Pô et l'Adige;
l'autre se ramifiant entre Vicence, Padoue et Venise.

Le premier réseau, ayant Rovigo pour centre, compte
deux artères principales : le canal Bianco, qui établit la
communication du Pô *grande*, par les canaux Polesella
et Cavanella avec le Tartaro, et par le canal Bussè avec
Vérone; et d'autre part, l'Adigetto qui coule parallèle-

(1) Bertagnoli, *Delle vicende dell'agricoltura in Italia, loc. cit.*, p. 220.

ment entre le Pô et l'Adige et communique avec ce dernier fleuve par le canal Lorco. L'Adige, de son côté, est en communication avec la lagune de Chioggia par l'écluse de Bondolo.

Le deuxième réseau a pour centre Padoue. Le canal Bisatto, dérivé du Bacchiglione, en aval de Vicence, dessert les villes de Este et Monselice et aboutit à Padoue par le canal Battaglia. De cette ville, trois communications sont établies avec la lagune de Venise : l'une par les canaux Piovengo et Brenta; l'autre, par les canaux Sotto-Battaglia et Roncajette qui se rejoignent au canal Pontelongo conduisant à Chioggia; et la troisième, par la Brentella, la Brenta, les canaux Mirano et Novissimo.

De la lagune même, les canaux de la Dolce et Sioncello mènent au Sile, et du Sile, le canal de la Fossetta débouche dans la Piave, en communication avec les canaux du Frioul; ou bien, le canal Pordelio et la *cava* Zuccherina rejoignent les cours d'eau de la Piave, de la Livenza et du Lemene.

Un grand nombre des canaux que nous venons d'énumérer remontent à une époque assez ancienne. La Fossetta d'Ostiglia, jadis *Fossa Regia,* date du neuvième siècle; alimentée en partie par les eaux du Mincio, et en partie, par des eaux d'écoulement, elle se partage à la Torre Rotta en deux tronçons, dont l'un rejoint le Pô à Ostiglia, et l'autre, le Tartaro, au bastion Saint-Michel. Avec une portée de 4 m. cubes et demi, le canal, sur une longueur de 9 kilomètres, offre quatre prises d'eau pour irrigations.

L'origine de l'Adigetto et du canal transversal Scortico qui fait communiquer l'Adigetto avec le canal Bianco, est attribuée à une rupture des digues de l'Adige, à Badia, au dixième siècle. La canalisation fut alors exécutée jusqu'à 3 kilomètres de Rovigo. Aussi bien le canal Scortico que ceux de Legnago et de Polesella ont quelques prises d'eau pour les rizières et les routoirs.

La rivalité des communes de Padoue et de Vicence, au douzième siècle, donna naissance à de nouveaux canaux. Après que les Vicentins eurent exécuté le canal Bisatto (1143), pour y détourner partiellement les eaux du Bacchiglione (1188) en portant atteinte au canal d'Este, les Padouans dérivèrent de ce canal celui de Battaglia, que construisit Guillaume da Osa, podestat milanais, en 1191; les seigneurs de Carrare améliorèrent plus tard cette communication. En l'an 1200, la république de Padoue fit prolonger le canal de Monselice, et en 1314, pour mettre fin aux détournements d'eau par les Vicentins, elle ordonna l'exécution du canal Brentella, dérivé de la Brenta. Le canal principal de Provego, entre Padoue et Venise, date de l'an 1209.

Avant que ces travaux fussent projetés, les autres municipes du territoire de l'Adriatique, que la paix de Constance (1183) avait émancipés, en entreprirent de très importants. C'est ainsi que les Mantouans, après 1188, construisirent les grandes digues du Mincio pour préserver leur ville; que les Pavesans obtinrent en 1191 de l'empereur Henri VI, le privilège de dériver les eaux du Tessin, de la Codrona, de l'Olona, du Terdobbio, etc. (1).

Émilie. — Modène construisit au onzième siècle son *Naviglio* qui la relie au Pô. L'ancienne commune exécuta à ses frais les deux sections du canal, l'une dirigée sur Bomporto et Finale; l'autre, de Finale à Bondeno. Alimenté par les eaux du Panaro et de la Secchia, avec un débit de 3,5 m. cubes à la seconde, le canal, sur 15 kilom. de longueur, dessert 19 prises d'eau.

(1) Giulini, *Memorie di Milano*, t. VII.

Par une convention du 18 septembre 1172, l'évêque de Modène, Arrigo, renonça en faveur du municipe au droit de propriété sur les deux canaux dérivés du Panaro et de la Secchia, qui servaient avec d'autres canaux à l'alimentation du *Naviglio* de Modène. Ce document atteste la tendance des municipes à se substituer aux évêques dans les droits temporels qu'ils exerçaient (1).

Quelques années plus tard, les habitants de Reggio en vinrent aux mains avec les Modénais pour défendre les droits qu'ils s'attribuaient respectivement sur les eaux de la Secchia, dont le cours passe entre les deux villes, avant de déboucher dans le Pô. Après une guerre de vingt années, le différend fut définitivement réglé, en 1202, par l'arbitrage amiable des podestats de Parme et de Crémone (2).

Une charte de l'an 1203 mentionne l'obligation qu'avait le podestat de Reggio, au nom de sa commune, de faire creuser un canal (*navigium*) pour rejoindre celui de Guastalla (3). Alidosi parle également d'un *naviglio* à Bologne, en 1208, sans indiquer s'il est destiné à la navigation ou à l'irrigation (4). On constate toutefois que, déjà en 1191, le canal de Bologne, construit par les citoyens qui s'appellent *ramisani*, c'est-à-dire les propriétaires d'un bras (*ramo*) du fleuve, fournissait de la force motrice à des moulins et à d'autres usines. En 1208, le sénat de Bologne acheta aux *ramisani* leurs droits de prise des eaux du Reno, et en 1289, tous leurs moulins. Le barrage ne fut rendu définitif, par une digue muraillée, qu'en 1325;

(1) Lombardini, *Cenni idrografici sulla Lombardia,* 1844, p. 171.
(2) Sigonii *Opera,* t. II, p. 814.
(3) Affo, *Storia di Guastalla,* t. I, p. 356.
(4) Alidosi, *Instruttione,* p. 106.

détruit par une crue, il fut restauré en 1360 par le cardinal Albornoz. Sur une longueur de 36,5 kilom., le canal, avec une portée de 4 m. cubes par seconde, dessert 97 bouches de prise.

Comme le *Naviglio* de Bologne, celui de Volano à Primaro, dans le Ferrarais, est isolé, et sans relation avec les cours d'eau intérieurs. Le canal de Ripafratta, dérivé du Serchio, avec une portée de 5 m. cubes, ne fournit de l'eau aux irrigations qu'en été.

Lombardie. — C'est également par la construction de voies navigables ayant Milan pour centre, et impliquant la régularisation des fleuves, le Pô, le Tessin, l'Adda, et leurs nombreux tributaires, que se développe, en Lombardie, l'idée de l'utilisation des eaux sur le sol, et que s'établit, en vue d'une navigation intérieure, précieuse pour l'échange des produits, un système de canaux unique, en raison même de l'échelle grandiose d'après laquelle il a été conçu et poursuivi pendant des siècles.

Le trait essentiel de ce système n'a pas échappé à de Gasparin : la loi des niveaux.

Hydrographie de l'Italie du Nord. — Cette loi a trouvé une application admirable dans la direction des fleuves qui sillonnent le territoire, par rapport à celle qu'ont reçue les canaux. Sans aborder la description hydrographique de la Lombardie, on s'expliquera comment il a été possible, d'après les pentes des cours d'eau, de réaliser des irrigations aussi parfaites, sans crainte d'enrayer les eaux d'écoulement au détriment des cultures et de la salubrité. Le Pô n'offre, en effet, entre le Tessin et l'Oglio, qu'une pente de $0^m,30$ à $0^m,15$ par kilomètre; le Tessin, dès sa sortie du lac Majeur, en a une qui varie de $0^m,70$ à $2^m,05$; et l'Adda, de 2^m à $2^m,50$ par kilomètre. Parmi les tributaires, le Lambro a une pente moyenne de $1^m,95$, et l'Olona, de $3^m,23$; de telle sorte que les affluents du Pô jouissant d'une plus grande vitesse que lui, il a été possible de tracer des canaux parallèlement, avec des pentes considérables qui excèdent même celles appropriées à la navigation et à l'arrosage, et grâce à un nivellement soigné, de distribuer les eaux sur de grandes surfaces rendues accessibles. Le territoire lombard, sur plus de 100,000 hectares, offre une plaine en inclinaison douce et sans contre-pentes jusqu'aux rives du Pô, qui s'est merveilleusement prêtée à l'épandage, mais à la condition essentielle de maintenir le niveau et de l'améliorer par des travaux incessants qui assurent une meilleure distribution, au point de vue de l'économie des volumes employés, ou du réemploi des colatures.

Baumgarten n'a pas exagéré en calculant que, pour les travaux de nivellement de la Lombardie, le sol a été remué et dressé sur une épaisseur de 40 à 50 centimètres; ce qui, pour 2000 kilomètres, représenterait déjà une dépense de 400 millions.

Ailleurs, en Italie, on pourra à l'aide des fleuves de l'Apennin dériver des canaux et capter des sources au pied des différentes collines, pour subvenir à la maigreur des cours d'eau pendant l'été (1), mais on ne saurait espérer voir le reste du territoire irrigué comme l'est la Lombardie, parce que les eaux dont on dispose ne sont pas suffisantes, ni susceptibles d'un règlement aussi parfait, quant aux reprises et aux colatures. Les lacs qui régularisent le débit des fleuves lombards descendant des Alpes, modèrent surtout les crues soudaines dont les ravages

(1) R. Pareto, *Relazione sulle bonificazioni ed irrigazioni del regno d'Italia,* 1865 p. 242.

s'étendraient au réseau entier des canaux d'irrigation; ailleurs, on ne devra compter que problématiquement sur de vastes retenues, pour remédier aux eaux torrentielles. C'est à la sagesse des procédés, jointe à de bonnes lois, qu'il a été fait appel, pour maintenir sur une aussi faible pente totale que celle de la vallée du Pô, un plan général de nivellement dispensant des machines et de l'ascension perpendiculaire des eaux (1).

Milan. — Milan fut la première ville qui donna un grand essor aux irrigations, après avoir savamment régularisé les cours d'eau de son territoire. La Lura ayant été déviée dans l'Olona, près de Rhô, l'Olona fut à son tour détournée par un canal de 11 kilomètres débouchant dans le lit du Nirone, dont les eaux furent conduites dans les fossés entourant les anciennes murailles. Quant au Seveso, coulant directement des collines de Come sur l'emplacement même de la ville, il fut réuni au Nirone, après avoir servi aux besoins de l'industrie et des habitants, pour finalement se jeter dans la Vettabbia, ou Vecchiabbia (2), dont les eaux enrichies de matières fertilisantes, étaient employées en irrigations sur de grandes étendues de terrain, dès l'année 1138, par les moines cisterciens de Chiaravalle.

Vers la même époque, d'autres moines du même ordre, dits de Morimond (3) s'établirent sur la rive du Tessin et conçurent le projet plus hardi de dériver un canal, en aval de la vallée du fleuve, pour conduire les eaux sur le plateau et transformer, à l'aide des irri-

---

(1) Aug. de Gasparin, *les Irrigations dans le midi de la France; Journ. agric. prat.* 1841-42, t. V, p. 434.

(2) Voir tome II, livre VII, p. 161, canalisation de Milan.

(3) Les moines de Morimond, comme ceux de Chiaravalle, ou Clairveaux, étaient venus de France. *Antichità Longobardiche,* t. II et IV; Verri, *Storia di Milano,* t. I, p. 188.

gations, la lande stérile en terres arables et en prairies. Ce canal, avec prise d'eau à Tornavento, se dirigeait à peu près en ligne droite par Castelletto, entre Rosate et Basiano, dans le lit d'un ruisseau naturel, et se jetait près de Binasco, dans le lit abandonné de l'Olona. Il est le premier dont il soit fait mention, sous le nom de Ticinello, dans les anciens documents (1).

Dès la première expédition de l'empereur Frédéric Barberousse, les Milanais, pour la défense de leur ville, l'entourèrent ainsi que les faubourgs d'un large fossé, converti plus tard en un canal navigable, sous le nom qui lui est resté, de *Fossa interna*. Défaits, malgré cela, par les armes de l'empereur et des municipalités liguées contre eux, ils virent leur ville détruite; mais la *Fossa interna* demeura, et au lendemain de la victoire de la ligue lombarde à Legnano, ils songèrent, en 1177, à amener le canal Ticinello jusque dans le canal intérieur. Il paraît hors de doute qu'avant cette date le Ticinello fonctionnait comme canal de dérivation du Tessin, entre Tornavento et l'Olona, à Rubbiano, et qu'il servait aux irrigations; cette année-là toutefois, les Milanais ayant décidé de rendre navigable l'ancienne dérivation de Tornavento à Abbiategrasso, creusèrent le canal depuis la dernière localité jusqu'à leur ville. C'est seulement en 1257 qu'ils le rendirent navigable dans la dernière section, le Ticinello restant affecté au bras de Abbiategrasso à Rubbiano pour la décharge des eaux de trop-plein du *Naviglio* (2). Le tracé du canal navigable qui établit la communi-

---

(1) Landolphe l'ancien parle, il est vrai, d'un canal navigable au XIe siècle (Muratori, *Scriptores rer. Ital.*, t. IV); mais il est douteux, d'après Giulini, qu'il fût plus ancien que celui de Milan, administré par deux moines et deux bourgeois.

(2) Em. d'Ambrosio, *Cenni monografici sulla navigazione interna*, 1878.

cation avec le Verbano (1), est remarquable en ce que, à défaut d'écluses qui n'étaient pas encore inventées, la pente y était ménagée de manière à assurer la navigation avec un tirant d'eau suffisant, quoique deux autres canaux dussent plus tard s'y embrancher et que de nombreuses bouches y fussent déjà ouvertes au service des irrigations.

Au treizième siècle, les travaux de canalisation se poursuivent sans répit. Les Milanais, en 1220, sous leur podestat Amizone de Lodi, creusent l'*Adda nuova*, ou la Muzza, qui a sa prise d'eau à Cassano, dans l'Adda, et débouche en aval, près de Castiglione Lodesan (2). Agrandi plus tard et prolongé, d'accord avec le municipe de Lodi, le canal de la Muzza, transformé en une véritable rivière, reste le type des dérivations à grand volume pour les arrosages. L'ingé- nieur Lombardini le classait immédiatement après le canal du Gange; avec un débit de 65 m. cubes par seconde, il dessert près de 60,000 hectares (3).

En 1257, sous le podestat Beno dei Gozadini, Bolognais, les travaux de prolongement du Ticinello jusqu'à Milan, furent commencés; rendu navigable sur toute sa longueur, il fut définitivement dénommé *Naviglio grande,* en 1269-71, sous le podestat Napo della Torre (4).

Avec les Visconti, la ville de Milan, grâce aux irrigations et à l'industrie qui tirait parti des eaux, atteignit un haut degré de prospérité. Les statuts défendaient sévèrement le gaspillage des eaux; les usagers de l'Olona et du Seveso ne devaient arroser que les jours

---

(1) Cronaca di Daniele; — Flamma, *Chron. major;* — Muratori, *Calend di San Giorgio.*
(2) Benaglia, *del Magistr. straord.* XII.
(3) Lombardini, *dell' Origine della scienza idraulica.* p. 7.
(4) Giulini, *loc. cit.,* t. VIII.

de fête, quand les eaux étaient à l'étiage; de plus, les fontaines devaient être soigneusement préservées de toutes souillures et immondices, car elles servaient au blanchiment du fil et des tissus (1).

Un des premiers ducs, Azzo Visconti, entreprit plusieurs dérivations, entr'autres, celle des eaux du Bembo, pour l'irrigation du territoire de Treviglio.

La *Roggia Fusa* fut dérivée, en 1317, par les soins des comtes d'Iseo, de la rive gauche de l'Oglio, tout près du point où cette rivière quitte le lac. Navigable sur 30 kilomètres de parcours, ce canal irrigue le territoire situé au nord de la province de Brescia.

Le *Naviglio Civico*, concédé en 1329 par Louis de Bavière, dérive de l'Oglio, aux portes de Calcio, sur la rive droite, un volume de 1,22 m. cube destiné au territoire crémonais. De la prise jusqu'au pays de Fontanella, la construction s'est faite avec les deniers des particuliers, qui obtinrent en retour des concessions libres. A partir de Forcella, le canal se bifurque en deux *navigli*, le *vecchio* et le *nuovo*, après avoir alimenté à bouche libre la *Roggia dei Ronchi* qui arrose les terres entre les deux branches (2).

Un autre Visconti, Galeas II, fit construire en 1359, pour l'embellissement du château de Pavie, un prolongement du *Naviglio grande*, depuis Milan jusqu'à cette ville (3). Le nom de *Naviglietto*, que reçut cette dérivation, a donné lieu de penser qu'elle avait pu être utilisée pour la navigation, mais la pente, à défaut d'écluses, donnée par une chute de 50 mètres, sur 33 kil. de longueur, eût empêché tous transports par bateaux. D'ailleurs, le canal *Civico* du Crémonais et un autre canal

(1) *Statuti di Milano*, cap. 280 à 326.
(2) Marenghi. *Inchiesta agraria; loc. cit.*
(3) *Chron. Plac. ad annum 1365.*

dérivé du Chiese à la même époque, sur le territoire brescian, étaient également appelés *navigli*, quoiqu'ils fussent destinés uniquement aux arrosages.

Sous Galéas II, le cours du Pô fut aussi rectifié sur un parcours de 11 milles, entre Port', Albera et le confluent du Lambro et du Tidone, sans que depuis cinq siècles, ce remarquable travail de régularisation ait donné l'occasion d'un remaniement (1).

A cette époque, sans doute, remonte la dérivation du Mincio, pratiquée à Pozzolo, au sud de Mantoue, pour l'irrigation du territoire mantouan. Dans la guerre de 1630, la prise d'eau et les principaux ouvrages de la *Fossa* di Pozzolo, furent détruits; mais ils étaient déjà rétablis en 1637. Un des ingénieurs des Visconti fut moins heureux, paraît-il, dans l'exécution d'un projet pour empêcher l'eau du Mincio de descendre jusqu'à Mantoue; les obstacles offerts par les travaux de détournement du lit du fleuve l'y firent renoncer (2).

Avant l'invention des écluses à sas, les canaux mixtes qui offraient une pente excessive pour la navigation et un tirant d'eau trop faible à l'étiage, étaient pourvus de portes de pertuis, ou *bove*, dans lesquelles les barques étaient élevées par des cabestans (*argani*) afin de faciliter le passage. Ainsi était établie l'ancienne porte de Governolo, sur le Mincio, construite par l'ingénieur Pitentino en 1188, qui fut remplacée en 1609 seulement, par un sas à radier plan, c'est-à-dire sans gradins, offrant une pente de 0^m,49 entre les deux portes (3).

Les écluses à sas. — Jean Galeas Visconti ayant décidé la construction de la cathédrale de Milan, la première idée des sas trouva son application dans la

(1) Ceredi, *Tre Discorsi sopra il modo di alzar le acque*, 1567.

(2) *Chron. Estens. Rer. Ital.* XV, 529.

(3) Lombardini, *Guida allo studio dell' idrologia*, etc., 1870, p. 166.

nécessité de faire arriver à pied d'œuvre, sur la place San Stefano in Brolio, les marbres extraits des carrières de Gandoglia, sur le Verbano. La navigation du Ticinello s'arrêtait alors au *Laghetto vecchio*, d'où les eaux gagnaient le fossé extérieur (*fossato*), se déchargeaient dans un bras prolongeant le Ticinello, qui coulait parallèlement, et débouchaient finalement dans la Vettabbia. On résolut de creuser un nouveau bassin (*laghetto*) pour servir de port de déchargement aux matériaux venus par eau; mais ce bassin, en raison même de la situation du terrain, se trouvait surélevé de quelques pieds par rapport à l'ancien. Il en résultait des manœuvres, pour racheter la différence de niveau des deux bassins, qui consistaient, le soir, quand les barques devaient passer, à fermer les bouches du bras du Ticinello, du déversoir et de la Vettabbia. Comme cela n'eût pas suffi pour relever le plan d'eau, le *fossato*, à l'aide d'un aqueduc de dérivation, recevait les eaux du Seveso. Les servitudes de fermeture des bouches aux heures indiquées avaient été imposées, pour le Ticinello, aux moines de la Chartreuse de Pavie, au domaine de Selvanesco et aux hiérolomytains de Castellazzo. Malgré les réclamations continuelles des moines de Chiaravalle et des autres usagers, la Vettabbia était également fermée pendant le passage des barques dans le bras du Ticinello, désigné alors sous le nom de *Naviglio Nuovo*, pour le distinguer du *Naviglio Vecchio* dérivé du Tessin (1). Un document de l'année 1413 établit que pour augmenter encore plus le volume d'eau du nouveau bassin et faire mouvoir une presse hydraulique, le chapitre de la cathédrale acquit des frères Humiliés, des sources qu'ils possédaient près de Porte-Neuve. Grâce

(1) Nava, *Notizie interno al Duomo di Milano*, 1834.

à des barrages à pertuis, les eaux s'élevaient ainsi dans le bassin pour admettre les barques chargées, ou s'abaissaient pour le retour des barques à vide. L'idée de l'écluse à sas, réalisée de la sorte, fut l'objet d'une application expérimentale, en 1439, par les ingénieurs Philippe de Modène, et Fioravante de Bologne, à Viarenna, dans le *fossato* même de Milan (1).

Par décret du 25 janvier 1443, le duc Philippe Marie, le dernier des Visconti, imposa pour le canal de Bereguardo, dérivé à Abbiategrasso du *Naviglio grande*, et tracé parallèlement au Ticinello, l'établissement d'écluses à sas et à portes busquées.

Dès l'année 1445, le *Naviglio interno* de Milan possédait deux écluses à sas, dont l'une à Viarenna (*conca inferior navigii ducalis noviter constructi*), et l'autre à San Ambrogio. De 1439 à 1475, Milan avait construit en outre 90 kilomètres de canaux navigables, munis de 25 écluses à sas, c'est-à-dire six ans avant que les frères Viterbo eussent établi l'écluse considérée longtemps comme ayant été la première, sur le confluent du Piovego et de la Brenta, au-dessous de Padoue (2). De 1491 à 1493, deux écluses à sas furent établies par un ingénieur milanais, sur le *Naviglio* de Bologne (3), et deux également, sur le *Naviglio* de Modène, à la Bastiglia.

Les autres communes lombardes rivalisant avec celles de Milan et de Lodi, il arriva bientôt que les dérivations des rivières l'Oglio, la Mella, le Clisio et le Mincio, influèrent sur les sources du Nirone et du Seveso qui arrosaient les campagnes milanaises et suppléaient le *Naviglio interno*. Dès lors, le duc Sforza, François Ier, ordonna en 1457 la construction d'un nouveau canal,

(1) Lombardini, *loc. cit.*, p. 166.
(2) Lombardini, *Dell' origine etc.*, *loc. cit.*, p. 18.
(3) Manetti, *Memorie storiche sul naviglio di Bologna*.

dit de la Martesana, qui fut dérivé de l'Adda, à Trezzo, pour aboutir dans le Redefosso, à Milan (1). Achevé en moins de quatre ans, sur une longueur de 45 kilomètres, avec une portée de 21 m. cubes à l'origine, ce canal fut muni, pour faciliter la navigation ascendante et descendante, de deux écluses à sas ; celle de Gorla qui fut plus tard supprimée en 1533 (2), malgré la pente, et celle de la Cascina dei Pomi qui subsiste encore. Il restait toutefois une entreprise plus difficile à exécuter pour mettre l'Adda, par la Martesana, en communication avec le Tessin, par le *Naviglio grande*, c'était d'adapter la *Fossa interna* à la navigation, en permettant indistinctement le passage des bateaux des deux rivières. Léonard de Vinci répondit du succès de l'entreprise, très hardie pour l'époque. Ramenée à la largeur uniforme de 10^m,80, la *Fossa interna*, pourvue par Léonard de Vinci de cinq écluses à sas, telles qu'on les retrouve aujourd'hui, établit la communication désirée, et dès lors, une ligne navigable continue réunit l'Adda au Tessin, en passant par Milan (3).

Un décret du même duc Sforza, publié en 1457, avait ordonné de rendre le canal de Pavie navigable jusqu'à Binasco (4), dans le but de conduire les bateaux de Milan à Pavie ; mais seulement sous le règne de son fils Galéas Marie, de 1473 à 1475, la navigation put s'étendre jusqu'à Pavie.

Vers cette époque, le projet du canal de Paderno, destiné à tourner les rapides de l'Adda et à faciliter la descente du lac de Côme sur Milan, fut présenté. François Ier, roi de France, donna l'ordre en 1518 de l'exécuter ;

(1) Verri, *Storia di Milano*, t. II.
(2) Benaglia, *loc. cit,*, p. 152.
(3) Lombardini, *Cenni idrogr.*, *loc. cit.*
(4) Giulini, *loc. cit.*, XI.

la guerre ayant pris fin, les travaux cessèrent, et l'entreprise ne put être recommencée qu'en 1591 par l'ingénieur Meda. Abandonnée à la suite de l'enlèvement du barrage, elle fut achevée, d'après des plans modifiés, de 1773 à 1775 (1).

Les plus grands canaux, parmi ceux qui viennent d'être énumérés, furent exécutés aux frais de l'État, moyennant un impôt spécial, à charge de tous les intéressés. Les moins importants ont été réalisés avec l'aide des contributions des intéressés eux-mêmes ; transports, prestations de matériaux et de main-d'œuvre, subventions en argent, etc. Un décret les rendait obligatoires, à titre d'utilité publique.

Pour l'exécution du *Naviglio grande*, les Milanais, en 1271, imposèrent aux usagers une redevance couvrant le remboursement des dépenses et d'achèvement des travaux (2). Pour le *Naviglio* de Pavie, décrété par Visconti Galéas, les dépenses furent réparties entre toutes les villes du duché (3). Il suffisait que deux intéressés en fissent la demande, pour que le podestat et le procureur déclarassent d'utilité publique une dérivation imposée *majori parti* dans la localité, et la fissent exécuter aux frais des habitants : « *omnium hominum habitantium in eo* (4). »

Les modules. — L'irrigation est redevable du module régulateur de la distribution des eaux, adopté par les autorités milanaises, à l'ingénieur Soldati, chargé de régler les anciennes bouches du *Naviglio grande* (5). Jusqu'en 1572, l'absence d'un mode précis et rigoureux de déli-

(1) Lombardini, *Guida etc, loc. cit.*, p. 167.
(2) Giulini, *loc. cit.*, t. VIII, p. 242.
(3) *Chron. Placent. ad annum 1365.*
(4) *Statuta civitatis Mutinæ*, rubr. 54.
(5) Voir tome II, p. 271.

vrance des eaux, donnait lieu à des abus sans nombre ; les volumes d'eau consommés par les usagers étaient plus considérables que ceux concédés, et même que ceux nécessaires. Grâce au nouveau module, les abus purent être écartés et l'administration disposa, en faveur de nouveaux arrosages, de plus du quart de la portée d'eau du *Naviglio grande*. D'après Bruschetti, l'ingénieur Donineni aurait introduit quelques années plus tôt, le module crémonais (1). Avant l'invention de cet appareil, les eaux étaient réparties sur le *Naviglio civico* de Crémone à l'aide de partiteurs prismatiques (2).

Plus tard, le module Soldati fut successivement appliqué avec des modifications, dans le reste de la Lombardie, et à partir du XVI° siècle, un ordre nouveau présida partout à la distribution des eaux.

Tandis que la Vénétie continue à ouvrir des canaux navigables : le canal Bianco, qui n'est que le Tartaro prolongé et canalisé sur 66 kilomètres, avec une portée de 114 mètres cubes ; le canal Valle qui réunit les deux embouchures de l'Adige et du Bacchiglione (seizième siècle) ; et la Fossa Polesella, joignant le Pô au canal Bianco (1639) et allouant quelques prises d'eau aux rizières, aux chanvrières et aux routoirs, la Lombardie, elle, restreint le nombre de canaux nouveaux, non pas que les eaux publiques soient à peu près épuisées, mais parce que, dans le but de mieux utiliser celles déjà concédées, la direction et le niveau des canaux existants sont améliorés, et les canaux secondaires s'en trouvent accrus.

La prise d'eau du *Naviglio grande* avait été emportée en 1585, et le canal restait à sec ; l'ingénieur Méda fut

(1) Voir tome II, p. 278.
(2) Bruschetti, *Storia delle opere per l'irrigazione del Milanese*, p. 34.

chargé de la rétablir telle qu'elle est. Le grand barrage de la Paladella, comprenant les travaux de défense des rives du Tessin et la bouche dite de Pavie, pour la décharge des eaux en crue, datent de cette époque. Avec une portée de 65 mètres cubes, le *Naviglio grande* ainsi restauré alimente les deux dérivations de Bereguardo et de Pavie, et en outre 124 prises d'eau pour irrigations sur la rive droite, et 8 sur la rive gauche, ainsi que des prises de force motrice, qui varient comme débit entre 0,70 et 100 m. cubes par minute.

Dès le quatorzième siècle, un colateur à large section, désigné sous le nom de *Delmona*, ou *Tagliata*, avait été creusé à travers le Crémonais, le long de la voie Postumia, dans le but de détourner sur l'Oglio, à Calvatone, les eaux drainées des terrains supérieurs, qui inondaient les bas-fonds. Ce colateur étant devenu insuffisant, lorsque les eaux d'irrigation eurent augmenté le volume des écoulements, les Crémonais pratiquèrent, en 1550, un nouveau canal à point de partage, dans le sens de la largeur de la province, qui déverse les eaux vives dans l'Oglio et le Pô. Les aqueducs amenant les eaux de drainage cèdent leur trop-plein au canal, en temps de pluie; ou bien, ils se ferment quand il y a lieu, pour s'y vider complètement. Ce système très ingénieux, remarque Lombardini, est unique en son genre (1).

Deux opérations d'une plus grande importance sont exécutées à la même époque : l'une, due à l'initiative du marquis H. Bentivoglio, pour l'endiguement des torrents situés en amont de la Secchia, sur la rive droite du Pô, et l'écoulement dans le fleuve, à l'aval des eaux superficielles par les torrents canalisés; l'autre opération de même nature, exécutée par le duc Alphonse de Ferrare,

(1) Lombardini, *Dell' origine etc.*, *loc. cit.*, p. 36.

draine la Polésine ferraraise directement dans la mer.

L'ancien canal de Galéas Visconti, ou *Navigliaccio*, conduisant de Milan à Pavie, avait fini par s'avarier en raison de l'incurie des magistrats et des usurpations des riverains. Dès 1564, on voulut le restaurer, mais les deux municipalités s'y opposèrent et les riverains aussi, sous le prétexte qu'il était devenu inutile pour l'irrigation et plus encore, pour la navigation, depuis l'ouverture du canal de Bereguardo. En 1597, les ingénieurs Méda et Romussi n'en furent pas moins chargés de commencer les travaux, mais la résistance opposée par les communes au paiement de leur quote-part, les fit abandonner. Le nom de *Conca fallata*, donné à l'écluse installée alors, rappelle le fait de l'insuccès. Après de longues discussions entre les ingénieurs Frisi et Lecchi, un décret de 1805, signé par Napoléon Ier, ordonna la construction du canal de Pavie. Délaissé en 1813, il ne fut achevé qu'en 1819. D'une longueur de 33 kilomètres et d'une portée de 6 m. cubes par seconde, le nouveau *Naviglio* dessert 38 prises d'eau d'irrigations. Très intéressant au point de vue de la jonction navigable entre le cours supérieur du Tessin et celui du Pô, qui passe par Milan, il ne compte pas moins de 12 écluses de navigation, parmi lesquelles la *Conca fallata*.

Le *Pallavicino nuovo*, dérivé de l'Oglio vers la fin du siècle dernier, pour l'arrosage du territoire crémonais, venait d'être achevé, lorsque les canaux Lorini furent entrepris avec une grande hardiesse par Lorini, en 1806, et terminés en 1817, par Marocco. Ils constituent un réseau sur tout le territoire à l'est du Pavesan, dont le développement représente 105 kilomètres. C'est sur le *Cavo grande*, qui sert de canal principal, que s'embranchent cinq canaux secondaires. Alimenté par des sources du territoire de Rossate, le canal suit les limites du terri-

toire milanais, après avoir approché la rive droite de
la Muzza, touche à Codogno, reçoit les eaux de l'Ad-
detta, entre Ceregallo et San Zenone, traverse le Lambro et pénètre à Villanterio dans le Pavesan (1).

Le dernier grand travail entrepris en Lombardie pour
l'irrigation du haut Milanais, au-dessus du *Naviglio
grande* et de la Martesana, est le canal Villoresi, que nous
avons sommairement décrit (2).

Des subventions importantes de l'État ont été accordées
en vertu de la nouvelle loi de 1883, non seulement au
canal Villoresi (3), mais à deux autres canaux récemment
exécutés dans le Véronais, le canal Storari (4) et le canal
Giulari, également décrits (5).

L'ingénieur Carli avait projeté également, pour la même
région, deux canaux : celui modifié de Prevadelsca, avec
prise d'eau à Salionze, sur la rive gauche du Mincio,
destiné à l'arrosage des districts de Valeggio, de Mozze-
cane et de quelques communes de la province de Mantoue, et le canal industriel agricole de Vérone dont la
prise serait établie à Chievo (section San Massimo), et le
débouché, en amont de Tombetta (commune de Vérone).
Ce dernier canal, après avoir fourni 3,000 chevaux de
force, devrait fournir les eaux à l'irrigation, moyennant
un débit complémentaire, livrable par le canal Storari
pendant les basses eaux, mais pour les rendre audit
canal pendant la saison des arrosages (6).

(1) Bellinzona; *il Circondario di Lodi, Inchiesta agraria, loc. cit.*
(2) Voir tome II, p. 210.
(3) Ce canal, quoique limité à une seule partie du projet primitif, reçoit
un subside de 2 millions, moitié de l'État, et moitié de la province.
(4) Napoléon Ier, par décret du 25 juillet 1806, concéda gratuitement
aux Véronais le droit de dériver l'eau de l'Adige, qui leur est nécessaire
pour l'irrigation de la campagne; en 1866 seulement, le projet de l'ingénieur en chef de la municipalité, Storari, fut soumis officiellement au
ministère italien.
(5) Voir tome II, p. 212.
(6) *Monografia della prov. di Verona; loc. cit.*, p. 194.

Le torrent Astico qui descend des montagnes du Tyrol, dans le Vicentin, pour se réunir au Tesina, et se jeter dans le Bacchiglione, a été régularisé par un canal détaché à Zugliano, sur la rive droite, portant le nom du commissaire royal Mordini. Jusqu'à la route Gasparona, sur un parcours de 4 kilomètres et demi, depuis le barrage de Zugliano, le canal jouit d'une portée normale de 4 m. cubes environ. Un grand partiteur placé à un demi-kilomètre en aval de la prise, distribue le volume initial entre les usagers de la rive droite et de la rive gauche, dans une proportion constante de 3 à 0,8. Sur le parcours à section normale de la rive droite, une chute de 4 mètres fournit 120 chevaux de force à une filature; un pont-canal pour la traversée du torrent alimente la rigole de la rive gauche (1).

Parmi d'autres projets étudiés pour augmenter le volume des eaux d'irrigation du Crémonais, il convient de signaler celui des ingénieurs délégués par l'administration du *Naviglio Civico*, se basant sur un débit supplémentaire emprunté à l'Adda. La constitution même de la société du *Naviglio Civico* a empêché, par crainte de procès interminables, d'y donner suite. Les ingénieurs Fieschi et Pezzini ont dû s'arrêter en conséquence à un projet de dérivation empruntant de 40 à 50 m. cubes par seconde à l'Adda, sur le territoire de Marzano, en aval de Rivalta. Le canal permettrait d'assainir les bas-fonds du territoire cremasque (les *Mosi*), et aboutirait, après un trajet de 34 kilomètres, à Genivolta, Le devis de 4 millions et demi de francs, correspond au prix de 112,500 fr. par mètre cube d'eau à la seconde (2).

(1) *Monografia della prov. di Vicenza; loc. cit.*, p. 471.
(2) *L'Italia agricola ; Nuove irrigazioni nel Cremonese*, 1869, t. I, p. 130.

Dans le Lodigian, un projet de l'ingénieur Cagnola consisterait à dériver également de l'Adda, un peu en amont de Bisnate, 10 m. cubes d'eau par seconde, et à faire déboucher le canal dans la Muzza, en aval de la levée Paderna Cesarina. La dépense totale pour 10 kilomètres a été estimée à 1 million de francs (1).

Piémont. — L'irrigation pratiquée dès le douzième siècle en Lombardie, n'avait pas tardé à gagner le Piémont, et tout d'abord les provinces du duché de Milan, Novare, Verceil, Val di Sesia, Lomelline, Vigevano, Voghera, Alexandrie, etc., qui ne furent incorporées au Piémont qu'au dix-huitième siècle.

En l'an 1219, la commune de Verceil dérivait une partie des eaux de l'Elvo, près de Saluzzola, dans un canal d'irrigation (2), et en 1251, celle d'Alexandrie pourvoyait par une loi spéciale aux arrosages de la plaine de Marengo (3). On fait remonter à l'an 1300 la construction des canaux du territoire d'Albe, le *Navile* de Bra et la *Bealera* Pertusata, dérivés de la Stura, près de Fossano, dont le premier a une longueur de 14 kilomètres.

En 1380-82, les deux canaux ou *Roggie,* Sartirana et Busca, furent dérivés de la rive gauche de la Sesia, le premier (31 kilom.) sur le territoire de Pallesta (province de Mortara), par le marquis de Brenne, comte de Sartirana, et le second (32 kilom.) sur le territoire de Ghemme (province de Novare) par la famille Crotta-Tettoni. Abandonné plus tard, ce dernier fut ouvert de nouveau dans le dix-septième siècle, aux frais de la famille Busca Arconati Visconti (4).

Le duc Jean de Montferrat fit creuser par ses ordres,

---

(1) Bellinzona, *il Circondario di Lodi; loc. cit.,* p. 258.
(2) *Archives de Verceil* (1219); Cibrario, *loc. cit.,* p. 95.
(3) Schiavina, *Annali Alessandrini.*
(4) Nadault de Buffon, *Traité des Irrigations, loc. cit.,* t. I, p. 280.

en 1400, le canal del Rotto, dérivé de la Doire-Baltée, avec prise d'eau sur le territoire de Saluggia, que l'on transporta plus tard sur celui de Mazzé, à Rivarossa. Les branches de ce canal de 12 kilom. de longueur, versent leurs eaux dans la Sesia et le Tessin.

Les irrigations des territoires de Cuneo, au delà de la Stura, datent de 1420. Un riche propriétaire, Ludovico Notario, entreprit à ses frais les premiers travaux, moyennant une extension concédée à ses terres. Quelques années plus tard, les habitants de Cuneo exécutèrent eux-mêmes le canal de la Stura, qui arrose le plateau de la Grumeria. En 1468, ils accordaient le droit de prise d'eau à la commune de Bennaro, contre paiement d'une redevance annuelle de 300 setiers de froment. A peu près à la même époque, trois particuliers ayant creusé un canal de la Stura à Brogliasco, obtinrent de la commune une subvention calculée à 1,200 journées de terrains incultes et stériles qui devinrent bientôt, suivant la chronique, très fertiles (1).

Dans la concession qu'il fait d'une dérivation d'eau aux gens de Rovello, Louis Ier, marquis de Saluces, définit comme il suit les avantages de l'irrigation, dans sa lettre patente du 23 avril 1460 : « *Sicut caro humana* « *ex sanguine crescit in operibus et bonis fructibus,* « *sic et terra, in abundantia aquarum, crescit in frugi-* « *bus* (2). » La comparaison est digne de l'époque et bonne à garder.

Sous la direction du maître niveleur (*livellatore*), Antonio del Rusco, se créent les communications par eau

---

(1) *Chron. Cunei;* et *Miscell. di Storia Ital.,* XII.

(2) « De même que la chair de l'homme venant du sang se développe pour l'accomplissement de bonnes œuvres, de même la terre par l'abondance de l'eau se développe en récoltes. » Muletti, *Mem. stor. diplom. di Saluzzo,* V.

entre Ivrée et Verceil. La régente Yolande de France, femme d'Amédée IX, duc de Savoie, fit creuser l'étang de Moncrivello, et en 1468, le canal d'Ivrée, amorcé sur la rive gauche de la Doire-Baltée. Ce canal, abandonné en 1564, par suite des ensablements, fut rouvert en 1651 aux frais du marquis de Pianezza, et prolongé sur 72 kilom. de parcours total, jusqu'à Verceil.

En 1480, Martin de Ortore conduit les eaux du Bourget à Chambéry, et en 1496, le niveleur général, commissaire des eaux, Raffacani, est envoyé dans la Bresse pour visiter le canal « *cavum navilii quod Dominus ibidem fieri facit* ». Spalla est également délégué pour visiter le canal de Gattinara, que le marquis de ce nom avait dérivé, en 1482, sur la rive droite de la Sesia, dans le but d'arroser les terres de la commune.

Du reste, la commune de Novare, qui avait creusé anciennement, sur le même territoire de Gattinara, un canal d'irrigation, fut autorisée, en 1481, par le duc Sforza Ludovic, dit le More, à l'élargir et à le prolonger jusqu'à la rencontre du canal de la Sforzesca, en aval de Vigevano. La *Roggia Mora,* dont la prise d'eau sur la rive droite de la Sesia est plus élevée que celle de la *Roggia Gattinara,* a 52 kilom. de développement et arrose la plaine du Novarais (1). Le comté de Vigevano est irrigué à l'aide d'un autre canal, ordonné en 1485 par le même duc Sforza. Dérivé du Tessin à Galliate, près de Novare, le *Naviglio Sforzesca,* sur une longueur de 37 kilomètres, dessert près de 12,000 hectares. « Et parce que ce pays était très aride et sec, ajoute le « chroniqueur, le Duc fit faire quelques aqueducs avec « beaucoup d'art et de talent; de sorte qu'avec une telle « abondance d'eau, un grand nombre de bonnes et belles

(1) Merula, *De Gall. cisalp. antiq. ac origine,* t. I, 2.

« propriétés furent créées dans ces terrains autrefois
« stériles, ou de faible rapport, qui sont maintenant
« très-fertiles (1).

Un dernier canal fut concédé au marquis Rizzo de
Birague par le même duc Sforza, en 1488, pour être
dérivé de la rive gauche de la Sesia, sur le territoire
de Capignano (prov. de Novare); c'est la *Roggia
Rizza Biragua,* d'une longueur de 33 kilomètres, qui
arrose la province de Mortara etdébouche dans l'Ago-
gna (2).

Le Piémont fut surtout redevable à Emmanuel-Philibert, duc de Savoie, des développements que reçut l'a-
griculture au seizième siècle. On ne saurait trop rap-
peler les efforts qu'il tenta par des subventions, des privilèges, par l'abandon de terrains ou la remise d'impôts,
pour venir en aide aux irrigations et à l'introduction ou à
l'extension de nouvelles cultures, telles que le coton, le
mûrier, le tabac, le pastel, etc. (3).

Le maréchal, duc de Cossé-Brisac, seigneur feuda-
taire de Caluso, avait fait ouvrir de 1556 à 1560 le canal
de Caluso, dérivé de la rive gauche de l'Orco, sur le
territoire de Castellamonte. Les lettres patentes sont
de Henri II, roi de France. Rentrant en possession
de la contrée, Emmanuel-Philibert confirma, en 1560,
la concession faite au maréchal, qui fut rachetée par
le domaine en 1746. Le même prince fit élaborer les
projets du canal de Cuneo, entre la Stura et le Pô, dont
deux branches devaient été dirigées, l'une de Bra à
Chieri, et l'autre de Moncalieri à Verrua, en même
temps qu'il faisait achever le *Naviglio* d'Ivrée à Verceil,
commencé par Violante. poursuivi par Bianca de Sa-

(1) Cagnola, *Storia di Milano, anno* 1493.
(2) Nadault de Buffon, *loc. cit.*, p. 281.
(3) Duboin, t. VI, p. 7.

voie (1), et ouvrir le canal d'irrigation de Cuneo à Gherasco (2).

Le canal de Thouillette, alimenté par les eaux des glaciers d'Ambin, sur le territoire d'Exilles, est l'œuvre du seizième siècle, attribuée à un particulier Colombano Romeau, qui y consacra huit années. Après avoir traversé un demi-kilomètre en souterrain, il irrigue les territoires aujourd'hui si fertiles de Chiomonte et d'Exilles, sur le versant méridional de la vallée d'Oulx (3).

Aussi bien dans les provinces de Pinerolo, de Turin, de Suse, d'Ivrée et d'Albe, que dans celles d'Alexandrie, de Tortone, de Novare et de Verceil, les irrigations n'ont pas cessé de s'étendre à partir du seizième siècle, par l'initiative des communes et des particuliers. Une foule de dérivations moins importantes, alimentées par les torrents Chiusone, Lemina, Sangone, etc., par le Tanaro, la Stura, la Bormida, par les Dora Riparia et Baltea, la Sesia, etc., ont été exécutées, sans compter celles fournies par les sources et les nappes souterraines.

Le Piémont n'est pas resté pour cela en arrière en fait de grands travaux de canalisation. Le canal de Cigliano, ouvert en 1785, sous le règne de Victor Amédée III, sur la rive gauche de la Doire, en aval d'Ivrée, qui supplée le *Naviletto* de Saluggia, a été agrandi dans ces dernières années, en même temps que le canal Charles-Albert, inauguré en 1839, a été affecté à l'irrigation du territoire d'Alexandrie. En dehors du canal d'Oleggio, le Piémont a réalisé enfin, de 1863 à 1874, le vaste réseau du canal Cavour et le canal Casale dérivé directement du Pô, dont l'ensemble a jeté dans la plaine comprise entre la Dora Baltea et le Tessin, sur 250,000 hec-

(1) Balboni Ricotti, *Storia della Mon. piem.*, I, append.
(2) Ricotti, *loc. cit.*, t. IV, p. 407.
(3) Meardi, *Inchiesta agraria, Relazione, loc. cit.*, p. 245.

tares environ, un nouveau volume de 160 mètres cubes d'eau, complètement utilisés aujourd'hui dans le double but de l'irrigation et de la force motrice.

Nous n'avons pas à revenir sur le canal Cavour que nous avons spécialement décrit (1). Il ne faut pas oublier que si, en Lombardie, les dérivations principales ont été très habilement empruntées aux tributaires du Pô, et non au fleuve lui-même, ce qui a permis de les tracer perpendiculairement, sans couper à angle droit les affluents du fleuve, il n'en a pas été de même du canal Cavour, qui est en alignement perpendiculaire par rapport aux cours d'eau du territoire traversé; il en est résulté un surcroît de travaux d'art, non moins difficiles que coûteux, constituant une œuvre hydraulique des plus hardies, à laquelle il n'a été apporté que des changements insignifiants depuis son achèvement.

Pour développer les irrigations sur les territoires d'Alexandrie, de Voghera et de Pavie, de nouveaux projets ont été mis à l'étude, entre lesquels nous signalerons le canal des ingénieurs Mondini et Sardi, prenant les eaux du Tanaro, en amont de Felizzano; le canal de l'ingénieur Rivera qu'auraient alimenté les eaux alluviennes de la Scrivia et du torrent Borbore; enfin, les projets des ingénieurs Margara et Vallia, basés sur une dérivation des eaux du Pô.

En 1853, le gouvernement sarde avait autorisé par une concession au sieur Ferrari, une dérivation du Tanaro, d'une portée de 10 m. cubes à la seconde, pour l'établissement d'un canal à deux branches, dont la première seulement, de 20 kilom. de longueur, utilisant un demi-mètre cube pour l'irrigation, a été construite

(1) Voir tome II, p. 214.

sur la rive gauche. L'autre branche, sur la rive droite, n'a pas été exécutée, bien qu'elle ait donné lieu, depuis le décès du concessionnaire, l'ingénieur Grattoni, à des études définitives et à la constitution d'un comité spécial par les soins du conseil provincial de Pavie. Le projet dû à l'ingénieur Soldati, amendé par De Angelis, a pour objet une dérivation de 6 m. cubes, en aval de Pavone, destinée à l'arrosage de 5,000 hectares. Il n'est pas douteux que, sur les pressantes instances des agriculteurs de Voghera et de Pavie, il ne soit promptement mis à exécution.

Statistique des irrigations de la vallée du Pô. — D'après Baird Smith, qui a écrit depuis Nadault de Buffon, sur les irrigations italiennes (1), la vallée entière du Pô, s'étendant sur le Piémont et la Lombardie, utilise pour l'irrigation d'un sixième de la surface totale, soit pour 650,000 hectares, un volume d'eau total de 680 mètres cubes par seconde, dont la valeur, à raison de 225,000 francs par mètre cube, correspond à 153 millions de francs, et à un accroissement de revenu de plus de 20 millions et demi de francs.

Les commissaires américains, dans leur rapport au Congrès de Washington (2), se basent sur les chiffres de Baird Smith, en estimant que les 600,000 hectares arrosés de la Lombardie ont exigé une dépense en canaux de 1 milliard de francs, qui, répartie sur plusieurs siècles, n'a pas été ressentie par le pays. La plupart des grands canaux, ajoutent-ils, appartiennent à l'État; on a constaté en Italie, comme dans l'Inde, que l'initiative privée n'a pas réussi dans l'exécution de pareils tra-

---

(1) Colonel R. Baird Smith, *On Italian irrigation; Journ. Roy. Agric. Soc.,* loc. cit.

(2) *Report of the Congress commission on irrigation in California,* March 1873.

vaux, du moins en ce qui a trait plus spécialement à l'intérêt public.

Si l'on considère les revenus directs des canaux, on trouve, toujours d'après Baird Smith, qu'en Piémont, les redevances se montent annuellement à 625,000 francs, dont les quatre cinquièmes sont versés à l'État; tandis qu'en Lombardie, le revenu des canaux d'État couvre seulement les frais. Il est vrai que dans les deux territoires, surtout dans le dernier, un grand nombre de ventes à perpétuité et de concessions gratuites ont été consenties dans le cours des siècles et ont diminué le revenu direct, les charges restant au domaine. Quant aux canaux particuliers, il est difficile d'évaluer leur produit; mais il est admis qu'ils ne donnent pas un revenu direct important.

Les statistiques récentes manquent, qui permettraient de contrôler les chiffres donnés par Baird Smith. Ceux que l'on a indiqués jusqu'ici comme officiels porteraient le volume total des eaux d'irrigation, pour la Lombardie et le Piémont, à 834 mètres cubes par seconde, et la surface irriguée à 1,222,000 hectares (1). Il en est de même du nombre et de la longueur des canaux. Les canaux d'État, en Lombardie, représenteraient une longueur de 214 kilomètres comme troncs principaux, plus 5,680 kilomètres de canaux secondaires se répartissant entre 353 canaux, à raison de 16 kilomètres en moyenne par canal. Au delà de l'Adda, il y aurait à compter, en outre, de 1,100 à 1,200 kil. de dérivations. L'ensemble serait ainsi de plus de 7,000 kilomètres, pour la Lombardie seulement (2).

(1) A. Dumont, *Journal de l'agriculture*, 27 octobre 1883.
2) Vignotti, *Des irrigations du Piémont et de la Lombardie; loc. cit.*

En Piémont, on n'a de renseignements officiels que pour les canaux domaniaux, anciens et nouveaux, y compris le canal Cavour et ses annexes. Leur développement en longueur atteint 1,427 kilomètres, avec un débit de 245 mètres cubes, dont 33 concédés à perpétuité; ce qui laisse à l'administration domaniale un volume disponible de 212 mètres cubes par seconde, et une force totale de 11,500 chevaux, dont 3,000 étaient utilisés en 1882.

Dans les deux tableaux qui suivent (XLVIII et XLIX) sont résumées les données principales des canaux Piémontais et Lombards; le premier de ces tableaux a été établi en grande partie sur les indications de l'ingénieur Paladini (1), et le second, sur les chiffres plus anciens qu'a fournis Lombardini (2), et pour ce motif, susceptibles d'une augmentation difficile à évaluer. Les longueurs indiquées sont celles du canal principal; la portée est celle réglementaire pour l'été. Les superficies arrosées doivent être considérées, à cause de la multiplicité des canaux secondaires non spécifiés, du mélange des eaux et du rôle des colateurs qui portent des eaux d'origines souvent très diverses, comme au-dessous de la vérité (3).

Ligurie. — La Ligurie est la contrée d'arrosage des arbres fruitiers, y compris les châtaigniers et les oliviers, des potagers et des jardins; les seaux à levier, ou *cigogne,* et les norias, élèvent les eaux des nappes souterraines et des torrents. Il y a peu de canaux d'irrigation, à l'exception des *bealere* ou *gore* qui conduisent les eaux aux moulins et laissent profiter les cultures de leur trop-plein.

---

(1) Ettore Paladini, *Irrigations du Piémont,* etc., 1880.
(2) Lombardini, *Cenni idrografici, loc. cit.*
(3) Hérisson, *Irrigations de la vallée du Pô; loc. cit.*

TABLEAU XLVIII. — PIÉMONT.

RIVIÈRES ALIMENTAIRES.	CANAUX DÉRIVÉS.	Époque de la construction.	Longueur.	Portée par seconde.	PROVINCES ARROSÉES.	Superficie arrosée.
			kil.	mèt. cub.		hectares.
Rive droite du Pô,						
Pô...........	Canal de Casale......	1874	21	10,0	Alexandrie.........	12.000
Stura di Cuneo.						
Rive droite et rive gauche.	De Bra, de Pertusata, etc........	—	—	13,3	Cuneo	11.100
Bormida et Tanaro.						
Rive droite et rive gauche.	Alfieri, Carlo Alberto, etc......	—	—	7,5	Cuneo et Alexandrie.	7.000
Rive gauche du Pô,						
Pô...........	Canal Cavour......	1866	82	110,0	Novare et Pavie.....	160.000
Id...........	Carignano, etc......	—	—	12,5	Turin.............	18.900
Dora Riparia.						
Rive gauche..........	Dei Molassi.......	1775	—	5,0	Id........	300
Rive droite et rive gauche.	Parco, Veneria Reale, etc.......	—	—	7,0	Id........	1.700
Stura di Lanzo.						
Rive droite et rive gauche.	S. Gallo, etc......	—	—	4,0	Id......	2.700
Orco.						
Rive gauche..........	Canal de Caluso......	1556	28	14,0	Id......	12.000
Id..........	Chivasso, Oglianico......	—	—	5,0	Id......	4.600
Dora Baltea.						
Rive gauche..........	Canal d'Ivrea......	1468	81	17,0	Novare....	18.000
Id..........	de Cigliano......	1783	31	50,0	Id....	25.000
Id..........	del Retto......	1400	10	16,0	Id....	14.000
Id..........	Sussidiario Cavour......	1874	3	»	Id....	»
Id..........	Autres canaux......	—	—	6,0	Id....	7.000
A reporter......		.....	...	277,3 m. c. arrosant......		294.300

PIÉMONT (suite).

RIVIÈRES ALIMENTAIRES.	CANAUX DÉRIVÉS.	Époque de la construction.	Longueur.	Portée par seconde.	PROVINCES ARROSÉES.	Superficie arrosée.
			kil.	mét. cub.		hectares.
Report............	....	.....	..	277,3	m. c. arrosant.........	294.300
Elvo. Rive droite et rive gauche.	Serravalle, Casanova, S. Damiano.	1874	3	6,5	Novare.........	4.500
Cervo. Rive droite et rive gauche.	Quinto, etc.............	—	—	9,0	Id...........	8.100
Sesia. Rive gauche.............	Roggione di Sartirana.........	1380	29	20,0	Pavie.........	28.000
Rive droite et rive gauche.	Mora, Gattinara, Gamarra, etc.	—	—	18,5	Novare et Pavie....	21.400
Agogna et Terdoppio. Rive droite et rive gauche.	Malaspino, etc......	—	—	5,0	Id........	9.000
Tessin. Rive droite...........	Naviglio Langosco.........	1350	43	11,0	Id........	17.000
Id...........	Sforzesca.............	1482	37	6,0	Pavie.........	8.000
Id...........	Oleggio, Castellana, etc	—	—	8,7	Id........	11.900
Id...........	Mêmes canaux...........	—	—	30,0	Novare et Pavie.....	40.000
Rivières du Piémont.	Autres canaux et sources........	—	—	80,0	Piémont...........	100.000
				474,0	m. c. arrosant........	542.200

Débit total des canaux du Piémont......... (y compris la partie de la province lombarde de Pavie, appelée Lomelline, qui est sur la rive droite du Tessin).

En retranchant 100.000 hectares pour la Lomelline.............. 100.000

Superficie totale irriguée en Piémont......... 442.200

TABLEAU XLIX. — LOMBARDIE.

RIVIÈRES ALIMENTAIRES.	CANAUX DÉRIVÉS.	Époque de la construction.	Longueur. kil.	Portée par seconde. mèt. cub	PROVINCES ARROSÉES.	Superficie arrosée. hectares.
Rive gauche du Pô.						
Tessin.						
Rive gauche.........	Naviglio-Grande.....	1177	50	51,1	Milan et Pavie......	47.000
Id........	Id. Bereguardo; id. Pavia..	1257	—	—	Id........	»
Adda.						
Rive droite.....	Canal de la Martesana...	1464	44	27,2	Milan	23.000
Id........	— de la Muzza...	1223	39	73,0	Milan et Pavie......	73.000
Rive gauche.....	Naviglio-Ritorto...	—	—	7,5	Bergame et Crémone.	9.800
Id........	Vailata, etc...	—	—	4,4	Id....	5.400
Brembo.						
Rive droite et rive gauche.	Trevigliese, etc...	—	—	8,5	Id...	10.900
Serio.						
Rive droite et rive gauche.	Albino, etc...	—	—	13,9	Id...	17.700
Oglio.						
Rive droite.....	Sale, Donna...	1337	—	2,2	Id...	3.000
Id........	Naviglio della Citta...	1527	—	18,0	Crémone...	27.000
Id........	Pallavicino, Calcio...	—	—	18,0	Id...	27.000
Rive gauche.....	Canal Fusio...	—	—	6,7	Brescia...	8.700
A reporter............		.....	...	230,5	m. c. arrosant........	252.500

LOMBARDIE (suite).

RIVIÈRES ALIMENTAIRES.	CANAUX DÉRIVÉS.	Époque de la construction.	Longueur.	Portée par seconde.	PROVINCES ARROSÉES.	Superficie arrosée.
			kil.	mèt. cub.		hectares.
Report..........	....	....	..	230,5	m. c. arrosant....	252.500
Rive gauche....	Seriola vecchia di Chiari....	1527	39	10,0	Brescia....	13.000
Id....	— Bajona....	—	—	5,5	Id....	7.200
Id....	Treuzana, Rudiana, Castrina, etc.	—	—	16,1	Id....	21.100
Mella.						
Rive droite et rive gauche.	Seriola Gambaresca, Bova, etc....	—	—	12,1	Id....	14.500
Chièse.						
Rive droite....	Naviglio....	1302	—	14,0	Id....	18.500
Rive gauche....	Seriola Lonata....	—	—	6,4	Id....	8.300
Id....	Calcinato-Montechiara, etc....	—	—	2,6	Brescia et Mantoue.	3.300
Mincio.						
Rive gauche....	Fossa di Pozzuolo....	—	—	14,0	Mantoue....	8.600
Rivières de la Lombardie.	Autres canaux et sources....	..	—	60,0	Lombardie....	73.000
Débit total des canaux de la Lombardie.... (non compris la Lomelline).				360,0	m. c. arrosant....	420.000
Superficie arrosée d'après la statistique officielle de 1878.... (non compris la Lomelline).						580.000
En ajoutant 100.000 hectares pour la Lomelline....						100.000
Superficie totale irriguée en Lombardie....						680.000

Sur le territoire d'Albenga, le principal torrent Centa, et ses tributaires, l'Arrascia et la Neva, attendent qu'on les endigue et qu'on les canalise pour l'irrigation. Sur le territoire de Gênes, aux deux aqueducs Civico et Nicolaï qui approvisionnent principalement la ville et les jardins, se joint celui de Galliera, dérivant les eaux du torrent Gorzente par un barrage important. C'est seulement dans l'arrondissement de Chiavari que l'on compte un certain nombre de *fossati*, à l'usage des cultures, dérivés des torrents Aveto, Sturla, Lavagna, Vara, etc.

Un ouvrage important que nous avons déjà cité, au point de vue des dépenses de la première section, le canal Lunese, projeté par l'ingénieur Bella en 1856, a été dérivé, avec une portée de 5 mètres cubes, du fleuve la Magra, pour l'irrigation de l'arrondissement de la Spezia (1).

Les duchés. — Dans la région de l'Émilie, les Apennins, dont la chaîne est peu élevée et mal boisée, et les eaux mal réglées, ne sont pas favorables à l'irrigation. A défaut de glaciers qui alimentent les cours d'eau, comme dans les Alpes, et de sources abondantes, ce sont les pluies qui descendent torrentiellement dans la plaine. En été, les cours d'eau sont le plus souvent à sec. Malgré cela, les irrigations d'été sont multiples dans les provinces de Massa, de Plaisance, de Parme, de Reggio et de Modène; on y utilise même les eaux de drainage des terrains supérieurs.

Dans l'ancien duché de Massa, les irrigations sont desservies par les canaux du Lavacchio, du Mirteto, de Grondini et du Magro. Pour les compléter, dans la plaine même de Massa, le duc François IV décréta en 1839

(1) Voir tome II, p. 211.

la construction d'un canal dérivé du Frigido, qui devait suppléer à la fois les arrosages et la force motrice nécessaire pour les moulins et la fabrique ducale des tabacs. En 1845, les canaux secondaires, branchés sur l'artère principale, débitaient 7 m. cubes et demi pour l'irrigation de 2,000 hectares et la mise en travail de 15 ateliers de marbrerie.

Sous le duc François V, un siphon fut installé, portant les eaux sur la rive droite du Frigido, afin d'y étendre les arrosages; des concessions furent données pour le canal Gallicano (1853), dérivé de la Torrite, et pour celui de Piève Fosciana (1857), qui fut exécuté seulement à la fin de 1879, avec l'approbation du gouvernement italien (1).

La province de Plaisance desservie par les dérivations et les écoulements des divers cours d'eau qui la traversent, et par des eaux souterraines que recueillent des réservoirs, ne compte encore aujourd'hui que 12,000 hectares soumis à une irrigation constante. Celle de Parme offre à peu près la même surface arrosée à l'aide des dérivations que suppléent l'Enza, le Taro, le Ceno, le Baganza, le Parma, etc. et de nombreuses sources.

Dans la province actuelle de Modène, 8,000 hectares sont irrigués. Les eaux dont la portée totale moyenne est de 10 m. cubes à la seconde sont fournies par les rivières Passaro et Secchia, qui alimentent 16 canaux, parmi lesquels le *Naviglio* de Modène anciennement établi, et les canaux Maestro et de Marano. Les sources du territoire Modenais sont également utilisées pour l'arrosage des prairies, des jardins et des rivières, mais les eaux artésiennes le sont rarement, quoique l'art de forer les puits ait été de longue date pratiqué dans cette partie de l'Italie.

(1) A. Bertani, *Inchiesta agraria*, loc. cit.

Ramazzini, qui écrit au dix-huitième siècle, mentionne les tuyaux de plomb retrouvés dans les décombres de l'ancienne Modène des Étrusques, ou *Mutina* des Romains, qu'Arago attribue à des puits artésiens (1). Modène serait du reste bâtie au-dessus d'une nappe souterraine dont les eaux artésiennes alimentent le canal qui joint la ville au Panaro (2). Les armes portent deux tarières de fontainier avec l'épigraphe « *Avia pervia* » (3). On trouve encore dans l'*Essai sur les maladies des artisans* (4), la description du travail pénible des ouvriers employés au forage des puits.

Vers le milieu du dix-septième siècle, le célèbre astronome Dominique Cassini fit forer, dans la citadelle d'Urbino (ancien duché d'Urbin), un puits dont l'eau jaillissait à 15 pieds au-dessus du sol (5). Pendant son séjour en France, il chercha à vulgariser les procédés modénais, en réclamant « que les puits forés servent à « l'arrosage, par l'écoulement continu de l'eau de toutes « les campagnes voisines »; mais pas plus dans l'Émilie qu'en France, ce mode d'irrigation ne s'est étendu.

A Reggio, les canaux dérivés des fleuves et torrents, l'Enza, la Secchia, le Crostolo, alimentés extraordinairement par les eaux de sources de la voie Émilienne qui limite les marais, étaient consacrés autrefois, grâce à la munificence des princes et des corporations, au colmatage des vallées du Pô. Ils relèvent encore pour ce motif d'un syndicat de bonifications, quoique les

(1) *Annuaire du bureau des Longitudes*, 1835, p. 183.
(2) Malte Brun, *Mélanges*, t. III, p. 356.
(3) Ramazzini, *Opera omnia medica*, Genève, 1717.
(4) Ramazzini, *Essai sur les maladies des artisans*, traduit par de Fourcroy; 1777, p. 537.
(5) Garnier, *Traité des puits artésiens*, p. 30.

travaux d'assainissement et de colmatage soient depuis longtemps terminés. Les dérivations de la Secchia sont communes aux deux territoires de Modène et de Reggio et soumises à un même syndicat.

Dans la province actuelle de Reggio, l'irrigation s'étend sur environ 15,000 hectares, en utilisant les eaux absolument insuffisantes des canaux de la Secchia et de l'Enza. De nombreux projets ont été dressés pour remédier à cette pénurie et étendre les irrigations dans les deux duchés. En 1863, l'ingénieur Masi étudiait un canal, dérivant de l'Enza, à 800 m. environ de son débouché dans le Pô, 30 m. cubes pour l'arrosage, sur 88 kilom. du bas territoire des provinces de Reggio et de Modène, jusqu'à Finale (1).

Un second projet, présenté par l'ingénieur Torri celli, consiste dans la construction sur l'Enza, pour une portée de 4 m. cubes et demi, d'une digue de 50 m. de hauteur, à l'endroit dit *delle Gazze*, et dans l'établissement, en aval du barrage, d'une galerie souterraine en pleines alluvions du torrent, sur un parcours de 25 kilomètres jusqu'à Guardasone. Une variante a été introduite depuis, dans le but de remplacer la galerie longitudinale par une galerie transversale de 300 m. de longueur, au même endroit de Guardasone, permettant de porter le débit entre 7 et 9 m. cubes à la seconde.

Un dernier projet de l'ingénieur Carli, de Vérone, aurait pour but de barrer la Secchia, entre la Corbilletta d'où part le canal de Reggio, en amont de Castellarano, et l'Ospedaletto, près de San Michele, où s'embranche le canal de Modène, de façon à augmenter de 500 litres par seconde la portée de chacun des canaux. Il s'agissait en

(1) *Rapporto della commissione incaricata dal Ministero di agricoltura,* etc., Modena, 1866.

outre, d'après ce même projet, de créer dans la haute vallée du Tresinaro, près de Viano, un réservoir d'une contenance évaluée à 67 millions de m. cubes, à l'aide d'une digue muraillée de 48 m. de hauteur. Les études géologiques du professeur Pantanelli ont démontré le danger qu'il y aurait à asseoir une digue de pareilles dimensions dans la gorge choisie.

Romagne. — Sur le territoire Bolonais, les irrigations sont alimentées par vingt-cinq cours d'eau, parmi lesquels comptent le Reno, le Sillaro, l'Idice, etc., et les colateurs provinciaux, dits *circondari*. Près de 5,000 hectares de rizières et autant de prairies en vallée sont régulièrement arrosés. Quant à Ravenne, l'irrigation se confond avec le colmatage, depuis la rupture en 1879 des digues du Lamone, qui a imposé le colmatage de plus de 8,000 hectares. Les eaux limpides, après dépôt des limons, sont concédées pour les rizières et l'arrosage des luzernes. Dans le Ferrarais, les irrigations sont encore moins régulières que dans la province de Ravenne.

Les conditions hydrographiques de la région comprise entre l'Apennin et le Pô, qui n'ont permis jusqu'ici que l'emploi d'eaux d'été peu copieuses, ont appelé l'attention du gouvernement sur la possibilité d'établir, d'une part, des retenues dans les gorges des montagnes, et d'autre part, de construire un grand canal dérivé du Pô.

Le canal mis à l'étude recevrait en aval de Pavie, un volume considérable de 200 m. cubes, et se dirigerait à travers l'Emilie jusqu'à l'Adriatique. Sur base de cette portée reconnue disponible à l'étiage du fleuve et à l'hydromètre de la Becca, situé au confluent du Tessin, le canal Émilien pourrait être tracé suivant deux variantes, dont la première, avec une pente de $0^m,00015$, assurant l'irrigation de 520,000 hectares, et la seconde, avec une pente de 0^m,0002, dominant une surface de 400,000 hectares. Dans les deux cas, le canal qui part du fleuve, à la Becca, à la cote de 55 mètres, est tenu en tranchée sur 45 kilom. jusqu'à San Cipriano, et en déblai jusqu'à la Bardonezza, sur 10 autres kilomètres, de telle sorte que seulement en aval du torrent Nure, il peut servir à l'irrigation.

A partir du Nure, le tracé, pour la moindre pente de 0^m,00015, fait traverser au canal le torrent du Taro, au-dessus de Viarolo, puis celui du Parma à 3 kilom. au nord de la ville, et se dirige vers Reggio, où il franchit successivement le Canalazzo et la Secchia, pour se rapprocher de Modène, à la distance de 2 kilom., et à la cote de 31 m. En ligne droite sur 27 kilom. jusqu'à Casino Luogo Scuro, le canal s'infléchit dès lors vers le nord, jusqu'à Funo, pour reprendre la direction sud-est, au-dessus de Medicina, et déboucher finalement dans le Savio (1).

Suivant le tracé qui vient d'être décrit, Bologne se trouverait placé à 9 kilom. de distance par la Savena; Imola, à 7 kilom. par le canal d'Imola; Faenza et Forli, à 5 kilom. Pour une longueur totale de 277 kilom., les surfaces suivantes seraient desservies dans les diverses provinces :

Plaisance.........................	18.000 hectares.
Parme..........·····.............	44.000
Reggio...........................	56.000
Mantoue.........................	30.000
Modène...........................	70.000
Bologne......................:...	107.000
Forli.............................	195.000
	520.000

(1) Camera dei Deputati, *Relazione presentata dal Ministro di agricoltura; Seduta del 26 giugno 1888.*

La somme de 100,000 fr. votée par le Parlement, le 28 juin 1885 (loi n° 3201), n'a pas seulement été employée à l'étude du canal Émilien, mais encore à celle de plusieurs réservoirs projetés, aussi bien dans l'Émilie que dans les autres parties de l'Italie. La possibilité de dériver 200 m. cubes du Pô dans un canal à large section enlève de l'intérêt aux quatre réservoirs Tidone, Baganza, Arda et Ceno, qui auraient eu pour but d'alimenter le dit canal. Aussi bien, ces réservoirs d'une construction toujours chanceuse, quand il s'agit de digues d'une hauteur de 30 à 45 m. pour emmagasiner ensemble 84 millions de m. cubes, impliqueraient une dépense de 15 millions et demi de francs, avec un revenu évalué entre 2,10 et 4,10 pour cent (1).

Toscane. — La Toscane ne possède que trois syndicats d'irrigation s'étendant sur un millier d'hectares, entre Prato et Signa. Les eaux sont dérivées des anciens fossés Dogaia et Vingone, appartenant au domaine. Le petit canal de Pescia, dont parle Simonde (2) est dérivé du Val de Nievole, pour donner la force motrice à des usines, et arroser la plaine, à l'aide des vannes espacées sur le parcours. Nombre de canaux pour force motrice se rencontrent ailleurs dans les Apennins; l'irrigation n'en tire pas grand profit.

Les grands travaux inaugurés par la république de Pise, poursuivis par Cosme Ier de Médicis et par les grands-ducs de Toscane, ont eu surtout pour objet la régularisation des cours de l'Arno et du Serchio, à l'aide de canaux qui drainent et assainissent un ensemble de 60,000 hectares. La mémorable opération du Val-di-Chiana, dirigée et décrite par Fossombroni (3),

(1) *Carta idrografica d'Italia; Emilia;* 1888.
(2) *Tableau de l'agriculture Toscane, loc. cit.,* p. 19.
(3) V. Fossombroni, *Memorie sopra la Val-di-Chiana,* 1835.

demeure comme type de ces bonifications par colmatage, étendues à un grand nombre de localités dans la péninsule. A côté de la plaine de Pise, celle de Campiglia et Piombino a donné lieu également à des travaux considérables pour maintenir en état de culture et de salubrité les vastes terrains conquis par les atterrissements sur la mer. Les hydrauliciens les plus renommés ont concouru à ces œuvres capitales comprenant celles du dessèchement du lac de Bientina, du colmatage de Paduletta, de l'assainissement des bassins de la Cecina et de la Cornia (1).

Provinces méridionales. — Dans les anciennes provinces du royaume de Naples, sur le versant méditerranéen, il n'y a de canaux d'arrosage que ceux provenant des bonifications sur les territoires de Sarno, de Nocera, de Nola et de Naples; la plupart des irrigations se font à l'aide de sources, de puits et de dérivations directes sur les cours d'eau. Un projet d'utilisation des eaux du Volturne, pour un débit de 12 m. cubes, destiné à l'irrigation de 12,000 hectares compris entre les routes Aversa-Capua et Arnone-Vico, attend son exécution de l'administration de la Province (Terre de labour). De grands travaux d'amélioration et de colmatage, joints à ceux de la régularisation du Volturne, du Sarno, du Sele, et de dessèchement des marais, ou *pantani,* si multipliés sur la côte, absorbent presque toutes les ressources de ces provinces.

Les nombreux cours d'eau de la province de Reggio de Calabre servent à l'irrigation directe des cultures; mais il n'y a pas de canaux proprement dits; ce sont de simples aqueducs avec branchements conduisant aux diverses exploitations.

(1) Torelli, *Statistica della provincia di Pisa,* 1864.

Il en est de même de la province d'Aquila, sur le versant de l'Apennin qui regarde l'Adriatique; les treize cours d'eau qui la traversent, représentant ensemble une portée moyenne de 120 m. cubes, servent à l'irrigation de près de 26,000 hectares (1).

Deux projets de réservoirs ont été contrôlés par les ingénieurs de l'État, sur base des subsides votés par le Parlement, le premier destiné à alimenter la ville et le territoire de Bari, et le second, à préserver la ville de Reggio des inondations.

Le réservoir des Pouilles, étudié par l'ingénieur Cortese, consiste dans le barrage de la vallée de l'Ofanto, à Monticchio, par une digue de plus de 50 m. de hauteur, qui eût pu retenir 120 millions de m. cubes. Il a été reconnu que la digue devait être abaissée comme hauteur, à 25 m., ce qui réduirait la contenance à 17 millions de m. cubes, et qu'en plus d'une dépense de 20 millions de francs, il faudrait pour l'alimentation, épurer les eaux, en raison des sels qu'introduisent les écoulements des lacs du Volture.

Le réservoir de Calabre, projeté à Pavigliana, à l'aide d'un barrage de 50 m. de hauteur, sur le torrent Calopinace, pourrait retenir 2 millions de m. cubes et assurer l'irrigation de quelques centaines d'hectares, en mettant la ville de Reggio à l'abri des crues, moyennant une dépense d'un million de francs, comprenant les canalisations nécessaires.

Sicile. — C'est en Sicile seulement que l'on retrouve des canaux proprement dits, dont l'un très ancien, dans la province de Syracuse, dérivé du Passo d'Agosta, qui irrigue la plaine du Murgo jusqu'à la rade d'Agone, sur un parcours de 8 kilomètres, et l'autre, dans la province de Catane, qui dérive 1 m. cube et demi du Simeto et

---

(1) R. Quaranta, *Monografia di Aquila; Inchiesta agraria*, vol. XII, f, 3.

irrigue la plaine sur un parcours de 65 kilomètres. Ailleurs, dans ces deux provinces, comme dans celles de Messine et de Palerme, les sources, les petits cours d'eau et les puits munis de norias, ou *ʒenie*, sont de préférence utilisés pour les arrosages; quelques turbines fonctionnent également avec succès. Dans l'étude que l'ingénieur Canevari a publiée sur les moyens de doter d'eaux continues ce riche territoire, deux grands réservoirs ont été projetés, l'un à Monreale et l'autre à Misilmeri, pouvant contenir ensemble 45 millions de mètres cubes (1).

Depuis cette étude, il a été procédé par les soins de l'ingénieur Travaglia, pour le compte du ministère de l'agriculture, à l'examen d'un certain nombre de bassins de retenue destinés à l'arrosage des territoires de Catane, de Syracuse, de Terranova et de Licata.

Quatre de ces bassins, pour la plaine de Catane, ont été reconnus comme exécutables, en raison de la solidité des couches géologiques devant servir de fondations aux digues, et des circonstances d'alimentation et de débouché des eaux. Ce sont les réservoirs de Pozzillo, de San Gennaro, de Ponte Saraceni, placés sur le grand affluent du Simeto, le Salso orientale, et celui de Passo d'Ipsi, sur le Simeto même, à la cote de 84 m. Les principales conditions de ces quatre ouvrages sont relatées dans le tableau L ci-après (2).

En calculant sur 1 litre 33 par hectare, et sur le prix usuel de 50 francs par litre d'eau d'été, l'irrigation que fourniraient ces réservoirs coûterait 66 fr. 66 par hectare pendant 120 jours; c'est un coût élevé pour une consommation qui est évidemment trop forte.

(1) Damiani, *Inchiesta agraria, loc. cit.*
(2) Camera dei Deputati, *loc. cit.; Relaʒione di J. Giordano,* p. 75.

Tableau L. — *Réservoirs projetés pour Catane (Sicile).*

	Pozillo.	San Gennaro.	Ponte Saraceni.	Passo d'Ipsi.	Totaux et moyenne.
Volume retenu en milliers de m. cub.....	31.500	56.000	45.000	164.000	296.500
Portée par seconde par 120 jours (m. cub.)..	3.036	5.095	4.380	15.790	28.602
Coût total en milliers de francs,..........	1.560	2.002	2.744	9.336	15.642
Coût par m. cub. d'eau.	0.050	0.035	0.053	0.057	0.053

Deux réservoirs créés sur l'Anapo, par un barrage situé à Pantalica, à la cote de 221 m., et un second à Riggino (cote de 51 m.), permettraient d'irriguer l'été, moyennant une retenue totale de 45 millions de mètres cubes, et une dépense de 5 millions de francs, une surface de 3,600 hectares, dans la plaine de Syracuse ; mais le prix de l'irrigation ne devrait pas excéder 50 francs par hectare.

Statistique générale. — Sur base du rapport que Páreto adressait en 1865 au ministre Torelli (1), avant l'annexion de la Vénétie, la superficie totale du territoire italien était de 25,932,032 hectares, et celle soumise à l'irrigation comprenait environ 6 pour cent, soit 1,357,675 hectares qui se répartissaient de la manière suivante (1) :

(1) R. Pareto, *Relazione sulle bonificazioni, etc.*, p. 269.

	Hect.	
		Hect.
Rizières à eau courante.....................	116.435	
— stagnante....................	65.395	181.830
Terres irriguées par les cours d'eau.........	225.610	
— par les canaux.............	686.772	
— par les sources et *fontanili.*	263.565	1.175.947
Surface totale en rizières et irrigations..............		1.357.777

Si l'on ne considère que les anciennes provinces de la vallée du Pô (Lombardie et Piémont), la proportion, eu égard à la surface de 6,996,274 hectares, se modifie absolument, car elle atteint pour 1,287,021 hectares irrigués, 18,38 pour cent, à savoir :

Rizières................................	2.37
Irrigations............................	16.01
Total.......................	18.34

Le groupement des diverses provinces de l'Italie du Nord, au point de vue des irrigations et des rizières, est intéressant; nous le résumons dans le tableau LI. Pour la surface en plaine, soit 2,925,973 hectares au lieu de la superficie totale, la proportion pour cent des terres irriguées et des rizières de la vallée du Pô, atteint 43,93, soit environ la moitié de la superficie.

Les chiffres les plus récents, qui ont été fournis par l'administration des travaux publics (1875), sur l'étendue des terrains irrigués et des canaux d'État, dans l'Italie tout entière, d'après le directeur Baccarini, se répartissaient entre les différentes provinces ainsi qu'il suit (1) :

(1) A. Baccarini, *le Acque e le trasformazioni idrografiche in Italia*, 1875.

TABLEAU LI. — *Groupement des irrigations dans la vallée du Pô* (1865).

VALLÉE DU PO.	PROVINCES (LA VÉNÉTIE NON COMPRISE).	Proportion p. 100 de la surface totale.	
		Rizières.	Irrigations.
Haute............	Cunéo, Turin.........................	0.00	13.68
Moyenne..........	Novare, Alexandrie, Pavie, Côme, Sondrio, Milan, Plaisance, Parme, Bergame, Brescia, Crémone, Reggio, Voghera..............	3,65	20.14
— rive gauche.........	Novare, Pavie (moins Voghera), Côme, Sondrio, Milan, Bergame, Brescia, Crémone...	5,23	28.62
— rive droite..........	Alexandrie, Plaisance, Parme, Reggio, Voghera.	0.34	2.98
— confinant au fleuve...	(Rive gauche), Novare, Pavie, Milan, Crémone.	9,66	41.69
— ʃ	(Rive droite), Modène, Bologne, Ferrare, Ravenne......................	1,02	3.63
Ensemble de la vallée.........	(Non compris la Vénétie)...............	2,37	16.01

	Surface irriguée.	Canaux d'État. Longueur.
	hectares.	kilom.
Piémont....................	443.789	184,6
Lombardie....................	677.989	17,6
Vénétie.................	74.224	»
Ligurie.....................	14.123	26,1
Émilie.....................	67.904	267,8
Marche et Ombrie.......... .	7.957	»
Toscane.....................	29.594	60,5
Latium....................	1.245	»
Midi adriatique..............	49.334	»
— méditerranée............	96.227	114,9
Sicile.......................	35.577	71,9
Sardaigne...................	7.765	»
Totaux.............	1.505.928	746,4

LA SUISSE.

Nous avons fait connaître, en traitant des prairies, l'extension des arrosages dans un certain nombre de cantons de la Suisse, parmi lesquels l'Argovie, Soleure et l'Oberland Bernois occupent une place marquante; il nous reste à parler du Valais auquel nous avions consacré une mention spéciale (1).

Valais. — Le plus ancien acte qui porte indication d'un canal, dans le Valais, est le testament d'un sieur Guichard Tavelli, en faveur d'un sieur Antoine de Pierre de la Tour, daté du château de la Soie, le 11 décembre 1366 (2). On a retrouvé également un traité concernant un canal de la commune de la Soie, signé par Mayer Euvelli, au nom du duc de Savoie,

(1) Voir tome Ier, livre I, p. 43.
(2) Jenkinson fait remonter au quatorzième siècle l'emploi des irrigations (*On irrigation as practised in Switzerland; Journ. Roy. Agric. Soc.*, XI, 697).

en 1453; mais les canaux, parmi lesquels plusieurs
fonctionnent encore aujourd'hui, sont bien plus anciens.
Un de ceux dont l'origine est la moins douteuse, le
canal Clavoz, remonte à l'an 1292. Il a sa prise au gla-
cier d'Andennes, et après un trajet de 2 milles et demi,
il irrigue près de Sion, une colline plantée en vignes,
d'une superficie de 10 jucharts (4 hectares environ).

Un autre canal datant du treizième siècle, nommé le
Zandroz de Couthey, rejoint les sources de la Morge à
Vetroz. Au quatorzième siècle fut établie la canalisation dite Stalderin, dans la vallée de Viège, ainsi que
celle de la Wissa, dans le val Gredetsch. Il est dit dans
l'acte retrouvé que, pour une réparation à y faire, on
dut acheter un câble de 4,000 pieds de longueur, au prix
de 160 bons thalers.

Le premier canal d'irrigation n'a donc pas été construit,
comme on l'a avancé, par l'initiative des bourgeois de
Olten dans le canton de Soleure, qui dérivèrent en 1537,
sur une lieue de longueur, les eaux de la Dünnern (1).

Le système de canalisation spéciale qui s'est développé dans le Valais, à la suite des déboisements et
des défrichements des versants de montagnes, pendant les invasions des Allemands et des Burgundes,
consiste en canaux d'amenée, en rigoles de distribution
et en colateurs. Les eaux sont fournies par les glaciers,
les sources, les lacs, la fonte des neiges, etc.; celles des
glaciers, en raison de leur composition, sont les plus
estimées par les Valaisans; les autres eaux doivent séjourner dans des réservoirs, avant de pouvoir servir aux
arrosages.

Les canaux d'origine, conduits à des hauteurs souvent
vertigineuses, le long des rochers, en galerie, en encor-

(1) Franscini, *Statistica della Svizzera*, Lugano, 1847, t. I, p. 273.

bellement, ou en suspension à l'aide de câbles, à travers les moraines, dans des encaissements que recouvrent les blocs de rocher, et encore, d'une paroi à l'autre, par des ponts en bois ou en pierre, qui ont jusqu'à 70 pieds de portée, témoignent d'une rare hardiesse d'exécution. Le canal de Clavoz franchit les hautes vallées sur sept ponts de cette importance. La pente varie en moyenne de 1 à 1 et demi pour mille, et les volumes d'eau sont assez considérables pour que les torrents soient mis à sec en été. Aussi bien, pour laisser déposer les eaux limoneuses, comme pour les réchauffer, on les fait circuler dans des réservoirs renfermant plusieurs compartiments, avant de les admettre dans les rigoles de distribution. Des bondes à manche permettent de régler l'admission, en vue des crues, et des roues à eau, placées sur le parcours des canaux, actionnent des marteaux qui indiquent de loin que le courant est normal. Si le mouvement du marteau est irrégulier, ou vient à cesser, l'eygadier doit se rendre aussitôt sur place pour constater et réparer l'avarie. La fonction d'eygadier est honorifique. Suivant une très ancienne coutume, aucun citoyen ne peut remplir un emploi à la commune ou au canton, s'il n'a été eygadier pendant un certain temps.

Les meilleures eaux d'irrigation sont fournies par les cours d'eau de la Printze, la Borgne, la Lonza, la Tourtemagne, le Gredetsch, la Viège, le Gamsen, la Saltine, la Dranse et la Vièze. C'est sur les rives de la Borgne que s'étendent les prairies plantureuses des *champs secs* qui n'ont pas été retournées, ni fumées depuis huit siècles, assure-t-on. L'irrigation seule entretient leur luxuriante végétation. Au dix-septième siècle, une ordonnance de la municipalité de Sion frappait d'une amende de 3 fr. 62 toute charrette de fumier portée aux *champs secs*.

La commune de Zeneggen, dans la vallée de la Viège, et celle de Lens située en terrasse à 1,200 m. d'altitude, entre Sion et Sierre, ne doivent leur existence qu'à la possibilité de pouvoir arroser les champs en culture arable, les jardins, et les prairies à l'aide desquelles ils maintiennent du gros bétail. D'ailleurs, toutes les populations des terrasses à mi-hauteur de Varen, des Plâtrières, au-dessus de Saint-Léonard, depuis Louèche jusqu'aux rochers de Martigny, ne vivent dans l'aisance qu'en raison des cultures de prairies, de vignes et de vergers qu'arrosent les canaux des glaciers venant de plusieurs lieues de distance. La vigne arrosée prospère à des altitudes de 800 mètres.

Sans parler du vin *d'Enfer*, récolté à Salqueneu, qui ne le cède en rien à celui du même nom, provenant de la Valteline, et du vin *des glaciers* que les gens de Sierre portent à dos de mulet jusques dans les grottes des glaciers du val d'Anniviers, les vignes des côtes rocheuses et ensoleillées de Sion, de Couthey, d'Ardon, de Leytron, Saillou et Fully, fournissent des vins très bons et capiteux, comme ceux d'Humagne et d'Amigne, le Rèze et l'Arvine, enfin des vins sucrés, le Muscat et le Malvoisie, qui jouissent du bouquet des meilleurs crûs d'Espagne.

Plantées sur d'anciennes moraines, ou sur des éboulis pierreux, les vignes ne trouvant ni humus, ni terre fine, ni humidité dans le sol, périraient par les sécheresses de l'été; aussi, sont-elles régulièrement arrosées de jour, depuis avril et mai, au bas des terrasses, et depuis juin et juillet dans les parages élevés, jusqu'en octobre, et parfois jusqu'en novembre.

Les prairies sont irriguées de jour et de nuit; les céréales et les vergers, seulement en cas d'extrême sécheresse, ou de vents trop violents et prolongés. Aucun canton montagneux ne se signale comme le Valais par la transformation radicale, grâce à l'irrigation, d'un sol aride, devenu productif à la fois pour les grains, les fruits, les vins, le laitage et l'élève du bétail.

LA FRANCE.

Les canaux. — La région qui s'étend au pied des Pyrénées, sur le versant français, très riche en eaux d'irrigation, a été de bonne heure pourvue de canaux peu importants, pris isolément, comme nous l'avons vu, mais très nombreux, réglementés par des lois usagères tirées du droit coutumier, dont on ne retrouve pas les traces, pas plus que de l'établissement des dérivations.

Après le canal d'Alaric (Hautes-Pyrénées), on cite le canal du Vernet, dérivé du Tech (Pyrénées-Orientales), qui appartenait, au neuvième siècle, aux religieux du chapitre d'Elne, et fut vendu en 863 à l'évêque de cette ville, avec les moulins qu'il faisait tourner. Le canal d'Els Molis est mentionné dans des titres du mois d'août 866. Jaubert de Passa énumère plus de 80 canaux, ou *ruisseaux*, alimentés par le Tech, la Tet, l'Agly, dont l'existence est relatée dans les chartes et cartulaires du neuvième au quatorzième siècle (1). Le canal Espagnol, ou ruisseau de Perpignan, jouit d'une charte signée en 1424 par les rois d'Aragon, qui porte concession d'eau « pour l'arrosage en entier de toutes les terres qui peuvent l'être » (2).

Les canaux de Provence sont à peu près contemporains de ceux du Roussillon. On trouve mention du Réal de

(1) Jaubert de Passa, *Mémoire sur les cours d'eau et canaux des Pyrénées-Orientales*, 1820.
(2) Doniol, *Journ. agric. prat.*, 1862, t. II, p. 567.

Chateaurenard et d'Eyragues, concédé à plusieurs propriétaires des deux communes dès le huitième siècle, dans un titre de transaction intervenue entre Guillaume de Châteaurenard et les consuls en 1191, pour l'emploi des eaux au profit de moulins et d'arrosages divers. Les deux communes n'en continuèrent pas moins les contestations avec l'archevêché, puis entre elles; trois siècles s'écoulèrent jusqu'à ce que le Parlement de Toulouse, par arrêt du 14 avril 1656, eût réglé les différends. Le canal Saint-Julien est octroyé, au mois de mai 1171, à l'évêque de Cavaillon par Raymond V, comte de Toulouse, et en 1275, par l'évêque, aux habitants qui veulent arroser.

Les eaux de la Sorgues (Vaucluse) font déjà en 1204 l'objet d'une association entre usagers, pour le partage des eaux à l'extrémité de la branche de Védennes. Le canal portant le nom de la Durançole est décidé au mois d'avril 1230 par l'assemblée des consuls, juges et notables que préside l'archevêque d'Avignon. Le canal de Gordes, ou *bealet* de Berre, avec prise d'eau par barrage dans l'Arc, est construit au treizième siècle par le seigneur baron de Berre, qui concède gratuitement le droit d'arrosage aux riverains, moyennant droit de passage; les canaux du Moulin (Buisson) avec prise d'eau dans l'Aigues, et de Tournefol, dérivé du Lez, aujourd'hui en syndicats, datent de ce siècle et même auparavant.

Lorsque les papes eurent échangé au quatorzième siècle le séjour de Rome contre celui d'Avignon, les Italiens ne tardèrent pas à vulgariser dans Vaucluse la pratique des arrosages. De Lavergne n'hésite pas à reconnaître leur influence « sur la terre restée papale jusqu'à la Révolution ». Les irrigations de la plaine du Comtat la rendent aussi productive, et en recourant aux mêmes moyens, qu'en Lombardie; l'administration pontificale y avait introduit en effet les mêmes usages qui président à la distribution des eaux (1).

D'autre part, suivant Nadault de Buffon, les conquêtes de Charles VIII et de Louis XII en Italie, particulièrement dans le Milanais, avaient fait naître dans le Midi un grand désir d'améliorer l'agriculture au moyen des irrigations (2). Par lettres patentes du roi Louis XII, en date du 1er mars 1493, la ville de Manosque (Basses-Alpes) s'était fait autoriser à dériver des eaux de la rive droite de la Durance pour arroser son territoire. De nouvelles lettres patentes du 6 mai 1511 confirmèrent ce privilège, et le canal fut creusé sur 18 kilomètres. Après avoir servi pendant un siècle et demi aux irrigations, une crue extraordinaire de la Durance, en 1675, enleva tous les ouvrages. Les États de Provence entreprirent en 1777 de le restaurer et de le prolonger, mais les événements de 1789 suspendirent tous travaux, et en 1837 seulement, une compagnie obtint par ordonnance royale de rétablir le canal de la Brillanne.

Si l'on recherche la cause de tant d'essais successivement avortés, on reconnaît que les premiers travaux avaient été établis sur une trop vaste échelle et que dès lors, les projets de restauration n'étaient pas en rapport avec les produits que l'on pouvait en attendre (3). »

Au commencement du seizième siècle (1517-19), François Ier, songeant à rendre la fertilité aux maigres steppes qui s'étendaient depuis Orléans jusqu'à Romorantin, s'attacha en rentrant d'Italie Léonard de Vinci, pour le mettre à l'œuvre comme ingénieur hydraulicien. « Au mois de janvier 1518, toute la cour arrivant à Romorantin, le roi et le grand peintre, sans dé-

(1) L. de Lavergne, *Économie rurale de la France,* 3e édit., p. 259.
(2) Nadault de Buffon, *loc. cit.,* t. I, p. 182.
(3) Nadault de Buffon, *loc. cit.,* t. I, p. 484.

semparer, se mirent à courir le pays, et Léonard dressa aussitôt le projet et le devis d'un grand canal de navigation qui, alimenté par la Sauldre et passant par Romorantin même, devait être comme la grande artère de son système d'arrosages (1), » mais à la suite d'une équipée contre le comte de Saint-Pol, la cour quitta en hâte le lieu des fêtes royales et n'y revint plus; le projet du canal de Sologne fut abandonné, et l'année d'après, Léonard mourut en vieil âge, dans le petit château de Clou, près d'Amboise, que le Roi lui avait donné pour retraite (2). Le tracé du grand canal projeté par de Vinci est indiqué sous le nº 329 du 3ᵉ volume manuscrit infolio, conservé à l'Institut.

La canal de Crapponne date du même siècle. Adam de Crapponne, gentilhomme, natif de Salon en Provence, instruit dans les sciences mathématiques et de l'hydraulique, entraîné par l'émulation des ingénieurs italiens, avait obtenu de la cour des comptes de Provence, le 27 août 1554, l'autorisation de dériver de la Durance un canal qu'il exécuta en cinq ans jusqu'à Salon, à l'aide de ses seules ressources, mais en s'y ruinant complètement. L'abandon des concessions d'eau contre espèces ne suffit pas pour lui permettre de terminer une entreprise qui a conservé son nom. Les créanciers, par transaction du 20 octobre 1571, se constituèrent en syndicat auquel s'adjoignirent des propriétaires facultataires, mais ces actionnaires furent seuls admis à participer à l'administration. Plus tard, en 1815, les frères Ravel, de Salon, obtinrent de l'héritier, frère de Crapponne, l'autorisation de construire la branche de Lamanon à Arles, et les deux branches d'Arles et de Sa-

(1) Venturi, *Essai sur les ouvrages phys.-mathém. de Léonard de Vinci*, in-4°, p. 40.

(2) Ed. Fournier, *le Vieux-neuf*, t. II, p. 161.

lon se fusionnèrent en 1583, sous le nom *d'œuvre générale de Crapponne,* qui subsiste aujourd'hui.

Quant à Adam de Crapponne, victime de son dévouement aux intérêts du pays qui l'avait vu naître, conspué plus tard par la population, il dut fuir la Provence en toute hâte pour demander du service au roi Henri II. C'est en qualité d'ingénieur royal qu'il fit exécuter le dessèchement de plusieurs marais, depuis Arles jusqu'à Nice, et qu'il conçut un premier plan de canal des deux mers, réunissant la Saône et la Loire par le Charolais, un demi-siècle avant que ne fût creusé le canal de Briare (1).

Forbin d'Oppède avait obtenu de Louis XII des lettres patentes (1507) pour dériver de la Durance un canal sur Aix et Marseille, sans qu'il pût y donner suite. Adam de Crapponne substitua à ce projet celui d'un tracé partant de la Durance, près de Peyrolles, passant par Aix et aboutissant à l'étang de Berre. C'est toutefois le projet d'Oppède, qui, fut repris sous Louis XIII, puis concédé à l'ingénieur Floquet en 1752 ; malgré les travaux entrepris dans la vallée de la Durance, il dut être abandonné. En 1838 seulement, par une loi du 4 juillet, la ville de Marseille obtint la concession définitive de ce canal exécuté de 1839 à 1847.

Nombre de canaux en syndicat, dans Vaucluse, datent du XVIᵉ siècle ; ceux entr'autres du Moulin (commune de Villedieu), sur 4,7 kilom., avec un débit de 110 litres, et de Saint-Roman de Mallegarde (1509), sur 4 kilomètres, avec un débit de 330 litres, tous deux dérivés de l'Aigues ; le canal du Moulin de

---

(1) Adam de Crapponne mourut en 1559 d'un empoisonnement, par suite de vengeance des entrepreneurs de la citadelle de Nantes, dont il avait constaté, en mission officielle, les travaux mal exécutés ; il avait fait décider la démolition des bastions.

Peyrolles (1560), dérivé du ruisseau de Jonques, avec un débit de 300 litres, et une longueur de 6200 m.; le Mayre de Cagnan, concédé par le prince d'Orange (1540), avec 22 prises dans la Meyne, qui donnent un débit moyen de 700 litres, pour un développement de 14 kilom. et demi du canal.

Dans le courant du XVIIe siècle, en 1636, des lettres patentes de Louis XIV furent délivrées au duc de Guise, seigneur d'Orgon, pour une dérivation de la Durance au profit des territoires d'Orgon et d'Eygalières, et en juin 1693, au prince de Conti, seigneur engagiste de la terre de Pierrelatte, pour une dérivation directe de la rive gauche du Rhône; au prince se substituèrent dès 1695, d'autres concessionnaires, par de nouvelles lettres patentes du Roi.

Le premier de ces canaux fut exécuté plus d'un siècle après, sur la délibération des États de Provence, du 13 novembre 1772. Ouverte jusqu'à Orgon à la suite de 10 ans de travaux, la dérivation reçoit le nom de Boisgelin, archevêque d'Aix, qui présidait les États, et n'est pas poussée plus loin. La province est à bout de ressources. En 1783, une branche dite de Lamanon lui est concédée par arrêt du conseil, mais elle n'est achevée sur 7 kilomètres et demi qu'en 1788. Une loi des 12-17 avril 1791 ayant réuni au domaine de l'État le canal de Boisgelin, avec ses annexes d'Orgon et de Lamanon, le domaine l'administra jusqu'en 1813; puis, par bail du 29 août de cette année, il abandonna les concessions à *l'œuvre générale des Alpines*.

Quant au canal de Pierrelatte, après les tentatives tour à tour avortées du marquis de Castellane qui reprit les travaux vers 1780, de plusieurs associations, et finalement d'une compagnie autorisée par ordonnance royale du 8 juin 1841, mise sous sequestre en 1851, il a fini par être exécuté au compte d'une société fondée sous les auspices de la Banque de France, créancière de la faillite. Par une loi du 2 août 1880, le prolongement du canal jusqu'à l'Ouvèze a été concédé, avec une subvention de l'État et une garantie de revenu sur le capital effectivement dépensé.

Indépendamment des concessions des Alpines et de Pierrelatte, le XVIIᵉ siècle vit s'établir plusieurs canaux par association dans Vaucluse : le canal de Seguret, concédé en 1615 par la chambre apostolique de Carpentras, avec une prise de 340 litres dans l'Ouvèze et une longueur de 8 kilomètres; le canal de Violès, concédé en 1636 par les Dames de Saint-André des Ramières, avec une portée de 350 litres d'eau prise également à l'Ouvèze et une longueur de 11,500 m.; le canal d'Alcyon (commune de Travaillan), octroyé par acte du Parlement en 1664; cette dérivation d'une longueur de 8,700 m., avec un débit de 140 litres, est alimentée par les fontaines d'Alcyon. Enfin, dans les Bouches-du-Rhône, le canal de Lafare est construit sur 12 kilomètres, avec une portée de 350 litres, pour la mise en jeu du Grand Moulin, et l'irrigation de 400 hectares.

Au XVIIIᵉ siècle se rapportent beaucoup de projets de concessions, mais peu de travaux importants sont exécutés. Nous avons décrit (1) les principaux canaux inaugurés dans ce siècle; celui du Plan Oriental, accordé en 1756 par la chambre apostolique de Carpentras à une famille Roulet, avec faculté de dériver les eaux du Coulon; celui de Cabedan-neuf, exécuté en 1766 par l'architecte Brun de Lille et reçu avec acclamation par l'assemblée des trois états qui votèrent cette même

___

(1) Voir tome II, liv. VII, p. 224.

année son extension sous le nom de canal de l'Isle. Le pape Pie VI avait autorisé par chirographe du 28 août 1778 l'extension projetée. Ces trois canaux devinrent, entre les mains d'associations distinctes, la tête du canal Carpentras établi le siècle suivant. Le pape Benoît XIV autorisa aussi, par chirographe de 1754, la ville d'Avignon à remplacer la Durançole. par un canal que le duc de Crillon, subrogé aux droits de la ville, fit exécuter de ses propres deniers en 1770.

Le canal de Châteaurenard dont le titre de concession est détruit, fait l'objet d'une délibération du conseil municipal, en date du 13 mars 1785, aux termes de laquelle, les études étant terminées, les procureurs sont autorisés à construire. L'archevêque d'Avignon accorde cette même année le droit de passage sur le territoire de Noves dont il est seigneur suzerain.

Le canal de Peyrolles, que nous avons aussi mentionné, est concédé avec prise d'eau sur la rive gauche de la Durance, le 22 septembre 1729, au sieur de Laurens. Un arrêt de 1766 étend la concession à des canaux secondaires de dérivation, dont un seul s'exécute à partir du Riaon de Jonques.

La Société du canal de la Romanche, dans l'Isère, est autorisée par lettres patentes du 12 avril 1789, mais le canal est concédé par décret de Napoléon Ier (1815). Dans les Hautes-Alpes, le canal des Herbeys est ouvert sur 16 kilomètres, à l'aide d'une dérivation de la Séveraisse, par un propriétaire de ce nom, auquel la Société royale d'agriculture décerne, en 1801, une récompense exceptionnelle.

« Depuis le commencement du siècle présent, il n'y a « plus rien que l'on puisse citer en France, dit Nadault « de Buffon. Le gouvernement de l'Empire et celui « de la Restauration n'ont rien fait, sur le territoire

« national, en faveur de l'irrigation (1). » Sous le règne de Louis-Philippe, un certain nombre de concessions furent autorisées, faisant droit aux demandes des localités intéressées, à savoir, celles précitées du canal de Marseille (4 juillet 1838), de la branche septentrionale des Alpines (11 avril 1839), du canal de Peyrolles (19 octobre 1843), de l'association mixte des canaux de Cabedan-neuf et de l'Isle (10 janvier 1847), etc.

Sous le second empire, suivi du gouvernement actuel de la République, beaucoup d'entreprises ont été constituées pour achever ou créer quelques canaux sur divers points du territoire, principalement dans le Midi; nous avons signalé les principaux, en détaillant quelques-uns de leurs ouvrages les plus remarquables, leurs tracés, les prix concédés pour l'irrigation, etc. Ce sont les canaux de Carpentras (1852-57), de Lestelle (1856-62), de Gravona (1862-78), de la Neste (1864-68), du Verdon (1863-75), d'Aubagne (1864-72), du Forez (1865-74), de Saint-Martory (1866-76), du Lagoin (1867-69), de la Bourne (1875-85), de Pierrelatte (Drôme et Vaucluse), de Gap (Hautes-Alpes), de la Siagne et de la Vésubie (Alpes-Maritimes), de Manosque (Basses-Alpes), du Foulon (Grasse), etc. De 1870 à 1890, en vingt ans, l'ensemble des canaux exécutés représente à peine une dérivation de 50 m. cubes environ.

Les Syndicats. — L'origine des associations d'arrosants se confond, en Provence, comme en Vénétie et en Lombardie, avec celle des associations de défense contre les envahissements des eaux. Pourtant, aussi loin que l'on remonte dans les actes du XIIᵉ siècle, dans les statuts municipaux octroyés à cette époque par les rois, ou les évêques, il est surtout fait mention du règlement

(1) Nadault de Buffon, *loc. cit.*, t. I, p. 57.

des chaussées (1) et du dessèchement des marais (2). L'association des vidanges d'Arles date d'une délibération du 31 décembre 1542.

Parmi les 71 associations d'arrosage, autorisées ou libres, que compte le département des Bouches-du-Rhône, celle du canal du Plan et de la Crau d'Orgon, a reçu la concession des eaux des seigneurs d'Orgon, par transactions des 18 décembre 1388 et 11 juillet 1435. Le syndicat de Baudinard qui arrose le territoire d'Aubagne, avec les eaux de l'Huveaune, a été fondé, comme celui du Gast, dans les mêmes conditions de prise d'eau, au commencement du XVIᵉ siècle. Parmi les anciens titres de l'association de la Grande Roubine et égout de Montlong, qui tire ses eaux du grand Rhône et opère sur le territoire de la Camargue d'Arles, on retrouve la date de 1570. La branche d'Arles du canal de Crapponne, construite en exécution d'un acte du 3 mai 1581, concède 10 moulans d'eau aux arrosants de la Crau d'Arles, par une transaction du 16 février 1583. Les arrosants de Crapponne, à la Roque d'Antheron, se forment en syndicat en 1571, et de même ceux de Crapponne, à Salon, le 25 octobre 1573. Dans le XVIIᵉ siècle, se constituent successivement les associations de la petite roubine de Montlong (1604), de la roubine de la Triquette (1627), de Saint-Chamas (1661). La plupart des syndicats formés depuis, se sont placés sous le régime du décret du 4 prairial, an XIII.

Dans Vaucluse les concessions d'eau faites par les abbayes ou par les communes, donnent origine aux

(1) Statuts donnés en 1150 à la ville d'Arles par l'archevêque Raymond de Monte-Rotondo.
(2) Décret du roi René, en 1458, autorisant la ville d'Arles à s'imposer pour l'évacuation des marais de Trébon, du Plan-du-Bourg et de la Coustière.

associations d'arrosage. La plus ancienne concession sur laquelle on possède des titres certains, remonte au XIIe siècle. C'est celle accordée en mars 1171 par Raymond V, duc de Narbonne, comte de Toulouse et marquis de Provence, de l'eau de la Durance, à Benoit, évêque de Cavaillon (1). Les archives d'Avignon renferment bon nombre de licences ou de concessions d'eau accordées dans les siècles suivants, aux villes, aux syndicats et aux particuliers.

En 1235, l'évêque Rostaing, de concert avec le prévôt et le chapitre de l'église, octroie l'eau de la Durance à la ville de Cavaillon « pour que ses habitants arrosent du commencement d'avril jusqu'à la fête de Saint-Michel, leurs ferailles, prés, jardins et généralement tout ce qu'il leur plaira d'arroser ». En 1514 (9 juin), un bail additionnel de 100 salmées de terre, avec pouvoir de dériver les eaux de la Sorgues pour l'arrosage, est consenti à Jacques Trivulce, grand maréchal de France. Des licences sont obtenues pour les eaux, non seulement de la Sorgues et de la Durance, aux fins de l'irrigation, mais encore de la Mède, du Brégoux, et des fontaines diverses (2).

De proche en proche, de villes en villes, de communes en communes, les associations syndicales s'imposèrent des règlements que les usages et les traditions ont transmis, après la Révolution, aux diverses administrations qui se sont succédé. Les statuts de la communauté de Visan, qui ont été conservés avec les actes à l'appui (1685), donnent une juste idée de ce qu'étaient, il y a deux siècles, les conditions assujétissant les associés arrosants, que l'on remarque d'ailleurs, pour la plupart, dans les

(1) Gr. Evêché de Cavaillon; cart. (fol. 1).
(2) Barral, les Irrigations dans Vaucluse, loc. cit., p. 366.

règlements actuels (1). Le syndicat des arrosants des Arènes et de Grenouillet, à Orange, n'offre pas moins d'intérêt, en ce qu'il présente le type d'un syndicat civil, ayant une existence de deux siècles, fonctionnant avec une grande régularité, d'après des règlements rigoureusement obéis, sans aucune intervention de l'autorité. L'administration trèséconomique de ce syndicat qui emploie les eaux d'une dérivation de la Meyne, est digne d'être imitée (2).

Le canal de Roaix, construit en 1734 par le seigneur de ce nom, avec une longueur de 5 kilomètres et un débit de 330 litres dérivés de l'Ouvèze, ne tarda pas à être mis en syndicat, comme celui de Malpasset (Pernes), concédé par la Chambre apostolique, en 1745, pour la dérivation des eaux de la Vasque. Le barrage de Caromb qui retient 250,000 m. cubes des eaux du vallat de Chaudeirolles, et alimente un canal de 3 kilomètres de longueur, est exploité depuis 1762 par une association syndicale.

Sans poursuivre l'énumération des nombreuses associations qui se sont formées sous le régime de la loi du 14 floréal, an XI, nous citerons celle du canal de Carpentras comme un heureux exemple de ce que l'on peut attendre en agriculture de syndicats volontaires bien administrés (3). Le décret du 15 février 1853 constituant la Société du canal de Carpentras, suivi du règlement des arrosages en date du 1er février 1859, résume en effet à peu près toutes les conditions exigées par l'administration pour la formation des syndicats, le mode d'exécution et le payement

---

(1) *Statuts avec bulles, transactions, concessions, immunités et autres actes;* Avignon, 1685, in-8°.

(2) *Acte du 7 sept.* 1661; voir Barral, *loc. cit.,* p. 397.

(3) Hervé Mangon, *Bullet. Soc. Encouragement,* 1859.

des travaux, la rédaction des rôles et leur recouvrement. Le règlement de police générale, du 24 juin 1859, précise en outre les fonctions de chacun des employés, conducteurs, gardes, piqueurs et brigadiers, gardes-cantonniers et cantonniers simples, relevant du directeur du syndicat, et détermine minutieusement les attributions de chacun (1). Aussi bien les statuts que les règlements du canal de Carpentras ont servi d'ailleurs à constituer les associations syndicales de récente formation dont la situation a été indiquée dans le livre précédent (2).

L'ALLEMAGNE.

Les avantages de l'irrigation des prairies ne restèrent pas longtemps ignorés au delà du Rhin, mais l'état de division politique des pays allemands, au moyen âge, et l'endiguement exécuté au treizième siècle de la plupart des cours d'eau du Nord, dans le but d'assurer la régularité du régime hydraulique, ne contribuèrent pas à en généraliser la pratique.

Déjà Sebizius, en 1588, s'attache à différencier les prairies arrosées des prairies sèches, au point de vue de leur établissement, de la fumure et des produits (3). De Serres (1600), von Hohberg (1687) et Florinus (1701) s'occupent de la création et de l'arrosage des prés. On attribue à Albert-Adolphe Dresler, bourgmestre de Siegen, l'introduction, ou plutôt le perfectionnement apporté à la reconstruction (*umbau*) des prés et à leur mode d'arrosage en planches et en ados (4). Encouragée et pro-

---

(1) Barral, *les Irrigations dans Vaucluse*, loc. cit., pp. 450, 481.
(2) Voir ce même tome, p. 338 à p. 364.
(3) *Præludium Rusticum*, lib. VII,
(4) Villeroy et Müller, *loc. cit.*, p. 11.

tégée par le duc de Nassau, l'irrigation s'est développée, utilisant les pentes des cours d'eau, dans les vallées très peuplées du pays de Siegen et de Westphalie, où elle a servi d'école et de modèle au reste de l'Allemagne (1). L'institution des *Wiesen baumeister*, maîtres de culture des prés, ou terrassiers-irrigateurs, dont la profession est non seulement d'arroser, mais surtout de disposer le sol et d'installer les irrigations, n'a pas peu contribué à étendre dans toute l'Allemagne le renom de Siegen.

En Prusse, les travaux d'endiguement et d'irrigation, après avoir été poussés avec vigueur dans le siècle dernier, notamment sous Frédéric II, furent négligés dans la première moitié de ce siècle. D'abord la guerre, et puis la liquidation de la propriété territoriale, absorbèrent l'attention du gouvernement. Depuis la création à Berlin, en 1842, du comité consultatif de l'agriculture (*Landesæconomie collegium*) et d'un ministère spécial de l'agriculture, et aussi, grâce à la loi des irrigations de 1842, promulguée en 1843, les améliorations ne tardèrent pas à être reprises sur base de crédits annuels représentant plusieurs millions de thalers, en y comprenant les travaux spéciaux. Des syndicats se sont créés un peu partout pour la jouissance et l'utilisation des eaux, que régla finalement la loi du 28 octobre 1846 (2). Ces syndicats, d'après Meitzen, étaient en 1866 au nombre de 95, avec statuts libres, et de 170, avec statuts approuvés par le gouvernement; les premiers exploitaient 242,000 hectares, et les seconds 24,000 seulement (3).

(1) Voir tome II, livre IX, p. 333.

(2) Thiel, *Landw. Lexikon*, 1877. La nouvelle loi des syndicats d'irrigation : *Gesetχ betreffend die bildung von Wassergenossenschaften*, est du 1er avril 1879; une 2e édition a été publiée par Bulow et Fastenau, en 1886, à Berlin.

(3) Meitzen, *Der boden und die landw. verhältnisse des Preussischen Staates.*

Quoique les surfaces arrosées ne figurent pas dans les chiffres d'hectares exploités par les syndicats précités, on doit reconnaître qu'à la faveur d'une législation spéciale de la création d'écoles de praticulture (*Wiesenbau*) comme à Kramenz, en Poméranie; à Janowitz, près de Heyerswerda (1), etc., et d'inspecteurs agronomes pour l'établissement des prairies irriguées, de bons travaux ont pu être exécutés d'ancienne date en Prusse, sous le contrôle des commissaires du gouvernement, pour l'utilisation des rivières et des nappes souterraines.

Indépendamment des irrigations naturelles, une portion notable du territoire est arrosée artificiellement par des canaux, d'après des plans soumis à l'inspection des améliorations (*Meliorations Bauinspection*) comprenant en 1887, 13 fonctionnaires, outre le personnel technique auxiliaire. Pour remédier au manque de capitaux, qui entrave les efforts des particuliers et des associations, en face de travaux aussi coûteux, des fonds spéciaux (*vorarbeits Kosten fonds*) permettent à l'administration de dresser les avants-projets et de solder les travaux préparatoires pour des entreprises, du reste, entièrement à la charge des propriétaires, ou des syndicats que subventionnent les cercles communaux et provinciaux (2).

Aux belles irrigations de Greifswald et de Regenwalde, en Poméranie, on peut comparer celles du duché d'Altenbourg et de la vallée de l'Elster, en Saxe; mais les plus complètes, sans parler de la Westphalie où a été fondée la station expérimentale de Borghorst (3), se trouvent dans le grand duché de Bade, qui jouit de bonne eau, en

---

(1) Royer, *l'Agriculture allemande*, 1847, p. 335.
(2) *Preussen Landw. Verwaltung*, 1884 *bis* 1887.
(3) Voir tome 1er, livre I, p. 50.

abondance, et où le sol, le climat et les conditions générales topographiques, se prêtent à l'arrosage. Le gouvernement a beaucoup fait, en outre, pour favoriser les irrigations, en créant des cours techniques à l'école de Carlsruhe et en désignant des ingénieurs chargés de l'installation des travaux.

Malgré l'enseignement donné, depuis 1822, dans les écoles supérieures de Weihenstephan et de Schleissheim, en Bavière, qui comprend la pratique des nivellements, des irrigations et de la culture des prairies, les progrès ont été très lents dans le royaume, tant que la législation n'a pas été modifiée, touchant la jouissance et l'entretien des cours d'eau, l'aménagement et l'arrosage des prairies. Dès la nouvelle loi de 1852, de nombreuses associations se sont formées pour exécuter les travaux d'assainissement et d'irrigation (1). Un ingénieur agricole, pour chacune des huit divisions bavaroises, a dans son ressort toutes les questions hydrauliques; il est placé à la disposition des syndicats, comme des particuliers. La seule division d'Oberfranken comptait en 1870, 53 syndicats, arrosant une surface de près de 1,000 hectares (2). Dans le Westrich, partie montagneuse de la Bavière rhénane, les marais tourbeux impraticables aux hommes et aux animaux, ont été convertis, à l'aide de remblais sur branchages de pin, en prairies arrosées d'un excellent rapport (3).

Aussi bien dans le Nassau, le Hanovre, le Schleswig, la Hesse (4), le duché d'Oldenbourg (5), le Wurtem-

(1) De Mauny de Mornay, *Rapport sur l'enquête agricole, loc. cit.*, p. 108.
(2) Thiel, *loc. cit.*
(3) Villeroy (Félix), *Amélioration des prés; Journ. agric. prat.*, t. VI, p. 350.
(4) Loi sur la culture des prairies (1830); voir de Mauny de Mornay, *Rapport sur la législation des irrigations*, 1844, p. 111.
(5) Ordonnance du 20 août 1844 pour faciliter les irrigations, citée plus loin, chap. ii, p. 766.

berg, etc., les irrigations jouent un rôle important et concourent à l'accroissement et à l'amélioration générale du bétail, mais comme en Bavière et en Prusse, les grands canaux d'irrigation font défaut. Un des principaux canaux, en dehors de ceux affectés aux entreprises d'assainissement de Bruckhausen (Prusse), de Thedinghausen (Brunswick), et de Müden-Nieuhöfer dans le Lunebourg (1), est le Boker-Heide, en Westphalie, qui draine le territoire compris entre la Lippe et le Haustenbach, de Delbrück à Plaggen, et permet d'arroser, moyennant une dépense initiale d'un demi million de francs, 1160 hectares de prairies (2).

L 'ANGLETERRE.

L'art des irrigations fut-il introduit en Angleterre pendant la domination romaine, comme semblerait le vouloir la tradition? Des prairies auraient été arrosées dès cette époque, dit-on, aux environs de Salisbury sur l'Avon. Où bien ont-elles été appliquées beaucoup plus tard, au seizième siècle, par les Italiens? Il est certain que les Romains construisirent le premier canal de navigation, le Caerdike, et que la ville intérieure de Salisbury, ou *Close*, était jadis sillonnée par des canaux que l'Avon alimentait à l'aide d'écluses; mais on ne trouve de témoignages certains d'irrigations quelque peu étendues que sous le règne d'Élisabeth. Un nommé Pallavicino, collecteur du denier de Saint-Pierre, ayant abjuré le catholicisme à la mort de la reine Marie (1587), s'ap-

(1) Hess, *Die Melioration in den Preussischen Æmtern*, etc., Hannover, 1878; et *Die Bewässerungs anlagen im Lüneburg;* Hannover, 1883.

(2) Würffbain, *Über die Melioration der Boker Heide in Westfalen,* Berlin, 1856.

propria le million versé par les fidèles, et acquit le domaine de Barbraham, avec les terres attenantes de Bournbridge, dans le comté de Cambridge. A l'aide d'un barrage sur l'un des affluents de la Bourne, il alimenta un canal dont la construction, confiée à des ingénieurs experts, existe encore, et fit procéder à l'arrosage de 320 hectares de prairies. Les planches et les rigoles ont disparu depuis, pour faire place à des saignées directes avec écluses, sur le canal lui-même (1).

Rowland Vaughan appela le premier l'attention, dans un ouvrage publié en 1610 (2), sur les avantages de l'irrigation des prairies. Les plus anciennes prairies soumises à l'arrosage, dans les comtés de Wilts et de Hants, ne datent que du siècle suivant, 1700 à 1710; mais elles furent mal établies, et plus tard, on dut les reconstruire. En 1780, George Boswell (3), et de 1789 à 1810, le Révérend F. Wright, de Auld (Northampton (4), vulgarisèrent par leurs traités spéciaux la pratique de l'arrosage des prés. Il n'y a donc pas lieu d'attribuer à l'Allemagne (5), ni au fermier Blomfield, en 1812, l'introduction de procédés depuis longtemps décrits, ou pratiqués en Angleterre.

L'Écosse s'est décidée longtemps après l'Angleterre à recourir à l'arrosage, quoique l'on cite des exemples dans les comtés de Forfar et d'Aberdeen, de cultures jadis irriguées, de céréales et de prés. Loch fait re-

---

(1) Loudon, *Encyclopædia of agriculture*, 1825, p. 1092.

(2) L'ouvrage a pour titre : « Travaux hydrauliques perfectionnés et longuement éprouvés pour arroser, été et hiver, les prairies et les pâturages, au moyen des plus petits cours d'eau, ruisseaux, sources, fuites de moulins, et décupler ainsi leur valeur, surtout si les terrains sont secs. »

(3) *Treatise on watering meadows*, London, in-8°.

(4) *Account of the advantages and method of watering meadows, as pratclised in the county of Gloucester*, London, in-8°.

(5) Villeroy et Müller, *loc. cit.*, p. 115.

marquer (1) qu'une sorte de préjugé arrête le développement des irrigations en Écosse, quoique leurs avantages aient été constatés jusque dans le nord de Sutherland, où les bruyères font place à l'herbe, dès que l'arrosage est appliqué. Toutefois, de 1794 à 1796, la société d'agriculture des Highlands engagea les services d'un praticien du comté de Gloucester pour installer de grandes irrigations chez divers propriétaires écossais (2). Le docteur Singer a rédigé plus tard un excellent traité sur les irrigations des districts situés au nord des Grampians (3). Les fameux prés, irrigués à l'eau d'égout, de la ville d'Édimbourg qui est drainée par le Craigentinny Burn, remontent à l'année 1760 (4).

Comme premier essai de syndicat en Angleterre, une loi fut rendue par le Parlement en 1820 pour autoriser une association de propriétaires à dériver les eaux excédantes de la rivière Penk, avant sa jonction avec le Trent (Stafford), mais la dépense d'installation sur 40 hectares de prairies n'ayant pas été couverte par la plus-value de la production, le syndicat dut se liquider (5).

Dans son essai sur l'économie rurale de l'Angleterre (6), Léonce de Lavergne vante les irrigations modernes du Devonshire « où on peut dire qu'il n'y a pas de source, si petite qu'elle soit, qui ne soit recueillie et utilisée », et surtout « l'œuvre gigantesque » entreprise par le duc de Portland, pour dériver le ruisseau Maun

---

(1) James Loch, *Improvements on the Stafford Estates,* 1819.

(2) Wrightson, *Agricultural irrigation*; *Cassell's Technical Educator*, t. II, p. 22.

(3) *The general Report of Scotland*, t. II, p. 610.

(4) John Wilson, *Report on the state of agriculture of Scotland*, 1878, p. 116; voir aussi tome III, livre X, p. 66.

(5) Evershed, *Agriculture of Staffordshire; Journ. Roy. agric. soc.,* 1869, t. V, p. 299.

(6) Quatrième édition, 1862, p. 242 et 287.

dans lequel se déversent,les eaux de drainage et celles des égouts de la petite ville de Mansfield (comté de Nottingham). Le canal de dérivation et l'installation des rigoles pour l'arrosage de 160 hectares de prairies, le long de la vallée, représentent une dépense d'un million de francs (1). La ferme de Clipstone dont dépendent les prairies irriguées de Welbeck, a une contenance de mille hectares. Nous avons également cité une opération, moins importante, il est vrai, réalisée par l'agriculteur Campbell, à Buscot Park (comté de Gloucester), pour l'élévation des eaux de la Tamise dans des réservoirs qui servent à l'arrosage des terres (2).

Les prairies de Pusey et de Sir Stafford Northicote à Exeter, ces dernières établies d'après la méthode Bickford, ne doivent pas faire oublier les arrosages en montagne que Pusey signale dans le même comté, près de Timberscombe et de Dunkerry, non loin du Beacon (3). Algernon Clarke décrit, dans le comté de Wilts que distinguent les cultures universelles de sainfoin, les prairies irriguées toujours vertes et luxuriantes des bords des rivières Avon, Wiley, Bourne, et des ruisseaux où parquent les nombreux troupeaux de moutons *south* et *westcountry downs* (4). Sur les bords de l'Itchin, dans le Hampshire, les eaux qui sourdent des collines crayeuses arrosent des prairies à gros rendement; et aussi, d'après Mechi, aux environs de Winchester, les terres sont-elles installées pour l'irrigation des diverses cultures (5).

(1) Henry Austin, *Report on utilizing the sewage of towns*, 1857, p. 50.

(2) Voir tome Ier, livre VI, p. 674.

(3) *Journ. Roy. agric. Society of England*; vol. X, 1849.

(4) *Practical agriculture; Journ. Roy. agric. Society of England*, vol. XIV, 2e série, 1878.

(5) *Country Gentleman's Magazine*, 1874.

Tant que l'assolement triennal, qui faisait une large place au foin pour la nourriture du bétail, après parcage, a prévalu en Angleterre, notamment dans les comtés du centre et de l'ouest, les irrigations ont continué à s'étendre; mais l'introduction des cultures fourragères, en modifiant l'assolement, ne tarda pas à les limiter. Les *water meadows* qui avaient une grande valeur et une raison d'être spéciale pour la plus grande production du foin, n'en eurent qu'une secondaire, dès que l'attention des éleveurs se fut portée sur la qualité de la nourriture du bétail. Le premier rôle fut assigné au pâturage, tandis que le fauchage des prairies fut mis au second rang (1). Barral n'en estime pas moins, d'après une statistique anglaise assez incomplète, il est vrai, « que 44,000 hectares de terrains bien irrigués existent en Angleterre; ce chiffre ajoute-t-il, paraîtra comparable à celui de la France, si l'on tient compte de la différence des climats (2) ? »

LES PAYS NEUFS.

États-Unis de l'ouest américain. — L'immense territoire qui sépare le 105e du 120° méridien des États-Unis est un de ceux que caractérise la plus grande sécheresse (3). La moyenne de la chute d'eau pluviale annuelle ne varie, en effet, qu'entre $0^m,10$ et $0^m,60$; plus considérable sur le versant oriental, elle décroît vers l'ouest et le midi, jusqu'à atteindre le minimum dans les pays d'Arizona et de la Californie du Sud. L'air y est

(1) De Weckerlin, *les Herbages permanents en Angleterre; Journ. agric. rat.*, 1851, t. XV, p. 16.
(2) *Les Irrigations dans les Bouches-du-Rhône, loc. cit.*, p. 86.
(3) Voir tome I, p. 10.

tellement sec qu'il y a peu ou point de rosée, bien que la température s'abaisse souvent de plus de dix degrés de midi à minuit. Au delà de cette région aride, entre le 120ᵉ et le 125ᵉ méridien, de grandes contrées situées à l'ouest de la Sierra-Nevada et de la chaîne des Cascades, dans les États de Washington, d'Orégon, de la Californie du Nord, confinant aux côtes du Pacifique, se ressentent d'influences climatériques spéciales qui permettent à l'agriculture de prospérer sans arrosage. Quant à la région qui la limite du côté de l'est, et que les météorologistes américains désignent sous le nom de *subhumid*, elle dépend uniquement de l'année climatérique pour sa production agricole. S'il pleut suffisamment, il y a une récolte; au cas contraire, l'irrigation faisant défaut, la terre demeure stérile. Cette bande s'étend du nord au sud, sur l'est du Dakota, le centre de Nebraska, l'ouest du Kansas et du territoire Indien, et le centre du Texas.

On rencontre bien çà et là, dans ces vastes régions, des vallées, au voisinage des plus hautes montagnes, qui échappent exceptionnellement aux conséquences de l'aridité, elles sont en général bien arrosées; mais l'altitude intervient alors pour arrêter les cultures. Ainsi, dans le district montagneux du Colorado, le froment ne mûrit plus au-dessus de 2.300 mètres; l'orge et l'avoine sont les seules céréales que l'on puisse sûrement récolter jusqu'à 2,500 m.; le maïs n'est cultivable que dans quelques terres chaudes des basses vallées de l'Arkansas, de la Fontaine et du Rio-Grande. La culture de la pomme de terre ne dépasse pas 2,700 m.; celle des turneps et des racines, 2.200 m.; enfin la vigne ne produit plus au-dessus de 1700 mètres (1).

(1) Robert, P. Porter, *The West, from the census of* 1880, p. 382.

En regard de ces districts où la culture se développe accidentellement, grâce aux pluies ou aux arrosages, plus de trois millions et demi de kilomètres carrés, la moitié à peu près du territoire fédéral, ne peuvent aborder aucune culture rationnelle ou profitable, sans le secours de l'eau. Aussi bien dans les plaines qui partent du pied des montagnes Rocheuses et le Saskatchevan jusqu'aux approches du Mexique, que dans les déserts de l'ouest de l'Utah, de Nevada, d'Arizona, de New-Mexico, de la Californie, à l'est et au midi, il n'y a point de pluies, point de cours d'eau, et à défaut d'irrigations possibles, le sol n'a plus qu'une valeur, celle qui consiste en un maigre pâturage fourni pendant le printemps à un bétail affamé. L'herbe de ces prairies à perte de vue, que l'on trouve au mois d'août brûlée comme par le feu, sans qu'elle ait pu porter de graine, quoiqu'elle constitue un foin consommé, riche de toute la matière sucrée, renaît spontanément au printemps suivant; elle croît vîte et reverdit avant que le soleil ne soit trop ardent; plus tard, après une longue sécheresse, les grosses pluies de juillet les raniment; mais il n'est plus temps pour obtenir un regain avant les gelées. Sauf dans l'Utah, où les troupeaux de bœufs et de chevaux reçoivent quelque peu de foin en hiver, le bétail des vastes plaines du Wyoming, du Colorado, de Nebraska, est abandonné sans bouvier, depuis octobre jusqu'en avril. Les meilleurs taureaux et les génisses, en vue du repeuplement des troupeaux, sont seuls conduits en transhumance dans les *ranches* des montagnes. Nulle part le bétail n'atteint son plein développement, en raison de la chaleur excessive et du manque d'eau pour l'abreuver. Les éleveurs ont acquis la plus grande partie des terres que traversent les rares rivières et les ruisseaux; ou bien, ils ont fait foncer des puits dans certains districts et monter des pompes à moulin; mais en dehors de ces localités privilégiées, la terre n'a aucune valeur. Quoique plus résistant à la sècheresse, le bétail indigène, jouissant pour rien des avantages d'un sol en herbage d'une immense étendue, est désormais menacé dans toute la région de l'ouest. La répartition des terres en vue de mettre fin à la transhumance et l'accroissement rapide de la population ne tarderont pas à y frapper d'une manière irrémédiable l'industrie de l'élevage (1).

Ailleurs, de sérieux efforts pour développer les arrosages ont été tentés dans les États de Montana, de Wyoming, du Colorado, de l'Utah et de la Californie du Sud; les résultats sont bien loin toutefois d'égaler ceux que le gouvernement britannique a obtenus dans l'Inde, et que les parlements locaux de l'Australie préparent pour les colonies d'émigration.

Dans l'État de Montana, les vallées des rivières Jefferson, Madison et Gallatin, soumises à l'irrigation, produisent des céréales et des légumes jusqu'à l'altitude de 1,500 mètres, grâce à un climat particulièrement doux; la population croissant, des centres importants s'y sont déjà créés. Les affluents du Missouri, au nord, Teton et Sun, et ceux au sud, Smith, Judith et Muscleshell, se prêtent admirablement à l'arrosage des plaines.

Dans le Wyoming, les irrigations indispensables pour la récolte des céréales et des racines sont en grand progrès. Des fermes arrosées de plus de 100 hectares ne sont pas rares. MM. Read et Pell (2) citent des rendements de 10,000 et de 15,000 kil. de foin par hectare, aux environs de Big Horn et de Powder River. « La

(1) *Agricultural Interests Commission: Joint Report of Clare Read and A. Pell;* 1880.
(2) *Agric. Interests Commission, loc. cit.*

vallée de Popo-Agie (Wyoming central) présente des irrigations aussi parfaites qu'aux environs d'Édimbourg. Sur une ferme irriguée de 65 hectares, une moitié est en céréales (froment, avoine et orge), et l'autre moitié, en luzerne, fléole et fétuque rouge. » Les districts arrosés comprennent une partie des plaines à l'est de la chaîne Laramie, les vallées des rivières Nord-Platte, Tongue, Powder, Wind, Big Horn, Green, et la vallée classique du Sweetwater.

L'État du Colorado possède les canaux les plus importants de la région de l'ouest (1). Des cours d'eau nombreux livrent un débit total à l'étiage, qui a été évalué à plus de 300 m. cubes par seconde, sans compter les ruisseaux et les sources qu'alimentent les chaînes de montagnes. Indépendamment des canaux de Platte valley construits par la compagnie de Colorado, qui assurent, sur une longueur de 133 kilomètres, l'irrigation de plus de 20,000 hectares, Greeley compte 9,000 hectares en arrosage, moyennant un canal de 50 kilomètres, et à Easton Farm, 15,000 hectares, moyennant un autre canal de 72 kilomètres (2). Le bassin commun des petites rivières, au nombre de cinq, qui coulent au nord de Denver, couvre une superficie de 280,000 hectares, mais il ne comprend que 40,000 hectares irrigués. Outre les réformes qu'impliquerait un arrosage plus économique, permettant d'étendre les surfaces irriguées, plusieurs vastes projets sont en cours d'exécution, ou sont déjà en partie réalisés, en prévision de la vente des terres de l'État; ils consistent en dérivations de l'Arkansas, du San Juan. du Rio Grande et des affluents

---

(1) Voir tome II, p. 240, les données des canaux Nord Poudre et Platte canal.

(2) *Annales des travaux publics,* 1886.

de la Grande Rivière, Gunnison et Uncompaghre (1).

Par l'établissement de réservoirs au pied des montagnes, ou sur les rives des fleuves (2), il serait possible, d'après les relevés topographiques du Dr Hayden, d'étendre à 20,000 kilomètres carrés dans le Colorado, c'est-à-dire à un septième de la surface totale, les bienfaits de l'irrigation (3).

Dans l'Utah, les Mormons ont aidé à la création de nombreuses associations agricoles et entreprises d'irrigation. Les affluents des lacs Grand Salé et Sevier sont utilisés pour l'arrosage des cultures. Les monts Wahsatch suppléent en abondance la rive occidentale du grand lac; mais à l'ouest, il n'y a pas d'eau courante et le désert règne pour toujours.

Les États de Nevada, de New Mexico et d'Arizona, comme la partie occidentale de l'Utah, n'ont rien à attendre de l'irrigation, car il n'y pleut pas. Nombre de vallées à sol fertile ne reçoivent pas une goutte d'eau dans l'année, et sont condamnées à la stérilité, sans espoir d'amélioration. Si certains cours d'eau, tels que le Humboldt et la Virgin, peuvent servir à l'arrosage de petites zones riveraines, d'autres, tels que le Colorado, sont si profondément encaissés, ou bien à pente si faible, que l'on ne peut en tirer parti.

C'est principalement en Californie, où l'irrigation, comme pour les autres États et territoires des Cordillères, est une condition indispensable de toute culture, que les Américains ont déployé la plus grande activité dans l'aménagement des eaux courantes et la recherche par sondages des eaux souterraines. L'étendue des terres arables de cet État a été estimée à 16 millions d'hectares,

---

(1) O'Meara, *Irrigation des pays neufs, loc. cit.*
(2) Voir tome I, liv. V, p. 542.
(3) Robert P. Porter, *loc. cit.*

soit à plus d'un tiers de la superficie totale; la plus grande partie occupe la large vallée où l'eau abonde comme dans les vallées de la côte. Dans la partie méridionale seulement, les eaux des Sierras San Bernardino et San Jacinto étant peu copieuses, la nécessité de l'arrosage a conduit au foncement des puits artésiens dont nous avons fait mention (1). Le voisinage du golfe n'apporte aucune amélioration climatérique à la Californie du Sud, que caractérisent les déserts de Mohave et de Colorado, et les vallées brûlantes de Carriso, San Felipe et Cohuilla. La zone des fortes pluies ne l'atteint qu'en hiver; elle est nulle en été; la Sierra Nevada barre impitoyablement tous les vents humides; il ne tombe que $0^m,10$ à $0^m,12$ d'eau pluviale par an, au dela du San Bernardino.

A la faveur des grands travaux exécutés pour recueillir et canaliser les eaux, on estimait, en 1880, à plus de 100,000 hectares les terres arrosées de l'État entier; cette surface devra être portée à 500,000 hectares lorsque les canaux auront été achevés (2). Dans le sud particulièrement, la pratique des arrosages avec les eaux des puits forés, a pris une grande extension pour la production du raisin et des fruits.

Dans la vallée même de San Joaquin, la terre arrosée produit non seulement en abondance et d'une manière certaine, mais elle est susceptible de porter plusieurs récoltes dans l'année. Les fossés, ou *ditches*, comme on les désigne, se sont rapidement multipliés en tête de la grande vallée et des tributaires qui s'ouvrent à l'est de la Sierra.

Pour montrer ce que peut réaliser l'irrigation dans la

(1) Voir tome Ier, p. 420.
(2) A. Forest, *Bulletin consulaire français*, 1881.

vallée de San Joaquin, nous avons décrit une exploitation de 130,000 hectares, sur lesquels 16,000 hectares sont en assolement régulier (1). A l'ouest de la
vallée, les dépenses de canalisation sont telles qu'on a dû
ajourner les grandes dérivations, et les terres riveraines
seulement utilisent les petits cours d'eau. Le projet reste
à l'étude d'un grand canal qu'alimenterait le fleuve San
Joaquin, destiné à irriguer la région infertile au midi
de Sacramento et de Stockton. Les colonies d'irrigation
établies à Fresno, à los Angeles, etc., indiquent quelle
puissance de production et quelle richesse commerciale
due à l'exportation des récoltes, sont réservées à ce pays
privilégié, aussitôt que l'eau est disponible (2).

Comme l'Inde, la Californie ne doit sa prospérité
croissante qu'au développement des irrigations.

Australie. — A l'instar de ce que les Californiens
ont si heureusement réalisé pour la culture de leurs vignobles et de leurs vergers, les Australiens entrepren-
nent depuis quelques années de fonder de vastes colo-
nisations, d'une part, sur des concessions de terres
aux colons, avec droit à la jouissance de l'eau pour l'irrigation, et d'autre part, sur toutes sortes de facilités de
communications qui assurent l'écoulement des produits,
vins, huiles, fruits, blés, conserves, etc., obtenus à
l'aide de l'arrosage.

C'est notamment dans les territoires de Victoria et du
Sud-australien, que les colonies d'irrigation *artificielle*,
cherchent à se développer (3). Déjà, en 1887, les sieurs
Chaffey frères obtenaient du gouvernement de Victoria

(1) Voir tome III, liv. XI, p. 529.

(2) Hilgard, *The agriculture and soils of California; Report of the com-
missionner*, 1878, p. 480.

(3) *The Australian irrigation colonies on the river Murray, Paris Exhibition*, 1889.

la concession, sur le Murray, d'un territoire immense, jusqu'alors sans aucune valeur, pour le transformer en vignes, en vergers, en champs de céréales et en prés artificiels. La concession destinée à s'étendre sur 100,000 hectares, comporte le droit de se servir des eaux du Murray pendant 25 années, et la faculté de renouvellement pour une autre période d'égale durée. Le Murray, un des fleuves les plus importants du continent australien, prend sa source dans les montagnes des côtes orientales, et, sur un parcours de plus de 2,000 kilomètres, arrose le pays entre Victoria et la Nouvelle-Galles du Sud, puis l'Australie, sur tout le parcours sud, jusqu'à son embouchure dans la mer. Grâce à de nombreux affluents parmi lesquels le Darling et le Morrumbidgee, il est navigable pendant toute l'année dans son cours inférieur, et offre le plus fort débit pendant les mois où la culture réclame les plus grands volumes d'eau (1).

Les concessionnaires se sont engagés à dépenser un capital de 7 millions et demi de francs, en 20 années, en travaux d'irrigation, de défrichement, de viabilité, de clôtures, de pépinières, et en constructions urbaines qu'impose la colonisation, voire même, d'un collège d'agriculture, avec un domaine expérimental annexe.

Au bout de deux ans à peine, les colonies de Mildura et de Renmark comprenant au-delà d'un millier d'habitations, cultivent plus de 3,000 hectares, desservis par 23 kilomètres de canaux principaux et 30 kilomètres de canaux de distribution, dont le coût a été de 935 fr. par hectare pour l'agriculture, et de 1,250 fr. pour l'horticulture, droit à l'eau inclus (2).

(1) En avril 1886, le débit moyen par 24 heures a été évalué à 2,680,000 m. cubes, et au mois de septembre de la même année, à 12,300,000 m. cubes.

(2) L'escompte est de 2 et demi pour cent pour les paiements faits au

Des pompes centrifuges à vapeur, installées sur le Murray et débitant chacune 72 m. cubes à la minute, sont actionnées par des machines à vapeur dont la force totale atteint 4,000 chevaux. L'eau se distribue par canaux à ciel ouvert et par conduits en fonte, de manière à arriver au point le plus élevé de chacun des lots de 4 hectares qui représentent le parcellement colonial.

La production du vin et des fruits qu'assure l'irrigation dans ce territoire éminemment salubre, mais sujet à la sécheresse des mois d'été, tout en étant exempt de chaleurs tropicales, n'est pas la seule que les colons aient en vue. Le rendement du blé en assolement, sur les terres irriguées, est doublé et même triplé; la culture des pommes de terre devient abordable avec bénéfice, et celle des prairies permet d'entretenir le bétail indispensable au maintien de la fertilité du sol et à la nourriture des colons.

L'avenir des entreprises d'irrigation créées par l'initiative des Australiens, semble plein de promesses, surtout au point de vue des vignobles arrosés, et aussi des cultures arbustives : abricotiers, oliviers, etc., dont les plantations arrosées offrent à partir de la quatrième année un revenu considérable, toujours croissant. Les progrès accomplis en peu d'années laissent entrevoir les ressources qu'offre aux émigrants cette colonie favorisée par la nature de son sol, son climat, ses eaux et ses institutions (1).

II. — LÉGISLATION ET ADMINISTRATION.

L'histoire des irrigations, dans les pays où les arro-

comptant; du reste, les acquéreurs trouvent des facilités en échelonnant les à-comptes.

(1) L. Grandeau, *Études agronomiques.* 4e série. 1889, p. 101.

sages sont pratiqués depuis des siècles, nous a appris qu'un réseau de canaux ne s'établit pas sans de longues et savantes opérations pour la conquête et la conduite des eaux, et sans de lourds sacrifices consentis par les propriétaires du sol. Celle de la Lombardie enseigne plus particulièrement que les canaux peuvent s'exécuter de manière à satisfaire indistinctement les intérêts de l'agriculture, de l'industrie et de la navigation. Cette heureuse solution qui a facilité à un si haut degré l'extension des usages de l'eau courante, n'est pas née fortuitement, mais bien des coutumes et des institutions dictées par l'esprit public, et d'une législation dont l'effet a été d'imprimer aux travaux hydrauliques une direction et une perfection qui ne se retrouvent nulle part ailleurs.

Sans de bonnes lois, sans une distribution réglée et une administration libérale des eaux, les canaux les mieux réussis selon les principes de l'art, et les ouvrages les mieux combinés, demeurent inefficaces pour le développement de cette source la plus précieuse des améliorations agricoles. C'est ce que nous nous proposons de démontrer, en retraçant sommairement les législations diverses de l'Italie et des provinces d'Espagne, qui offrent la consécration des années et du succès.

ITALIE.

La législation lombarde, passée du Milanais dans les États sardes et devenue la législation italienne, repose sur deux grands principes qui donnent aux lois toute leur valeur, à savoir : la propriété de toutes les eaux naturelles, autres que celles des sources, est attribuée à l'État; chacun a la faculté de faire passer sur les fonds d'autrui les eaux qu'il a le droit de dériver pour l'irrigation des terres, ou pour l'usage des usines.

Propriété des eaux. — Lorsque les cités de la ligue lombarde recouvrèrent en 1183, après la paix de Constance, les droits régaliens acquis par les seigneurs, les cours d'eau étant devenus publics, chaque cité obtint sur l'étendue des terres lui appartenant (*agro della città*) (1) l'administration des eaux dont elle régla l'emploi. De la Lombardie, cette jurisprudence gagnant le Novarais, s'établit peu de temps après en Piémont, et pas plus les princes que les rois ne modifièrent la possession des eaux par le domaine public.

Aussi bien les anciens statuts de Milan, dont l'origine est antérieure au XIIᵉ siècle (2), que la loi du royaume Lombard-Vénitien, promulguée en 1816 conformément au code civil autrichien (3), et que le code sarde publié en 1837 (4), attribuent à l'État la propriété de toutes les eaux. Il en est résulté un emploi complet et rationnel des eaux, tenant compte des besoins de l'industrie et des nécessités de l'agriculture, avec attribution de tous les droits aux concessionnaires.

Droit d'aqueduc. — La servitude du passage forcé de l'eau sur le fonds d'autrui, constituant le droit d'aqueduc, est antérieur, en Lombardie, au Xᵉ siècle. On en trouve des témoignages dans les chartes les plus anciennes, invoquées plus tard dans des statuts de Milan, qui règlent l'usage du droit susdit. Le territoire de Milan fut seul à profiter pendant long-

(1) Giovanetti, *du Régime des eaux*, 1844.
(2) *Constitutiones Mediolanensis dominii*, 1764; lib. IV, *de Aquis et fluminibus*.
(3) *Code civil autrichien*, art. 287.
(4) *Code des États sardes*, art. 420.

temps de cette jurisprudence; mais en 1541, l'empereur Charles-Quint la rendit obligatoire dans tout le duché qui comprenait alors le Novarais. Supprimé dans les lois de la République cisalpine, rétabli par le sénat italien en 1804, de nouveau effacé à la suite de la publication du code civil autrichien, le droit d'aqueduc, qui n'avait pas cessé d'être observé suivant les coutumes, fut restauré par le gouvernement impérial dans une notification du 18 juin 1825, et étendu dès lors à tous les pays qui, après avoir fait partie du royaume d'Italie, étaient rentrés sous la domination de l'Autriche.

Les ducs de Savoie avaient, de leur côté, consacré dès 1684 la servitude du droit d'aqueduc en Piémont; Victor-Amédée II et son fils Charles-Emmanuel (1770) le confirmèrent tour à tour. Le sénat de Turin avait même accordé le droit de passage forcé pour l'eau affermée, au profit du fermier des fonds à arroser. Suspendu à partir de 1802, quand le Piémont fut réuni à la France, le droit fut remis en vigueur en 1814, avec le retour de la monarchie sarde. Le code Albertin, promulgué le 20 juin 1837, a finalement et complètement réglé, non seulement la servitude du passage, mais encore la matière de l'expropriation (1) et les prescriptions pénales, en cas de contraventions et de dommages. Les statuts de Milan renfermaient déjà des pénalités spéciales à infliger à celui qui dérive l'eau indûment, qui franchit un canal autrement que par les ponts ou passages accoutumés, qui détruit les levées, digues, fossés ou écluses, etc.

Le code civil d'Italie promulgué en 1865, reproduit, quant aux servitudes établies par la loi et par le fait

---

(1) *Code civil sarde*, art. 441 et 442.

de l'homme, les dispositions principales du Code sarde. « Vieillis dans la pratique des irrigations, les entendant à merveille, et sachant en apprécier toute l'importance, les Italiens possèdent ainsi une législation facile, dégagée de formalités toujours gênantes et coûteuses. Leurs lois ont été produites successivement par les mœurs et les habitudes; la jurisprudence a seulement consacré ce qui existait, ou ce qui était devenu évidemment indispensable (1).

Expropriation. — Tout étant disposé pour que l'arrosement des terres se développe autant qu'il est possible, on n'use de l'expropriation, en Italie, que lorsque des procédés plus rapides et moins chers se sont montrés insuffisants. Les cas indispensables d'expropriation forcée sont visés par l'article 438 du Code civil italien qui règle la matière, à savoir (2) :

Art. 848. — « Nul ne peut être contraint de céder sa propriété, ou de permettre qu'il en soit fait usage, si ce n'est pour cause d'utilité publique reconnue et déclarée, et moyennant une juste indemnité.

« Les règles relatives à l'expropriation pour cause d'utilité publique, sont déterminées par des lois spéciales. »

Tandis qu'ailleurs l'expropriation est trop fréquemment employée, que la réunion des propriétés est forcée, et que l'administration publique doit intervenir d'une manière incessante, par suite d'une définition absolument insuffisante de la propriété des eaux, le Code italien a tout précisé explicitement et complètement, sans que le droit d'usage soit contesté, sans qu'il s'élève des difficultés sur la quantité d'eau à dériver et à consommer, et sans que le droit d'appuyer un bar-

---

(1) De Mauny de Mornay, *Pratique et législation, loc. cit.*, 2e p. p .XXXVII.
(2) *Codice civile del regno d'Italia : libro secondo, titolo II, capo 1.*

rage nécessaire pour la prise d'eau, donne lieu à aucune discussion.

Le Code civil. — En mettant les fleuves et les torrents, sans distinction aucune, sous la dépendance du domaine public (1), et les constituant par cela même en biens inaliénables, la législation italienne a écarté les inconvénients que fait naître en France, par exemple, la non-attribution à l'État des eaux non navigables ni flottables.

Aucune de ces difficultés litigieuses s'opposant à l'utilisation entière des eaux se présente, quand l'État, c'est-à-dire la communauté des citoyens, les possède sans conteste, les administre et les concède, en les répartissant équitablement entre l'agriculture, la navigation et l'industrie manufacturière. C'est ce qui ressort de l'examen de la législation italienne dont nous analyserons les points principaux, en citant les articles du code, et en résumant les lois spéciales qui le complètent.

LIVRE II. — CHAPITRE II.

Des servitudes foncières.

Art. 531. — Une servitude foncière est une charge imposée sur un fonds, pour l'usage et l'utilité d'un fonds appartenant à un autre propriétaire.

Art. 532. — Les servitudes foncières sont imposées par la loi, ou par le fait de l'homme.

SECTION I. — SERVITUDES ÉTABLIES PAR LA LOI.

Art. 533. — Les servitudes imposées par la loi ont pour objet l'utilité publique ou privée.

(1) *Codice civile, loc. cit.*, art. 427.

Art. 534. — Les servitudes d'utilité publique concernent le cours des eaux, les marchepieds le long des fleuves, des canaux navigables ou propres aux transports, la construction ou l'entretien des routes, etc.

Tout ce qui regarde ces servitudes est déterminé par des lois et des règlements spéciaux.

Art. 535. — Les servitudes que la loi impose pour l'utilité privée sont déterminées par les lois et les règlements de police rurale et par les dispositions de la présente section :

I. — Servitudes qui dérivent de la situation des lieux.

II. — Servitudes établies par le fait de l'homme.

III. — Comment s'exercent les servitudes.

IV. — Comment s'éteignent les servitudes.

§ 1. — *Servitudes qui dérivent de la situation des lieux.*

Art. 536. — Les fonds inférieurs sont assujettis envers ceux qui sont plus élevés, à recevoir les eaux qui en découlent naturellement, sans que la main de l'homme y ait contribué.

Le propriétaire inférieur ne peut en aucune manière empêcher cet écoulement.

Le propriétaire supérieur ne peut rien faire qui aggrave la servitude du fonds inférieur.

Art. 537. — Lorsque dans un fonds, les rives ou les digues servant à contenir les eaux sont détruites ou abattues, ou que les variations dans le cours de l'eau nécessitent des ouvrages défensifs, si le propriétaire du fonds ne veut pas réparer, rétablir, ni construire, il est permis aux propriétaires qui en éprouveront du dommage, ou qui seront en danger imminent d'en éprouver, de faire exécuter ces travaux à leurs frais. Ces travaux ne pourront toutefois être exécutés qu'autant que le propriétaire du fonds n'en souffre aucun préjudice; l'autorisation judiciaire préalable étant donnée, ouïs les intéressés, et les règlements particuliers sur les eaux étant observés.

Art. 538. — Il en sera de même s'il est nécessaire de déblayer les matières dont l'accumulation ou la chute aurait encombré un fonds, un fossé, un ruisseau, un colateur ou autre courant, de manière que les eaux causent ou menacent de causer un dommage aux fonds voisins.

Art. 539. — Tous les propriétaires qui ont intérêt à maintenir les rives et digues, ou à faire cesser l'encombrement, dans les cas mentionnés par les deux articles précédents, pourront être appelés et obligés à concourir à la dépense, en proportion de l'avantage que chacun d'eux en retire. Dans tous les cas, ils seront admis à recourir, pour les dommages et les frais, contre celui qui aura donné lieu à la destruction des digues, ou aux encombrements susdits.

Art. 540. — Celui qui a une source dans son fonds, peut en user à sa volonté, sous réserve du droit que le propriétaire du fonds inférieur pourrait avoir acquis par titre ou par prescription.

Art. 541. — La prescription, dans ce cas, ne s'acquiert que par une jouissance de trente années, à compter du jour où le propriétaire du fonds inférieur a fait, et terminé sur le fonds supérieur, des ouvrages apparents ou permanents, destinés à faciliter la pente et le cours de l'eau dans sa propriété, et ayant servi à cet objet.

Art. 543. — Celui dont la propriété borde une eau qui a un cours naturel et sans travaux de main d'homme, sauf celle déclarée comme domaniale sur laquelle un autre peut avoir des droits, peut en faire usage, à son passage, pour l'irrigation de son fonds, ou pour son industrie, à la condition toutefois d'en restituer les colatures à son cours ordinaire.

Celui dont cette eau traverse le fonds, peut même en user dans l'intervalle qu'elle parcourt, mais à la charge de la rendre, à la sortie de ses terrains, à son cours ordinaire.

Art. 544. — S'il s'élève une contestation entre les propriétaires auxquels l'eau peut être utile, l'autorité judiciaire, en prononçant son arrêt, doit concilier l'intérêt de l'agriculture et de l'industrie avec les égards dus à la propriété, et, dans tous les cas, les règlements particuliers et locaux sur le cours et l'usage des eaux doivent être observés.

Art. 545. — Tout propriétaire ou possesseur d'eaux peut en user à sa volonté, ou même en disposer en faveur d'autrui, s'il n'y a ni titre, ou prescription contraire; mais après s'en être servi, il ne peut détourner les eaux de manière à en occasionner la perte au préjudice des autres fonds auxquels elles pourraient profiter, sans donner lieu à des regorgements, ou à d'autres dommages pour les usagers supérieurs. Celui qui voudra tirer profit de ces eaux, soit qu'il s'agisse d'une source ou de toute autre eau attenant au fonds supérieur, devra payer une somme en compensation équitable (*equo compenso*) (1).

_____

(1) Ainsi, la loi italienne statue que le fonds inférieur paye, au lieu

§ III. — *De la distance et des ouvrages intermédiaires requis pour certaines constructions, excavations et plantations.*

Art. 575. — On ne pourra pas creuser des fossés ou des canaux dans sa propriété, sans laisser entre eux et le fonds voisin (limite), une distance au moins égale à leur profondeur, à moins que les règlements locaux n'en prescrivent une plus grande

Art. 576. — La distance se mesure depuis le bord supérieur des fossés ou canaux, le plus proche du fonds voisin; de plus, ce bord aura un talus plein (*tutta scarpa*); à défaut de talus, il sera protégé par des ouvrages de soutènement.

Lorsque la limite du fonds voisin se trouve dans un fossé mitoyen, ou dans un chemin privé, également mitoyen ou soumis à une servitude de passage, la distance prescrite se mesure du bord supérieur susdit à celui du fossé mitoyen, ou du chemin du côté le plus proche du fossé, ou du canal à creuser, en observant en outre les dispositions pour le talus.

Art. 577. — Si le fossé, ou le canal doit être creusé près d'un mur mitoyen, il ne sera pas nécessaire d'observer la distance ci-devant prescrite, mais on devra exécuter tous les ouvrages propres à empêcher tout dommage.

Art. 578. — Celui qui voudra ouvrir des sources, capter des surgeons d'eau ou *fontanili*, établir des canaux ou des aqueducs, en creuser, approfondir ou élargir le lit, en augmenter ou diminuer la pente, ou en varier la forme, devra, indépendamment des distances prescrites ci-dessus, laisser des intervalles plus grands et exécuter les travaux nécessaires pour ne porter aucuns préjudices aux fonds d'autrui, ni aux autres sources, *fontanili*, canaux ou aqueducs déjà existants et destinés à l'irrigation des biens, ou à faire mouvoir des usines.

S'il s'élève des contestations entre les deux propriétaires, l'autorité judiciaire doit concilier de la manière la plus équitable le respect des droits de propriété avec les avantages que l'agriculture et l'industrie peuvent retirer de l'emploi auquel l'eau est destinée, ou doit l'être, en assignant, s'il y a lieu, à l'un ou à l'autre des propriétaires les indemnités qui pourraient leur être dues.

d'être indemnisé, toutes les fois que les eaux jetées sur lui peuvent l'arroser avec avantage.

§ VI. — *Du droit de passage et d'aqueduc.*

Art. 598. — Tout propriétaire est tenu de donner passage sur son fonds aux eaux de toute nature que veulent conduire ceux qui ont le droit de s'en servir, d'une manière permanente ou même seulement provisoire, pour les besoins de la vie, ou pour les usages agricoles et industriels. Les maisons, les cours, les jardins et les aires qui en dépendent sont exempts de cette servitude.

Art. 599. — Celui qui demande un passage pour les eaux est tenu d'exécuter le canal nécessaire, sans pouvoir les faire passer dans les canaux déjà établis et destinés au cours d'autres eaux. Toutefois le propriétaire d'un fonds, également propriétaire d'un canal sur ce fonds et des eaux qui y coulent, peut empêcher qu'on établisse un nouveau canal sur son propre fonds, en offrant de donner passage aux eaux quand cela est praticable et sans préjudice notable pour celui qui demande le passage. Dans ce cas, il sera dû au propriétaire du canal une indemnité à fixer, eu égard à l'eau introduite, à la valeur du canal, aux travaux que nécessiterait le nouveau passage et aux plus fortes dépenses d'entretien.

Art. 600. — On devra également permettre le passage des eaux à travers les canaux et aqueducs de la manière jugée la plus convenable, ou appropriée aux localités et à leur situation, pourvu que le cours des eaux ne soit ni gêné, ni retardé, ni accéléré, et qu'il n'en résulte aucun changement dans leur volume.

Art. 601. — Lorsque pour la conduite des eaux, on devra traverser des chemins publics, ou des fleuves et des torrents, on se conformera aux lois et règlements spéciaux sur les eaux et chemins.

Art. 602. — Celui qui veut faire passer des eaux sur le fonds d'autrui, doit justifier qu'il peut disposer de l'eau pendant le temps auquel s'étend sa demande de passage; que cette eau suffit à l'usage auquel elle est destinée; que le passage demandé est le plus convenable et le moins préjudiciable au fonds servant, eu égard à l'état des fonds voisins, à la pente et aux autres conditions qu'exigent la conduite, le cours et la décharge des eaux.

Art. 603. — Avant d'entreprendre la construction de l'aqueduc, celui qui veut conduire les eaux à travers le fonds d'autrui, doit payer la valeur à laquelle sont estimés les terrains à occuper, sous déduction des impositions et des autres charges inhérentes au fonds, en la majorant d'un cinquième, et en remboursant les dommages immédiats dans lesquels sont compris ceux résultant de la division en deux ou plusieurs parties du fonds à traverser, ou de toute autre détérioration.

Pour les terrains qui sont occupés seulement dans le but d'y mettre les déblais ou les curages, il ne sera payé que moitié de la valeur du sol, majorée d'un cinquième, sans déduction des impositions et autres charges inhérentes; mais dans ces terrains il sera loisible au propriétaire du fonds servant de planter et d'élever des arbres ou autres végétaux, et de déblayer et transporter les matériaux encombrants, pourvu toutefois que le canal, le curage et l'entretien n'en éprouvent aucun préjudice.

Art. 604. — Si la demande de passage est limitée à une durée qui n'excède pas neuf années, le paiement des sommes pour valeur et indemnités mentionnées dans l'article précédent, sera réduit à moitié, mais à la charge de rétablir, à l'expiration du terme, les choses dans l'état primitif.

Celui qui a obtenu le passage temporaire des eaux peut, avant l'expiration du terme, le rendre perpétuel, en payant l'autre moitié plus les intérêts au taux légal courant, depuis le jour où le passage a été opéré. Le terme étant expiré, il ne lui sera plus tenu compte du paiement effectué pour la concession temporaire.

Art. 605. — Celui qui possède un canal sur le fonds d'autrui ne peut y introduire une plus grande quantité d'eau, s'il n'a pas été reconnu que le canal peut la contenir et qu'il n'en peut résulter aucun préjudice pour le fonds servant.

Si l'introduction d'une plus grande quantité d'eau exige la construction de nouveaux ouvrages, elle ne pourra se faire que lorsque l'on aura déterminé la nature et la qualité de ces ouvrages et payé la somme due pour le terrain à occuper et pour les dommages, conformément au mode prescrit par l'article 603.

Il en sera de même, quand pour le passage, un pont-canal sera substitué à un aqueduc, ou bien un siphon, ou vice-versa.

Art. 606. — Les dispositions énoncées dans les articles précédents, concernant le passage des eaux, sont applicables au cas où le passage est demandé pour la décharge d'eaux excédantes que le fonds voisin ne consentirait pas à recevoir.

Art. 607. — Le propriétaire du fonds servant aura toujours la faculté de faire déterminer d'une manière stable le radier du canal par le scellement de seuils ou repères rapportés à des points fixes. Au cas où il n'aurait pas fait usage de cette faculté lors de la première concession de l'aqueduc, il devra supporter la moitié des frais occasionnés.

Art. 608. — Si un cours d'eau empêche les propriétaires des fonds contigus d'y avoir accès, ou d'en continuer l'irrigation, ou d'en faire écouler les eaux, ceux qui se servent de ce cours d'eau sont tenus, au prorata du bénéfice qu'ils en retirent, de construire et d'entretenir les ponts et les accès suffisants pour un passage commode et sûr, comme aussi les ponts canaux, les siphons et autres ouvrages semblables pour la continuation de l'irrigation ou de l'écoulement, sauf convention ou possession légitime au contraire.

SECTION II. — SERVITUDES ÉTABLIES PAR LE FAIT DE L'HOMME.

§ 1. — *Des servitudes qui peuvent être établies sur les biens.*

Art. 619. — La servitude de prise d'eau au moyen d'un canal ou de tout autre ouvrage visible ou permanent, à quelque usage qu'elle soit destinée, rentre dans l'espèce des servitudes continues et apparentes, quand même la prise d'eau s'exécute seulement par intervalles, par rotation de jours, ou par horaire.

Art. 620. — Lorsque la dérivation aura été convenue d'une quantité d'eau courante, constante et déterminée, et que la forme de l'orifice (*bocca*) et de l'édifice de dérivation aura été également réglée par convention entre les parties, cette forme devra être maintenue, et les parties ne seront pas admises à la contester, sous prétexte d'excédent ou de manque d'eau, à moins que la différence ne provienne de changements survenus dans le canal d'amenée, ou dans le cours des eaux qui y coulent.

Si, la forme n'ayant pas été convenue, l'orifice et l'édifice de dérivation ont été construits et font l'objet d'une possession paisible pendant cinq années, on n'admettra plus, après ce laps de temps, aucunes réclamations, sous prétexte d'un excédent ou d'un manque d'eau, sauf le cas de changements survenus dans le canal, ou dans le cours des eaux, comme ci-dessus.

A défaut de convention ou de possession, l'autorité judiciaire déterminera la forme.

Art. 621. — Dans les concessions d'eau pour un usage déterminé, où la quantité concédée n'est pas exprimée, on est censé avoir accordé celle qui est nécessaire à l'usage déterminé. Les intéressés pourront en tout temps faire établir la forme de la dérivation, de manière que l'usage nécessaire soit assuré et que l'abus soit empêché.

Lorsque cependant les parties seront convenues de la forme à donner à l'orifice et de l'édifice de dérivation, ou qu'elles auront eu la jouissance paisible pendant cinq années de la dérivation suivant une forme déterminée, on n'admettra plus aucune réclamation, si ce n'est au cas mentionné dans l'article précédent.

Art. 622. — Dans les concessions nouvelles où une quantité d'eau constante aura été convenue et exprimée (1), la quantité concédée devra être indiquée dans tous les actes publics en sa relation avec le module.

Le module est l'unité de mesure de l'eau courante. Il représente la masse d'eau qui s'écoule en la quantité constante de cent litres par seconde, et se divise en dixièmes, en centièmes et en millièmes.

Art. 623. — Le droit à une prise d'eau continue s'exerce à chaque instant.

Art. 624. — Le droit s'exerce pour l'eau d'été, depuis l'équinoxe du printemps jusqu'à celui d'automne; pour l'eau d'hiver, depuis l'équinoxe d'automne jusqu'à celui du printemps; et pour l'eau distribuée à des intervalles d'heures, de jours, de semaines, de mois, ou de toute autre manière, dans le temps convenu ou indiqué par la possession.

Les distributions d'eau qui se font par jour, ou par nuit, s'entendent du jour et de la nuit naturels.

L'usage des eaux dans les jours de fête est réglé par les fêtes qui étaient de précepte au temps où la jouissance fut convenue, ou bien où la possession a commencé.

Art. 625. — Dans les distributions par rotation (*ruota*), le temps que l'eau met à parvenir jusqu'à la bouche de la dérivation de l'usager, court à son compte, et la queue (*coda*) de l'eau appartient à l'usager dont le tour cesse.

Art. 626. — Dans les canaux soumis au régime des rotations, les eaux qui sourdent ou qui s'échappent, contenues dans le lit du canal, ne peuvent être retenues ni dérivées par un usager, que lorsque son tour est arrivé.

Art. 627. — Dans ces mêmes canaux, il est permis aux usagers de changer ou de permuter leur tour entre eux, pourvu que cela ne porte aucun préjudice aux autres.

Art. 628. — Celui qui a droit d'employer l'eau comme force motrice, ne peut, sans une disposition expresse du titre, en empê-

(1) Ces concessions à orifice réglé, sont dites à *bocca tassata*.

cher ou en ralentir le cours, en la faisant regorger ou arrêter.

SECTION III. — COMMENT S'EXERCENT LES SERVITUDES.

Art. 639. — Le droit de servitude comprend tout ce qui est nécessaire pour en user.

Ainsi la servitude de puiser de l'eau à la source d'autrui emporte le droit de passage dans le fonds où se trouve la source.

De même, le droit de passage de l'eau dans le fonds d'autrui comprend celui de passer le long des rives du canal pour surveiller la conduite de l'eau et y faire les curages et les réparations nécessaires.

Au cas où le fonds serait clos, le propriétaire devra en laisser 'entrée libre et commode à celui qui a le droit de servitude pour l'objet sus-indiqué.

Art. 640. — Celui à qui est due une servitude devra, pour exécuter les travaux nécessaires à l'usage et à la conservation de son droit, choisir le temps et le mode qui créent le moins d'incommodité au propriétaire du fonds servant.

Art. 641. — Ces travaux doivent s'exécuter à ses frais, à moins qu'il n'en soit autrement disposé par le titre.

Si toutefois l'usage de la chose, pour la partie soumise à servitude, est commun entre le propriétaire du fonds dominant et celui du fonds servant, les travaux susdits seront exécutés en commun et en proportion des avantages respectifs, à moins de titre contraire.

Art. 642. — Pour la servitude de prise et de passage des eaux, quand il n'y a pas de titre contraire, le propriétaire du fonds servant peut toujours demander que le canal soit maintenu en état convenable de curage, et que les bords soient en état de bon entretien, aux frais du propriétaire du fonds dominant.

Art. 643. — Quand même le propriétaire du fonds servant est tenu par le titre de faire les dépenses nécessaires pour l'usage ou la conservation de la servitude, il peut toujours s'en affranchir en abandonnant le fonds servant au propriétaire du fonds dominant.

Art. 644. — Si le fonds au profit duquel la servitude a été établie vient à être divisé, la servitude reste due pour chaque portion sans néanmoins que la condition du fonds servant puisse être aggravée. Ainsi, s'il s'agit d'un droit de passage, chacun des propriétaires d'une portion du fonds dominant doit l'exercer par le même endroit.

Art. 645. — Le propriétaire du fonds servant ne peut rien faire qui tende à diminuer l'usage de la servitude, ou à le rendre plus incommode.

Ainsi, il ne peut changer l'état du fonds, ni transférer l'exercice de la servitude dans un endroit différent de celui où elle a été primitivement assignée.

Cependant, si l'exercice primitif était devenu plus onéreux au propriétaire du fonds servant, ou s'il l'empêchait d'y faire des travaux, des réparations ou des améliorations, il peut offrir au propriétaire de l'autre fonds un endroit aussi commode pour l'exercice de ses droits, et celui-ci ne pourra le refuser.

Le changement d'endroit pour l'exercice de la servitude, pourra également être admis sur l'instance du propriétaire du fonds dominant, s'il prouve que l'avantage résultant est notable et qu'aucun préjudice est porté au fonds servant.

Art. 646. — Celui qui possède un droit de servitude ne peut en user que suivant titre ou possession, et sans pouvoir faire, ni dans le fonds servant, ni dans le fonds dominant, aucune innovation qui aggrave la condition du premier.

Art. 647. — Dans le doute sur l'extension de la servitude, l'exercice doit être limité à ce qui est nécessaire pour la destination et l'usage convenable du fonds dominant, avec le moindre préjudice pour le fonds servant.

Art. 648. — Le droit de conduire l'eau n'attribue pas à celui qui l'exerce, la propriété du terrain latéral, ni celle du terrain sur lequel se trouve la source ou le canal d'amenée. Les contributions foncières et les autres charges inhérentes au fonds sont supportées par le propriétaire de ce terrain.

Art. 649. — A défaut de conventions particulières, le propriétaire de l'eau, ou tout autre la concédant, est tenu envers les usagers de faire les ouvrages ordinaires et extraordinaires pour la dérivation et la conduite des eaux jusqu'au point où il les consigne, de maintenir en bon état les édifices, de conserver le lit et les rives de la source ou du canal, de pratiquer les curages ordinaires et de veiller avec toute l'attention et toute la diligence nécessaires à ce que la dérivation et la conduite s'opèrent régulièrement aux époques voulues.

Art. 650. — Si toutefois le cédant justifie qu'il y a manque d'eau par suite d'une cause naturelle, ou même d'un fait d'autrui, ne pouvant en aucune manière lui être imputé directement, ni indirectement, il ne sera point tenu de réparer les dommages, mais seulement de diminuer proportionnellement le loyer ou le prix convenu restant à payer, ou déjà payé, sauf au cédant et au cessionnaire d'exercer leurs droits en recours de dommages-intérêts contre les auteurs du fait qui a causé le manque d'eau.

Quand les auteurs mêmes auront été assignés par les usagers, ceux-ci pourront obliger le cédant à intervenir dans l'instance, et à les seconder de tous ses moyens pour qu'ils puissent obtenir les dommages auxquels donne lieu le manque d'eau.

Art. 651. — Le manque d'eau doit être supporté par ceux qui ont droit de la prendre et d'en jouir au temps où elle a manqué, sauf l'action en dommages, ou sauf la diminution du loyer, sinon du prix convenu, comme à l'article précédent.

Art. 652. — Entre divers usagers, le manque d'eau doit être supporté d'abord par ceux qui ont titre ou possession plus récents. et si les droits sont égaux, par le dernier usager.

Le recours pour dommages est toujours réservé contre celui qui a causé le manque d'eau.

Art. 653. — Quand l'eau est concédée, réservée, ou possédée pour un usage déterminé, avec obligation de restituer au cédant ou à d'autres ce qui en reste, cette restitution ne peut varier au détriment du fonds à laquelle elle est due.

Art. 654. — Le propriétaire du fonds assujetti à la restitution des colatures (*scoli*) et restes (*avanzi*) d'eau, ne peut en détourner une partie quelconque sous prétexte d'avoir introduit une plus grande quantité d'eau vive, ou un volume différent; mais il doit les laisser s'écouler en totalité au profit du fonds inférieur dominant.

Art. 655. — La servitude des écoulements (*scoli*) n'enlève pas au propriétaire du fonds servant, le droit d'user librement de l'eau au profit de son fonds, d'en modifier la culture, et même d'abandonner en tout ou partie l'irrigation.

Art. 656. — Dans le cas même de l'article précédent, le propriétaire du fonds assujetti peut s'affranchir de la servitude des écoulements et des restes d'eau moyennant la concession et l'assurance données au fonds dominant d'un volume d'eau vive dont l'importance sera déterminée par l'autorité judiciaire, en tenant compte de toutes les circonstances.

SECTION IV. — COMMENT LES SERVITUDES S'ÉTEIGNENT.

Art. 662. — Les servitudes cessent lorsque les choses se trouvent en tel état qu'on ne peut plus en user.

Art. 663. — Les servitudes revivent si les choses sont établies de manière qu'on puisse en user de nouveau, à moins qu'il ne se soit déjà écoulé un espace de temps suffisant pour éteindre la servitude...

Art. 664. — Toute servitude est éteinte lorsque la propriété du fonds dominant et celle du fonds servant sont réunies dans la même main.

Art. 666. — La servitude est éteinte par le non-usage pendant trente ans.

Art. 668. — Le mode de la servitude se prescrit de la même manière que la servitude même.

Art. 669. — L'existence de vestiges des ouvrages à l'aide desquels on opérait une prise d'eau, n'empêche pas la prescription; pour l'empêcher, il faut l'existence et le maintien en état de service de l'édifice même de la prise, ou du canal de dérivation.

Lois spéciales. — C'est dans la loi des travaux publics du 20 mars 1865, et dans deux lois spéciales des syndicats, des 29 mai 1873 et 25 décembre 1885, que se trouvent consignés les règlements, aujourd'hui appliqués par l'administration italienne, en matière d'irrigation.

D'après le titre III de la loi principale (1), au gouvernement incombent la tutelle des eaux publiques (fleuves, torrents, lacs, canaux, ruisseaux et colateurs naturels), et la surveillance des travaux qui les concernent. L'administration fait exécuter à la charge de l'État les travaux de 1re et 2e catégories, relatifs aux canaux de propriété domaniale, à moins de conventions spéciales qui en disposent autrement, et aux canaux de navigation intéressant une ou deux provinces, qui n'ont

---

(1) *Legge sui lavori pubblici, Allegato F alla legge per l'unificazione maministrativa d'Italia.*

pas de jonction avec d'autres voies fluviales. Dans ce dernier cas, l'État prend à charge moitié de la dépense; la province, ou les provinces, un quart, et les intéressés réunis en syndicat, le dernier quart. La participation de l'État dans la dépense des travaux de troisième catégorie, qui intéressent la navigation ou la sécurité des ouvrages nationaux, ne peut excéder un quart; les syndicats payent les trois quarts restants. Enfin, pour les travaux hydrauliques de quatrième catégorie, à la charge des propriétaires riverains et des communes, l'État se réserve d'accorder des subventions sur le budget des travaux publics.

Nous laisserons de côté les dispositions communes, relatives aux travaux de toutes les catégories, à la constitution et à l'organisation des syndicats dans le but de défendre les rives des fleuves et torrents, et aux écoulements en vue du dessèchement, ou de l'amélioration des terres, pour nous occuper uniquement des dérivations d'eaux publiques. Il y a lieu de remarquer d'abord que le chapitre V (titre III de la loi de 1865) a été abrogé et remplacé par une loi spéciale du 10 août 1884, aux termes de laquelle les concessions sont réglementées comme il suit (1) :

Art. 1. — « Nul ne peut dériver des eaux publiques, ni établir sur leur cours aucun moulin ou ouvrage d'art, s'il ne possède un titre légitime et s'il n'obtient du gouvernement une concession qui sera soumise au paiement d'une redevance, ainsi qu'aux autres conditions établies par la présente loi.

Art. 2. — « Les concessions seront toujours faites sous réserve du droit des tiers. Elles ne pourront être perpétuelles qu'en vertu d'une loi. »

(1) *Legge 10 Agosto 1884, n° 2644, sulla derivazione delle acque pubbliche e modificazione dell' articolo 170 della legge sui lavori pubblici.*

Que les concessions soient accordées par décret royal, ou par le préfet, dans les cas fixés par la loi, les actes déterminent la quantité d'eau, le mode, les conditions de prise et de restitution des eaux, celles de la canalisation et de l'usage des eaux, les garanties réclamées par les intérêts de l'agriculture, de l'industrie et de l'hygiène publique, enfin le chiffre de la redevance annuelle à verser au trésor public, et le délai d'achèvement de la dérivation (*Art.* 4).

Les concessions temporaires ne pourront pas dépasser le terme de 30 années; elles peuvent être prorogées de 30 en 30 années, sauf modification du cahier des charges (*Art.* 5).

Le concessionnaire est libre de modifier le mode d'emploi et les appareils d'établissement, pourvu qu'il n'en résulte aucun préjudice pour les tiers et qu'il n'y ait pas augmentation dans la quantité dérivée, ou dans la force motrice disponible (*Art.* 6 et 7).

Suivent les prescriptions et les formalités imposées pour les demandes en concession de nouvelles dérivations, ou en modification de concessions déjà accordées (*Art.* 8 et 9).

Les *articles* 10 et 11 renferment l'obligation pour tout propriétaire, possesseur ou usager d'une dérivation, de maintenir en bon état sa prise d'eau, libre, ou à écluses, permanente ou temporaire, stable ou instable, et des régulateurs ou autres appareils, afin que les dérivations ne deviennent pas nuisibles au public, ni aux intérêts privés.

Les redevances annuelles pour les nouvelles concessions sont calculées d'après les règles suivantes :

Art. 14. — « Pour chaque module (100 litres par seconde) d'eau d'irrigation, sans obligation de restituer les écoulements ou reliquats d'eau, 5o francs; pour chaque module *id.*, avec obligation de restitution, 25 francs;

« Pour l'irrigation, à l'aide d'une dérivation non susceptible de prise d'eau jaugeable, o fr. 5o par hectare et par an ;

« Par cheval-vapeur, comme emploi de force motrice, 3 francs. »

Art. 16. — Pour les concessions de dérivations destinées à la fois à l'irrigation et à l'amélioration du sol, la redevance sera limitée à la moitié de celle fixée pour l'irrigation sans restitution, et pour les dérivations exclusivement destinées à l'amélioration, au cinquième.

Art. 17. — Pour la concession, en vue de l'irrigation, des eaux hivernales dont l'emploi est restreint par le code civil (*Art.* 624) à la période comprise entre les équinoxes d'automne et de printemps; la redevance établie par l'art. 14 sera réduite de moitié.

Art. 19. — Tant qu'il n'en résultera aucun dommage pour les tiers, et sous condition de le déclarer préalablement, tout concessionnaire d'eaux d'irrigation peut également les utiliser pour force motrice; mais l'inverse ne peut avoir lieu qu'en vertu d'une concession spéciale.

Pour compléter l'examen, il resterait à analyser le chapitre VII de la loi du 20 mars 1865, relatif à la police des eaux publiques, soumises à l'autorité administrative; mais pour les ruisseaux, les canaux et les colateurs, ces prescriptions détaillées nous entraîneraient hors du sujet de la législation envisagée dans son ensemble.

Ces prescriptions, d'ailleurs, s'étendent aux plantations et aux constructions le long des rives, aux digues de défense, au pâturage des animaux, aux excavations et aux détournements d'eau par des saignées, etc., enfin, aux obstacles créés à la navigation et au flottage.

La plupart des causes de dégradation et de destruction, ou de dommage, rentrent naturellement dans la catégorie des crimes et délits contre la propriété que vise le code pénal italien, et qui se retrouvent par analogie dans le code pénal français (*Art.* 437, 456, 462 et 463).

Canaux en association. — Le principe d'association qui produisit au moyen âge de si grands résultats, en alliant les municipes pour résister aux empiètements des princes, et défendre les intérêts du commerce, ne manqua pas de laisser des germes d'organisation pour les syndicats, en vue des travaux de protection contre les débordements des cours d'eau et l'utilisation, également en commun, des eaux d'irrigation.

Aussi loin que remontent les documents relatant ces opérations, on trouve mention de syndicats organisés pour la défense des rives des torrents par des digues, et l'écoulement ou l'utilisation des eaux courantes et excédantes. En Vénétie, en Piémont, dans le Pavesan et le Mantouan, des syndicats, créés du douzième au quatorzième siècle, n'ont pas cessé depuis lors de pourvoir aux mêmes intérêts de conservation qui leur ont donné naissance.

Les associations libres pour l'irrigation ont eu l'avantage inappréciable de consacrer pratiquement la réunion des cultivateurs et des propriétaires ou possesseurs du sol, ainsi que les habitudes de communauté, qui, grâce au droit d'aqueduc, ont fourni le moyen de développer les arrosages et de fertiliser à un si haut degré les terres de la haute Italie. Les nombreux changements politiques, les occupations étrangères, les vicissitudes territoriales auxquelles le pays a été soumis, ont laissé debout les syndicats et les règlements d'administration des eaux, jusqu'à l'unification récente du royaume italien.

Les premiers syndicats abandonnés à eux-mêmes, sans aucune immixtion des autorités, ne furent soumis que plus tard à des lois dont les plus anciennes se retrouvent dans quelques statuts municipaux, comme ceux de Milan et de la République Vénitienne (1). Le statut de

---

(1) G. Rosa, *I Feudi ed i comuni della Lombardia.*

Crema, confirmé par le doge Andrea Gritti, le 8 février 1534, et celui de Vérone, confirmé par le doge François Foscari, le 11 octobre 1450, énumèrent les obligations imposées aux associations de canaux. Le magistrat des biens incultes, désigné par le sénat de Venise, en 1556, pour l'administration des eaux, réglemente les syndicats; de même les brefs de Paul V (7 février 1608), et plus récemment, de Pie VII (24 octobre 1817) organisent leur institution dans les États de l'Église.

De toutes ces législations, jointes à celles des duchés, du Piémont, de la Toscane, des Deux-Siciles, il n'est resté que des traces dans les statuts aujourd'hui en vigueur, échappant à la revision de l'administration, telle que la définit la loi des travaux publics du 20 mars 1865. L'étude de ces anciennes réglementations n'a plus qu'un intérêt rétrospectif; nous croyons préférable de jeter un coup d'œil sur l'administration même des canaux dans quelques provinces de la haute Italie, avant d'aborder la législation existante des syndicats.

Administration. — Dans le Pavesan, la plupart des canaux d'irrigation appartiennent aux usagers; un petit nombre seulement, aux particuliers qui ont exécuté à leurs frais des dérivations de 20 et même de 30 kilomètres, jusqu'à leurs propriétés. Dans ce cas, les biens par lesquels passent les canaux sont soumis de date ancienne au droit d'aqueduc. Quelques canaux ont été mis en syndicat par les usagers, mais c'est l'exception (1).

En Lomelline, les grands canaux relèvent d'une administration technique de laquelle dépendent les gardes, répartis sur le périmètre irrigué. Pour les canaux dont la propriété est divisée entre les usagers, le syndicat

(1) Saglio, *il Circondario di Pavia, loc. cit.*

choisit un directeur qui pourvoit au règlement des eaux, aux travaux de réparation, etc., par l'entremise des gardes désignés. Il arrive parfois que les propriétaires usagers prennent tour à tour chaque année la direction du canal. L'eau qui n'est pas continue se distribue par rotations de 7 ou 8 jours, et même de plus longue durée. Depuis que le canal Cavour fonctionne, le nombre des syndicats de la Lomelline s'est accru, malgré la répugnance instinctive qu'éprouvent les cultivateurs à s'associer (1).

Chaque *roggia* de l'arrondissement de Lodi constitue une unité administrative qui a réglé par tradition son fonctionnement comme association (*utenza*), et se fait représenter par un administrateur (*regolatore*). Les frais de curage, de faucardement et d'entretien des ouvrages du canal commun sont payés, pour la communauté, soit aux *appaltatori,* fermiers d'entreprise, soit aux *campari*, ou gardes, préposés à l'entretien, qui reçoivent un salaire annuel dont la quote-part est payée sur le visa de l'administrateur. Le *regolatore* est le plus souvent un ingénieur appointé à l'année, chargé d'inspecter le canal, de contrôler les travaux pendant le mois de sécheresse (mars), et de régler les horaires. Un très petit nombre d'usagers ont abandonné leurs *utenze* traditionnelles, pour se constituer en syndicats autorisés selon la loi (2).

Il en est de même dans le Crémonais; l'association des usagers d'un canal, ou *utenza,* salarie un ingénieur et un ou plusieurs gardes. Tous les ans, avant que les arrosages ne commencent, l'ingénieur visite le canal sur tout le parcours, note l'état des édifices et des travaux d'entretien que nécessitent le canal et les colateurs, etc. Sur

(1) Pollini, *la Lomellina, loc. cit.*
(2) Bellinzona, *il Circondario di Lodi, loc. cit.*

son rapport, *l'utenʒa*, à la majorité des membres présents ou représentés, approuve les travaux proposés, les dépenses ordinaires et extraordinaires à répartir suivant les droits à l'eau de chacun, et les modifications aux horaires de distribution, reconnues d'intérêt commun. Les gardes (*campari*) exercent la surveillance continue du canal, des prises d'eau, des réparations, du curage, du faucardement, et des travaux ordonnés par l'ingénieur auquel ils réfèrent.

La tradition et l'exercice continu des droits de l'*utenʒa* suffisent pour écarter les abus et les contestations. C'est seulement en cas de pénurie dans le canal d'amenée, que certains abus se produisent, soit que l'on barre le cours du *Naviglio grande* au détriment des usagers en aval, soit que l'on détériore les vannes hydrométriques, et que l'on entaille les bords pour détourner l'eau (1); ce qui donne lieu aux plus graves litiges.

Dans le Vicentin, la plupart des concessions d'eau et des associations remontent à des temps très reculés. C'est seulement par un décret du 6 février 1556 que la République de Venise les a classés, en édictant des règles pour la conduite des eaux sur les terrains des tiers. Le droit de conduite ne put être désormais concédé qu'après enquête sur les lieux, établissant que le bénéfice à attendre de l'irrigation était quatre fois plus grand que le dommage causé. Le sénat de la République fixait l'indemnité à payer au double de l'estimation, et déclarait que pour les concessions nouvelles, il fallait payer une redevance « convenable et honnête » proportionnelle au bénéfice que donnent les eaux.

Un décret du 10 octobre 1556 instituant les fonctions de Magistrat des biens incultes, fut suivi d'un autre

---

(1) Marenghi, *il Circondario di Cremona, loc. cit.*

décret du 10 janvier 1560, confirmant la propriété des eaux à ceux qui en jouissaient depuis 30 ans. Ce magistrat fut chargé de régler la procédure administrative qui rendit légales la plupart des concessions. Celles des concessions qui ne furent pas ainsi sanctionnées et qui servent encore actuellement pour l'arrosage, ne sont protégées que par le droit de longue et paisible jouissance. La magistrature des biens ayant disparu, beaucoup de titres de concessions, enfouis dans les archives de l'ancienne République, n'ont pu être retrouvés. Il en est résulté de grandes incertitudes de jurisprudence, quant à la distinction, comme propriété, entre les eaux publiques et les eaux du domaine privé, laissée d'abord aux tribunaux civils par la législation autrichienne. En considérant comme eaux publiques toutes les eaux, sauf celles qui ont leur source dans un terrain particulier jusqu'à leur sortie de ce terrain, l'administration impériale appliqua plus tard des principes contraires au Code civil. Aussi, la situation des provinces vénitiennes lors de leur annexion au royaume d'Italie, était-elle exceptionnelle, quant aux titres d'investition, aux concessions et à la jouissance des eaux (1).

Syndicats hydrauliques. — D'une manière générale, le syndicat hydraulique s'entend, en Italie, d'une société de possesseurs, constituée avec le consentement et même avec l'intervention de l'administration, sous une présidence, et suivant des règles établies par les lois, dans le but de couvrir les dépenses que nécessitent les travaux hydrauliques des fonds situés dans un territoire déterminé par la communauté des intéressés. Ces dépenses sont couvertes par une taxe proportionnellement répartie, ou autrement, entre les intéressés membres

---

(1) Lampertico. *Monografia del distretto di Vicenza, loc. cit.*

du syndicat (1). Ainsi compris, les syndicats hydrauliques sont des associations de fonds mutuels en ce qui regarde les possesseurs, et d'intérêt public, en ce qui concerne le pays.

Les travaux hydrauliques sont classés en diverses catégories, suivant qu'ils ont trait à la conservation des propriétés; tels sont ceux des rives des cours d'eau et des écoulements d'eaux surabondantes; ou à leur amélioration, au point de vue du revenu, tels sont ceux d'amélioration, de force motrice et d'irrigation. Les syndicats, selon la nature de ces travaux, sont permanents ou temporaires; libres, quand ils sont établis du consentement commun; ou obligatoires, quand les possesseurs sont contraints de s'associer malgré leur volonté.

Quels qu'ils soient, ils sont régis par les articles suivants du Code civil, sous le titre III du livre II, traitant des biens et de la propriété.

Titre III. — Section III. — Des modifications de la propriété.

Art. 657. — Ceux qui ont un intérêt commun pour la dérivation ou l'usage de l'eau, etc..... peuvent se réunir en syndicat afin de pourvoir à l'exercice, à la conservation et à la défense de leurs droits.

L'adhésion des intéressés et le règlement du syndicat devront résulter d'un écrit.

Art. 658. — Le syndicat constitué, les délibérations de la majorité, dans les limites et suivant les règles établies par le règlement, auront leur effet en conformité avec l'art. 678 (Titre IV, de la communauté).

Art. 659. — La formation de syndicats pourra être ordonnée par l'autorité judiciaire sur la demande de la majorité des intéressés; les autres ayant été sommairement entendus, quand il s'agit de l'exercice, de la conservation, et de la défense de droits communs,

(1) De Bosio, *Dei consorzi d'acqua del regno Lombardo-Veneto.*

dont le partage n'est possible qu'au prix de graves préjudices. En
ce cas, le règlement proposé et délibéré par la majorité sera également soumis à l'approbation de l'autorité judiciaire.

Art. 660. — La dissolution du syndicat n'aura lieu qu'après avoir
été délibérée par une majorité excédant les trois quarts, ou bien,
si le partage peut s'effectuer sans de graves préjudices, quand la
dissolution est demandée par l'un quelconque des intéressés.

Art. 661. — Pour tout le reste, on observera, en ce qui concerne
les syndicats, les règles établies pour la communauté, la société et
le partage.

Comme le Code embrasse les dispositions essentielles
concernant les syndicats volontaires et obligatoires, les
règlements n'ont eu à s'occuper que des derniers, en tant
qu'ils sont soumis à l'autorité administrative pour l'exécution et l'entretien des travaux hydrauliques de défense,
d'écoulement, d'amélioration et de dessèchement, visés
plus spécialement par la loi du 20 mars 1865.

Syndicats d'irrigation. — Quant aux syndicats
d'irrigation proprement dits, deux lois spéciales les ré-
gissent, en date des 29 mai 1873 et 25 décembre 1883.
La première de ces lois, les constituant en corps mo-
raux, leur donne la faculté d'ester en justice, par l'intermédiaire de leur président (*art.* 3); elle établit le jugement des contestations journalières sur l'usage de l'eau,
par voie sommaire et arbitrale (*art.* 5); elle donne
au recouvrement des contributions ou taxes syndicales
les privilèges du fisc, comme en matière fiscale (*art.* 6);
elle accorde la réduction de la taxe fixe d'enregistrement
pour tous actes, pendant la durée de quatre ans nécessaires à l'exécution des travaux (*art.* 7); enfin, elle
exempte de l'augmentation du revenu, l'impôt foncier
pendant 30 ans, à partir de la date du décret (*art.* 8) (1).

_____

(1) *Legge n° 1387, Disposizioni riguardanti i consorzi per l'irrigazione,
29 maggio* 1873.

La seconde loi qui est reproduite en entier ci-après, maintient ces faveurs, sauf l'exemption de l'impôt foncier, à laquelle elle substitue des subventions, ou des prêts amortissables, dans les termes fixés par les articles 9 et 13.

LOI DU 25 DÉCEMBRE 1883 SUR LES SYNDICATS D'IRRIGATION.

Article premier. — Les syndicats d'irrigation volontaires et obligatoires sont constitués dans les formes établies par la loi sur les syndicats d'irrigation du 29 mai 1873, n° 1387 (2e série), par le Code civil, selon les cas considérés, et par les dispositions de la présente loi.

Art. 2. — Les syndicats d'irrigation qui seront constitués après la promulgation de la présente loi devront avoir, comme partie fondamentale de leur constitution, un plan cadastral régulier qui établisse l'identification des terrains à irriguer, en faisant partie, et qui rende compte à tout instant des modifications successives ayant pu se produire peu à peu sur ces terrains.

Là où n'existera pas de cadastre géométrique, on y suppléera provisoirement par un plan qui aura pour base la description topographique et un modèle planimétrique des fonds appartenant au syndicat.

Art. 3. — Le Gouvernement du Roi est autorisé à établir par un règlement les formes dans lesquelles devra être institué le cadastre syndical; celui-ci devra être conservé avec toutes les modifications postérieures qu'il pourrait subir.

Art. 4. — Une fois le syndicat constitué et enregistré aux termes, et selon l'effet des dispositions contenues dans le titre 22 du livre III du Code civil, tous les droits et toutes les obligations relatifs au syndicat passent de plein droit, et indépendamment de quelque convention que ce soit, des premiers propriétaires des terrains syndiqués aux propriétaires suivants.

Art. 5. — Les associés concourent aux dépenses du syndicat, moyennant une contribution qui frappera les divers terrains en faisant partie, chacun dans la mesure établie par la convention, ou par le droit commun.

Art. 6. — Les conditions et les réserves faites par ceux qui font partie d'un syndicat d'irrigation pourront être valables, en ce qui concerne les rapports entre le syndicat et ses membres, mais n'auront aucun effet à l'égard des tiers qui auraient des droits envers le syndicat.

Art. 7. — Le recouvrement des contributions syndicales est fait par l'administration du syndicat, dans les formes, avec les privilèges et suivant toutes les règles en vigueur pour le recouvrement de l'impôt direct.

Art. 8. — Les fonds inclus dans le périmètre à irriguer, de même que les fonds qui l'entourent, sont sujets à toutes les servitudes qu'il pourrait être nécessaire d'établir, soit temporairement, soit perpétuellement, pour les travaux de dérivation, de passage et d'écoulement des eaux; l'indemnité due aux propriétaires sera réglée, en cas de désaccord, selon les articles 603 et 604 du Code civil. Les contestations relatives à la nécessité des servitudes à établir seront déférées aux tribunaux.

Art. 9. — La caisse des dépôts et prêts pourra consentir aux syndicats d'irrigation légalement constitués, aux termes de la présente loi, ainsi qu'aux provinces et communes, pour l'exécution des travaux considérés dans l'article ci-dessous, des prêts amortissables au taux de l'intérêt normal, établi en vertu de l'article 17 de la loi du 17 mai 1873, n° 1270, et également de l'article 17 de la loi du 27 mai 1875, n° 2779, moyennant délégations sur les contributions syndicales, ou sur les impositions extraordinaires des communes et provinces.

Art. 10. — Le Ministre de l'agriculture et du commerce pourra accorder, dans les limites des sommes prévues au budget, une subvention aux syndicats d'irrigation constitués conformément à la présente loi, aux communes et aux provinces, pour la construction de nouveaux réservoirs, pour de nouveaux travaux de dérivation, de prise et de conduite d'eau jusqu'à la zone irriguée.

Art. 11. — Le même concours de l'État pourra être accordé à des particuliers, après avis du Conseil supérieur de l'agriculture.

Art. 12. — La subvention de l'État ne peut être accordée que pour l'eau réellement destinée à l'irrigation, et aux conditions ci-après :

1° Que l'eau obtenue par les travaux susindiqués et destinée à l'irrigation, soit en quantité au moins égale à un module (débit de 100 litres à la seconde);

2° Que les communes et les provinces sur le territoire desquelles doit être pratiquée l'irrigation, ou quelques-unes d'entre elles, concourent à subventionner l'entreprise pour une part qui ne sera pas inférieure au dixième de la subvention de l'État.

Art. 13. — La subvention de l'Etat consistera dans le payement d'un certain intérêt des sommes réellement dépensées pour l'exécution des travaux dont il a été parlé à l'article 10; mais les sommes dont on payera ainsi l'intérêt ne pourront excéder celles prévues dans le projet présenté au Ministre pour obtenir la subvention.

La subvention des communes et des provinces sera également donnée à fonds perdus et sous la même forme que la subvention de l'Etat, ou moyennant le payement du capital correspondant.

Art. 14. — La subvention sera accordée pour une durée de trente ans au plus. Le temps pendant lequel durera la subvention sera divisé en trois périodes égales. Dans la première période, la subvention de l'État, y compris le dixième dont il a été parlé au n° 2 de l'article 12, ne pourra excéder 3 p. 100 d'intérêt du capital dépensé pour exécuter les travaux de première catégorie, et 2 p. 100 pour ceux de la deuxième catégorie. La subvention de l'Etat devra diminuer dans la deuxième période, d'un tiers de sa valeur, et dans la dernière période, d'un autre tiers.

L'ensemble des subventions annuelles de l'État, des communes et des provinces, ne pourra toutefois jamais surpasser le montant de la moitié des intérêts, amortissement non compris.

Art. 15. — Sont de la première catégorie les dérivations d'eau supérieures à 30 modules.

Sont de la deuxième catégorie les dérivations d'eau supérieures à 1 module.

Art. 16. — Ne sont soumis qu'à un droit fixe d'enregistrement de 10 francs (à moins que le droit soit moindre par l'effet des lois) les actes de constitution, d'installation et de parfait établissement du syndicat et les actes successifs qui, pendant une durée de six ans, à partir de la date de la constitution, seront nécessaires pour l'exécution des travaux d'irrigation mentionnés; dans ces actes sont compris ceux d'acquisition de l'eau pour irrigation (1).

Les syndicats facultatifs ou obligatoires, qui sont visés par les deux lois de 1873 et de 1883, sont régis, en outre, par les prescriptions des articles 657 à 661 du Code civil, relatés plus haut, d'après les cas divers qui y sont exposés. Quand à la loi du 20 mars 1865 sur les travaux publics, elle ne peut pas les rendre obligatoires

(1) *Legge n° 1790. Ordinamento dei consorzi d'irrigazione volontari ed obligatorii,* 25 *dicembre 1883.*

par voie administrative, contrairement à ce qui se passe
pour les travaux de défense contre les eaux courantes et
pour les travaux de dessèchement, ou d'assainissement
des terres. C'est l'autorité judiciaire qui a seule le droit
de prononcer sur les syndicats d'irrigation.

Les législateurs italiens, tout en reconnaissant l'obligation de favoriser le développement des forces économiques du pays et de détourner les obstacles que crée
le caprice ou l'ignorance, puisque la loi du 25 juin
1865 accorde l'expropriation sur la demande d'un particulier, dès qu'il y a raison d'intérêt public, ont tenu
à ne pas soustraire le propriétaire à ses juges naturels
pour les irrigations. Ils ont établi ainsi une différence
entre les travaux de défense et de salubrité qui touchent à la conservation de la vie et des biens, et ceux
de la production du sol. « Là, il s'agit de se défendre;
ici, au contraire, on veut acquérir. » Pour obliger un
propriétaire à recevoir et à payer contre son gré l'eau
qui doit arroser ses terres et transformer sa culture, il faut
qu'il soit rendu manifeste que son opposition est mal
fondée, que le tort causé au voisin par son refus est in-
justifiable et que l'utilité de l'irrigation est bien certaine. Ces considérations ont d'autant plus de poids que,
grâce au droit d'aqueduc, le refus d'un propriétaire ne
peut empêcher l'irrigation des fonds voisins. Si, cependant, elles sont écartées, l'autorité judiciaire, armée des
dispositions du Code, peut prononcer l'obligation du
syndicat. Il y a lieu de faire observer que de 1873 à 1883,
en dix ans, aucune demande n'ayant été adressée aux
tribunaux pour rendre obligatoire un syndicat d'irrigation nouveau, aucune n'a été repoussée.

Participation de l'État. — L'expérience acquise par
l'application de la loi de 1873 avait démontré que
l'exemption de l'impôt foncier ne suffisait pas pour

encourager de nouvelles entreprises ; ce n'était là qu'un avantage après coup ; tandis que ce qui manquait au propriétaire, ou au cultivateur, c'était le moyen d'exécuter les travaux, c'est-à-dire, un aide pendant la première période. La loi de 1873 n'avait eu d'autre effet pratique que de régulariser les syndicats existants, en les faisant approuver par l'administration, avec des statuts conformes à la jurisprudence du Code, pour qu'ils pussent jouir du privilège fiscal et de l'exonération de l'impôt aux termes d'un décret spécial (1).

En autorisant par la loi de 1883 des prêts amortissables à la caisse des dépôts et consignations, cu des subventions, dans les limites budgétaires, le gouvernement a dû exiger, non seulement la présentation des statuts, comme pour la loi antérieure, mais un plan cadastral régulier, établissant sur quels terrains doit porter l'irrigation, et où les modifications ultérieures doivent figurer. Quelque onéreux que soit le cadastre, il est devenu une partie fondamentale de la constitution des syndicats subventionnés.

Le sénateur Gadda, rapporteur de la loi de 1883, comparant le sacrifice imposé par la subvention pendant 3o ans, partagée en trois périodes, avec l'abandon du produit de l'impôt foncier pendant le même temps, a prouvé que l'État, tout en atteignant le but visé, de favoriser les entreprises d'irrigation, donne beaucoup moins par la nouvelle loi qu'il ne perdait par l'ancienne (2).

L'exemple suivant qu'il produit est choisi dans des territoires normalement imposés, comme ceux du Véronais, où la différence annuelle de l'impôt foncier, pour une

(1) Miraglia, *Consiglio di agricoltura; Sessione* 1885, p. 182.
(2) *Séance du Sénat du 3o juin* 1883.

exploitation de 5,000 hectares irrigués, à raison de
13 fr. 75 par hectare (1) équivaut à 27,500 francs, soit
pour 30 ans, à 825,000 francs. C'est à ce chiffre que s'é-
lèverait la perte faite par l'État, aux termes de l'article 8
de la loi du 29 mai 1873.

Si l'arrosage de 5,000 hectares nécessite des travaux
pour une somme de 1 million de francs, par exemple,
et si l'État, d'après la nouvelle loi, accorde la subvention
pleine, il aura à débourser :

	fr.
Intérêt de 3 o/o sur 1 million, déduction faite de la part contributive de la province et de la commune, soit, pour un an, 27.272 fr. 727, et pour les 10 premières années.........	272.727.27
Pour la deuxième période décennale........................	181.818.18
Pour la troisième —	90.909.09
Subvention totale payable en 30 ans....................	545.454.54

L'État, voulant encourager l'irrigation des terres, avec
certitude d'augmenter leur produit, se trouve ainsi, après
30 ans, avoir déboursé une somme de 279.545 fr. 46
inférieure à celle qu'il eût perdue par l'abandon de
l'impôt foncier.

Quoi qu'il en soit, et c'est là le caractère essentiel de la
loi de 1883, complétée par celle du 28 février 1886, l'É-
tat n'intervient par ses subventions que lorsque les communes ou les provinces, ont consacré par la création de
syndicats l'utilité des entreprises projetées, en faisant
souscrire le dixième au moins de la somme totale que
fournit l'État, sur base des devis qu'il a préalablement
approuvés.

Jusqu'alors, si l'État donnait sa garantie au capital dépensé par une compagnie, ou par un concessionnaire, la

(1) Un hectare arrosé, dans le haut territoire Véronais, peut être considéré comme donnant un revenu minimum de 50 francs, correspondant
à 13 fr. 75 d'imposition.

tendance naturelle était de grossir le chiffre des dépenses dont l'État payait finalement l'intérêt. Par les nouvelles lois, au contraire, les promoteurs des syndicats n'ont aucun intérêt à augmenter le capital, car ils augmenteraient du même coup le chiffre des cotisations et la difficulté de recrutement des membres.

On remarquera, d'ailleurs, que sous les régimes parlementaires, les gouvernements, pressés par les influences régionales ou politiques, ne peuvent songer, quand les localités réclament de tous côtés des travaux, à grever le Trésor uniquement des grosses dépenses que comporte les entreprises d'irrigation. Les budgets suffiraient, qu'il se verraient cruellement embarrassés dans le choix de ces entreprises, répondant aux besoins les plus urgents des populations, pour ne pas léser des intérêts justifiés, mais moins habilement défendus. L'initiative privée de syndicats que les communes ou les provinces constituent, est seule apte à guider le gouvernement, en témoignant de l'importance des sacrifices qu'ils veulent s'imposer, et, par là, de leurs dispositions à exécuter économiquement et promptement. La question n'en reste pas moins à examiner, de la quotité des subventions à accorder par l'État, et de leur répartition à titre d'avances aux syndicats, dans le but d'assurer l'achèvement des travaux et le fonctionnement des premières années.

En vertu des lois de 1883 et de 1886, l'administration italienne a donné à cette question une solution pratique qui ressort du tableau LII, dans lequel se trouvent réunies les conditions principales de neuf syndicats créés depuis 1883 et participant aux subventions de l'État. Moyennant une avance de 13 millions de francs, répartie sur une période de trente années, la dépense totale s'élevant à 25 millions, l'État assure l'utilisation d'un débit de 95 mètres cubes d'eau pour l'irrigation de 126.000 hec-

Tableau LII. — *État des syndicats d'irrigation subventionnés par l'État (Italie) en vertu des lois des 25 décembre 1883 et 28 février 1886.*

DÉSIGNATION DES SYNDICATS.	Portée. litres.	Surface à irriguer. hectares.	Capital dépensé. fr.	Subventions 1re période décennale. fr.	2e période décennale. fr.	3e période décennale. fr.	Subvention totale pour 30 ans. fr.	OBSERVATIONS.
1. (Novare) communes de Cigliano, Borgo d'Ale, etc.	1.400	1.400	850.000	48.209,20	32.139,50	16.069,70	96.418,40	Travaux terminés; paiements effectués.
2. Ledra Tagliamento	12.000	15.000	2.600.000	309.680,50	206.453,70	103.226,80	619.361,00	do
3. Bene Vagienna	1.900	5.955	600.000	75.375,90	50.250,60	25.125,30	150.751,80	do
4. Syndicat de l'Adda	23.000	25.000	5.500.000	1.530.160,00	1.020.106,00	510.053,00	3.060.319,00	Travaux commencés.
5. Haut Véronais	11.500	12.000	3.400.000	918.000,00	612.000,00	306.000,00	1.836.000,00	Travaux terminés; premier paiement en cours.
6. Valentino San Germano.	0.400	800	355.000	95.850,00	63.234,00	31.617,00	191.701,00	do
7. Castel di Sangro (Aquila).	0.300	300	5.000	1.041,60	694,40	347,20	2.083,20	Travaux commencés.
8. Haute Lombardie (canal Villoresi)	44.000	65.000	11.500.000	3.564.000,00	2.376.000,00	1.188.000,00	7.128.000,00	Subvention due, non encore liquidée.
9. Commune de Rajano (Aquila)	0.760	1.270	200.000	30.000,00	20.000,00	10.000,00	60.000,00	Travaux terminés; premier paiement en cours.
Totaux	95.260	126.725	25.010.000	6.572.317,20	4.380.878,20	2.191.439,00	13.144.634,40	

tares. L'avance de l'État s'opère pour un quart environ dans les dix premières années, pour un sixième dans les dix années suivantes, et pour un douzième dans la troisième période décennale.

Syndicats mixtes. — Il reste à mentionner la catégorie des syndicats mixtes, soumis à l'administration des travaux publics, tandis que les syndicats d'irrigation dépendent du ministère de l'agriculture. Les syndicats mixtes des provinces du nord de l'Italie, dont nous présentons un relevé (tableau LIII) sont constitués dans le but de protéger des périmètres déterminés contre l'envahissement des eaux, et accessoirement, de fournir des eaux de chute et d'irrigation. Quelques-uns de ces syndicats, de fondation très ancienne, pratiquent des arrosages sur de grandes surfaces, comme dans les provinces de Vicence et de Milan. Ce sont ceux sur lesquels l'autorité administrative peut exercer efficacement sa surveillance, en donnant son appui aux mesures d'ordre d'après lesquelles chaque partie intéressée doit concourir aux charges de l'entreprise. La loi de 1865 sur les travaux publics a édicté spécialement les règles auxquelles sont soumis les syndicats mixtes obligatoires.

Sur les 46 associations qui figurent dans le tableau LIII, deux n'ont d'eau disponible que pour la force motrice, et 18 disposent d'eau seulement pour les irrigations, les rizières et les routoirs. Prises dans leur ensemble, les associations mixtes de la haute Italie comprennent 16,894 propriétaires, et arrosent plus de 20,000 hectares, en tenant compte des surfaces indéterminées. Si les syndicats mixtes, malgré ces résultats, ne développent pas davantage les irrigations, il y a lieu de l'attribuer à l'exiguïté des ressources, à l'indolence des délégués, aux contestations entre les arrosants inférieurs et supérieurs, et surtout aux statuts et règlements de vieille

TABLEAU LIII. — *Syndicats mixtes de défense et d'irrigation (Haute-Italie).*

SYNDICATS.	COURS D'EAU OU CANAUX.	Date de création.	Budget annuel.	NOMBRE. Usagers.	NOMBRE. Communes.	Force motrice. Usines.	Force motrice. Nombre.	Irrigation. Prises.	Irrigation. hectares arrosés.
Vénétie.			fr.						
Province d'Udine:									
1. Roggia Cividina	Torre	xiiie s.	1.619	»	12	moulins.	17	5	»
2. — Spilimbergo	Cosa	1138	3.000	511	6	indét.	»	indét.	»
3. — Udine	Roggie Udine et Palma.	1837	14.500	230	12	—	»	—	»
Province de Belluno.									
4. Boite	Boite	1833	950	89	»	moulins et scieries.	»	»	»
Province de Trévise.									
5. Brentella	Canal Brentella	1436	60.960	7.200	18	usines.	19	»	3.000
6. Musonello	Musonello	1743	1.670	12	»	moulins.	12	»	»
7. Piavesella	Piavesella	1417	4.000	32	5	usines.	16	11	150
Province de Vicence.									
8. Roggia Valdagno	Agno	1845	1.000	24	»	»	»	»	38
9. Astico	Canal Mordini	1865	12.780	126	»	indét.	»	variable.	750
10. Roggia Verlata	Roggia Verlata	1275	600	21	»	usines.	5	»	»
11. — Montecchia	Montecchia	1660	1.100	26	5	indét.	»	»	218
12. — Breganze	Breganze	1865	1.800	21	»	—	»	»	495
13. — Rosà	Rosà	1810	2.000	65	»	—	»	»	5.500
14. — Dolfina	Dolfina	1810	2.500	47	»	—	»	»	2.500
15. — Isacchina infér.	Isacchina	1874	1.000	7	4	—	»	»	300
16. — Schio Marano	Schio Marano	xiiie s.	6.500	160	7	—	»	»	580
17. — Marosticana	Marosticana	1850	400	31	5	—	»	»	50
18. Seriola	Fiumicello Seriola	1871	410	10	»	»	»	»	12
Province de Venise.									
19. Seconda Presa	Scoli Barbariga, etc.	1810	3.600	700	7	»	»	rizières.	»
20. Gamburare	— Avesa, Olme, etc.	1808	5.583	268	2	»	»	1 ét	»
21. Settima prima	Canalette et Scoli	1680	8.300	380	5	»	»	—	»
22. Alicorno	Canale Alicorno	1810	2.148	60	»	»	»	—	»
Province de Vérone.									
23. Alto Tartaro	Tartaro, Tione, Piganza, Frascà	1721	34.205	1.326	17	107 chev.		»	1.364

TABLEAU LIII. — *Syndicats mixtes de défense et d'irrigation (Suite).*

SYNDICATS.	COURS D'EAU OU CANAUX.	Date de création.	Budget annuel. fr.	NOMBRE Usagers.	NOMBRE Communes.	Force motrice. Usines.	Force motrice. Nombre.	Irrigation. Prises.	Irrigation. hectares arrosés.
Province de Rovigo.									
25. Pontecchio.............	Scolo Colombarello, Gorgo, Guarda, etc.....	1854	29,577	1,561	9	»	»	routoirs irrigat.	»
26. Donada...............	Scolo Cavana, etc.....	1808	2,700	593	2	»	»	indét.	101
27. Contarina.............	— Salmastri, etc....	XIIIᵉ s.	23,000	580	3	»	»	indét.	»
Lombardie.									
Province de Côme.									
28. Roggia Valmeria.......	Roggia Volmeria.......	1832	200	15	1	usines.	22	»	2
Province de Milan.									
29. Gora Molinara.........	— Molinara........	1840	3,400	148	3	moulins.	6	»	116
30. Roggia Manganella.....	— Manganella	1806	1,350	12	3	—	»	»	140
31. Fleuve Olona..........	Olona...........	1610	3,490	662	51	roues.	410	»	1.215
Province de Pavie.									
32. Roggia Carona.........	Roggia Carona........	1744	500	11	1	indét.	»	indét.	180
33. — Magistrale.......	— Magistrale......	1814	2,300	30	»	moulins.	3		50
34. — Interna..........	— Interna........	XIIᵉ s.	1,200	25	»	indét.	»		2
35. Colatore Nerone.......	Colatore Nerone.....	1822	6,500	166	2		»		»
36. Roggia Vernavola......	Roggia Vernavola.....	1830	700	10	2	moulins.	7		»
Piémont.									
Province de Novare.									
37. Galliate.............	Tessin...........	1851	8,000	»	»	»	»	»	126
38. Massa Seravalle......	Elvo............	1875	11,500	3	4	»	»	»	855
39. Piedimulera..........	Anza............	1874	500	450	1	»	»	»	216
40. Bogna destra.........	Bogna...........	1841	2,000	400	1	indét.	»	»	195
41. — sinistra........	—	1847	200	38	1	»	»	»	22
42. Serta maggiore.......	Diveria..........	1680	400	410	3	moulins et marteaux.	8	»	180
43. Tre pennelli.........	Toce............	1858	1.506	310	»	»	»	»	160
44. Isorno destra........	Isorno..........	1869	514	10	1	»	»	»	70
45. — sinistra........									

date, qui ne se prêtent plus aux exigences de la propriété actuelle (1).

Il y a lieu de faire une exception toutefois pour le Piémont où les syndicats se sont constitués, depuis 1873, à la faveur de l'exploitation domaniale des canaux, pour l'irrigation de 9537 hectares dans le Novarais, de 8083 hectares dans la Lomelline, et de 25 à 30.000 hectares par la société Verceillaise.

En 1883, le domaine, propriétaire des canaux d'Ivrée, de Cigliano, du Rotto, de Saluggia, de la Busca, de la Biraga, de Sartirana, de Langosco et Sforzesco, et du canal Cavour avec ses branches, c'est-à-dire d'un développement de 1427 kilomètres, disposait de 103 m. cubes par seconde, sur 245 m. cubes que peut fournir le réseau entier. Du volume total alors distribué, 33 m. cubes étaient attribués à des concessions perpétuelles, 70 m. cubes à la société Verceillaise, 9 m. cubes aux propriétaires des canaux Biraga et Busca, etc. Pour une dépense annuelle en frais d'entretien, de curage, d'administration, de 600,000 francs, le domaine percevait un revenu de 2,800,000 à 3 millions de francs, soit net 2,400,000 francs, qui correspondent, pour un capital de 95 millions de francs, à 2 et demi pour cent, et à une augmentation de valeur, sur 100,000 hectares de terres nouvellement irriguées, de 25 millions annuellement (2).

L'association Verceillaise réunit plus de 20,000 membres répartis par communes, et chaque commune délègue son président à l'assemblée générale pour la discussion des affaires syndicales. Créée en 1853, sur base d'une concession trentenaire des eaux des canaux domaniaux

---

(1) Em. Galloni, *Cenni monografici sui consorzi idraulici*, 1878, p. XLIV.
(2) Bordiga, *Economia rurale, loc. cit.*, p. 375.

dérivés de la Dora Baltea, auxquels furent adjoints plus tard les canaux de Verceil et de diverses sources privées dont le gouvernement se rendit acquéreur, l'association, entreprenant l'irrigation de toute la zone comprise entre la Dora, le Cervo, la Sesia et le Pô, est devenue très florissante en peu d'années; elle a renouvelé en 1883 pour trente autres années, ses statuts.

La marche progressive du syndicat de Verceil ressort des comparaisons suivantes :

En 1855, la redevance annuelle payée au domaine était de 320,000 francs; en 1884, elle s'élevait à 882,164 francs ; le périmètre arrosé avait été accru de 12,000 hectares, moyennant l'exécution de 120 kilomètres de canaux qui ont coûté 1 million et demi.

En 1854, le syndicat prenait à l'État 23 m. cubes; en 1881, 46.134 m. cubes. Le volume a diminué en 1885, par suite de la réduction des rizières.

Dans l'année 1880, le service des irrigations comprenait 12,047 hectares de rizières, 4,685 hectares de prairies et 7,015 hectares de cultures diverses, sur une superficie d'environ 500 kilom. carrés (1).

L'avantage considérable qu'offrent des associations de cette importance, réside dans l'emploi plus économique des eaux, qui, n'étant pas soumises aux causes habituelles de déperdition entre usagers indépendants, quoique chaque membre du syndicat en ait sa suffisance, regagnent les colatures et les utilisent de nouveau. Les irrigations peuvent se faire ainsi par zones ou *valbe,* comme on les désigne dans le Verceillais, sous la surveillance d'un petit nombre de gardes. Le gain des colatures, estimé à un quart du volume d'eau distribué, laisse un bénéfice qui met le coût de l'eau, pour chaque

(1) Bordiga, *loc. cit.,* p. 511.

sociétaire, à 16 francs environ par litre continu, c'est-à-dire au même prix à peu près que celui payé par le syndicat au domaine, non compris la dépense pour la conduite des eaux du canal principal jusqu'au terrain.

Police des rizières.

Les rizières ont provoqué de tout temps, en Italie, des mesures spéciales et des règlements sévères, dans le but de porter remède à leur insalubrité, ou d'en atténuer les effets.

Des historiens comme Denina; des politiques comme Valerio et Farini; des agronomes comme Rozier, Berra, Ridolfi, Gera, Mezzarosa; de nombreux médecins, Ragazzoni, Salvagnoli, Pucinotti, Ughi, etc., ont stigmatisé la culture du riz au point de vue de la santé publique, des fièvres pernicieuses qu'elle engendre et de la misère qu'elle laisse au sein des populations rurales. « Il suffit, dit le comte de Gasparin (1), d'avoir parcouru les pays d'Italie, et nous avons eu occasion de les connaître à fond dans un long séjour que nous avons fait à Novare et dans la Lomelline, pour savoir que les habitants de la campagne y vivent avec une fièvre qui, pour avoir perdu ses caractères les plus dangereux, dure pour le plus grand nombre aussi longtemps que la vie. Cette fièvre est accompagnée, ou suivie du gonflement de la rate et d'hydropisie. Le teint jaunâtre, le défaut d'activité, annoncent le mal qui ronge les campagnards, et tout étranger qui y séjourne compromet sa santé et sa vie. Les hôpitaux de nos armées étaient remplis de fiévreux venus de ces cantonnements. En octobre 1801, on comptait 8000 fiévreux

---

(1) De Gasparin, *Cours d'agriculture*, loc. cit., t. III, p. 726.

dans l'arrondissement de Biella, sur une population de 80,000 âmes. »

La princesse Belgiojoso ne s'est pas fait faute, dans son étude sur les paysans lombards, de retracer les déplorables conséquences de la culture du riz, telle qu'elle se pratiquait encore il y a un demi-siècle (1). « Chaque année, dit-elle, à l'époque du triage du riz, c'est-à-dire, lorsqu'il faut arracher les mauvaises herbes, on voit des enfants, des jeunes filles, des femmes grosses, passer des journées entières dans une eau putride, sous un soleil brûlant, le corps plié et la tête penchée à leurs pieds, relevant les herbes parasites une à une. Presque toutes sortent du marais, les jambes enflées, le teint hâve et jauni, les yeux éteints, tremblantes sous le frisson de la fièvre et emportant les germes de cruelles maladies qu'elles communiquent à leurs enfants. Et pourtant, l'époque du triage du riz est attendue avec impatience par cette population misérable. Ces fatales journées sont plus largement rétribuées, et si un fermier ou un propriétaire refusait d'envoyer aux rizières la femme trop faible, il serait traité de maître impitoyable. »

« Il n'y a pas de filles de seize ans, dans les pays de rizières, déclare Saint-Martin de Lamothe (2); elles touchent à peine à l'âge de puberté qu'elles atteignent l'âge mûr, et par une rapide progression, la vieillesse. » Le tableau est singulièrement chargé!

Qu'il ait été cultivé en Sicile au neuvième siècle, le riz ne fut introduit dans le reste de l'Italie qu'aux quinzième et seizième siècles : en 1481 dans le Mantouan; en 1521 dans le Novarais ; en 1522 dans le Véronais où Théodore Trivulzi de Milan, commandant les armées de la républi-

(1) *Journ. agric. prat.* 1843-44, t. VIII, p. 301.
(2) *Mémoires de la Société d'agriculture de la Seine*, t. VII, p. 210.

que de Venise, l'aurait importé. Le naturaliste agronome Targioni-Tozzetti (Jean) de Florence, érudit très distingué de la fin du dix-huitième siècle, cite pourtant un manuscrit de 1468, relatant une pétition d'un nommé Léonard de Colto, pour l'emploi de certaines eaux de la plaine florentine, destinées à des rizières (1). François Ier de Médicis et Ferdinand Ier, puis les habitants de Lucques, essayèrent avec plus ou moins de succès une culture appelée à se développer surtout en Piémont et en Lombardie, grâce à l'abondance des eaux d'irrigation.

Quoi qu'il en soit, déjà au seizième siècle, les rizières ayant atteint un grand développement dans tous les pays de la vallée du Pô, la lutte s'engageait entre les propriétaires désireux de les étendre et les gouvernements décidés à les restreindre par mesure d'hygiène publique. On chercha d'abord à les supprimer sans exception, puis à les éloigner des centres de population, et enfin à les prohiber, au cas où il ne serait pas démontré que les terrains pussent être autrement cultivés. Dans le nord de l'Italie, les propriétaires finirent par avoir gain de cause, malgré tous les obstacles opposés à l'extension de leurs cultures; mais en Toscane, dans les provinces méridionales et en Sicile, les rizières furent longtemps sacrifiées, dans l'intérêt peut-être de la santé générale, mais à coup sûr, au détriment de la richesse publique.

Dès 1523, pendant une peste qui décimait les habitants, la commune de Saluzzo, par un statut spécial, décréta la suppression des rizières; mais elle ne dura pas longtemps, car le fléau de la peste ayant disparu, les paysans et les propriétaires reprirent la culture du riz; un nouvel édit prohibitif de 1560 n'obtint pas plus

(1) A. Targioni-Tozzetti, *Notizie istoriche su diverse piante;* Firentze, 1855.

de succès ; cet édit portait : *nulla persona audeat vel* « *presumat seminare aliquam quantitatem rixi* (1). » Le sénat de Lucques défendit également la culture du riz par un arrêté de l'an 1612 (2).

Une loi de la république de Venise, du 17 septembre 1594, interdit toute concession d'eau pour rizières, aux propriétaires de terrains susceptibles d'autres cultures ; les rizières continuant à s'étendre, une seconde loi du 15 juillet 1595 supprima toutes celles qui s'étaient créées depuis 1556, sans l'intervention des autorités.

En 1571, il fut défendu de cultiver le riz aux environs de Verceil, et par mandement de 1579, l'évêque de la ville, Bonomo, étendit la défense aux biens ecclésiastiques, tout en mettant en rizières les terres de sa propre abbaye de Selva dont il doubla ainsi les revenus. De nouveau en 1583, Charles Emmanuel, duc de Savoie, décréta la prohibition dans la province et dans le diocèse Verceillais, mais la Cour des comptes de Turin, chargée de l'exécution du décret, consentit au maintien de la culture dans un rayon de 10 milles autour de la ville. Renouvelée en 1593, l'interdiction eut pour résultat de faire reculer à une distance de cinq milles les rizières qui avaient envahi jusqu'aux glacis. Un édit du 7 octobre 1608 appliqua au Piémont tout entier la défense, sans autorisation préalable du souverain, d'ensemencer du riz, à moins de prouver qu'aucune autre culture fût possible, et de produire l'adhésion des deux tiers des chefs de famille du voisinage. Dans ce cas même, les rizières ne devaient être installées qu'à la distance de 3 milles des villages, ou de 600 mètres des chemins

(1) Maletti, *Memorie di Saluzzo*, VI, 242.
(2) Mazzarosa, *le Risaie nel Lucchese*.

publics. L'amende était fixée à 500 écus d'or et la récidive entraînait la peine des galères.

Charles Emmanuel II, dans le but de supprimer complètement les rizières, délégua en 1675 une commission composée de deux fonctionnaires et de plusieurs médecins pour visiter les cultures du canal de Verceil et engager les propriétaires moyennant une diminution, d'impôts à renoncer à la culture du riz (1). Ces impôts s'élevaient alors à un gros ducat par journée de terrain, à charge des propriétaires, et à un quart de gros ducat, à charge des détenteurs de l'eau du canal. En suite de cette enquête, les arrêtés prohibitifs furent renouvelés, fixant à 3 milles la distance à laquelle les rizières devaient être placées et édictant les peines corporelles de la corde et du fouet pour les paysans et les femmes convaincus d'avoir travaillé dans des rizières prohibées. Victor Amédée II recula la limite pour Verceil, à 6 milles de distance, par un décret du 2 janvier 1697; plus tard, le 18 août 1728, il prohiba la culture dans plusieurs communes des provinces de Biella, de Casale et de Verceil, sous peine d'amende de 200 écus d'or et de la confiscation de la récolte. Désireux de peupler ces communes, il accorda l'exemption de tous impôts aux cultivateurs qui, venus des autres provinces, s'y établiraient pour se livrer à d'autres cultures que celle du riz. La cherté des grains obligea en 1734 de passer outre à la défense souveraine, qui ne fut réédictée, par décret du 3 août 1792, que sous Victor Amédée III, avec l'obligation pour les intendants des provinces de dénoncer les coupables.

Aussi bien à la fin du dernier siècle qu'au commence-

(1) Claretta, *Storia del regno e dei tempi di Carlo Emanuele II*, t. III, p. 385.

ment du siècle actuel, les grands propriétaires associés tinrent en échec les prohibitions légales. En 1801, les rizières n'étaient plus éloignées que d'un mille de l'enceinte de Verceil et elles avaient augmenté comme surface de plus de moitié. Les lettres patentes du 8 mars 1838, succédant à celles des 17 avril 1815, 22 mai 1827 et 11 avril 1835, fixèrent définitivement les distances des rizières à 4 kilomètres des villes, à 2 kilomètres des bourgs de 1000 habitants et à 1 kilomètre de toute maison habitée, pour tout le Piémont (1).

En Lombardie, après les ravages causés à Milan par la peste du seizième siècle, les rizières furent reléguées à 4 milles de distance, et sous les Gonzague, à 5 milles de Mantoue. Un décret du 3 février 1809, rendu par le vice-roi Eugène, approuvé par le gouvernement autrichien le 1er juin 1839, est resté en vigueur jusqu'à la loi du 12 juin 1866, applicable à toute l'Italie.

Le décret de 1809 ordonnait que l'établissement de nouvelles rizières ne serait pas accordé par les préfets à moins d'une distance :

1° De 8.000 m. de la ville de Milan ;
2 De 5.000 m. des villes de première classe et des places fortes ;
3ª De 2.000 m. des villes de deuxième classe ;
4° De 500 m. des communes de troisième classe.

« Les distances précitées se prennent en ligne droite, pour les communes entourées de murailles, du pied de ces murs, et dans celles non murées, de la dernière maison faisant partie de l'agglomération urbaine (2). »

Aux termes de la loi italienne actuelle (1866), chaque province détermine par ses propres règlements, s'il y a

(1) *Collezione celerifera delle leggi piemontesi.*
(2) De Mauny de Mornay, *Pratique et législation, loc. cit.,* p. 60.

lieu d'y cultiver le riz; dans quelles conditions, et à quelles distances prohibitives, sa culture peut se faire; sous réserve de pouvoir toujours modifier les règlements et de révoquer les concessions au cas où elles porteraient atteinte à la santé publique.

L'éloignement des rizières est une mesure sage en principe, mais d'une application difficile, car le dommage qu'elles peuvent causer dépend de beaucoup de circonstances locales dont l'influence est appréciable plutôt par le médecin que par le cultivateur. Si ce dernier prend des dispositions contraires à l'hygiène, le médecin rend aussi des arrêts contraires à la production. Aussi bien, les commissions locales émettent des avis tellement disparates que le traitement imposé aux rizières, suscite par son inégalité même les plus vives réclamations. Il est vrai qu'on peut en appeler à la commission supérieure d'hygiène de la province, mais elle confirme presque toujours les verdicts des commissions locales, qui sont motivées en somme et inspirées par l'intérêt général (1).

Pour concilier les deux intérêts de l'hygiène et de la production, l'interdiction de cultiver le riz dans un rayon déterminé autour des centres habités, ne conduit à aucune solution pratique.

Il est avéré que les rizières permanentes, par exemple, sont plus nuisibles par leurs émanations miasmatiques, que les rizières alternes; si on les tolère, c'est uniquement parce que la nature des terrains empêche d'autres cultures : à défaut de rizières, il y aurait des marais.

Dans le compte rendu qu'il fait de la session du congrès scientifique de Turin, en 1840, à l'Académie des géorgophiles, le marquis de Ridolfi résume pratique-

(1) Jacini, *Inchiesta agraria, Relazione, loc. cit.*

ment la question longuement débattue des rizières permanentes, dans les termes suivants :

« L'insalubrité des lieux marécageux provient de
deux causes, la végétation désordonnée et la stagnation
des eaux : réglez ces deux points, et vous aurez déjà
beaucoup gagné. Le moyen (indirect) qui s'offre le
premier est la culture du riz, la plus riche et la plus productive de toutes les cultures, puisque c'est elle qui
fournit le plus de matière nutritive sur une étendue
donnée. Sans doute, les lois d'une bonne hygiène ne veulent pas que là où un sol desséché est cultivé et peuplé,
on amène un cours d'eau pour y créer un marais dans
le but d'en tirer un plus grand produit au détriment de
la santé publique; mais partout où la terre est couverte
d'eau stagnante donnant des produits qu'on ne peut ra-
masser ou pêcher qu'au risque de gagner la fièvre, ni-
velez le sol, distribuez l'eau régulièrement, et cultivez
le riz qui répandra l'aisance parmi les paysans. Que si,
dans un canton ainsi cultivé, la fièvre endémique per-
sistait avec obstination, au moins les malades auraient
gagné de quoi acheter du quinquina pour se traiter (1). »

Il est reconnu encore que les rizières alternes trop
étendues répandent dans l'atmosphère une telle masse
d'humidité qu'il est difficile d'éviter les conséquences
naturelles du climat paludéen; mais quand elles font
partie d'un système rationnel de culture et qu'elles sont
surveillées sous le rapport de l'écoulement continu
des eaux, sur de moindres surfaces, leur influence est
moins sensible.

Dans des pays à culture intensive, comme ceux de la
vallée du Pô, les habitations sont si rapprochées ou

_____

(1) *Travaux de la section d'agronomie du congrès de Turin*, septembre
1840 ; *Journ. agric. prat.*, t. V, p. 78.

espacées sur le territoire, que la fixation d'une limite est toujours quelque peu arbitraire. Or, il y a d'autres causes que celle de la distance, qui rendent les rizières insalubres, à savoir : les logements humides, mal entretenus et mal clos; les eaux saumâtres des puits peu profonds, recevant les eaux d'infiltration des terrains en rizières; la mauvaise alimentation des paysans pendant les périodes de travail, alors qu'ils sont en contact direct avec les effluves que dégage la fermentation putride des végétaux et des animaux; leurs vêtements insuffisants pour résister aux effets de l'humidité ; enfin l'obligation de travailler dès l'aube et au crépuscule, c'est-à-dire aux heures de la journée où *la malaria* est plus active.

Si l'on admet que la culture du riz en assolement ne peut être autorisée sur des terrains appropriés, situés à une distance raisonnable des lieux habités, que par des commissions comprenant un ou plusieurs agriculteurs de chaque localité, et que des mesures législatives, telles que celles adoptées dans les fabriques insalubres pour les femmes et les enfants, réglent le travail dans les rizières, il dépendra des propriétaires d'améliorer la santé des travailleurs, en leur fournissant des logements spacieux et bien clos, des vêtements de laine, une nourriture et des boissons toniques, et s'il y a lieu, la quinine antifébrifuge (1).

Dans la Lomelline, où le riz revient tous les trois ou quatre ans en rotation, le sol étant occupé dans l'intervalle par d'autres cultures, les émanations des rizières, éloignées des habitations et disséminées sur l'étendue des plaines, ne présentent pas le caractère per-

---

(1) Sanseverino, *Intorno ai nuovi studii di Jacini sullo stato delle classe agricole in Lombardia;* Milano, 1853, p. 33.

nicieux dont on exagère les effets. Un bon assolement comprenant le riz est aussi favorable aux intérêts des propriétaires par l'accroissement de la production, qu'à l'hygiène des habitants (1). Même pour les rizières permanentes, dans les localités où elles s'imposent, le mal peut être conjuré en grande partie par de bons fossés de drainage et des colateurs bien entretenus, comme aussi, par une nourriture substantielle, des vêtements de laine et des logements assainis, mis à la disposition des paysans.

Une fois la rizière alterne établie, le mouvement continu de l'eau contribue à écarter les produits de la fermentation, et à dissiper le mauvais air. C'est seulement à l'époque de la vidange des eaux que la fièvre intermittente atteint quelques travailleurs; mais il y a des remèdes pour ces cas isolés, et l'abolition de la culture du riz, en regard de la prospérité matérielle qu'elle procure au pays, n'en est pas un.

Les faits constatés en pleine Lombardie, dans la Lomelline, si riche et si peuplée, sont confirmés du reste par la pratique de l'Espagne. Là aussi, les exhalaisons marécageuses des rizières permanentes, ou mal entretenues, en raison de la stagnation des eaux, engendrent les fièvres. Un dicton appliqué à la ville d'Albéric, est souvent cité :

« Si vols vivre poc, y fer te ric
Ves ten a Alberic. »

« Si tu veux vivre peu et te faire riche, va-t-en à Albéric »; mais une bonne réglementation fait mentir le proverbe; il suffit de disposer rigoureusement que les rizières ne seront pas tolérées dans les localités où

(1) Pollini , *Monografia della Lomellina, loc. cit.*

l'eau n'est pas assez abondante pour assurer les résultats de la culture salubre; que les distances seront observées par rapport aux habitations; et que les rizières seront réduites ou supprimées au cas où leur étendue devient trop considérable pour le volume d'eau disponible (1).

L'ingénieur Carvallo, dans ses cultures de riz du delta de l'Ebre, a constaté qu'il n'y a aucune insalubrité, tant que la nappe d'eau a o^m,20 de hauteur; c'est seulement quand le plan s'abaisse après la récolte, qu'apparaissent les fièvres. Dans les essais de culture du riz, tentés à la Teste (1847-52) par Fery, l'eau d'irrigation, d'une limpidité parfaite, ne laissait aucun dépôt sur la surface dressée suivant une pente régulière de 0,25 pour 100 mètres, et écartait toutes craintes d'insalubrité. La vidange et l'immersion s'y pratiquaient si rapidement que pendant deux années de suite, la récolte pouvait être battue au fléau 48 heures après la sortie de l'eau (2).

D'ailleurs, aussi bien dans l'Inde qu'au Japon et en Chine, le voisinage des rizières n'occasionne pas les fièvres paludéennes connues en Europe. L'abbé Voisin, qui a résidé huit ans dans la province de Tse-Tchuen, au milieu des rizières, certifie le fait que les paysans travaillant dans l'eau fétide, sous un soleil brûlant, ne sont pas plus malades que les autres. Leur régime y est sans doute pour beaucoup; dès le matin, thé; entre le déjeuner et le dîner, entre le dîner et le souper, encore du thé, plus du vin de riz, ou de millet. En outre, ils mangent de la viande au moins une fois par jour et fument la pipe de tabac; enfin, le soir, ils font des ablutions à l'eau chaude (3).

(1) Llauradò, *Tratado de aguas y riegos, loc. cit.*
(2) *Journ. agric. prat.* 1852, p. 381.
(3) *Culture du riz en Chine; Journ. agric. prat.*, 1838-39, p. 165.

ESPAGNE.

En Italie, la loi des irrigations est née du progrès même de leur pratique; elle n'a fait que consacrer ce que les mœurs et les habitudes avaient établi depuis des siècles, pour assurer la plus grande liberté possible à l'action du propriétaire isolé. Facile et dégagée de formalités gênantes, toujours coûteuses et longues, elle est l'expression la plus avancée, la plus complète, et la mieux codifiée de la jurisprudence règlant la matière des eaux, et particulièrement le droit d'aqueduc. C'est pour ce motif que nous l'avons exposée en détail, en citant les textes des lois actuelles.

En Espagne, où le droit d'aqueduc est également invétéré (1), la législation et le régime administratif des eaux, quelques éloges qu'ils méritent, diffèrent essentiellement de ceux de l'Italie et ne peuvent guère s'appliquer dans des pays, comme la France, où le Code, à peu près muet sur les irrigations, a nivelé tout ce qui dans les vieilles coutumes de quelques provinces, dans quelques fragments d'antique jurisprudence locale, aurait pu servir de règles spéciales, utiles, et même indispensables à l'agriculture des terres arrosées (2). Rien n'est au contraire aussi varié que les divers systèmes appliqués en Espagne pour l'usage et la répartition des eaux. « Il semble, dit l'inspecteur général Lebasteur, en

(1) Les constitutions de Catalogne portent à ce sujet les mêmes dispositions législatives que celles du Code italien. « Voulons et ordonnons que « toutes les fois qu'un ruisseau ou aqueduc pourra avoir un meilleur « épanchoir que dans l'endroit par où il passe d'ordinaire, il soit permis, « sans aucune contradiction, de conduire cet aqueduc dans tout autre lieu, « et de le faire passer par toutes les terres qu'il conviendra, après avoir « toutefois satisfait aux dommages. »

(2) De Mauny de Mornay, *loc. cit., 2ᵉ partie,* p. 1.

« rendant compte de l'ouvrage d'Aymard (1), que
« l'esprit humain se soit exercé à rechercher toutes les
« combinaisons et à en tirer toutes les conséquences
« possibles. » Ce n'est donc pas précisément en Espagne
qu'il y a lieu de chercher des exemples de législation
pour réglementer les eaux et les cultures arrosées.

Propriété des eaux. — « Tantôt l'eau est annexe de
la terre; on ne peut vendre une parcelle de terrain, sans
vendre en même temps l'eau qui l'arrose. La prohibition s'étend même à la cession, ou à l'échange d'un
simple tour d'arrosage. » C'est le cas dans la *huerta* de
Valence et dans celles de Murcie et d'Almansa, où l'eau,
si l'on n'en use pas, fait retour à la masse commune.

Tantôt, comme à Elche et à Lorca, la propriété de
l'eau est entre des mains différentes de celles qui détien-
nent la terre; le propriétaire du sol n'a plus aucun
droit à l'arrosage; quand il a besoin d'eau il l'achète de
gré à gré, en Bourse, pour la consommation d'une période de 24 heures, à partir de 6 heures du soir, ou bien
aux enchères publiques.

Dans la *huerta* d'Alicante, les deux systèmes sont appliqués. Lorsque l'on eut construit le réservoir de Tibi,
on admit comme principe que l'eau *nouvelle*, celle du réservoir, serait annexe de la terre, et que les anciens propriétaires des eaux *vieilles*, en dehors des crues, auraient la faculté d'en disposer avec ou sans la terre, mais
en restreignant cette faculté au périmètre naturellement
irrigué. Les propriétaires d'eau nouvelle peuvent d'ailleurs céder tout ou partie de leur tour d'arrosage. De
même, à Grenade, à cause du mécanisme compliqué
qu'entraînent les deux natures de propriété, il y a des
eaux privées que les particuliers peuvent vendre avec

(1) M. Aymard, *loc. cit.*, p. ix.

ou sans la terre, et des eaux communes à un territoire ou à une zone, appartenant à la terre, qui sont distribuées par tournées d'arrosage. Bien plus, dans cette *huerta* certaines eaux sont propriété privée pendant une partie de la journée, et propriété publique pendant le reste du temps. Un registre volumineux remontant à l'année 1575, renferme, d'après une enquête prescrite par Philippe II, les dispositions faisant loi, applicables à chaque propriété.

Ailleurs, ce sont les compagnies ayant construit les barrages qui vendent les eaux de gré à gré. La compagnie de Nijar a fait établir à l'aval du barrage deux grands bassins qui se remplissent successivement, et l'eau se vend à un prix fixé par bassin.

Quand les eaux sont élevées, comme à Palma del Rio, par des roues à godets, chaque roue arrose une zone dont les propriétaires emploient les eaux suivant des règlements acceptés par tous.

La constitution d'une propriété des eaux distincte de celle de la terre, qui est l'exception en Espagne, offre de graves inconvénients. Indépendamment de l'antagonisme que la vente fait naître entre les propriétaires de l'eau et de la terre, elle condamne l'agriculture à l'immobilité. Les capitalistes, étrangers au sol, ne laissent pas, il est vrai, péricliter un barrage, puisque leur fortune est là; mais ils n'ont aucun intérêt à ménager les eaux, ou à développer lès ressources hydrauliques, par le motif que plus l'eau est abondante, plus elle est bon marché. Il y a, au contraire, une limite passé laquelle la spéculation de la vente de l'eau devient mauvaise. On a prétendu, en faveur du système des ventes, qu'il prévient le gaspillage des eaux et permet de faire arroser par un volume déterminé la plus grande superficie possible. L'eau étant utilisée, ajoute-t-on, peu

importe qu'elle le soit sur la terre d'un propriétaire,
ou de son voisin. Quelque séduisantes que paraissent
ces raisons en elles-mêmes, l'agriculture, dans les pays
où l'État ne possède pas de canaux importants qui règlent la distribution et le prix de l'eau, est à la merci des
détenteurs et parfois exposé à se priver de ses bienfaits,
pour échapper aux conditions onéreuses ou exorbitantes
des propriétaires de sources et de canaux.

De toutes manières, il importe que la loi inter-
vienne, d'une part, pour modérer la spéculation et
empêcher que le propriétaire de l'eau s'engage à livrer
plus d'eau qu'il n'en peut donner, et d'autre part, pour
laisser toute faculté à l'agriculteur de devenir propriétaire, ou tout au moins, usufruitier perpétuel de l'eau
qui lui est indispensable. Les abus de concession peuvent être évités, en imposant aux détenteurs de l'eau
la preuve légale du débit dont ils disposent, et en appliquant des prescriptions (telles que celles figurant à
l'art. 650 du code civil italien) relativement aux dommages-intérêts en cas de manque d'eau. L'usufruit ou
la propriété de l'eau peuvent être concédés au déten-
teur du sol, sur base d'utilité publique, décidée par
l'autorité judiciaire, dans chaque cas particulier. Malgré les entraves apportées par une telle jurisprudence
au libre exercice du droit de propriété des eaux, et au
développement de l'offre et de la demande, en matière
d'eau d'arrosage, l'agriculteur ne pouvant pas librement
discuter les conditions qui lui sont faites par le propriétaire de l'eau, doit être protégé contre l'abus du
monopole, et contre les dommages que lui inflige la
privation de l'eau sur laquelle il compte et qu'il a
le plus souvent payée.

A Elche, à Lorca, et dans d'autres régions de l'Espagne et même de l'Italie, où les concessions d'eau

ont été données sans fixer le périmètre arrosable, l'eau venant à diminuer par suite de sécheresses exceptionnelles, ou de surfaces trop étendues soumises à l'irrigation, les prix de l'eau augmentent dans des proportions énormes. Il n'est pas de sacrifices que l'agriculture ne soit décidée à faire pour sauver ses récoltes à prix d'argent, surtout si l'eau, au lieu d'être vendue de gré à gré, comme à Elche et à Alicante, est adjugée aux enchères, comme à Lorca. Le paysan s'y ruine et l'agriculture aussi, au profit des spéculateurs.

Les syndicats. — Les règlements modernes sur les syndicats, en consacrant implicitement l'annexion de la propriété de l'eau à celle de la terre, ont permis d'obvier aux excès et aux abus de la vente de l'eau que l'on constate dans un grand nombre de districts arrosés. C'est, en effet, dans l'organisation des syndicats espagnols, constitués par le suffrage universel de tous les intéressés, qu'il convient d'étudier la législation des arrosages. Elle réglemente non seulement l'intervention des particuliers, le mode d'élection et de représentation des usagers, l'action des agents de service, mais encore elle édicte une pénalité rationnelle et graduée pour tous les genres de contraventions et définit les pouvoirs des tribunaux des eaux.

Tantôt par eux-mêmes, tantôt par les préposés à la distribution des eaux, les syndics exercent une autorité en quelque sorte souveraine sur leurs administrés, en vertu de laquelle ils peuvent en temps de sécheresse intervertir les tours d'arrosage, augmenter pour certaines parcelles la durée des irrigations, la diminuer pour d'autres, suivant les cultures, sans autre garantie pour couvrir leur responsabilité, que celle de sauver les récoltes compromises.

Tribunal des eaux. — Une des attributions les

plus utiles des syndicats est leur constitution en tribunaux privatifs. A Valence, le premier tribunal des eaux (*corte de acequieros*) fut institué, dit-on, par Al-Hakem-al-Mostansir-Bilah, vers l'an 920, pour juger les conflits en matière d'arrosage (*cuestiones de riego*). Les juges, ou *sindicos*, sont des agriculteurs élus par leurs voisins. Tous les jeudis, à midi, le tribunal se réunit en plein air, devant le portail latéral de la cathédrale, *la Seo*, et siège sur un divan que fournit obligatoirement le chapitre. La cloche du Micalet sonnant midi, la séance commence; les plaideurs exposent l'affaire, le *sindico* de leur *acequia* écoute, interroge, et la cour délibère. Le jugement est rendu sans appel par le *sindico*, qui prononce les peines édictées par les règlements, et statue sur les différends élevés à propos de l'usage des eaux (1).

Respectée par *Jaime el Conquistador* (Jacques le Conquérant, roi d'Aragon), cette institution, très populaire en Espagne, étendue à la *huerta* de Murcie et ailleurs, a été transformée en conseil de prudhommes (*probi viri*), dans les syndicats créés depuis le décret du 27 octobre 1848, mais maintenue pour ceux existant avant le décret, dans sa forme primitive et avec sa simplicité orientale, en limitant les attributions, comme par le passé, « à la police des eaux et à la connaissance des « questions de fait qui surgiront entre les personnes « directement intéressées à l'arrosage ». Convaincu de l'excellence du tribunal privatif, le gouvernement se l'est approprié, en lui donnant une forme moderne, applicable à des localités où elle n'avait jamais fonctionné.

Le régime si varié de la propriété et de l'administration des eaux, qui est un fait inhérent à l'histoire même

(1) Ch. Davillier, *Voyage en Espagne, loc. cit.*

du pays, résultant de l'absence d'un pouvoir centralisateur et de règles uniformes, n'a été modifié par l'action gouvernementale actuelle que sous forme de revision des règlements, dans les limites compatibles avec les principes légués par le passé. Aussi retrouve-t-on aujourd'hui, dans presque toutes les localités, une organisation, pour ainsi dire communale, chargée du service hydraulique, comprenant ses délégués, ses bureaux, ses employés, son notaire, son tribunal et ses archives soigneusement classées. On lira dans l'ouvrage d'Aymard les textes des règlements les plus importants, anciens et nouveaux, qui sont en vigueur dans les *huertas* de Valence (Turia), de Murviedro (Jucar), d'Alicante, d'Almansa, de Murcie, d'Elche, de Lorca. Il serait peu profitable de rechercher en quoi ils se distinguent les uns des autres, car tous sont susceptibles, sans l'appui du pouvoir central, d'assurer le fonctionnement régulier des arrosages.

Dans la province de Grenade, où les irrigations jouissent d'une grande et légitime réputation, il n'y a pas d'administration spéciale; rien n'est écrit, ni formulé, en matière de règlement. « Les choses marchent par tradi-« tion, sans que les usagers aient jamais cherché à ap-« porter la moindre modification à leurs usages, depuis « le temps des Maures. » Il est vrai que la prospérité des irrigations s'explique par l'abondance même des eaux; mais aucun appareil administratif n'intervient; chaque canal est géré par les riverains qui nomment annuellement un syndic auquel ils délèguent tous leurs pouvoirs : point de tarifs de pénalité graduée, ni de tribunaux privatifs.

Les abus sont poursuivis devant les tribunaux ordinaires. Le seul code qui existe pour les irrigations de Grenade, est un livre foncier, dressé du temps de Philippe II, par le conseiller Loaïsa, contenant l'état des prises d'eau et des propriétés desservies, avec l'indication des droits d'usage. La cloche de la Vela (de la veillée), placée sur la tour de l'Alhambra, pour indiquer pendant la nuit les heures d'arrosage, s'entend de toute la plaine. Depuis le crépuscule jusqu'au lever du soleil, elle bat de dix en dix minutes des sonneries conventionnelles qui apprennent aux arrosants dans les limites de quelle heure ils se trouvent. C'est le seul règlement des irrigations de la *Vega*.

Loi des concessions. — Le gouvernement espagnol, en laissant subsister les usages consacrés par le temps, tout en cherchant à réformer et à perfectionner les détails de police et d'administration, pour les mettre en harmonie avec les nécessités modernes, n'a point négligé d'édicter de nouvelles lois en vue des concessions d'arrosage à faire dans l'avenir. La première loi, ou le premier décret d'après lequel les bases générales des concessions et les droits respectifs des concessionnaires et des usagers sont établis, de sorte que les entreprises puissent s'organiser sans difficulté dans tout le royaume, date du 29 avril 1860.

Ce décret pose en principe (*Art.* 19) la domanialité des cours d'eau, quelle qu'en soit la nature, et réserve à l'État (*Art.* 1er) le droit de concession, aussi bien pour les eaux courantes domaniales, que pour les eaux stagnantes et souterraines qui se trouvent sur les terrains de l'État ou des communes. L'autorisation est toujours censée accordée (*Art.* 2), sans préjudice des droits des tiers, ni du droit de propriété. Dans l'aménagement des eaux publiques, l'ordre de préférence est assigné aux arrosages, par rapport aux canaux de navigation et de flottage, en vertu de *l'article 5*. Les concessions d'arrosage faites individuellement ou collectivement, aux pro-

priétaires mêmes des terres qui doivent utiliser les eaux
sont, d'après l'*article* 6, à perpétuité; tandis que celles
accordées à des compagnies ou à des particuliers, pour
arroser des terres qui ne leur appartiennent pas, ne s'é-
tendent qu'à un laps de temps déterminé, passé lequel,
la redevance imposée aux terres irrigables cesse et
leurs propriétaires n'ont plus d'autres obligations que
celles d'entretenir et de réparer les ouvrages. Le principe de l'annexion de l'eau à la terre étant ainsi consacré, toute concession d'eau d'arrosage qui intéresse un
territoire doit être suivie de l'établissement d'un syndicat (*Art.* 10) (1), et cela même, lorsque les eaux sont
concédées à une compagnie autorisée à percevoir une
redevance temporaire. Par cette disposition tutélaire,
les associations des propriétaires terriers et des propriétaires usufruitiers des ouvrages et de la concession
temporaire, peuvent librement débattre l'obligation de
former un règlement, approuvé par l'autorité, qui ait
pour base l'administration des eaux par les intéressés
eux-mêmes, sous le contrôle des autorités ou de l'administration supérieure. Ces principes comportent l'é-
lection d'un syndic et de délégués par l'universalité
des usagers réunis en assemblée générale; le vote
de l'impôt par le comité des délégués que préside le
syndic; la distribution des arrosages, soit par ces délégués (*junta de electos*), soit par des agents fonctionnant sous leurs ordres (*veedores regantes*, inspecteurs,
et surveillants de tours, *atandadores*), armés de pouvoirs répressifs assez étendus (2); enfin, la fixation d'un

---

(1) « *A toda concession de aguas para el riego que afecte los intereses*
« *de una comarca, debera seguir el establecimiento de una junta sindical...* »

(2) L'inspecteur du canal (*acequiero*) relève directement du syndic; il a
sous ses ordres les *veedores*, les *atandadores* et les gardes (*guardas*) qui
parcourent le canal, règlent le débit, et distribuent l'eau suivant le tour
(*tandeo*).

tarif de pénalités, délibéré par la *junta*, et rendu exécutoire par l'autorité souveraine. Le collecteur (*cobrador*) est spécialement chargé de la rentrée des redevances ou taxes, et le notaire (*notaro*), de la légalisation des délibérations de la *junta* et des mutations qui surviennent.

Loi des canaux et des réservoirs d'irrigation. — Une loi du 20 février 1870 (1) vise surtout les entreprises particulières d'arrosage que l'État peut subventionner. C'est ainsi qu'elle établit à *l'article* 8, non seulement en faveur de l'entreprise concessionnaire, le droit à la propriété perpétuelle de l'eau et la faculté de fixer et de modifier la redevance annuelle (ce que le gouvernement s'était réservé de faire jusqu'alors), mais elle abandonne le montant des cotes de contribution à imposer aux propriétaires des terres irriguées, jusqu'à ce que le revenu ait atteint 150 francs par hectare. D'après *l'article* 10, il est stipulé qu'au cas où le revenu de 150 francs par hectare arrosé est atteint, les concessionnaires peuvent encore disposer pendant trois ans de la plus value-totale des contributions, à titre d'indemnité pour les intérêts du capital engagé dans la construction des canaux ou des réservoirs d'irrigation. Ils sont d'ailleurs libérés de tous autres impôts que ceux frappant les bénéfices nets qui résultent directement de leur industrie (*Art.* 12). Enfin, *l'article* 13 porte que tous travaux de canaux et de réservoirs d'irrigation déclarés d'utilité publique, entraînent l'expropriation forcée, du moment où ils ont pour effet l'irrigation d'une surface d'au moins 200 hectares, et les concessionnaires sont dispensés des formalités qu'exige cette déclaration. Un règlement spécial du 20 décembre 1870, définit le mode d'application de la loi.

---

(1) *Ley de canales y pantanos de riego,* 20 febrero 1870.

Lois auxiliaires. — Deux nouvelles lois ont été promulguées depuis celle de 1870, à savoir : une loi générale sur les eaux, du 13 juin 1873 (1), par laquelle se trouvent abrogées ou modifiées les dispositions des lois et des décrets antérieurs, et qui s'étend aussi bien aux conditions de propriété des eaux, aux servitudes, aux entreprises d'amélioration, aux concessions pour emplois divers des eaux, qu'aux syndicats d'arrosage; et une loi spéciale du 27 juillet 1883 (2) relative aux subventions à accorder aux canaux et aux réservoirs d'irrigation.

Les principes de la loi générale de 1873 sont les mêmes que ceux établis dans le décret du 29 avril 1860 ; ils se caractérisent par l'obligation de créer des associations, toutes les fois que le nombre des usagers dépasse 20, et que l'étendue arrosée dépasse 200 hectares; chaque association doit avoir un syndicat, ou conseil d'administration, élu par ses suffrages, et un tribunal des eaux (*jurados de riego*) semblable à celui qui fonctionne à Alicante (3), chargé d'informer les questions de fait survenant entre les usagers, et d'infliger les amendes et pénalités pour infractions et contraventions, établies par les ordonnances de l'association elle-même.

Les tribunaux qui fonctionnent dans les anciennes *huertas* conservent leur organisation, à moins que les associations ne demandent à l'administration d'être réformées conformément à la nouvelle loi (*Art.* 247).

Quant aux attributions du gouvernement, en ce qui regarde les concessions, l'*article* 249 du chap. XIV

(1) *Ley de aguas,* 13 junio 1873.

(2) *Ley de auxilios à las empresas de canales y pantanos de riego,* 27 julio 1883.

(3) *Règlement du syndicat des irrigations dans la huerta de Alicante,* Titre V, 24 janvier 1865.

porte que tous les projets dont l'approbation est réservée aux gouverneurs, et les concessions relatives, dépendant de leur approbation, devront être révisés et accordés dans le délai de six mois (1). En cas de retard, ou pourra toujours réclamer auprès du ministère compétent, la concession, qui sera dès lors octroyée dans le délai de quatre mois.

Comme la loi italienne du 25 décembre 1883, la loi espagnole du 27 juillet de la même année a pour but de favoriser la création de nouvelles entreprises d'irrigation en vue de la distribution d'un débit continu minimum de 200 litres par seconde; 1° moyennant des subventions n'excédant pas 30 pour cent du devis des lignes principales de dérivation; 2° à l'aide de versements n'excédant pas 250 francs par litre d'eau continue (2) employée en irrigations. En outre, la loi autorise le gouvernement à remplacer les subventions par une valeur équivalente en ouvrages d'art, que l'administration des travaux publics se chargerait de construire. Dans aucun cas, la somme totale des subventions, des travaux, ou des versements, ne peut dépasser 40 pour cent du devis, y compris 100 francs en sus, par hectare de terre arrosable.

Les syndicats ont été appelés à bénéficier de cette loi libérale par l'*article* 12, aux termes duquel toute association syndicale constituée en conformité avec la loi des eaux, voulant construire des canaux ou des réservoirs pour l'irrigation de terres nouvelles, ou pour l'amélioration d'arrosages existants, quelle que soit la quantité d'eau utilisée dans ce but, pouvu qu'elle s'engage à payer la moitié des dépenses du projet approuvé, recevra la

(1) Ces concessions comportent seulement des débits inférieurs à 100 litres d'eau continue par seconde; chap. XI, *art.* 185.
(2) Soit 31,536 m. cubes annuellement.

concession sans enchères, et une subvention du gouvernement jusqu'à concurrence de 5o pour cent du montant du devis. Cette subvention consistera toujours en une somme équivalente de travaux, et de préférence, s'appliquera aux travaux les plus difficiles, ou les plus importants. En outre, le gouvernement pourra, dans les limites du budget annuel, avancer à l'association, à titre de prêt, 5o pour cent des dépenses qu'exigent la construction des canaux secondaires, des rigoles principales, et la préparation des terrains. Ce prêt sera remboursé avec intérêt à 3 pour cent, moyennant une redevance annuelle imposée aux terres arrosées et fixée à l'époque du versement.

Le projet servant de base à une concession de canal ou de réservoir, doit comprendre, en vertu de la loi de 1883, non seulement le plan de la zone arrosable, les jaugeages de l'eau disponible, le devis et les conditions d'exécution des travaux, le tarif exigible pour le débit du litre d'eau continue par seconde, les tableaux indiquant l'équivalence par hectare des diverses cultures, et un aperçu des bénéfices probables; mais encore un engagement par écrit des propriétaires de la moitié de la zone arrosable, qui s'obligent à payer le tarif (*art.* 3). Dès que le projet a été approuvé (nous omettons les formalités nécessaires), et que la redevance annuelle minimum exigible a été déterminée, il est procédé à l'adjudication publique de la concession pour une durée de 99 années, sur enchère du montant de la subvention gouvernementale (*art.* 4). Si les enchères sont égales, la préférence est donnée à quiconque offre le plus fort rabais sur la prime; et au cas où les enchères demeurent encore les mêmes, la concession est adjugée à quiconque enchérit sur le tarif. Les enchères terminées, si l'auteur du projet n'est pas le concessionnaire, il est remboursé du prix de son projet, fixé préalablement à dire d'experts. Pour prendre part à l'adjudication, les concurrents doivent déposer comme cautionnement la valeur estimative du projet, et cinq pour cent du montant total du devis.

- En rendant les syndicats obligatoires, dans le but de soustraire l'emploi des eaux à la spéculation, le gouvernement espagnol leur fournit ainsi de larges subsides pour l'exécution des travaux et la transformation des cultures. Il n'y a donc pas lieu de s'étonner que dans ces dernières années, les associations syndicales se soient développées, et que les entreprises de travaux appliqués surtout aux retenues, aient réussi, grâce à la libéralité de l'État et au concours de ses ingénieurs.

ALLEMAGNE.

- En Allemagne, les syndicats d'irrigation, au même titre que ceux de dessèchement, de drainage, de défrichement, de régularisation des cours d'eau, etc., sont soumis à autant de lois, on peut dire, qu'il y avait d'anciens États dans la confédération. Le pouvoir coactif concédé à des intéressés, pour obliger la minorité à faire partie d'un syndicat, en vue des entreprises d'amélioration du sol, repose sur des majorités qui diffèrent suivant les États. Ainsi, pour l'irrigation des prairies, la majorité comporte en Bavière et dans le duché de Bade, les deux tiers des intéressés (lois des 15 avril 1875 et 12 mai 1882), dans la Hesse, les propriétaires de plus de la moitié absolue des parcelles arrosables (lois de 1830 et du 2 février 1858), et dans le pays de Siegen, les propriétaires d'un quart seulement de la surface (loi du 28 novembre 1846).

En Saxe, le ministre de l'intérieur, sur la demande de

quelques intéressés, peut autoriser un syndicat, et en Prusse, aux termes de la loi du 28 février 1843 (1), l'administration a le droit de constituer des syndicats même contre le gré de tous les intéressés. La nouvelle loi prussienne du 1er avril 1879 distingue les syndicats libres et les syndicats obligatoires et permet d'accorder aux premiers les droits juridiques dont jouissent les derniers, à la faveur des intérêts publics qu'ils représentent (2).

Bavière. — Sans comparaison possible avec l'Italie et l'Espagne, la Bavière n'en possède pas moins une législation sur la jouissance et l'entretien des cours d'eau, qui a développé les irrigations d'une manière remarquable et favorisé la formation de nombreuses sociétés pour leur exécution (3); les principes seulement sont résumés ci-après.

Chaque riverain peut, en effet, utiliser les cours d'eau qui baignent sa propriété, à la condition qu'il n'en résulte pour les co-riverains, ni privation d'eau, ni inondation, ni danger d'eau stagnante, et que l'eau ait repris son cours naturel en arrivant aux fonds inférieurs. Encore peut-on être dispensé par l'autorité de cette dernière sujétion, lorsqu'il est prouvé que le changement ne causera aux riverains aucun préjudice.

Les non-riverains peuvent prétendre aux avantages à retirer des cours d'eau, si ces avantages ne sont pas absorbés par les riverains, et si la prise d'eau ne peut causer à ces derniers aucun préjudice.

Les usiniers ou propriétaires de moulins doivent tenir leurs machines en tel état qu'il ne résulte de leur exploitation aucun préjudice pour les riverains.

La servitude d'aqueduc et celle d'appui, cette dernière

(1) Voir p. 692 de ce même tome.
(2) Pierer, *Konversatio.1 Lexikon*, 1889.
(3) De Monny de Mornay, *Rapport sur l'Enquête agricole*, 1867, p. 108,

moyennant indemnité préalable, sont inscrites dans la loi.

Les travaux d'irrigation qui ne peuvent s'exécuter sans empiètement sur les fonds voisins, peuvent être déclarés d'utilité publique. Il suffit que trois propriétaires au moins s'unissent dans ce but, pour qu'une association légale puisse se constituer. Si plusieurs propriétaires refusent leur consentement aux travaux, on peut les y contraindre, pourvu qu'il y ait parmi les intéressés une majorité des deux tiers, qui se compte, non d'après le nombre de voix, mais d'après la superficie des propriétés. La part contributive des propriétaires non consentants, qui ne sont pas en mesure de l'acquitter, est avancée par les autres, contre un intérêt de 4 pour cent. Les opposants peuvent, de plus, exiger que leur propriété soit estimée avant les travaux; et cinq ans, ou au plus tard dix ans, après leur exécution, si la plus-value n'est pas égale aux intérêts payés ou à payer, ils peuvent demander décharge, ou une indemnité correspondante.

Les caisses de banque agricole, en Bavière, prêtent à un intérêt très minime aux propriétaires peu aisés qui veulent participer aux travaux d'irrigation.

Oldenbourg. — Un exemple particulier de législation est fourni par la principauté de Birkenfeld (1).

L'ordonnance du grand-duc d'Oldenburg, du 20 août 1844, porte que pour favoriser l'amélioration des prés dans la principauté et y faciliter les irrigations et dessèchements :

1. Chacun peut être obligé de céder sa propriété, ou de la laisser grever de servitudes, moyennant complète indemnité pour l'ins-

(1) Villeroy et Müller, *loc. cit.*, p. 247. La principauté de Birkenfeld est enclavée entre la Prusse Rhénane et la Hesse-Hombourg, et dépend du grand-duché d'Oldenbourg.

tallation des travaux d'irrigation considérés comme d'utilité publique.

2. L'administration de la principauté décide la question d'utilité, sauf le recours au cabinet grand-ducal.

3. Pour le reste, on se conformera à la loi existante sur les expropriations.

Cette ordonnance est suivie d'une introduction ainsi conçue, relative à l'expropriation pour irrigation des prés, qui mérite toute considération :

1. Celui qui veut établir une irrigation de prés, et qui ne peut s'entendre avec ceux dont les propriétés devraient pour cela lui être cédées, ou être grevées de servitudes, doit adresser au bailliage dans le ressort duquel sont situées les propriétés une demande en expropriation, accompagnée d'un plan qui représente complètement les travaux à exécuter et de tous les documents qui doivent éclairer la question.

2. Le bailliage devra s'occuper de l'affaire dans un délai qui ne pourra excéder quinze jours, et il préviendra les propriétaires intéressés, en leur faisant expressément savoir que si, dans le délai fixé, ils ne se présentent pas, ou ne produisent pas leurs motifs d'opposition, ils seront considérés comme donnant leur consentement à la demande et renonçant à toute opposition.

3. Dans les débats qui auront lieu devant le bailliage, et dont procès-verbal doit être dressé on examinera soigneusement toutes les questions relatives à l'irrigation, et particulièrement s'il est nécessaire ou utile que les propriétés soient cédées ou grevées de servitudes, ou si l'irrigation ne peut pas être établie d'une autre manière, sans de grandes difficultés et sans de grands frais.

4. Si les parties ne peuvent être amenées à une conciliation, le bailliage transmet les actes, avec son opinion motivée, à l'administration supérieure de la Principauté. Celle-ci ordonnera, s'il y a lieu, une nouvelle instruction, ou un nouvel examen sous les rapports techniques et économiques, et prononcera sur la question d'expropriation.

Dans cette décision, dont une expédition sera remise à chacune des parties, les propriétés cédées ou grevées de servitudes seront exactement désignées.

5. S'il y avait lieu à un appel de cette décision, il doit être dé-

claré à la régence supérieure dans le délai de huit jours, et l'acte d'appel doit lui être remis dans le délai de quinze jours.

6. Si les parties ne peuvent s'entendre sur la cession réelle des propriétés ou sur l'indemnité, elles s'adresseront pour cela aux tribunaux ordinaires. Les bailliages doivent faire tout leur possible pour obtenir des arrangements amiables, afin que des procès ou de longues enquêtes ne mettent pas d'obstacle à d'utiles entreprises d'irrigation.

7. Les honoraires et le papier timbré ne doivent pas, dans la règle, être comptés, pour tous les débats qui ont lieu devant l'autorité administrative; cependant la régence peut mettre ces frais à la charge d'une des parties dont la prétention ou l'opposition seront reconnues frivoles.

8. Si plusieurs propriétaires sont intéressés à une grande irrigation, on leur conseille de mettre par écrit les statuts de leur association pour l'exécution des travaux, la répartition des frais, la jouissance commune de l'eau, etc., et de la soumettre à la sanction de la régence, ce qui leur donnera force d'une loi de police.

9. Il est enjoint aux autorités municipales d'user de toute leur influence pour amener leurs administrés à s'entendre amiablement pour l'établissement d'irrigations. La régence, de son côté, est prête à donner tout l'appui possible à ces utiles entreprises, par les conseils d'hommes de l'art, par son intervention pour concilier les différends, par des secours pour couvrir une partie des frais; elle est de même disposée à consentir que des emprunts aient lieu sur les caisses communales, lorsqu'ils seront demandés par les autorités municipales.

FRANCE.

La législation des irrigations, en France, est à faire; celle du régime des eaux, également.

1. *Législation.*

Propriété des eaux. — L'article 538 du Code civil déclare que « les fleuves et rivières navigables ou flot-
« tables sont considérés comme des dépendances du do-
« maine public »; il n'est pas question des cours d'eau

non navigables ni flottables. D'autre part, l'article 714 du même code porte « qu'il est des choses qui n'appar-« tiennent à personne et dont l'usage est commun à tous; « des lois de police règlent la manière d'en jouir. » Les cours d'eau non navigables ni flottables font-ils partie des choses qui n'appartiennent à personne, comme l'a décidé un arrêt de la cour de cassation du 18 juin 1846 ? Ou bien, appartiennent-ils aux riverains, aux termes de l'ancienne législation, reconnue par le plus grand nombre des jurisconsultes ?

Il est vrai que, suivant l'article 640 du code, « les fonds inférieurs sont assujettis, envers ceux qui sont plus élevés, à recevoir les eaux qui en découlent naturellement, sans que la main de l'homme y ait contribué; » ce qui donne lieu de supposer que le lit des cours d'eau n'appartient pas dans toute sa longueur à l'État, et que la propriété des cours d'eau non navigables ni flottables, au profit des riverains, comprend le lit et les eaux. Dès lors, l'article 644 du code trouve son application en ces termes :

« Celui dont la propriété borde une eau courante, autre que celle déclarée dépendante du domaine public, peut s'en servir au passage pour l'irrigation de ses propriétés. Celui dont cette eau traverse l'héritage peut même en user dans l'intervalle qu'elle y parcourt, mais à la charge de la rendre, à la sortie de ses fonds, à son cours ordinaire. »

L'article 645 ajoute :

« S'il s'élève une contestation entre les propriétaires auxquels ces eaux peuvent être utiles, les tribunaux, en prononçant, doivent concilier l'intérêt de l'agriculture avec le respect de la propriétés et dans tous les cas, les règlements particuliers et locaux sur le cours et l'usage des eaux doivent être observés. »

La loi du 12-20 août 1790, chap. VI, avait déjà édicté que :

« Les administrations de département doivent rechercher et indiquer les moyens de procurer le libre cours des eaux; d'empêcher que les prairies ne soient submergées par la trop grande élévation des écluses des moulins et par autres ouvrages d'art établis sur les rivières; de diriger enfin, autant qu'il sera possible, toutes les eaux de leur territoire vers un but d'utilité générale, d'après les principes de l'irrigation. »

Ainsi, aux deux principes de propriété, dont l'un est contestable et contesté, en ce qui regarde les cours d'eau non navigables, correspondent deux juridictions; celle des tribunaux et celle de l'administration. La première prononce sur les différends quant à la propriété, et la seconde, la réglemente, en fixant la direction des rivières, la hauteur des eaux, les conditions des prises d'eau, des usines, des barrages, des digues, plantations, lavoirs, etc. Préfets et maires sont investis de droits, en vertu des règlements généraux, pour assurer le libre écoulement des eaux et leur distribution dans des vues d'utilité générale; soit qu'ils prennent et fassent exécuter d'office des mesures de garantie et de préservation, soit qu'ils répriment les entreprises dommageables des riverains, sauf recours des intéressés devant le Ministre, ou le conseil d'État.

Sur les cours d'eau du domaine public, y compris les canaux navigables, pour lesquels la domanialité est l'attribut de la navigabilité, aucune concession ne peut être accordée, si elle n'est subordonnée à l'intérêt public; par conséquent, elle ne comporte pas un transport de propriété. Il s'ensuit que toute prise d'eau dans les rivières et canaux navigables et dans leurs bras, ayant pour effet de diminuer le volume des eaux et portant atteinte à leur navigabilité, doit être l'objet d'une concession.

Comme les ruisseaux alimentaires sont réputés les accessoires des rivières et canaux, les riverains n'y peuvent exercer aucune prise d'eau, à moins également de se pourvoir d'une concession spéciale. Le droit d'irrigation n'existant pas au profit des riverains des cours d'eau du domaine, rien n'empêche le gouvernement de faire des concessions à des propriétaires plus ou moins éloignés des rives ; mais sur les petits cours d'eau où le droit n'appartient qu'aux riverains, il n'en est pas de même. En effet, pour ces derniers, le droit est, comme on dit, de pure faculté, c'est-à-dire que celui à qui il appartient est maître de l'exercer, quand il juge à propos, car il ne résulte d'aucune obligation prise par un tiers, et, par conséquent, il n'affecte pas le droit d'autrui. Que le riverain s'abstienne d'user de son droit, ou qu'il en use à son gré, il ne peut être prescrit.

Dans ces conditions, si les propriétaires riverains des cours d'eau non navigables laissent perdre inutilement les eaux, la loi est désarmée pour faire participer à leur usage les propriétaires non riverains. Quand il s'est agi de modifier les articles précités 644-645 du code, qui ont créé cet état de choses déplorable en vue de l'extension des arrosages, la Commission supérieure pour l'aménagement et l'utilisation des eaux (1) a considéré que « c'était chose grave de toucher à une législation bien ancienne, qui a conféré des droits utiles aux riverains, comme compensation des charges auxquelles la riveraineté les expose, » et la réforme n'a pas été même proposée.

Si le droit des riverains ne va pas jusqu'à absorber ou intercepter les eaux au détriment du riverain inférieur, c'est-à-dire jusqu'à usurper exclusivement des avantages

(1) *Première session 1878-79; Rapport de la première sous-commission,* p. 47.

destinés à tous (*Art.* 644), il ne peut s'étendre d'ailleurs qu'à de nouveaux terrains non arrosés originairement, et réunis depuis à leur propriété par les riverains supérieurs. Entre deux co-riverains l'usage des eaux doit être égal, et le propriétaire d'une seule rive ne peut dériver tout ou partie du cours d'eau à travers son fonds qu'avec le consentement du propriétaire de la rive opposée, puisqu'à la limite de leurs héritages respectifs, les eaux doivent être rendues à leurs cours ordinaire : il en est de même si le propriétaire d'une seule rive veut appuyer un barrage sur l'autre rive. Quand le fonds est séparé du cours d'eau par un chemin public, le propriétaire de ce fonds n'est pas riverain, et il n'a pas le droit de se prévaloir des dispositions de l'article 644.

Les usines. — Ce sont là des premières indications sur les causes de difficultés et de conflits, en dehors de ceux soulevés par l'administration, qui entravent les irrigations sur les cours d'eau non navigables ; nous avons omis toutefois la plus importante, celle des usines. La jurisprudence a d'abord consacré l'existence légale de toutes les usines antérieures à 1790, indépendamment même d'aucune preuve qu'elles eussent été concédées anciennement par les seigneurs, ou de la teneur des concessions telles qu'elles se comportent; puis elle a admis que, comme auparavant, les usines jouissent, du moins quant aux tiers intéressés, d'une existence légale par prescription, en dehors de toute autorisation administrative. Pour toute nouvelle usine, ou pour la modification d'une usine ancienne, l'administration intervient seulement dans les termes posés par la loi du 6 octobre 1791 que nous n'avons pas à examiner, quant aux causes d'opposition, de prescriptions d'établissement et aux recours, ni quant aux conditions d'exploitation, de répression ou de suppression par utilité publique.

Le régime des cours d'eau sur lesquels plusieurs usines sont établies est forcément mal réglé ; en étiage, les eaux sont insuffisantes pour assurer la marche régulière des usines ; dans les crues, au contraire, les eaux sont trop abondantes et deviennent nuisibles. Dans ces circonstances, malgré le désir qu'ils manifestent, les usiniers ne peuvent exécuter en commun les travaux destinés à améliorer le régime d'un cours d'eau, parce que ces travaux ne peuvent pas être déclarés d'utilité publique, ni s'exécuter ainsi par voie d'expropriation forcée sur les terrains nécessaires ; à plus forte raison, les usiniers ne peuvent-ils pas s'entendre avec les propriétaires qui désirent utiliser les eaux pour l'irrigation. Les tribunaux appelés à statuer finalement sur les partages d'eau entre usiniers, entre arrosants, ou entre usiniers et arrosants, ne peuvent, dans tous les états de la rivière, prescrire une division égale du volume. A défaut de titres, ou les titres étant très anciens, l'état des lieux, c'est-à-dire des sections de canaux ou des ouvrages, consacré par une possession trentenaire, devient souvent le seul titre attributif de droits au partage. Aussi, malgré tout le soin et toute l'impartialité avec lesquels les règlements sont prononcés, de manière à concilier tous les intérêts, est-il bien difficile qu'une situation favorable soit faite aux propriétaires arrosants, et que la répartition de l'eau s'opère d'une manière utile à leurs intérêts, généralement moins bien définis que ceux des usiniers.

D'autre part, c'est l'administration, qui, suivant l'étendue des terres arrosables, doit déterminer les jours et les heures d'irrigation, pour que ces durées une fois fixées, les usiniers, sachant sur quoi compter, puissent ordonner régulièrement leurs travaux. Or, l'inverse n'a que trop souvent lieu ; les usiniers jouissant de droits plus anciens que les arrosants, s'opposent à toute interruption réglementée qui altère les conditions mêmes de leur industrie. Cet état de choses ne sera remédiable que du jour où une législation nette et précise statuera d'une manière très catégorique sur les droits des moulins et des usines, et que ces établissements surveillés rigoureusement pour leur niveau d'eau, pourront être expropriés, dans le cas d'utilité publique reconnue, au point de vue de l'irrigation.

Il s'ensuit que l'irrigation qui ne peut donner des résultats avantageux que si elle est libre, est embarrassée aussi bien par la propriété mal définie, que par les droits acquis sur les cours d'eau. La non attribution à l'État des eaux non navigables est la cause première, souvent la cause unique, des difficultés dont souffre le pays tout entier. Les légistes diffèrent d'opinion; les tribunaux adoptent des jurisprudences fort diverses; la cour suprême et le conseil d'État professent à cet égard des doctrines très variables.

Si ces cours d'eau n'appartiennent à personne, comment un droit d'usage peut-il les confisquer au profit des riverains? Et comment ceux-ci n'en voulant pas user, peuvent-ils les rendre inutiles, alors qu'ils apporteraient à l'agriculture des terres voisines, mais non riveraines, un notable bienfait? On répond à cela que l'État, remplissant aux termes de la législation son devoir de surveillant et de régulateur, agit en propriétaire de ces cours d'eau; mais outre que sa position est contestée, l'eau se perd très souvent sans être employée, puisque ni les riverains, ni l'État, ne peuvent attribuer à personne l'eau qui ne rend aucun service (1).

Il y a donc là de grands intérêts privés et publics, gravement compromis par la propriété douteuse des cours

(1) De Monny de Mornay, *Pratique et législation, loc. cit.*, 2e partie, p. xi.

d'eau qui ne relèvent pas du domaine public; la première mesure à prendre pour les sauvegarder consisterait, suivant l'exemple que donnent les législations italienne et espagnole, à faire rentrer tous les cours d'eau sous la dépendance du domaine de l'État.

Le code et les lois d'irrigation. — Le Code civil n'ayant visé que d'une manière très secondaire les irrigations, deux lois seulement, des 19 avril 1845 et 11 juillet 1847, intitulées « Lois sur les irrigations », ont été rendues pour compléter les dispositions du code, en facilitant, au moyen de contraintes spéciales, les travaux qu'un ou plusieurs propriétaires peuvent entreprendre dans un intérêt privé.

La loi de 1845 porte :

Article 1er. — « Tout propriétaire voulant se servir, pour l'irrigation de ses propriétés, des eaux naturelles ou artificielles dont il a le droit de disposer, *pourra* obtenir le passage de ces eaux sur les fonds intermédiaires, à la charge d'une juste et préalable indemnité. Seront exemptés de cette servitude les maisons, cours, jardins, parcs et enclos attenant aux habitations.

Art. 2. — « Les propriétaires des fonds inférieurs devront recevoir les eaux qui s'écouleront des terrains ainsi arrosés, sauf l'indemnité qui pourra leur être due. Sont également exemptés de cette servitude les maisons, cours, jardins, parcs et enclos attenant aux habitations. »

Par l'article 1er, la nouvelle servitude légale n'est pas déclarée de droit, puisque le passage *pourra* être obtenu seulement par les intéressés justifiant d'un intérêt sérieux d'irrigation. C'est un premier pas en avant, mais c'est loin d'être une solution suffisante, même pour l'intérêt privé que vise la loi. Il n'y est question, en aucune façon, des grands travaux d'irrigation que l'État peut entreprendre ou faire exécuter par des compagnies, ni des associations d'arrosage constituées dans un intérêt public.

Le législateur s'est arrêté en route, ne voulant pas se laisser entraîner à la déclaration d'utilité publique pour des travaux collectifs, ni au transfert à l'intérêt privé d'un droit dont l'État seul veut rester armé, de crainte de porter atteinte au principe de l'indépendance du droit de propriété individuelle; comme si l'intérêt social ne prime pas et n'absorbe pas l'intérêt particulier.

L'article 2 de la loi de 1845 renouvelle pour l'écoulement sur les fonds inférieurs, des eaux ayant servi à l'irrigation, la disposition de l'article 645 du Code civil relatif à l'écoulement naturel, et l'article 4, que nous ne transcrivons pas, recommande de même aux juges de concilier, en cas de contestations, « l'intérêt de l'opération avec le respect dû à la propriété ».

La seconde loi sert de complément à la précédente; elle porte :

Article 1er. — « Tout propriétaire qui voudra se servir, pour l'irrigation de ses propriétés, des eaux naturelles ou artificielles dont il a le droit de disposer, *pourra* obtenir la faculté d'appuyer sur la propriété du riverain opposé, les ouvrages d'art nécessaires à sa prise d'eau, à la charge d'une juste et préalable indemnité. »

Sans la concession de cette faculté, le but de la loi de 1845 n'eût pas été atteint, car si le propriétaire ne peut établir sur la rive opposée, comme sur la sienne, les ouvrages nécessaires, son droit d'irrigation est frappé d'impuissance. La loi additionnelle ne confère aucuns droits nouveaux quant à la propriété ou à la jouissance des eaux; elle s'occupe uniquement de faciliter leur emploi, en réservant avant tout tous les droits de l'administration. Servitude d'appui et servitude d'aqueduc ne sont accordés que pour le volume d'eau dont on a le droit de disposer et pour les seuls travaux d'art, approuvés par l'administration, sur les cours d'eau dont elle a la police

Enfin, si le propriétaire, l'usager, le concessionnaire, l'usufruitier et l'emphytéote peuvent réclamer ces servitudes légales, mais facultatives, le fermier, ni le colon, ne peuvent les obtenir (1).

Avec ces deux lois, le propriétaire qui veut irriguer en France, n'en reste pas moins soumis à trois sujétions principales : les rapports avec l'administration, les collisions d'intérêts privés, la compétence des tribunaux et de la justice administrative. Il doit se demander d'abord si, d'après la nature des eaux dont il a l'intention de faire usage, il est maître de s'en servir, sans avoir besoin de recourir à l'autorité; il faut ensuite qu'il examine si son droit n'a pour concurrent aucun droit rival; si ses voisins n'ont pas des titres semblables, ou préférables aux siens; enfin, quand il doit plaider, à quelle juridiction il devra s'adresser (2). On comprend qu'à chacune de ces questions qui se subdivisent et se multiplient à l'infini, une réponse précise n'est pas toujours possible; encore moins, la solution est-elle incontestable. C'est à un code spécial comblant les lacunes regrettables des dispositions législatives ou légales existantes, et indiquant comment on peut y obvier, que le propriétaire est réduit à s'adresser pour connaître ses devoirs et ses droits en matière d'irrigation (3).

Associations. — Les obstacles que soulève l'intervention administrative sous le rapport des formalités, des compétences, des lenteurs, et des dépenses, dans la pratique des individus isolés, ne sont pas moins réels pour les individus associés dans un intérêt commun d'irrigation. Ces associations qui jouent, comme on l'a vu, un rôle prépondérant en Espagne et en Italie, sont créées

(1) P. de Croos, *Code rural*, 1882, t. II, p. 258.
(2) Duvergier, *Journ. agr. prat.*, 1852, t. XVII, p. 372.
(3) Bertin, *Code des irrigations*, 1852.

dans le but d'utiliser les eaux disponibles obtenues par
droit d'usage ou par concession, avec le moins de frais
pour chacun. A ce titre, elles eussent mérité les encouragements et toutes les facilités que peut fournir une administration prévoyante; et comme au point de vue du droit, ·
elles sont, en France, absolument assimilées au simple
particulier, il eût été essentiel aussi bien dans les enquêtes,
concessions et expropriations, que dans la constitution
et le règlement des syndicats, dans l'administration et
la police de leurs canaux, de simplifier et d'accélérer la
procédure, d'arrêter un type uniforme d'association, de
manière que les dispositions ne varient pas d'un département à l'autre, ou dans un même département, lorsque
l'association est autorisée, et de mettre un terme à la
confusion des règlements par une loi comme celle que
l'Italie et l'Espagne possèdent.

Un autre point non moins vital, sur lequel l'attention des législateurs a été maintes fois appelée, consisterait à apporter des modifications à la loi du 21 juin
1865 sur les associations syndicales. On affirme avec
raison que pour l'exécution et l'entretien des travaux
d'irrigation, l'entente des propriétaires intéressés pourrait donner de très utiles résultats; mais aux termes des
articles 1 et 9 combinés de la loi de 1865, les travaux si
essentiels d'irrigation ne sont pas compris au nombre de
ceux pour lesquels les propriétaires peuvent être réunis
par arrêté préfectoral en association syndicale autorisée.
C'est seulement dans les associations autorisées que les
décisions peuvent être prises par la majorité des intéressés, représentant plus de la moitié de la superficie,
(*art.* 12). Pour les travaux d'irrigation, la loi n'admet
que des associations libres, dans lesquelles le consentement unanime des intéressés est nécessaire et doit
être constaté par écrit. « On comprend dès lors toutes

les difficultés que présente l'accord unanime de propriétaires, souvent nombreux, appelés à se prononcer sur l'utilité des travaux, sur la direction à leur donner, sur les voies et moyens nécessaires pour subvenir à la dépense, sur les limites du mandat à donner aux syndics, sur le mode de recouvrement des cotisations. Il suffit presque toujours d'un propriétaire récalcitrant pour entraver des travaux d'une utilité réelle et pour empêcher les améliorations projetées par tous les autres (1). » On aurait voulu que la loi de 1865 fut remaniée de façon que les opérations d'irrigation devinssent l'objet d'associations syndicales autorisées, et que la majorité des avis favorables des intéressés fût seule exigée, au lieu de l'unanimité.

Parmi les résolutions adoptées par la Commission supérieure de l'aménagement et de l'utilisation des eaux, figurait celle qui recommande d'ajouter à l'article 9 de la loi précitée, les paragraphes suivants (2) :

« Les propriétaires intéressés aux travaux d'irrigation peuvent aussi être réunis par arrêté préfectoral en association autorisée.

« Les propriétaires qui refuseraient d'entrer dans l'association pourront user du droit de délaissement de leurs terrains dans les conditions fixées par l'article 14 de la présente loi.

« L'arrêté préfectoral qui constituera l'association fixera les périmètres arrosables et, dans ce périmètre, les terres qui, par leur nature ou leur mode de culture, n'ayant pas intérêt à l'arrosage, ne feront pas partie de l'association. »

Cette addition, due à l'initiative de M. de Ventavon, qui déposa un projet de loi à cet effet, en 1875, n'a pas été adoptée comme loi, de telle sorte que beaucoup de syndicats d'irrigation continuent à ne pas pouvoir se

(1) De Monny de Mornay, *Rapport sur l'Enquête agricole*, 1868, p. 86.
(2) *Commission supérieure; 1re session 1878-79; Résolutions,* pp. 64 et 524.

constituer, faute d'un nombre suffisant d'adhérents, et que beaucoup de propriétaires se tiennent à l'écart, parce qu'ils espèrent pouvoir, sans aucune charge, profiter des eaux, soit par infiltration, soit par dérivation des colatures faisant retour aux cours d'eau. En fait, tous les terrains compris dans un périmètre arrosable acquièrent une plus-value, pour laquelle il ne serait que justice de faire contribuer tous les associés aux frais de premier établissement du canal.

On a montré dans le livre précédent quelle confusion règne au point de vue des taxes d'arrosage dans les départements qui pratiquent l'irrigation. Le morcellement des propriétés vient encore aggraver cette anomalie. Le passage sur les terrains voisins rencontre presque toujours des obstacles qui ne peuvent être vaincus que par des actions judiciaires.

Même pour les arrosants groupés en syndicats autorisés, malgré les subventions de l'État fixées au tiers de la dépense, du Conseil général, égales au sixième de la dépense, et la participation des compagnies concessionnaires de canaux, pour un tiers du montant des travaux; ce qui ne laisse plus en réalité aux propriétaires intéressés qu'un sixième de la dépense totale; les arrosages ne s'étendent pas. Les tarifs compliqués, non moins que la nécessité pour les usagers de contracter des engagements à long terme avec les concessionnaires, arrêtent l'élan des associations et des cultivateurs. Sans les filioles, les branches des divers canaux restent improductives. « Il ne faut pas seulement amener l'eau, il faut encore et surtout la répandre (1). » Les efforts du législateur comme de l'administrateur doivent tendre, somme toute, vers une simplification telle

(1) Barral, *les Irrigations des Bouches-du-Rhône, loc. cit.*, p. 324.

que le cultivateur soit incité à donner sa clientèle aux canaux, sans crainte ni arrière-pensées.

2. *Administration.*

L'histoire des canaux d'irrigation en France, comme ñous l'avons montré, n'est pas édifiante dans le passé, ni encourageante pour l'avenir. Aussi bien, depuis que les Arabes et les Espagnols ont doté les plaines du Roussillon et de la Provence de la pratique des arrosages, dès avant le dixième siècle, jusqu'à nos jours, les progrès se sont accomplis avec une lenteur désespérante. « Un grand nombre d'entreprises de canaux ont vu s'écouler des siècles sans s'achever, et celles qui ont été réalisées ont trompé les prévisions, soit en passant de mains en mains, soit en ruinant leurs entrepreneurs. Les prises d'eau ont été sans durée, les canaux mal conduits et mal tenus, les eaux irrégulièrement distribuées; des procès interminables ont été la suite de l'espèce d'anarchie qui a régné dans cette matière, trop longtemps envisagée comme un accessoire de l'administration des travaux publics (1). »

Le comte de Gasparin, en montrant que les principes ont fait défaut, depuis que les premiers canaux ont été établis avec l'aide des dîmes royales, des fonds du trésor et des travaux des communes, sur base de droits concédés à chaque partie et à titre de cotisation pour l'entretien, s'est demandé si l'on ne devait pas attribuer à ce mode d'opérer « les grandes défectuosités que présentent tous les canaux français, comme ouvrages d'art, et la confusion extrême dans

(1) Puvis, *Du climat et de l'agriculture du Sud-Est: Journ. agric. prat.* 1845-46. t. IX, p. 250.

la conduite financière et administrative qui a présidé à leur exécution (1). »

D'autres écrivains, pour les besoins de leur cause, n'ont voulu voir dans le retard apporté au développement des arrosages qu'une défiance invétérée de l'agriculture pour leur pratique. L'État et les départements se seraient efforcé de doter certains territoires de canaux, sans pouvoir triompher de l'apathie des populations (2). Enfin, on a reproché aux lois françaises d'avoir rendu l'irrigation difficile, et même impossible, par l'effet de leur dispositif sur la matière, joint à celui du morcellement du sol (3).

Il se peut que toutes ces causes aient concouru à retarder l'essor des grandes entreprises, et à faire péricliter celles qui s'étaient fondées. Le gouvernement qui eût trouvé de si grands avantages, dès l'origine, à les favoriser, à les soutenir, et même à les exécuter, ne s'est imposé les plus lourds sacrifices que pour les canaux navigables, sans prévoir qu'ils pouvaient rendre service en même temps à l'agriculture et à l'industrie.

Canaux de navigation. — Le double but d'irriguer et de naviguer, que l'Italie a si économiquement réalisé dès le quinzième siècle, que la Belgique a recherché en affectant les canaux de la Meuse à l'arrosage de la Campine, et que les Anglais ont appliqué dans l'Inde sur une échelle des plus grandioses, a complètement échappé à l'administration des travaux publics en France.

Sur un réseau de 5,000 kilomètres de canaux navigables qui sillonnent en tous sens le territoire, 4,000 kilomètres n'ont pas été concédés et appartiennent à

(1) De Gasparin, *les Irrigations; Journ. agric. prat.*, 1843-44, t, VII.
(2) A. Léger, *les Canaux dérivés du Rhône*, 1882.
(3) Michel Chevalier, *les Irrigations dans le Midi* ; *Journ. agric. prat.*, t. VII, p. 198.

l'État (1), mais aucun d'eux ne subvient aux besoins de l'agriculture, et c'est par grande exception, parmi ceux concédés, que l'industrie est admise à leur emprunter de la force motrice. Dans le siècle présent, le gouvernement a fait exécuter aux frais du budget, 3.000 kilomètres de canaux pour assurer la navigation intérieure, c'est-à-dire, sur base d'un prix de revient moyen de 150,000 francs par kilomètre (2), un ensemble de lignes estimé à 450 millions de francs, et il n'a pas été construit 500 kilomètres de. canaux d'irrigation.

Si l'on considère, d'autre part, que les longueurs navigables des fleuves et des rivières surpassent 6600 kilomètres, sans compter celles qui ont été canalisées sur plus de 400 kilomètres, et que les principaux cours d'eau ont un régime assez régulier pour assurer la pleine navigation à l'étiage, on s'explique encore plus difficilement la politique de l'administration qui a disposé des ressources hydrauliques du pays dans le but unique de créer et de développer des voies navigables, en concurrence avec un réseau de 37,000 kilom. de routes nationales et de 25,000 kilom. de chemins de fer, sur lesquels 2,000 seulement sont classés comme secondaires.

Il n'est guère possible d'admettre qu'aux yeux de l'administration, le Midi ait été la seule contrée appelée à bénéficier d'un système d'irrigation largement compris. La plus grande partie de la Beauce eût trouvé l'eau qui lui manque dans des dérivations des eaux de la Loire

(1) *Annuaire statistique de la France*, 5e année, 1882, p. 398.
(2) L'ensemble de dix lignes comprenant les trois canaux de Bretagne, les canaux de Bourgogne, du Rhône au Rhin, d'Arles à Bouc, le canal latéral à la Loire, ceux du Berry, du Nivernais et du Centre, représente un coût par kilomètre, en moyenne, de 157,000 fr. (Deglin, *Dict. arts et manuf.*, art. Canal, t. I, 1853).

et de l'Yonne. Le Berry eût utilisé les eaux de l'Allier (1). Les canaux de navigation existants, grâce à une législation plus libérale, auraient offert le moyen d'appliquer le bienfait des eaux à de vastes surfaces de prairies, et de transformer d'immenses terrains dont la production et la valeur seraient facilement doublées ou triplées. « Une expérience, dans ce sens, avait été faite dans une des riches provinces perdues pour la France, l'Alsace; elle a démontré qu'il n'en résultait aucune gêne pour la navigation elle-même. Le canal du Rhône au Rhin, au-dessous de Huningue et de Mulhouse, avec des moyens d'alimentation supérieurs aux besoins de la navigation, livre des volumes d'eau considérables pour l'irrigation des terrains avoisinants, sans que la faible dépense déterminée dans le canal par cette utilisation supplémentaire soit un obstacle appréciable au service de la batellerie (2). »

L'eau des canaux de navigation, utilisée pour l'arrosage, que les riverains payeraient volontiers, même assez cher, pourrait être une source de revenus importants pour le trésor qui y trouverait une compensation aux dépenses que nécessite la création de réservoirs supplémentaires, de siphons et de rigoles; mais il donnerait surtout un accroissement presque immédiat à la richesse publique, en mettant à profit les masses d'eaux limoneuses et fertilisantes qui passent, au printemps et en temps de crues, sur les déversoirs des canaux, sans utilité pour personne. Certains canaux latéraux de grandes rivières telles que la Loire, la Garonne, etc., peuvent y puiser des débits considérables,

---

(1) Destremx, *Proposition de loi; Chambre des députés*, 25 juillet 1876. *Annexe* n° 375.

(2) Gallicher, *Rapport sur l'état général des travaux publics; Assemblée nationale*, 6 juillet 1771, n° 374.

et comme leurs biefs sont souvent en remblai, ils présentent des conditions convenables pour l'irrigation des terrains adjacents, tout en servant à la navigation.

C'est dans cet ordre d'idées, que pour le canal latéral à la Garonne, concédé à la compagnie des chemins de fer du Midi, M. d'Eichthal, président, fit soumettre le 17 janvier 1880 un projet de loi ayant pour objet d'autoriser l'exécution par l'État des travaux qu'exigerait la submersion de 7,000 hectares plantés en vignes, le long du dit canal et de la roubine de Narbonne, dans les départements de l'Aude et de l'Hérault (1). Cette même roubine dessert, d'ailleurs, de longue date des arrosages de prairies qui s'étendent au-delà des vignes de Narbonne, jusqu'aux étangs de Capitoul, de Gruissan et de Brages.

Quelque utile qu'ait été le concours de l'État pour doter le pays « d'un des instruments les plus féconds de son activité industrielle, le seul dont la concurrence sérieuse puisse être opposée au monopole des chemins de fer (2) », un intérêt plus puissant que celui de la navigation, quoique plus modeste dans les préoccupations publiques, celui de l'agriculture, aurait dû imposer un aménagement plus équitable des eaux courantes et des ressources budgétaires; ou du moins, une répartition impartiale des sacrifices supportés depuis un siècle par les contribuables.

Concession des canaux d'irrigation. — Tout canal d'irrigation, dérivé d'une rivière, d'un lac ou d'un étang, en France, est la propriété du concessionnaire et nul ne peut prétendre à son usage à moins d'un titre ou d'une possession équivalente (*art.* 642 du Code civil). Lorsque son établissement est l'objet d'une entreprise par-

(1) Moffre, *Note sur l'emploi des eaux du canal du Midi à la submersion des vignes;* 22 janvier 1878.

(2) E. Baude, *Rapports du Jury international,* 1868, t. X, p. 184.

ticulière, c'est-à-dire formée en vue d'intérêts privés, le concessionnaire ne peut obliger les propriétaires à lui céder son fonds pour y faire passer le canal; il appartient seulement à l'administration de décider la question d'utilité publique.

Quand il s'agit de grands canaux distribuant les eaux, moyennant redevance, à des propriétaires que la situation naturelle de leurs héritages ne semblait pas appeler au bienfait de l'irrigation, l'entreprise ayant le caractère d'utilité publique est concédée, soit à des compagnies par actions, qui se font autoriser et réglementer d'après la loi, soit à des associations d'arrosants soumises à un régime commun que déterminent des règlements d'administration. Dans ces conditions, les frais d'un canal d'irrigation sont couverts en partie, par les compagnies ou les associations de propriétaires intéressés, et parfois, en partie, par le gouvernement. Les frais d'entretien sont à la charge des compagnies, ou des intéressés, à l'aide d'une contribution répartie dans la proportion de l'avantage que chacun retire de l'usage des eaux. De toutes manières, la propriété du canal et de ses dépendances appartient à la compagnie, ou au syndicat; l'eau qu'il conduit étant une eau privée.

Que la construction des canaux soit ou non une entreprise autorisée par l'État, l'intervention de l'administration est toujours nécessaire. Dans l'état actuel de la jurisprudence, l'autorisation législative est jugée indispensable si le développement du canal offre plus de 20 kilomètres; au-dessous de cette longueur, l'arrêté ministériel suffit pour obtenir le décret. Une enquête précédant la présentation du projet permet au pouvoir législatif d'autoriser l'administration à donner la concession et à édicter les règlements, tant pour l'exécution et l'avancement des travaux, que pour l'usage, la distribution et la police spéciale des eaux du canal; parfois, la loi elle-même détermine les conditions de la concession.

Participation de l'État. — Sous le rapport des libéralités consenties par le gouvernement aux concessionnaires des canaux d'irrigation, les principes ont beaucoup varié, et les lois, aussi bien que les décrets, ont stipulé toutes sortes de privilèges; tantôt l'abandon à titre gratuit et en toute propriété de certains terrains n'appartenant pas à des particuliers, situés sur la ligne des opérations, ou bien de sections de canaux anciennement exécutés et appartenant à l'État; tantôt la réserve d'un périmètre, avec la clause que le gouvernement n'accordera aucune autre concession dans ce périmètre, si les concessionnaires effectuent les travaux projetés; tantôt enfin, la faculté, pendant un temps plus ou moins long, de prolonger la ligne concédée sur une autre portion de territoire.

D'autres avantages, en faveur des concessionnaires, consistent en exemptions ou en modérations de taxes et d'impôts, qui atteignent quelquefois immédiatement les intérêts des propriétaires appelés à bénéficier du canal. Dans la loi du 9 juillet 1852 (art. 4), par exemple, qui a autorisé la construction du canal de Carpentras, il a été disposé qu'à dater du délai fixé pour l'achèvement des travaux, la contribution foncière assise sur les terrains qui seront arrosés, ne recevra aucune augmentation pendant vingt-cinq années, du fait de l'amélioration résultant de l'arrosage.

De tels encouragements qui peuvent aider les efforts des associations d'arrosants, sont bien loin de satisfaire les sociétés concessionnaires de canaux destinés à porter les eaux sur les territoires d'un grand nombre de communes, quelquefois même de plusieurs départements, et surtout pour déterminer des capitaux importants à se porter vers ces lourdes entreprises. Le gouvernement, en conséquence, a dû se décider, non seulement à subventionner les compagnies qui ne retiraient que des produits tout à fait minimes pour rémunérer le capital engagé en frais de premier établissement, ou pour assurer le capital d'entretien, mais à leur accorder une garantie d'intérêt, suivant le mode appliqué avec succès dans la construction des chemins de fer; les annuités payées par l'État étant considérées comme des subventions à l'entreprise des canaux.

Le principe des subventions, sans garantie, approprié aux travaux d'associations syndicales comme celles des canaux de Carpentras et de Cadenet, a permis de les mener à terme; ailleurs, il s'est montré tout à fait insuffisant. Ainsi, quoique le décret du 20 mai 1853, octroyant la concession du canal du Verdon à la ville d'Aix, stipulât une subvention de 1.500.000 francs de l'État, à laquelle vinrent s'ajouter les subventions de 1 million par le département des Bouches-du-Rhône, et de 1 million et demi par la ville d'Aix elle-même, l'État s'est vu obligé d'ajouter des subventions de 1 million et demi en 1870, de un demi-million en 1873, et finalement de 350.000 francs environ en 1880. La subvention totale de l'État a atteint ainsi 3,850.000 francs, et, en y comprenant celles du département et des localités, environ 6 millions et demi pour une dépense prévue de 15 millions et demi de francs.

Au canal de Saint-Martory, la subvention de l'État s'est élevée à 3 millions, pour 5.600.000 francs de dépenses de premier établissement; quoique concédé en 1866, ce canal n'a pu être mis en eau qu'en 1876.

Au canal de la Bourne, le double principe de la subvention et de la garantie de l'État a été adopté. Aux termes de deux conventions, de 1874 et de 1879, l'État s'engageait à allouer à la société concessionnaire, sur les fonds du trésor, une subvention totale de 3.600.000 francs et à garantir, pendant 50 ans, un revenu égal à 4,65 pour cent d'une somme de 5 millions et demi au maximum, représentant le capital nominal des obligations, moyennant le partage par moitié des produits nets restants après le service à 4,65 pour cent du capital obligations, et à 6 pour cent du capital actions, fixé à 2 millions (1).

Pour le prolongement du canal de Pierrelatte, demeuré si longtemps en souffrance, la loi du 2 août 1880 a accordé aux concessionnaires, sur base d'un capital de garantie fixé à 8 millions (s'étendant aussi à l'achat et à la mise en état de l'ancien canal), une subvention de 2 millions et une garantie de revenu égale à 4,65 pour cent du capital effectivement dépensé, déduction faite de la subvention, jusqu'à concurrence de 6 millions, pendant cinquante ans.

Enfin, l'État s'est décidé dans ces dernières années, tantôt à couvrir la dépense de quelques prises d'eau et de jonctions, comme au canal des Alpines (décret du 20 août 1884), en vue de l'alimentation directe de la première branche septentrionale ; tantôt à exécuter directement les travaux difficiles et le canal principal, comme pour les dérivations de Manosque et de Ventavon, dans les Basses-Alpes. Le canal de Manosque, avec prise dans la Durance, est exécuté par l'État, contre l'engagement ferme des propriétaires d'arroser pendant 50 ans, moyennant un montant de redevances de 665.000 francs, avec un tarif de 50 francs par litre d'eau continue (2). Les travaux du canal de Ventavon, exécutés par l'État, en ce qui concerne la

(1) *Bulletin Min. Agric.; Hydraulique agricole*, 1884.
(2) Loi du 7 juillet 1881.

prise d'eau de la Durance et le tronc principal (loi du 20 juillet 1881), sont laissés à l'association syndicale des arrosants quant aux canaux secondaires et de distribution, moyennant une subvention qui ne peut dépasser 1.733.000 francs.

Malgré l'abondance de formules suivant lesquelles l'État subventionne les travaux d'irrigation, les canaux et les irrigations restent à peu près stationnaires, par rapport à ceux de l'Italie et de l'Espagne, où les efforts sont incessants pour développer l'emploi agricole des eaux.

Le tableau LIV montre le relevé des dépenses d'établissement et des subventions accordées par le gouvernement, en France, pendant les vingt années 1868-88. Si on le compare à celui indiquant les subventions et le coût des canaux exécutés en Italie, pendant les sept années 1883-1890 (tableau LII), on constate que sur un capital dépensé de 25 millions de francs, en vue de l'utilisation de 96 m. cubes d'eau sur 126,000 hectares, l'État italien ne s'est engagé qu'à une subvention totale de 13 millions, échelonnée sur 30 années ; tandis qu'en France, pour une dépense effective de plus de 50 millions de francs, appliquée à l'emploi de 49 m. cubes d'eau seulement, l'État a versé immédiatement 20 millions (1), et l'arrosage ne s'effectue réellement que sur 30,000 hectares (2).

Service des irrigations. — La comparaison entre les résultats obtenus par les deux administrations, en France et en Italie, se passe de tous commentaires. Aussi bien les lois que les administrateurs spéciaux en matière d'irrigation font défaut en France. La législation

(1) A ce montant devraient s'ajouter les garanties d'intérêt, les avances et les excédents.
(2) En 1878, les surfaces arrosées ne s'étendaient qu'à 20,000 hectares.

TABLEAU LIV. — *État des dépenses et subventions des principaux canaux d'irrigation en France dans les vingt années (1868-1888).*

Dates.	CANAUX.	Portée.	Surface		Dépenses		Subventions.	
			arrosable.	arrosée.	d'établissement.	effectives.	État.	Département et autres.
		m. cub.	hect.	hect.	fr.	fr.	fr.	fr.
1869.	Lagoin............	4,0	18.000	6.000	1.370.000	2.353.000 (2)	150.000	15.000
1872.	Aubagne..........	1,0	1.600	2.000	1.536.000	»	550.000	730.000
1874.	Forez.............	5,0	20.000	2.000	7.000.000	»	1.112.000	3.337.000
1875.	Bourne............	7,0	22.000	8.000	5.000.000	8.000.000	3.600.000	»
1876.	Saint-Martory.....	10,0	40.000	3.000	5.595.000	4.850.000 (2)	3.000.000	»
1876.	Verdon............	6,0	16.400	4.000	5.428.000	17.000.000 (2)	3.500.000	2.500.000
1878.	Gravona...........	1,0	1.200	1.000	1.159.000	1.434.000	1.434.000	»
1878.	Vésubie...........	4,0	»		2.400.000	»	2.400.000	»
1880.	Pierrelatte (prolongement)...	8,9	»	4.000	8.000.000 (1)	»	2.000.000	»
1881.	Ventavon..........	2,5	»		1.733.000	»	1.733.000	»
1883.	Foulon............	0,2	»		1.200.000	»	400.000	»
		48,7	119.200	30.000	50.421.000	»	19.879.000	6.582.000
							26.461.000	

(1) Avec garantie d'intérêt à 4,65 pour cent.
(2) Au 31 mai 1883.

est d'abord à créer; mais, comme le disait Puvis, en
1845 : « Il manque, et il a toujours manqué en France,
pour donner aux irrigations l'ensemble qui leur convient, pour présider aux dérivations d'eau, au tracé
et à l'entretien des canaux, pour la réparation à y
faire, pour la réglementation nécessaire, pour l'estimation du volume et la juste distribution des eaux, et
pour donner au système un marche régulière et uniforme, une direction centrale, spéciale, pourvue de
lumières pratiques et théoriques, une direction qui ait
pour organes et pour agents des ingénieurs praticiens,
parmi lesquels puissent se perpétuer et se perfectionner
la théorie et la pratique de l'emploi des eaux d'irrigation (1). »

Aussi bien, les ingénieurs-architectes, appelés jadis
comme experts par les tribunaux de Lombardie, ou chargés par les propriétaires des nombreux travaux hydrauliques, des projets et devis des contructions, des recon-
naissances de biens, lors des fins de bail (2), que ceux du
Piémont, attachés à l'administration des canaux domaniaux, grâce à la nature de leurs études et de leurs travaux
agricoles, ont maintenu pendant des siècles la tradition
indispensable pour la meilleure gestion des canaux et
l'extension des arrosages. Ce sont aujourd'hui des fonctionnaires du génie civil qui remplissent cet office,
dans toute l'Italie tant auprès du ministère de l'agriculture que de celui des travaux publics. « Si, en
France, l'on ne s'est jamais occupé à fond de rechercher les causes fondamentales du succès des grands arrosages, si le gouvernement n'a pas jugé convenable de
créer, et encore moins d'exploiter par lui-même au-

(1) Puvis, loc. cit., p. 250.
(2) De Mauny de Mornay, loc. cit., 2ᵉ partie, p. 44.

cun canal d'irrigation; si, lorsque les circonstances lui en ont mis entre les mains, il s'est hâté de s'en défaire en les offrant, même à titre gratuit, à des particuliers ou à des compagnies; le contraire a eu lieu en Italie, et le pays s'en est bien trouvé. Une administration spéciale, parfaitement dirigée et secondée par des ingénieurs habiles, y a mis sur un excellent pied les canaux acquis par l'État, qui, tout en distribuant aussi libéralement que possible le bienfait des eaux à une agriculture florissante, versent encore au trésor public des produits fort intéressants » (1).

En 1849, le congrès central de l'agriculture, prenant texte d'un rapport remis l'année précédente par Bethmont, à l'Assemblée nationale (2), demandait que toutes les questions hydrauliques d'intérêt général fussent examinées sur les lieux par les chambres consultatives d'agriculture; que les irrigations à créer avec des eaux non navigables ni flottables, fussent confiées à des ingénieurs disiincts, et que l'utilisation de toutes les eaux du territoire fût laissée à l'administration de l'agriculture. Ces vœux n'ont été exaucés que par la création, en vertu d'un décret du 14 novembre 1881, d'un ministère de l'agriculture autonome, auquel a été annexé le service hydraulique agricole du ministère des travaux publics.

Comme nous le faisions remarquer à cette date (3): « Le service des irrigations, détaché du ministère des travaux publics, se recommande non moins vivement à l'attention du nouveau département. On sait que les disposi-

(1) Nadault de Buffon, *Traité des Irrigations*, loc. cit., t. I, p. 247.
(2) *Rapport à l'Assemblée nationale du citoyen Bethmont, ministre de l'agriculture et du commerce,* avril 1848.
(3) A. Ronna, *le Ministère de l'Agriculture*; *République française*; 21 no vembre 1881.

à charge de concilier à l'avenir les deux intérêts de la navigation et de l'agriculture (1). Les conséquences qui peuvent résulter d'une bonne ou d'une mauvaise exécution, d'une construction coûteuse ou économique; le conflit des nombreux intérêts privés, entre eux, et avec les intérêts publics, que soulève le parcours d'un canal, dans l'état défectueux de la législation; l'obligation de faire vite et bien, et de pouvoir attendre le développement rationnel de l'œuvre entreprise, sont des raisons plus que suffisantes pour que la participation de l'État soit complète. C'est lui le premier intéressé à ce que les ressources du trésor profitent à l'agriculture.

Il nous sera permis d'aller plus loin encore dans l'expression des vœux des populations agricoles, en demandant qu'à l'instar de ce que l'administration de l'agriculture et des travaux publics a réalisé en Italie et en Espagne, l'État possède et exploite les grands canaux d'arrosage projetés en France, comme il possède et exploite les canaux navigables, et que lorsque de grands intérêts agricoles et industriels le commandent, il paye d'exemple en se bornant à exiger des particuliers ou des associations, la dépense déjà bien lourde des dérivations de troisième et de quatrième ordre, et de l'appropriation du sol à l'arrosage. Dès lors les irrigations, protégées d'une part par une bonne législation, et secourues par l'administration, prendront l'essor que justifient les immenses richesses du territoire national (2).

(1) La Société des agriculteurs de France a exprimé le même vœu devant la Commission supérieure des eaux, par l'entremise de ses délégués (*Comptes rendus des travaux, Annuaire de* 1878).

(2) Si l'on admet, suivant M. Chambrelent, un revenu de 3,50 pour cent, qui est plutôt supérieur qu'inférieur au revenu moyen de la terre,

« Lorsqu'on saura donner à l'agriculture sa véritable
« importance, que l'on se sera rendu un compte exact
« des vrais moyens de la faire avancer, alors les irriga-
« tions attireront tous les soins qu'elles méritent, et
« l'eau sera reconnue tellement indispensable que les
« rivières ne devront plus former que les canaux multi-
« pliés à l'infini d'un seul réservoir où tout le monde
« s'empressera de puiser (1). »

Pour remplir ce vœu déjà bien ancien de l'illustre
agronome, il faut que deux conditions soient remplies :
que l'agriculteur veuille et que l'ingénieur sache. Si notre livre devait contribuer à faire faire un pas à chacun
vers une entente commune, la solution serait bien près
d'être obtenue, et le but de nos efforts se trouverait atteint!

il résulterait une plus-value territoriale de 3 milliards et demi de francs
pour la seule augmentation de 550,000 hectares de prairies arrosées,
constatée en France (voir p. 386) dans la période des 20 années 1862-1882.
Les arrosages, ajoute-t-il, étendus sur ces 550,000 hectares peuvent se
faire avec un volume d'eau qui ne dépasse pas 550 m. cubes par seconde;
or ce volume n'est qu'une minime partie des 7,000 m. cubes d'eau par se-
condedont on pourrait encore disposer, qui permettrait l'irrigation de 7 millions d'hectares. (Chambrelent, *Irrigations agricoles faites en France de
1866 à 1886; Journal de l'agriculture*, 1889, t. I, p. 170.)

(1) A. Young, *Voyages en Italie et en Espagne, loc. cit.*, p. 409.

TABLE DES MATIÈRES

DU TOME TROISIÈME ET DERNIER.

LIVRE X.

LES CULTURES ARROSÉES.

LIVRE XI.

L'ÉCONOMIE DES IRRIGATIONS.

LIVRE XII

HISTOIRE, LÉGISLATION ET ADMINISTRATION

FIN DE LA TABLE DES MATIÈRES DU TOME III ET DERNIER.